Exercices d'analyse

Collection Prépas scientifiques
Dirigée par Olivier Rodot

C. ANTONINI, Algèbre MP/MP*

N. BASBOIS et P. ABBRUGIATI, Algèbre MPSI/PCSI, 2e édition

G. COSTANTINI, Analyse MPSI/PCSI, 2e édition

K. DAO DUC et D. DELAUNAY, Probabilités

D. DELAUNAY, Exercices d'analyse MP/MP*

D. DELAUNAY, Exercices d'analyse MPSI

D. DELAUNAY, Exercices d'analyse PC/PSI

D. DELAUNAY, Exercices d'analyse PCSI

D. DELAUNAY, Exercices d'algèbre et de probabilités MP/MP*

D. DELAUNAY, Exercices d'algèbre et de probabilités MPSI

D. DELAUNAY, Exercices d'algèbre et de probabilités PC/PSI

D. DELAUNAY, Exercices d'algèbre et de probabilités PCSI

O. RODOT, Analyse MP/MP*

Chez le même éditeur

C. JAN, Mathématiques. Une approche imagée et synthétique

G. MICHEL, A. RAOUX, P. TONDELIER,
E. VAN BRACKEL, Physique PCSI

T. RIBEYRE, Chimie PC/PC*

M.-A. SCHOTT, J. VALENTIN, G. MAGADUR, S. CLÈDE,
A.-L. LEFEVRE, A. ALTMAYER-HENZIEN, Chimie PCSI/MPSI

PCSI

Exercices d'analyse

David Delaunay

- RÉSUMÉS DE COURS
- MÉTHODES
- 3 NIVEAUX D'EXERCICES :
  - apprentissage
  - entraînement
  - approfondissement
- CORRIGÉS DÉTAILLÉS PAS À PAS

de boeck SUPÉRIEUR

Pour toute information sur notre fonds et les nouveautés dans votre domaine de spécialisation, consultez notre site web :

www.deboecksuperieur.com

1re édition, 2018

Rue du Bosquet, 7 B-1348 Louvain-la-Neuve

Dépôt légal :
Bibliothèque royale de Belgique : 2018/13647/105
Bibliothèque nationale, Paris : juillet 2018

ISBN : 978-2-8073-1543-3

La pratique d'exercices est essentielle à l'apprentissage du cours de mathématiques : il n'est pas de meilleure façon de mémoriser et de comprendre un théorème que d'en faire usage !

Cet ouvrage regroupe sur 11 chapitres un total de 354 exercices portant sur le programme d'analyse en classe de PCSI. Il respecte strictement le programme actuel et vient compléter l'ouvrage d'*algèbre et probabilités* que l'on retrouvera dans la même collection.

Chaque chapitre commence par un rappel des principales définitions et des résultats essentiels du cours. Il se poursuit avec des exercices aux corrigés *détaillés* regroupés sur trois niveaux :

— *Les exercices d'apprentissage* servent à l'acquisition des concepts fondamentaux du cours. Ce sont souvent des sujets faciles ou des sujets de référence dans lesquels j'ai choisi volontairement de ne faire figurer que peu de technicité.

— *Les exercices d'entraînement* permettent de poursuivre l'acquisition du cours, trois niveaux d'étoiles servent à anticiper leur difficulté. Ces sujets ont été retenus pour leur intérêt, leur classicisme ou ont été inspirés par des questions rencontrées aux écrits et aux oraux récents des différents concours.

— *Les exercices d'approfondissement* sont les plus ambitieux, ils nécessitent souvent de passer par une phase de recherche ou entrent en résonance avec d'autres chapitres du programme. Ces sujets sont inspirés de questions rencontrées aux concours les plus prestigieux.

Les corrections des exercices sont accompagnées de *méthodes*. Celles-ci servent à souligner les idées récurrentes ou bien à mettre en exergue la démarche qui va être suivie pour résoudre la question posée. Le lecteur pourra prendre appui sur celles-ci pour amorcer une résolution ou pour reprendre la main lors de sa lecture d'une correction. Afin d'aider le lecteur dans son étude, il est fait référence aux théorèmes utilisés lors de leurs premiers usages. Les notes de bas de pages complètent les résolutions en présentant des démarches alternatives ou font le lien avec d'autres sujets présents dans l'ouvrage.

Je remercie vivement Olivier RODOT d'avoir initié ce projet, François PANTIGNY pour son expertise TeXnique et Pierrick SOLEILLANT pour sa relecture attentive ainsi que les corrections apportées.

David DELAUNAY

Sommaire

CHAPITRE 1

Nombres et fonctions réelles

1.1 Généralités sur les nombres réels

1.1.1 Ensembles de nombres remarquables

Les nombres *naturels* $0, 1, 2, \ldots$ forment l'ensemble $\mathbb{N}$.
Les nombres *entiers* (relatifs) $0, 1, -1, 2, -2, \ldots$ forment l'ensemble $\mathbb{Z}$.
Les nombres *rationnels* (p/q avec $p \in \mathbb{Z}$ et $q \in \mathbb{N}^*$) forment l'ensemble $\mathbb{Q}$.
Parmi les nombres rationnels, figurent les nombres *décimaux* ($p/10^k$ avec $p \in \mathbb{Z}$ et $k \in \mathbb{N}$) constituant l'ensemble $\mathbb{D}$.
Ces nombres ne suffisent pas aux mathématiques modernes car il émerge naturellement des nombres *irrationnels* tels $\sqrt{2}$ ou π. Cela motive l'introduction des nombres *réels*.

1.1.2 Opérations sur les réels

L'ensemble $\mathbb{R}$ des nombres réels est muni d'une opération d'addition « + » vérifiant, pour tous les réels a, b, c :

$$\begin{array}{ll} a+b=b+a & \textit{commutativité} \\ (a+b)+c=a+(b+c) & \textit{associativité} \\ a+0=a & 0 \textit{ est élément neutre} \end{array}$$

De plus, pour tout réel a, il existe [1] un réel a' unique tel que $a + a' = 0$. Ce réel a' est noté $-a$ et cela permet de définir l'opération de soustraction « − ».

1. On dit que tout réel admet un *opposé*.

L'ensemble $\mathbb{R}$ est aussi muni d'une opération de multiplication « $\times$ » vérifiant, pour tous les réels a, b, c :

$ab = ba$	*commutativité*
$(ab)c = a(bc)$	*associativité*
$a \times 1 = a$	*1 est élément neutre*
$a(b+c) = ab + ac$	*distributivité sur +*

De plus, pour tout réel a non nul, il existe [1] un réel a' unique tel que $aa' = 1$. Ce réel est noté $1/a$ et cela permet de définir l'opération de division par un réel non nul.

1.1.3 La droite réelle

L'ensemble $\mathbb{R}$ est muni d'une relation d'ordre $\leqslant$ qui permet d'apparenter cet ensemble à une droite.

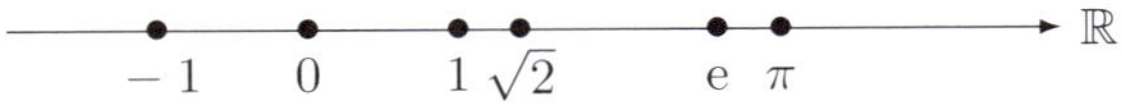

La relation d'ordre $\leqslant$ est compatible avec les opérations d'addition et de multiplication dans le sens où, pour tous réels a, b, c,

$$a \leqslant b \Longrightarrow a + c \leqslant b + c$$
$$a \geqslant 0 \text{ et } b \geqslant 0 \Longrightarrow ab \geqslant 0$$

Ces propriétés « minimalistes » suffisent à retrouver les propriétés calculatoires classiques comme par exemple :

$$a \leqslant b \Longrightarrow -b \leqslant -a$$
$$a \leqslant b \text{ et } c \geqslant 0 \Longrightarrow ac \leqslant bc.$$

1.1.4 Intervalles

Définition

En plus de $\mathbb{R}$ et $\emptyset$, on appelle *intervalle* de $\mathbb{R}$, les ensembles suivants (décrits à partir de a et b deux réels vérifiant $a \leqslant b$) :

- les intervalles *fermés* : $[a\,;b] = \{x \in \mathbb{R} \mid a \leqslant x \leqslant b\}$, $[a\,;+\infty[= \{x \in \mathbb{R} \mid a \leqslant x\}$ et $]-\infty\,;a] = \{x \in \mathbb{R} \mid x \leqslant a\}$
- les intervalles *ouverts* : $]a\,;b[= \{x \in \mathbb{R} \mid a < x < b\}$, $]a\,;+\infty[= \{x \in \mathbb{R} \mid a < x\}$ et $]-\infty\,;a[= \{x \in \mathbb{R} \mid x < a\}$
- les intervalles *semi-ouverts* : $[a\,;b[= \{x \in \mathbb{R} \mid a \leqslant x < b\}$ et $]a\,;b] = \{x \in \mathbb{R} \mid a < x \leqslant b\}$

Les intervalles $[a\,;b]$ sont aussi appelés *segments*.

1. On dit que tout réel non nul est *inversible*. Cette propriété ne valant que pour les réels non nuls, on prend toujours garde à ne pas diviser par 0 !

1.1.5 Partie minorée, partie majorée

Définition

Une partie A de $\mathbb{R}$ est dite *minorée* (resp. *majorée*) lorsqu'il existe un réel M pour lequel $a \geqslant M$ pour tout a de A (resp. $a \leqslant M$). On dit alors que M est un *minorant* de la partie A (resp. un *majorant*).

Une partie de $\mathbb{R}$ à la fois minorée et majorée est dite *bornée*.

Définition

Un majorant d'une partie A qui appartient à celle-ci s'appelle un *maximum* (ou *plus grand élément*) de la partie A. Lorsqu'il existe, un tel élément est unique, on le note $\max(A)$.

Mutatis mutandis [1], un minorant d'une partie A qui appartient à celle-ci se nomme un *minimum* (ou *plus petit élément*). Lorsqu'il existe, un tel élément est unique et se note $\min(A)$.

Par exemple, l'intervalle $I = [0\,;1[$ est borné, admet un minimum (qui est 0) mais n'admet pas de maximum.

1.1.6 Valeur absolue d'un réel

Définition

On définit la *valeur absolue* d'un réel x par

$$|x| \overset{\text{déf}}{=} \begin{cases} x & \text{si } x \geqslant 0 \\ -x & \text{sinon.} \end{cases}$$

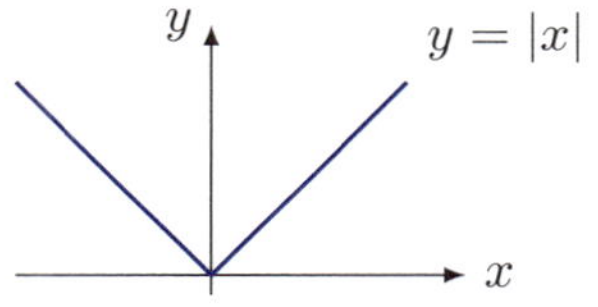

On vérifie que la valeur absolue d'un réel est nulle si, et seulement si, ce réel est nul et que la valeur absolue d'un produit est le produit des valeurs absolues. Aussi,

Théorème 1 (Inégalité triangulaire)

Pour tous x et y réels,

$$|x + y| \leqslant |x| + |y|$$

avec égalité si, et seulement si, x et y ont le même signe.

La valeur absolue permet de mesurer la distance d'un réel à 0.

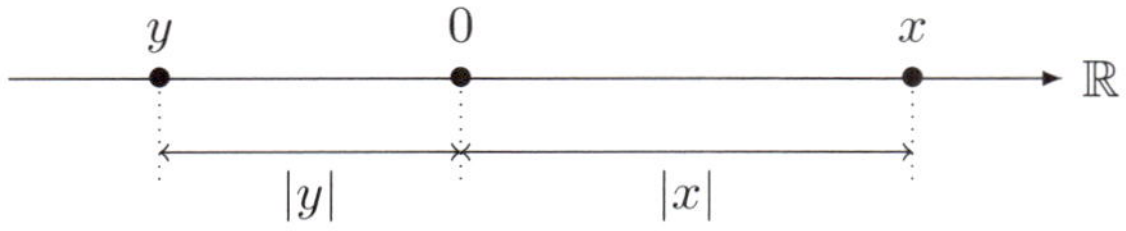

1. Locution latine signifiant « En modifiant ce qui doit être changé ».

Plus généralement, $|y - x|$ définit la *distance* séparant deux réels x et y.

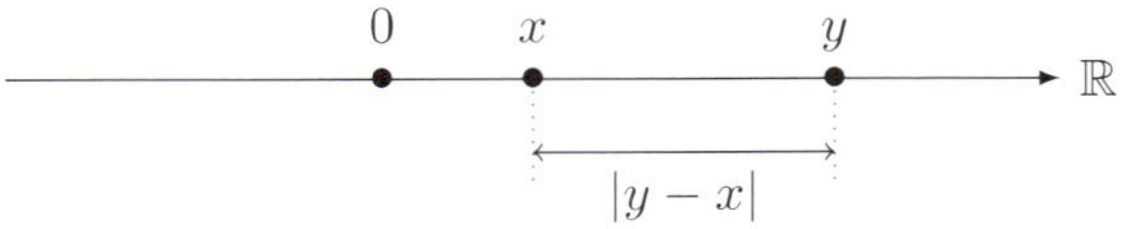

1.1.7 Partie entière d'un réel

Définition

> On appelle *partie entière* d'un réel x, le plus grand entier inférieur ou égal à x. Celui-ci est noté $\lfloor x \rfloor$.

La partie entière de 3,9 est égale à 3 et celle de $-4{,}2$ vaut -5.

La partie entière d'un réel x apparaît comme l'unique $n \in \mathbb{Z}$ vérifiant l'encadrement [1]

$$n \leqslant x < n + 1.$$

La fonction partie entière est croissante [2].

1.2 Fonctions réelles

1.2.1 Définition

Soit X une partie de $\mathbb{R}$ (généralement un intervalle).

Définition

> Une *fonction réelle* [3] f définie sur X est une application au départ de X et à valeurs dans $\mathbb{R}$:
>
> $$f\colon X \subset \mathbb{R} \to \mathbb{R}.$$

Les fonctions réelles sont fréquemment présentées en décrivant comment est calculée la valeur $f(x)$ à partir de la variable x. Cela se fait en écrivant :

$$f(x) = \dots \quad \text{ou} \quad f\colon x \mapsto \dots$$

Dans la description d'une fonction, la variable joue un rôle muet : il arrive qu'on la figure seulement par un point. Ainsi, $|\cdot|$ désigne la fonction valeur absolue tandis que $\sqrt{\cdot}$ désigne la fonction racine carrée.

Définition

> On dit qu'une fonction définie sur X est *constante* s'il existe $\lambda \in \mathbb{R}$ vérifiant $f(x) = \lambda$ pour tout x de X. Cette fonction est alors dite *constante égale à* λ et est souvent simplement notée λ.

La *fonction nulle* est la fonction constante égale à 0.

1. L'encadrement $x - 1 < n \leqslant x$ est équivalent.
2. Voir sujet 5 p. 17.
3. On dit aussi *une fonction à valeurs réelles*.

1.2.2 Représentation graphique

On suppose le plan géométrique muni d'un repère $\mathcal{R} = (O; \vec{\imath}, \vec{\jmath})$.

Définition

On appelle *représentation graphique* (ou *graphe*) d'une fonction réelle f définie sur une partie X de $\mathbb{R}$, la courbe du plan d'équation $y = f(x)$, c'est-à-dire l'ensemble des points M du plan dont les coordonnées x et y vérifient

$$x \in X \quad \text{et} \quad y = f(x).$$

Cette courbe est fréquemment notée $\mathcal{C}_f$ ou Γ_f.

Résoudre une équation du type $f(x) = g(x)$ revient à étudier l'intersection des représentations graphiques de f et de g. Résoudre une inéquation $f(x) \leqslant \lambda$ s'interprète aussi graphiquement.

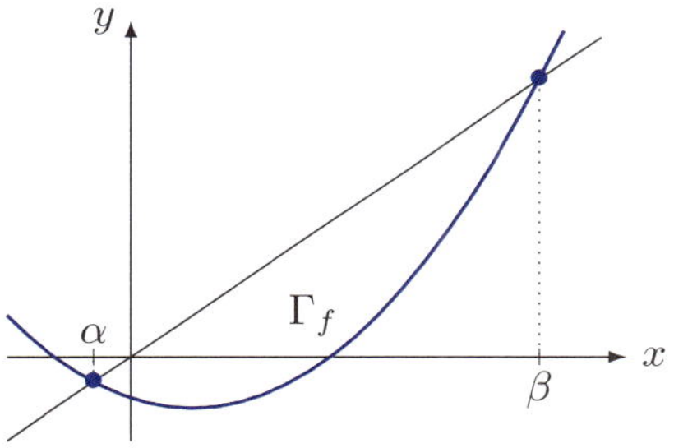

Résolution graphique de l'équation $f(x) = x$.

1.2.3 Opérations

Définition

On appelle *somme* et *produit* de deux fonctions réelles f et g définies sur une même partie X de $\mathbb{R}$, les fonctions $f + g$ et fg définies sur X par les relations

$$(f+g)(x) \stackrel{\text{déf}}{=} f(x) + g(x) \quad \text{et} \quad (fg)(x) \stackrel{\text{déf}}{=} f(x)g(x) \quad \text{pour tout } x \in X.$$

En faisant le produit d'une fonction f par une fonction constante de valeur λ, on définit une fonction communément notée λf. On définit aussi de façon entendue la fonction inverse $1/f$ et la fonction quotient f/g sous réserve de non-annulation des dénominateurs.

Définition

Soient f une fonction réelle définie sur une partie X de $\mathbb{R}$ et g une fonction réelle définie sur une partie Y de $\mathbb{R}$. On dit que la fonction f est *composable* par g si les valeurs prises par f appartiennent au domaine de définition Y de g. On peut alors introduire la *fonction composée* $g \circ f$ définie sur X par

$$(g \circ f)(x) \stackrel{\text{déf}}{=} g\big(f(x)\big) \quad \text{pour tout } x \in X.$$

Lorsque l'on compose une fonction f par une fonction présentant une notation remarquable, il est fréquent d'employer celle-ci en faisant figurer f en lieu et place de la variable. On peut ainsi considérer les fonctions composées $|f|$, $\sqrt{f}$, e^f, $\ln(f)$, $\cos(f)$, etc.

1.2.4 Continuité

Soit I un intervalle de $\mathbb{R}$ non vide et non réduit à un point. Une fonction réelle f définie sur I est dite continue si sa représentation graphique peut être tracée « sans lever le crayon ». Plus exactement, on dit que la fonction f est continue si

$$\lim_{x \to a} f(x) = f(a) \quad \text{pour tout } a \in I.$$

La notion de limite et la notion de continuité seront étudiées dans le chapitre 7. À ce stade contentons-nous de souligner que les fonctions usuelles[1] sont continues et que les opérations sur les fonctions continues déterminent des fonctions continues.

1.2.5 Parité et périodicité

On suppose que X est une partie de $\mathbb{R}$ *symétrique par rapport à* 0 ce qui signifie, pour tout x réel,

$$x \in X \iff -x \in X.$$

Définition

> On dit qu'une fonction réelle f définie sur X est *paire* (resp. *impaire*) si
>
> $$f(-x) = f(x) \quad (\text{resp. } f(-x) = -f(x)) \quad \text{pour tout } x \in X.$$

Le graphe d'une fonction paire est symétrique par rapport à l'axe des ordonnées tandis que le graphe d'une fonction impaire est symétrique par rapport à l'origine du repère.

Soit T un nombre réel. On suppose que X est une *partie T-périodique* de $\mathbb{R}$, autrement dit, pour tout $x \in \mathbb{R}$,

$$x \in X \iff x + T \in X.$$

Définition

> On dit qu'une fonction réelle f définie sur X est *T-périodique* si
>
> $$f(x+T) = f(x) \quad \text{pour tout } x \in X.$$
>
> On dit alors que T est une *période* de la fonction f.

Si f est une fonction T-périodique, on a

$$f(x+nT) = f(x) \quad \text{pour tout } x \in X \text{ et tout } n \in \mathbb{Z}.$$

Le graphe d'une fonction T-périodique est inchangé par la translation de vecteur $T\vec{\imath}$.

Une fonction *périodique* est une fonction possédant une période non nulle.

1. Hormis la fonction partie entière $\lfloor \cdot \rfloor$.

1.2.6 Monotonies

Soit f une fonction réelle définie sur une partie X de $\mathbb{R}$.

Définition

On dit que la fonction f est *croissante*[1] (resp. *décroissante*) si, pour tous $x, y \in X$,

$$x \leqslant y \implies f(x) \leqslant f(y) \quad (\text{resp. } f(x) \geqslant f(y)).$$

On dit que la fonction f est *strictement croissante* (resp. *strictement décroissante*) si, pour tous $x, y \in X$,

$$x < y \implies f(x) < f(y) \quad (\text{resp. } f(x) > f(y)).$$

On peut sommer les monotonies identiques et composer les monotonies. Par exemple, la composée d'une fonction croissante par une fonction décroissante donne une fonction décroissante. En revanche, sans hypothèse sur le signe des fonctions, on ne peut pas multiplier les monotonies.

1.2.7 Fonctions majorées, minorées, bornées

Soit f une fonction réelle définie sur une partie X de $\mathbb{R}$.

Définition

On dit que la fonction f est *majorée*[2] s'il existe un réel M tel que $f(x) \leqslant M$ pour tout x de X. On dit alors que M est un *majorant* de la fonction f.

Le graphe d'une fonction majorée par M figure en dessous de la droite d'équation $y = M$.

Définition

On dit que la fonction f admet un *maximum* en $a \in X$ si $f(x) \leqslant f(a)$ pour tout x élément de X.

Une telle fonction est alors majorée par sa valeur en a que l'on appelle *le maximum de la fonction.* Cette valeur $f(a)$ est notée

$$\max f, \quad \max_X f \quad \text{ou} \quad \max_{x \in X} f(x).$$

Mutatis mutandis, on définit les notions de *fonction minorée*, de *minorant* et de *minimum* d'une fonction.

Définition

On dit qu'une fonction est *bornée* lorsqu'elle est minorée et majorée.

Dire que la fonction f est bornée revient à dire que sa valeur absolue est majorée, c'est-à-dire qu'il existe un réel M vérifiant

$$\left|f(x)\right| \leqslant M \quad \text{pour tout } x \in X.$$

1. On dit quelquefois qu'une fonction est *croissante sur* une partie X' pour insister sur le domaine de définition de la fonction ou pour affirmer que c'est sa restriction au départ de X' qui est croissante.

2. On peut aussi dire qu'une fonction est *majorée sur* une partie X' pour insister sur le domaine de définition de la fonction ou pour affirmer que c'est sa restriction au départ de X' qui est majorée.

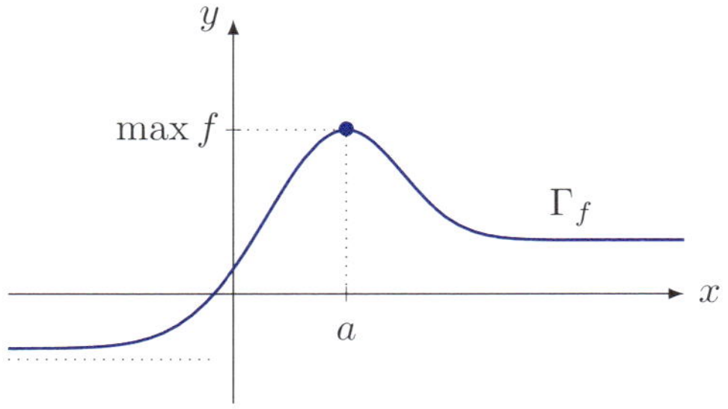

Une fonction bornée admettant un maximum mais pas de minimum.

1.3 Dérivation

I et J désignent des intervalles non vides et non réduits à des points.

1.3.1 Tangente

On dit qu'une fonction $f\colon I \to \mathbb{R}$ est *dérivable* en $a \in I$ si le *taux d'accroissement*

$$\frac{f(x) - f(a)}{x - a}$$

admet une limite finie quand x tend vers a (avec $x \neq a$). Cette limite est notée $f'(a)$, on l'appelle *nombre dérivé de f en a*. Lorsqu'une fonction est dérivable en tout point de son intervalle de définition, on la dit simplement *dérivable* et l'on peut alors introduire sa *fonction dérivée*.
La notion de dérivabilité sera approfondie dans le chapitre 8.

Définition

Si f est dérivable en $a \in I$, on appelle *tangente* à la courbe représentative[1] de f au point d'abscisse a, la droite d'équation $y = f'(a)(x - a) + f(a)$.

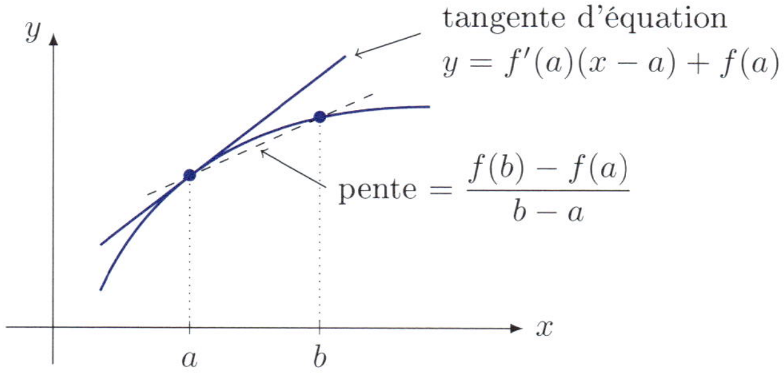

1. On parle aussi de façon abusive de *tangente à f en a*.

1.3.2 Opérations

Théorème 2
Soient $f, g\colon I \to \mathbb{R}$ et $\lambda \in \mathbb{R}$.
Si f et g sont dérivables alors les fonctions λf, $f+g$ et fg le sont aussi et

$$(\lambda f)' = \lambda f', \quad (f+g)' = f'+g' \quad \text{et} \quad (fg)' = f'g + fg'.$$

Si de plus la fonction g ne s'annule pas, le quotient f/g est dérivable et

$$\left(\frac{f}{g}\right)' = \frac{f'g - fg'}{g^2}.$$

Théorème 3
Soient $f\colon I \to \mathbb{R}$ et $g\colon J \to \mathbb{R}$ au moins définie sur l'ensemble des valeurs prises par f.
Si f et g sont dérivables alors la fonction composée $g \circ f$ l'est aussi et

$$(g \circ f)' = f' \times g' \circ f.$$

Ce résultat permet d'énoncer des formules de dérivation de fonctions composées :

$$\left(\sqrt{u}\right)' = \frac{u'}{2\sqrt{u}}, \ \left(u^n\right)' = nu'u^{n-1}, \ \left(\mathrm{e}^u\right)' = u'\mathrm{e}^u, \ldots$$

On retrouvera l'ensemble des formules de dérivation à connaître en annexe p. 463.

1.3.3 Monotonie par dérivation

Théorème 4
Une fonction $f\colon I \to \mathbb{R}$ dérivable est croissante (resp. décroissante) si, et seulement si, sa dérivée est positive.

Étudier le signe de la dérivée permet de déterminer les variations d'une fonction.
Sur un tableau de variation, on peut lire si une fonction réelle admet un minimum ou un maximum. On peut aussi lire si cette fonction est minorée, majorée voire bornée.

Théorème 5
Une fonction $f\colon I \to \mathbb{R}$ dérivable est constante si, et seulement si, sa dérivée est nulle.

Le signe de la dérivée permet aussi de justifier une monotonie stricte :

Théorème 6
Une fonction $f\colon I \to \mathbb{R}$ dérivable est strictement croissante si, et seulement si, sa dérivée est positive et ne présente pas de paliers nuls [1].

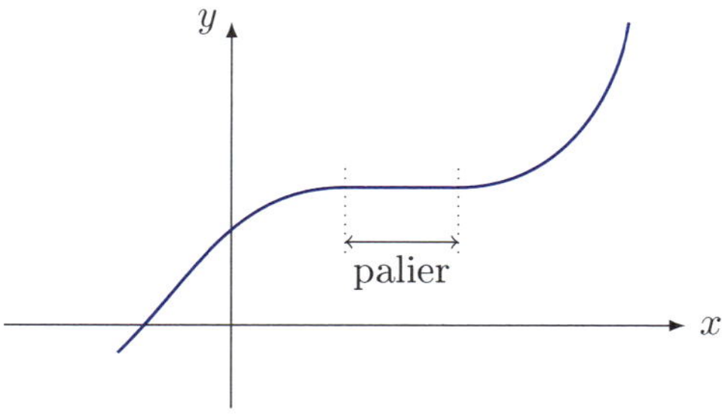

Fonction croissante présentant un palier où elle est constante.

Par passage à l'opposé, on peut caractériser la stricte décroissance d'une fonction dérivable.

1.3.4 Dérivées successives

Sous réserve d'existence, il est souvent possible de dériver la fonction dérivée d'une fonction $f\colon I \to \mathbb{R}$. On parle alors de *dérivée seconde* : $f'' = (f')'$. Plus généralement, et sous réserve d'existence, on introduit la notion de *dérivée n-ième* de la fonction f notée $f^{(n)}$.

1.4 Exercices d'apprentissage

1.4.1 Inégalités

Exercice 1 (Inégalité triangulaire renversée)
Pour tous réels x et y, montrer l'inégalité

$$\big||y| - |x|\big| \leqslant |y - x|.$$

Solution

méthode

On emploie l'inégalité triangulaire (Th. 1 p. 7) en écrivant $y = y - x + x$.

On a

$$|y| = \big|(y - x) + x\big| \leqslant \big|y - x\big| + \big|x\big|.$$

En réorganisant les membres,

$$|y| - |x| \leqslant |y - x|.$$

En échangeant les rôles de x et y, on peut aussi affirmer

$$|x| - |y| \leqslant |x - y| = |y - x|.$$

1. Dire qu'une fonction présente un *palier nul*, signifie qu'il existe deux réels $a < b$ tels que la fonction est nulle sur $[a\,; b]$.

Ainsi, que la valeur absolue du premier membre soit égale au réel ou à son opposé, on peut affirmer

$$\big||y|-|x|\big| \leqslant |y-x|.$$

Exercice 2

Vérifier[1] que pour tous réels a et b,

$$ab \leqslant \frac{1}{2}\left(a^2+b^2\right).$$

En déduire que pour tout $x>0$,

$$x+\frac{1}{x} \geqslant 2.$$

Solution

méthode

‖ Par différence de membres, on se ramène à une comparaison à 0.

L'inégalité étudiée équivaut à

$$\frac{1}{2}a^2-ab+\frac{1}{2}b^2 \geqslant 0.$$

On reconnaît une identité remarquable et ce qui précède s'écrit encore

$$\frac{1}{2}\left(a^2-2ab+b^2\right)=\frac{1}{2}(a-b)^2 \geqslant 0.$$

Cette dernière propriété étant évidemment vraie, l'inégalité voulue l'est aussi.

méthode

‖ On particularise[2] l'inégalité précédente en choisissant convenablement a et b.

Soit $x>0$. Pour $a=\sqrt{x}$ et $b=1/\sqrt{x}$, l'inégalité qui précède donne directement

$$x+\frac{1}{x}=a^2+b^2 \geqslant 2ab=2.$$

Exercice 3

Pour tout réel $x \in \left]-1\,;+\infty\right[$, montrer[3]

$$\ln(1+x) \leqslant x.$$

1. Cette inégalité sera souvent utilisée dans la suite.
2. Cette inégalité peut aussi être directement obtenue par étude de la fonction $x \mapsto x+1/x$ qui présente un minimum en $x=1$.
3. Cette inégalité aussi sera souvent utilisée.

Solution

méthode

On étudie les variations de la fonction définie par la différence des deux membres.

Introduisons la fonction auxiliaire

$$\varphi\colon x \mapsto x - \ln(1+x).$$

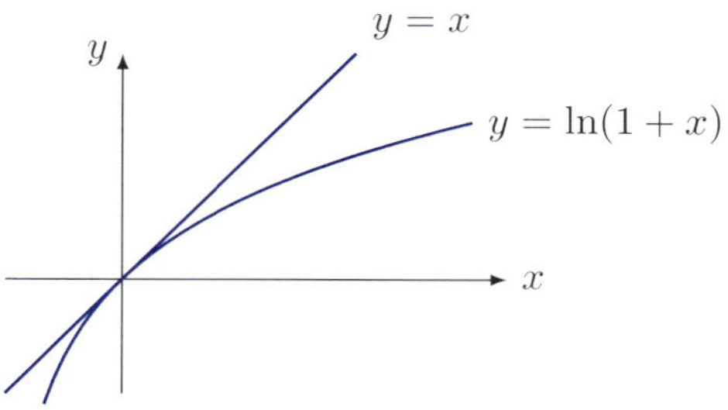

La fonction φ est définie et dérivable sur $]-1\,;+\infty[$ avec

$$\varphi'(x) = 1 - \frac{1}{1+x} = \frac{(1+x)-1}{1+x} = \frac{x}{1+x}.$$

Le signe de $\varphi'(x)$ est celui de x et l'on peut donc dresser le tableau des variations de φ :

x	-1		0		$+\infty$
$\varphi'(x)$		$-$	0	$+$	
$\varphi(x)$	$+\infty$	$\searrow$	$\varphi(0)$	$\nearrow$	$+\infty$

La fonction φ admet donc un minimum en 0 de valeur $\varphi(0) = 0$: c'est une fonction positive sur $]-1\,;+\infty[$. On obtient ainsi l'inégalité voulue.

Exercice 4

Vérifier :

(a) $x(1-x) \leqslant \frac{1}{4}$ pour tout réel x.

(b) $x\ln(x) \geqslant -\frac{1}{\mathrm{e}}$ pour tout $x > 0$.

Solution

méthode

Par l'étude de ses variations, on peut déterminer les extremums d'une fonction.

(a) La fonction $f\colon x \mapsto x(1-x)$ est définie et dérivable sur $\mathbb{R}$ avec $f'(x) = 1 - 2x$ pour tout x réel. Cette dérivée s'annule en changeant de signe pour $x = 1/2$.

x	$-\infty$		$1/2$		$+\infty$
$f'(x)$		$+$	0	$-$	
$f(x)$	$-\infty$	$\nearrow$	$f\left(\frac{1}{2}\right)$	$\searrow$	$-\infty$

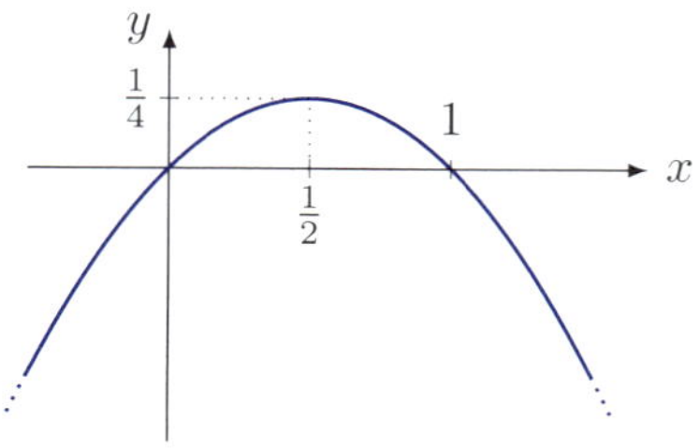

La fonction f admet donc un maximum en $x = 1/2$ de valeur $f(1/2) = 1/4$. On en déduit l'inégalité demandée.

(b) La fonction $g\colon x \mapsto x\ln(x)$ est définie et dérivable sur $]0\,;+\infty[$ et $g'(x) = 1 + \ln(x)$ pour tout $x > 0$. Cette dérivée s'annule en changeant de signe pour $x = 1/\mathrm{e}$.

x	0		$1/\mathrm{e}$		$+\infty$
$g'(x)$	‖	$-$	0	$+$	
$g(x)$	0	↘	$g\left(\frac{1}{\mathrm{e}}\right)$	↗	$+\infty$

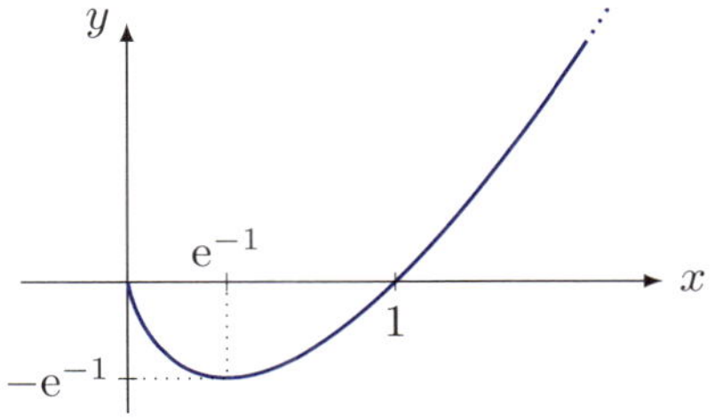

La fonction g admet donc un minimum en $x = 1/\mathrm{e}$ de valeur $g(1/\mathrm{e}) = -1/\mathrm{e}$. On en déduit l'inégalité demandée.

1.4.2 Fonctions réelles

Exercice 5

Montrer que la fonction partie entière est croissante.

Solution

méthode

Puisqu'il n'est pas possible de dériver la fonction partie entière[1], on étudie sa monotonie en revenant à la définition de la croissance.

Soient x et y deux réels avec $x \leqslant y$. Montrons $\lfloor x \rfloor \leqslant \lfloor y \rfloor$.

méthode

La partie entière d'un réel est le plus grand entier inférieur à celui-ci.

On a $\lfloor x \rfloor \leqslant x$ et donc $\lfloor x \rfloor \leqslant y$. Or $\lfloor x \rfloor$ est un entier et $\lfloor y \rfloor$ est le plus grand entier inférieur à y, il est donc supérieur à $\lfloor x \rfloor$. La fonction $\lfloor\cdot\rfloor$ est alors croissante puisque l'on a obtenu l'implication :

$$x \leqslant y \implies \lfloor x \rfloor \leqslant \lfloor y \rfloor.$$

Exercice 6

Calculer les dérivées des fonctions de la variable réelle x dont les expressions suivent :

(a) $\left(\sin(x)\right)^3$ (b) $\cos\left(x^2\right)$ (c) $\dfrac{1}{\ln(x)}$

(d) $\dfrac{1}{\left(x^2+1\right)^2}$ (e) $\dfrac{x\mathrm{e}^{-x^2}}{x^2+1}$ (f) $\dfrac{x}{\sqrt{x^2+x+1}}$.

1. La fonction partie entière n'est pas continue, *a fortiori* elle n'est pas non plus dérivable.

Solution

Chaque fonction considérée ici est dérivable sur son ou ses intervalles de définition.

(a) **méthode**

> On reconnaît une forme u^n avec $n = 3$:
> $$(u^n)' = nu'u^{n-1}.$$

Ici $u(x) = \sin(x)$ donc $u'(x) = \cos(x)$ puis

$$\frac{\mathrm{d}}{\mathrm{d}x}\Big(\big(\sin(x)\big)^3\Big) = 3\cos(x)\big(\sin(x)\big)^2.$$

(b) **méthode**

> On dérive une forme composée :
> $$(v \circ u)' = u' \times v' \circ u.$$

Ici $u(x) = x^2$, $v(t) = \cos(t)$ donc $u'(x) = 2x$ et $v'(t) = -\sin(t)$ puis

$$\frac{\mathrm{d}}{\mathrm{d}x}\Big(\cos\big(x^2\big)\Big) = 2x \times \Big(-\sin\big(x^2\big)\Big) = -2x\sin\big(x^2\big).$$

(c) **méthode**

> On dérive une fonction inverse :
> $$\left(\frac{1}{u}\right)' = -\frac{u'}{u^2}.$$

Pour $u(x) = \ln(x)$, on a $u'(x) = 1/x$ et donc

$$\frac{\mathrm{d}}{\mathrm{d}x}\left(\frac{1}{\ln(x)}\right) = -\frac{1}{x\big(\ln(x)\big)^2}.$$

(d) **méthode**

> Plutôt que de dériver un inverse, il est préférable de dériver une forme $1/u^2$
> $$\left(\frac{1}{u^2}\right)' = (u^{-2})' = -2u'u^{-3} = -2\frac{u'}{u^3}.$$

Avec $u(x) = x^2 + 1$, on obtient

$$\frac{\mathrm{d}}{\mathrm{d}x}\left(\frac{1}{(x^2+1)^2}\right) = -\frac{4x}{(x^2+1)^3}.$$

(e) **méthode**

> On dérive un quotient
> $$\left(\frac{u}{v}\right)' = \frac{u'v - uv'}{v^2}.$$

Ici $u(x) = x\mathrm{e}^{-x^2}$ et $v(x) = x^2 + 1$. On a immédiatement $v'(x) = 2x$ et l'on calcule u' en dérivant un produit et une forme composée

$$u'(x) = 1 \times \mathrm{e}^{-x^2} + x \times (-2x)\mathrm{e}^{-x^2} = \left(1 - 2x^2\right)\mathrm{e}^{-x^2}.$$

Au terme des calculs, on obtient

$$\frac{\mathrm{d}}{\mathrm{d}x}\left(\frac{x\mathrm{e}^{-x^2}}{x^2+1}\right) = \frac{1 - 3x^2 - 2x^4}{(x^2+1)^2}\mathrm{e}^{-x^2}.$$

(f) **méthode**

‖ On peut dériver un quotient ou une forme produit $u \times v^{-1/2}$.

Ici $u(x) = x$, $v(x) = x^2 + x + 1$ et l'on obtient

$$\frac{\mathrm{d}}{\mathrm{d}x}\left(\frac{x}{\sqrt{x^2+x+1}}\right) = \frac{1}{\sqrt{x^2+x+1}} - x \times \frac{1}{2} \cdot \frac{2x+1}{(x^2+x+1)^{3/2}} = \frac{x+2}{2(x^2+x+1)^{3/2}}.$$

Exercice 7

Étudier les variations de la fonction f définie sur $\mathbb{R}$ par la relation

$$f(x) = \frac{x}{\mathrm{e}^x + 1}.$$

Solution

La fonction f est définie et dérivable sur $\mathbb{R}$. On étudie le signe de sa dérivée. Pour tout réel x, on obtient par dérivation d'un quotient

$$f'(x) = \frac{\mathrm{e}^x + 1 - x\mathrm{e}^x}{(\mathrm{e}^x+1)^2}.$$

Le signe de $f'(x)$ n'est pas évident. On peut être tenté de déduire celui-ci de l'étude des variations de $f'(x)$ mais le calcul de $f''(x)$ conduit à une expression dont le signe est encore plus complexe à acquérir !

méthode

‖ Le dénominateur étant positif, le signe de $f'(x)$ est celui de son numérateur.

On pose $N(x) = \mathrm{e}^x + 1 - x\mathrm{e}^x$. La fonction N est dérivable et, pour tout réel x,

$$N'(x) = \mathrm{e}^x - \mathrm{e}^x - x\mathrm{e}^x = -x\mathrm{e}^x.$$

Le signe de $N'(x)$ est celui de $-x$.

x	$-\infty$		0		α		$+\infty$
$N'(x)$		$+$	0	$-$			
$N(x)$	1	↗	2	↘	0	↘	$-\infty$

Par ce tableau de variation, on peut assurer l'existence[1] et l'unicité d'un réel[2] $\alpha > 0$ annulant N, c'est-à-dire un réel α tel que

$$\alpha e^{\alpha} = e^{\alpha} + 1.$$

La fonction N est alors positive sur $]-\infty\,;\alpha]$ et négative sur $[\alpha\,;+\infty[$. On en déduit les variations de f données dans le tableau ci-dessous.

x	$-\infty$		0		α		$+\infty$
$f'(x)$			$+$		0	$-$	
$f(x)$	$-\infty$	$\nearrow$	0	$\nearrow$	$e^{-\alpha}$	$\searrow$	0

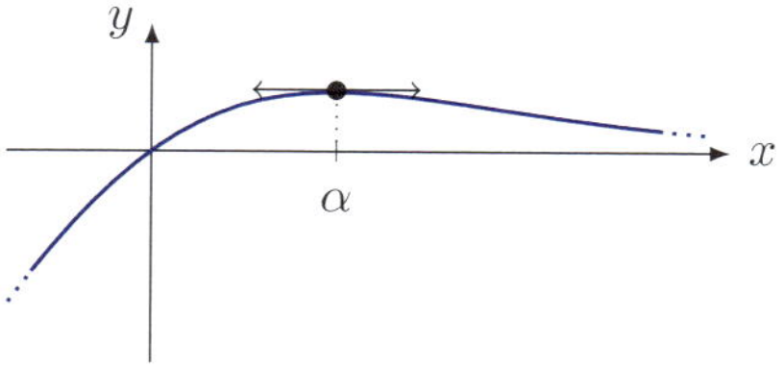

1.5 Exercices d'entraînement

1.5.1 Les nombres

Exercice 8 *

Montrer que la somme d'un nombre rationnel et d'un nombre irrationnel est un nombre irrationnel.

Solution

Soient x un nombre rationnel et y un nombre irrationnel. Il est possible de décrire le nombre x en écrivant $x = p/q$ avec $p \in \mathbb{Z}$ et $q \in \mathbb{N}^*$. En revanche, il n'est pas possible de décrire y.

méthode

‖ On raisonne par l'absurde.

Par l'absurde, supposons que $x + y$ soit un nombre rationnel. Par réduction à un dénominateur commun, on peut affirmer que la différence de deux nombres rationnels est un nombre rationnel. Par conséquent,

$$y = (x + y) - x$$

est un nombre rationnel. C'est absurde.

Exercice 9 *

Simplifier $\left(\sqrt{2}^{\sqrt{2}}\right)^{\sqrt{2}}$.

En déduire l'existence d'un nombre rationnel pouvant s'écrire a^b avec a et b deux nombres irrationnels strictement positifs.

1. Plus précisément, c'est l'emploi du théorème de la bijection Th. 2 p. 46 qui assure cette existence.
2. On ne sait pas exprimer α à l'aide des fonctions usuelles. Numériquement $\alpha = 1{,}278$ à 10^{-3} près.

Solution

méthode

Pour $a > 0$ et x, y réels : $(a^x)^y = a^{xy}$.

On a

$$\left(\sqrt{2}^{\sqrt{2}}\right)^{\sqrt{2}} = \left(\sqrt{2}\right)^{\sqrt{2}\times\sqrt{2}} = \sqrt{2}^2 = 2.$$

On sait que $\sqrt{2}$ est un nombre irrationnel [1]. Distinguons alors deux cas.

Cas : $\sqrt{2}^{\sqrt{2}}$ est rationnel. On obtient la propriété voulue avec $a = b = \sqrt{2}$.

Cas : $\sqrt{2}^{\sqrt{2}}$ est irrationnel. On obtient la propriété voulue $a = \sqrt{2}^{\sqrt{2}}$ et $b = \sqrt{2}$.

Dans les deux cas [2], on peut affirmer l'existence de deux nombres irrationnels a et b tels que a^b est un nombre rationnel.

Exercice 10 **

Soit $a \in [1\,;+\infty[$. Simplifier

$$\sqrt{a + 2\sqrt{a-1}} + \sqrt{a - 2\sqrt{a-1}}.$$

Solution

La quantité étudiée existe car les réels $a - 1$ et $a + 2\sqrt{a-1}$ sont évidemment positifs et $a - 2\sqrt{a-1}$ l'est aussi puisque $a^2 \geqslant 4a - 4$ sachant $(a-2)^2 \geqslant 0$.

méthode

On simplifie les racines en élevant au carré par $\left(\sqrt{x}\right)^2 = x$ pour $x \geqslant 0$.

Posons

$$x = \sqrt{a + 2\sqrt{a-1}} + \sqrt{a - 2\sqrt{a-1}}.$$

Par développement d'un carré et identités remarquables,

$$\begin{aligned} x^2 &= \left(a + 2\sqrt{a-1}\right) + 2\sqrt{\left(a + 2\sqrt{a-1}\right)\left(a - 2\sqrt{a-1}\right)} + \left(a - 2\sqrt{a-1}\right) \\ &= 2a + 2\sqrt{a^2 - 4(a-1)} = 2a + 2\sqrt{(a-2)^2}. \end{aligned}$$

méthode

Prendre garde aux valeurs absolues dans la simplification $\sqrt{x^2} = |x|$ pour x réel.

On obtient $x^2 = 2a + 2|a-2|$. On simplifie [3] cette expression en discutant selon les valeurs prises par a.

Cas : $a \in [1\,;2]$. On a $x^2 = 2a + 2(2-a) = 4$ et donc $x = 2$.

Cas : $a \in [2\,;+\infty[$. On a $x^2 = 4(a-1)$ puis $x = 2\sqrt{a-1}$.

1. Voir sujet 5 du chapitre 1 de l'ouvrage *Exercices d'algèbre et de probabilités PCSI* dans la même collection.

2. Cette démonstration est quelque peu « frustrante » car on n'y précise pas lequel des deux cas est correct ! En fait, on peut montrer que $\sqrt{2}^{\sqrt{2}}$ est irrationnel.

3. On peut aussi résoudre ce sujet en observant $(\sqrt{a-1} \pm 1)^2 = a \pm 2\sqrt{a-1}$.

Exercice 11 **
Montrer que tout intervalle ouvert non vide de $\mathbb{R}$ rencontre[1] $\mathbb{Q}$ et $\mathbb{R} \setminus \mathbb{Q}$.

Solution

Un intervalle ouvert non vide I de $\mathbb{R}$ est de la forme $]a\,;b[$ avec $a < b$ des réels ou des bornes infinies. Il suffit de résoudre la question posée dans le cas où a et b sont réels pour qu'elle soit résolue dans tous les cas. On suppose dans la suite être dans ce cas de figure.

méthode

> On construit un nombre rationnel appartenant à $]a\,;b[$ en introduisant un dénominateur q assez grand pour qu'il existe un entier strictement compris entre qa et qb.

Il existe[2] un entier naturel non nul q assez grand pour vérifier

$$q > \frac{1}{b-a}.$$

Pour cet entier, on a $qb - qa > 1$ et il existe[3] un entier p strictement compris entre qa et qb.

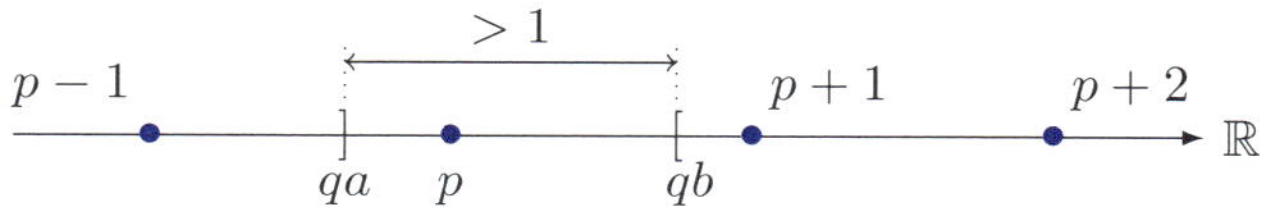

Le nombre rationnel $x = p/q$ est alors strictement compris entre a et b : l'intervalle I rencontre l'ensemble $\mathbb{Q}$ des nombres rationnels. Il reste à montrer que I rencontre aussi $\mathbb{R} \setminus \mathbb{Q}$.

méthode

> La somme d'un nombre rationnel et d'un nombre irrationnel est un nombre irrationnel[4].

Soit α un nombre irrationnel (par exemple, $\sqrt{2}$ ou π). L'intervalle translaté $]a-\alpha\,;b-\alpha[$ contient au moins un nombre rationnel x. Le nombre $y = \alpha + x$ est alors élément de I et il est irrationnel car $\alpha \notin \mathbb{Q}$ et $x \in \mathbb{Q}$. Ainsi, l'intervalle I rencontre l'ensemble $\mathbb{R} \setminus \mathbb{Q}$.

Exercice 12 **
Montrer[5] que $\sqrt{2} + \sqrt[3]{3}$ est un nombre irrationnel.

1. Autrement dit, les intervalles ouverts non vides contiennent des nombres rationnels et des nombres irrationnels.
2. Par exemple, $q = \lfloor 1/(b-a) \rfloor + 1$ convient.
3. L'entier $p = \lfloor qa \rfloor + 1$ convient car vérifie $qa < p$ et aussi $p \leqslant qa + 1 < qb$.
4. Voir sujet 8 p. 20.
5. Pour $x \geqslant 0$, $\sqrt[3]{x}$ désigne la *racine cubique* de x, c'est-à-dire l'unique réel dont le cube vaut x.

Solution

méthode

‖ On exprime $x = \sqrt{2} + \sqrt[3]{3}$ comme solution d'une équation « simple ».

En développant [1] le premier membre de l'équation $\left(x - \sqrt{2}\right)^3 = 3$, on obtient

$$x^3 - 3\sqrt{2}x^2 + 6x - 2\sqrt{2} = 3.$$

En réordonnant les membres de cette équation afin d'isoler $\sqrt{2}$, on écrit

$$\underbrace{(3x^2 + 2)}_{\neq 0}\sqrt{2} = x^3 + 6x - 3 \quad \text{puis} \quad \sqrt{2} = \frac{x^3 + 6x - 3}{3x^2 + 2}.$$

Par l'absurde, si x est un nombre rationnel, on peut affirmer par opérations dans $\mathbb{Q}$ que $\sqrt{2}$ est aussi un nombre rationnel. C'est absurde.

1.5.2 Équations, inéquations, systèmes

Exercice 13 *

Résoudre les équations suivantes d'inconnue x réelle :

(a) $x = \sqrt{2x - 1} + 2$ (b) $e^x - 4e^{-x} = 3$.

Solution

(a) L'équation posée a du sens pour $2x - 1 \geqslant 0$, c'est-à-dire $x \geqslant 1/2$.

méthode

‖ On isole la racine carrée avant d'élever au carré.

Pour $x \geqslant 1/2$,

$$x = \sqrt{2x - 1} + 2 \iff x - 2 = \sqrt{2x - 1}$$
$$\iff \begin{cases} (x - 2)^2 = 2x - 1 \\ x - 2 \geqslant 0 \end{cases}$$

(la condition de positivité permet de conserver [2] l'équivalence).

L'équation $(x - 2)^2 = 2x - 1$ s'exprime aussi $x^2 - 6x + 5 = 0$ et a pour racines 1 et 5. Parmi celles-ci, seule 5 vérifie la condition $x - 2 \geqslant 0$ et c'est donc la seule solution de l'équation posée.

1. On emploie la formule $(a - b)^3 = a^3 - 3a^2b + 3ab^2 - b^3$.

2. L'implication directe est immédiate par élévation au carré. L'implication réciproque s'obtient par passage à la racine et emploi de la formule $\sqrt{a^2} = |a| = a$ pour $a \geqslant 0$.

(b) **méthode**

> On multiplie l'équation par e^x afin de reconnaître une équation du second degré d'inconnue $X = e^x$.

Pour $x \in \mathbb{R}$, on maintient l'équivalence en multipliant l'équation par $e^x \neq 0$

$$\begin{aligned} e^x - 4e^{-x} = 3 &\iff e^{2x} - 3e^x - 4 = 0 \\ &\iff X^2 - 3X - 4 = 0 \quad \text{avec} \quad X = e^x. \end{aligned}$$

Les racines de l'équation du second degré sont -1 et 4, donc

$$\begin{aligned} e^x - 4e^{-x} = 3 &\iff \underbrace{e^x = -1}_{\text{impossible}} \text{ ou } e^x = 4 \\ &\iff x = 2\ln(2). \end{aligned}$$

Exercice 14 *

Résoudre les inéquations suivantes d'inconnue x réelle :

(a) $\dfrac{1}{x} \leqslant \dfrac{1}{2}$ (b) $\dfrac{2x-1}{x+2} \leqslant 1$

(c) $3 + \sqrt{x-1} < x$ (d) $|2x-1| + |x-3| \geqslant 7$.

Solution

(a) L'équation étudiée a du sens pour tout $x \in \mathbb{R}^*$.

méthode

> La fonction inverse n'est décroissante que sur les intervalles constituant $\mathbb{R}^*$: l'inéquation étudiée est équivalente à $x \geqslant 2$ seulement pour $x > 0$.

Distinguons deux cas.

Cas : $x < 0$. L'inéquation est immédiatement vérifiée car un nombre négatif est assurément inférieur à $1/2$.

Cas : $x > 0$. Par la stricte décroissance de la fonction inverse sur $\mathbb{R}_+^*$, on obtient

$$\frac{1}{x} \leqslant \frac{1}{2} \iff x \geqslant 2.$$

L'ensemble des solutions[1] de l'inéquation est donc $]-\infty\,;0[\cup [2\,;+\infty[$.

(b) L'inéquation a du sens pour tout $x \in \mathbb{R} \setminus \{-2\}$.

méthode

> On étudie le signe de la différence[2] des deux membres.

1. Cette inéquation se résout aussi par l'étude du signe de la différence des deux membres comme dans la question qui suit.

Pour $x \neq -2$,

$$\frac{2x-1}{x+2} \leqslant 1 \iff \frac{2x-1}{x+2} - 1 \leqslant 0$$
$$\iff \frac{x-3}{x+2} \leqslant 0.$$

Le signe du dernier quotient est aussi celui du trinôme $(x+2)(x-3)$: il est négatif entre les racines. L'ensemble des solutions de l'inéquation étudiée est donc $]-2\,;3]$.

(c) L'inéquation étudiée a du sens pour $x \geqslant 1$.

méthode

On simplifie la racine par élévation au carré après avoir isolé celle-ci dans l'un des membres.

Pour $x \geqslant 1$,

$$3+\sqrt{x-1} < x \iff \sqrt{x-1} < x-3$$
$$\iff x-3 \geqslant 0 \quad \text{et} \quad x-1 < (x-3)^2$$

(la condition $x-3 \geqslant 0$ permet de conserver[3] l'équivalence).

On poursuit l'étude en résolvant l'inéquation obtenue. Pour $x \in \mathbb{R}$,

$$x-1 < (x-3)^2 \iff x^2 - 7x + 10 > 0.$$

Les racines du trinôme en premier membre sont 2 et 5 et donc

$$x-1 < (x-3)^2 \iff x \in]-\infty\,;2[\,\cup\,]5\,;+\infty[.$$

En résumé, l'ensemble des solutions de l'inéquation étudiée est l'intervalle $]5\,;+\infty[$.

(d) L'inéquation étudiée a du sens pour tout $x \in \mathbb{R}$.

méthode

On exprime chaque valeur absolue comme égale à la quantité ou à son opposé selon l'intervalle dans lequel se situe x.

Pour $x \in \mathbb{R}$,

$$|2x-1| = \begin{cases} 2x-1 & \text{si } x \in [1/2\,;+\infty[\\ 1-2x & \text{si } x \in]-\infty\,;1/2[\end{cases} \quad \text{et} \quad |x-3| = \begin{cases} x-3 & \text{si } x \in]3\,;+\infty[\\ 3-x & \text{si } x \in]-\infty\,;3]. \end{cases}$$

2. Simplifier l'inéquation en commençant par la multiplier par $x+2$ nécessite de discuter selon le signe de $x+2$.

3. L'implication directe est acquise par la croissance de l'élévation au carré sur $\mathbb{R}_+$, l'implication réciproque grâce à la croissance de la fonction racine carrée et l'emploi de la formule $\sqrt{a^2} = |a|$.

Cas : $x \in]-\infty\,;1/2[$. L'inéquation $|2x-1|+|x-3| \geqslant 7$ s'écrit $4-3x \geqslant 7$ soit $x \leqslant -1$. Les solutions de cette dernière inéquation figurent toutes dans l'intervalle d'étude.

Cas : $x \in [1/2\,;3]$. L'inéquation étudiée s'exprime $x+2 \geqslant 7$ soit $x \geqslant 5$: il ne figure pas de solutions à cette dernière inéquation dans l'intervalle en cours.

Cas : $x \in]3\,;+\infty[$. L'inéquation devient $x \geqslant 11/3$ ce qui détermine des solutions qui appartiennent toutes à l'intervalle considéré.

Finalement, l'ensemble des solutions de l'inéquation est $]-\infty\,;-1] \cup [11/3\,;+\infty[$.

Exercice 15 **

Soient $n \in \mathbb{N}^*$ et $x_1,\dots,x_n$ des réels. On suppose

$$\begin{cases} x_1+\cdots+x_n = n \\ x_1^2+\cdots+x_n^2 = n. \end{cases}$$

Montrer que les réels $x_1,\dots,x_n$ sont tous égaux à 1.

Solution

On obtient immédiatement une solution en prenant $x_1=\cdots=x_n=1$. Vérifions qu'il n'y en a pas d'autres.

méthode

Si une somme de réels positifs est nulle, chaque terme de la somme est nul.

On étudie la somme des $(x_k-1)^2$. En développant, on obtient

$$\sum_{k=1}^{n}(x_k-1)^2 = \sum_{k=1}^{n}(x_k^2-2x_k+1) = \underbrace{\sum_{k=1}^{n}x_k^2}_{=n} - 2\underbrace{\sum_{k=1}^{n}x_k}_{=n} + \underbrace{\sum_{k=1}^{n}1}_{=n} = 0.$$

Puisque cette somme est nulle et que les quantités sommées sont toutes positives, les termes de la somme sont tous nuls :

$$(x_1-1)^2=\cdots=(x_n-1)^2=0.$$

On en déduit $x_1=\cdots=x_n=1$.

Exercice 16 **

Soit a un réel non nul. Déterminer les triplets (x,y,z) de réels non nuls vérifiant :

$$\begin{cases} x+y+z = a \\ \dfrac{1}{x}+\dfrac{1}{y}+\dfrac{1}{z} = \dfrac{1}{a}. \end{cases}$$

Solution

Soit (x, y, z) un triplet de réels non nuls. En passant l'inconnue z en second membre avant de réduire au même dénominateur,

$$\begin{cases} x+y+z=a \\ \dfrac{1}{x}+\dfrac{1}{y}+\dfrac{1}{z}=\dfrac{1}{a} \end{cases} \iff \begin{cases} x+y=a-z \\ \dfrac{1}{x}+\dfrac{1}{y}=\dfrac{1}{a}-\dfrac{1}{z} \end{cases}$$
$$\iff \begin{cases} x+y=a-z \\ \dfrac{x+y}{xy}=\dfrac{z-a}{az} \end{cases}$$
$$\iff \begin{cases} x+y=a-z \\ \dfrac{x+y}{xy}=-\dfrac{x+y}{az} \end{cases}.$$

On poursuit l'étude en distinguant deux cas.

Cas : $x+y=0$. Le système se réduit à la seule équation $z=a$ ce qui produit les solutions

$$(x, -x, a) \quad \text{avec} \quad x \in \mathbb{R}^*.$$

Cas : $x+y \neq 0$. On simplifie la deuxième équation par $x+y$ et l'on obtient le système

$$\begin{cases} x+y=a-z \\ \quad xy=-az. \end{cases}$$

méthode

> Un système somme-produit se résout par l'introduction d'une équation du second degré[1].

Les réels x et y sont les racines de l'équation $(r-x)(r-y)=0$ d'inconnue r. Si x et y sont solutions du système cette équation se relit après développement

$$r^2-(a-z)r-az=0$$

soit encore

$$(r-a)(r+z)=0.$$

Ses racines sont a et $-z$ et donc, à l'ordre près, x et y sont égaux à celles-ci. La réciproque étant immédiate, on est parvenu aux triplets solutions :

$$(a, -z, z) \quad \text{et} \quad (-z, a, z) \quad \text{avec} \quad z \in \mathbb{R}^*.$$

Finalement, les triplets solutions sont ceux formés par a et deux réels non nuls opposés.

Exercice 17 ***

Résoudre l'équation $ab+bc+ca=abc$ d'inconnue $(a, b, c) \in \mathbb{N}^3$.

---

1. Voir p. 96.

Solution

méthode

> On simplifie l'expression de l'équation en divisant par abc lorsque cela est possible.

Les nombres a, b et c jouant des rôles analogues, on peut[1] mener la résolution en supposant $a \leqslant b \leqslant c$.

Cas : $a = 0$. L'équation étudiée se simplifie en $bc = 0$ dont les solutions respectant la condition $b \leqslant c$ sont données par $b = 0$ et $c = k$ avec $k \in \mathbb{N}$.

Désormais, on suppose $a \neq 0$ ce qui entraîne la non-nullité de b et c. On peut alors diviser l'équation étudiée par abc afin de l'écrire

$$\frac{1}{a} + \frac{1}{b} + \frac{1}{c} = 1. \tag{$*$}$$

méthode

> On observe qu'il n'y a qu'un nombre fini de valeurs de a possibles et l'on étudie chacune d'elles.

Sachant $c \geqslant b \geqslant a$, on a

$$\frac{1}{a} + \frac{1}{b} + \frac{1}{c} \leqslant \frac{3}{a}$$

et il ne peut y avoir de solutions avec $a > 3$. Étudions les valeurs restantes.

Cas : $a = 1$. L'équation précédente devient

$$\frac{1}{b} + \frac{1}{c} = 0.$$

Celle-ci est impossible car b et c sont strictement positifs.

Cas : $a = 2$. L'équation $(*)$ devient

$$\frac{1}{b} + \frac{1}{c} = \frac{1}{2}.$$

Avoir $b = 2$ est impossible car $c > 0$. En revanche, $b = 3$ et $b = 4$ sont possibles et conduisent respectivement à $c = 6$ et $c = 4$. Enfin, $b > 4$ n'est pas possible puisque $c \geqslant b$ et qu'alors $1/b + 1/c < 1/2$.

Cas : $a = 3$. L'équation $(*)$ devient

$$\frac{1}{b} + \frac{1}{c} = \frac{2}{3}.$$

L'équation est impossible pour $b > 3$ car alors $1/b + 1/c < 2/3$. En revanche, $b = 3$ est possible et mène à $c = 3$.

En résumé, les triplets $(a, b, c) \in \mathbb{N}^3$ solutions sont, à l'ordre près des éléments :

$$(0, 0, k) \quad (\text{pour } k \in \mathbb{N}), \quad (2, 3, 6), \quad (2, 4, 4) \quad \text{et} \quad (3, 3, 3).$$

1. L'ensemble de toutes les solutions se déduira de celles produites par permutation de a, b, c,.

1.5.3 Inégalités

Exercice 18 *

Montrer que pour tous a, b et c réels,

$$ab + bc + ca \leqslant a^2 + b^2 + c^2.$$

Solution

méthode

‖ On emploie l'inégalité[1] $2ab \leqslant a^2 + b^2$.

Par l'inégalité proposée,

$$ab + bc + ca \leqslant \frac{1}{2}(a^2 + b^2) + \frac{1}{2}(b^2 + c^2) + \frac{1}{2}(c^2 + a^2) = a^2 + b^2 + c^2.$$

Exercice 19 **

(a) Montrer

$$x - \frac{1}{6}x^3 \leqslant \sin(x) \leqslant x \quad \text{pour tout } x \geqslant 0.$$

(b) Que devient cet encadrement pour x négatif ?

(c) Montrer

$$\sin(x) \geqslant \frac{2}{\pi}x \quad \text{pour tout } x \in [0\,;\pi/2].$$

Solution

(a) **méthode**

‖ On étudie les variations des fonctions définies par la différence des membres.

On commence par l'inégalité qui semble la plus simple : celle de droite.

La fonction $f\colon x \mapsto x - \sin(x)$ est définie et dérivable sur $\mathbb{R}_+$ et, pour tout x de $\mathbb{R}_+$,

$$f'(x) = 1 - \cos(x) \geqslant 0.$$

La fonction f est donc croissante et, sachant $f(0) = 0$, la fonction f est positive sur $\mathbb{R}_+$. On en déduit $x \geqslant \sin(x)$ pour tout $x \geqslant 0$.

Étudions maintenant l'inégalité de gauche.

La fonction $g\colon x \mapsto \sin(x) - x + \frac{1}{6}x^3$ est définie et dérivable sur $\mathbb{R}_+$ et, pour tout $x \in \mathbb{R}_+$,

$$g'(x) = \cos(x) - 1 + \frac{1}{2}x^2.$$

1. Voir sujet 2 p. 15.

Le signe de g' n'étant pas évident, on étudie ses variations en dérivant à nouveau. On obtient pour tout $x \in \mathbb{R}_+$
$$g''(x) = -\sin(x) + x.$$
Par l'étude qui précède, on peut affirmer $g''(x) \geqslant 0$. La fonction g' est croissante et, sachant $g'(0) = 0$, on peut affirmer que la fonction g' est positive. On en déduit que la fonction g est croissante, et sachant $g(0) = 0$, on conclut que la fonction g. Finalement, l'inégalité de gauche est aussi valide.

(b) Les trois membres de l'encadrement correspondent à des fonctions impaires : par passage à l'opposé, l'encadrement est en sens inverse lorsque x est négatif.

(c) On introduit la fonction h définie par la différence des deux membres
$$h(x) = \sin(x) - \frac{2}{\pi}x \quad \text{pour tout } x \in [0\,;\pi/2].$$
La fonction h est deux fois dérivable avec
$$h'(x) = \cos(x) - \frac{2}{\pi} \quad \text{et} \quad h''(x) = -\sin(x) \leqslant 0 \quad \text{pour tout } x \in [0\,;\pi/2].$$
On en déduit les variations de h résumées dans le tableau ci-dessous :

x	0		α		$\pi/2$
$h''(x)$	0		$-$		
$h'(x)$		$\searrow$	0	$\searrow$	
$h'(x)$		$+$	0	$-$	
$h(x)$	0	$\nearrow$	$h(\alpha)$	$\searrow$	0

où α est l'unique réel de $[0\,;\pi/2]$ vérifiant $\cos(\alpha) = 2/\pi$. La fonction h est donc positive et cela établit l'inégalité voulue.

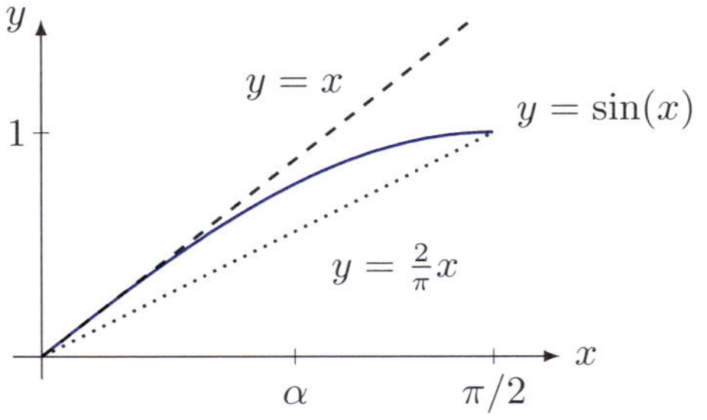

Visualisation de l'encadrement $\frac{2}{\pi}x \leqslant \sin(x) \leqslant x$ pour $x \in [0\,;\pi/2]$.

Exercice 20 ** (Inégalité de Cauchy-Schwarz)

Soient $n \in \mathbb{N}^*$, $a_1, \dots, a_n \in \mathbb{R}$ et $b_1, \dots, b_n \in \mathbb{R}$.
Montrer

$$\left|\sum_{k=1}^{n} a_k b_k\right| \leqslant \left(\sum_{k=1}^{n} a_k^2\right)^{1/2} \left(\sum_{k=1}^{n} b_k^2\right)^{1/2}.$$

On pourra étudier le signe de la fonction $\varphi\colon \lambda \mapsto \sum_{k=1}^{n} (\lambda a_k + b_k)^2$.

Solution

Pour tout réel λ, une somme de carrés étant positive, on peut affirmer

$$\varphi(\lambda) = \sum_{k=1}^{n} (\lambda a_k + b_k)^2 = \underbrace{\left(\sum_{k=1}^{n} a_k^2\right)}_{=a} \lambda^2 + 2 \underbrace{\left(\sum_{k=1}^{n} a_k b_k\right)}_{=b} \lambda + \underbrace{\left(\sum_{k=1}^{n} b_k^2\right)}_{=c} \geqslant 0.$$

Cas : $a = 0$. Les $a_1, \dots, a_n$ sont nécessairement tous nuls car une somme de quantités positives est nulle si, et seulement si, chacune des quantités sommées est nulle. L'inégalité demandée est alors immédiate.

Cas : $a \neq 0$.

méthode

‖ La fonction $\varphi\colon \lambda \mapsto a\lambda^2 + 2b\lambda + c$ atteint son minimum en $\lambda = -b/a$.

On peut écrire

$$\varphi\left(-\frac{b}{a}\right) = a \times \left(-\frac{b}{a}\right)^2 + 2b \times \left(-\frac{b}{a}\right) + c = \frac{ac - b^2}{a} \geqslant 0$$

et l'on obtient [1] ainsi $b^2 \leqslant ac$. Il suffit ensuite de passer à la racine pour acquérir l'inégalité voulue : $|b| \leqslant \sqrt{ac}$

Exercice 21 **

Soient x et y deux réels de l'intervalle $[0\,;1]$. Montrer

$$\min\{xy, (1-x)(1-y)\} \leqslant \frac{1}{4}.$$

Solution

méthode

‖ On détermine la valeur du min en comparant xy et $(1-x)(1-y)$.

1. On peut aussi obtenir directement $\Delta = 4b^2 - 4ac \leqslant 0$ en affirmant que le trinôme $a\lambda^2 + 2b\lambda + c$ ne peut pas admettre deux racines réelles distinctes puisqu'il est de signe constant.

En développant le second membre,

$$\begin{aligned} xy \leqslant (1-x)(1-y) &\iff xy \leqslant 1 - x - y + xy \\ &\iff x + y \leqslant 1. \end{aligned}$$

Distinguons alors deux cas.
Cas : $x + y \leqslant 1$. On a

$$\min\{xy, (1-x)(1-y)\} = xy \quad \text{et} \quad y \leqslant 1 - x$$

donc

$$\min\{xy, (1-x)(1-y)\} \leqslant x(1-x) \quad \text{car} \quad x \geqslant 0.$$

Or on sait [1] $x(1-x) \leqslant 1/4$ pour tout x réel et l'on conclut

$$\min\{xy, (1-x)(1-y)\} \leqslant \frac{1}{4}.$$

Cas : $x + y > 1$. L'étude est analogue :

$$\min\{xy, (1-x)(1-y)\} = (1-x)(1-y) \leqslant (1-x)x \leqslant \frac{1}{4}.$$

Dans les deux cas, l'inégalité voulue est établie.

Exercice 22 ***
Soient $n \in \mathbb{N}$ avec $n \geqslant 2$, $a_1, \ldots, a_n \in \mathbb{R}$ et $b_1, \ldots, b_n \in \mathbb{R}_+^*$.
Montrer

$$\min\left\{\frac{a_1}{b_1}, \ldots, \frac{a_n}{b_n}\right\} \leqslant \frac{a_1 + \cdots + a_n}{b_1 + \cdots + b_n} \leqslant \max\left\{\frac{a_1}{b_1}, \ldots, \frac{a_n}{b_n}\right\}.$$

Solution
Nous allons nous contenter d'établir la deuxième inégalité :

$$\frac{a_1 + \cdots + a_n}{b_1 + \cdots + b_n} \leqslant \max\left\{\frac{a_1}{b_1}, \ldots, \frac{a_n}{b_n}\right\}.$$

En effet, une fois celle-ci acquise, il suffit de la reprendre avec les réels $-a_1, \ldots, -a_n$ au lieu de $a_1, \ldots, a_n$ pour que, par passage à l'opposé, l'inégalité soit renversée et le max devienne un min.

méthode
‖ On commence par examiner le cas $n = 2$.

Quitte à échanger, supposons $a_1/b_1 \leqslant a_2/b_2$ et montrons

$$\frac{a_1 + a_2}{b_1 + b_2} \leqslant \frac{a_2}{b_2}.$$

1. Voir sujet 4 p. 16.

Les dénominateurs étant strictement positifs, cette inégalité équivaut à

$$(a_1 + a_2)b_2 \leqslant a_2(b_1 + b_2).$$

Après développement et simplification, on obtient $a_1b_2 \leqslant a_2b_1$ qui est simplement la retraduction de l'hypothèse de départ : $a_1/b_1 \leqslant a_2/b_2$. Ainsi, l'inégalité voulue est vraie lorsque $n = 2$. On poursuit par récurrence.

Supposons l'inégalité vraie au rang $n \geqslant 2$. Avec des notations entendues, on souhaite établir au rang $n + 1$ l'inégalité :

$$\frac{a_1 + \cdots + a_n + a_{n+1}}{b_1 + \cdots + b_n + b_{n+1}} \leqslant \max\left\{\frac{a_1}{b_1}, \ldots, \frac{a_n}{b_n}, \frac{a_{n+1}}{b_{n+1}}\right\}.$$

méthode

‖ Par regroupement, on se ramène au cas $n = 2$.

Posons

$$\alpha_1 = a_1 + \cdots + a_n, \quad \alpha_2 = a_{n+1}, \quad \beta_1 = b_1 + \cdots + b_n \quad \text{et} \quad \beta_2 = b_{n+1}.$$

Par l'étude du cas $n = 2$, on peut affirmer

$$\frac{\alpha_1 + \alpha_2}{\beta_1 + \beta_2} \leqslant \max\left\{\frac{\alpha_1}{\beta_1}, \frac{\alpha_2}{\beta_2}\right\}$$

soit encore

$$\frac{a_1 + \cdots + a_n + a_{n+1}}{b_1 + \cdots + b_n + b_{n+1}} \leqslant \max\left\{\frac{a_1 + \cdots + a_n}{b_1 + \cdots + b_n}, \frac{a_{n+1}}{b_{n+1}}\right\}.$$

On poursuit et l'on conclut en employant l'hypothèse de récurrence

$$\begin{aligned}\frac{a_1 + \cdots + a_n + a_{n+1}}{b_1 + \cdots + b_n + b_{n+1}} &\leqslant \max\left\{\max\left\{\frac{a_1}{b_1}, \ldots, \frac{a_n}{b_n}\right\}, \frac{a_{n+1}}{b_{n+1}}\right\} \\ &= \max\left\{\frac{a_1}{b_1}, \ldots, \frac{a_n}{b_n}, \frac{a_{n+1}}{b_{n+1}}\right\}.\end{aligned}$$

La récurrence est établie.

1.5.4 Partie entière

Exercice 23 *

Montrer que pour tous x et y réels,

$$\lfloor x \rfloor + \lfloor y \rfloor \leqslant \lfloor x + y \rfloor \leqslant \lfloor x \rfloor + \lfloor y \rfloor + 1.$$

Solution

méthode

On sait l'encadrement $\lfloor x \rfloor \leqslant x < \lfloor x \rfloor + 1$.

D'une part, $\lfloor x \rfloor \leqslant x$ et $\lfloor y \rfloor \leqslant y$, donc

$$\underbrace{\lfloor x \rfloor + \lfloor y \rfloor}_{\in \mathbb{Z}} \leqslant x + y.$$

Or $\lfloor x + y \rfloor$ est le plus grand entier inférieur à $x + y$, on a donc l'inégalité de gauche

$$\lfloor x \rfloor + \lfloor y \rfloor \leqslant \lfloor x + y \rfloor.$$

D'autre part, $x < \lfloor x \rfloor + 1$ et $y < \lfloor y \rfloor + 1$ donc

$$x + y < \lfloor x \rfloor + \lfloor y \rfloor + 2$$

puis

$$\lfloor x + y \rfloor < \lfloor x \rfloor + \lfloor y \rfloor + 2$$

car $\lfloor x + y \rfloor \leqslant x + y$.

méthode

Une inégalité stricte comparant deux entiers peut être transformée en une inégalité large plus forte. Pour $a, b \in \mathbb{Z}$,

$$a < b \implies a \leqslant b - 1.$$

L'inégalité stricte précédente compare des nombres entiers, on peut donc la transformer en l'inégalité large suivante :

$$\lfloor x + y \rfloor \leqslant \lfloor x \rfloor + \lfloor y \rfloor + 1.$$

Exercice 24 **

Soient $n \in \mathbb{N}^*$ et $x \in \mathbb{R}$. Montrer

$$\left\lfloor \frac{\lfloor nx \rfloor}{n} \right\rfloor = \lfloor x \rfloor.$$

Solution

méthode

On raisonne par double inégalité[1].

D'une part, on sait $\lfloor nx \rfloor \leqslant nx$ et donc

$$\frac{\lfloor nx \rfloor}{n} \leqslant x.$$

1. On peut aussi montrer $\lfloor x \rfloor \leqslant \frac{\lfloor nx \rfloor}{n} < \lfloor x \rfloor + 1$.

La fonction partie entière étant croissante[1], on obtient déjà

$$\left\lfloor \frac{\lfloor nx \rfloor}{n} \right\rfloor \leqslant \lfloor x \rfloor.$$

D'autre part, on sait $\lfloor x \rfloor \leqslant x$ donc $n\lfloor x \rfloor \leqslant nx$ puis $n\lfloor x \rfloor \leqslant \lfloor nx \rfloor$ car $n\lfloor x \rfloor$ est un entier. Par suite,

$$\lfloor x \rfloor \leqslant \frac{\lfloor nx \rfloor}{n}$$

puis

$$\lfloor x \rfloor \leqslant \left\lfloor \frac{\lfloor nx \rfloor}{n} \right\rfloor.$$

Finalement,

$$\lfloor x \rfloor = \left\lfloor \frac{\lfloor nx \rfloor}{n} \right\rfloor.$$

1.5.5 Études de fonctions

Exercice 25 *

Soit $f : \mathbb{R} \to \mathbb{R}$ telle que $f \circ f$ est croissante et $f \circ f \circ f$ strictement décroissante. Étudier la monotonie de f.

Solution

méthode

> En l'absence d'hypothèse de dérivabilité, on étudie la monotonie de f en comparant $f(x)$ et $f(y)$ pour x inférieur à y.

Si la fonction f est croissante, la composée $f \circ f \circ f$ l'est aussi ce qui est contraire aux hypothèses. En revanche, la décroissance de f ne semble pas incompatible avec les hypothèses en cours.

Montrons que f est strictement décroissante. Soient x et y deux réels avec $x < y$. Supposons par l'absurde[2] $f(x) \leqslant f(y)$. La croissance de $f \circ f$ donne

$$f \circ f \circ f(x) \leqslant f \circ f \circ f(y).$$

Or la stricte décroissance de $f \circ f \circ f$ donne aussi

$$f \circ f \circ f(x) > f \circ f \circ f(y).$$

C'est absurde et donc

$$x < y \implies f(x) > f(y).$$

1. Voir sujet 5 p. 17.
2. On notera que l'hypothèse absurde est « $f(x) \leqslant f(y)$ » pour les valeurs de x et y en cours et non « f est croissante » : cette dernière n'est pas la négation de l'affirmation « f est strictement décroissante ».

Exercice 26 *

Étudier la parité de la fonction f d'une variable réelle définie par

$$f(x) = \ln\big(\sqrt{x^2+1} + x\big).$$

Solution

méthode

> On commence par vérifier que le domaine de définition est symétrique par rapport à 0 avant d'étudier $f(-x)$.

Pour tout x réel, on peut écrire $\sqrt{x^2+1} > \sqrt{x^2} = |x|$ et donc, même lorsque x est négatif, on a $\sqrt{x^2+1} + x > 0$. La fonction f est par conséquent définie sur $\mathbb{R}$, intervalle symétrique par rapport à 0.

En introduisant la quantité conjuguée,

$$f(-x) = \ln\big(\sqrt{x^2+1} - x\big) = \ln\left(\frac{\big(\sqrt{x^2+1} - x\big)\big(\sqrt{x^2+1} + x\big)}{\sqrt{x^2+1} + x}\right) = \ln\left(\frac{1}{\sqrt{x^2+1} + x}\right)$$

donc

$$f(-x) = -\ln\big(\sqrt{x^2+1} + x\big) = -f(x).$$

La fonction f est impaire.

Exercice 27 *

Pour $\lambda \in \mathbb{R}$, on considère la fonction $f_\lambda \colon \mathbb{R} \to \mathbb{R}$ définie par

$$f_\lambda(x) = \frac{x+\lambda}{x^2+1}.$$

(a) Montrer que les tangentes en 0 aux courbes représentatives des fonctions f_λ sont parallèles.

(b) Observer que les tangentes en 1 sont concourantes[1].

Solution

(a) Soit λ un réel. La fonction f_λ est dérivable et, pour tout x réel,

$$f_\lambda'(x) = \frac{-x^2 - 2x\lambda + 1}{(x^2+1)^2}.$$

En particulier, $f_\lambda'(0) = 1$. Les tangentes en 0 ont toutes le même coefficient directeur, elles sont donc parallèles.

1. Autrement dit, les tangentes passent toutes par un même point.

(b) **méthode**

> La tangente en a à la courbe représentative d'une fonction dérivable f a pour équation
> $$y = f'(a)(x-a) + f(a).$$

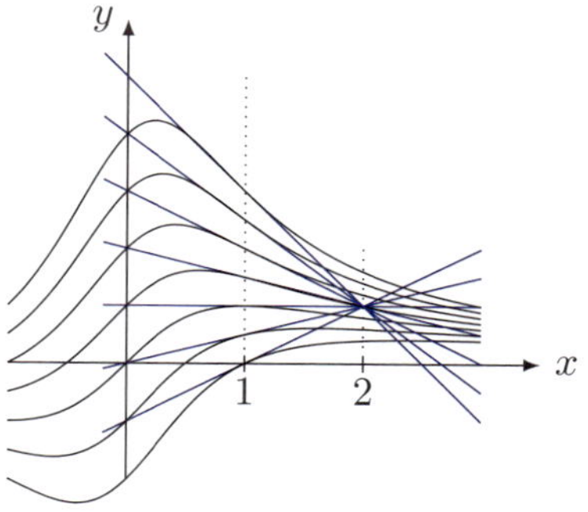

Une équation de la tangente en 1 à la courbe représentative de f_λ est

$$y = -\frac{\lambda}{2}(x-1) + \frac{\lambda+1}{2}. \qquad (*)$$

méthode

> On peut vérifier que ces tangentes sont concourantes en déterminant l'intersection de deux d'entre elles puis en vérifiant que le point obtenu appartient à chaque tangente [1].

Déterminons l'intersection des tangentes définies pour les paramètres λ égaux à 0 et 1. Cela conduit à résoudre le système d'inconnue $(x, y) \in \mathbb{R}^2$

$$\begin{cases} y = 1/2 \\ y = -(x-1)/2 + 1. \end{cases}$$

Après résolution, ce système détermine le point de coordonnées $x = 2$ et $y = 1/2$. On vérifie ensuite que celui-ci appartient à chacune des tangentes car satisfait $(*)$ pour tout λ réel.

Exercice 28 *

On considère la fonction f définie sur $\mathbb{R}$ par $f(x) = x\mathrm{e}^{-x}$.

(a) Étudier les variations de la fonction f.

(b) Calculer la dérivée seconde de f. En quelle valeur x_0 s'annule-t-elle ?

(c) Vérifier que la courbe représentative de f traverse [2] sa tangente en x_0.

(d) Donner l'allure du graphe de f.

Solution

(a) La fonction f est définie et dérivable sur $\mathbb{R}$ et $f'(x) = (1-x)\mathrm{e}^{-x}$ pour tout $x \in \mathbb{R}$.

---

1. On peut aussi exprimer l'équation de la tangente $y = -\frac{\lambda}{2}(x-2) + \frac{1}{2}$ auquel cas le point commun à chacune est apparent : pour $x = 2$, y ne dépend pas de λ.

2. Cela signifie que la courbe représentative de f se situe d'un côté au-dessus de sa tangente et de l'autre en dessous.

x	$-\infty$		1		$+\infty$
$f'(x)$		$+$	0	$-$	
$f(x)$	$-\infty$	↗	e^{-1}	↘	0

(b) La fonction f est dérivable une deuxième fois et $f''(x) = (x-2)e^{-x}$ pour tout x réel. Cette dérivée seconde s'annule en $x_0 = 2$.

(c) **méthode**

> Pour étudier la position relative de la courbe par rapport à sa tangente en x_0, on étudie le signe de $g(x) = f(x) - \big(f'(x_0)(x - x_0) + f(x_0)\big)$.

La fonction g ainsi définie sur $\mathbb{R}$ est deux fois dérivable et vérifie :

$$g(x_0) = 0, \quad g'(x_0) = 0 \quad \text{et} \quad g''(x) = f''(x) \text{ pour tout } x \in \mathbb{R}.$$

On peut alors dresser le tableau des variations de la fonction g et en déterminer le signe

x	$-\infty$		x_0		$+\infty$
$g''(x)$		$-$	0	$+$	
$g'(x)$		↘	0	↗	
$g'(x)$		$+$	0	$+$	
$g(x)$		↗	0	↗	

La fonction g est positive sur $[2\,;+\infty[$ et négative sur $]-\infty\,;2]$. Le graphe de f est donc au-dessus de sa tangente sur $[2\,;+\infty[$ et en dessous sur $]-\infty\,;2]$.

(d) La tangente à la courbe représentative de f en 2 a pour équation

$$y = -e^{-2}(x-2) + 2e^{-2}$$

et le graphe de f a l'allure suivante :

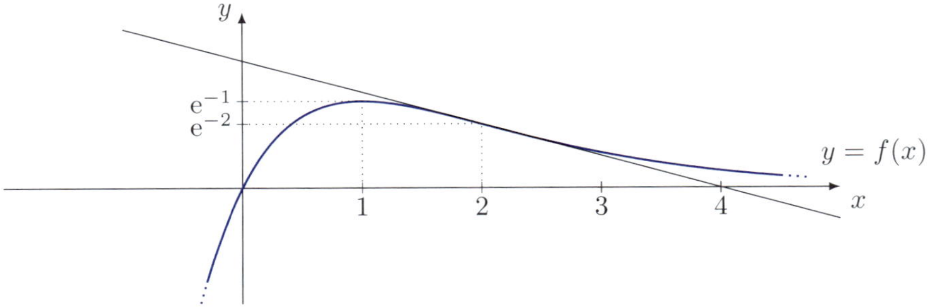

1.6 Exercices d'approfondissement

Exercice 29 **

Soient $n \in \mathbb{N}^*$ et $x_1, \dots, x_n \in \mathbb{R}_+^*$.

Montrer

$$(x_1 + \dots + x_n)\left(\frac{1}{x_1} + \dots + \frac{1}{x_n}\right) \geqslant n^2.$$

Préciser les cas d'égalité.

Solution

méthode

Pour tout $x > 0$,

$$x + \frac{1}{x} \geqslant 2.$$

On vérifie l'inégalité[1] proposée ci-dessus par réduction au même dénominateur

$$x + \frac{1}{x} - 2 = \frac{x^2 - 2x + 1}{x} = \frac{(x-1)^2}{x} \geqslant 0. \qquad (*)$$

En développant,

$$(x_1 + \dots + x_n)\left(\frac{1}{x_1} + \dots + \frac{1}{x_n}\right) = \left(\sum_{i=1}^n x_i\right)\left(\sum_{j=1}^n \frac{1}{x_j}\right) = \sum_{i=1}^n \left(\sum_{j=1}^n \frac{x_i}{x_j}\right).$$

En dédoublant la somme et en renommant les indices, on peut écrire

$$2(x_1 + \dots + x_n)\left(\frac{1}{x_1} + \dots + \frac{1}{x_n}\right) = \sum_{i=1}^n \left(\sum_{j=1}^n \frac{x_i}{x_j}\right) + \sum_{j=1}^n \left(\sum_{i=1}^n \frac{x_j}{x_i}\right)$$

puis

$$(x_1 + \dots + x_n)\left(\frac{1}{x_1} + \dots + \frac{1}{x_n}\right) = \frac{1}{2}\sum_{i=1}^n \left(\sum_{j=1}^n \left(\frac{x_i}{x_j} + \frac{x_j}{x_i}\right)\right).$$

Pour tout couple (i, j) d'indices compris entre 1 et n,

$$\frac{x_i}{x_j} + \frac{x_j}{x_i} \geqslant 2 \qquad (**)$$

et en sommant

$$(x_1 + \dots + x_n)\left(\frac{1}{x_1} + \dots + \frac{1}{x_n}\right) \geqslant \frac{1}{2}\sum_{i=1}^n \left(\sum_{j=1}^n 2\right) = n^2.$$

1. Celle-ci a aussi déjà été obtenue différemment dans le sujet 2 p. 15.

méthode

> Il y a égalité dans une somme d'inégalités si, et seulement si, chaque inégalité sommée est une égalité.

L'inégalité $(*)$ est une égalité seulement lorsque $x = 1$. Il y a donc égalité dans $(**)$ si, et seulement si, $x_i = x_j$ pour tous les indices i et j. Au final, l'inégalité étudiée est une égalité si, et seulement si, les x_i sont tous égaux.

Exercice 30 **

Soient $n \in \mathbb{N}^*$, $a_1, \dots, a_n \in \mathbb{R}$ et $b_1, \dots, b_n \in \mathbb{R}$ avec $a_1 \leqslant \cdots \leqslant a_n$ et $b_1 \leqslant \cdots \leqslant b_n$. Établir

$$\left(\frac{1}{n}\sum_{k=1}^{n} a_k\right)\left(\frac{1}{n}\sum_{k=1}^{n} b_k\right) \leqslant \frac{1}{n}\sum_{k=1}^{n} a_k b_k.$$

Solution

méthode

> Pour tous les indices k et ℓ compris entre 1 et n, les facteurs $a_k - a_\ell$ et $b_k - b_\ell$ ont le même signe.

Par somme de quantités positives,

$$\sum_{1\leqslant k,\ell\leqslant n} (a_k - a_\ell)(b_k - b_\ell) = \sum_{1\leqslant k,\ell\leqslant n} \big(a_k b_k - a_\ell b_k - a_k b_\ell + a_\ell b_\ell\big) \geqslant 0.$$

En séparant la somme du second membre en la somme de quatre termes, on obtient

$$n\sum_{k=1}^{n} a_k b_k - \left(\sum_{\ell=1}^{n} a_\ell\right)\left(\sum_{k=1}^{n} b_k\right) - \left(\sum_{k=1}^{n} a_k\right)\left(\sum_{\ell=1}^{n} b_\ell\right) + n\sum_{\ell=1}^{n} a_\ell b_\ell \geqslant 0.$$

En renommant les indices de sommation, il vient

$$n\sum_{k=1}^{n} a_k b_k \geqslant \left(\sum_{k=1}^{n} a_k\right)\left(\sum_{k=1}^{n} b_k\right)$$

ce qui donne l'inégalité demandée.

Exercice 31 ** (Fonctions additives croissantes)

Soit $f\colon \mathbb{R} \to \mathbb{R}$ une fonction croissante vérifiant

$$f(x+y) = f(x) + f(y) \quad \text{pour tout } (x,y) \in \mathbb{R}^2. \qquad (*)$$

Montrer qu'il existe un réel $a \geqslant 0$ tel que[1] $f(x) = ax$ pour tout réel x.

1. On dit alors que la fonction f est *linéaire*.

Solution

Si un tel réel a existe, on a nécessairement $a = f(1)$. Considérons donc cette valeur dans la suite.

méthode

Par la propriété d'additivité $(*)$ exploitée avec des valeurs bien choisies de x et y, on montre l'identité $f(x) = ax$, d'abord pour x entier puis pour x rationnel.

En prenant $x = y = 0$, la propriété $(*)$ donne $f(0) = f(0) + f(0)$ donc $f(0) = 0$. Soulignons que la croissance de f donne alors $a = f(1) \geqslant f(0) = 0$.

Montrons ensuite par récurrence que l'identité $f(x) = ax$ et vraie lorsque x désigne un entier naturel n.

On vient de vérifier que la propriété pour $n = 0$.

Supposons la propriété vraie au rang $n \geqslant 0$. Au rang suivant, la relation $(*)$ avec $x = n$ et $y = 1$ donne

$$f(n+1) = f(n) + f(1) = an + a = a(n+1).$$

La récurrence est établie.

méthode

Par imparité, on étend la propriété à tout $n \in \mathbb{Z}$.

Pour tout x réel, en prenant $y = -x$ dans $(*)$, il vient $f(0) = f(x) + f(-x)$ et donc $f(-x) = -f(x)$: la fonction f est impaire.

Soit n un entier négatif. On peut écrire $n = -p$ avec p entier naturel et l'on a

$$f(n) = f(-p) = -f(p) \underset{p \in \mathbb{N}}{=} -ap = an.$$

Poursuivons par l'extension de l'identité $f(x) = ax$ aux nombres rationnels.

Soit $x \in \mathbb{Q}$. On peut écrire $x = p/q$ avec $p \in \mathbb{Z}$ et $q \in \mathbb{N}^*$. Comme lors de la récurrence ci-dessus, on montre l'égalité $f(nx) = nf(x)$ pour tout entier naturel n. En particulier, pour $n = q$, il vient

$$f(p) = f(qx) = qf(x).$$

Or on a aussi $f(p) = ap$ et donc $f(x) = ap/q = ax$.

méthode

On exploite la croissance de f pour étendre l'identité $f(x) = ax$ des nombres rationnels aux réels.

Soit x un réel. On peut encadrer x par des rationnels voisins grâce à la fonction partie entière. Pour tout entier naturel n non nul,

$$\frac{\lfloor nx \rfloor}{n} \leqslant x < \frac{\lfloor nx \rfloor + 1}{n}.$$

Par la croissance de la fonction f,

$$a\frac{\lfloor nx \rfloor}{n} = f\left(\frac{\lfloor nx \rfloor}{n}\right) \leqslant f(x) \leqslant f\left(\frac{\lfloor nx \rfloor + 1}{n}\right) = a\frac{\lfloor nx \rfloor + 1}{n}$$

et enfin, en employant $nx-1<\lfloor nx\rfloor\leqslant nx$,

$$\underbrace{a\frac{nx-1}{n}}_{=ax-\frac{a}{n}}\leqslant f(x)\leqslant\underbrace{a\frac{nx+1}{n}}_{=ax+\frac{a}{n}}.$$

Lorsque n tend vers l'infini, les deux membres de cet encadrement tendent vers ax et donc, par passage à la limite des inégalités larges (Th. 3 p. 246), on obtient $ax\leqslant f(x)\leqslant ax$. On conclut $f(x)=ax$.

Exercice 32 ***

Vérifier que pour tout n entier naturel,

$$\lfloor\sqrt{n}+\sqrt{n+1}\rfloor=\lfloor\sqrt{4n+2}\rfloor.$$

Solution

méthode

On montre que les entiers inférieurs à $\sqrt{n}+\sqrt{n+1}$ sont les mêmes que ceux inférieurs à $\sqrt{4n+2}$.

Soit k un entier naturel inférieur à $\sqrt{n}+\sqrt{n+1}$. Par croissance de l'élévation au carré sur les réels positifs,

$$k^2\leqslant 2n+1+2\sqrt{n(n+1)}.$$

Sachant

$$2\sqrt{n(n+1)}=\sqrt{4n^2+4n}\leqslant\sqrt{4n^2+4n+1}=2n+1$$

on obtient

$$k^2\leqslant 4n+2.$$

L'entier k est donc inférieur à $\sqrt{4n+2}$.

Inversement, soit k un entier naturel inférieur à $\sqrt{4n+2}$. On a donc $k^2\leqslant 4n+2$.

méthode

Si l'entier k est pair, il s'écrit $k=2p$ (avec $p\in\mathbb{N}$) et alors $k^2=4p^2$.
Si l'entier est impair, il s'écrit $k=2p+1$ (avec $p\in\mathbb{N}$) et alors $k^2=4p(p+1)+1$.
Jamais k^2 ne peut s'écrire $4n+2$ avec n entier.

L'entier k^2 est donc inférieur à $4n+1$ et il vient

$$k^2\leqslant 4n+1\leqslant 2n+1+\underbrace{2\sqrt{n}\sqrt{n+1}}_{2n\leqslant}=\left(\sqrt{n}+\sqrt{n+1}\right)^2.$$

L'entier k est donc inférieur à $\sqrt{n}+\sqrt{n+1}$.

Exercice 33 * (Approximation de Dirichlet)**
Soit x un nombre irrationnel.
Montrer qu'il existe une infinité de couples $(p,q) \in \mathbb{Z} \times \mathbb{N}^*$ vérifiant

$$\left|x - \frac{p}{q}\right| \leqslant \frac{1}{q^2}.$$

Solution

méthode

> Pour tout $N \in \mathbb{N}^*$, on montre qu'il existe $p \in \mathbb{Z}$ et $q \in \{1,\dots,N\}$ tels que
>
> $$\left|x - \frac{p}{q}\right| \leqslant \frac{1}{qN}.$$

Soient $N \in \mathbb{N}^*$ et E l'ensemble des entiers allant de 0 à N. Considérons la fonction[1]

$$f\colon \begin{cases} E \to [0\,;1[\\ k \mapsto kx - \lfloor kx \rfloor. \end{cases}$$

Celle-ci est définie sur un ensemble possédant $N+1$ éléments et prend $N+1$ valeurs distinctes car le réel x est irrationnel[2].
L'intervalle $[0\,;1[$ peut être découpé en N intervalles disjoints de longueur $1/N$:

$$[0\,;1/N[, [1/N\,;2/N[, \dots, [(N-1)/N\,;1[.$$

Au moins deux des valeurs prises par f appartiennent à un même[3] intervalle parmi ceux listés ci-dessus. Notons $k < \ell$ deux valeurs de E pour lesquelles $f(k)$ et $f(\ell)$ figurent dans le même intervalle. On a

$$\left|f(\ell) - f(k)\right| \leqslant \frac{1}{N}.$$

En posant $q = \ell - k$ et $p = \lfloor \ell x \rfloor - \lfloor kx \rfloor \in \mathbb{Z}$, on obtient

$$\left|x - \frac{p}{q}\right| \leqslant \frac{1}{Nq} \quad \text{avec} \quad q \in \{1,\dots,N\} \quad \text{donc} \quad \left|x - \frac{p}{q}\right| \leqslant \frac{1}{q^2}. \qquad (*)$$

Cela détermine un premier couple (p,q) solution mais permet aussi d'en construire une infinité ! En effet, si $(p_1,q_1),\dots,(p_n,q_n)$ sont des premiers couples solutions, considérons

$$\min\Biggl\{\underbrace{\left|x - \frac{p_1}{q_1}\right|}_{>0},\dots,\underbrace{\left|x - \frac{p_n}{q_n}\right|}_{>0}\Biggr\} > 0 \quad \text{car} \quad x \notin \mathbb{Q}.$$

1. La fonction f est bien définie à valeurs dans $[0\,;1[$ car $\lfloor t \rfloor \leqslant t < \lfloor t \rfloor + 1$ pour tout $t \in \mathbb{R}$.
2. En effet, s'il existe $k < \ell$ dans E tels que $f(k) = f(\ell)$, on peut affirmer $x = p/q$ avec $p = \lfloor \ell x \rfloor - \lfloor kx \rfloor$ et $q = \ell - k$.
3. Cette idée se nomme *le principe des tiroirs* : si $n+1$ chaussettes sont réparties dans n tiroirs, il existe au moins un tiroir contenant deux chaussettes !

On peut alors déterminer un nouveau couple (p, q) solution distinct des précédents en choisissant initialement N assez grand pour que

$$\frac{1}{N} < \min\left\{\left|x - \frac{p_1}{q_1}\right|, \dots, \left|x - \frac{p_n}{q_n}\right|\right\}.$$

En effet, le couple (p, q) déterminé par $(*)$ vérifie

$$\left|x - \frac{p}{q}\right| \leqslant \frac{1}{Nq} \leqslant \frac{1}{N} < \min\left\{\left|x - \frac{p_1}{q_1}\right|, \dots, \left|x - \frac{p_n}{q_n}\right|\right\}$$

et est donc assurément différent des précédents.

CHAPITRE 2

Fonctions usuelles

2.1 Fonctions bijectives

I et J désignent des intervalles de $\mathbb{R}$ non vides et non réduits à des points.

2.1.1 Définition

On dit qu'une fonction réelle $f\colon I \to \mathbb{R}$ réalise une *bijection* de l'intervalle I vers un intervalle J lorsque celle-ci prend ses valeurs dans J et que toute valeur de J possède un unique antécédent par f.
On peut alors introduire une application $f^{-1}\colon J \to \mathbb{R}$ vérifiant, pour tout couple $(x, y) \in I \times J$,

$$y = f(x) \iff x = f^{-1}(y).$$

Celle-ci réalise une bijection de J vers I et se nomme la *bijection réciproque* de f.

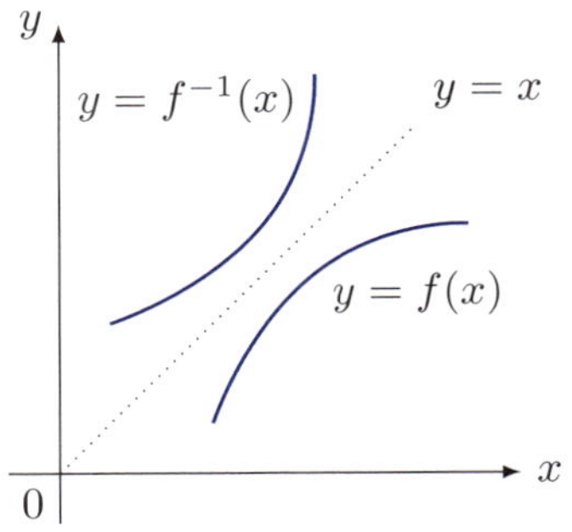

Théorème 1
Si f réalise une bijection de I vers J alors les graphes des fonctions f et f^{-1} sont symétriques par rapport à la *première bissectrice*[1] du plan.

1. Celle-ci désigne la droite d'équation $y = x$.

2.1.2 Théorème de la bijection

Le théorème suivant fournit une condition suffisante (facile à vérifier en pratique) pour affirmer qu'une fonction réelle d'une variable réelle est bijective.

Théorème 2 (Théorème de la bijection)
Si $f : I \to \mathbb{R}$ est une fonction continue et strictement monotone alors f réalise une bijection de l'intervalle I vers un intervalle J dont les extrémités se déduisent des limites de f aux extrémités de I.
De plus, sa bijection réciproque f^{-1} est continue et de même stricte monotonie que la fonction f.

Lorsque la bijection f est strictement croissante, on a (pour a et b réels ou bornes infinies si cela a un sens) :

$$\text{si } I = [a\,;b] \text{ alors } J = \big[f(a)\,;f(b)\big], \quad \text{si } I = [a\,;b[\text{, alors } J = \big[f(a)\,;\lim_{b^-} f\big[,$$
$$\text{si } I =]a\,;b] \text{ alors } J = \big]\lim_{a^+} f\,;f(b)\big], \quad \text{si } I =]a\,;b[\text{ alors } J = \big]\lim_{a^+} f\,;\lim_{b^-} f\big[.$$

Lorsque la bijection est strictement décroissante, on a un résultat analogue exprimé en échangeant les bornes de l'intervalle J.

2.1.3 Dérivation d'une bijection réciproque

Théorème 3
Soit $f : I \to \mathbb{R}$ une fonction continue réalisant une bijection de I vers J.
Si f est dérivable en $x \in I$ et si $f'(x) \neq 0$ alors la bijection réciproque f^{-1} est dérivable en $y = f(x)$ et

$$(f^{-1})'(y) = \frac{1}{f'(x)} = \frac{1}{f'\big(f^{-1}(y)\big)}.$$

La nécessité de l'hypothèse $f'(x) \neq 0$ est simple à comprendre : si le graphe de f présente une tangente horizontale au point d'abscisse x, le graphe de la réciproque f^{-1} présente une tangente verticale au point d'abscisse $y = f(x)$: la fonction f^{-1} n'est alors pas dérivable en y.

Si la fonction $f : I \to \mathbb{R}$ est dérivable et si sa dérivée conserve un signe strict alors elle réalise une bijection de I vers un intervalle J et sa bijection réciproque est dérivable avec la formule [1] :

$$(f^{-1})' = \frac{1}{f' \circ f^{-1}}.$$

1. Cette formule peut être retrouvée en dérivant la composition $f \circ f^{-1} = \mathrm{Id}$.

2.2 Puissances et logarithmes

2.2.1 Logarithme et exponentielle

Définition

On appelle *logarithme népérien*[1], la fonction $x \mapsto \ln(x)$ définie sur $]0\,;+\infty[$ comme la primitive s'annulant en 1 de la fonction inverse :

$$\ln(x) \overset{\text{déf}}{=} \int_1^x \frac{\mathrm{d}t}{t} \quad \text{pour tout } x > 0.$$

Théorème 4

Pour tous réels x et y strictement positifs,

$$\ln(xy) = \ln(x) + \ln(y).$$

On en déduit

$$\ln\left(\frac{1}{x}\right) = -\ln(x) \quad \text{pour tout } x > 0$$

et, plus généralement, $\ln(x^n) = n\ln(x)$ pour $n \in \mathbb{Z}$.

La fonction ln est continue et strictement croissante, elle réalise une bijection de $]0\,;+\infty[$ vers $]-\infty\,;+\infty[$.

x	0	1	$+\infty$
$\ln(x)$	$-\infty$	↗ 0 ↗	$+\infty$

Définition

On appelle *exponentielle népérienne*[2], la fonction $x \mapsto \exp(x)$ bijection réciproque du logarithme népérien.

La fonction exp est définie, continue et strictement croissante sur $\mathbb{R}$. Elle est même dérivable sur $\mathbb{R}$ et, pour tout réel x,

$$(\exp)'(x) = \exp(x).$$

x	$-\infty$	0	$+\infty$
$\exp(x)$	0	↗ 1 ↗	$+\infty$

Théorème 5

Pour tous x et y réels,

$$\exp(x+y) = \exp(x)\exp(y).$$

Définition

On appelle *nombre de Neper*, le réel e égal à l'exponentielle de 1. C'est aussi l'unique solution à l'équation $\ln(x) = 1$.

$$\mathrm{e} \approx 2{,}718\,28 \text{ à } 10^{-5} \text{ près.}$$

1. On parle aussi de *logarithme naturel* ou tout simplement de *logarithme*.
2. Ou simplement *exponentielle*.

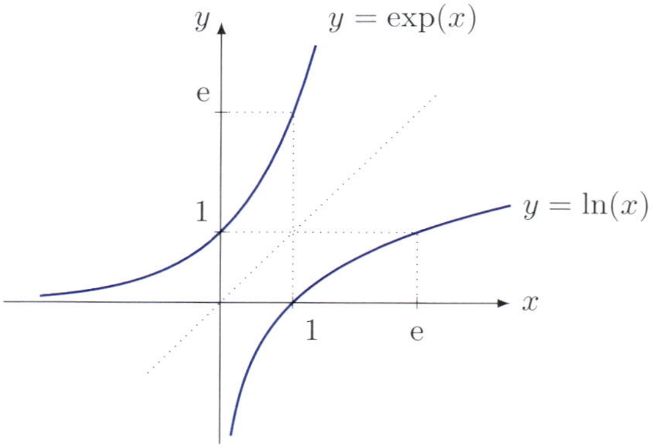

Les fonctions logarithme et exponentielle népériens.

Définition

On appelle *logarithme décimal*, la fonction $x \mapsto \log_{10}(x)$ définie sur $]0\,;+\infty[$ par

$$\log_{10}(x) \overset{\text{déf}}{=} \frac{\ln(x)}{\ln(10)}$$

Le logarithme décimal satisfait l'identité $\log_{10}(xy) = \log_{10}(x) + \log_{10}(y)$ et vérifie

$$\log_{10}\left(10^k\right) = k \quad \text{pour tout}^{1}\ k \in \mathbb{Z}.$$

2.2.2 Fonctions puissances

Pour x réel et $n \in \mathbb{N}$, la puissance x^n est définie par la relation [2]

$$x^n \overset{\text{déf}}{=} \underbrace{x \times x \times \cdots \times x}_{n \text{ facteurs}} \quad \text{si } n > 0 \quad \text{et} \quad x^0 = 1.$$

Pour x réel non nul et $n \in \mathbb{N}^*$, la puissance x^{-n} est définie par la relation

$$x^{-n} \overset{\text{déf}}{=} \underbrace{\frac{1}{x} \times \frac{1}{x} \times \cdots \times \frac{1}{x}}_{n \text{ facteurs}}.$$

On peut généraliser ces puissances à un exposant réel lorsque x est strictement positif :

1. On a même l'identité $\log_{10}(10^x) = x$ pour tout x réel : le logarithme décimal est la fonction inverse de l'application $x \mapsto 10^x$ qui est une bijection de $\mathbb{R}$ vers $]0\,;+\infty[$.

2. En particulier, on pose $0^0 = 1$. Cependant, on dit aussi que 0^0 est une *forme indéterminée analytique* car elle n'est pas compatible avec le calcul des limites.

Définition

Pour α réel, on appelle fonction *puissance d'exposant* α, la fonction $x \mapsto x^\alpha$ définie sur l'intervalle $]0\,;+\infty[$ par la relation

$$x^\alpha \stackrel{\text{déf}}{=} \exp(\alpha \ln(x)).$$

Il est alors possible d'écrire $\exp(x) = \mathrm{e}^x$ ce qui conduit à la notation usuelle de l'exponentielle.
Lorsque $\alpha > 0$, on peut prolonger par continuité la fonction puissance en convenant l'égalité $0^\alpha = 0$.

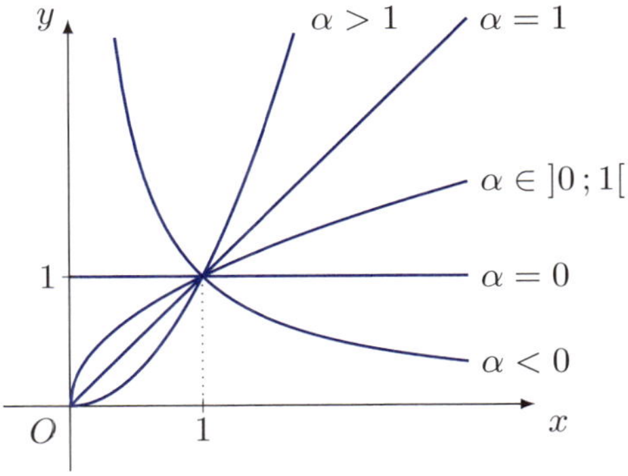

Théorème 6

Pour tout $\alpha \in \mathbb{R}$, la fonction puissance $x \mapsto x^\alpha$ est dérivable sur $]0\,;+\infty[$ et, pour tout $x > 0$,

$$\frac{\mathrm{d}}{\mathrm{d}x}(x^\alpha) = \alpha x^{\alpha-1}.$$

Lorsque $\alpha \geqslant 1$, la fonction puissance est aussi dérivable en 0 et la formule qui précède reste valable en 0.

Théorème 7

Pour tous réels x et y strictement positifs et pour tous exposants α et β réels,

$$(xy)^\alpha = x^\alpha y^\alpha, \quad x^{\alpha+\beta} = x^\alpha x^\beta \quad \text{et} \quad (x^\alpha)^\beta = x^{\alpha\beta}.$$

Pour $n \in \mathbb{N}$ avec $n \geqslant 2$, on définit la *racine n-ième* d'un réel $x \geqslant 0$ en posant

$$\sqrt[n]{x} \stackrel{\text{déf}}{=} x^{1/n}$$

Ce nombre est l'unique réel dont la puissance n vaut x. En particulier, la racine carrée correspond à la puissance $1/2$.

2.2.3 Croissances comparées

Les limites qui suivent résolvent des formes indéterminées fréquemment rencontrées :

Théorème 8

Pour tout $\alpha > 0$,

$$\lim_{x\to+\infty} \frac{\ln(x)}{x^\alpha} = 0, \quad \lim_{x\to 0^+} x^\alpha \ln(x) = 0, \quad \lim_{x\to+\infty} \frac{\mathrm{e}^x}{x^\alpha} = +\infty \quad \text{et} \quad \lim_{x\to+\infty} x^\alpha \mathrm{e}^{-x} = 0.$$

On fait souvent référence à celles-ci en parlant de *croissances comparées.*

2.3 Fonctions circulaires

2.3.1 Fonctions sinus et cosinus

On suppose le plan géométrique muni d'un repère orthonormé direct d'origine O et de vecteurs de base $\vec{\imath}$ et $\vec{\jmath}$.

Pour t réel, notons M_t le point du cercle trigonométrique repéré par l'angle t mesuré à partir du vecteur $\vec{\imath}$.

Définition

> On pose $\cos(t)$ l'abscisse et $\sin(t)$ l'ordonnée du point M_t. Cela définit les fonctions *cosinus* et *sinus* sur $\mathbb{R}$.

Théorème 9

Les fonctions cosinus et sinus sont 2π-périodiques, dérivables et, pour tout t réel,

$$(\cos)'(t) = -\sin(t) \quad \text{et} \quad (\sin)'(t) = \cos(t).$$

Les formules de trigonométries sont regroupées en annexe p. 461. Soulignons seulement ici la formule fondamentale

$$\cos^2(t) + \sin^2(t) = 1 \quad \text{pour tout } t \in \mathbb{R}.$$

On retiendra aussi les valeurs remarquables du tableau suivant :

t	0	$\pi/6$	$\pi/4$	$\pi/3$	$\pi/2$	π
$\cos(t)$	1	$\sqrt{3}/2$	$\sqrt{2}/2$	$1/2$	0	-1
$\sin(t)$	0	$1/2$	$\sqrt{2}/2$	$\sqrt{3}/2$	1	0

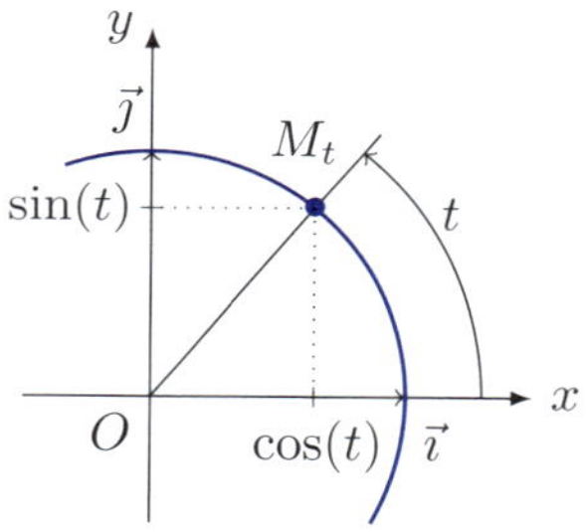

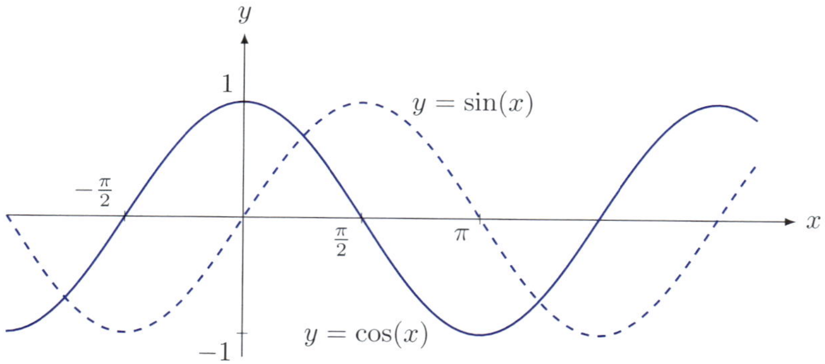

Les fonctions sinus et cosinus.

2.3.2 Fonction tangente

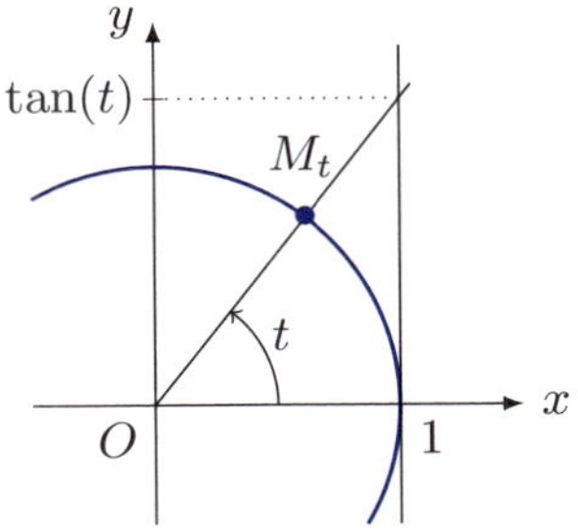

Pour tout $k \in \mathbb{Z}$, on introduit $I_k = \left]-\frac{\pi}{2} + k\pi\,;\frac{\pi}{2} + k\pi\right[$.

Définition

On définit la fonction *tangente* par la relation

$$\tan(t) \overset{\text{déf}}{=} \frac{\sin(t)}{\cos(t)} \quad \text{pour tout } t \in I_k.$$

La tangente de t est l'ordonnée du point d'abscisse 1 de la droite (OM_t).

Théorème 10

La fonction tangente est π-périodique, dérivable sur chaque intervalle I_k et, pour tout t appartenant à I_k,

$$(\tan)'(t) = 1 + \tan^2(t) = \frac{1}{\cos^2(t)}.$$

Sur les intervalles $J_k =]k\pi\,;(k+1)\pi[$ (avec $k \in \mathbb{Z}$), on définit aussi une fonction *cotangente* par

$$\cot(t) \overset{\text{déf}}{=} \frac{\cos(t)}{\sin(t)} \quad \text{pour tout } t \in J_k.$$

Cette dernière correspond simplement à l'inverse de la fonction tan lorsque cela a un sens et est directement liée à la fonction tangente par l'identité $\cot(t) = \tan(\pi/2 - t)$ pour tout t appartenant à J_k.

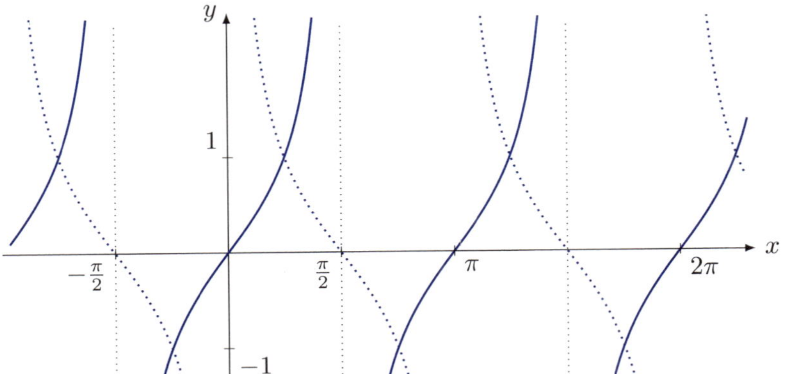

Les fonctions tangente (tracé continu) et cotangente (tracé pointillé).

2.4 Fonctions circulaires réciproques

2.4.1 Fonction arc sinus

La fonction sinus est continue et strictement croissante sur l'intervalle $[-\pi/2\,;\pi/2]$: elle réalise une bijection de $[-\pi/2\,;\pi/2]$ vers $[-1\,;1]$ ce qui permet d'écrire

$$\forall x \in [-1\,;1],\ \exists! t \in [-\pi/2\,;\pi/2], \quad x = \sin(t).$$

Définition

On appelle *arc sinus* d'un réel x de l'intervalle $[-1\,;1]$, l'unique angle de $[-\pi/2\,;\pi/2]$ dont le sinus vaut x.

On définit ainsi une *fonction arc sinus* bijection réciproque de la restriction de la fonction sinus au départ de $[-\pi/2\,;\pi/2]$:

$$\forall t \in [-\pi/2\,;\pi/2],\ \arcsin\big(\sin(t)\big) = t \quad \text{et} \quad \forall x \in [-1\,;1],\ \sin\big(\arcsin(x)\big) = x.$$

Théorème 11

La fonction arcsin est définie, impaire, continue et strictement croissante sur $[-1\,;1]$. Elle est aussi dérivable sur $]-1\,;1[$ et

$$(\arcsin)'(x) = \frac{1}{\sqrt{1-x^2}} \quad \text{pour tout } x \in]-1\,;1[.$$

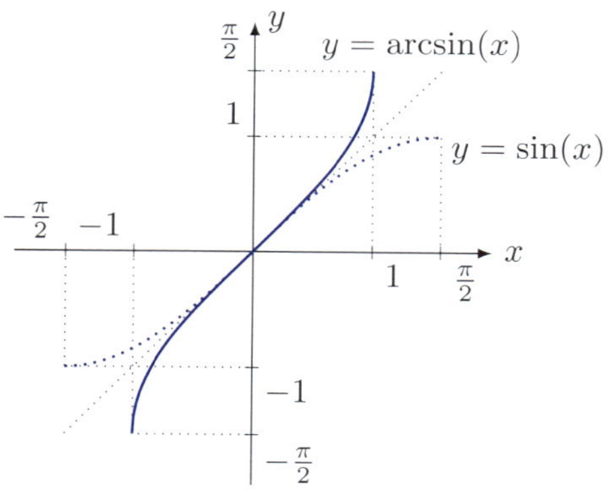

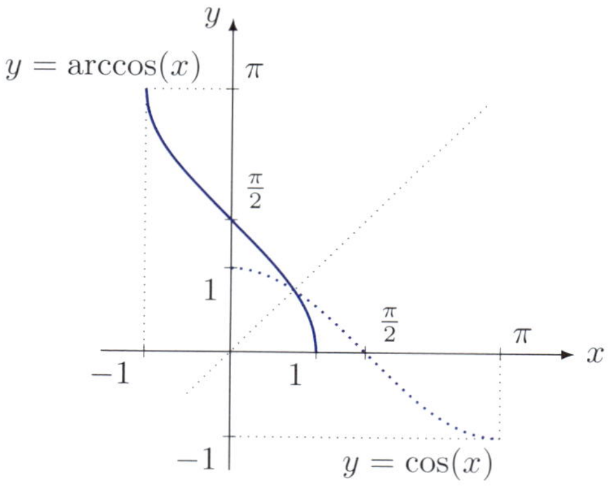

2.4.2 Fonction arc cosinus

La fonction cosinus est continue et strictement décroissante sur l'intervalle $[0\,;\pi]$: elle réalise une bijection de $[0\,;\pi]$ vers $[-1\,;1]$ ce qui permet d'écrire

$$\forall x \in [-1\,;1],\ \exists! t \in [0\,;\pi], \quad x = \cos(t).$$

Définition

On appelle *arc cosinus* d'un réel x de l'intervalle $[-1\,;1]$, l'unique angle de $[0\,;\pi]$ dont le cosinus vaut x.

On définit ainsi une *fonction arc cosinus* bijection réciproque de la restriction de la fonction cosinus au départ de $[0\,;\pi]$:

$$\forall t \in [0\,;\pi],\ \arccos\big(\cos(t)\big) = t \quad \text{et} \quad \forall x \in [-1\,;1],\ \cos\big(\arccos(x)\big) = x.$$

Théorème 12

La fonction arccos est définie, continue et strictement décroissante sur $[-1\,;1]$.
Elle est aussi dérivable sur $]-1\,;1[$ et

$$(\arccos)'(x) = -\frac{1}{\sqrt{1-x^2}} \quad \text{pour tout } x \in\,]-1\,;1[.$$

2.4.3 Fonction arc tangente

La fonction tangente est continue et strictement croissante sur l'intervalle $]-\pi/2\,;\pi/2[$: elle réalise une bijection de $]-\pi/2\,;\pi/2[$ vers $\mathbb{R}$ ce qui permet d'écrire

$$\forall x \in \mathbb{R},\ \exists! t \in\,]-\pi/2\,;\pi/2[, \quad x = \tan(t).$$

Définition

> On appelle *arc tangente* d'un réel x, l'unique angle de $]-\pi/2\,;\pi/2[$ dont la tangente vaut x.

On définit ainsi une *fonction arc tangente* bijection réciproque de la restriction de la fonction tangente au départ de $]-\pi/2\,;\pi/2[$:

$$\forall t \in\,]-\pi/2\,;\pi/2[,\ \arctan\big(\tan(t)\big) = t \quad \text{et} \quad \forall x \in \mathbb{R},\ \tan\big(\arctan(x)\big) = x.$$

Théorème 13

La fonction arctan est définie, impaire, continue et strictement croissante sur $\mathbb{R}$.
Elle est aussi dérivable sur $\mathbb{R}$ et

$$(\arctan)'(x) = \frac{1}{1+x^2} \quad \text{pour tout } x \in \mathbb{R}.$$

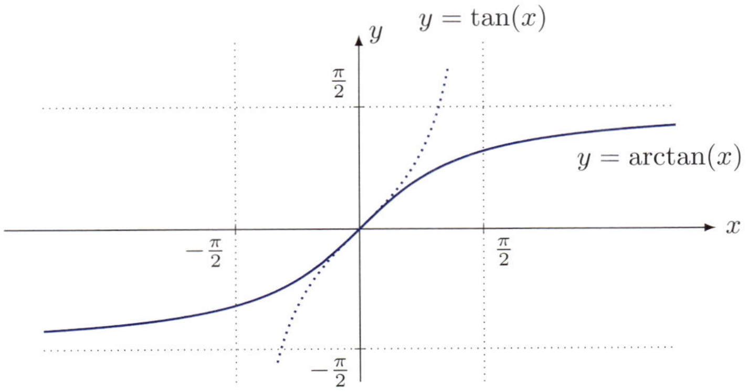

2.5 Fonctions hyperboliques

2.5.1 Fonctions cosinus et sinus hyperboliques

Définition

Pour tout t réel, on définit le *cosinus* et le *sinus hyperboliques* de t par les relations

$$\operatorname{ch}(t) \overset{\text{déf}}{=} \frac{\mathrm{e}^{t}+\mathrm{e}^{-t}}{2} \quad \text{et} \quad \operatorname{sh}(t) \overset{\text{déf}}{=} \frac{\mathrm{e}^{t}-\mathrm{e}^{-t}}{2}.$$

Théorème 14

Les fonctions cosinus et sinus hyperboliques, sont respectivement paire et impaire. Elles sont dérivables sur $\mathbb{R}$ et, pour tout t réel,

$$(\operatorname{ch})'(t) = \operatorname{sh}(t) \quad \text{et} \quad (\operatorname{sh})'(t) = \operatorname{ch}(t).$$

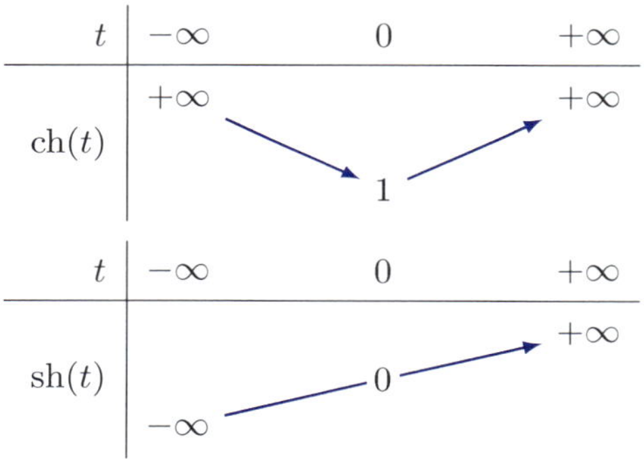

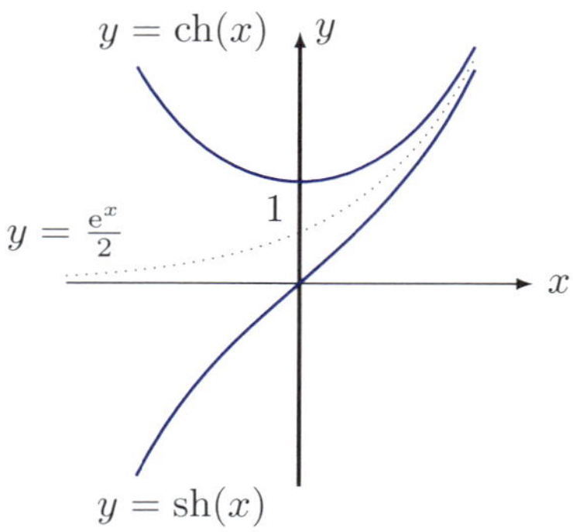

Il existe des formules de trigonométrie hyperbolique assez analogues à celles de la trigonométrie circulaire. Parmi celles-ci, retenons [1]

$$\operatorname{ch}^2(t) - \operatorname{sh}^2(t) = 1 \quad \text{pour tout } t \in \mathbb{R}.$$

2.6 Exercices d'apprentissage

2.6.1 Puissances, exponentielle et logarithme

Exercice 1 *

Lorsqu'elles existent, calculer les limites qui suivent :

(a) $\displaystyle\lim_{x \mapsto +\infty} x^{\frac{1}{x}}$ (b) $\displaystyle\lim_{x \to +\infty} \left(\frac{1}{x^2}\right)^{\frac{1}{\sqrt{\ln(x)}}}$ (c) $\displaystyle\lim_{x \to 0^+} x^{x^x}$.

1. La courbe du plan d'équation $x^2 - y^2 = 1$ se nomme une *hyperbole*. Les réels $\operatorname{ch}(t)$ et $\operatorname{sh}(t)$ sont les abscisses et ordonnées d'un point d'abscisse strictement positive de celle-ci.

Solution

(a) Il s'agit de résoudre une forme indéterminée puissance « $(+\infty)^0$ ».

méthode

Pour étudier la limite d'une puissance où la variable apparaît à la fois au niveau de l'exposant et du nombre élevé à la puissance, il est conseillé d'exprimer la puissance sous forme exponentielle : $a^b = \mathrm{e}^{b\ln(a)}$.

Pour tout $x > 0$, on écrit

$$x^{\frac{1}{x}} = \exp\left(\frac{1}{x}\ln(x)\right).$$

Par limite de référence, on sait

$$\frac{1}{x}\ln(x) \xrightarrow[x\to+\infty]{} 0$$

et donc, par composition de limites,

$$x^{\frac{1}{x}} \xrightarrow[x\to+\infty]{} \mathrm{e}^0 = 1.$$

(b) Il s'agit de résoudre une forme indéterminée puissance « 0^0 ».

méthode

L'écriture exponentielle de la puissance permet de simplifier l'expression.

Pour tout $x > 1$,

$$\left(\frac{1}{x^2}\right)^{\frac{1}{\sqrt{\ln(x)}}} = \exp\left(\frac{1}{\sqrt{\ln(x)}}\ln\left(\frac{1}{x^2}\right)\right) = \exp\left(-2\sqrt{\ln(x)}\right).$$

Par composition de limites,

$$\left(\frac{1}{x^2}\right)^{\frac{1}{\sqrt{\ln(x)}}} = \exp\big(-2\underbrace{\sqrt{\ln(x)}}_{\to+\infty}\big) \xrightarrow[x\to+\infty]{} 0.$$

(c) L'écriture a^{b^c} peut être ambiguë. Doit-on comprendre $\left(a^b\right)^c$ ou $a^{(b^c)}$?

méthode

En l'absence de parenthèses, on comprend $a^{b^c} = a^{(b^c)}$.

Pour tout $x > 0$,

$$x^{x^x} = x^{(x^x)} = \exp\left(x^x\ln(x)\right) = \exp\Big(\exp\left(x\ln(x)\right)\ln(x)\Big).$$

On a donc

$$x^{x^x} = \exp\Big(\exp\big(\underbrace{x\ln(x)}_{\to 0}\big)\underbrace{\ln(x)}_{\to-\infty}\Big) \xrightarrow[x\to0^+]{} 0.$$

2.6.2 Fonctions circulaires

Exercice 2
Lorsque cela a un sens, exprimer $\tan(a+b+c)$ à l'aide de $\tan(a)$, $\tan(b)$ et $\tan(c)$.

Solution
Pour que les tangentes introduites aient chacune un sens, on suppose a, b, c et $a+b+c$ différents des réels $\pi/2 + k\pi$ avec $k \in \mathbb{Z}$.

méthode
On exploite la formule d'addition

$$\tan(a+b) = \frac{\tan(a)+\tan(b)}{1-\tan(a)\tan(b)}.$$

Si $a+b$ est différent de $\pi/2 + k\pi$ avec $k \in \mathbb{Z}$, on peut introduire la tangente de $a+b$ et écrire

$$\tan\big((a+b)+c\big) = \frac{\tan(a+b)+\tan(c)}{1-\tan(a+b)\tan(c)} = \frac{\dfrac{\tan(a)+\tan(b)}{1-\tan(a)\tan(b)}+\tan(c)}{1-\dfrac{\tan(a)+\tan(b)}{1-\tan(a)\tan(b)}\tan(c)}.$$

En réduisant numérateur et dénominateur au même dénominateur,

$$\tan(a+b+c) = \frac{\tan(a)+\tan(b)+\tan(c)-\tan(a)\tan(b)\tan(c)}{1-\tan(a)\tan(b)-\tan(b)\tan(c)-\tan(c)\tan(a)}.$$

Si $a+b$ est de la forme $\pi/2+k\pi$ avec $k \in \mathbb{Z}$, le calcul réalisé ci-dessus n'est plus possible car $1-\tan(a)\tan(b)$ est nul. Cependant,

$$\tan(a+b+c) = \tan\left(\frac{\pi}{2}+c\right) = \frac{\sin\left(\frac{\pi}{2}+c\right)}{\cos\left(\frac{\pi}{2}+c\right)} = \frac{\cos(c)}{-\sin(c)} = -\frac{1}{\tan(c)}$$

et la formule précédente reste valable car $\tan(a)\tan(b) = 1$.

Exercice 3
Écrire les expressions suivantes sous la forme $A\cos(x-\varphi)$:
(a) $\cos(x)+\sin(x)$ (b) $\cos(x)-\sqrt{3}\sin(x)$.

Solution

méthode
En factorisant $A = \sqrt{a^2+b^2}$ devant une expression $a\cos(x)+b\sin(x)$, on fait apparaître en facteur $\alpha\cos(x)+\beta\sin(x)$ avec $\alpha^2+\beta^2 = 1$. Il est alors possible d'introduire un angle φ tel que $\alpha = \cos(\varphi)$ et $\beta = \sin(\varphi)$.

(a) On écrit

$$\cos(x) + \sin(x) = \sqrt{2}\Big(\underbrace{\frac{\sqrt{2}}{2}}_{=\cos(\frac{\pi}{4})}\cos(x) + \underbrace{\frac{\sqrt{2}}{2}}_{=\sin(\frac{\pi}{4})}\sin(x)\Big) = \sqrt{2}\cos\Big(x - \frac{\pi}{4}\Big).$$

(b) On écrit

$$\cos(x) - \sqrt{3}\sin(x) = 2\Big(\underbrace{\frac{1}{2}}_{=\cos(\frac{\pi}{3})}\cos(x) - \underbrace{\frac{\sqrt{3}}{2}}_{=\sin(\frac{\pi}{3})}\sin(x)\Big) = 2\cos\Big(x + \frac{\pi}{3}\Big).$$

Dans l'écriture $A\cos(x - \varphi)$, le réel A s'appelle l'*amplitude* et φ détermine une *phase*.

Exercice 4
Résoudre les équations d'inconnue x réelle qui suivent :
(a) $\sin(x) = \sin(2x)$ (b) $\cos(x) = \sin(3x)$ (c) $\cos(x) - \sin(x) = 1$.

Solution

(a) **méthode**

Pour $a, b \in \mathbb{R}$, on sait [1] :

$$\sin(a) = \sin(b) \iff \exists k \in \mathbb{Z},\ a = b + 2k\pi \quad \text{ou} \quad a = \pi - b + 2k\pi.$$

Pour $x \in \mathbb{R}$, on a $\sin(x) = \sin(2x)$ si, et seulement si,

$$2x = x + 2k\pi \quad \text{ou} \quad 2x = \pi - x + 2k\pi \quad \text{avec}^{2} \quad k \in \mathbb{Z}.$$

On résout alors les deux équations introduites séparément

$$2x = x + 2k\pi \iff x = 2k\pi$$

et

$$2x = \pi - x + 2k\pi \iff x = \frac{\pi}{3} + \frac{2k\pi}{3}.$$

L'ensemble des solutions de l'équation étudiée est donc

$$\Big\{2k\pi \;\Big|\; k \in \mathbb{Z}\Big\} \cup \Big\{\frac{\pi}{3} + \frac{2k\pi}{3} \;\Big|\; k \in \mathbb{Z}\Big\}.$$

1. On peut aussi exprimer que les sinus de a et b sont égaux si, et seulement si, a est congru à b ou à $\pi - b$ modulo 2π voir p. 94.
2. L'expression « avec $k \in \mathbb{Z}$ » est une façon concise de signifier « il existe un $k \in \mathbb{Z}$ tel que ».

(b) **méthode**

L'équation étudiée se transforme en l'égalité de deux sinus par la formule

$$\cos(x) = \sin\left(\frac{\pi}{2} - x\right).$$

Pour $x \in \mathbb{R}$,

$$\begin{aligned}\cos(x) = \sin(3x) &\iff \sin\left(\frac{\pi}{2} - x\right) = \sin(3x)\\ &\iff \frac{\pi}{2} - x = 3x + 2k\pi \quad \text{ou} \quad \frac{\pi}{2} - x = \pi - 3x + 2k\pi \quad \text{avec} \quad k \in \mathbb{Z}\\ &\iff 4x = \frac{\pi}{2} - 2k\pi \quad \text{ou} \quad 2x = \frac{\pi}{2} + 2k\pi \quad \text{avec} \quad k \in \mathbb{Z}..\end{aligned}$$

La résolution se poursuit alors comme au-dessus et l'on obtient [1] :

$$\left\{\frac{\pi}{8} + k\frac{\pi}{2} \;\middle|\; k \in \mathbb{Z}\right\} \cup \left\{\frac{\pi}{4} + k\pi \;\middle|\; k \in \mathbb{Z}\right\}.$$

(c) **méthode**

On exprime le premier membre sous la forme $A\cos(x - \varphi)$.

Pour x réel,

$$\cos(x) - \sin(x) = \sqrt{2}\left(\frac{\sqrt{2}}{2}\cos(x) - \frac{\sqrt{2}}{2}\sin(x)\right) = \sqrt{2}\cos\left(x + \frac{\pi}{4}\right).$$

méthode

Pour $a, b \in \mathbb{R}$, on sait :

$$\cos(a) = \cos(b) \iff \exists k \in \mathbb{Z},\ a = b + 2k\pi \quad \text{ou} \quad a = -b + 2k\pi.$$

Pour $x \in \mathbb{R}$,

$$\begin{aligned}\cos(x) - \sin(x) = 1 &\iff \cos\left(x + \frac{\pi}{4}\right) = \cos\left(\frac{\pi}{4}\right)\\ &\iff x + \frac{\pi}{4} = \frac{\pi}{4} + 2k\pi \quad \text{ou} \quad x + \frac{\pi}{4} = -\frac{\pi}{4} + 2k\pi \quad \text{avec} \quad k \in \mathbb{Z}.\end{aligned}$$

L'ensemble des solutions est donc

$$\{2k\pi \mid k \in \mathbb{Z}\} \cup \left\{-\frac{\pi}{2} + 2k\pi \;\middle|\; k \in \mathbb{Z}\right\}.$$

1. L'ensemble des $\pi/8 - k\pi/2$ pour k parcourant $\mathbb{Z}$ se confond avec l'ensemble des $\pi/8 + k\pi/2$ pour k parcourant $\mathbb{Z}$.

2.6.3 Fonctions circulaires réciproques

Exercice 5

Simplifier :

(a) $\arcsin\left(\sin\left(\frac{2\pi}{3}\right)\right)$ (b) $\arccos\left(\cos\left(\frac{6\pi}{5}\right)\right)$ (c) $\arccos\left(\sin\left(\frac{\pi}{7}\right)\right)$.

Solution

(a) **méthode**

> L'expression $\arcsin(\sin(t))$ se simplifie en t si, et seulement si, t appartient à l'intervalle $[-\pi/2\,;\pi/2]$.

Pour simplifier l'expression, on cherche l'angle de l'intervalle $[-\pi/2\,;\pi/2]$ dont le sinus vaut celui de $2\pi/3$. Cet angle est $\pi/3$ et donc

$$\arcsin\left(\sin\left(\frac{2\pi}{3}\right)\right) = \arcsin\left(\sin\left(\frac{\pi}{3}\right)\right) = \frac{\pi}{3}.$$

(b) **méthode**

> L'expression $\arccos(\cos(t))$ se simplifie en t si, et seulement si, t appartient à l'intervalle $[0\,;\pi]$.

L'angle de $[0\,;\pi]$ dont le cosinus est le même que celui de $6\pi/5$ est $4\pi/5$ et donc

$$\arccos\left(\cos\left(\frac{6\pi}{5}\right)\right) = \arccos\left(\cos\left(\frac{4\pi}{5}\right)\right) = \frac{4\pi}{5}.$$

(c) **méthode**

> On transforme cosinus en sinus et inversement par les formules
>
> $$\cos\left(\frac{\pi}{2} - x\right) = \sin(x) \quad \text{et} \quad \sin\left(\frac{\pi}{2} - x\right) = \cos(x).$$

On a

$$\arccos\left(\sin\left(\frac{\pi}{7}\right)\right) = \arccos\left(\cos\left(\frac{\pi}{2} - \frac{\pi}{7}\right)\right) = \arccos\left(\cos\Big(\underbrace{\frac{5\pi}{14}}_{\in[0;\pi]}\Big)\right) = \frac{5\pi}{14}.$$

Exercice 6

Simplifier les expressions suivantes lorsque celles-ci ont un sens :

(a) $\sin(2\arccos(x))$ (b) $\cos(2\arcsin(x))$ (c) $\cos(\arctan(x))$.

Solution

(a) On développe $\sin(2a)$ en $2\sin(a)\cos(a)$ et il vient, pour $x \in [-1\,;1]$,

$$\sin\bigl(2\arccos(x)\bigr) = 2\sin\bigl(\arccos(x)\bigr)\cos\bigl(\arccos(x)\bigr).$$

méthode

> Pour tout $x \in [-1\,;1]$, on a [1]
>
> $$\cos\bigl(\arccos(x)\bigr) = x \quad \text{et} \quad \sin\bigl(\arccos(x)\bigr) = \sqrt{1-x^2}.$$

On en déduit

$$\sin\bigl(2\arccos(x)\bigr) = 2x\sqrt{1-x^2} \quad \text{pour tout } x \in [-1\,;1].$$

(b) On développe $\cos(2a)$ en $2\cos^2(a)-1$ ou en $1-2\sin^2(a)$. Pour $x \in [-1\,;1]$,

$$\cos\bigl(2\arcsin(x)\bigr) = 2\cos^2\bigl(\arcsin(x)\bigr) - 1 = 1 - 2\sin^2\bigl(\arcsin(x)\bigr).$$

méthode

> On exploite l'une ou l'autre des formules
>
> $$\sin\bigl(\arcsin(x)\bigr) = x \quad \text{et} \quad \cos\bigl(\arcsin(x)\bigr) = \sqrt{1-x^2}.$$

On obtient

$$\cos\bigl(2\arcsin(x)\bigr) = 1 - 2x^2 \quad \text{pour tout } x \in [-1\,;1].$$

(c) **méthode**

> On peut lier les fonctions cosinus et tangente par l'identité [2]
>
> $$\frac{1}{\cos^2(t)} = 1 + \tan^2(t).$$

Soit $x \in \mathbb{R}$. Pour $t = \arctan(x)$, on peut simplifier $\tan(t)$ en x et écrire

$$\cos^2(t) = \frac{1}{1+x^2}.$$

Sachant $t \in \left]-\pi/2\,;\pi/2\right[$, on a $\cos(t) > 0$ et donc

$$\cos\bigl(\arctan(x)\bigr) = \frac{1}{\sqrt{1+x^2}} \quad \text{pour tout } x \in \mathbb{R}.$$

---

1. Pour $t \in [0\,;\pi]$, on sait $\sin(t) = \sqrt{1-\cos^2(t)}$ car $\cos^2(t)+\sin^2(t) = 1$ et $\sin(t) \geqslant 0$.
2. Cette identité correspond aux deux expressions usuelles de la dérivée de la fonction tangente.

Exercice 7

On souhaite établir

$$\arctan(x) + \arctan\left(\frac{1}{x}\right) = \frac{\pi}{2} \quad \text{pour tout } x > 0.$$

(a) Montrer l'identité en étudiant la fonction définie par le premier membre.

(b) Montrer l'identité en calculant la tangente d'un angle bien choisi.

Solution

(a) Introduisons f la fonction définie sur $]0\,;+\infty[$ par

$$f(x) = \arctan(x) + \arctan\left(\frac{1}{x}\right).$$

méthode

‖ On montre que la fonction est constante en calculant sa dérivée.

La fonction f est dérivable et, par dérivation d'une composition de fonctions,

$$f'(x) = \frac{1}{1+x^2} + -\frac{1}{x^2}\cdot\frac{1}{1+\frac{1}{x^2}} \quad \text{pour tout } x > 0.$$

Après simplifications, on obtient $f'(x) = 0$. La fonction f est donc constante sur l'intervalle[1] $]0\,;+\infty[$. La valeur de cette constante peut s'obtenir par le calcul[2] de $f(1)$

$$f(1) = 2\arctan(1) = 2\times\frac{\pi}{4} = \frac{\pi}{2}.$$

(b) Soit $x > 0$. Introduisons l'angle

$$\theta = \frac{\pi}{2} - \alpha \quad \text{avec} \quad \alpha = \arctan(x).$$

méthode

‖ On vérifie que θ est l'unique angle de $]-\pi/2\,;\pi/2[$ dont la tangente vaut $1/x$.

Puisque $x > 0$, on a $\alpha \in\,]0\,;\pi/2[$ et donc $\theta \in\,]0\,;\pi/2[\, \subset\,]-\pi/2\,;\pi/2[$. La tangente de θ est alors bien définie et

$$\tan(\theta) = \tan\left(\frac{\pi}{2} - \alpha\right) = \frac{\sin(\pi/2-\alpha)}{\cos(\pi/2-\alpha)} = \frac{\cos(\alpha)}{\sin(\alpha)} = \frac{1}{\tan(\alpha)} = \frac{1}{x}.$$

On a donc

$$\theta = \arctan\left(\frac{1}{x}\right).$$

1. La fonction f peut aussi être définie sur l'intervalle $]-\infty\,;0[$ et elle y est constante égale à $-\pi/2$: bien que de dérivée identiquement nulle, la fonction f n'étant pas définie en 0, les constantes de part et d'autre peuvent différer ce qui est ici le cas.

2. On peut aussi étudier les limites de f aux extrémités de l'intervalle.

2.6.4 Fonctions hyperboliques

Exercice 8

Montrer les inégalités suivantes :

(a) $\operatorname{sh}(x) \geqslant x$ pour tout $x \geqslant 0$ (b) $\operatorname{ch}(x) \geqslant 1 + \dfrac{1}{2}x^2$ pour tout $x \in \mathbb{R}$.

Solution

méthode

On étudie les variations de la fonction définie par la différence des deux membres.

(a) La fonction $f : x \mapsto \operatorname{sh}(x) - x$ est dérivable sur $[0\,;+\infty[$ et $f'(x) = \operatorname{ch}(x) - 1$ pour tout $x \geqslant 0$. Le cosinus hyperbolique présentant un minimum de valeur 1, on a $f'(x) \geqslant 0$ et la fonction f est croissante. Sachant $f(0) = 0$, on peut affirmer que f est positive sur $\mathbb{R}_+$.

(b) La fonction $g : x \mapsto \operatorname{ch}(x) - 1 - \frac{x^2}{2}$ est paire, dérivable sur $\mathbb{R}$ et $g'(x) = \operatorname{sh}(x) - x \geqslant 0$ pour tout x de $\mathbb{R}_+$. La fonction g est donc croissante sur $[0\,;+\infty[$. Sachant $g(0) = 0$, on peut affirmer que c'est une fonction positive, d'abord sur $[0\,;+\infty[$, puis sur $\mathbb{R}$ par parité.

x	0		$+\infty$
$f'(x)$	0	$+$	
$f(x)$	0	↗	$+\infty$

x	0		$+\infty$
$f(x)$	0	$+$	
$g(x)$	0	↗	$+\infty$

2.7 Exercices d'entraînement

2.7.1 Fonctions bijectives

Exercice 9 *

Soit $f : I \to \mathbb{R}$ une application continue, impaire et strictement monotone.

Justifier que f réalise une bijection de I vers un intervalle J et montrer que sa bijection réciproque est impaire.

Solution

Les hypothèses du théorème de la bijection (Th. 2 p. 46) sont immédiatement réunies. L'application f réalise donc une bijection de I vers un intervalle J dont les extrémités sont les limites de f aux extrémités de I et l'on peut introduire sa bijection réciproque f^{-1} définie de J vers I.

Pour établir l'imparité de f^{-1}, commençons par étudier la symétrie de l'intervalle J. Puisque la fonction f est impaire, il est entendu que l'intervalle I est symétrique par rapport à 0. Au surplus, les limites de f aux extrémités de I sont opposées. Que l'intervalle I soit de la forme $[-a\,;a]$ ou $]-a\,;a[$ (avec a éventuellement infini), on peut affirmer que l'intervalle image J est symétrique par rapport à 0.

Considérons ensuite $y \in J$ et étudions si l'identité $f^{-1}(-y) = -f^{-1}(y)$ a lieu.

méthode

> Pour établir $f^{-1}(-y) = -f^{-1}(y)$, on vérifie que ces deux valeurs ont même image par f.

D'une part, une simplification directe donne $f\big(f^{-1}(-y)\big) = -y$. D'autre part, l'imparité de f permet d'écrire $f\big(-f^{-1}(y)\big) = -f\big(f^{-1}(y)\big) = -y$. Par unicité de l'antécédent de $-y$ par f, on peut affirmer $f^{-1}(-y) = -f^{-1}(y)$.

Finalement, la bijection réciproque f^{-1} est impaire.

Exercice 10 ** (Fonctions tangente et argument tangente hyperboliques)

On définit la fonction *tangente hyperbolique* en posant

$$\operatorname{th}(x) = \frac{\operatorname{sh}(x)}{\operatorname{ch}(x)} \quad \text{pour tout } x \text{ réel.}$$

(a) Montrer que la fonction th réalise une bijection de $\mathbb{R}$ vers un intervalle I à préciser.

On note argth sa bijection réciproque appelée *argument tangente hyperbolique.*

(b) Montrer que la fonction argth est dérivable sur I et vérifier que sa dérivée est une fonction rationnelle [1].

(c) En étudiant l'équation $y = \operatorname{th}(x)$ d'inconnue x réelle, exprimer $\operatorname{argth}(y)$ à l'aide des fonctions usuelles. Retrouver l'expression de sa dérivée.

Solution

(a) Par quotient dont le dénominateur ne s'annule pas, la fonction th est définie et dérivable sur $\mathbb{R}$ avec, pour tout x réel,

$$(\operatorname{th})'(x) = \frac{\operatorname{ch}^2(x) - \operatorname{sh}^2(x)}{\operatorname{ch}^2(x)} = \frac{1}{\operatorname{ch}^2(x)} > 0 \quad \text{car} \quad \operatorname{ch}^2(x) - \operatorname{sh}^2(x) = 1.$$

La fonction tangente hyperbolique est donc strictement croissante sur $\mathbb{R}$. Elle est aussi continue et réalise donc une bijection de $\mathbb{R}$ vers un intervalle ouvert dont les extrémités sont obtenues en calculant les limites de th en $+\infty$ et $-\infty$. Sachant que la fonction th est impaire en tant que quotient d'une fonction impaire par une fonction paire, il suffit de mener l'étude de la limite en $+\infty$.

1. Une *fonction rationnelle* est le quotient de deux fonctions polynomiales.

méthode

On résout la forme indéterminée en écrivant $\operatorname{ch}(x)$ et $\operatorname{sh}(x)$ à l'aide d'exponentielles.

$$\operatorname{th}(x) = \frac{e^x - e^{-x}}{e^x + e^{-x}} = \frac{e^{-x}}{e^{-x}} \cdot \frac{e^x - e^{-x}}{e^x + e^{-x}} = \frac{1 - e^{-2x}}{1 + e^{-2x}} \xrightarrow[x \to +\infty]{} 1.$$

Finalement, la fonction th réalise une bijection de $\mathbb{R}$ vers $I =]-1\,;1[$.

On peut noter que la fonction argth est impaire car c'est l'application réciproque d'une bijection impaire (voir sujet précédent).

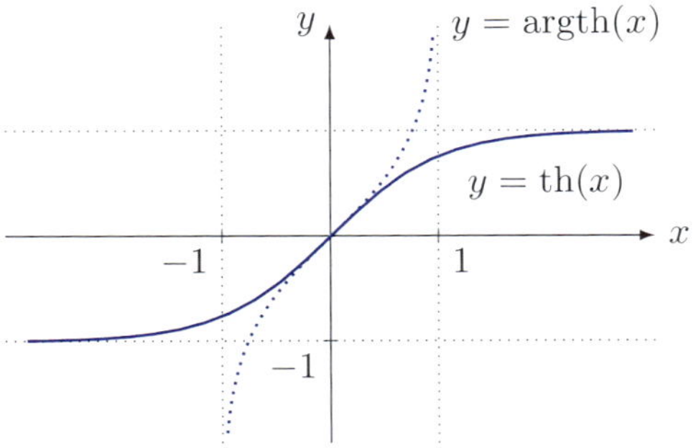

(b) **méthode**

Lorsqu'une bijection $f\colon I \to J$ est dérivable, il suffit[1] que sa dérivée ne s'annule pas pour que sa bijection réciproque soit dérivable (Th. 3 p. 46) avec

$$(f^{-1})' = \frac{1}{f' \circ f^{-1}}.$$

La bijection th est dérivable et sa dérivée ne s'annule pas car

$$(\operatorname{th})'(x) = \frac{1}{\operatorname{ch}^2(x)} \neq 0 \quad \text{pour tout } x \in \mathbb{R}.$$

Sa bijection réciproque argth est donc dérivable sur $]-1\,;1[$ et, pour tout $y \in]-1\,;1[$,

$$(\operatorname{argth})'(y) = \frac{1}{(\operatorname{th})'\big(\operatorname{argth}(y)\big)} = \operatorname{ch}^2\big(\operatorname{argth}(y)\big).$$

Il reste à simplifier l'expression de cette dérivée.

méthode

Sachant $\operatorname{ch}^2(x) - \operatorname{sh}^2(x) = 1$, on peut exprimer $\operatorname{ch}^2(x)$ en fonction de $\operatorname{th}^2(x)$.

1. Cette condition est aussi nécessaire car $f^{-1} \circ f = \mathrm{Id}$ avec f et f^{-1} des fonctions dérivables entraîne $f' \times (f^{-1})' \circ f = 1$.

Pour $x \in \mathbb{R}$,

$$\mathrm{th}^2(x) = \frac{\mathrm{sh}^2(x)}{\mathrm{ch}^2(x)} = \frac{\mathrm{ch}^2(x) - 1}{\mathrm{ch}^2(x)} = 1 - \frac{1}{\mathrm{ch}^2(x)}$$

et donc [1]

$$\mathrm{ch}^2(x) = \frac{1}{1 - \mathrm{th}^2(x)}.$$

On en déduit

$$(\mathrm{argth})'(y) = \frac{1}{1 - \mathrm{th}^2\big(\mathrm{argth}(y)\big)} = \frac{1}{1 - y^2}.$$

(c) Soient $y \in \left]-1\,;1\right[$ et $x \in \mathbb{R}$.

méthode

> On résout l'équation $y = \mathrm{th}(x)$ afin d'exprimer x en fonction de y.

On a

$$y = \mathrm{th}(x) \iff y = \frac{\mathrm{e}^x - \mathrm{e}^{-x}}{\mathrm{e}^x + \mathrm{e}^{-x}}$$

En muliplian numérateur et dénominateur par e^x,

$$\begin{aligned} y = \mathrm{th}(x) &\iff y = \frac{\mathrm{e}^{2x} - 1}{\mathrm{e}^{2x} + 1} \\ &\iff y\big(\mathrm{e}^{2x} + 1\big) = \mathrm{e}^{2x} - 1 \\ &\iff \mathrm{e}^{2x} = \frac{1 + y}{1 - y} \\ &\iff x = \frac{1}{2}\ln\left(\frac{1 + y}{1 - y}\right). \end{aligned}$$

On obtient donc l'expression [2]

$$\mathrm{argth}(y) = \frac{1}{2}\ln\left(\frac{1 + y}{1 - y}\right) \quad \text{pour tout } y \in \left]-1\,;1\right[.$$

Enfin, en écrivant le logarithme du quotient comme une différence, on retrouve aisément la dérivée de la fonction argth. Pour tout $y \in \left]-1\,;1\right[$,

$$(\mathrm{argth})'(y) = \frac{1}{2} \cdot \frac{\mathrm{d}}{\mathrm{d}y}\big(\ln(1 + y) - \ln(1 - y)\big) = \frac{1}{2}\left(\frac{1}{1 + y} + \frac{1}{1 - y}\right) = \frac{1}{1 - y^2}.$$

1. On remarque que le quotient est bien défini en vertu du calcul mené ou simplement car on a observé au-dessus que la fonction th prend ses valeurs dans $\left]-1\,;1\right[$.
2. On a obtenu l'*expression logarithmique* de la fonction argument tangente hyperbolique.

Exercice 11 **

On considère la fonction $f\colon x \mapsto 1 + x + x^{1/3}$ définie sur $[0\,;+\infty[$.

(a) Justifier que f induit une bijection de $[0\,;+\infty[$ vers un intervalle I à préciser.

(b) Étudier la dérivabilité de f^{-1} sur I.

Solution

(a) Par somme de fonctions, la fonction f est continue et strictement croissante sur $[0\,;+\infty[$. Ses limites en 0 et $+\infty$ sont respectivement 1 et $+\infty$. La fonction f réalise donc une bijection de $[0\,;+\infty[$ vers $I = [1\,;+\infty[$.

(b) La fonction $x \mapsto x^{1/3}$ est dérivable sur $]0\,;+\infty[$ mais n'est pas dérivable en 0 (il y figure une tangente verticale).

Par opérations, on peut affirmer que la fonction f est dérivable sur $]0\,;+\infty[$ et, pour tout $x > 0$,

$$f'(x) = 1 + \frac{1}{3x^{2/3}}.$$

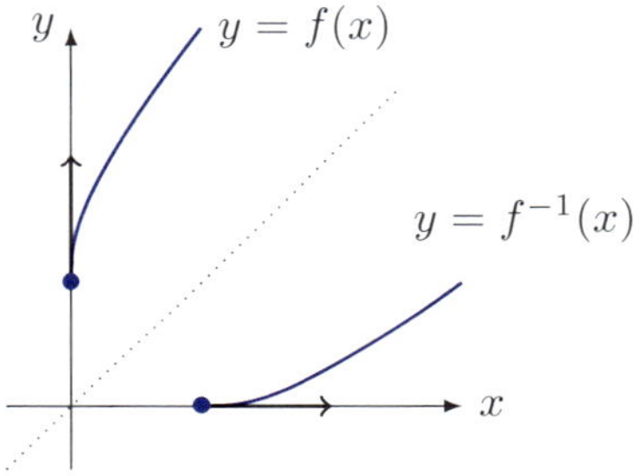

La dérivée de f ne s'annulant pas sur $]0\,;+\infty[$, on peut affirmer que sa bijection réciproque f^{-1} est dérivable en chaque point image (Th. 3 p. 46), autrement dit, f^{-1} dérivable sur $]1\,;+\infty[$.

La fonction f n'étant pas dérivable en 0, le théorème précédent ne s'applique pas et l'on ne peut rien dire *a priori* sur la dérivabilité de f^{-1} en $1 = f(0)$.

méthode

La fonction f présente une tangente verticale en 0. Par symétrie, sa bijection réciproque présente une tangente horizontale en $1 = f(0)$: on établit sa dérivabilité en étudiant la limite du taux d'accroissement.

La fonction f^{-1} est dérivable en 1 si, et seulement si, la limite suivante existe et est finie :

$$\lim_{y \to 1^+} \frac{f^{-1}(y) - f^{-1}(1)}{y - 1}.$$

méthode

Pour étudier cette limite, on réalise la substitution de variable $x = f^{-1}(y)$.

On sait que la bijection réciproque f^{-1} est continue (Th. 2 p. 46). Lorsque y tend vers 1 par valeurs supérieures, on peut affirmer que $x = f^{-1}(y)$ tend vers 0 par valeurs supérieures. Sachant de plus que x vérifie $1 + x + x^{1/3} = y$, on peut écrire

$$\frac{f^{-1}(y) - f^{-1}(1)}{y - 1} = \frac{x - 0}{x + x^{1/3}} = \frac{1}{1 + x^{-2/3}} \xrightarrow[y \to 1^+]{} 0 \quad \text{car} \quad x^{-2/3} \xrightarrow[y \to 1^+]{} +\infty.$$

On peut alors conclure que f^{-1} est dérivable en 1 avec $\left(f^{-1}\right)'(1) = 0$.

2.7.2 Puissances, exponentielle et logarithme

Exercice 12 *

Pour tout $x \in]0\,;1[$, justifier

$$\frac{1}{2} \leqslant x^x(1-x)^{1-x}$$

Solution

méthode

Il suffit de dresser le tableau des variations de la fonction $x \mapsto x^x(1-x)^{1-x}$.

Introduisons la fonction φ définie sur $]0\,;1[$ par la relation

$$\varphi(x) = x^x(1-x)^{1-x} = \exp\bigl(x\ln(x) + (1-x)\ln(1-x)\bigr).$$

Par composition, la fonction φ est dérivable sur $]0\,;1[$ et, pour tout x de $]0\,;1[$,

$$\varphi'(x) = \ln\left(\frac{x}{1-x}\right)\underbrace{\varphi(x)}_{>0}.$$

Le signe de $\varphi'(x)$ est déterminé par la position relative du quotient $x/(1-x)$ par rapport à 1. Pour $x \in]0\,;1[$,

$$\frac{x}{1-x} \geqslant 1 \iff x \geqslant 1-x \qquad (\text{car } 1-x>0)$$
$$\iff 2x \geqslant 1.$$

On en déduit les variations de la fonction φ :

x	0		$1/2$		1
$\varphi'(x)$		$-$	0	$+$	
$\varphi(x)$	1	↘	$\varphi(1/2)$	↗	1

La fonction φ admet donc un minimum en $x = 1/2$ de valeur $\varphi(1/2) = 1/2$ ce qui donne l'inégalité voulue.

Exercice 13 *

Résoudre les équations suivantes d'inconnue x réelle :

(a) $x^{\sqrt{x}} = \sqrt{x}^{\,x}$ (b) $2^{2x+3} + 5^{2x} = 5^{2x+1} - 2^{2x+1}$.

Solution

(a) L'équation a un sens pour tout $x \geqslant 0$.

méthode

On forme une équation équivalente en passant au logarithme.

On observe que $x = 0$ est solution de l'équation. Pour $x > 0$,

$$\begin{aligned} x^{\sqrt{x}} = \sqrt{x}^{\,x} &\iff \mathrm{e}^{\sqrt{x}\ln(x)} = \mathrm{e}^{x\ln(\sqrt{x})} \\ &\iff \sqrt{x}\ln(x) = x\ln(\sqrt{x}) \\ &\iff \sqrt{x}\ln(x) = \frac{1}{2}x\ln(x) \\ &\iff \ln(x) = 0 \text{ ou } 2\sqrt{x} = x \\ &\iff x = 1 \text{ ou } x = 4. \end{aligned}$$

En résumé, les solutions de l'équation sont $0, 1$ et 4.

(b) **méthode**

On réorganise les membres en « rapprochant ce qui se ressemble ».

Pour $x \in \mathbb{R}$,

$$\begin{aligned} 2^{2x+3} + 5^{2x} = 5^{2x+1} - 2^{2x+1} &\iff 2^{2x+3} + 2^{2x+1} = 5^{2x+1} - 5^{2x} \\ &\iff 5 \times 2^{2x+1} = 4 \times 5^{2x} \\ &\iff 2^{2x-1} = 5^{2x-1}. \end{aligned}$$

En passant au logarithme, on obtient $(2x-1)\ln(2) = (2x-1)\ln(5)$ dont la seule solution est $x = 1/2$.

Exercice 14 **

Montrer que $\log_{10}(2)$ est un nombre irrationnel.

Solution

méthode

L'écriture de $\log_{10}(2)$ comme un nombre rationnel entraîne une égalité arithmétique impossible.

Par l'absurde, supposons $\log_{10}(2) \in \mathbb{Q}$. On peut alors écrire

$$\log_{10}(2) = \frac{p}{q} \quad \text{avec} \quad p, q \in \mathbb{N}^*$$

car $\log_{10}(2)$ est un nombre strictement positif. En exprimant le logarithme décimal comme un quotient de deux logarithmes, on obtient

$$\frac{\ln(2)}{\ln(10)} = \frac{p}{q}.$$

On en déduit $q\ln(2) = p\ln(10)$ puis $\ln(2^q) = \ln(10^p)$ et enfin $2^q = 10^p$ par composition avec la fonction exponentielle. Cela est absurde car 5 divise 10^p mais ne divise pas 2^q.

Exercice 15 **

(a) Établir que $\left|\sqrt{y}-\sqrt{x}\right| \leqslant \sqrt{|y-x|}$ pour tous x et y de $\mathbb{R}_+$.

(b) Pour quels $\alpha > 0$ a-t-on $\left|y^\alpha - x^\alpha\right| \leqslant \left|y-x\right|^\alpha$ pour tous x et y de $\mathbb{R}_+$?

Solution

(a) **méthode**

‖ On simplifie l'étude en échangeant si besoin x et y.

Les paramètres x et y jouent un rôle symétrique dans l'inégalité demandée. Quitte à échanger x et y, on peut supposer $x \leqslant y$. Il s'agit alors d'établir

$$\sqrt{y}-\sqrt{x} \leqslant \sqrt{y-x}.$$

méthode

‖ Afin de simplifier les racines, on étudie l'inégalité élevée au carré.

Par élévation au carré de membres positifs, l'inégalité demandée équivaut à la suivante

$$y - 2\sqrt{xy} + x \leqslant y - x.$$

Or cette dernière est vraie car, sachant $x \leqslant y$, on peut écrire $\sqrt{xy} \geqslant x$ puis

$$y - 2\sqrt{xy} + x \leqslant y - 2x + x = y - x.$$

(b) Comme au-dessus, on suppose $x \leqslant y$ et l'on étudie l'inégalité

$$y^\alpha - x^\alpha \leqslant (y-x)^\alpha.$$

Cette inégalité est assurément vraie lorsque $x = 0$ ou $x = y$ sans conditions sur α. On suppose désormais $y > x > 0$.

méthode

‖ Afin de réduire le nombre de paramètres, on divise l'inégalité par x^α.

L'inégalité étudiée équivaut à la suivante

$$\left(\frac{y}{x}\right)^\alpha - 1 \leqslant \left(\frac{y}{x} - 1\right)^\alpha \quad \text{c'est-à-dire} \quad t^\alpha - 1 \leqslant (t-1)^\alpha \quad \text{avec} \quad t = \frac{y}{x} > 1.$$

On étudie alors la fonction définie par la différence des deux membres. Posons

$$f_\alpha(t) = (t-1)^\alpha - (t^\alpha - 1)$$

ce qui définit une fonction dérivable sur $]1\,;+\infty[$ avec

$$f'_\alpha(t) = \alpha\big((t-1)^{\alpha-1} - t^{\alpha-1}\big).$$

méthode

On obtient le signe de $f'_\alpha(t)$ en discutant selon le signe de l'exposant $\alpha - 1$.

Si $\alpha \in \,]0\,;1]$, $(t-1)^{\alpha-1} \geqslant t^{\alpha-1}$ pour tout $t > 1$ et donc $f'_\alpha(t) \geqslant 0$. La fonction f_α est alors croissante sur $]1\,;+\infty[$ et, puisque la limite de f_α en 1 est nulle, f_α est positive sur $]1\,;+\infty[$. L'inégalité voulue est alors vraie.

À l'inverse, si $\alpha \in \,]1\,;+\infty[$, on obtient $f'_\alpha(t) < 0$. La fonction f_α est strictement décroissante sur $]1\,;+\infty[$ et l'inégalité est dans l'autre sens.

En résumé, la comparaison $\left|y^\alpha - x^\alpha\right| \leqslant |y-x|^\alpha$ est vraie pour tous $x, y \in \mathbb{R}_+$ seulement lorsque $\alpha \in \,]0\,;1]$.

Exercice 16 ***

Résoudre l'équation d'inconnue x réelle

$$(1+x)^{1/3} + (1-x)^{1/3} = 5^{1/3}.$$

Solution

L'équation étudiée a du sens pour $x \in [-1\,;1]$.

méthode

On élève les deux membres de l'équation au cube en employant la formule de développement

$$(a+b)^3 = a^3 + 3a^2b + 3ab^2 + b^3 = a^3 + b^3 + 3ab(a+b).$$

Soit $x \in [-1\,;1]$ une solution de l'équation étudiée. Par élévation au cube,

$$2 + 3\underbrace{(1+x)^{1/3}(1-x)^{1/3}}_{=(1-x^2)^{1/3}}\underbrace{\left((1+x)^{1/3} + (1-x)^{1/3}\right)}_{=5^{1/3}} = 5$$

ce qui donne après simplification

$$\left(1-x^2\right)^{1/3} = 5^{-1/3}.$$

Après une nouvelle élévation au cube, on parvient à $x^2 = 4/5$ et donc

$$x = \frac{2}{\sqrt{5}} \quad \text{ou} \quad x = -\frac{2}{\sqrt{5}}.$$

Inversement [1], on vérifie par substitution dans l'équation que ces réels sont solutions en écrivant

$$2 + \sqrt{5} = \left(\frac{1+\sqrt{5}}{2}\right)^3 \quad \text{et} \quad 2 - \sqrt{5} = \left(\frac{1-\sqrt{5}}{2}\right)^3.$$

1. Cette vérification est nécessaire : les mêmes calculs menés avec un second membre égal à -1 au lieu de $5^{1/3}$ conduit à la valeur $x = 0$ qui n'est pas solution.

2.7.3 Fonctions circulaires

Exercice 17 * (Formules de l'angle moitié)
Soit x un réel qui n'est pas de la forme $(2k+1)\pi$ avec $k \in \mathbb{Z}$. On pose $t = \tan\left(\frac{x}{2}\right)$. Montrer

$$\cos(x) = \frac{1-t^2}{1+t^2} \quad \text{et} \quad \sin(x) = \frac{2t}{1+t^2}.$$

Solution

Notons que la tangente introduite pour définir le réel t existe bien car $x/2$ n'est pas de la forme $\pi/2 + k\pi$ avec $k \in \mathbb{Z}$.

méthode

On transforme les expressions rationnelles en t en employant les formules

$$\cos^2(a) - \sin^2(a) = \cos(2a) \quad \text{et} \quad 2\sin(a)\cos(a) = \sin(2a).$$

On a

$$1 + t^2 = 1 + \tan^2\left(\frac{x}{2}\right) = \frac{\cos^2\left(\frac{x}{2}\right) + \sin^2\left(\frac{x}{2}\right)}{\cos^2\left(\frac{x}{2}\right)} = \frac{1}{\cos^2\left(\frac{x}{2}\right)}.$$

On peut alors écrire

$$1 - t^2 = 1 - \tan^2\left(\frac{x}{2}\right) = \frac{\cos^2\left(\frac{x}{2}\right) - \sin^2\left(\frac{x}{2}\right)}{\cos^2\left(\frac{x}{2}\right)} = \frac{\cos(x)}{\cos^2\left(\frac{x}{2}\right)} = \left(1+t^2\right)\cos(x)$$

et

$$2t = 2\tan\left(\frac{x}{2}\right) = 2\frac{\sin\left(\frac{x}{2}\right)}{\cos\left(\frac{x}{2}\right)} = \frac{2\sin\left(\frac{x}{2}\right)\cos\left(\frac{x}{2}\right)}{\cos^2\left(\frac{x}{2}\right)} = \frac{\sin(x)}{\cos^2\left(\frac{x}{2}\right)} = \left(1+t^2\right)\sin(x).$$

On en déduit les deux formules proposées en divisant par $1 + t^2$ qui est non nul.

Exercice 18 *
Décrire l'ensemble des solutions x réelles des équations suivantes :

(a) $2\cos^2(x) - \sin(x) = 1$
(b) $\cos^4(x) + \sin^4(x) = 1$
(c) $\sin(x) + \sin(2x) + \sin(3x) = 0$
(d) $2\sqrt{3}\cos^2(x) - 2\sin(x)\cos(x) = 1 + \sqrt{3}$.

Solution

(a) **méthode**

On transforme l'équation en une équation du second degré d''inconnue $\sin(x)$.

En écrivant $\cos^2(x) = 1 - \sin^2(x)$, l'équation étudiée devient

$$2t^2 + t - 1 = 0 \quad \text{avec} \quad t = \sin(x).$$

Les racines de cette équation en t sont -1 et $1/2$. On résout alors les deux équations $\sin(x) = -1$ et $\sin(x) = 1/2$ pour former l'ensemble des solutions [1] :

$$\left\{-\frac{\pi}{2} + 2k\pi \;\middle|\; k \in \mathbb{Z}\right\} \cup \left\{\frac{\pi}{6} + 2k\pi \;\middle|\; k \in \mathbb{Z}\right\} \cup \left\{\frac{5\pi}{6} + 2k\pi \;\middle|\; k \in \mathbb{Z}\right\}.$$

(b) **méthode**

‖ On simplifie l'expression de l'équation.

En écrivant le second membre $\left(\cos^2(x) + \sin^2(x)\right)^2$, l'équation étudiée se simplifie en

$$2\cos^2(x)\sin^2(x) = 0.$$

L'ensemble des solutions est alors

$$\left\{\frac{k\pi}{2} \;\middle|\; k \in \mathbb{Z}\right\}.$$

(c) **méthode**

‖ On factorise l'équation en transformant $\sin(x) + \sin(3x)$.

On peut écrire la factorisation [2] $\sin(x) + \sin(3x) = 2\sin(2x)\cos(x)$. L'équation étudiée équivaut alors à

$$2\sin(2x)\left(\cos(x) + \frac{1}{2}\right) = 0.$$

Les solutions sont déterminées par la résolution des équations $\sin(2x) = 0$ et $\cos(x) = -\frac{1}{2}$ ce qui conduit à l'ensemble solution

$$\left\{\frac{k\pi}{2} \;\middle|\; k \in \mathbb{Z}\right\} \cup \left\{\frac{2\pi}{3} + 2k\pi \;\middle|\; k \in \mathbb{Z}\right\} \cup \left\{\frac{4\pi}{3} + 2k\pi \;\middle|\; k \in \mathbb{Z}\right\}.$$

(d) **méthode**

‖ On transforme l'expression trigonométrique en $A\cos(2x - \varphi)$.

Sachant $\cos(2a) = 2\cos^2(a) - 1$ et $\sin(2a) = 2\sin(a)\cos(a)$, on peut écrire

$$2\sqrt{3}\cos^2(x) - 2\sin(x)\cos(x) = \sqrt{3}\cos(2x) - \sin(2x) + \sqrt{3}$$

avec

$$\sqrt{3}\cos(2x) - \sin(2x) = 2\left(\frac{\sqrt{3}}{2}\cos(2x) - \frac{1}{2}\sin(2x)\right) = 2\cos\left(2x + \frac{\pi}{6}\right).$$

1. L'équation peut aussi être résolue en écrivant $2\cos^2(x) - 1 = \cos(2x)$ ce qui conduit à l'étude de $\cos(2x) = \sin(x)$.

2. On emploie ici la formule $\sin(p) + \sin(q) = 2\sin\left(\frac{p+q}{2}\right)\cos\left(\frac{p-q}{2}\right)$.

L'équation étudiée équivaut alors à

$$\cos\left(2x+\frac{\pi}{6}\right)=\frac{1}{2}.$$

Les solutions sont déterminées en résolvant les équations

$$2x+\frac{\pi}{6}=\frac{\pi}{3}+2k\pi \quad \text{et} \quad 2x+\frac{\pi}{6}=-\frac{\pi}{3}+2k\pi \quad \text{avec} \quad k\in\mathbb{Z}.$$

L'ensemble des solutions est donc

$$\left\{\frac{\pi}{12}+k\pi \,\middle|\, k\in\mathbb{Z}\right\}\cup\left\{-\frac{\pi}{4}+k\pi \,\middle|\, k\in\mathbb{Z}\right\}.$$

Exercice 19 **

Soient $n\in\mathbb{N}$ et x un réel qui n'est pas de la forme $2k\pi$ avec $k\in\mathbb{Z}$.

(a) Exprimer $\sin\left(\frac{x}{2}\right)\cos(nx)$ en fonction de $\sin\left(\frac{2n+1}{2}x\right)$ et de $\sin\left(\frac{2n-1}{2}x\right)$.

(b) En déduire la valeur de

$$C_n=\sum_{k=0}^{n}\cos(kx).$$

(c) Exprimer de même

$$S_n=\sum_{k=1}^{n}\sin(kx).$$

Solution

(a) **méthode**

> On exploite[1] la formule de factorisation
>
> $$\sin(p)-\sin(q)=2\sin\left(\frac{p-q}{2}\right)\cos\left(\frac{p+q}{2}\right).$$

Pour $p=\frac{2n+1}{2}x$ et $q=\frac{2n-1}{2}x$, on obtient

$$\sin\left(\frac{x}{2}\right)\cos(nx)=\frac{1}{2}\left(\sin\left(\frac{2n+1}{2}x\right)-\sin\left(\frac{2n-1}{2}x\right)\right).$$

(b) **méthode**

> On fait apparaître une somme télescopique[2] en calculant $\sin\left(\frac{x}{2}\right)C_n$.

1. Il est équivalent d'employer les développements $\sin\left(nx\pm\frac{x}{2}\right)=\sin(nx)\cos\left(\frac{x}{2}\right)\pm\sin\left(\frac{x}{2}\right)\cos(nx)$.

2. Dans une *somme télescopique*, les termes successifs comportent des simplifications, voir section 2.1.3 du chapitre 2 de l'ouvrage *Exercices d'algèbre et de probabilités PCSI.*

On a

$$\begin{aligned}\sin\left(\frac{x}{2}\right)C_n &= \frac{1}{2}\sum_{k=0}^{n}\left(\sin\left(\frac{2k+1}{2}x\right)-\sin\left(\frac{2k-1}{2}x\right)\right)\\ &= \frac{1}{2}\sum_{k=0}^{n}\sin\left(\frac{2k+1}{2}x\right)-\frac{1}{2}\sum_{k=0}^{n}\sin\left(\frac{2k-1}{2}x\right).\end{aligned}$$

On réalise un glissement d'indice sur la première somme et l'on simplifie les portions communes aux deux sommes

$$\begin{aligned}\sin\left(\frac{x}{2}\right)C_n &= \frac{1}{2}\sum_{k=1}^{n+1}\sin\left(\frac{2k-1}{2}x\right)-\frac{1}{2}\sum_{k=0}^{n}\sin\left(\frac{2k-1}{2}x\right)\\ &= \frac{1}{2}\Bigg(\underbrace{\sin\left(\frac{2n+1}{2}x\right)}_{k=n+1}-\underbrace{\sin\left(-\frac{x}{2}\right)}_{k=0}\Bigg) = \frac{1}{2}\left(\sin\left(\frac{2n+1}{2}x\right)+\sin\left(\frac{x}{2}\right)\right).\end{aligned}$$

On poursuit par la formule de factorisation $\sin(p)+\sin(q) = 2\sin\left(\frac{p+q}{2}\right)\cos\left(\frac{p-q}{2}\right)$

$$\sin\left(\frac{x}{2}\right)C_n = \cos\left(\frac{nx}{2}\right)\sin\left(\frac{n+1}{2}x\right).$$

Sachant $\sin\left(\frac{x}{2}\right) \neq 0$, on conclut

$$C_n = \frac{\cos\left(\frac{nx}{2}\right)\sin\left(\frac{n+1}{2}x\right)}{\sin\left(\frac{x}{2}\right)}.$$

(c) **méthode**

> On exploite la factorisation
>
> $$\sin\left(\frac{x}{2}\right)\sin(nx) = \frac{1}{2}\left(\cos\left(\frac{2n-1}{2}x\right)-\cos\left(\frac{2n+1}{2}x\right)\right).$$

On a

$$\begin{aligned}\sin\left(\frac{x}{2}\right)S_n &= \frac{1}{2}\sum_{k=1}^{n}\left(\cos\left(\frac{2k-1}{2}x\right)-\cos\left(\frac{2k+1}{2}x\right)\right)\\ &= \frac{1}{2}\left(\cos\left(\frac{x}{2}\right)-\cos\left(\frac{2n+1}{2}x\right)\right) = \sin\left(\frac{nx}{2}\right)\sin\left(\frac{n+1}{2}x\right).\end{aligned}$$

On en déduit [1]

$$S_n = \frac{\sin\left(\frac{nx}{2}\right)\sin\left(\frac{n+1}{2}x\right)}{\sin\left(\frac{x}{2}\right)}.$$

Exercice 20 **

Soient $\theta \in]0\,;\pi[$ et $n \in \mathbb{N}$. Exprimer à l'aide de la fonction sinus le produit

$$\prod_{k=1}^{n} \cos\left(\frac{\theta}{2^k}\right).$$

Solution

méthode

On fait apparaître un produit télescopique [2] par la formule

$$\sin(2a) = 2\sin(a)\cos(a).$$

On écrit [3]

$$\prod_{k=1}^{n} \cos\left(\frac{\theta}{2^k}\right) = \prod_{k=1}^{n} \frac{\sin\left(2\cdot\frac{\theta}{2^k}\right)}{2\sin\left(\frac{\theta}{2^k}\right)} = \prod_{k=1}^{n} \frac{\sin\left(\frac{\theta}{2^{k-1}}\right)}{2\sin\left(\frac{\theta}{2^k}\right)}.$$

On réunit tous les facteurs 2 au dénominateur pour former un facteur 2^n et l'on simplifie les facteurs communs au numérateur et au dénominateur

$$\prod_{k=1}^{n} \cos\left(\frac{\theta}{2^k}\right) = \frac{1}{2^n}\prod_{k=1}^{n} \frac{\sin\left(\frac{\theta}{2^{k-1}}\right)}{\sin\left(\frac{\theta}{2^k}\right)} = \frac{1}{2^n}\cdot\frac{\prod_{k=1}^{n}\sin\left(\frac{\theta}{2^{k-1}}\right)}{\prod_{k=1}^{n}\sin\left(\frac{\theta}{2^k}\right)}$$

$$= \frac{1}{2^n}\cdot\frac{\sin(\theta)\times\sin\left(\frac{\theta}{2}\right)\times\cdots\times\sin\left(\frac{\theta}{2^{n-1}}\right)}{\sin\left(\frac{\theta}{2}\right)\times\cdots\times\sin\left(\frac{\theta}{2^{n-1}}\right)\times\sin\left(\frac{\theta}{2^n}\right)} = \frac{\sin(\theta)}{2^n\sin\left(\frac{\theta}{2^n}\right)}.$$

2.7.4 Fonctions circulaires réciproques

Exercice 21 *

Quelle relation [4] simple relie les fonctions arcsin et arccos ?

1. On pourra comparer ces résultats avec ceux obtenus dans le sujet 6 p. 103.
2. Dans un *produit télescopique*, les facteurs successifs comportent des simplifications.
3. On remarque que les dénominateurs introduits ne s'annulent pas.

Solution

méthode

Lorsque l'on transforme l'angle θ en $\pi/2-\theta$, on échange sinus et cosinus.

Soient $x \in [-1\,;1]$ et $\theta = \arcsin(x) \in [-\pi/2\,;\pi/2]$. On a

$$\cos\left(\frac{\pi}{2}-\theta\right) = \sin(\theta) = x \quad \text{avec} \quad \frac{\pi}{2}-\theta \in [0\,;\pi].$$

On en déduit que $\pi/2-\theta$ est l'angle de $[0\,;\pi]$ dont le cosinus vaut x, autrement dit, $\pi/2-\theta = \arccos(x)$. On en tire la relation [5]

$$\arccos(x) + \arcsin(x) = \frac{\pi}{2}.$$

Exercice 22 *

Montrer que la courbe représentative de la fonction arccos est symétrique par rapport au point de coordonnées $(0, \pi/2)$.

Solution

méthode

Le graphe d'une fonction f est symétrique par rapport au point de coordonnées (x_0, y_0) si, et seulement si, pour tout h convenable,

$$y_0 = \frac{f(x_0-h)+f(x_0+h)}{2}.$$

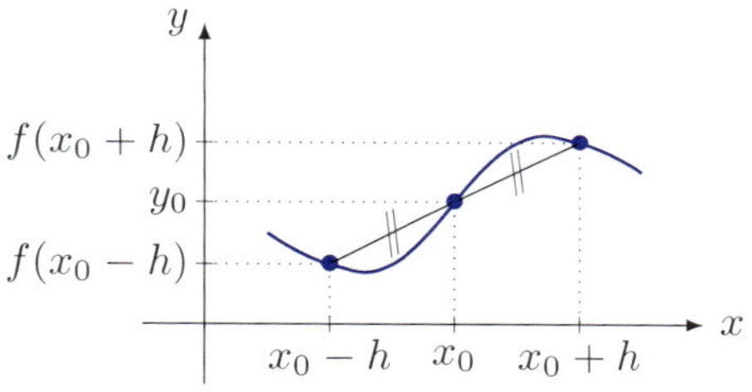

Soit $x \in [-1\,;1]$. Simplifions $\arccos(x)+\arccos(-x)$. Par la formule de développement $\cos(a+b) = \cos(a)\cos(b) - \sin(a)\sin(b)$, il vient

$$\begin{aligned}\cos\big(\arccos(x)+\arccos(-x)\big) &= x \times (-x) - \sqrt{1-x^2}\sqrt{1-(-x)^2} \\ &= -x^2 - \big(1-x^2\big) = -1.\end{aligned}$$

Or $\arccos(x)+\arccos(-x) \in [0\,;2\pi]$ donc

$$\arccos(x)+\arccos(-x) = \pi$$

ce qui justifie la symétrie proposée.

Exercice 23 *

Simplifier :

(a) $\arctan(1/2)+\arctan(1/3)$ (b) $\arctan(2)+\arctan(3)+\arctan\big(2+\sqrt{3}\big)$.

4. Soulignons que la fonction arctan ne se déduit pas des fonctions arcsin et arccos : $\arctan(x)$ n'est pas $\frac{\arcsin(x)}{\arccos(x)}$!

5. Cette relation peut aussi être obtenue en dérivant la fonction définissant le premier membre. Cependant, il convient alors de traiter séparément les cas $x=1$ et $x=-1$ où il n'y a pas dérivabilité des fonctions arcsin et arccos (bien que ces non-dérivabilités se compensent).

Solution

méthode

Sous réserve d'existence, on calcule la tangente de l'angle proposé ce qui détermine celui-ci à un multiple de π près.

(a) Posons $\theta = \arctan(1/2) + \arctan(1/3)$.

Puisque $1/2$ et $1/3$ appartiennent à $[0\,;1[$, leurs arcs tangentes appartiennent à $[0\,;\pi/4[$ et donc $\theta \in [0\,;\pi/2[$: il est possible de calculer la tangente de θ.

$$\tan(\theta) = \frac{\tan\big(\arctan(1/2)\big) + \tan\big(\arctan(1/3)\big)}{1 - \tan\big(\arctan(1/2)\big) \times \tan\big(\arctan(1/3)\big)} = \frac{\frac{1}{2} + \frac{1}{3}}{1 - \frac{1}{2} \times \frac{1}{3}} = 1.$$

Or $\pi/4$ est l'unique angle de $[0\,;\pi/2[$ dont la tangente vaut 1 et donc $\theta = \pi/4$.

(b) Posons $\theta = \arctan(2) + \arctan(3) + \arctan(2 + \sqrt{3})$.

Chacune des trois arcs tangentes appartient à l'intervalle $]\pi/4\,;\pi/2[$ et donc θ appartient à $]3\pi/4\,;3\pi/2[$: il est possible de calculer $\tan(\theta)$. Par la formule établie dans le sujet 2 p. 56, on obtient

$$\tan(\theta) = \frac{2 + 3 + (2 + \sqrt{3}) - 2 \times 3 \times (2 + \sqrt{3})}{1 - 2 \times 3 - 3 \times (2 + \sqrt{3}) - 2 \times (2 + \sqrt{3})} = \frac{-5 - 5\sqrt{3}}{-15 - 5\sqrt{3}} = \frac{1}{\sqrt{3}}.$$

L'angle de $]-\pi/2\,;\pi/2[$ dont la tangente vaut $1/\sqrt{3}$ est $\pi/6$. Ici, θ appartient à l'intervalle $]\pi/2\,;3\pi/2[$ et donc $\theta = \pi/6 + \pi = 7\pi/6$.

Exercice 24 **

Simplifier les expressions qui suivent lorsque celles-ci ont un sens :

(a) $\arccos\big(2x^2 - 1\big)$ (b) $\arccos\left(\dfrac{x}{\sqrt{1 + x^2}}\right)$.

Solution

(a) La fonction arccos est définie sur $[-1\,;1]$. L'expression considérée a un sens si, et seulement si, $-1 \leqslant 2x^2 - 1 \leqslant 1$ soit $x^2 \leqslant 1$. On étudie donc l'expression $\arccos\big(2x^2 - 1\big)$ pour $x \in [-1\,;1]$.

méthode

On écrit $x = \cos(t)$ afin d'exploiter la formule $\cos(2a) = 2\cos^2(a) - 1$.

Soit $x \in [-1\,;1]$. Posons $t = \arccos(x)$ de sorte que $x = \cos(t)$ et $2x^2 - 1 = \cos(2t)$. On a alors

$$\arccos\big(2x^2 - 1\big) = \arccos\big(\cos(2t)\big).$$

méthode

L'expression $\arccos\big(\cos(\theta)\big)$ se simplifie en θ seulement si $\theta \in [0\,;\pi]$.

On a $t = \arccos(x) \in [0\,;\pi]$ donc $2t \in [0\,;2\pi]$: on ne peut pas immédiatement simplifier $\arccos\big(\cos(2t)\big)$ en $2t$.

Cas : $x \geqslant 0$. On a $t \in [0\,;\pi/2]$ donc $2t \in [0\,;\pi]$ et l'on peut simplifier

$$\arccos\big(2x^2 - 1\big) = 2t = 2\arccos(x).$$

Cas : $x \leqslant 0$. On se ramène au cas précédent en transformant x en $-x$ car l'expression étudiée apparaît comme une fonction paire de la variable [1].

En résumé, pour tout $x \in [-1\,;1]$,

$$\arccos\big(2x^2 - 1\big) = 2\arccos\big(|x|\big).$$

(b) **méthode**

‖ Après en avoir justifié la définition, on dérive l'expression en la variable x.

L'expression étudiée est bien définie et dérivable pour tout réel x car, d'une part $1 + x^2 > 0$, et d'autre part $|x| < \sqrt{1+x^2}$, ce qui assure que l'arc cosinus est calculé sur un réel strictement compris [2] entre -1 et 1.

On commence par calculer

$$\frac{\mathrm{d}}{\mathrm{d}x}\left(\frac{x}{\sqrt{1+x^2}}\right) \underset{(uv)'=u'v+uv'}{=} \frac{1}{\sqrt{1+x^2}} - \frac{1}{2}\cdot\frac{2x^2}{\big(1+x^2\big)^{3/2}} = \frac{1}{\big(1+x^2\big)^{3/2}}.$$

Par dérivation de fonctions composées, on obtient alors

$$\frac{\mathrm{d}}{\mathrm{d}x}\left(\arccos\left(\frac{x}{\sqrt{1+x^2}}\right)\right) = \frac{1}{\big(1+x^2\big)^{3/2}}\cdot\frac{-1}{\sqrt{1-\frac{x^2}{1+x^2}}} = -\frac{1}{1+x^2}.$$

Par intégration sur un intervalle, on en déduit l'existence d'une constante réelle C telle que

$$\arccos\left(\frac{x}{\sqrt{1+x^2}}\right) = C - \arctan(x) \quad \text{pour tout } x \in \mathbb{R}.$$

En évaluant en $x = 0$, on obtient $C = \pi/2$ et l'on peut conclure que, pour tout x réel,

$$\arccos\left(\frac{x}{\sqrt{1+x^2}}\right) = \frac{\pi}{2} - \arctan(x).$$

Exercice 25 **

Étudier les fonctions suivantes afin de les figurer :

(a) $f\colon t \mapsto \arcsin\big(\sin(t)\big) + \arccos\big(\cos(t)\big)$ (b) $g\colon t \mapsto \arccos\left(\sqrt{\dfrac{1+\cos(t)}{2}}\right)$.

---

1. On peut aussi rechercher l'angle θ de $[0\,;\pi]$ dont le cosinus est égal à celui de $2t$. Cet angle est $\theta = 2\pi - 2t$ et l'on obtient alors $\arccos\big(2x^2-1\big) = 2\pi - 2\arccos(x)$ ce qui est identique à ce qui est proposé.
2. Rappelons que la fonction arccos est définie en ± 1 sans y être dérivable.

Solution

(a) **méthode**

> On réduit le domaine d'étude par périodicité.

Les fonctions sin et cos sont 2π-périodiques et à valeurs dans $[-1\,;1]$. Par opérations, la fonction f est définie sur $\mathbb{R}$ et 2π-périodique : on limite son étude à l'intervalle $[-\pi\,;\pi]$.

méthode

> On simplifie les expressions $\arcsin\bigl(\sin(t)\bigr)$ et $\arccos\bigl(\cos(t)\bigr)$ selon l'intervalle où figure la variable.

Sur $[0\,;\pi/2]$, $\arcsin\bigl(\sin(t)\bigr) = t$ car $t \in [-\pi/2\,;\pi/2]$ et $\arccos\bigl(\cos(t)\bigr) = t$ car $t \in [0\,;\pi]$. On a donc $f(t) = 2t$.

Sur $[\pi/2\,;\pi]$, $\arcsin\bigl(\sin(t)\bigr) = \arcsin\bigl(\sin(\pi - t)\bigr) = \pi - t$ car $\pi - t \in [-\pi/2\,;\pi/2]$ et $\arccos\bigl(\cos(t)\bigr) = t$ car $t \in [0\,;\pi]$. On a donc $f(t) = \pi$.

Par imparité de $t \mapsto \arcsin\bigl(\sin(t)\bigr)$ et par parité de $t \mapsto \arccos\bigl(\cos(t)\bigr)$, on généralise les calculs ci-dessus aux intervalles $[-\pi/2\,;0]$ et $[-\pi\,;0]$: sur $[-\pi/2\,;0]$, $f(t) = t + (-t) = 0$ et, sur $[-\pi\,;-\pi/2]$, $f(t) = -(t+\pi) + (-t) = -2t - \pi$.

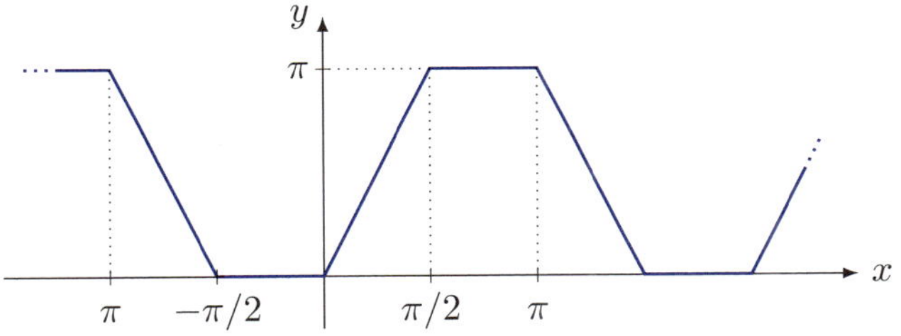

Représentation [1] de $t \mapsto \arcsin\bigl(\sin(t)\bigr) + \arccos\bigl(\cos(t)\bigr)$.

(b) **méthode**

> On simplifie l'expression de la fonction par la factorisation
> $$1 + \cos(t) = 2\cos^2\left(\frac{t}{2}\right).$$

Pour tout $t \in \mathbb{R}$,

$$\sqrt{\frac{1+\cos(t)}{2}} = \sqrt{\cos^2\left(\frac{t}{2}\right)} = \left|\cos\left(\frac{t}{2}\right)\right|.$$

La fonction f est donc définie sur $\mathbb{R}$, 2π-périodique et paire : on limite son étude à l'intervalle $[0\,;\pi]$.

1. On notera que, sauf erreur, on parvient à un tracé continu.

Pour $t \in [0\,;\pi]$, on a $\cos(t/2) \geqslant 0$ et $t/2 \in [0\,;\pi]$ donc

$$\arccos\left(\left|\cos\left(\frac{t}{2}\right)\right|\right) = \arccos\left(\cos\left(\frac{t}{2}\right)\right) = \frac{t}{2}.$$

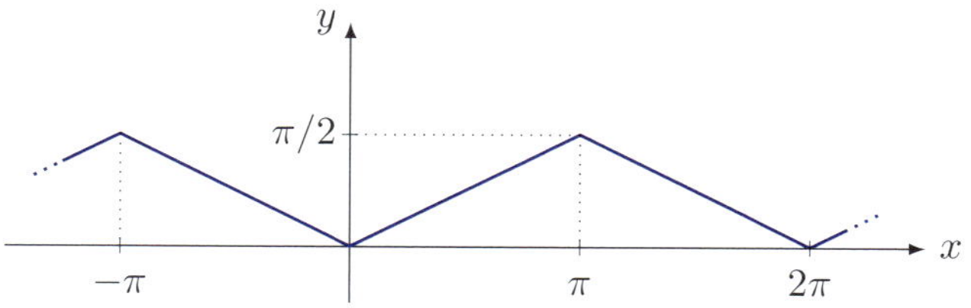

Représentation de $t \mapsto \arccos\left(\sqrt{\frac{1+\cos(t)}{2}}\right)$.

Exercice 26 **

Résoudre les équations suivantes d'inconnue x réelle :

(a) $\arctan(x) + \arctan(3x) = \dfrac{\pi}{2}$ (b) $\arcsin(x) + \arcsin(3x) = \dfrac{\pi}{2}$

(c) $\arccos(2x) - \arccos(x) = \dfrac{\pi}{4}$.

Solution

(a) L'équation a du sens pour tout x réel.

La valeur $x = 1/\sqrt{3}$ est solution apparente[1] de l'équation car

$$\arctan\left(\frac{1}{\sqrt{3}}\right) = \frac{\pi}{6} \quad \text{et} \quad \arctan(\sqrt{3}) = \frac{\pi}{3}.$$

méthode

On vérifie par étude de fonction qu'il n'existe pas d'autres solutions.

La fonction $x \mapsto \arctan(x) + \arctan(3x)$ est strictement croissante par somme de fonctions qui le sont : elle ne peut donc[2] prendre qu'une seule fois la valeur $\pi/2$.

En résumé, l'équation étudiée possède une unique solution : $1/\sqrt{3}$.

(b) La fonction arcsin n'étant définie que sur l'intervalle $[-1\,;1]$, l'équation étudiée a du sens pour $x \in [-1/3\,;1/3]$ seulement.

1. On peut aussi résoudre l'équation en observant qu'une solution x est nécessaire strictement positive puis en exploitant la formule $\pi/2 - \arctan(x) = \arctan(1/x)$.

2. On dit d'une fonction qui ne prend jamais deux fois la même valeur qu'elle est injective : les fonctions strictement monotones sont injectives.

méthode

On simplifie l'équation en exploitant la formule [1]

$$\arcsin(x) + \arccos(x) = \frac{\pi}{2}.$$

On peut exprimer l'équation étudiée

$$\arcsin(x) = \arccos(3x).$$

Ainsi, si x est solution, il vient en calculant le sinus des deux membres,

$$x = \sqrt{1 - 9x^2}.$$

On en déduit $x \geqslant 0$ et, après élévation au carré, $10x^2 = 1$ donc $x = 1/\sqrt{10}$.

Réciproquement [2], cette valeur est solution car la fonction définie par la différence des membres $x \mapsto \arcsin(x) + \arcsin(3x) - \pi/2$ est continue et prend les valeurs $-\pi/2 \leqslant 0$ en 0 et $\arcsin(1/3) \geqslant 0$ en $1/3$: cette fonction s'annule.

En résumé, l'équation étudiée possède une unique solution $x = 1/\sqrt{10}$.

(c) La fonction arccos n'étant définie que sur l'intervalle $[-1\,;1]$, l'équation étudiée a du sens pour $x \in [-1/2\,;1/2]$ seulement.

méthode

On analyse l'équation en calculant le cosinus des deux membres.

Soit $x \in [-1/2\,;1/2]$ solution de l'équation. On a

$$\cos\big(\arccos(2x) - \arccos(x)\big) = \cos\left(\frac{\pi}{4}\right).$$

En développant par $\cos(a - b) = \cos(a)\cos(b) + \sin(a)\sin(b)$,

$$2x \times x + \sqrt{1 - x^2}\sqrt{1 - 4x^2} = \frac{1}{\sqrt{2}}.$$

On réorganise les membres afin de simplifier les racines par élévation au carré

$$\left(2x^2 - \frac{1}{\sqrt{2}}\right)^2 = (1 - x^2)(1 - 4x^2).$$

Après développement et simplifications, on parvient à l'équation

$$(10 - 4\sqrt{2})x^2 = 1$$

1. Voir sujet 21 p. 75.

2. La résolution de l'équation n'a pas été menée par équivalences : de « fausses solutions » peuvent être apparues.

de racines $x = \pm 1/\sqrt{10 - 4\sqrt{2}}$.

Inversement[1], considérons la fonction $f\colon x \mapsto \arccos(2x) - \arccos(x)$. Celle-ci est continue sur $[-1/2\,;1/2]$ et dérivable sur $]-1/2\,;1/2[$ avec $f'(x) \leqslant 0$ pour tout $x \in\,]-1/2\,;1/2[$. On a donc le tableau de variation

x	$-1/2$		0		$1/2$
$f(x)$	$\pi/3$	↘	0	↘	$-\pi/3$

Il apparaît alors que l'équation étudiée admet une solution dans l'intervalle $[-1/2\,;0]$ et aucune dans $[0\,;1/2]$.

Finalement, l'équation proposée possède une unique solution :

$$-\frac{1}{\sqrt{10 - 4\sqrt{2}}}.$$

2.7.5 Fonctions hyperboliques

Exercice 27 *

(a) Vérifier que $\operatorname{sh}(2a) = 2\operatorname{sh}(a)\operatorname{ch}(a)$ pour tout a réel.

(b) Soient $x \in \mathbb{R}$ et $n \in \mathbb{N}$. Exprimer à l'aide de la fonction sinus hyperbolique le produit

$$\prod_{k=1}^{n} \operatorname{ch}\left(\frac{x}{2^k}\right).$$

Solution

(a) En exploitant la formule $(a-b)(a+b) = a^2 - b^2$, on écrit[2]

$$2\operatorname{sh}(a)\operatorname{ch}(a) = \frac{(\mathrm{e}^a - \mathrm{e}^{-a})(\mathrm{e}^a + \mathrm{e}^{-a})}{2} = \frac{\mathrm{e}^{2a} - \mathrm{e}^{-2a}}{2} = \operatorname{sh}(2a).$$

(b) Si $x = 0$, le produit vaut 1. Supposons désormais $x \neq 0$.

1. Plusieurs ruptures d'équivalence ont eu lieu lors de l'analyse des solutions : une étude réciproque s'impose afin d'éliminer les « fausses solutions ».

2. Plus généralement, les formules de trigonométrie circulaire peuvent se transposer aux fonctions hyperboliques en remplaçant cos par ch et sin par i sh.

méthode

On simplifie le produit en employant

$$\operatorname{ch}\left(\frac{x}{2^k}\right) = \frac{\operatorname{sh}\left(\dfrac{x}{2^{k-1}}\right)}{2\operatorname{sh}\left(\dfrac{x}{2^k}\right)}.$$

Par l'identité ci-dessus et des calculs[1] en tous points analogues à ceux vus dans le sujet 20 p. 75

$$\prod_{k=1}^{n} \operatorname{ch}\left(\frac{x}{2^k}\right) = \frac{\operatorname{sh}(x)}{2\operatorname{sh}\left(\dfrac{x}{2}\right)} \times \frac{\operatorname{sh}\left(\dfrac{x}{2}\right)}{2\operatorname{sh}\left(\dfrac{x}{4}\right)} \times \cdots \times \frac{\operatorname{sh}\left(\dfrac{x}{2^{n-1}}\right)}{2\operatorname{sh}\left(\dfrac{x}{2^n}\right)} = \frac{\operatorname{sh}(x)}{2^n \operatorname{sh}\left(\dfrac{x}{2^n}\right)}.$$

Exercice 28 **

Soient $n \in \mathbb{N}$ et $t \in \mathbb{R}$. Exprimer

$$C_n = \sum_{k=0}^{n} \binom{n}{k} \operatorname{ch}(kt) \quad \text{et} \quad S_n = \sum_{k=0}^{n} \binom{n}{k} \operatorname{sh}(kt)$$

en fonction de $\operatorname{ch}\left(\frac{t}{2}\right)$, $\operatorname{ch}\left(\frac{nt}{2}\right)$ et $\operatorname{sh}\left(\frac{nt}{2}\right)$.

Solution

méthode

On calcule $C_n + S_n$ et $C_n - S_n$ en employant

$$\operatorname{ch}(x) + \operatorname{sh}(x) = \mathrm{e}^{x} \quad \text{et} \quad \operatorname{ch}(x) - \operatorname{sh}(x) = \mathrm{e}^{-x} \quad \text{pour tout } x \in \mathbb{R}.$$

Par la formule du binôme de Newton,

$$C_n + S_n = \sum_{k=0}^{n} \binom{n}{k} \mathrm{e}^{kt} = (1 + \mathrm{e}^{t})^n \quad \text{et} \quad C_n - S_n = \sum_{k=0}^{n} \binom{n}{k} \mathrm{e}^{-kt} = (1 + \mathrm{e}^{-t})^n.$$

En factorisant respectivement par $\mathrm{e}^{t/2}$ et $\mathrm{e}^{-t/2}$,

$$C_n + S_n = \mathrm{e}^{nt/2}\left(2\operatorname{ch}\left(\frac{t}{2}\right)\right)^n \quad \text{et} \quad C_n - S_n = \mathrm{e}^{-nt/2}\left(2\operatorname{ch}\left(\frac{t}{2}\right)\right)^n.$$

On en déduit les valeurs de C_n et S_n :

$$C_n = \frac{(C_n + S_n) + (C_n - S_n)}{2} = 2^n \operatorname{ch}\left(\frac{nt}{2}\right) \operatorname{ch}^n\left(\frac{t}{2}\right) \quad \text{et} \quad S_n = 2^n \operatorname{sh}\left(\frac{nt}{2}\right) \operatorname{ch}^n\left(\frac{t}{2}\right).$$

1. Où l'on remarque que les dénominateurs ne s'annulent pas.

Exercice 29 ***

Pour x réel, on pose $t = \arctan\bigl(\operatorname{sh}(x)\bigr)$.

(a) Exprimer $\cos(t)$ et $\sin(t)$ en fonction de $\operatorname{ch}(x)$ et $\operatorname{sh}(x)$.

(b) Vérifier

$$x = \ln\left(\tan\left(\frac{t}{2} + \frac{\pi}{4}\right)\right).$$

Solution

(a) On peut écrire la simplification $\tan(t) = \tan\bigl(\arctan\bigl(\operatorname{sh}(x)\bigr)\bigr) = \operatorname{sh}(x)$.

méthode

‖ On sait exprimer $\cos^2(t)$ en fonction de $\tan^2(t)$.

On a

$$\cos^2(t) = \frac{1}{1+\tan^2(t)} = \frac{1}{1+\operatorname{sh}^2(x)} = \frac{1}{\operatorname{ch}^2(x)} \quad \text{car} \quad \operatorname{ch}^2(x) - \operatorname{sh}^2(x) = 1.$$

De plus, $t \in \left]-\pi/2\,;\pi/2\right[$ et donc $\cos(t) \geqslant 0$ puis

$$\cos(t) = \sqrt{\frac{1}{\operatorname{ch}^2(x)}} = \frac{1}{\operatorname{ch}(x)}.$$

Aussi, on peut écrire $\sin(t) = \tan(t)\cos(t)$ et donc

$$\sin(t) = \frac{\operatorname{sh}(x)}{\operatorname{ch}(x)}.$$

(b) **méthode**

‖ On calcule le sinus hyperbolique du logarithme proposé.

Posons $x' = \ln\bigl(\tan(t/2 + \pi/4)\bigr)$. On a

$$\exp(x') = \tan\left(\frac{t}{2} + \frac{\pi}{4}\right) = \frac{\sin\left(\frac{t}{2} + \frac{\pi}{4}\right)}{\cos\left(\frac{t}{2} + \frac{\pi}{4}\right)} \quad \text{et} \quad \exp(-x') = \frac{1}{\exp(x')} = \frac{\cos\left(\frac{t}{2} + \frac{\pi}{4}\right)}{\sin\left(\frac{t}{2} + \frac{\pi}{4}\right)}.$$

Après réduction au même dénominateur,

$$\operatorname{sh}(x') = \frac{1}{2}\left(\mathrm{e}^{x'} - \mathrm{e}^{-x'}\right) = \frac{1}{2} \cdot \frac{\sin^2\left(\frac{t}{2} + \frac{\pi}{4}\right) - \cos^2\left(\frac{t}{2} + \frac{\pi}{4}\right)}{\sin\left(\frac{t}{2} + \frac{\pi}{4}\right)\cos\left(\frac{t}{2} + \frac{\pi}{4}\right)} = -\frac{\cos\left(t + \frac{\pi}{2}\right)}{\sin\left(t + \frac{\pi}{2}\right)}$$

car $\cos(2a) = \cos^2(a) - \sin^2(a)$ et $\sin(2a) = 2\sin(a)\cos(a)$. On simplifie ensuite l'expression sachant $\cos(t + \pi/2) = -\sin(t)$ et $\sin(t + \pi/2) = \cos(t)$.

Finalement, $\operatorname{sh}(x') = \tan(t) = \operatorname{sh}(x)$. Par l'injectivité [1] de la fonction sinus hyperbolique, on peut conclure $x = x'$.

1. La fonction sh est strictement croissante donc injective : elle ne prend jamais deux fois la même valeur.

2.8 Exercices d'approfondissement

Exercice 30 * (Argument principal d'un nombre complexe non nul)
Soit $z \in \mathbb{C} \setminus \mathbb{R}_-$ un nombre complexe de partie réelle x et de partie imaginaire y. Vérifier qu'un argument possible de z est

$$2\arctan\left(\frac{y}{x+\sqrt{x^2+y^2}}\right).$$

Solution
On remarque que la valeur proposée appartient à l'intervalle $]-\pi\,;\pi[$. Introduisons alors un argument θ de z choisi dans l'intervalle $]-\pi\,;\pi[$ (ce qui est possible car z est un nombre complexe qui n'appartient pas à la demi-droite des réels négatifs).

méthode
> La mesure angulaire $\theta/2$ appartient à $]-\pi/2\,;\pi/2[$ et est donc entièrement déterminée par la valeur de sa tangente.

On a $z = |z|e^{i\theta} = |z|\big(\cos(\theta) + i\sin(\theta)\big)$ avec $|z| = \sqrt{x^2+y^2}$ et il vient

$$\cos(\theta) = \frac{x}{\sqrt{x^2+y^2}} \quad \text{et} \quad \sin(\theta) = \frac{y}{\sqrt{x^2+y^2}}.$$

On remarque

$$\frac{\sin(\theta)}{1+\cos(\theta)} = \frac{2\sin\left(\frac{\theta}{2}\right)\cos\left(\frac{\theta}{2}\right)}{2\cos^2\left(\frac{\theta}{2}\right)} = \tan\left(\frac{\theta}{2}\right) \quad \text{avec} \quad \frac{\theta}{2} \in \left]-\frac{\pi}{2}\,;\frac{\pi}{2}\right[.$$

On en déduit

$$\frac{\theta}{2} = \arctan\left(\frac{\sin(\theta)}{1+\cos(\theta)}\right)$$

ce qui conduit directement à la formule proposée [1].

Exercice 31 **
Soient $x_1, \dots, x_{13}$ des réels. Montrer qu'il existe des indices i et j distincts compris entre 1 et 13 tels que

$$0 \leqslant \frac{x_i - x_j}{1 + x_i x_j} \leqslant 2 - \sqrt{3}.$$

1. Cette formule détermine un argument d'un nombre complexe sur la quasi-intégralité de $\mathbb{C}^*$ contrairement à l'expression $\arctan(y/x)$ qui ne vaut que pour $x > 0$. Il n'existe pas de formule « continue » valant sur l'intégralité de $\mathbb{C}^*$: si l'on fait un tour autour de 0, on ajoute 2π à la détermination d'un argument !

Solution

méthode

L'expression encadrée est similaire au second membre du développement

$$\tan(a-b) = \frac{\tan(a)-\tan(b)}{1+\tan(a)\tan(b)}.$$

Pour tout $i \in \{1,\dots,13\}$, on introduit $\alpha_i = \arctan(x_i)$. Les réels $\alpha_1,\dots,\alpha_{13}$ évoluent chacun dans l'intervalle $]-\pi/2\,;\pi/2[$. En découpant cet intervalle en 12 intervalles contigus de longueur $\pi/12$, on peut affirmer qu'au moins deux éléments parmi les $\alpha_1,\dots,\alpha_{13}$ appartiennent à un même intervalle [1]. Ainsi, il existe $i \neq j$ vérifiant

$$0 \leqslant \alpha_i - \alpha_j \leqslant \frac{\pi}{12}.$$

Par croissance de la fonction tangente, il vient

$$0 \leqslant \tan(\alpha_i - \alpha_j) = \frac{x_i - x_j}{1 + x_i x_j} \leqslant \tan\left(\frac{\pi}{12}\right).$$

Il reste à vérifier que la tangente de $\pi/12$ correspond à la valeur $2-\sqrt{3}$.

méthode

On emploie la formule

$$\tan(2a) = \frac{2\tan(a)}{1-\tan^2(a)} \quad \text{avec} \quad a = \frac{\pi}{12}.$$

Puisque la tangente de $\pi/6$ est égale à $1/\sqrt{3}$, la tangente de $\pi/12$ est racine de l'équation

$$x^2 + 2\sqrt{3}x - 1 = 0.$$

Les solutions de cette équation sont $-2-\sqrt{3}$ et $2-\sqrt{3}$. Or la tangente de $\pi/12$ est un réel positif et l'on obtient donc la conclusion voulue.

Exercice 32 ***

Soit $\theta \in\,]0\,;\pi[$. On étudie la fonction f de la variable réelle x déterminée par

$$f(x) = \arcsin\left(\frac{2\sin(\theta)\big(x-\cos(\theta)\big)}{x^2 - 2x\cos(\theta) + 1}\right).$$

(a) Justifier que f est définie et continue sur $\mathbb{R}$.

(b) Vérifier que f est dérivable en tout point de $\mathbb{R}$ excepté en deux points x_1 et x_2 que l'on précisera. Simplifier l'expression de $f'(x)$ pour $x \neq x_1$ et x_2.

(c) Justifier que la représentation de f présente un centre de symétrie.

(d) En admettant [2] que les pentes des demi-tangentes à la courbe représentative de f en x_1 et x_2 sont déterminées par les limites de f' à droite et à gauche en ces points, donner l'allure de la courbe représentative de f.

1. C'est le principe des tiroirs déjà évoqué dans le sujet 33 p. 43.

Solution

(a) La fonction arcsin n'est définie que sur l'intervalle $[-1\,;1]$.

méthode

On écrit le trinôme du dénominateur sous forme canonique

$$x^2-2x\cos(\theta)+1=\big(x-\cos(\theta)\big)^2+\sin^2(\theta).$$

Par l'écriture ci-dessus, le dénominateur ne s'annule pas car il est supérieur à $\sin^2(\theta)$ qui est strictement positif. De plus, par l'inégalité $2ab\leqslant a^2+b^2$ avec $a=\big|x-\cos(\theta)\big|$ et $b=\big|\sin(\theta)\big|$, il vient

$$\left|\frac{2\sin(\theta)\big(x-\cos(\theta)\big)}{x^2-2x\cos(\theta)+1}\right|=\frac{2\big|\sin(\theta)\big|\big|x-\cos(\theta)\big|}{\big(x-\cos(\theta)\big)^2+\sin^2(\theta)}\leqslant 1.$$

La fonction f est donc définie sur $\mathbb{R}$. Au surplus, elle est continue par opérations sur les fonctions continues.

(b) La fonction arcsin n'est dérivable que sur l'intervalle $]-1\,;1[$. Or, pour $x\in\mathbb{R}$,

$$\begin{aligned}\frac{2\sin(\theta)\big(x-\cos(\theta)\big)}{x^2-2x\cos(\theta)+1}=1 &\iff \big(x-\cos(\theta)\big)^2+\sin^2(\theta)=2\sin(\theta)\big(x-\cos(\theta)\big)\\ &\iff \big(x-\cos(\theta)-\sin(\theta)\big)^2=0\\ &\iff x=\cos(\theta)+\sin(\theta).\end{aligned}$$

De même, l'égalité à -1 conduit à $x=\cos(\theta)-\sin(\theta)$.

On pose $x_1=\cos(\theta)-\sin(\theta)$ et $x_2=\cos(\theta)+\sin(\theta)$. En dehors de ces valeurs, la fonction f est dérivable par opérations sur des fonctions qui le sont. Par dérivation de fonctions composées, on obtient

$$f'(x)=\frac{u'(x)}{\sqrt{1-u^2(x)}}\quad\text{avec}\quad u(x)=\frac{2\sin(\theta)\big(x-\cos(\theta)\big)}{x^2-2x\cos(\theta)+1}.$$

D'une part,

$$u'(x)=\frac{2\sin(\theta)\Big(\sin^2(\theta)-\big(x-\cos(\theta)\big)^2\Big)}{\big(x^2-2x\cos(\theta)+1\big)^2}$$

2. Ce résultat correspond au théorème de la limite de la dérivée (Th. 7 p. 286).

D'autre part, en reconnaissant une forme $a^2 - b^2$ dans la racine,

$$\begin{aligned}\sqrt{1-u^2(x)} &= \frac{\sqrt{\left(\left(x-\cos(\theta)\right)^2+\sin^2(\theta)\right)^2 - 4\sin^2(\theta)\left(x-\cos(\theta)\right)^2}}{x^2-2x\cos(\theta)+1} \\ &= \frac{\sqrt{\left(x-\cos(\theta)-\sin(\theta)\right)^2\left(x-\cos(\theta)+\sin(\theta)\right)^2}}{x^2-2x\cos(\theta)+1} \\ &= \frac{\left|x-\cos(\theta)-\sin(\theta)\right|\left|x-\cos(\theta)+\sin(\theta)\right|}{x^2-2x\cos(\theta)+1}.\end{aligned}$$

Après simplification,

$$f'(x) = -\frac{2\sin(\theta)}{x^2-2x\cos(\theta)+1}\,\mathrm{signe}\,(x-x_1)\,\mathrm{signe}\,(x-x_2)$$

où signe(·) est la fonction déterminant le signe d'un réel non nul

$$\mathrm{signe}(x) = \frac{x}{|x|} = \begin{cases} 1 & \text{si } x > 0 \\ -1 & \text{si } x < 0. \end{cases}$$

(c) **méthode**

L'abscisse du centre de symétrie est déterminée par le milieu des points x_1 et x_2 de non dérivabilité.

Le milieu de x_1 et x_2 est $\frac{x_1+x_2}{2} = \cos(\theta)$. Calculons alors [1] $f\big(\cos(\theta)-x\big)+f\big(\cos(\theta)+x\big)$. Par imparité de la fonction arcsin, on obtient

$$f\big(\cos(\theta)-x\big)+f\big(\cos(\theta)+x\big) = \arcsin\left(\frac{-2x\sin(\theta)}{x^2+\sin^2(\theta)}\right) + \arcsin\left(\frac{2x\sin(\theta)}{x^2+\sin^2(\theta)}\right) = 0.$$

La courbe représentative de f est donc symétrique par rapport au point de coordonnées $\big(\cos(\theta), 0\big)$.

(d) Les variations de f sont figurées ci-dessous

x	$-\infty$		$\cos(\theta)-\sin(\theta)$		$\cos(\theta)+\sin(\theta)$		$+\infty$
$f'(x)$		$-$	‖	$+$	‖	$-$	
$f(x)$	0	↘	$-\pi/2$	↗	$\pi/2$	↘	0

1. On pourra se référer à la méthode présentée p. 76.

Les valeurs de f en $\cos(\theta) \pm \sin(\theta)$ sont $\pm\pi/2$ et les limites à droite et à gauche de f' en $\cos(\theta) + \sin(\theta)$ sont

$$\lim_{x \to (\cos(\theta)+\sin(\theta))^+} f'(x) = -\frac{1}{\sin(\theta)} \quad \text{et} \quad \lim_{x \to (\cos(\theta)+\sin(\theta))^-} f'(x) = \frac{1}{\sin(\theta)}.$$

En particulier, ce sont des limites finies et opposées : il figure un *point anguleux* en l'abscisse $x_2 = \cos(\theta) + \sin(\theta)$.

Par symétrie, on a une propriété analogue en $x_1 = \cos(\theta) - \sin(\theta)$.

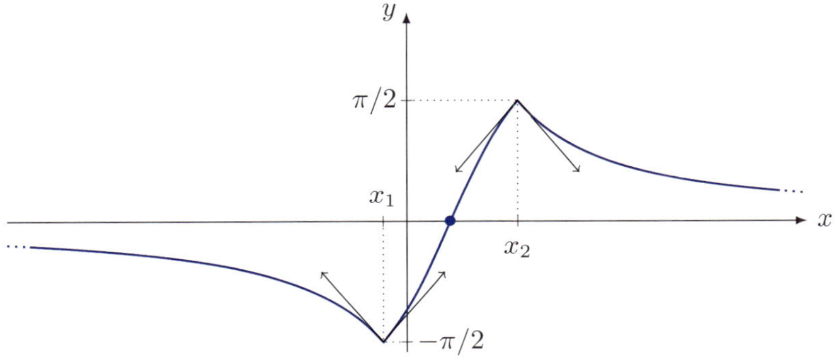

Représentation de la fonction étudiée avec $\theta \simeq 57°$.

CHAPITRE 3

Nombres complexes

3.1 Généralités sur les nombres complexes

3.1.1 L'ensemble des nombres complexes

L'ensemble $\mathbb{C}$ des nombres complexes est une extension de l'ensemble $\mathbb{R}$. Il est muni de deux opérations « $+$ » et « $\times$ » prolongeant celles existant sur $\mathbb{R}$ et conservant leurs propriétés.

L'ensemble $\mathbb{C}$ ne peut pas être muni d'une relation d'ordre « intéressante[1] » mais, en revanche, $\mathbb{C}$ possède un élément noté i, vérifiant

$$\mathrm{i}^2 = -1.$$

De plus, tout nombre complexe z s'écrit de façon unique $z = a + \mathrm{i}b$ avec a et b réels.

Définition

L'écriture $z = a + \mathrm{i}b$ est appelée *forme algébrique* du nombre complexe z. Les réels a et b de cette écriture définissent respectivement la *partie réelle* et la *partie imaginaire* du nombre complexe z.

On note

$$a = \mathrm{Re}(z) \quad \text{et} \quad b = \mathrm{Im}(z).$$

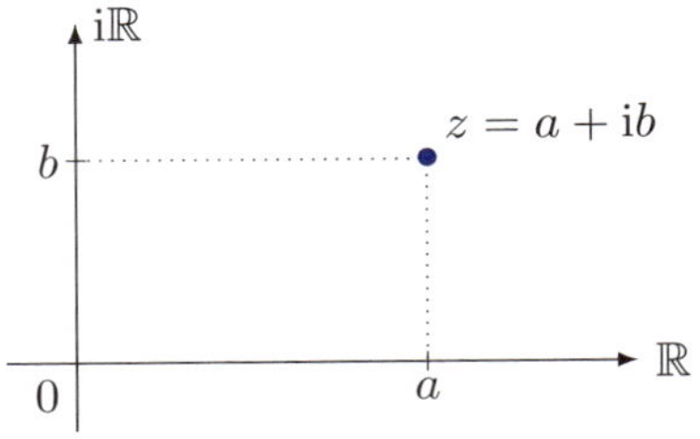

1. Intéressante dans le sens où celle-ci serait compatible avec les opérations sur $\mathbb{C}$.

3.1.2 Le plan complexe

Dans la suite, on note $\mathcal{P}$ le plan géométrique rapporté à un repère orthonormé direct d'origine O.
Tout nombre complexe z d'écriture algébrique $z = a + ib$ peut être identifié avec le point M de coordonnées (a, b) du plan $\mathcal{P}$.

Définition

On dit alors que le nombre complexe z est l'*affixe* du point M.

Par cette notion d'affixe, il est possible de figurer $\mathbb{C}$ comme un plan et de parler du *plan complexe.*
On définit aussi l'*affixe* d'un vecteur $\vec{u}$ de coordonnées (x, y) comme étant le nombre complexe $z = x + \mathrm{i}y$.

3.1.3 Conjugaison

Définition

On appelle *conjugué* d'un nombre complexe z d'écriture algébrique $z = a + ib$, le nombre complexe

$$\overline{z} \overset{\text{déf}}{=} a - \mathrm{i}b.$$

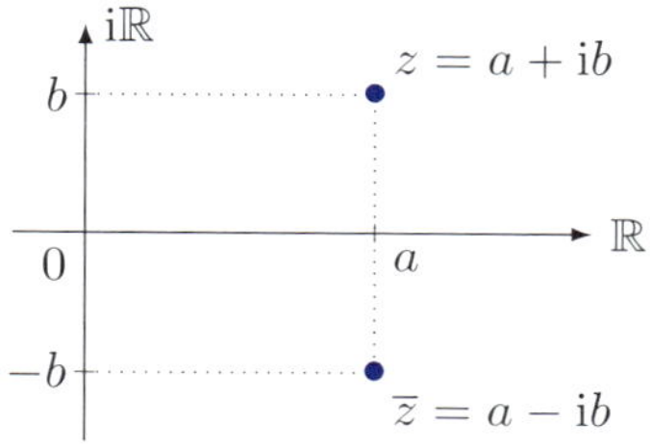

Si M est le point d'affixe z du plan géométrique, le point M' d'affixe $\overline{z}$ est le symétrique de M par rapport à l'axe des abscisses.

Théorème 1

Pour tous z et z' complexes,

$$\overline{\overline{z}} = z, \quad \overline{z + z'} = \overline{z} + \overline{z'} \quad \text{et} \quad \overline{z \times z'} = \overline{z} \times \overline{z'}.$$

On peut exprimer la partie réelle et la partie imaginaire d'un nombre complexe z en fonction de z et $\overline{z}$:

$$\mathrm{Re}(z) = \frac{z + \overline{z}}{2} \quad \text{et} \quad \mathrm{Im}(z) = \frac{z - \overline{z}}{2\mathrm{i}}.$$

Un nombre complexe z est réel si, et seulement si, $\overline{z} = z$. Il est imaginaire pur si, et seulement si, $\overline{z} = -z$.

3.1.4 Module

Définition

On appelle *module* d'un nombre complexe z d'écriture algébrique $z = a + ib$, le réel

$$|z| \overset{\text{déf}}{=} \sqrt{a^2 + b^2} = \sqrt{z\overline{z}}.$$

Si M est le point d'affixe z du plan géométrique, le module de z correspond à la longueur OM.

Le module permet de mesurer la distance d'un nombre complexe au nombre 0. Plus généralement, $|z' - z|$ définit la distance séparant deux nombres complexes.

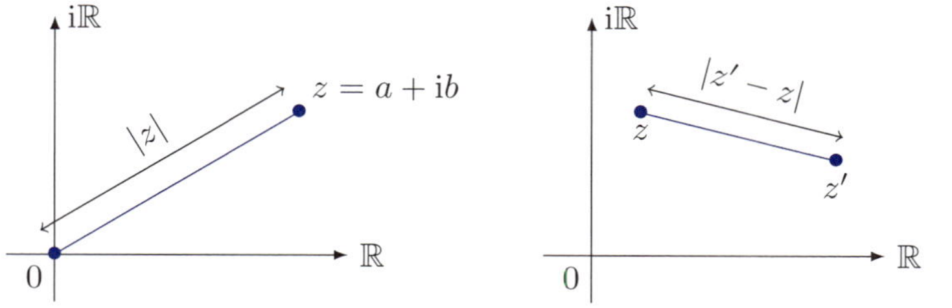

Module d'un nombre complexe et distance séparant deux nombres complexes.

Théorème 2
Pour tous z et z' complexes,

$$|z|^2 = z\overline{z}, \quad |zz'| = |z||z'| \quad \text{et} \quad \left|\frac{1}{z}\right| = \frac{1}{|z|} \text{ si } z \neq 0.$$

On en déduit le module d'un quotient ou d'une puissance entière.

Théorème 3 (Inégalité triangulaire)
Pour tous z et z' complexes,

$$|z + z'| \leqslant |z| + |z'|.$$

De plus, il y a égalité si, et seulement si, les points d'affixes z et z' figurent sur une même demi-droite[1] issue de l'origine O.

3.1.5 Exponentielle imaginaire

Définition

On appelle *exponentielle imaginaire* d'angle $\theta \in \mathbb{R}$, le nombre complexe

$$e^{i\theta} \stackrel{\text{déf}}{=} \cos(\theta) + i\sin(\theta).$$

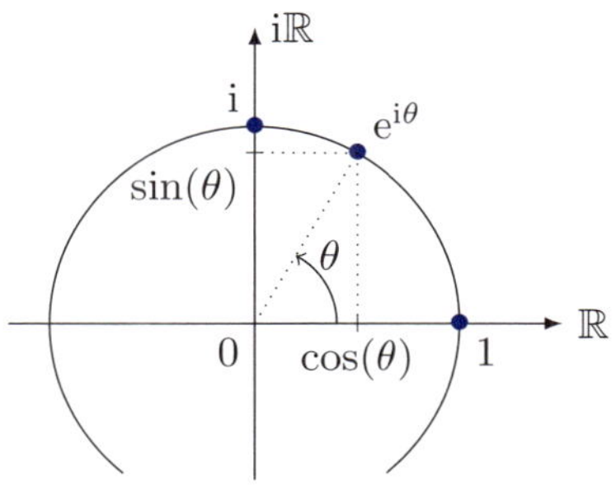

Le point d'affixe $e^{i\theta}$ du plan géométrique est le point du cercle trigonométrique repéré par l'angle θ mesuré à partir de la demi-droite (Ox) (c'est-à-dire à partir du premier vecteur du repère orthonormé direct introduit).

1. On dit aussi que les nombres complexes z et z' figurent sur une même demi-droite issue de 0. S'ils sont non nuls, cela revient à dire que z et z' ont un même argument.

Théorème 4
Pour tous θ et θ' réels,
$$e^{i\theta}e^{i\theta'} = e^{i(\theta+\theta')}.$$

On en déduit $\left(e^{i\theta}\right)^n = e^{in\theta}$ pour tout $n \in \mathbb{Z}$. En particulier,

$$\frac{1}{e^{i\theta}} = e^{-i\theta} = \overline{e^{i\theta}} \quad \text{pour tout } \theta \in \mathbb{R}.$$

3.1.6 Nombres complexes de module 1

Définition

On note $\mathbb{U}$ l'ensemble des nombres complexes de module 1 :

$$\mathbb{U} \overset{\text{déf}}{=} \left\{ z \in \mathbb{C} \;\middle|\; |z| = 1 \right\}.$$

L'ensemble des points d'affixe dans $\mathbb{U}$ correspond exactement au cercle trigonométrique du plan. En particulier, les exponentielles imaginaires sont des nombres complexes de module 1 et ce sont les seuls en vertu du théorème descriptif qui suit :

Théorème 5
Pour tout $z \in \mathbb{U}$, il existe un réel θ, unique à 2π près [1], tel que $z = e^{i\theta}$.

3.1.7 Congruence modulo 2π

Définition

On dit que deux réels a et b sont *congrus modulo* 2π, et l'on note $a \equiv b\ [2\pi]$, lorsqu'il existe $k \in \mathbb{Z}$ tel que $a = b + 2k\pi$.

La relation de congruence modulo 2π définit une relation d'équivalence sur $\mathbb{R}$. Celle-ci est compatible avec l'addition dans le sens où, pour tous a, b, a', b' réels,

$$\begin{cases} a \equiv b \ [2\pi] \\ a' \equiv b' \ [2\pi] \end{cases} \Longrightarrow \begin{cases} a + a' \equiv b + b' \ [2\pi] \\ \quad -a \equiv -b \quad\ [2\pi]. \end{cases}$$

La relation de congruence modulo 2π est utile pour étudier et opérer sur les angles orientés. On remarque que pour tous $\theta, \theta' \in \mathbb{R}$,

$$\begin{cases} \cos(\theta) = \cos(\theta') \\ \sin(\theta) = \sin(\theta') \end{cases} \Longleftrightarrow \theta \equiv \theta' \ [2\pi].$$

1. *Unique à 2π près* signifie que, si θ et θ' sont solutions, il existe $k \in \mathbb{Z}$ tel que $\theta = \theta' + 2k\pi$.

3.1.8 Arguments d'un nombre complexe non nul

Théorème 6

Pour tout $z \in \mathbb{C}^*$, il existe un réel θ unique à 2π près tel que $z = |z|e^{i\theta}$.

Cette écriture se nomme *la forme trigonométrique*[1] du nombre complexe z.

Définition

Un *argument* d'un nombre complexe z non nul est un réel θ pour lequel il est possible d'écrire la *forme trigonométrique* $z = |z|e^{i\theta}$. On note

$$\arg(z) \equiv \theta \ [2\pi] .$$

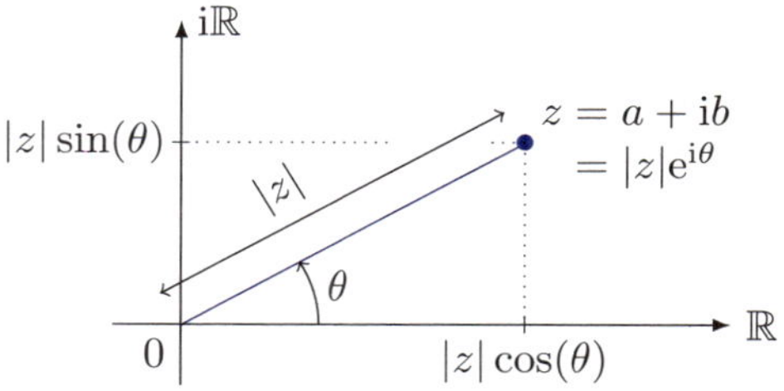

Un argument n'étant déterminé qu'à un multiple de 2π près, on opère sur les arguments par calculs en congruence modulo 2π.

Si M est le point d'affixe z du plan géométrique, un argument de z est une mesure de l'angle entre le premier vecteur du repère orthonormé direct introduit et le vecteur $\overrightarrow{OM}$.

Théorème 7

Pour tous nombres complexes z et z' non nuls,

$$\arg(zz') \equiv \arg(z) + \arg(z') \ [2\pi] \quad \text{et} \quad \arg\left(\frac{1}{z}\right) \equiv -\arg(z) \ [2\pi] .$$

On en déduit le calcul d'un argument d'un quotient ou d'une puissance entière.

Si A, B et C sont trois points du plan complexe avec B et C distincts de A, un argument du quotient

$$\frac{c-a}{b-a}$$

correspond à une mesure de l'angle orienté de $\overrightarrow{AB}$ à $\overrightarrow{AC}$.

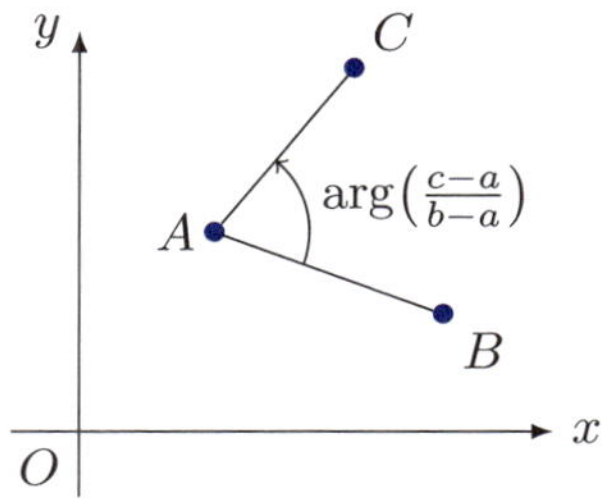

3.1.9 Exponentielle complexe

Définition

On appelle *exponentielle* d'un nombre complexe z d'écriture algébrique $z = a + ib$, le nombre

$$\exp(z) \overset{\text{déf}}{=} e^a e^{ib} = e^a\big(\cos(b) + i\sin(b)\big).$$

Puisque cette exponentielle prolonge l'exponentielle réelle et l'exponentielle imaginaire, on écrit souvent e^z au lieu de $\exp(z)$.

1. On parle aussi de *forme exponentielle*.

Théorème 8
Pour tous z et z' complexes,

$$\mathrm{e}^{z+z'} = \mathrm{e}^{z}\mathrm{e}^{z'} \quad \text{et} \quad \overline{\mathrm{e}^{z}} = \mathrm{e}^{\overline{z}}.$$

Aussi, $\mathrm{e}^{z} = \mathrm{e}^{z'}$ si, et seulement si, il existe $k \in \mathbb{Z}$ tel que[1] $z = z' + 2\mathrm{i}k\pi$.

3.2 Équations algébriques

3.2.1 Racines carrées d'un nombre complexe

Définition

On appelle *racine carrée* d'un nombre complexe Z, tout nombre complexe z dont le carré est égal à Z.

À moins d'être nul, un nombre complexe Z admet exactement deux racines carrées et celles-ci sont opposées. Comme il n'est pas aisé de privilégier l'une par rapport à l'autre, on évite d'utiliser la notation $\sqrt{Z}$ pour désigner[2] *une* des deux racines carrées de Z.

3.2.2 Résolution de l'équation $az^2 + bz + c = 0$

Soient a, b, c trois nombres complexes avec $a \neq 0$. Pour résoudre l'équation

$$(E)\colon az^2 + bz + c = 0$$

d'inconnue $z \in \mathbb{C}$, on introduit le *discriminant* $\Delta = b^2 - 4ac$.

Théorème 9
Lorsque δ désigne une racine carrée de Δ, l'équation (E) possède deux solutions[3] :

$$z_1 = \frac{-b-\delta}{2a} \quad \text{et} \quad z_2 = \frac{-b+\delta}{2a}.$$

La somme et le produit de ces solutions sont remarquables :

$$z_1 + z_2 = -\frac{b}{a} \quad \text{et} \quad z_1 z_2 = \frac{c}{a}.$$

À l'inverse, si S et P sont deux nombres complexes, les solutions d'un système somme-produit

$$\begin{cases} x + y = S \\ xy = P \end{cases} \quad \text{d'inconnue } (x, y) \in \mathbb{C}^2$$

sont les couples constitués des deux racines de l'équation $z^2 - Sz + P = 0$.

1. Plus succinctement, on écrit $z - z' \in 2\mathrm{i}\pi\mathbb{Z}$.
2. Sauf à signifier précisément la racine privilégiée, par exemple, celle possédant un argument dans $[0\,;\pi[$.
3. Ces deux solutions sont confondues lorsque $\Delta = 0$.

3.2.3 Résolution de l'équation $z^n = 1$

Soit n un entier naturel non nul.

Définition

On appelle *racine n-ième de l'unité*, tout nombre complexe z solution de l'équation

$$z^n = 1.$$

On note $\mathbb{U}_n$ l'ensemble des racines n-ièmes de l'unité.

Le nombre 1 est une racine n-ième de l'unité.
Le nombre -1 l'est uniquement lorsque n est pair.
Le nombre i est une racine n-ième de l'unité lorsque n est un multiple de 4.
Le nombre $j = \mathrm{e}^{2\mathrm{i}\pi/3}$ vérifie $j^3 = 1$, c'est une *racine troisième* de l'unité.

Théorème 10

Il existe exactement n racines n-ièmes de l'unité qui sont les[1]

$$\omega_k = \mathrm{e}^{\frac{2\mathrm{i}k\pi}{n}} \quad \text{pour } k \text{ allant de } 0 \text{ à } n-1.$$

Les racines n-ièmes de l'unité sont les n sommets d'un polygone régulier inscrit dans le cercle trigonométrique.

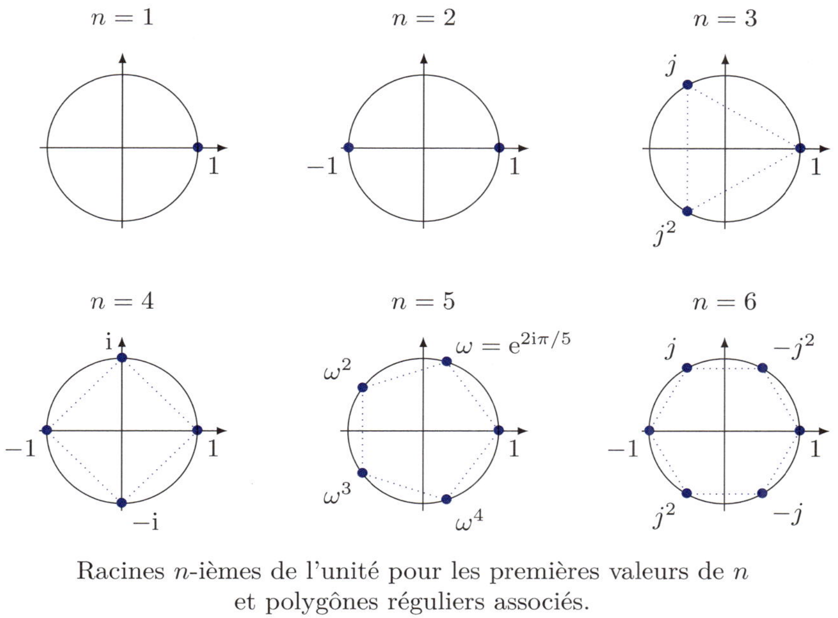

Racines n-ièmes de l'unité pour les premières valeurs de n
et polygônes réguliers associés.

1. On peut aussi introduire $\omega_k = \mathrm{e}^{2\mathrm{i}k\pi/n}$ pour $k \in \mathbb{Z}$ auquel cas on remarque $\omega_k = \omega_\ell$ si, et seulement si, $k - \ell$ est un multiple de n.

3.3 Fonctions complexes d'une variable réelle

3.3.1 Définition

Soit X une partie de $\mathbb{R}$ (généralement un intervalle).

Définition

Une *fonction complexe* f définie sur X est une application au départ de X et à valeurs dans $\mathbb{C}$:

$$f : \begin{cases} X \subset \mathbb{R} \to \mathbb{C} \\ \qquad t \mapsto f(t). \end{cases}$$

Comme pour les fonctions réelles, on peut opérer sur les fonctions complexes par somme, différence, produit et quotient (sous réserve de non-annulation du dénominateur).

Les notions de fonctions paires, impaires ou périodiques se transposent aux fonctions complexes. En revanche, l'absence de relation d'ordre usuelle sur $\mathbb{C}$ empêche la définition des notions de fonction monotone et de fonction minorée ou majorée. À l'aide du module, on peut cependant définir la notion de fonction bornée :

Définition

Une fonction complexe f définie sur X est dite *bornée* lorsqu'il existe $M \in \mathbb{R}$ tel que $|f(t)| \leqslant M$ pour toute valeur de t dans X.

3.3.2 Parties réelles et imaginaires

Définition

Si f est une fonction complexe définie sur une partie X de $\mathbb{R}$, on introduit sa *partie réelle* $\text{Re}(f)$ et sa *partie imaginaire* $\text{Im}(f)$ qui sont les fonctions réelles définies sur X par

$$\big(\text{Re}(f)\big)(t) \overset{\text{déf}}{=} \text{Re}\big(f(t)\big) \quad \text{et} \quad \big(\text{Im}(f)\big)(t) \overset{\text{déf}}{=} \text{Im}\big(f(t)\big) \quad \text{pour tout } t \in X.$$

L'étude d'une fonction complexe peut souvent être ramenée à celle de sa partie réelle et de sa partie imaginaire. Par exemple, une fonction complexe est bornée si, et seulement si, sa partie réelle et sa partie imaginaire le sont.

3.3.3 Continuité

Soit I un intervalle de $\mathbb{R}$ non vide et non réduit à un point.

Définition

Une fonction complexe définie sur I est dite *continue* lorsque sa partie réelle et sa partie imaginaire le sont.

Les opérations sur les fonctions continues déterminent des fonctions continues.
Si $t \mapsto f(t)$ est une fonction complexe continue, les fonctions composées $t \mapsto \overline{f(t)}$, $t \mapsto |f(t)|$ et $t \mapsto \mathrm{e}^{f(t)}$ sont aussi continues.

3.3.4 Dérivation

Soit I un intervalle de $\mathbb{R}$ non vide et non réduit à un point.

Définition

Une fonction complexe f définie sur I est dite *dérivable* lorsque sa partie réelle et sa partie imaginaire le sont. On peut alors introduire sa fonction dérivée définie sur I par

$$f'(t) \overset{\text{déf}}{=} \big(\mathrm{Re}(f)\big)'(t) + \mathrm{i}\big(\mathrm{Im}(f)\big)'(t) \quad \text{pour tout } t \in I.$$

Pour tout $\lambda \in \mathbb{C}$, la fonction $t \mapsto \mathrm{e}^{\lambda t}$ est dérivable et

$$\frac{\mathrm{d}}{\mathrm{d}t}\left(\mathrm{e}^{\lambda t}\right) = \lambda \mathrm{e}^{\lambda t}.$$

Les opérations sur les fonctions dérivables déterminent des fonctions dérivables et l'on retrouve dans le cadre complexe les formules de dérivation :

$$(u+v)' = u' + v', \quad (uv)' = u'v + uv', \quad \left(\frac{u}{v}\right)' = \frac{u'v - uv'}{v^2} \quad \text{et} \quad \left(\frac{1}{u}\right)' = -\frac{u'}{u^2}.$$

On peut aussi dériver une composition avec l'exponentielle complexe :

$$\left(\mathrm{e}^{u}\right)' = u'\mathrm{e}^{u}.$$

Enfin, on peut au besoin enchaîner les dérivations et parler de dérivée seconde, etc.

3.4 Exercices d'apprentissage

3.4.1 Module, argument, conjugaison

Exercice 1

Déterminer le module et un argument de $z = \dfrac{\sqrt{3} + \mathrm{i}}{1 - \mathrm{i}}$.

Solution

Il serait maladroit d'exprimer z sous forme algébrique en multipliant par la quantité conjuguée : il convient plutôt d'étudier séparément numérateur et dénominateur.

méthode

Le module d'un quotient est le quotient des modules et un argument la différence des arguments.

Étudions $z_1 = \sqrt{3} + \mathrm{i}$. On a $|z_1|^2 = 3 + 1 = 4$ et donc $|z_1| = 2$.

méthode

Pour reconnaître un argument d'un nombre complexe z, on l'exprime sous forme trigonométrique en factorisant son module.

On écrit

$$z_1 = |z_1|\Big(\underbrace{\frac{\sqrt{3}}{2}}_{\cos(\frac{\pi}{6})} + \mathrm{i}\underbrace{\frac{1}{2}}_{\sin(\frac{\pi}{6})}\Big) = |z_1|\mathrm{e}^{\mathrm{i}\pi/6}.$$

Ainsi, $\pi/6$ est un argument [1] de z_1.

On étudie de la même façon $z_2 = 1 - \mathrm{i}$. On a $|z_2| = \sqrt{2}$ et

$$z_2 = |z_2|\Big(\underbrace{\frac{\sqrt{2}}{2}}_{\cos(\frac{\pi}{4})} - \mathrm{i}\underbrace{\frac{\sqrt{2}}{2}}_{\sin(\frac{\pi}{4})}\Big) = |z_2|\overline{\mathrm{e}^{\mathrm{i}\pi/4}} = |z_2|\mathrm{e}^{-\mathrm{i}\pi/4}.$$

Ainsi, $-\pi/4$ est un argument de z_2.

Enfin,

$$|z| = \frac{|z_1|}{|z_2|} = \sqrt{2} \quad \text{et} \quad \arg(z) \equiv \arg(z_1) - \arg(z_2) \equiv \frac{5\pi}{12}\ [2\pi].$$

Exercice 2

Vérifier que pour tout $z \in \mathbb{U} \setminus \{\mathrm{i}\}$, le nombre complexe $Z = \dfrac{z + \mathrm{i}}{\mathrm{i}z + 1}$ est réel.

Solution

On vérifie que le nombre complexe Z est bien défini en constatant

$$\mathrm{i}z + 1 = 0 \iff z = \mathrm{i}.$$

méthode

Un nombre complexe est réel si, et seulement si, il est égal à son conjugué [2].

Puisque z est un nombre complexe de module 1 on a $z\overline{z} = 1$ et donc $\overline{z} = 1/z$. Par conséquent,

$$\overline{Z} = \overline{\left(\frac{z + \mathrm{i}}{\mathrm{i}z + 1}\right)} = \frac{\overline{z} - \mathrm{i}}{-\mathrm{i}\overline{z} + 1} = \frac{1/z - \mathrm{i}}{-\mathrm{i}/z + 1}.$$

En multipliant numérateur et dénominateur par $\mathrm{i}z$,

$$\overline{Z} = \frac{\mathrm{i} + z}{1 + \mathrm{i}z} = \frac{z + \mathrm{i}}{\mathrm{i}z + 1} = Z.$$

Le nombre Z est donc réel.

Exercice 3

Soit $\theta \in \mathbb{R}$. Déterminer le module et un argument du nombre complexe $z = \mathrm{e}^{\mathrm{i}\theta} + 1$.

1. On dit *un* argument et non *l'*argument car il n'y a pas unicité : un argument d'un complexe non nul est seulement déterminé à une congruence de 2π près.
2. Aussi, un nombre complexe est imaginaire pur lorsque son conjugué lui est opposé.

Solution

méthode

On fait apparaître la forme trigonométrique du nombre complexe par *factorisation de l'exponentielle imaginaire d'angle moitié.*

En factorisant z par $e^{i\theta/2}$, on peut écrire un cosinus

$$z = \left(e^{i\theta/2} + e^{-i\theta/2}\right)e^{i\theta/2} = 2\cos\left(\frac{\theta}{2}\right) e^{i\theta/2}.$$

Pour identifier module et argument, il reste à discuter selon le signe du cosinus.

Cas : $\cos(\theta/2) > 0$. L'écriture ci-dessus est la forme trigonométrique de z et donc

$$|z| = 2\cos\left(\frac{\theta}{2}\right) \quad \text{et} \quad \arg(z) \equiv \frac{\theta}{2}\ [2\pi].$$

Cas : $\cos(\theta/2) < 0$. On opère un passage à l'opposé pour identifier module et argument

$$|z| = -2\cos\left(\frac{\theta}{2}\right) \quad \text{et} \quad \arg(z) \equiv \frac{\theta}{2} + \pi\ [2\pi].$$

Cas : $\cos(\theta/2) = 0$. Le module de z est nul et l'on ne définit pas d'arguments pour le nombre complexe nul.

3.4.2 Applications à la trigonométrie

Exercice 4

Soit $a \in \mathbb{R}$. Exprimer $\cos(3a)$ en fonction de $\cos(a)$ et $\sin(3a)$ en fonction de $\sin(a)$.

Solution

On peut résoudre ce sujet en exploitant les formules d'addition développant $\cos(a+b)$ et $\sin(a+b)$ mais il est plus efficace d'utiliser la formule de Moivre.

méthode

Pour $n \in \mathbb{Z}$ et $a \in \mathbb{R}$, la formule de Moivre donne

$$\left(\cos(a) + i\sin(a)\right)^n = \cos(na) + i\sin(na).$$

En développant $(x+y)^3 = x^3 + 3x^2y + 3xy^2 + y^3$, on écrit

$$\left(\cos(a) + i\sin(a)\right)^3 = \cos^3(a) + 3i\cos^2(a)\sin(a) - 3\cos(a)\sin^2(a) - i\sin^3(a).$$

En identifiant la partie réelle et la partie imaginaire,

$$\cos(3a) = \cos^3(a) - 3\cos(a)\underbrace{\sin^2(a)}_{=1-\cos^2(a)} = 4\cos^3(a) - 3\cos(a)$$

$$\sin(3a) = 3\underbrace{\cos^2(a)}_{=1-\sin^2(a)}\sin(a) - \sin^3(a) = 3\sin(a) - 4\sin^3(a).$$

Exercice 5

Linéariser[1] :

(a) $\cos(x)\sin^2(x)$ (b) $\cos^2(x)$ (c) $\cos(a)\cos(b)$.

Solution

(a) **méthode**

Pour linéariser une ligne trigonométrique comportant des produits de sinus et cosinus, on exprime ceux-ci par les formules d'Euler, on développe puis on recombine les exponentielles imaginaires en sinus et/ou cosinus.

Par les formules d'Euler,

$$\cos(x)\sin^2(x) = \frac{e^{ix}+e^{-ix}}{2}\left(\frac{e^{ix}-e^{-ix}}{2i}\right)^2.$$

On développe

$$\cos(x)\sin^2(x) = -\frac{e^{ix}+e^{-ix}}{2}\left(\frac{e^{2ix}-2+e^{-2ix}}{4}\right) = -\frac{1}{8}\left(e^{3ix}-e^{ix}-e^{-ix}+e^{-3ix}\right).$$

Enfin, on recombine les exponentielles imaginaires, ici en cosinus,

$$\cos(x)\sin^2(x) = \frac{1}{4}\big(\cos(x)-\cos(3x)\big).$$

(b) **méthode**

On peut linéariser immédiatement $\cos^2(x)$ en employant la formule

$$\cos(2a) = 2\cos^2(a) - 1.$$

L'égalité ci-dessus permet d'exprimer $\cos^2(x)$ en fonction[2] de $\cos(2x)$

$$\cos^2(x) = \frac{1}{2} + \frac{\cos(2x)}{2}.$$

(c) **méthode**

On peut linéariser un produit de deux cosinus[3] à l'aide des formules de développement de $\cos(a+b)$ et $\cos(a-b)$.

On sait

$$\cos(a+b) = \cos(a)\cos(b) - \sin(a)\sin(b)$$
$$\cos(a-b) = \cos(a)\cos(b) + \sin(a)\sin(b)$$

1. *Linéariser* une expression trigonométrique consiste à transformer celle-ci en une combinaison de cos et de sin où il ne figure plus de produits.

2. On peut aussi linéariser $\sin^2(x)$ à l'aide de la formule $\cos(2a) = 1 - 2\sin^2(a)$.

3. De la même façon, on peut linéariser le produit de deux sinus. À l'aide des développements de $\sin(a+b)$ et $\sin(a-b)$, on peut aussi linéariser le produit d'un sinus par un cosinus.

On en déduit la linéarisation

$$\cos(a)\cos(b) = \frac{1}{2}\big(\cos(a+b) + \cos(a-b)\big).$$

Exercice 6

Soient $\theta \in]0\,;2\pi[$ et $n \in \mathbb{N}$. Exprimer

$$C_n = \sum_{k=0}^{n} \cos(k\theta) \quad \text{et} \quad S_n = \sum_{k=0}^{n} \sin(k\theta).$$

Solution

méthode

C_n et S_n sont la partie réelle et la partie imaginaire de $C_n + \mathrm{i}S_n$ que l'on sait calculer par sommation géométrique.

Sachant $\cos(k\theta) + \mathrm{i}\sin(k\theta) = \mathrm{e}^{\mathrm{i}k\theta}$, on a en combinant les deux sommes

$$C_n + \mathrm{i}S_n = \sum_{k=0}^{n} \big(\cos(k\theta) + \mathrm{i}\sin(k\theta)\big) = \sum_{k=0}^{n} \mathrm{e}^{\mathrm{i}k\theta} = \sum_{k=0}^{n} \big(\mathrm{e}^{\mathrm{i}\theta}\big)^k.$$

Il s'agit alors de calculer une somme géométrique de raison $q = \mathrm{e}^{\mathrm{i}\theta} \neq 1$. On obtient

$$C_n + \mathrm{i}S_n = \frac{\mathrm{e}^{\mathrm{i}(n+1)\theta} - 1}{\mathrm{e}^{\mathrm{i}\theta} - 1}.$$

méthode

Pour identifier la partie réelle et la partie imaginaire, on opère une factorisation de l'exponentielle imaginaire d'angle moitié au numérateur et au dénominateur.

$$C_n + \mathrm{i}S_n = \frac{\mathrm{e}^{\mathrm{i}(n+1)\theta/2}}{\mathrm{e}^{\mathrm{i}\theta/2}} \cdot \frac{\mathrm{e}^{\mathrm{i}(n+1)\theta/2} - \mathrm{e}^{-\mathrm{i}(n+1)\theta/2}}{\mathrm{e}^{\mathrm{i}\theta/2} - \mathrm{e}^{-\mathrm{i}\theta/2}}.$$

Sachant $\mathrm{e}^{\mathrm{i}\alpha} - \mathrm{e}^{-\mathrm{i}\alpha} = 2\mathrm{i}\sin(\alpha)$, on peut reconnaître des sinus et obtenir après simplification

$$C_n + \mathrm{i}S_n = \mathrm{e}^{\mathrm{i}n\theta/2} \frac{\sin\big(\frac{(n+1)\theta}{2}\big)}{\sin\big(\frac{\theta}{2}\big)}.$$

En identifiant la partie réelle et la partie imaginaire, on conclut

$$C_n = \cos\left(\frac{n\theta}{2}\right) \frac{\sin\big(\frac{(n+1)\theta}{2}\big)}{\sin\big(\frac{\theta}{2}\big)} \quad \text{et} \quad S_n = \sin\left(\frac{n\theta}{2}\right) \frac{\sin\big(\frac{(n+1)\theta}{2}\big)}{\sin\big(\frac{\theta}{2}\big)}.$$

3.4.3 Racines de l'unité

Exercice 7

Calculer la somme et le produit des racines n-ièmes de l'unité.

Solution

méthode

> Les racines n-ièmes de l'unité sont connues : ce sont les $\omega_k = e^{2ik\pi/n}$ pour k parcourant [1] les entiers allant de 0 à $n-1$.

La somme des racines n-ièmes de l'unité s'exprime

$$\sum_{z\in\mathbb{U}_n} z = \sum_{k=0}^{n-1} \omega_k = \sum_{k=0}^{n-1} \left(e^{2i\pi/n}\right)^k.$$

On reconnaît une somme géométrique de raison $\omega = e^{2i\pi/n}$. On poursuit le calcul en étudiant si celle-ci est ou non égale à 1.

Cas : $n \neq 1$. La raison ω est différente de 1 et l'on obtient [2]

$$\sum_{z\in\mathbb{U}_n} z = \frac{\omega^n - 1}{\omega - 1} = 0 \quad \text{car} \quad \omega^n = 1.$$

Cas : $n = 1$. Le calcul de la somme est immédiat puisque $\mathbb{U}_1 = \{1\}$.

Le produit des racines n-ièmes de l'unité s'exprime en exploitant qu'un produit d'exponentielles est l'exponentielle de la somme :

$$\prod_{z\in\mathbb{U}_n} z = \prod_{k=0}^{n-1} e^{2ik\pi/n} = \exp\left(\sum_{k=0}^{n-1} \frac{2ik\pi}{n}\right) = \exp\left(\frac{2i\pi}{n}\sum_{k=0}^{n-1} k\right).$$

Sachant

$$\frac{2\pi}{n}\sum_{k=0}^{n-1} k = \frac{2\pi}{n}\cdot\frac{n(n-1)}{2} = \pi(n-1)$$

on achève le calcul

$$\prod_{z\in\mathbb{U}_n} z = \exp\big(i(n-1)\pi\big) = \left(e^{i\pi}\right)^{n-1} = (-1)^{n-1}.$$

3.4.4 Équations algébriques

Exercice 8

Résoudre dans $\mathbb{C}$ l'équation

$$z^3 = 4\sqrt{2}(1+i).$$

1. Ou, au choix les entiers allant de 1 à n. Plus généralement, on obtient l'intégralité des racines n-ièmes de l'unité en faisant parcourir à k un ensemble de n entiers consécutifs.

2. En particulier, la somme des racines troisièmes de l'unité est nulle ce qui s'exprime $1 + j + j^2 = 0$ avec $j = e^{2i\pi/3}$.

Solution

méthode

On résout une équation $z^n = Z$ (avec $Z \neq 0$) en exprimant Z sous forme trigonométrique afin de déterminer une solution particulière z_0. On ramène ensuite l'équation étudiée à une équation du type $z^n = 1$.

Ici, $n = 3$ et $Z = 4\sqrt{2}(1 + \mathrm{i})$. On peut écrire

$$1 + \mathrm{i} = \sqrt{2}\left(\frac{\sqrt{2}}{2} + \mathrm{i}\frac{\sqrt{2}}{2}\right) = \sqrt{2}\mathrm{e}^{\mathrm{i}\pi/4}$$

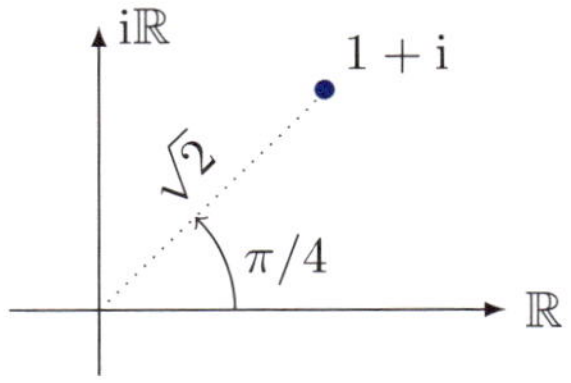

et donc $Z = 8\mathrm{e}^{\mathrm{i}\pi/4}$.

En considérant la racine cubique du module et le tiers d'un argument, on forme une solution particulière $z_0 = 2\mathrm{e}^{\mathrm{i}\pi/12}$.

L'équation étudiée s'écrit alors $z^3 = z_0^3$ (avec $z_0 \neq 0$), elle équivaut à l'équation

$$\left(\frac{z}{z_0}\right)^3 = 1.$$

Les solutions de l'équation $z^3 = 1$ étant les racines troisièmes de l'unité 1, j et j^2 (avec j le nombre complexe $\mathrm{e}^{2\mathrm{i}\pi/3}$), on peut conclure que les solutions de l'équation posée sont

$$z_0 = 2\mathrm{e}^{\mathrm{i}\pi/12}, \quad z_1 = z_0 j = 2\mathrm{e}^{\mathrm{i}3\pi/4} \quad \text{et} \quad z_2 = z_0 j^2 = 2\mathrm{e}^{\mathrm{i}17\pi/12}.$$

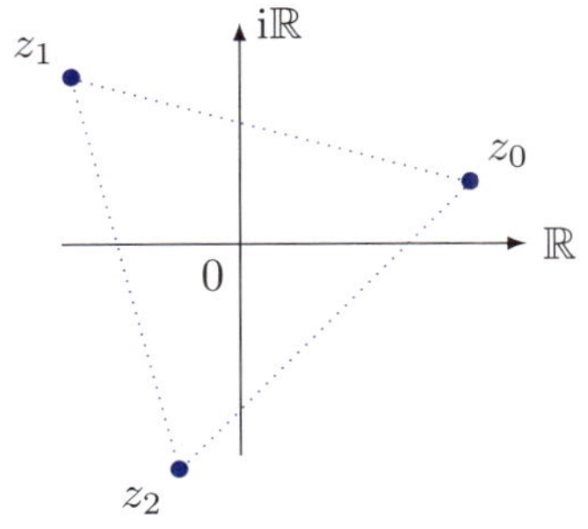

Les solutions de l'équation $z^3 = Z$ forment un triangle équilatéral.

Exercice 9

Soit $\theta \in \mathbb{R}$. Résoudre dans $\mathbb{C}$ l'équation $z^2 - 2\cos(\theta)z + 1 = 0$.

Solution

C'est une équation du second degré de discriminant $\Delta = 4\cos^2(\theta) - 1 = -4\sin^2(\theta)$.

méthode

$\delta = 2\mathrm{i}\sin(\theta)$ détermine une racine carrée complexe de Δ.

Les racines de cette équation (éventuellement confondues) sont (Th. 9 p. 96) :

$$z_1 = \frac{2\cos(\theta) + 2\mathrm{i}\sin(\theta)}{2} = \mathrm{e}^{\mathrm{i}\theta} \quad \text{et} \quad z_2 = \overline{z_1} = \mathrm{e}^{-\mathrm{i}\theta}.$$

Exercice 10
Résoudre dans $\mathbb{C}$ les équations :
(a) $z^2 - (5+3\mathrm{i})z + 2 + 9\mathrm{i} = 0$ (b) $z^4 + (3-6\mathrm{i})z^2 - 8 - 6\mathrm{i} = 0$.

Solution

(a) C'est une équation du second degré $az^2 + bz + c = 0$ (avec $a \neq 0$) de discriminant $\Delta = 8 - 6\mathrm{i}$. Il s'agit ensuite de déterminer une racine carrée δ de Δ.

méthode

> Pour déterminer une racine carrée z d'un nombre complexe Z exprimé sous forme algébrique $a + \mathrm{i}b$, on recherche z sous forme algébrique $z = x + \mathrm{i}y$. On exprime un système en les inconnues x et y en identifiant les parties réelles et imaginaires dans l'équation $z^2 = Z$. En y adjoignant l'équation $|z|^2 = |Z|$, ce système devient facile à résoudre.

En écrivant $\delta = x + \mathrm{i}y$ (avec x et y réels), l'équation $\delta^2 = \Delta$ détermine le système

$$\begin{cases} x^2 - y^2 = 8 \\ 2xy = -6. \end{cases}$$

On y adjoint une troisième équation $|\delta|^2 = |\Delta|$, c'est-à-dire $x^2 + y^2 = 10$. La somme de la première et de la troisième équation donne $x^2 = 9$ donc $x = \pm 3$. La différence de ces équations donne $y^2 = 1$ donc $y = \pm 1$. Enfin, la deuxième équation du système détermine la liaison entre les choix des signes de x et y. Finalement, $\delta = 3 - \mathrm{i}$ est une[1] racine carrée de Δ et l'on peut alors achever de résoudre l'équation initiale. Ses solutions sont

$$\frac{-b-\delta}{2a} = 1 + 2\mathrm{i} \quad \text{et} \quad \frac{-b+\delta}{2a} = 4 + \mathrm{i}.$$

(b) Il s'agit d'une équation du second degré $aZ^2 + bZ + c = 0$ d'inconnue $Z = z^2$. On introduit le discriminant $\Delta = b^2 - 4ac = 5 - 12\mathrm{i}$. Comme au-dessus, on détermine une racine carrée δ de Δ : $\delta = 3 - 2\mathrm{i}$. On peut alors exprimer les solutions de l'équation d'inconnue Z :

$$\frac{-b+\delta}{2a} = 2\mathrm{i} \quad \frac{-b-\delta}{2a} = -3 + 4\mathrm{i}.$$

Par de nouvelles extractions de racines carrées, on peut former la liste des solutions de l'équation étudiée

$$1 + \mathrm{i}, \quad -(1+\mathrm{i}), \quad 1 + 2\mathrm{i} \quad \text{et} \quad -(1+2\mathrm{i}).$$

1. $\delta' = -3 + \mathrm{i} = -\delta$ est aussi racine de Δ. Le raisonnement qui précède a établi qu'une racine de Δ ne peut être que δ ou δ'. Sachant que Δ admet deux racines, on est assuré sans calculs que δ et δ' sont bien les racines carrées de Δ.

3.5 Exercices d'entraînement

3.5.1 Les nombres complexes

Exercice 11 *

Déterminer le module et un argument de $z = 1 + \sqrt{3} + \mathrm{i}(1 - \sqrt{3})$.

Solution

Une factorisation par le module de z ne suffit pas à révéler un argument de z.

méthode

‖ On calcule[1] le module et un argument de z^2.

Par élévation au carré,

$$z^2 = \underbrace{4\sqrt{3} - 4\mathrm{i}}_{|\cdot|=8} = 8\left(\frac{\sqrt{3}}{2} - \mathrm{i}\frac{1}{2}\right) = 8\mathrm{e}^{-\mathrm{i}\pi/6}.$$

On en déduit

$$z = 2\sqrt{2}\mathrm{e}^{-\mathrm{i}\pi/12} \quad \text{ou} \quad z = -2\sqrt{2}\mathrm{e}^{-\mathrm{i}\pi/12}.$$

Sachant $\mathrm{Re}(z) > 0$, c'est la première expression qui convient et donc

$$|z| = 2\sqrt{2} \quad \text{et} \quad \arg(z) \equiv -\frac{\pi}{12}\ [2\pi].$$

Exercice 12 *

Décrire l'ensemble des

$$Z = \frac{z-1}{z+1} \quad \text{pour } z \text{ parcourant } \mathbb{U} \setminus \{-1\}.$$

Solution

méthode

‖ Les nombres complexes de module 1 s'écrivent $\mathrm{e}^{\mathrm{i}\theta}$ avec $\theta \in \mathbb{R}$.

On obtient tous les z parcourant $\mathbb{U} \setminus \{-1\}$ en considérant $z = \mathrm{e}^{\mathrm{i}\theta}$ avec $\theta \in \left]-\pi\,;\pi\right[$. Par factorisation de l'exponentielle imaginaire d'angle moitié,

$$Z = \frac{\mathrm{e}^{\mathrm{i}\theta} - 1}{\mathrm{e}^{\mathrm{i}\theta} + 1} = \frac{\mathrm{e}^{\mathrm{i}\theta/2}}{\mathrm{e}^{\mathrm{i}\theta/2}} \cdot \frac{\mathrm{e}^{\mathrm{i}\theta/2} - \mathrm{e}^{-\mathrm{i}\theta/2}}{\mathrm{e}^{\mathrm{i}\theta/2} + \mathrm{e}^{-\mathrm{i}\theta/2}} = \frac{2\mathrm{i}\sin\left(\frac{\theta}{2}\right)}{2\cos\left(\frac{\theta}{2}\right)} = \mathrm{i}\tan\left(\frac{\theta}{2}\right).$$

Quand θ parcourt l'intervalle $\left]-\pi\,;\pi\right[$, les valeurs $\tan(\theta/2)$ décrivent l'intégralité de la droite réelle. L'ensemble parcouru par Z est donc la droite $\mathrm{i}\mathbb{R}$ des imaginaires purs.

1. On peut aussi écrire $z = 2\left(\mathrm{e}^{-\mathrm{i}\pi/3} + \mathrm{e}^{\mathrm{i}\pi/6}\right)$ et factoriser par l'exponentielle équilibrée $\mathrm{e}^{-\mathrm{i}\pi/12}$.

Exercice 13 * (Identité du parallélogramme)
Vérifier pour tous a et b nombres complexes,

$$|a+b|^2+|a-b|^2=2|a|^2+2|b|^2.$$

Solution

méthode

> On développe[1] le carré d'un module par la formule
>
> $$|a+b|^2=|a|^2+2\operatorname{Re}(\overline{a}b)+|b|^2.$$

On a directement

$$\begin{aligned}|a+b|^2+|a-b|^2&=|a|^2+2\operatorname{Re}(\overline{a}b)+|b|^2\\&\quad+|a|^2-2\operatorname{Re}(\overline{a}b)+|b|^2\\&=2|a|^2+2|b|^2.\end{aligned}$$

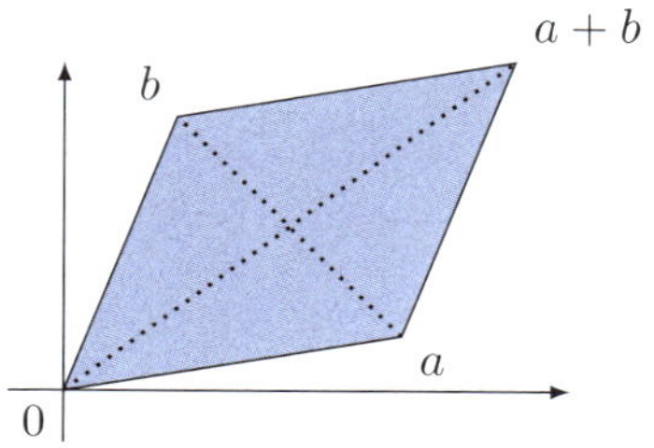

Cette identité s'interprète : dans un parallélogramme, la somme des carrés des quatre côtés est la somme des carrés des deux diagonales.

Exercice 14 **
Soient $P=\{z\in\mathbb{C}\mid \operatorname{Im}(z)>0\}$ et $f\colon P\to\mathbb{C}$ l'application définie par

$$f(z)=\frac{z-\mathrm{i}}{z+\mathrm{i}}.$$

(a) Montrer que f prend ses valeurs dans $D=\{z\in\mathbb{C}\mid |z|<1\}$.

(b) Vérifier que tout élément de D possède un unique antécédent par f.

Solution

(a) Soit z un élément de P d'écriture algébrique $z=x+\mathrm{i}y$ avec $y>0$. On a

$$\left|f(z)\right|^2=\frac{|z-\mathrm{i}|^2}{|z+\mathrm{i}|^2}=\frac{x^2+(y-1)^2}{x^2+(y+1)^2}.$$

Puisque $y>0$, on a $x^2+(y-1)^2<x^2+(y+1)^2$ donc $\left|f(z)\right|<1$. Ainsi, la fonction f prend ses valeurs[2] dans D.

(b) Soit Z un élément de D. Pour déterminer les éventuels antécédents de Z, on résout l'équation $f(z)=Z$.

1. On peut aussi calculer les modules en introduisant les parties réelles et imaginaires de a et b.
2. Puisque z est élément de P, la distance de z à i est inférieure à celle de z à $-\mathrm{i}$.

méthode

Pour résoudre une *équation homographique*

$$\frac{az+b}{cz+d} = Z$$

d'inconnue $z \neq -d/c$, on multiplie par $cz+d$ et l'on réorganise les membres afin d'exprimer z en fonction de Z.

Pour $z \in P$ (et donc $z \neq -\mathrm{i}$),

$$\frac{z-\mathrm{i}}{z+\mathrm{i}} = Z \iff (z-\mathrm{i}) = Z(z+\mathrm{i})$$
$$\iff (1-Z)z = \mathrm{i} + \mathrm{i}Z$$

Sachant $Z \neq 1$ (car Z est élément de D), on peut affirmer

$$\frac{z+\mathrm{i}}{z-\mathrm{i}} = Z \iff z = \mathrm{i}\frac{1+Z}{1-Z}.$$

méthode

Il faut encore vérifier que cette solution est élément de P pour conclure que tout élément de D possède un unique antécédent par f.

On exprime la partie imaginaire de la solution précédente :

$$\mathrm{Im}\left(\mathrm{i}\frac{1+Z}{1-Z}\right) = \mathrm{Re}\left(\frac{1+Z}{1-Z}\right) \underset{\mathrm{Re}(z)=\frac{z+\bar{z}}{2}}{=} \frac{1}{2}\left(\frac{1+Z}{1-Z} + \frac{1+\overline{Z}}{1-\overline{Z}}\right) = \frac{1-|Z|^2}{\left|1-\overline{Z}\right|^2} > 0.$$

Finalement, f prend ses valeurs dans D et tout élément de D possède un unique antécédent : f réalise une bijection de P vers D.

3.5.2 Inégalités et nombres complexes

Exercice 15 *

Vérifier que pour tout réel t,

$$\left|\mathrm{e}^{\mathrm{i}t} - 1\right| \leqslant |t|$$

et donner une interprétation géométrique de cette inégalité.

Solution

méthode

On factorise par l'exponentielle imaginaire d'angle moitié.

En factorisant par $\mathrm{e}^{\mathrm{i}t/2}$, on fait apparaître un sinus

$$\left|\mathrm{e}^{\mathrm{i}t}-1\right| = \left|\mathrm{e}^{\mathrm{i}t/2}\right|\left|\mathrm{e}^{\mathrm{i}t/2} - \mathrm{e}^{-\mathrm{i}t/2}\right| = \left|2\mathrm{i}\sin\left(\frac{t}{2}\right)\right| = 2\left|\sin\left(\frac{t}{2}\right)\right|.$$

méthode

‖ On sait [1] l'inégalité $\sin(x) \leqslant x$ pour tout $x \geqslant 0$.

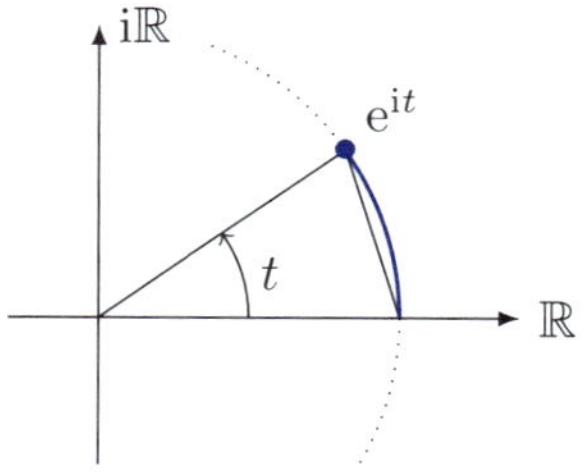

Cas : $t \geqslant 0$. On obtient $\left|e^{it} - 1\right| \leqslant 2t/2 = t$.

Cas : $t \leqslant 0$. On peut raisonner par conjugaison ou affirmer que l'inégalité $|\sin(x)| \leqslant |x|$ est valable pour tout réel x.

Dans la figure ci-contre, l'inégalité s'interprète : « la corde est plus courte que l'arc ».

Exercice 16 **

Soient a et b deux nombres complexes. Montrer

$$|a| + |b| \leqslant |a+b| + |a-b|$$

et préciser les cas d'égalité.

Solution

méthode

‖ On étudie l'inégalité au carré.

D'une part,

$$\big(|a| + |b|\big)^2 = |a|^2 + 2|a||b| + |b|^2.$$

D'autre part,

$$\big(|a+b| + |a-b|\big)^2 = |a+b|^2 + 2\big|(a+b)(a-b)\big| + |a-b|^2.$$

On développe puis on emploie l'identité du parallélogramme [2],

$$\begin{aligned}\big(|a+b| + |a-b|\big)^2 &= |a+b|^2 + 2\big|a^2 - b^2\big| + |a-b|^2\\ &= 2|a|^2 + 2\big|a^2 - b^2\big| + 2|b|^2.\end{aligned}$$

On peut alors simplifier la différence

$$\begin{aligned}\big(|a+b| + |a-b|\big)^2 - \big(|a| + |b|\big)^2 &= |a|^2 - 2|a||b| + |b|^2 + 2\big|a^2 - b^2\big|\\ &= \big(|a| - |b|\big)^2 + 2\big|a^2 - b^2\big| \geqslant 0\end{aligned}$$

avec égalité si, et seulement si, $a^2 = b^2$ soit encore $a = b$ ou $a = -b$.

Exercice 17 **

Soient a et b deux nombres complexes. Établir

$$|a+b|^2 \leqslant \big(1 + |a|^2\big)\big(1 + |b|^2\big).$$

Préciser les cas d'égalité.

1. Voir sujet 19 p. 29.
2. Voir sujet 13 p. 108.

Solution

Par l'inégalité triangulaire et la croissance de l'élévation au carré sur $\mathbb{R}_+$, on a

$$|a+b|^2 \leqslant \big(|a|+|b|\big)^2 = |a|^2 + 2|a||b| + |b|^2.$$

méthode

On exploite l'inégalité $2xy \leqslant x^2 + y^2$ valable pour tous x, y réels.

En prenant $x = 1$ et $y = |a||b|$, on obtient $2|a||b| \leqslant 1 + |a|^2|b|^2$ puis

$$|a+b|^2 \leqslant 1 + |a|^2 + |b|^2 + |a|^2|b|^2 = \big(1+|a|^2\big)\big(1+|b|^2\big).$$

méthode

Il y a égalité dans l'inégalité si, et seulement si, il y a égalité lors des deux inégalités utilisées.

Il y a égalité dans l'inégalité si, et seulement si,

$$|a+b| = |a| + |b| \quad \text{et} \quad 2|a||b| = 1 + |a|^2|b|^2.$$

L'égalité dans l'inégalité triangulaire a lieu si, et seulement si, a et b figurent sur la même demi-droite issue de 0 (Th. 3 p. 93). La deuxième égalité a lieu si, et seulement si, $|a||b| = 1$. Il y a donc égalité dans l'inégalité demandée si, et seulement si, a est non nul et $b = 1/\overline{a}$.

Exercice 18 ***

Soient n un entier naturel et z un nombre complexe de module différent de 1. Montrer

(a) $\left|\dfrac{1-z^{n+1}}{1-z}\right| \leqslant \dfrac{1-|z|^{n+1}}{1-|z|}$.

(b) $\left|\dfrac{1-(n+1)z^n + nz^{n+1}}{(1-z)^2}\right| \leqslant \dfrac{1-(n+1)|z|^n + n|z|^{n+1}}{\big(1-|z|\big)^2}$.

Solution

méthode

Les deux inéquations s'apparentent à une comparaison $\big|f(z)\big| \leqslant f\big(|z|\big)$. En exprimant $f(z)$ par une somme, il suffit d'appliquer l'inégalité triangulaire !

(a) Par sommation géométrique, on peut écrire

$$\frac{1-z^{n+1}}{1-z} = \sum_{k=0}^{n} z^k \quad \text{car} \quad z \neq 1.$$

Par l'inégalité triangulaire,

$$\left|\frac{1-z^{n+1}}{1-z}\right| = \left|\sum_{k=0}^{n} z^k\right| \leqslant \sum_{k=0}^{n} |z|^k = \frac{1-|z|^{n+1}}{1-|z|} \quad \text{car} \quad |z| \neq 1.$$

(b) Pour démasquer la somme définissant f, il suffit de faire la différence de deux valeurs consécutives

$$\frac{1-(k+1)z^k+kz^{k+1}}{(1-z)^2}-\frac{1-kz^{k-1}+(k-1)z^k}{(1-z)^2}=\frac{kz^{k-1}-2kz^k+kz^{k+1}}{(1-z)^2}=kz^{k-1}.$$

On somme cette identité pour k allant de 1 à n et l'on obtient par télescopage

$$\frac{1-(n+1)z^n+nz^{n+1}}{(1-z)^2}-0=\sum_{k=1}^{n}kz^{k-1}.$$

On peut alors conclure comme au-dessus :

$$\left|\frac{1-(n+1)z^n+nz^{n+1}}{(1-z)^2}\right|\leqslant\sum_{k=1}^{n}k|z|^{k-1}\underset{|z|\neq 1}{=}\frac{1-(n+1)|z|^n+n|z|^{n+1}}{\left(1-|z|\right)^2}.$$

3.5.3 Trigonométrie

Exercice 19 *

En considérant les racines cinquièmes de l'unité, calculer

$$\alpha=\cos\left(\frac{2\pi}{5}\right).$$

Solution

Les racines cinquièmes de l'unité sont les $\omega_k=\mathrm{e}^{2\mathrm{i}k\pi/5}$ pour $k=0,1,2,3$ ou 4.

méthode

On sait que la somme des racines cinquièmes de l'unité est nulle[1].

On peut donc écrire $1+\mathrm{e}^{2\mathrm{i}\pi/5}+\mathrm{e}^{4\mathrm{i}\pi/5}+\mathrm{e}^{6\mathrm{i}\pi/5}+\mathrm{e}^{8\mathrm{i}\pi/5}=0$. En considérant la partie réelle, on obtient la relation

$$1+\cos\left(\frac{2\pi}{5}\right)+\cos\left(\frac{4\pi}{5}\right)+\cos\left(\frac{6\pi}{5}\right)+\cos\left(\frac{8\pi}{5}\right)=0. \qquad (*)$$

méthode

On emploie les formules de trigonométrie

$$\cos(2\pi-x)=\cos(x)\quad\text{et}\quad\cos(2a)=2\cos^2(a)-1.$$

On a

$$\cos\left(\frac{8\pi}{5}\right)=\cos\left(\frac{2\pi}{5}\right)=\alpha\quad\text{et}\quad\cos\left(\frac{6\pi}{5}\right)=\cos\left(\frac{4\pi}{5}\right)=2\cos^2\left(\frac{2\pi}{5}\right)-1=2\alpha^2-1.$$

1. Voir sujet 7 p. 103.

L'équation $(*)$ devient alors

$$4\alpha^2 + 2\alpha - 1 = 0$$

dont les solutions sont

$$\frac{-1+\sqrt{5}}{4} \quad \text{et} \quad \frac{-1-\sqrt{5}}{4}.$$

Sachant $\cos(2\pi/5) \geqslant 0$ (car $2\pi/5 \in [0\,;\pi/2]$), on peut conclure

$$\cos\left(\frac{2\pi}{5}\right) = \frac{-1+\sqrt{5}}{4}.$$

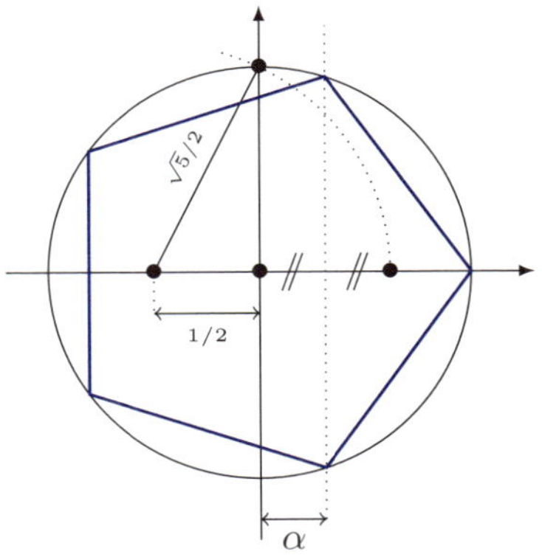

La connaissance de cette valeur permet de tracer un pentagone régulier à la règle et au compas.

Exercice 20 **

Soient $\theta \in \mathbb{R}$ et $n \in \mathbb{N}^*$. Calculer

$$S = \sum_{k=0}^{n} \cos(k\theta)\cos^k(\theta).$$

Solution

méthode

On interprète la somme comme la partie réelle d'une somme géométrique.

La somme S est la partie réelle de la somme

$$T = \sum_{k=0}^{n} \mathrm{e}^{\mathrm{i}k\theta}\cos^k(\theta) = \sum_{k=0}^{n} \big(\mathrm{e}^{\mathrm{i}\theta}\cos(\theta)\big)^k.$$

méthode

Pour appliquer la formule de sommation géométrique, il faut une raison différente de 1.

Cas : $\theta \equiv 0\ [2\pi]$ ou $\theta \equiv \pi\ [2\pi]$. Les termes sommés sont tous égaux à 1 et $S = n+1$.

Cas : $\theta \not\equiv 0\ [2\pi]$ et $\theta \not\equiv \pi\ [2\pi]$. La somme T est géométrique de raison $q = \mathrm{e}^{\mathrm{i}\theta}\cos(\theta) \neq 1$ et donc

$$T = \frac{\mathrm{e}^{\mathrm{i}(n+1)\theta}\cos^{n+1}(\theta) - 1}{\mathrm{e}^{\mathrm{i}\theta}\cos(\theta) - 1}.$$

En écrivant

$$\mathrm{e}^{\mathrm{i}\theta}\cos(\theta) - 1 = \underbrace{\big(\cos^2(\theta) - 1\big)}_{=-\sin^2(\theta)} + \mathrm{i}\sin(\theta)\cos(\theta) = \sin(\theta)\big(-\sin(\theta) + \mathrm{i}\cos(\theta)\big)$$
$$= \mathrm{i}\sin(\theta)\mathrm{e}^{\mathrm{i}\theta}$$

on obtient l'expression « simplifiée »

$$T = \mathrm{i}\frac{\mathrm{e}^{-\mathrm{i}\theta} - \mathrm{e}^{\mathrm{i}n\theta}\cos^{n+1}(\theta)}{\sin(\theta)}$$

dont la partie réelle est

$$S = 1 + \frac{\sin(n\theta)}{\sin(\theta)}\cos^{n+1}(\theta).$$

Exercice 21 ** (Polynômes de Tchebychev)

Soit $n \in \mathbb{N}$.

(a) Montrer qu'il existe des entiers $a_0, a_1, \dots, a_n$ tels que [1] pour tout $\theta \in \mathbb{R}$,

$$\cos(n\theta) = \sum_{k=0}^{n} a_k \cos^k(\theta).$$

(b) Exprimer simplement a_0.

Solution

(a) **méthode**

‖ On exprime [2] $\cos(n\theta)$ comme la partie réelle de $\mathrm{e}^{\mathrm{i}n\theta} = \big(\cos(\theta) + \mathrm{i}\sin(\theta)\big)^n$.

Pour θ réel, on obtient par la formule du binôme de Newton

$$\cos(n\theta) = \mathrm{Re}\Big(\big(\cos(\theta) + \mathrm{i}\sin(\theta)\big)^n\Big) = \mathrm{Re}\left(\sum_{k=0}^{n}\binom{n}{k}\mathrm{i}^k \sin^k(\theta)\cos^{n-k}(\theta)\right).$$

Or

$$\mathrm{i}^k = \begin{cases} (-1)^p & \text{si } k = 2p \\ (-1)^p\mathrm{i} & \text{si } k = 2p+1 \end{cases} \quad (\text{avec } p \in \mathbb{N}).$$

Les termes d'indices impairs de la somme sont imaginaires purs et l'on peut simplifier la somme en ne conservant que les termes d'indices pairs [3]

$$\cos(n\theta) = \sum_{p=0}^{\lfloor n/2 \rfloor} (-1)^p \binom{n}{2p} \sin^{2p}(\theta)\cos^{n-2p}(\theta).$$

Sachant $\sin^2(\theta) = 1 - \cos^2(\theta)$, il vient

$$\cos(n\theta) = \sum_{p=0}^{\lfloor n/2 \rfloor} (-1)^p \binom{n}{2p} \big(1 - \cos^2(\theta)\big)^p \cos^{n-2p}(\theta).$$

Enfin, en développant le terme $\big(1 - \cos^2(\theta)\big)^p$, on obtient une expression [4] de $\cos(n\theta)$ sous

1. On dit que $\cos(n\theta)$ est un polynôme en $\cos(\theta)$.
2. Un raisonnement par récurrence est aussi possible : voir sujet 25 du chapitre 5 de l'ouvrage *Exercices d'algèbre et de probabilités PCSI*.
3. Ceux-ci s'écrivent $k = 2p$ avec $0 \leqslant k \leqslant n$ donc $0 \leqslant p \leqslant n/2$ puis $p = 0, 1, \dots, \lfloor n/2 \rfloor$.
4. Il est inutile de détailler ce développement pour constater « l'allure » du résultat de celui-ci.

la forme

$$a_0 + a_1 \cos(\theta) + \cdots + a_n \cos^n(\theta) \quad \text{avec} \quad a_0, a_1, \ldots, a_n \in \mathbb{Z}$$

car les coefficients binomiaux sont des nombres entiers.

(b) **méthode**

‖ Pour une valeur bien choisie de θ, on isole a_0.

Pour $\theta = \pi/2$, il vient

$$\cos\left(n\frac{\pi}{2}\right) = a_0 + a_1 \times 0 + \cdots + a_n \times 0 = a_0.$$

On a donc

$$a_0 = \begin{cases} (-1)^{n/2} & \text{si } n \text{ est pair} \\ 0 & \text{sinon.} \end{cases}$$

Exercice 22 * (Noyaux de Dirichlet et de Fejér)**

Soient $n \in \mathbb{N}$ et x un réel.

(a) Exprimer simplement

$$D_n(x) = \sum_{k=-n}^{n} \mathrm{e}^{ikx} \quad \text{et} \quad F_n(x) = \frac{1}{n}\sum_{k=0}^{n-1} D_k(x) \quad (\text{pour } n \neq 0).$$

(b) Vérifier

$$F_n(x) = \sum_{k=-n}^{n} \left(1 - \frac{|k|}{n}\right)\mathrm{e}^{ikx}.$$

Solution

(a) La somme définissant $D_n(x)$ est géométrique de raison $\mathrm{e}^{\mathrm{i}x}$.

Cas : $x \equiv 0\ [2\pi]$. Les termes sommés sont tous égaux à 1 et donc $D_n(x) = 2n+1$.

Cas : $x \not\equiv 0\ [2\pi]$. On peut employer la formule de sommation géométrique puis la technique de factorisation de l'exponentielle imaginaire d'angle moitié

$$\begin{aligned} D_n(x) &= \mathrm{e}^{-inx}\frac{\mathrm{e}^{\mathrm{i}(2n+1)x} - 1}{\mathrm{e}^{\mathrm{i}x} - 1} = \mathrm{e}^{-inx}\frac{\mathrm{e}^{\mathrm{i}\frac{2n+1}{2}x}}{\mathrm{e}^{\mathrm{i}\frac{x}{2}}} \cdot \frac{\mathrm{e}^{\mathrm{i}\frac{2n+1}{2}x} - \mathrm{e}^{-\mathrm{i}\frac{2n+1}{2}x}}{\mathrm{e}^{\mathrm{i}\frac{x}{2}} - \mathrm{e}^{-\mathrm{i}\frac{x}{2}}} \\ &= \frac{\mathrm{e}^{\mathrm{i}\frac{2n+1}{2}x} - \mathrm{e}^{-\mathrm{i}\frac{2n+1}{2}x}}{\mathrm{e}^{\mathrm{i}\frac{x}{2}} - \mathrm{e}^{-\mathrm{i}\frac{x}{2}}} = \frac{\sin\left(\frac{2n+1}{2}x\right)}{\sin\left(\frac{x}{2}\right)}. \end{aligned}$$

méthode

‖ Pour calculer $F_n(x)$ à partir des $D_k(x)$, on exprime $\sin\left(\frac{2k+1}{2}x\right)$ par une partie imaginaire.

Cas : $x \equiv 0\ [2\pi]$. Les $D_k(x)$ sont égaux à $2k+1$. Par sommation arithmétique,

$$F_n(x) = \frac{1}{n}\sum_{k=0}^{n-1}(2k+1) = \frac{1}{n} \times \left(2\sum_{k=0}^{n-1} k + \sum_{k=0}^{n-1} 1\right) = \frac{n(n-1)+n}{n} = n.$$

Cas : $x \not\equiv 0\ [2\pi]$. On écrit

$$\sin\left(\frac{x}{2}\right) D_k(x) = \operatorname{Im}\left(e^{i\frac{2k+1}{2}x}\right)$$

et alors

$$\sin\left(\frac{x}{2}\right) F_n(x) = \frac{1}{n}\operatorname{Im}\left(\sum_{k=0}^{n-1} e^{i\frac{2k+1}{2}x}\right).$$

Par sommation géométrique de raison $e^{ix} \neq 1$, il vient

$$\sin\left(\frac{x}{2}\right) F_n(x) = \frac{1}{n}\operatorname{Im}\left(e^{i\frac{x}{2}}\frac{e^{inx}-1}{e^{ix}-1}\right) = \frac{1}{n}\operatorname{Im}\left(e^{i\frac{nx}{2}}\frac{\sin\left(\frac{nx}{2}\right)}{\sin\left(\frac{x}{2}\right)}\right) = \frac{1}{n}\cdot\frac{\sin^2\left(\frac{nx}{2}\right)}{\sin\left(\frac{x}{2}\right)}.$$

On peut alors conclure

$$F_n(x) = \frac{1}{n}\left(\frac{\sin\left(\frac{nx}{2}\right)}{\sin\left(\frac{x}{2}\right)}\right)^2.$$

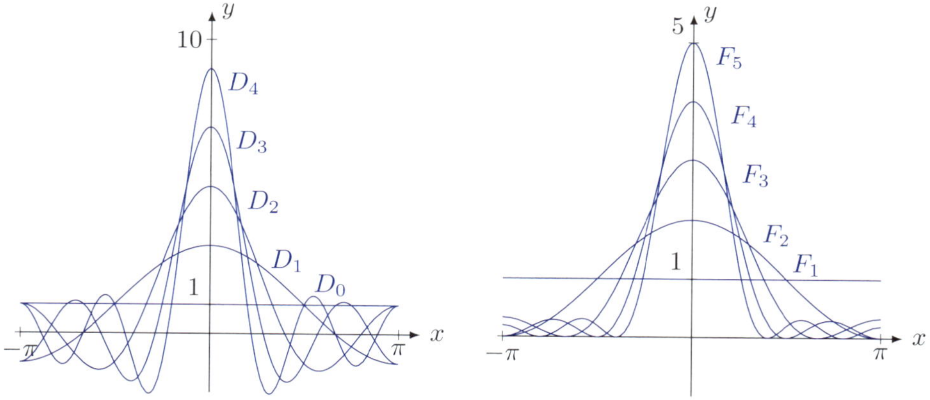

Les premiers noyaux de Dirichlet et de Fejér.

(b) On repart des expressions initiales de $F_n(x)$ et $D_k(x)$

$$F_n(x) = \frac{1}{n}\sum_{p=0}^{n-1}\left(\sum_{k=-p}^{p} e^{ikx}\right).$$

méthode

‖ On échange la somme double.

Les indices de sommation p et k sont contraints par les conditions $0 \leqslant p \leqslant n-1$ et $|k| \leqslant p$. Ces conditions peuvent aussi s'exprimer $|k| \leqslant n-1$ et $|k| \leqslant p \leqslant n-1$ ce qui permet de réaliser l'échange des deux sommes :

$$F_n(x) = \frac{1}{n} \sum_{k=-(n-1)}^{n-1} \left(\sum_{p=|k|}^{n-1} \mathrm{e}^{\mathrm{i}kx} \right).$$

Dans la somme contenue, le terme ne dépend pas de l'indice de sommation p et celle-ci est constituée de $n-|k|$ termes, on peut donc aisément la calculer

$$F_n(x) = \frac{1}{n} \sum_{k=-(n-1)}^{n-1} (n-|k|)\mathrm{e}^{\mathrm{i}kx}.$$

Enfin, on étend la somme en k aux indices n et $-n$ en adjoignant deux termes nuls et l'on obtient la formule demandée

$$F_n(x) = \sum_{k=-n}^{n} \left(1 - \frac{|k|}{n}\right)\mathrm{e}^{\mathrm{i}kx}.$$

3.5.4 Le plan complexe

Exercice 23 *

Soient A, B, C trois points distincts du plan géométrique d'affixes respectives a, b, c.

(a) Montrer que le triangle (ABC) est équilatéral si, et seulement si,

$$\frac{c-a}{b-a} = -j \quad \text{ou} \quad \frac{c-a}{b-a} = -j^2.$$

(b) En déduire que le triangle (ABC) est équilatéral si, et seulement si,

$$a^2 + b^2 + c^2 = ab + bc + ca.$$

Solution

(a) **méthode**

> Un triangle est équilatéral lorsqu'il est isocèle et possède un angle au sommet de mesure $\pi/3$.

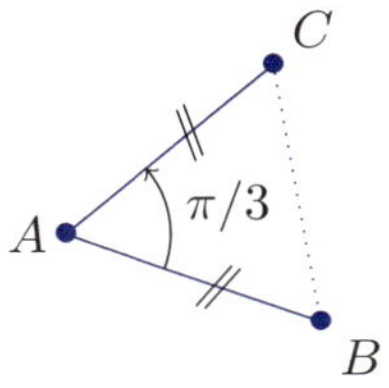

Introduisons le nombre complexe non nul

$$Z = \frac{c-a}{b-a}.$$

Le triangle (ABC) est isocèle en A si, et seulement si, $|b-a| = |c-a|$: cela revient à affirmer que le nombre Z est de module 1. Connaître un argument de celui-ci suffit alors à le déterminer. Or un argument de Z correspond à une mesure de l'angle orienté du vecteur $\overrightarrow{AB}$ au vecteur $\overrightarrow{AC}$. Le triangle est alors équilatéral si cette mesure est égale[1] à $\pi/3$ ou à $-\pi/3$ modulo 2π. On obtient donc que le triangle (ABC) est équilatéral si, et seulement si,

$$\frac{c-a}{b-a} = \mathrm{e}^{\mathrm{i}\pi/3} \quad \text{ou} \quad \frac{c-a}{b-a} = \mathrm{e}^{-\mathrm{i}\pi/3}.$$

On conclut en observant $\mathrm{e}^{\mathrm{i}\pi/3} = -j^2$ et $\mathrm{e}^{-\mathrm{i}\pi/3} = -j$.

(b) Sachant $1 + j + j^2 = 0$, on observe

$$\begin{aligned}\frac{c-a}{b-a} = -j &\iff c - a = -j(b-a)\\ &\iff -(1+j)a + jb + c = 0\\ &\iff aj^2 + bj + c = 0.\end{aligned}$$

On obtient de même

$$\frac{c-a}{b-a} = -j^2 \iff aj + bj^2 + c = 0.$$

Enfin, sachant $j^3 = 1$ et $1 + j + j^2 = 0$, on observe par simple développement

$$\begin{aligned}(aj^2 + bj + c)(aj + bj^2 + c) &= a^2 + b^2 + c^2 + ab(j + j^2) + bc(j + j^2) + ca(j + j^2)\\ &= a^2 + b^2 + c^2 - (ab + bc + ca).\end{aligned}$$

On en déduit que le triangle (ABC) est équilatéral si, et seulement si,

$$a^2 + b^2 + c^2 - (ab + bc + ca) = 0.$$

Exercice 24 **

Soient $z_0 \in \mathbb{C}$ et $r > 0$ tels que $|z_0| \neq r$. On note $\mathcal{C}$ le cercle dans $\mathbb{C}$ de centre z_0 et de rayon r.

(a) Pour $z \in \mathbb{C}$, montrer

$$z \in \mathcal{C} \iff |z|^2 - 2\,\mathrm{Re}(\overline{z}z_0) + |z_0|^2 = r^2.$$

(b) En déduire que l'ensemble des valeurs prises par l'application $f : z \mapsto 1/z$ sur $\mathcal{C}$ est un cercle dont on précisera le centre et le rayon en fonction de z_0 et r.

Solution

(a) Un nombre complexe z appartient à $\mathcal{C}$ si, et seulement si, $|z - z_0|^2 = r^2$. Il suffit ensuite de développer le carré[2] pour obtenir l'équation proposée.

1. Dans le premier cas, on dit que le triangle (ABC) est *équilatéral direct* car la dénomination A, B, C de ses sommets est réalisée dans le sens direct.

2. Voir sujet 13 p. 108.

(b) L'hypothèse $|z_0| \neq r$ assure que 0 n'appartient pas à $\mathcal{C}$. On peut donc considérer l'ensemble $f(\mathcal{C})$ des valeurs prises pas $f(z)$ pour z parcourant $\mathcal{C}$.

Soit $Z = f(z)$ avec $z \in \mathbb{C}^*$.

méthode

> On retraduit l'appartenance de z à $\mathcal{C}$ par une équation en Z que l'on essaie d'écrire sous une forme analogue à la précédente.

On a

$$z \in \mathcal{C} \iff |z|^2 - 2\operatorname{Re}(\overline{z}z_0) + |z_0|^2 = r^2$$
$$\iff \frac{1}{|Z|^2} - 2\operatorname{Re}\left(\frac{1}{\overline{Z}}z_0\right) + |z_0|^2 = r^2$$

En multipliant par le réel non nul $|Z|^2$,

$$z \in \mathcal{C} \iff 1 - 2\operatorname{Re}(Zz_0) + |z_0|^2|Z|^2 = r^2|Z^2|$$

On réorganise les membres

$$z \in \mathcal{C} \iff \left(|z_0|^2 - r^2\right)|Z|^2 - 2\operatorname{Re}(Zz_0) + 1 = 0$$

En divisant par $|z_0|^2 - r^2$ et en posant $Z_0 = \dfrac{\overline{z_0}}{|z_0|^2 - r^2}$, on parvient à

$$z \in \mathcal{C} \iff |Z|^2 - 2\operatorname{Re}(Z\overline{Z_0}) + |Z_0|^2 = R^2$$

avec

$$R = \sqrt{|Z_0|^2 - \frac{1}{|z_0|^2 - r^2}} = \frac{r}{\left||z_0|^2 - r^2\right|}.$$

On reconnaît l'équation d'un cercle et l'on peut conclure que $f(\mathcal{C})$ est le cercle [1] de centre Z_0 et de rayon R.

Exercice 25 * (Théorème de l'angle au centre)**

Soient M, A, B trois points distincts du plan géométrique d'affixes respectives z, a, b.

(a) Donner l'interprétation d'un argument du nombre complexe $Z = \dfrac{z-b}{z-a}$.

On suppose que A et B sont deux points d'un cercle $\mathcal{C}$ de centre O. On note θ une mesure de l'angle entre les vecteurs $\overrightarrow{OA}$ et $\overrightarrow{OB}$ et φ une mesure de l'angle [2] entre les vecteurs $\overrightarrow{MA}$ et $\overrightarrow{MB}$

(b) Montrer que M appartient au cercle $\mathcal{C}$ si, et seulement si, $2\varphi \equiv \theta\ [2\pi]$.

---

1. On peut aussi adapter cette étude pour établir que l'image d'un cercle passant par l'origine est une droite ne passant pas par l'origine et inversement.
2. On dit que θ mesure l'*angle au centre* et φ l'*angle inscrit*.

Solution

(a) Le complexe $z-a$ est l'affixe du vecteur $\overrightarrow{AM}$ et $\arg(z-a)$ mesure l'angle entre $\vec{\imath}$, le premier vecteur du repère, et le vecteur $\overrightarrow{AM}$. Aussi, $\arg(z-b)$ mesure l'angle entre $\vec{\imath}$ et $\overrightarrow{BM}$. Par opérations sur les arguments et les mesures angulaires,

$$\begin{aligned}\arg\left(\frac{z-b}{z-a}\right) &\equiv \arg(z-b)-\arg(z-a)\\ &\equiv (\vec{\imath}; \overrightarrow{BM}) - (\vec{\imath}; \overrightarrow{AM})\\ &\equiv (\overrightarrow{AM}; \overrightarrow{BM})\ [2\pi]\,.\end{aligned}$$

Ainsi, un argument du nombre complexe Z donne une mesure de l'angle entre les vecteurs $\overrightarrow{AM}$ et $\overrightarrow{BM}$ ou, ce sont les mêmes, de l'angle entre les vecteurs $\overrightarrow{MA}$ et $\overrightarrow{MB}$.

(b) **méthode**

> Un nombre complexe non nul z est d'argument φ si, et seulement si, on peut écrire $z=|z|\mathrm{e}^{\mathrm{i}\varphi}$.

Notons $R>0$ le rayon du cercle $\mathcal{C}$, α et β des arguments des nombres complexes a et b :

$$a=R\mathrm{e}^{\mathrm{i}\alpha},\quad b=R\mathrm{e}^{\mathrm{i}\beta}\quad \text{et}\quad \theta\equiv\beta-\alpha\ [2\pi]\,.$$

Puisque φ est un argument de $\dfrac{z-b}{z-a}$, on peut écrire

$$\begin{aligned}2\varphi\equiv\theta\ [2\pi] &\iff \arg\left(\frac{z-b}{z-a}\right)^2\equiv\theta\ [2\pi]\\ &\iff \left(\frac{z-b}{z-a}\right)^2=\left|\frac{z-b}{z-a}\right|^2\mathrm{e}^{\mathrm{i}\theta}.\end{aligned}$$

En écrivant $|Z|^2=Z\overline{Z}$, on peut simplifier l'expression de l'équation

$$\begin{aligned}2\varphi\equiv\theta\ [2\pi] &\iff (z-b)(\overline{z}-\overline{a})=(z-a)(\overline{z}-\overline{b})\mathrm{e}^{\mathrm{i}\theta}\\ &\iff |z|^2-\overline{a}z-b\overline{z}+\overline{a}b=|z|^2\mathrm{e}^{\mathrm{i}\theta}-a\mathrm{e}^{\mathrm{i}\theta}\overline{z}-\overline{b}\mathrm{e}^{\mathrm{i}\theta}z+a\overline{b}\mathrm{e}^{\mathrm{i}\theta}.\end{aligned}$$

On poursuit la simplification sachant $b=a\mathrm{e}^{\mathrm{i}\theta}$ et $\mathrm{e}^{\mathrm{i}\theta}\neq 1$ car A et B sont distincts

$$\begin{aligned}2\varphi\equiv\theta\ [2\pi] &\iff |z|^2\big(1-\mathrm{e}^{\mathrm{i}\theta}\big)=R^2\big(1-\mathrm{e}^{\mathrm{i}\theta}\big)\\ &\iff |z|^2=R^2.\end{aligned}$$

Finalement, $2\varphi\equiv\theta\ [2\pi]$ si, et seulement si, le point M appartient au cercle $\mathcal{C}$.

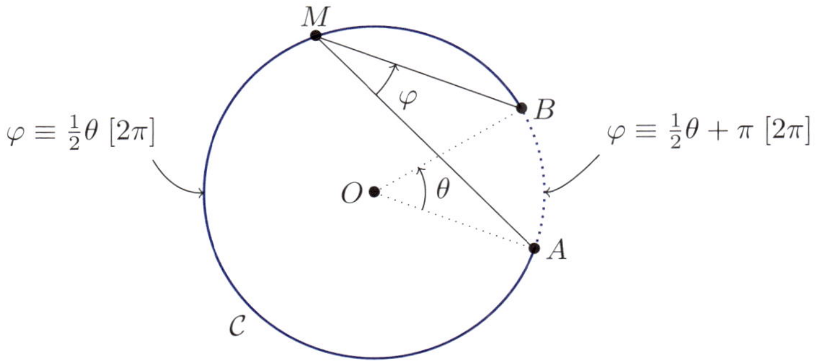

Théorème de l'angle au centre.

3.5.5 Équations algébriques

Exercice 26 *

Soit $n \in \mathbb{N}^*$. Résoudre dans $\mathbb{C}$ l'équation

$$z^n + 1 = 0.$$

Solution

méthode

‖ L'équation étudiée s'apparente à une équation du type $z^n = Z$.

Pour $z \in \mathbb{C}$, on a en écrivant, la forme trigonométrique $-1 = \mathrm{e}^{\mathrm{i}\pi}$

$$z^n + 1 = 0 \iff z^n = \mathrm{e}^{\mathrm{i}\pi}$$
$$\iff \left(\frac{z}{z_0}\right)^n = 1$$

avec $z_0 = \mathrm{e}^{\mathrm{i}\pi/n}$ une solution particulière.

Les solutions de l'équation étudiée sont donc les $z_0\omega$ avec ω racine n-ième de l'unité, c'est-à-dire les

$$z_0\omega_k = z_0\mathrm{e}^{\mathrm{i}\frac{2k\pi}{n}} = \mathrm{e}^{\mathrm{i}\frac{(2k+1)\pi}{n}} \quad \text{pour } k \text{ allant de } 0 \text{ à } n-1.$$

Exercice 27 **

Soient $\omega_0, \ldots, \omega_{2n}$ les racines $(2n+1)$-ièmes de l'unité. Calculer

$$S = \sum_{k=0}^{2n} \frac{1}{1+\omega_k}.$$

Solution

Les racines $(2n+1)$-ièmes de l'unité sont les $\omega_k = \mathrm{e}^{2ik\pi/(2n+1)}$ pour k entier allant de 0 à $2n$. Le nombre -1 ne figure pas parmi celles-ci et la somme S est donc bien définie.

méthode

‖ On factorise $1+\omega_k$ par l'exponentielle imaginaire d'angle moitié.

Pour k entier compris entre 0 et $2n$, on écrit

$$\frac{1}{1+\omega_k} = \frac{1}{\mathrm{e}^{\mathrm{i}\frac{k\pi}{2n+1}}} \cdot \frac{1}{\mathrm{e}^{\mathrm{i}\frac{k\pi}{2n+1}} + \mathrm{e}^{-\mathrm{i}\frac{k\pi}{2n+1}}} = \mathrm{e}^{-\mathrm{i}\frac{k\pi}{2n+1}} \frac{1}{2\cos\left(\frac{k\pi}{2n+1}\right)}$$

$$= \frac{\cos\left(\frac{k\pi}{2n+1}\right) - \mathrm{i}\sin\left(\frac{k\pi}{2n+1}\right)}{2\cos\left(\frac{k\pi}{2n+1}\right)} = \frac{1}{2} - \frac{\mathrm{i}}{2}\tan\left(\frac{k\pi}{2n+1}\right).$$

En sommant,

$$S = \frac{2n+1}{2} - \frac{\mathrm{i}}{2}\sum_{k=0}^{2n}\tan\left(\frac{k\pi}{2n+1}\right).$$

Or, $\tan(\pi - x) = -\tan(x)$ pour tout x différent de $\pi/2$ et $-\pi/2$ modulo 2π et donc

$$\tan\left(\frac{(2n+1-k)\pi}{2n+1}\right) = -\tan\left(\frac{k\pi}{2n+1}\right) \quad \text{pour tout } k = 1, 2, \dots, n.$$

Ainsi, les termes d'indices $2n$ à $n+1$ de la somme des tangentes sont les opposés respectifs des termes d'indices 1 à n. De plus, le terme d'indice 0 est nul et l'on peut conclure[1]

$$S = \frac{2n+1}{2}.$$

Exercice 28 **

Soit $n \in \mathbb{N}^*$. Résoudre dans $\mathbb{C}$ l'équation

$$(z+\mathrm{i})^n = (z-\mathrm{i})^n.$$

Observer que celle-ci admet exactement $n-1$ solutions, toutes réelles.

Solution

méthode

‖ Par un quotient, on se ramène à l'équation $Z^n = 1$.

Soit z un nombre complexe. Puisque $z = \mathrm{i}$ n'est pas solution de l'équation, on peut supposer z différent de i et donc diviser par $z - \mathrm{i}$. Pour $z \in \mathbb{C} \setminus \{\mathrm{i}\}$,

$$(z+\mathrm{i})^n = (z-\mathrm{i})^n \iff \left(\frac{z+\mathrm{i}}{z-\mathrm{i}}\right)^n = 1$$

$$\iff Z^n = 1 \quad \text{avec} \quad Z = \frac{z+\mathrm{i}}{z-\mathrm{i}}.$$

1. On peut aussi simplifier la somme des tangentes en justifiant $S = \overline{S}$ puisque les conjugués des racines n-ièmes de l'unité décrivent aussi les racines n-ièmes de l'unité.

Les solutions z peuvent dont se déduire des nombres complexes Z racines n-ièmes de l'unité.

Les racines de l'unité sont les $\omega_k = \mathrm{e}^{2\mathrm{i}k\pi/n}$ pour k allant de 0 à $n-1$. On résout alors l'équation homographique[1] qui suit

$$\begin{aligned} Z = \omega_k &\iff \frac{z+\mathrm{i}}{z-\mathrm{i}} = \omega_k \\ &\iff (z+\mathrm{i}) = \omega_k(z-\mathrm{i}) \\ &\iff z(\omega_k - 1) = \mathrm{i}(\omega_k + 1). \end{aligned}$$

Lorsque $k = 0$, $\omega_k = 1$ et l'équation précédente ne possède pas de solutions.

Lorsque $1 \leqslant k \leqslant n-1$, $\omega_k \neq 1$ et l'on peut poursuivre la résolution :

$$Z = \omega_k \iff z = \mathrm{i}\frac{\omega_k + 1}{\omega_k - 1}.$$

Finalement, les solutions de l'équation étudiée sont les

$$z_k = \mathrm{i}\frac{\omega_k + 1}{\omega_k - 1} \quad \text{avec } \omega_k = \mathrm{e}^{2\mathrm{i}\frac{k\pi}{n}} \text{ et } k \text{ allant de 1 à } n-1.$$

méthode

On simplifie l'expression de z_k en factorisant par l'exponentielle imaginaire d'angle moitié.

Pour k entier compris entre 1 et $n-1$,

$$z_k = \mathrm{i}\frac{\mathrm{e}^{\mathrm{i}\frac{k\pi}{n}}}{\mathrm{e}^{\mathrm{i}\frac{k\pi}{n}}} \cdot \frac{\mathrm{e}^{\mathrm{i}\frac{k\pi}{n}} + \mathrm{e}^{-\mathrm{i}\frac{k\pi}{n}}}{\mathrm{e}^{\mathrm{i}\frac{k\pi}{n}} - \mathrm{e}^{-\mathrm{i}\frac{k\pi}{n}}} = \mathrm{i}\frac{2\cos\left(\frac{k\pi}{n}\right)}{2\mathrm{i}\sin\left(\frac{k\pi}{n}\right)} = \frac{\cos\left(\frac{k\pi}{n}\right)}{\sin\left(\frac{k\pi}{n}\right)} = \cot\left(\frac{k\pi}{n}\right)$$

où cot désigne la fonction cotangente[2]. Les z_k sont donc réels. Ils sont aussi deux à deux distincts car la fonction cotangente est strictement décroissante (donc injective) sur l'intervalle $]0\,;\pi[$ où évoluent les angles $k\pi/n$ pour $1 \leqslant k \leqslant n-1$.

Exercice 29 **

Soient $\theta \in]0\,;2\pi[$ et $n \in \mathbb{N}^*$. Résoudre l'équation d'inconnue z complexe

$$\left(\frac{z-1}{z+1}\right)^n + \left(\frac{z+1}{z-1}\right)^n = 2\cos(\theta).$$

---

1. On reprend la méthode détaillée dans le sujet 14 p. 108.
2. Voir p. 51.

Solution

méthode

L'équation est de la forme $Z + \dfrac{1}{Z} = 2\cos(\theta)$.

Soit z un nombre complexe différent de 1 et -1. Posons Z déterminé par

$$Z = \left(\frac{z-1}{z+1}\right)^n \in \mathbb{C}^*$$

z est solution de l'équation étudiée si, et seulement si, Z est solution de l'équation

$$Z^2 - 2\cos(\theta)Z + 1 = 0.$$

Cette équation a déjà été résolue dans le sujet 9 p. 105 : ses racines sont $e^{i\theta}$ et $e^{-i\theta}$. Pour déterminer z, il reste à résoudre les équations

$$\left(\frac{z-1}{z+1}\right)^n = e^{i\theta} \quad \text{et} \quad \left(\frac{z-1}{z+1}\right)^n = e^{-i\theta}.$$

méthode

Il suffit de résoudre la première équation, les solutions de la seconde se déduiront par conjugaison.

En divisant par $e^{i\theta}$, on se ramène aux racines n-ièmes de l'unité $\omega_k = e^{2ik\pi/n}$

$$\left(\frac{z-1}{z+1}\right)^n = e^{i\theta} \iff \left(\frac{1}{e^{i\theta/n}} \cdot \frac{z-1}{z+1}\right)^n = 1$$
$$\iff \exists k \in \{0, \dots, n-1\},\ \frac{z-1}{z+1} = e^{i\theta/n}\omega_k.$$

Il reste à résoudre l'équation homographique [1]

$$\frac{z-1}{z+1} = e^{i\varphi} \quad \text{avec} \quad \varphi = \frac{\theta + 2k\pi}{n} \in]0\,;2\pi[.$$

Après calculs et sachant $e^{i\varphi} \neq 1$, on obtient

$$z = -\frac{e^{i\varphi}+1}{e^{i\varphi}-1} = -\frac{e^{i\varphi/2}}{e^{i\varphi/2}} \cdot \frac{e^{i\varphi/2} + e^{-i\varphi/2}}{e^{i\varphi/2} - e^{-i\varphi/2}} = -\frac{2\cos(\varphi/2)}{2i\sin(\varphi/2)} = i\cot\left(\frac{\varphi}{2}\right).$$

Les solutions de l'équation étudiée sont donc les

$$z_k = i\cot\left(\frac{\theta + 2k\pi}{2n}\right) \text{ et leurs conjugués pour } k \text{ allant de } 0 \text{ à } n-1.$$

3.6 Exercices d'approfondissement

Exercice 30 *

Soit $(x, y, z) \in \mathbb{R}^3$ vérifiant $e^{ix} + e^{iy} + e^{iz} = 0$. Montrer $e^{2ix} + e^{2iy} + e^{2iz} = 0$.

1. La méthode de résolution est détaillée dans le sujet 14 p. 108.

Solution

méthode

On se ramène à la situation $x = 0$ avant de résoudre l'équation exprimant l'hypothèse.

En multipliant la relation $\mathrm{e}^{\mathrm{i}x} + \mathrm{e}^{\mathrm{i}y} + \mathrm{e}^{\mathrm{i}z} = 0$ par $\mathrm{e}^{-\mathrm{i}x}$, on obtient

$$1 + \mathrm{e}^{\mathrm{i}\alpha} + \mathrm{e}^{\mathrm{i}\beta} = 0 \qquad (*)$$

avec $\alpha = y - x$ et $\beta = z - x$. En montrant $1 + \mathrm{e}^{2\mathrm{i}\alpha} + \mathrm{e}^{2\mathrm{i}\beta} = 0$, il suffira de multiplier par $\mathrm{e}^{2\mathrm{i}x}$ pour obtenir l'identité voulue.

En passant aux parties réelle et imaginaire l'équation $(*)$, on obtient le système

$$\begin{cases} \cos(\alpha) + \cos(\beta) = -1 \\ \sin(\alpha) + \sin(\beta) = 0. \end{cases}$$

L'équation $\sin(\alpha) + \sin(\beta) = 0$ donne

$$\alpha \equiv -\beta\ [2\pi] \quad \text{ou} \quad \alpha \equiv \pi + \beta\ [2\pi]\,.$$

Le cas $\alpha \equiv \pi + \beta\ [2\pi]$ est à exclure car incompatible avec l'équation des cosinus qui devient $0 = -1$.

Il reste $\alpha \equiv -\beta\ [2\pi]$ et alors $2\cos(\alpha) = -1$ ce qui donne $\alpha \equiv \pm 2\pi/3\ [2\pi]$.

Par suite, $\mathrm{e}^{\mathrm{i}\alpha} = j$ et $\mathrm{e}^{\mathrm{i}\beta} = j^2$, ou l'inverse, $\mathrm{e}^{\mathrm{i}\alpha} = j^2$ et $\mathrm{e}^{\mathrm{i}\beta} = j$. Dans les deux cas, on a bien

$$1 + \mathrm{e}^{2\mathrm{i}\alpha} + \mathrm{e}^{2\mathrm{i}\beta} = 1 + j + j^2 = 0.$$

Exercice 31 **

Soient $z_1, \dots, z_n$ des nombres complexes. À quelle condition simple a-t-on

$$|z_1 + \cdots + z_n| = |z_1| + \cdots + |z_n|\,?$$

Solution

Le retrait de nombres complexes nuls ne modifie pas l'identité : on suppose pour la suite les nombres complexes z_k tous non nuls.

Si $z_1, \dots, z_n$ ont un même argument θ, on peut écrire

$$z_1 + \cdots + z_n = |z_1|\mathrm{e}^{\mathrm{i}\theta} + \cdots + |z_n|\mathrm{e}^{\mathrm{i}\theta} = \big(|z_1| + \cdots + |z_n|\big)\mathrm{e}^{\mathrm{i}\theta}$$

et donc

$$|z_1 + \cdots + z_n| = \big(|z_1| + \cdots + |z_n|\big)\left|\mathrm{e}^{\mathrm{i}\theta}\right| = |z_1| + \cdots + |z_n|.$$

Obtenir que les nombres complexes possèdent un argument commun est une condition suffisante pour qu'il y ait égalité.

méthode

On montre la réciproque en raisonnant par récurrence sur $n \in \mathbb{N}^*$.

Le cas $n = 1$ est immédiat et le cas $n = 2$ est connu : c'est le cas d'égalité dans l'inégalité triangulaire (Th. 3 p. 93). Supposons la propriété vraie au rang $n \geqslant 1$.

Au rang $n+1$, considérons $z_1, \ldots, z_n$ et z_{n+1} des nombres complexes vérifiant

$$|z_1 + \cdots + z_n + z_{n+1}| = |z_1| + \cdots + |z_n| + |z_{n+1}|.$$

Par l'inégalité triangulaire, d'abord appliquée à $z + z'$ avec $z = z_1 + \cdots + z_n$ et $z' = z_{n+1}$, ensuite appliquée à $z_1 + \cdots + z_n$, on écrit

$$\begin{aligned} |z_1 + \cdots + z_n + z_{n+1}| &\leqslant |z_1 + \cdots + z_n| + |z_{n+1}| \\ &\leqslant |z_1| + \cdots + |z_n| + |z_{n+1}|. \end{aligned}$$

Par hypothèse, les membres encadrants sont égaux et chacune des deux inégalités écrites est en fait une égalité :

$$\begin{cases} |z_1 + \cdots + z_n + z_{n+1}| = |z_1 + \cdots + z_n| + |z_{n+1}| \\ |z_1 + \cdots + z_n| = |z_1| + \cdots + |z_n|. \end{cases}$$

Par hypothèse de récurrence, la deuxième équation assure que les nombres complexes $z_1, \ldots, z_n$ ont un même argument et celui-ci est alors argument du nombre complexe non nul $z = z_1 + \cdots + z_n$. Par égalité dans l'inégalité triangulaire, la première équation assure que z et $z' = z_{n+1}$ ont un même argument et l'on peut alors conclure que tous les nombres complexes $z_1, \ldots, z_n$ et z_{n+1} ont un même argument.

La récurrence est établie.

Pour résumer, l'égalité $|z_1 + \cdots + z_n| = |z_1| + \cdots + |z_n|$ a lieu si, et seulement si, ceux des nombres complexes $z_1, \ldots, z_n$ qui sont non nuls ont un même argument. Géométriquement, cela signifie encore que ces complexes figurent sur une même demi-droite d'origine 0.

Exercice 32 ***

Soient $z_1, \ldots, z_n$ des nombres complexes. Établir

$$\frac{\left|\sum_{k=1}^{n} z_k\right|}{1 + \left|\sum_{k=1}^{n} z_k\right|} \leqslant \sum_{k=1}^{n} \frac{|z_k|}{1 + |z_k|}.$$

Solution

méthode

La fonction $x \mapsto \frac{x}{1+x}$ est croissante sur $\mathbb{R}_+$ et l'on a donc, si x et y sont deux réels positifs,

$$x \leqslant y \implies \frac{x}{1+x} \leqslant \frac{y}{1+y}.$$

Par l'inégalité triangulaire,

$$x = \left|\sum_{k=1}^{n} z_k\right| \leqslant \sum_{k=1}^{n} |z_k| = y$$

et donc

$$\frac{\left|\sum_{k=1}^{n} z_k\right|}{1 + \left|\sum_{k=1}^{n} z_k\right|} \leqslant \frac{\sum_{k=1}^{n} |z_k|}{1 + \sum_{k=1}^{n} |z_k|}.$$

Un indice de sommation étant muet, on peut reprendre l'expression du second membre

$$\frac{\left|\sum_{k=1}^{n} z_k\right|}{1 + \left|\sum_{k=1}^{n} z_k\right|} \leqslant \frac{\sum_{k=1}^{n} |z_k|}{1 + \sum_{j=1}^{n} |z_j|} = \sum_{k=1}^{n} \left(\frac{|z_k|}{1 + \sum_{j=1}^{n} |z_j|} \right).$$

Enfin, pour chaque indice k, la somme de tous les $|z_j|$ est supérieure au seul $|z_k|$ et l'on peut conclure

$$\frac{\left|\sum_{k=1}^{n} z_k\right|}{1 + \left|\sum_{k=1}^{n} z_k\right|} \leqslant \sum_{k=1}^{n} \frac{|z_k|}{1 + |z_k|}.$$

Exercice 33 ***

Soient $z_1, \ldots, z_n$ des nombres complexes et z tels que $z^2 = z_1^2 + \cdots + z_n^2$. Montrer

$$\left|\mathrm{Re}(z)\right| \leqslant \sum_{k=1}^{n} \left|\mathrm{Re}(z_k)\right| \quad \text{et} \quad \left|\mathrm{Im}(z)\right| \leqslant \sum_{k=1}^{n} \left|\mathrm{Im}(z_k)\right|.$$

Solution

On écrit les nombres complexes $z, z_1, \ldots, z_n$ sous forme algébrique

$$z = a + \mathrm{i}b,\ z_k = a_k + \mathrm{i}b_k \quad \text{avec} \quad a, b, a_k, b_k \in \mathbb{R}.$$

méthode

On commence par établir

$$a^2 \leqslant \sum_{k=1}^{n} a_k^2.$$

En identifiant la partie réelle et la partie imaginaire dans l'hypothèse, on a

$$a^2 - b^2 = \sum_{k=1}^{n} a_k^2 - \sum_{k=1}^{n} b_k^2 \quad \text{et} \quad ab = \sum_{k=1}^{n} a_k b_k.$$

Par l'inégalité de Cauchy-Schwarz [1],

$$a^2 b^2 = \left(\sum_{k=1}^{n} a_k b_k\right)^2 \leqslant \left(\sum_{k=1}^{n} a_k^2\right)\left(\sum_{k=1}^{n} b_k^2\right).$$

On a alors

$$a^4 = a^2\big(a^2 - b^2\big) + a^2 b^2 \leqslant a^2\left(\sum_{k=1}^{n} a_k^2 - \sum_{k=1}^{n} b_k^2\right) + \left(\sum_{k=1}^{n} a_k^2\right)\left(\sum_{k=1}^{n} b_k^2\right).$$

En réorganisant les membres,

$$\left(a^2 + \sum_{k=1}^{n} b_k^2\right)\left(a^2 - \sum_{k=1}^{n} a_k^2\right) \leqslant 0.$$

Si le premier facteur est non nul, il est strictement positif et l'on peut affirmer

$$a^2 \leqslant \sum_{k=1}^{n} a_k^2.$$

S'il est nul, on a $a = 0$ et l'inégalité ci-dessus est encore vraie.

De plus,

$$\sum_{k=1}^{n} a_k^2 \leqslant \left(\sum_{k=1}^{n} |a_k|\right)^2$$

car, si l'on développe le second membre, on fait apparaître tous les termes du premiers membres et quelques autres, tous positifs.

On en déduit

$$a^2 \leqslant \left(\sum_{k=1}^{n} |a_k|\right)^2$$

puis l'inégalité demandée sur les parties réelles en passant à la racine.

Enfin, en considérant $\mathrm{i}z_k$ au lieu de z_k et $\mathrm{i}z$ au lieu de z, on transpose l'inégalité sur les parties réelles en celle sur les parties imaginaires.

1. Voir sujet 20 p. 31.

CHAPITRE 4

Calcul de primitives et d'intégrales

$\mathbb{K}$ désigne $\mathbb{R}$ ou $\mathbb{C}$ et I un intervalle de $\mathbb{R}$ non vide et non réduit à un point.

4.1 Calcul de primitives

4.1.1 Fonction primitive

Définition

On appelle *primitive* d'une fonction $f\colon I \to \mathbb{K}$, s'il en existe, toute fonction $F\colon I \to \mathbb{K}$ dérivable et vérifiant $F' = f$.

Par inversion d'un tableau de dérivation, on peut former un tableau de calcul de primitives. Un tel tableau figure en annexe p. 464.

Théorème 1

Si $f\colon I \to \mathbb{K}$ admet une primitive F alors les primitives de f sont toutes les fonctions de la forme $t \mapsto F(t) + C$ avec C une constante élément de $\mathbb{K}$.

4.1.2 Intégrale indéfinie

Définition

Pour signifier qu'une fonction $F\colon I \to \mathbb{K}$ est une primitive d'une fonction $f\colon I \to \mathbb{K}$, on emploie la notation d'*intégrale indéfinie*

$$\int f(t)\,\mathrm{d}t = F(t) \quad \text{ou encore} \quad \int f = F.$$

Cette écriture est à manipuler avec précaution car une primitive n'est déterminée qu'à une constante [1] près sur l'intervalle d'étude !

Si F et G sont des primitives de fonctions f et g définies sur I alors, pour tout $\lambda \in \mathbb{K}$, les fonctions λF et $F + G$ sont respectivement primitives de λf et $f + g$. On écrit

$$\int \lambda f = \lambda \int f \quad \text{et} \quad \int (f+g) = \int f + \int g$$

Si F est une primitive d'une fonction complexe f, sa fonction conjuguée $\overline{F}$ est primitive de $\bar{f}$. On en déduit

$$\int \mathrm{Re}(f) = \mathrm{Re}\left(\int f\right) \quad \text{et} \quad \int \mathrm{Im}(f) = \mathrm{Im}\left(\int f\right).$$

Si $u\colon I \to \mathbb{R}$ est une fonction dérivable et si F est une primitive d'une fonction f définie sur un intervalle contenant l'ensemble des valeurs prises par u alors la fonction composée $F \circ u = F(u)$ est primitive de la fonction $u' \times f \circ u = u' f(u)$. On obtient ainsi la formule de *primitivation de formes composées*

$$\int u' f(u) = F(u).$$

4.2 Calcul d'intégrales

Nous admettons à ce stade qu'il est possible de donner un sens à l'intégrale d'une fonction continue $f\colon I \to \mathbb{K}$ entre deux bornes a et b arbitrairement choisies dans I. Celle-ci est notée

$$\int_a^b f(t)\,\mathrm{d}t \quad \text{ou encore} \quad \int_a^b f.$$

4.2.1 Théorème fondamental de l'intégration

Théorème 2 (Théorème fondamental de l'intégration)
Si f est une fonction continue sur un intervalle I à valeurs dans $\mathbb{K}$ et si a est un élément de I alors la fonction

$$x \mapsto \int_a^x f(t)\,\mathrm{d}t$$

est une primitive de f sur I. Plus précisément, c'est l'unique primitive de f qui s'annule en a.

1. L'égalité écrite n'est donc pas une « véritable » égalité. Il s'agit plutôt d'une égalité *modulo* une constante, c'est-à-dire une égalité moyennant le choix d'une bonne constante.

On retient que toute fonction continue possède des primitives[1] et l'on dispose de la formule de dérivation

$$\frac{\mathrm{d}}{\mathrm{d}x}\left(\int_a^x f(t)\,\mathrm{d}t\right) = f(x).$$

La détermination d'une primitive permet alors le calcul d'intégrales :

Théorème 3
Si f est une fonction continue sur un intervalle I à valeurs dans $\mathbb{K}$ et si F en est une primitive sur I alors, pour tous réels a et b choisis dans I,

$$\int_a^b f(t)\,\mathrm{d}t = \Big[F(t)\Big]_a^b = F(b) - F(a).$$

4.2.2 Changement de variable

Définition

On dit qu'une fonction $f\colon I \to \mathbb{K}$ est de *classe* $\mathcal{C}^1$ si elle est dérivable et si sa dérivée est une fonction continue.

Théorème 4 (Formule de changement de variable)
Si $u\colon I \to \mathbb{R}$ est une fonction de classe $\mathcal{C}^1$ et si f est une fonction continue définie sur un intervalle contenant les valeurs prises par u alors, pour tous réels a et b choisis dans I,

$$\int_{x=u(a)}^{u(b)} f(x)\,\mathrm{d}x = \int_{t=a}^{b} f\big(u(t)\big)u'(t)\,\mathrm{d}t.$$

La transformation d'une intégrale en l'autre (quel que soit le sens dans lequel on opère) s'appelle la *réalisation du changement de variable* défini par la relation $x = u(t)$.
En pratique, on met en place le changement de variable $x = u(t)$ en écrivant le calcul différentiel

$$\frac{\mathrm{d}x}{\mathrm{d}t} = u'(t) \quad \text{ou encore} \quad \mathrm{d}x = u'(t)\,\mathrm{d}t$$

et en tenant compte de la modification des bornes d'intégration :

$$\begin{cases} \text{pour } t = a, & x = u(a) \\ \text{pour } t = b, & x = u(b) \end{cases}$$

1. Cela ne signifie pas pour autant qu'il est possible d'exprimer celles-ci à l'aide des fonctions usuelles ! Les fonctions $t \mapsto \mathrm{e}^{-t^2}$, $t \mapsto \mathrm{e}^t/t$, $t \mapsto \sin(t)/t$ et $t \mapsto 1/\ln(t)$ sont des exemples fameux de fonctions continues pour lesquelles il est impossible d'exprimer les primitives à l'aide des fonctions usuelles.

Il est aussi possible de réaliser un changement de variable lors d'un calcul de primitive en écrivant directement

$$\int f\big(u(t)\big)u'(t)\,\mathrm{d}t \underset{x=u(t)}{=} \int f(x)\,\mathrm{d}x = F(x) = F\big(u(t)\big).$$

Ce protocole peut permettre de révéler une forme composée $u'F'(u)$ sans avoir préalablement reconnu la fonction F.

4.2.3 Intégration par parties

Théorème 5 (Formule d'intégration par parties)
Si u et v sont des fonctions de classe $\mathcal{C}^1$ de I vers $\mathbb{K}$ alors, pour tous réels a et b choisis dans I,

$$\int_a^b u'(t)v(t)\,\mathrm{d}t = \Big[u(t)v(t)\Big]_a^b - \int_a^b u(t)v'(t)\,\mathrm{d}t.$$

Pour réaliser une intégration par parties, il peut être pertinent d'identifier les fonctions u' et v de départ puis les fonctions u et v' associées.

La formule d'intégration par parties peut aussi être mise en place lors d'un calcul de primitive en écrivant simplement

$$\int u'(t)v(t)\,\mathrm{d}t = u(t)v(t) - \int u(t)v'(t)\,\mathrm{d}t.$$

4.3 Exercices d'apprentissage

4.3.1 Calculs d'intégrales

Exercice 1
Calculer les intégrales suivantes :

(a) $\displaystyle\int_0^1 t^n\,\mathrm{d}t$ (avec $n \in \mathbb{N}$) (b) $\displaystyle\int_1^2 \frac{\mathrm{d}t}{t^2}$ (c) $\displaystyle\int_1^4 \frac{\mathrm{d}t}{\sqrt{t}}$

(d) $\displaystyle\int_0^{\pi/2} \cos^2(t)\,\mathrm{d}t$ (e) $\displaystyle\int_0^1 \frac{\mathrm{d}t}{1+t^2}$ (f) $\displaystyle\int_0^1 \frac{t^2}{1+t^2}\,\mathrm{d}t.$

Solution

méthode

Ces premières intégrales se calculent directement par la détermination d'une primitive (Th. 3 p. 131).

(a)

$$\int_0^1 t^n \,\mathrm{d}t = \left[\frac{1}{n+1}t^{n+1}\right]_0^1 = \frac{1}{n+1}.$$

(b)

$$\int_1^2 \frac{\mathrm{d}t}{t^2} = \left[-\frac{1}{t}\right]_1^2 = -\frac{1}{2} - (-1) = \frac{1}{2}.$$

(c)

$$\int_1^4 \frac{\mathrm{d}t}{\sqrt{t}} = \left[2\sqrt{t}\right]_1^4 = 2\sqrt{4} - 2 = 2.$$

(d) **méthode**

‖ On linéarise $\cos^2(t)$ par la formule $\cos(2a) = 2\cos^2(a) - 1$.

$$\int_0^{\pi/2} \cos^2(t)\,\mathrm{d}t = \frac{1}{2}\int_0^{\pi/2} \big(1 + \cos(2t)\big)\,\mathrm{d}t = \frac{1}{2}\left[t + \frac{1}{2}\sin(2t)\right]_0^{\pi/2} = \frac{\pi}{4}.$$

(e) **méthode**

‖ On reconnaît la dérivée de la fonction arc tangente.

$$\int_0^1 \frac{\mathrm{d}t}{1+t^2} = \left[\arctan(t)\right]_0^1 = \arctan(1) - \arctan(0) = \frac{\pi}{4}.$$

(f) **méthode**

‖ On réécrit le numérateur t^2 en $(1+t^2) - 1$.

$$\int_0^1 \frac{t^2}{1+t^2}\,\mathrm{d}t = \int_0^1 \left(1 - \frac{1}{1+t^2}\right)\mathrm{d}t = \left[t - \arctan(t)\right]_0^1 = 1 - \frac{\pi}{4}.$$

Exercice 2

Calculer par changement de variable :

(a) $\displaystyle\int_0^1 \frac{\mathrm{d}t}{\mathrm{e}^t + 1}$ (b) $\displaystyle\int_0^{\pi/2} \frac{\cos(t)}{2 - \cos^2(t)}\,\mathrm{d}t$ (c) $\displaystyle\int_1^2 \frac{\mathrm{d}t}{t + t^3}$.

Solution

(a) On réalise le changement de variable $x = \mathrm{e}^t$.

méthode

‖ On exprime $\mathrm{d}x$ en fonction de $\mathrm{d}t$ (dans un sens ou dans l'autre) et l'on transpose l'intégrale étudiée en adaptant les bornes d'intégration (Th. 4 p. 131).

La fonction $t \mapsto \mathrm{e}^t$ est de classe $\mathcal{C}^1$ et l'on a $\mathrm{d}x = \mathrm{e}^t\,\mathrm{d}t$ donc[1] $\mathrm{d}t = \frac{1}{x}\,\mathrm{d}x$. Par ce changement de variable,

$$\int_{t=0}^{1} \frac{\mathrm{d}t}{\mathrm{e}^t+1} = \int_{x=1}^{\mathrm{e}} \frac{\mathrm{d}x}{x(x+1)}.$$

En écrivant le numérateur 1 sous la forme $(x+1)-x$, on poursuit le calcul

$$\int_0^1 \frac{\mathrm{d}t}{\mathrm{e}^t+1} = \int_1^{\mathrm{e}} \left(\frac{1}{x} - \frac{1}{x+1}\right)\mathrm{d}x = \Big[\ln(x) - \ln(x+1)\Big]_1^{\mathrm{e}} = 1 - \ln(\mathrm{e}+1) + \ln(2).$$

(b) **méthode**

> La présence du facteur $\cos(t)\,\mathrm{d}t$ invite au changement de variable $x = \sin(t)$.

La fonction $t \mapsto \sin(t)$ est de classe $\mathcal{C}^1$ et $\mathrm{d}x = \cos(t)\,\mathrm{d}t$.

méthode

> On exprime le contenu de l'intégrale en fonction de $\cos(t)\,\mathrm{d}t$ et de $\sin(t)$ avant de réaliser le changement de variable.

Sachant $\cos^2(t) = 1 - \sin^2(t)$,

$$\int_{t=0}^{\pi/2} \frac{\cos(t)}{2-\cos^2(t)}\,\mathrm{d}t = \int_{t=0}^{\pi/2} \frac{\cos(t)\,\mathrm{d}t}{1+\sin^2(t)} = \int_{x=0}^{1} \frac{\mathrm{d}x}{1+x^2} = \Big[\arctan(x)\Big]_0^1 = \frac{\pi}{4}.$$

(c) On peut écrire

$$\int_1^2 \frac{\mathrm{d}t}{t+t^3} = \int_1^2 \frac{1}{1+t^2}\cdot\frac{\mathrm{d}t}{t}.$$

méthode

> Le changement de variable $x = 1/t$ transforme $\mathrm{d}t/t$ en $-\,\mathrm{d}x/x$.

La fonction $t \mapsto 1/t$ est de classe $\mathcal{C}^1$ et $\mathrm{d}x = -\,\mathrm{d}t/t^2$ donc $\mathrm{d}t/t = -\,\mathrm{d}x/x$. Par changement de variable,

$$\int_{t=1}^{2} \frac{1}{1+t^2}\cdot\frac{\mathrm{d}t}{t} = \int_{x=1}^{1/2} -\frac{x^2}{1+x^2}\cdot\frac{\mathrm{d}x}{x}.$$

méthode

> Lorsque le changement de variable est décroissant, les bornes d'intégration sont renversées. On exploite le signe apparu lors du calcul différentiel pour remettre ces bornes en bon ordre.

$$\int_1^2 \frac{\mathrm{d}t}{t+t^3} = \int_{1/2}^{1} \frac{x\,\mathrm{d}x}{1+x^2}.$$

1. On peut aussi inverser ce changement de variable et écrire $t = \ln(x)$ donc $\mathrm{d}t = \frac{1}{x}\,\mathrm{d}x$.

On reconnaît alors une forme u'/u avec $u(x) = 1 + x^2$ et l'on peut achever le calcul

$$\int_1^2 \frac{\mathrm{d}t}{t + t^3} = \left[\frac{1}{2}\ln\bigl(1 + x^2\bigr)\right]_{1/2}^{1} = \frac{1}{2}\ln\left(\frac{8}{5}\right).$$

Exercice 3

Calculer par intégration par parties :

(a) $\displaystyle\int_0^1 (t-1)\mathrm{e}^{2t}\,\mathrm{d}t$ (b) $\displaystyle\int_0^1 \ln\bigl(t^2+1\bigr)\,\mathrm{d}t$ (c) $\displaystyle\int_0^{1/2} \arcsin(t)\,\mathrm{d}t$

(d) $\displaystyle\int_0^{\pi} t\sin(t)\,\mathrm{d}t$ (e) $\displaystyle\int_0^{\pi/4} \frac{t}{\cos^2(t)}\,\mathrm{d}t.$

Solution

(a) **méthode**

> On réalise une intégration par parties faisant disparaître le terme polynomial par dérivation.

On pose

$$\begin{cases} u'(t) = \mathrm{e}^{2t} \\ v(t) = t - 1 \end{cases} \qquad \begin{cases} u(t) = \frac{1}{2}\mathrm{e}^{2t} \\ v'(t) = 1. \end{cases}$$

Les fonctions u et v sont de classe $\mathcal{C}^1$ et, par intégration par parties (Th. 5 p. 132),

$$\int_0^1 (t-1)\mathrm{e}^{2t}\,\mathrm{d}t = \left[\frac{t-1}{2}\mathrm{e}^{2t}\right]_0^1 - \int_0^1 \frac{1}{2}\mathrm{e}^{2t}\,\mathrm{d}t = \frac{1}{2} - \left[\frac{1}{4}\mathrm{e}^{2t}\right]_0^1 = \frac{3 - \mathrm{e}^2}{4}.$$

(b) **méthode**

> On réalise une intégration par parties visant à faire disparaître le terme logarithme par dérivation. On intègre alors le facteur 1 qui le multiplie.

On pose

$$\begin{cases} u'(t) = 1 \\ v(t) = \ln\bigl(t^2 + 1\bigr) \end{cases} \qquad \begin{cases} u(t) = t \\ v'(t) = \frac{2t}{t^2+1}. \end{cases}$$

Les fonctions u et v sont de classe $\mathcal{C}^1$ et, par intégration par parties,

$$\int_0^1 \ln\bigl(t^2+1\bigr)\,\mathrm{d}t = \Bigl[t\ln\bigl(t^2+1\bigr)\Bigr]_0^1 - \int_0^1 \frac{2t^2}{t^2+1}\,\mathrm{d}t = \ln(2) - 2\int_0^1 \left(1 - \frac{1}{1+t^2}\right)\mathrm{d}t$$
$$= \ln(2) - 2\Bigl[t - \arctan(t)\Bigr]_0^1 = \ln(2) + \frac{\pi}{2} - 2.$$

(c) **méthode**

> On fait disparaître par dérivation le terme $\arcsin(t)$ et l'on intègre en contrepartie le facteur 1 qui le multiplie.

On pose

$$\begin{cases} u'(t) = 1 \\ v(t) = \arcsin(t) \end{cases} \quad \begin{cases} u(t) = t \\ v'(t) = \frac{1}{\sqrt{1-t^2}}. \end{cases}$$

Les fonctions u et v sont de classe $\mathcal{C}^1$ et, par intégration par parties,

$$\int_0^{1/2} \arcsin(t)\,\mathrm{d}t = \Big[t\arcsin(t)\Big]_0^{1/2} - \int_0^{1/2} \frac{t}{\sqrt{1-t^2}}\,\mathrm{d}t = \frac{\pi}{12} - \int_0^{1/2} \frac{t}{\sqrt{1-t^2}}\,\mathrm{d}t.$$

On reconnaît dans la nouvelle intégrale une forme $u'/\sqrt{u}$ en $u(t) = 1 - t^2$ et l'on peut poursuivre le calcul

$$\int_0^{1/2} \arcsin(t)\,\mathrm{d}t = \frac{\pi}{12} + \Big[\sqrt{1-t^2}\Big]_0^{1/2} = \frac{\pi}{12} + \frac{\sqrt{3}}{2} - 1.$$

(d) **méthode**

> On réalise une intégration par parties faisant disparaître le terme polynomial par dérivation.

On pose

$$\begin{cases} u'(t) = \sin(t) \\ v(t) = t \end{cases} \quad \begin{cases} u(t) = -\cos(t) \\ v'(t) = 1. \end{cases}$$

Les fonctions u et v sont de classe $\mathcal{C}^1$ et, par intégration par parties,

$$\int_0^{\pi} t\sin(t)\,\mathrm{d}t = \Big[-t\cos(t)\Big]_0^{\pi} + \int_0^{\pi} \cos(t)\,\mathrm{d}t = \pi + \Big[\sin(t)\Big]_0^{\pi} = \pi.$$

(e) **méthode**

> On intègre par parties sachant que $1/\cos^2(t)$ est la dérivée de $\tan(t)$.

On pose

$$\begin{cases} u'(t) = \frac{1}{\cos^2(t)} \\ v(t) = t \end{cases} \quad \begin{cases} u(t) = \tan(t) \\ v'(t) = 1. \end{cases}$$

Les fonctions u et v sont de classe $\mathcal{C}^1$ et, par intégration par parties,

$$\int_0^{\pi/4} \frac{t}{\cos^2(t)}\,\mathrm{d}t = \Big[t\tan(t)\Big]_0^{\pi/4} - \int_0^{\pi/4} \tan(t)\,\mathrm{d}t.$$

En écrivant $\tan(t)$ comme un quotient, on fait apparaître une forme u'/u en $u(t) = \cos(t)$

$$\int_0^{\pi/4} \frac{t}{\cos^2(t)}\,\mathrm{d}t = \frac{\pi}{4} + \Big[\ln\big(|\cos(t)|\big)\Big]_0^{\pi/4} = \frac{\pi}{4} - \frac{1}{2}\ln(2).$$

4.3.2 Calculs de primitives

Exercice 4

Déterminer sur les intervalles de définition que l'on précisera, une primitive de chacune des fonctions définies par les expressions ci-dessous :

(a) $\dfrac{t}{1+t^2}$ (b) $\dfrac{1}{(1+t)^2}$ (c) $\dfrac{t}{\sqrt{t^2-1}}$

(d) $\dfrac{t^2}{1+t^3}$ (e) $\dfrac{\ln(t)}{t}$ (f) $\dfrac{1}{t\ln(t)}$

(g) te^{-t^2} (h) $\cos(t)\sin(t)$ (i) $\tan(t)$.

Solution

méthode

Dans chaque cas, on reconnaît à un facteur près une forme $u'f(u)$ avec u une fonction simple et f une fonction que l'on sait directement intégrer.

(a) On reconnaît une forme u'/u avec $u(t) = 1 + t^2$ et donc

$$\int \frac{t}{1+t^2}\,\mathrm{d}t = \frac{1}{2}\ln\left(\left|1+t^2\right|\right) = \frac{1}{2}\ln\left(1+t^2\right) \quad \text{sur } \mathbb{R}.$$

(b) On reconnaît une forme u'/u^2 avec $u(t) = 1 + t$ et donc

$$\int \frac{1}{(1+t)^2}\,\mathrm{d}t = -\frac{1}{1+t} \quad \text{sur }]-\infty\,;-1[\text{ ou }]-1\,;+\infty[.$$

(c) On reconnaît une forme $u'/\sqrt{u}$ avec $u(t) = t^2 - 1$ et donc

$$\int \frac{t}{\sqrt{t^2-1}}\,\mathrm{d}t = \sqrt{t^2-1} \quad \text{sur }]1\,;+\infty[\text{ ou }]-\infty\,;-1[.$$

(d) On reconnaît une forme u'/u avec $u(t) = 1 + t^3$ et donc

$$\int \frac{t^2}{1+t^3}\,\mathrm{d}t = \frac{1}{3}\ln\left(\left|1+t^3\right|\right) \quad \text{sur }]-\infty\,;-1[\text{ ou }]-1\,;+\infty[.$$

(e) On reconnaît une forme $u'u$ avec $u(t) = \ln(t)$ et donc

$$\int \frac{\ln(t)}{t}\,\mathrm{d}t = \frac{1}{2}\left(\ln(t)\right)^2 \quad \text{sur }]0\,;+\infty[.$$

(f) On reconnaît une forme u'/u avec $u(t) = \ln(t)$ et donc

$$\int \frac{1}{t\ln(t)}\,\mathrm{d}t = \ln\left(\left|\ln(t)\right|\right) \quad \text{sur }]0\,;1[\text{ ou }]1\,;+\infty[.$$

(g) On reconnaît une forme $u'\mathrm{e}^u$ avec $u(t) = -t^2$ et donc

$$\int t\mathrm{e}^{-t^2}\,\mathrm{d}t = -\frac{1}{2}\mathrm{e}^{-t^2} \quad \text{sur } \mathbb{R}.$$

(h) On reconnaît une forme $u'u$ avec $u(t) = \sin(t)$ (ou $u(t) = \cos(t)$) et donc [1]

$$\int \cos(t)\sin(t)\,\mathrm{d}t = \frac{1}{2}\sin^2(t) \text{ ou } -\frac{1}{2}\cos^2(t) \quad \text{sur } \mathbb{R}.$$

(i) On reconnaît une forme u'/u avec $u(t) = \cos(t)$ et donc

$$\int \tan(t)\,\mathrm{d}t = -\ln\big(|\cos(t)|\big) \quad \text{sur } \left]-\frac{\pi}{2}+k\pi\,;\frac{\pi}{2}+k\pi\right[\quad \text{avec} \quad k \in \mathbb{Z}.$$

Exercice 5

Déterminer une primitive sur $\mathbb{R}$ de chacune des fonctions ci-dessous :

(a) $x \mapsto \sin^4(x)$ (b) $x \mapsto \sin(x)\cos^3(x)$ (c) $x \mapsto \cos^5(x)$.

Solution

(a) **méthode**

‖ On linéarise [2] l'expression trigonométrique avant de calculer une primitive.

Par les formules d'Euler et le développement

$$(a+b)^4 = a^4 + 4a^3b + 6a^2b^2 + 4ab^3 + b^4$$

on linéarise l'expression trigonométrique. Pour x réel,

$$\begin{aligned}\sin^4(x) &= \left(\frac{\mathrm{e}^{\mathrm{i}x} - \mathrm{e}^{-\mathrm{i}x}}{2\mathrm{i}}\right)^4 = \frac{1}{16}\left(\mathrm{e}^{4\mathrm{i}x} - 4\mathrm{e}^{2\mathrm{i}x} + 6 - 4\mathrm{e}^{-2\mathrm{i}x} + \mathrm{e}^{-4\mathrm{i}x}\right)\\ &= \frac{1}{16}\left(\mathrm{e}^{4\mathrm{i}x} + \mathrm{e}^{-4\mathrm{i}x}\right) - \frac{1}{4}\left(\mathrm{e}^{2\mathrm{i}x} + \mathrm{e}^{-2\mathrm{i}x}\right) + \frac{3}{8}\\ &= \frac{1}{8}\cos(4x) - \frac{1}{2}\cos(2x) + \frac{3}{8}.\end{aligned}$$

On peut ensuite facilement intégrer chaque terme

$$\int \sin^4(x)\,\mathrm{d}x = \frac{1}{32}\sin(4x) - \frac{1}{4}\sin(2x) + \frac{3}{8}x.$$

1. Les deux expressions proposées sont égales à une constante près. On peut aussi obtenir une primitive par linéarisation en écrivant $\cos(t)\sin(t) = \frac{1}{2}\sin(2t)$ ce qui conduit à $\int \sin(t)\cos(t)\,\mathrm{d}t = -\frac{1}{4}\cos(2t)$.

2. On retrouvera décrite dans le sujet 5 p. 102 la démarche de linéarisation.

(b) **méthode**

> Inutile de linéariser lorsque l'on reconnaît une forme $u'u^n$.

Pour $u(x) = \cos(x)$, on reconnaît une forme $u'u^3$ et donc

$$\int \sin(x)\cos^3(x) = -\frac{1}{4}\cos^4(x).$$

(c) **méthode**

> En exploitant $\cos^2(x) = 1 - \sin^2(x)$, on écrit $\cos^5(x)$ comme combinaison de termes $\cos(x)\sin^n(x)$ facile à intégrer.

Pour $x \in \mathbb{R}$,

$$\cos^5(x) = \cos(x)\big(1 - \sin^2(x)\big)^2 = \cos(x) - 2\cos(x)\sin^2(x) + \cos(x)\sin^4(x)$$

et donc

$$\int \cos^5(x)\,\mathrm{d}x = \sin(x) - \frac{2}{3}\sin^3(x) + \frac{1}{5}\sin^5(x).$$

Exercice 6

Soient a et ω deux réels non tous deux nuls. Déterminer une primitive sur $\mathbb{R}$ des fonctions

$$t \mapsto \cos(\omega t)\mathrm{e}^{at} \quad \text{et} \quad t \mapsto \sin(\omega t)\mathrm{e}^{at}.$$

Solution

méthode

> On détermine une primitive de $\mathrm{e}^{\lambda t}$ avec $\lambda = a + \mathrm{i}\omega \neq 0$ puis on considère les parties réelle et imaginaire [1].

On a

$$\int \mathrm{e}^{\lambda t}\,\mathrm{d}t = \frac{1}{\lambda}\mathrm{e}^{\lambda t} \quad \text{sur } \mathbb{R}$$

et donc

$$\begin{aligned}\int \big(\cos(\omega t) + \mathrm{i}\sin(\omega t)\big)\mathrm{e}^{at}\,\mathrm{d}t &= \frac{1}{a+\mathrm{i}\omega}\mathrm{e}^{at+\mathrm{i}\omega t} = \frac{a-\mathrm{i}\omega}{a-\mathrm{i}\omega}\cdot\frac{1}{a+\mathrm{i}\omega}\mathrm{e}^{at+\mathrm{i}\omega t}\\ &= \frac{a-\mathrm{i}\omega}{a^2+\omega^2}\big(\cos(\omega t) + \mathrm{i}\sin(\omega t)\big)\mathrm{e}^{at}.\end{aligned}$$

En identifiant les parties réelle et imaginaire, on obtient

$$\int \cos(\omega t)\mathrm{e}^{at}\,\mathrm{d}t = \frac{a\cos(\omega t) + \omega\sin(\omega t)}{a^2+\omega^2}\mathrm{e}^{at} \quad \text{et}$$

$$\int \sin(\omega t)\mathrm{e}^{at}\,\mathrm{d}t = \frac{a\sin(\omega t) - \omega\cos(\omega t)}{a^2+\omega^2}\mathrm{e}^{at}.$$

1. On peut aussi opérer un calcul par parties mais celui-ci est un peu plus long.

Exercice 7

En intégrant par parties, déterminer une primitive des fonctions suivantes sur leur intervalle de définitions :

(a) $t \mapsto \ln(t)$ (b) $t \mapsto (t^2 - t + 1)\mathrm{e}^{-t}$ (c) $t \mapsto t^2 \sin(t)$.

Solution

(a) **méthode**

> La dérivée de la fonction logarithme étant une fonction simple, on opère une intégration par parties dérivant le logarithme. En contrepartie, on intègre le facteur 1 qui le multiplie.

On pose

$$\begin{cases} u'(t) = 1 \\ v(t) = \ln(t) \end{cases} \quad \begin{cases} u(t) = t \\ v'(t) = 1/t. \end{cases}$$

Les fonctions u et v sont de classe $\mathcal{C}^1$ et la formule d'intégration par parties

$$\int u'v = uv - \int uv'$$

donne

$$\int \ln(t)\,\mathrm{d}t = t\ln(t) - \int t \times \frac{1}{t}\,\mathrm{d}t = t\ln(t) - t.$$

Plus généralement, une intégration par parties est pertinente pour calculer des primitives de fonctions dont la dérivée est plus simple que la fonction elle-même. C'est le cas notamment des fonctions arcsin, arccos et arctan.

(b) **méthode**

> On opère des intégrations par parties qui font disparaître le terme polynomial à force de dérivation.

On pose

$$\begin{cases} u'(t) = \mathrm{e}^{-t} \\ v(t) = t^2 - t + 1 \end{cases} \quad \begin{cases} u(t) = -\mathrm{e}^{-t} \\ v'(t) = 2t - 1. \end{cases}$$

Les fonctions u et v sont de classe $\mathcal{C}^1$ et la formule d'intégration par parties donne

$$\int (t^2 - t + 1)\mathrm{e}^{-t}\,\mathrm{d}t = -(t^2 - t + 1)\mathrm{e}^{-t} + \int (2t - 1)\mathrm{e}^{-t}\,\mathrm{d}t.$$

On répète une intégration par parties analogue

$$\int (2t - 1)\mathrm{e}^{-t}\,\mathrm{d}t = -(2t - 1)\mathrm{e}^{-t} + 2\int \mathrm{e}^{-t}\,\mathrm{d}t = -(2t + 1)\mathrm{e}^{-t}.$$

Finalement,

$$\int (t^2 - t + 1)\mathrm{e}^{-t}\,\mathrm{d}t = -(t^2 + t + 2)\mathrm{e}^{-t}.$$

De façon générale, on peut calculer par intégrations par parties successives une primitive d'une fonction $t \mapsto P(t)\mathrm{e}^{\alpha t}$ avec P une fonction polynomiale et $\alpha \in \mathbb{C}$: à chaque intégration par parties on dérive le terme polynomial jusqu'à ce que celui-ci disparaisse.

(c) **méthode**

> Comme au-dessus, on intègre par parties afin de faire disparaître le terme polynomial à force de dérivation.

On pose

$$\begin{cases} u'(t) = \sin(t) \\ v(t) = t^2 \end{cases} \qquad \begin{cases} u(t) = -\cos(t) \\ v'(t) = 2t. \end{cases}$$

Les fonctions u et v sont de classe $\mathcal{C}^1$ et la formule d'intégration par parties donne

$$\int t^2 \sin(t)\,\mathrm{d}t = -t^2\cos(t) + \int 2t\cos(t)\,\mathrm{d}t.$$

On répète une intégration par parties analogue

$$\int 2t\cos(t)\,\mathrm{d}t = 2t\sin(t) - 2\int \sin(t)\,\mathrm{d}t = 2t\sin(t) + 2\cos(t).$$

Finalement,

$$\int t^2\sin(t)\,\mathrm{d}t = \left(2 - t^2\right)\cos(t) + 2t\sin(t).$$

Exercice 8

Soit a un réel strictement positif. Déterminer les primitives suivantes :

(a) $\displaystyle\int \frac{\mathrm{d}u}{a^2 + u^2}$ (b) $\displaystyle\int \frac{\mathrm{d}u}{\sqrt{a^2 - u^2}}$.

Solution

(a) **méthode**

> En écrivant $u = at$, on peut factoriser $a^2 + u^2$ et faire apparaître $1 + t^2$.

$$\int \frac{\mathrm{d}u}{a^2 + u^2} \underset{u=at}{=} \int \frac{a\,\mathrm{d}t}{a^2 + a^2t^2} = \frac{1}{a}\int \frac{\mathrm{d}t}{1 + t^2}.$$

On reconnaît la dérivée de la fonction arctan et l'on achève[1] le calcul en revenant à la variable initiale

$$\int \frac{\mathrm{d}u}{a^2 + u^2} = \frac{1}{a}\arctan(t) = \frac{1}{a}\arctan\left(\frac{u}{a}\right).$$

1. Cette formule pourra sera réemployée par la suite.

(b) On suit le même procédé en faisant apparaître cette fois-ci la dérivée de la fonction arcsin

$$\int \frac{\mathrm{d}u}{\sqrt{a^2-u^2}} \underset{u=at}{=} \int \frac{a\,\mathrm{d}t}{\sqrt{a^2}\sqrt{1-t^2}} = \arcsin(t) = \arcsin\left(\frac{u}{a}\right).$$

Exercice 9

Soient p et q deux réels. Déterminer sur ses intervalles de définition une primitive de

$$x \mapsto \frac{1}{x^2+2px+q}$$

en discutant selon le signe de[1] $\Delta' = p^2 - q$.

Solution

Soit $x \in \mathbb{R}$.

Cas : $\Delta' = 0$. On écrit $x^2+2px+q = (x+p)^2$ et il est alors possible d'exprimer immédiatement une primitive :

$$\int \frac{\mathrm{d}x}{x^2+2px+q} = -\frac{1}{x+p} \quad \text{sur }]-\infty\,;-p[\text{ ou }]-p\,;+\infty[.$$

Cas : $\Delta' > 0$. Le trinôme exprimant le dénominateur possède deux racines réelles distinctes $x_1 = -p - \sqrt{\Delta'}$ et $x_2 = -p + \sqrt{\Delta'}$ et l'on peut écrire la factorisation

$$x^2+2px+q = (x-x_1)(x-x_2).$$

méthode

On décompose la fraction en somme de termes $\frac{1}{x-x_1}$ et $\frac{1}{x-x_2}$ faciles à intégrer.

Au numérateur, on fait apparaître $x_2 - x_1$ que l'on transforme en $(x-x_1)-(x-x_2)$ avant de répartir la division par $(x-x_1)(x-x_2)$

$$\begin{aligned}\frac{1}{x^2+2px+q} &= \frac{1}{x_2-x_1}\cdot\frac{x_2-x_1}{(x-x_1)(x-x_2)}\\ &= \frac{1}{x_2-x_1}\cdot\frac{(x-x_1)-(x-x_2)}{(x-x_1)(x-x_2)}\\ &= \frac{1}{x_2-x_1}\left(\frac{1}{x-x_2}-\frac{1}{x-x_1}\right).\end{aligned}$$

On peut alors calculer une primitive en intégrant chacun des deux termes :

$$\int \frac{\mathrm{d}x}{x^2+2px+q} = \frac{1}{x_2-x_1}\ln\left(\left|\frac{x-x_2}{x-x_1}\right|\right) \quad \text{sur }]-\infty\,;x_1[,\ ]x_1\,;x_2[\text{ ou }]x_2\,;+\infty[.$$

Cas : $\Delta' < 0$. Le trinôme du dénominateur ne possède pas de racines réelles.

1. Le réel Δ' correspond au quart du discriminant usuel du trinôme $x^2+2px+q$: on l'appelle *discriminant réduit*. Dans le contexte, il permet de proposer une expression simple des racines du trinôme à savoir $-p \pm \sqrt{\Delta'}$ lorsque $\Delta' \geqslant 0$.

méthode

‖ On exprime le trinôme sous forme canonique.

On écrit

$$\begin{aligned} x^2 + 2px + q &= \left(x^2 + 2px + p^2\right) + q - p^2 \\ &= (x+p)^2 + a^2 \quad \text{avec} \quad a = \sqrt{-\Delta'}. \end{aligned}$$

méthode

‖ Après translation de la variable, on emploie la formule[1]

$$\int \frac{1}{u^2 + a^2} = \frac{1}{a} \arctan\left(\frac{u}{a}\right).$$

Par le changement de variable $u = x + p$,

$$\int \frac{\mathrm{d}x}{x^2 + 2px + q} = \int \frac{\mathrm{d}u}{u^2 + a^2} = \frac{1}{a} \arctan\left(\frac{u}{a}\right) = \frac{1}{a} \arctan\left(\frac{x+p}{a}\right) \quad \text{sur } \mathbb{R}.$$

Exercice 10

Soit $\lambda \in \mathbb{C} \setminus \mathbb{R}$ d'écriture algébrique $a + ib$. Déterminer une primitive sur $\mathbb{R}$ de

$$t \mapsto \frac{1}{t - \lambda}.$$

Solution

méthode

‖ On intègre séparément la partie réelle et la partie imaginaire.

En multipliant par la quantité conjuguée, on a pour tout t réel,

$$\frac{1}{t - \lambda} = \frac{t - a + ib}{(t-a)^2 + b^2} = \frac{t - a}{(t-a)^2 + b^2} + \mathrm{i} \frac{b}{(t-a)^2 + b^2}.$$

D'une part,

$$\int \frac{t - a}{(t-a)^2 + b^2} \, \mathrm{d}t = \frac{1}{2} \ln\left(\left|(t-a)^2 + b^2\right|\right) = \ln\left(|t - \lambda|\right).$$

D'autre part[2],

$$\int \frac{b}{(t-a)^2 + b^2} \, \mathrm{d}t = \arctan\left(\frac{t-a}{b}\right).$$

On en déduit

$$\int \frac{\mathrm{d}t}{t - \lambda} = \ln\left(|t - \lambda|\right) + \mathrm{i} \arctan\left(\frac{t-a}{b}\right) \quad \text{sur } \mathbb{R}.$$

1. Voir le sujet précédent.
2. Cela s'obtient en posant $u = t - a$ et en employant la formule $\int \frac{\mathrm{d}u}{u^2+b^2} = \frac{1}{b} \arctan\left(\frac{u}{b}\right)$.

4.4 Exercices d'entraînement

4.4.1 Calculs d'intégrales

Exercice 11 *

Pour $m, n \in \mathbb{N}$, calculer

$$I_{m,n} = \int_0^{2\pi} \cos(mt)\cos(nt)\,\mathrm{d}t.$$

Solution

méthode

On linéarise l'expression trigonométrique, soit par les formules d'Euler, soit par l'identité

$$\cos(a)\cos(b) = \frac{1}{2}\big(\cos(a+b) + \cos(a-b)\big).$$

Pour tout $t \in [0\,;2\pi]$,

$$\cos(mt)\cos(nt) = \frac{1}{2}\Big(\cos\big((m+n)t\big) + \cos\big((m-n)t\big)\Big).$$

méthode

On intègre $t \mapsto \cos(\alpha t)$ en $t \mapsto \frac{1}{\alpha}\sin(\alpha t)$ lorsque α n'est pas nul.

La poursuite du calcul nécessite de discuter selon l'éventuelle nullité de $m+n$ et de $m-n$.

Cas : $m = n = 0$. Un calcul direct est possible

$$I_{0,0} = \int_0^{2\pi} \mathrm{d}t = 2\pi.$$

Cas : $m = n \neq 0$.

$$I_{n,n} = \int_0^{2\pi} \cos^2(nt)\,\mathrm{d}t = \frac{1}{2}\int_0^{2\pi} \big(\cos(2nt) + 1\big)\,\mathrm{d}t = \frac{1}{2}\left[\frac{1}{2n}\sin(2nt) + t\right]_0^{2\pi} = \pi.$$

Cas : $m \neq n$ (donc $m - n \neq 0$ et $m + n \neq 0$).

$$\begin{aligned} I_{m,n} &= \frac{1}{2}\int_0^{2\pi} \cos\big((m+n)t\big)\,\mathrm{d}t + \frac{1}{2}\int_0^{2\pi} \cos\big((m-n)t\big)\,\mathrm{d}t \\ &= \frac{1}{2}\left[\frac{\sin\big((m+n)t\big)}{m+n}\right]_0^{2\pi} + \frac{1}{2}\left[\frac{\sin\big((m-n)t\big)}{m-n}\right]_0^{2\pi} = 0. \end{aligned}$$

Exercice 12 **

Calculer

$$\int_0^1 \frac{x}{x^2+x+1}\,\mathrm{d}x.$$

Solution

Notons que l'intégrale étudiée existe car la fonction intégrée est définie et continue sur le segment $[0\,;1]$ puisque le dénominateur ne s'annule pas.

méthode

On réécrit le numérateur afin de faire apparaître la dérivée du dénominateur à un facteur et une constante additive près :

$$x = \frac{1}{2}(2x+1) - \frac{1}{2}.$$

L'intégrale étudiée peut alors être décomposée en la somme de deux intégrales que l'on sait chacune calculer

$$\int_0^1 \frac{x}{x^2+x+1}\,\mathrm{d}x = \frac{1}{2}\int_0^1 \frac{2x+1}{x^2+x+1}\,\mathrm{d}x - \frac{1}{2}\int_0^1 \frac{1}{x^2+x+1}\,\mathrm{d}x.$$

D'une part,

$$\int_0^1 \frac{2x+1}{x^2+x+1}\,\mathrm{d}x = \Big[\ln\big(|x^2+x+1|\big)\Big]_0^1 = \ln(3).$$

D'autre part, on écrit le trinôme du dénominateur sous forme canonique

$$x^2+x+1 = \left(x+\frac{1}{2}\right)^2 + \frac{3}{4}$$

et l'on obtient en suivant la démarche présentée dans le sujet 9 p. 142

$$\int_0^1 \frac{1}{x^2+x+1}\,\mathrm{d}x = \int_0^1 \frac{1}{\left(x+\frac{1}{2}\right)^2+\frac{3}{4}}\,\mathrm{d}x = \frac{2}{\sqrt{3}}\left[\arctan\left(\frac{2x+1}{\sqrt{3}}\right)\right]_0^1 = \frac{\pi}{3\sqrt{3}}.$$

Finalement,

$$\int_0^1 \frac{x}{x^2+x+1}\,\mathrm{d}x = \frac{1}{2}\ln(3) - \frac{\pi}{6\sqrt{3}}.$$

Exercice 13 **

Calculer

$$\int_0^\pi t\sin(t)\mathrm{e}^{-t}\,\mathrm{d}t.$$

Solution

méthode

L'intégrale étudiée est la partie imaginaire d'une intégrale que l'on peut calculer par parties.

On introduit l'intégrale complexe

$$\int_0^\pi t\mathrm{e}^{(\mathrm{i}-1)t}\,\mathrm{d}t.$$

On pose

$$\begin{cases} u'(t) = \mathrm{e}^{(\mathrm{i}-1)t} \\ v(t) = t \end{cases} \qquad \begin{cases} u(t) = \frac{1}{\mathrm{i}-1}\mathrm{e}^{(\mathrm{i}-1)t} \\ v'(t) = 1. \end{cases}$$

Les fonctions u et v sont de classe $\mathcal{C}^1$ et la formule d'intégration par parties donne

$$\int_0^\pi t\mathrm{e}^{(\mathrm{i}-1)t}\,\mathrm{d}t = \left[\frac{t}{\mathrm{i}-1}\mathrm{e}^{(\mathrm{i}-1)t}\right]_0^\pi - \frac{1}{\mathrm{i}-1}\int_0^\pi \mathrm{e}^{(\mathrm{i}-1)t}\,\mathrm{d}t$$
$$= \frac{\pi\mathrm{e}^{-\pi}}{1-\mathrm{i}} - \frac{1}{(\mathrm{i}-1)^2}\left[\mathrm{e}^{(\mathrm{i}-1)t}\right]_0^\pi = \frac{\pi\mathrm{e}^{-\pi}}{1-\mathrm{i}} - \frac{1+\mathrm{e}^{-\pi}}{2\mathrm{i}} \quad \text{car} \quad \mathrm{e}^{\mathrm{i}\pi} = -1.$$

En considérant la partie imaginaire,

$$\int_0^\pi t\sin(t)\mathrm{e}^{-t}\,\mathrm{d}t = \frac{1}{2}\big(1 + (1+\pi)\mathrm{e}^{-\pi}\big).$$

Exercice 14 **

Soit $n \in \mathbb{N}$. Calculer

$$\int_0^{\pi/2} \cos(nx)\cos^n(x)\,\mathrm{d}x.$$

Solution

méthode

L'intégrale étudiée est la partie réelle d'une intégrale complexe que l'on peut exprimer.

On introduit l'intégrale complexe

$$\int_0^{\pi/2} \big(\mathrm{e}^{\mathrm{i}x}\cos(x)\big)^n\,\mathrm{d}x.$$

Par les formules d'Euler,

$$\mathrm{e}^{\mathrm{i}x}\cos(x) = \mathrm{e}^{\mathrm{i}x}\left(\frac{\mathrm{e}^{\mathrm{i}x} + \mathrm{e}^{-\mathrm{i}x}}{2}\right) = \frac{1}{2}\big(\mathrm{e}^{2\mathrm{i}x} + 1\big)$$

et donc

$$\int_0^{\pi/2} \big(\mathrm{e}^{\mathrm{i}x}\cos(x)\big)^n\,\mathrm{d}x = \frac{1}{2^n}\int_0^{\pi/2} \big(\mathrm{e}^{2\mathrm{i}x} + 1\big)^n\,\mathrm{d}x.$$

On poursuit en développant par la formule du binôme de Newton

$$\int_0^{\pi/2} \big(\mathrm{e}^{\mathrm{i}x}\cos(x)\big)^n\,\mathrm{d}x = \frac{1}{2^n}\sum_{k=0}^{n}\binom{n}{k}\underbrace{\int_0^{\pi/2} \mathrm{e}^{2\mathrm{i}kx}\,\mathrm{d}x}_{=I_k}.$$

Lorsque $k = 0$, l'intégrale I_k vaut $\pi/2$. Lorsque $k \neq 0$, l'intégrale I_k est un imaginaire pur et sa partie réelle est donc nulle.

Par passage à la partie réelle, on conclut

$$\int_0^{\pi/2} \cos(nx)\cos^n(x)\,\mathrm{d}x = \frac{\pi}{2^{n+1}}.$$

Exercice 15 **

Soit $n \in \mathbb{N}$. Calculer

$$I_n = \int_0^{n\pi} t\left|\sin(t)\right|\mathrm{d}t.$$

Solution

Il n'est pas possible d'exprimer directement une primitive de la fonction intégrée à cause de la valeur absolue[1].

méthode

‖ On résout la valeur absolue en découpant l'intégrale en les $k\pi$ avec $k \in \mathbb{N}$.

Par la relation de Chasles,

$$I_n = \sum_{k=0}^{n-1}\left(\int_{k\pi}^{(k+1)\pi} t\left|\sin(t)\right|\mathrm{d}t\right).$$

Par la translation $t = x + k\pi$, on ramène chaque intégrale sur l'intervalle $[0\,;\pi]$

$$I_n = \sum_{k=0}^{n-1}\left(\int_0^{\pi} (x+k\pi)\left|\sin(x+k\pi)\right|\mathrm{d}x\right).$$

La fonction sin vérifie[2] $\sin(x+\pi) = -\sin(x)$ et donc $\left|\sin(x+k\pi)\right| = \left|\sin(x)\right| = \sin(x)$ pour tout x de $[0\,;\pi]$. On peut alors écrire

$$I_n = \sum_{k=0}^{n-1}\left(\int_0^{\pi} x\sin(x)\,\mathrm{d}x\right) + \sum_{k=0}^{n-1}\left(k\pi\int_0^{\pi}\sin(x)\,\mathrm{d}x\right).$$

La première intégrale se calcule par parties et vaut π comme cela a déjà été vu dans le sujet 3 p. 135. La seconde intégrale se calcule directement par introduction d'une primitive et vaut 2. On peut alors conclure

$$I_n = n\pi + \frac{n(n-1)}{2}\pi \times 2 = n^2\pi.$$

4.4.2 Intégration par parties

Exercice 16 *

Pour $n \in \mathbb{N}$, calculer

$$I_n = \int_1^{\mathrm{e}} t^n \ln(t)\,\mathrm{d}t.$$

1. Notamment, si F est primitive de f, on ne peut pas affirmer que $|F|$ soit primitive de $|f|$.
2. On dit que la fonction sinus est π-*antipériodique*.

Solution

méthode

On réalise une intégration par parties dérivant le logarithme.

On pose

$$\begin{cases} u'(t) = t^n \\ v(t) = \ln(t) \end{cases} \qquad \begin{cases} u(t) = t^{n+1}/(n+1) \\ v'(t) = 1/t. \end{cases}$$

Les fonctions u et v sont de classe $\mathcal{C}^1$ et la formule d'intégration par parties donne

$$\begin{aligned} \int_1^{\mathrm{e}} t^n \ln(t)\,\mathrm{d}t &= \left[\frac{1}{n+1}t^{n+1}\ln(t)\right]_1^{\mathrm{e}} - \frac{1}{n+1}\int_1^{\mathrm{e}} t^n\,\mathrm{d}t \\ &= \frac{\mathrm{e}^{n+1}}{n+1} - \frac{1}{(n+1)^2}\left[t^{n+1}\right]_1^{\mathrm{e}} = \frac{n\mathrm{e}^{n+1}+1}{(n+1)^2}. \end{aligned}$$

Exercice 17 **

Calculer

$$\int_0^1 t\big(\arctan(t)\big)^2\,\mathrm{d}t.$$

Solution

méthode

On fait un calcul par parties où l'on intègre le facteur t.

On pose

$$\begin{cases} u'(t) = t \\ v(t) = \big(\arctan(t)\big)^2 \end{cases} \qquad \begin{cases} u(t) = \frac{t^2}{2} \\ v'(t) = \frac{2}{1+t^2}\arctan(t). \end{cases}$$

Les fonctions u et v sont de classe $\mathcal{C}^1$ et, par intégration par parties,

$$\int_0^1 t\big(\arctan(t)\big)^2\,\mathrm{d}t = \underbrace{\left[\frac{t^2}{2}\big(\arctan(t)\big)^2\right]_0^1}_{=\pi^2/32} - \int_0^1 \frac{t^2}{1+t^2}\arctan(t)\,\mathrm{d}t.$$

En écrivant le numérateur $-t^2 = 1 - \big(1+t^2\big)$, on obtient

$$-\int_0^1 \frac{t^2}{1+t^2}\arctan(t)\,\mathrm{d}t = \int_0^1 \frac{\arctan(t)}{1+t^2}\,\mathrm{d}t - \int_0^1 \arctan(t)\,\mathrm{d}t.$$

La première intégrale en second membre fait apparaître une forme $u'u$ en $u(t) = \arctan(t)$. La seconde se calcule de nouveau par parties où l'on intègre le facteur 1 qui multiplie l'arc tangente. Cela donne

$$\int_0^1 \frac{\arctan(t)}{1+t^2}\,\mathrm{d}t = \left[\frac{1}{2}\big(\arctan(t)\big)^2\right]_0^1 = \frac{\pi^2}{32} \quad \text{et}$$

$$\int_0^1 \arctan(t)\,\mathrm{d}t = \Big[t\arctan(t)\Big]_0^1 - \int_0^1 \frac{t}{1+t^2}\,\mathrm{d}t$$

$$= \frac{\pi}{4} - \left[\frac{1}{2}\ln(1+t^2)\right]_0^1 = \frac{\pi}{4} - \frac{1}{2}\ln(2).$$

Finalement,

$$\int_0^1 t\big(\arctan(t)\big)^2\,\mathrm{d}t = \frac{\pi^2}{16} - \frac{\pi}{4} + \frac{1}{2}\ln(2).$$

Exercice 18 **

Calculer

$$\int_0^{1/2} \mathrm{e}^{\arcsin(t)}\,\mathrm{d}t.$$

Solution

méthode

‖ Par parties, on intègre le facteur 1 multipliant l'exponentielle.

On pose

$$\begin{cases} u'(t) = 1 \\ v(t) = \mathrm{e}^{\arcsin(t)} \end{cases} \qquad \begin{cases} u(t) = t \\ v'(t) = \frac{1}{\sqrt{1-t^2}}\mathrm{e}^{\arcsin(t)}. \end{cases}$$

Les fonctions u et v sont de classe $\mathcal{C}^1$ et la formule d'intégration par parties donne

$$\int_0^{1/2} \mathrm{e}^{\arcsin(t)}\,\mathrm{d}t = \underbrace{\Big[t\mathrm{e}^{\arcsin(t)}\Big]_0^{1/2}}_{\frac{1}{2}\mathrm{e}^{\pi/6}} - \int_0^{1/2} \frac{t}{\sqrt{1-t^2}}\mathrm{e}^{\arcsin(t)}\,\mathrm{d}t.$$

On poursuit par une nouvelle[1] intégration par parties avec

$$\begin{cases} u'(t) = \frac{t}{\sqrt{1-t^2}} \\ v(t) = \mathrm{e}^{\arcsin(t)} \end{cases} \qquad \begin{cases} u(t) = -\sqrt{1-t^2} \\ v'(t) = \frac{1}{\sqrt{1-t^2}}\mathrm{e}^{\arcsin(t)}. \end{cases}$$

On obtient alors la relation

$$\int_0^{1/2} \mathrm{e}^{\arcsin(t)}\,\mathrm{d}t = \frac{1}{2}\mathrm{e}^{\pi/6} + \underbrace{\Big[\sqrt{1-t^2}\mathrm{e}^{\arcsin(t)}\Big]_0^{1/2}}_{\frac{\sqrt{3}}{2}\mathrm{e}^{\pi/6}-1} - \int_0^{1/2} \mathrm{e}^{\arcsin(t)}\,\mathrm{d}t.$$

1. Il importe de ne pas faire l'intégration par parties précédente en sens inverse au risque de ne pas progresser !

Cela forme une équation d'inconnue l'intégrale que l'on souhaite calculer. Après résolution, on conclut

$$\int_0^{1/2} \mathrm{e}^{\arcsin(t)}\,\mathrm{d}t = \frac{1}{2}\left(\frac{1+\sqrt{3}}{2}\mathrm{e}^{\pi/6} - 1\right).$$

4.4.3 Relation de récurrence par intégration par parties

Exercice 19 *

Soient $p, q \in \mathbb{N}$. Calculer

$$I_{p,q} = \int_0^1 t^p(1-t)^q\,\mathrm{d}t.$$

Solution

méthode

Par intégration par parties, on forme une relation liant $I_{p,q}$ et $I_{p+1,q-1}$.

Pour $p \in \mathbb{N}$ et $q \in \mathbb{N}^*$, on pose

$$\begin{cases} u'(t) = t^p \\ v(t) = (1-t)^q \end{cases} \qquad \begin{cases} u(t) = \frac{1}{p+1}t^{p+1} \\ v'(t) = -q(1-t)^{q-1}. \end{cases}$$

Les fonctions u et v sont de classe $\mathcal{C}^1$ et la formule d'intégration par parties donne

$$\int_0^1 t^p(1-t)^q\,\mathrm{d}t = \left[\frac{1}{p+1}t^{p+1}(1-t)^q\right]_0^1 + \frac{q}{p+1}\int_0^1 t^{p+1}(1-t)^{q-1}\,\mathrm{d}t.$$

Autrement dit,

$$I_{p,q} = \frac{q}{p+1}I_{p+1,q-1}. \qquad (*)$$

Par la relation $(*)$, on peut aussi exprimer $I_{p+1,q-1}$ en fonction de $I_{p+2,q-2}$ et donc

$$I_{p,q} = \frac{q}{p+1} \times \frac{q-1}{p+2}I_{p+2,q-2}.$$

On répète l'opération jusqu'à exprimer $I_{p,q}$ en fonction de $I_{n,0}$ avec[1] $n = p+q$.

Sachant que le dernier emploi de la relation $(*)$ est réalisé pour exprimer $I_{p+q-1,1}$ en fonction de $I_{p+q,0}$, on obtient finalement

$$I_{p,q} = \frac{q}{p+1} \times \frac{q-1}{p+2} \times \cdots \times \underbrace{\frac{1}{p+q}I_{p+q,0}}_{=I_{p+q-1,1}}$$

1. On détermine la valeur de n en remarquant que la somme des deux indices reste constante dans la formule $(*)$.

avec

$$I_{p+q,0} = \int_0^1 t^{p+q}\,\mathrm{d}t = \left[\frac{1}{p+q+1}t^{p+q+1}\right]_0^1 = \frac{1}{p+q+1}.$$

Enfin, on exprime le produit d'entiers consécutifs à l'aide de nombres factoriels pour conclure

$$I_{p,q} = \frac{p!\,q!}{(p+q+1)!}$$

car

$$(p+1)(p+2)\dots(p+q+1) = \frac{1\times 2\times\cdots\times p\times(p+1)\times\cdots\times(p+q+1)}{1\times 2\times\cdots\times p} = \frac{(p+q+1)!}{p!}.$$

Exercice 20 ** (Intégrales de Wallis)

Pour $n \in \mathbb{N}$, on pose

$$I_n = \int_0^{\pi/2} \sin^n(t)\,\mathrm{d}t.$$

(a) Montrer que pour tout $n \in \mathbb{N}$,

$$I_{n+2} = \frac{n+1}{n+2} I_n.$$

(b) Donner une expression de I_n à l'aide de nombres factoriels en discutant selon la parité de l'entier naturel n.

Solution

(a) **méthode**

> Souvent, les relations de récurrence sur les intégrales s'obtiennent par intégration par parties.

Soit $n \in \mathbb{N}$. On réalise une intégration par parties à partir de l'écriture

$$I_{n+2} = \int_0^{\pi/2} \sin(t)\times\sin^{n+1}(t)\,\mathrm{d}t.$$

On pose alors

$$\begin{cases} u'(t) = \sin(t) \\ v(t) = \sin^{n+1}(t) \end{cases} \qquad \begin{cases} u(t) = -\cos(t) \\ v'(t) = (n+1)\cos(t)\sin^n(t). \end{cases}$$

Les fonctions u et v sont de classe $\mathcal{C}^1$ et la formule d'intégration par parties donne

$$I_{n+2} = \underbrace{\Big[-\cos(t)\sin^{n+1}(t)\Big]_0^{\pi/2}}_{=0} + (n+1)\int_0^{\pi/2} \cos^2(t)\sin^n(t)\,\mathrm{d}t.$$

En écrivant

$$\cos^2(t) = 1 - \sin^2(t)$$

on obtient l'équation

$$I_{n+2} = (n+1)\int_0^{\pi/2} \left(1 - \sin^2(t)\right)\sin^n(t)\,\mathrm{d}t = (n+1)I_n - (n+1)I_{n+2}.$$

On en déduit la relation voulue

$$(n+2)I_{n+2} = (n+1)I_n.$$

(b) **méthode**

> La relation de récurrence obtenue progressant par pas de deux, le calcul de I_n se ramène à celui de I_0 ou de I_1 selon la parité de n.

Cas : n impair.

méthode

> Pour la poursuite du calcul, il importe de signifier l'imparité de n en écrivant $n = 2p+1$ avec $p \in \mathbb{N}$.

On exprime I_{2p+1} en fonction de I_{2p-1} puis de I_{2p-3}

$$I_{2p+1} = \frac{2p}{2p+1} I_{2p-1} = \frac{2p}{2p+1} \times \frac{2p-2}{2p-1} I_{2p-3}.$$

On peut alors proposer [1] une expression de I_{2p+1} en fonction [2] de I_1.

$$I_{2p+1} = \frac{2p}{2p+1} \times \frac{2p-2}{2p-1} \times \cdots \times \underbrace{\frac{2}{3} I_1}_{=I_3}.$$

Le calcul de I_1 est quant à lui immédiat

$$I_1 = \int_0^{\pi/2} \sin(t)\,\mathrm{d}t = \Big[-\cos(t)\Big]_0^{\pi/2} = 1.$$

Enfin, en exprimant les produits d'entiers pairs et impairs à l'aide de nombres factoriels [3], on conclut

$$I_{2p+1} = \frac{2^{2p}(p!)^2}{(2p+1)!}.$$

1. On justifie la validité de cette expression en raisonnant par récurrence sur $p \in \mathbb{N}$.
2. Lorsque l'on forme cette expression, le dernier facteur est obtenu par l'expression de I_3 en fonction de I_1.
3. Voir sujet 5 du chapitre 2 de l'ouvrage *Exercices d'algèbre et de probabilités PCSI.*

Cas : n pair. On écrit $n = 2p$ avec $p \in \mathbb{N}$ puis on exprime I_{2p} en fonction de I_{2p-2}, puis de I_{2p-4} et ainsi de suite jusqu'à I_0 :

$$I_{2p} = \frac{2p-1}{2p} I_{2p-2} = \frac{2p-1}{2p} \times \frac{2p-3}{2p-2} I_{2p-4} = \frac{2p-1}{2p} \times \frac{2p-3}{2p-2} \times \cdots \times \frac{1}{2} I_0.$$

Enfin, on a immédiatement $I_0 = \pi/2$ et l'on peut exprimer I_{2p} à l'aide de nombres factoriels

$$I_{2p} = \frac{(2p)!}{2^{2p}(p!)^2} \cdot \frac{\pi}{2}.$$

Exercice 21 **

Soit $n \in \mathbb{N}^*$. On souhaite exprimer la primitive sur $\mathbb{R}$ s'annulant en 0 de la fonction

$$f_n \colon x \mapsto \frac{1}{\left(1+x^2\right)^n}.$$

(a) Justifier l'existence et l'unicité de la fonction cherchée.

Celle-ci est désormais notée F_n.

(b) Former une relation de récurrence entre F_{n+1} et F_n.

(c) Exprimer $F_2(x)$ et $F_3(x)$ pour tout x réel.

Solution

(a) **méthode**

> L'existence de primitives est assurée pour toute fonction continue définie sur un intervalle (Th. 2 p. 130).

La fonction f_n est définie et continue sur $\mathbb{R}$. Elle possède donc une unique primitive s'annulant en 0. Celle-ci est déterminée par l'expression intégrale :

$$F_n(x) = \int_0^x f_n(t)\,\mathrm{d}t \quad \text{pour tout } x \text{ réel.}$$

(b) **méthode**

> Par parties, on intègre le facteur 1 qui multiplie $f_n(t)$.

Soit $x \in \mathbb{R}$. On pose

$$\begin{cases} u'(t) = 1 \\ v(t) = \dfrac{1}{\left(1+t^2\right)^n} \end{cases} \qquad \begin{cases} u(t) = t \\ v'(t) = -2n\dfrac{t}{\left(1+t^2\right)^{n+1}}. \end{cases}$$

Les fonctions u et v sont de classe $\mathcal{C}^1$ et la formule d'intégration par parties donne

$$F_n(x) = \left[\frac{t}{\left(1+t^2\right)^n}\right]_0^x + 2n\int_0^x \frac{t^2}{\left(1+t^2\right)^{n+1}}\,\mathrm{d}t.$$

méthode

‖ Dans la nouvelle intégrale, on écrit le numérateur $t^2 = \big(1+t^2\big) - 1$.

On a

$$\int_0^x \frac{t^2}{\big(1+t^2\big)^{n+1}}\,\mathrm{d}t = \int_0^x \frac{1}{\big(1+t^2\big)^{n}}\,\mathrm{d}t - \int_0^x \frac{1}{\big(1+t^2\big)^{n+1}}\,\mathrm{d}t$$

et donc

$$F_n(x) = \frac{x}{\big(1+x^2\big)^n} + 2n\big(F_n(x) - F_{n+1}(x)\big).$$

Finalement, en réorganisant les membres, on obtient

$$F_{n+1}(x) = \frac{1}{2n}\cdot\frac{x}{\big(1+x^2\big)^n} + \frac{2n-1}{2n}F_n(x).$$

(c) Soit $x \in \mathbb{R}$. On a immédiatement

$$F_1(x) = \int_0^x \frac{\mathrm{d}t}{1+t^2} = \Big[\arctan(t)\Big]_0^x = \arctan(x)$$

et la relation de récurrence donne

$$F_2(x) = \frac{1}{2}\cdot\frac{x}{1+x^2} + \frac{1}{2}\arctan(x)$$
$$F_3(x) = \frac{1}{4}\cdot\frac{x}{\big(1+x^2\big)^2} + \frac{3}{8}\cdot\frac{x}{1+x^2} + \frac{3}{8}\arctan(x).$$

4.4.4 Changement de variable

Exercice 22 *

Calculer

$$\int_0^1 \frac{\mathrm{d}t}{\mathrm{ch}(t)}.$$

Solution

méthode

‖ On réalise le changement de variable défini [1] par la relation $x = \mathrm{e}^t$.

La fonction $t \mapsto \mathrm{e}^t$ est de classe $\mathcal{C}^1$ et l'on peut donc réaliser le changement de variable $x = \mathrm{e}^t$. Pour celui-ci, $t = \ln(x)$ et donc $\mathrm{d}t = \mathrm{d}x/x$. On obtient alors la transformation

$$\int_0^1 \frac{\mathrm{d}t}{\mathrm{ch}(t)} = \int_{t=0}^1 \frac{2\,\mathrm{d}t}{\mathrm{e}^t + \mathrm{e}^{-t}} = \int_{x=1}^{\mathrm{e}} \frac{2}{x+\frac{1}{x}}\cdot\frac{\mathrm{d}x}{x} = \int_{x=1}^{\mathrm{e}} \frac{2\,\mathrm{d}x}{x^2+1}.$$

1. Le changement de variable $x = \mathrm{sh}(t)$ est aussi possible et conduit à la valeur $\arctan\big(\mathrm{sh}(1)\big)$.

On peut ensuite achever le calcul

$$\int_0^1 \frac{\mathrm{d}t}{\mathrm{ch}(t)} = \Big[2\arctan(x)\Big]_1^{\mathrm{e}} = 2\arctan(\mathrm{e}) - \frac{\pi}{2}.$$

Exercice 23 *

Calculer

$$\int_0^1 \sqrt{1-t^2}\,\mathrm{d}t.$$

Interpréter géométriquement le résultat obtenu.

Solution

méthode

‖ Afin de simplifier la racine, on réalise le changement de variable[1] $t = \sin(x)$.

La fonction $x \mapsto \sin(x)$ est de classe $\mathcal{C}^1$, on peut donc réaliser le changement de variable proposé, même si celui-ci opère dans le sens inverse du « sens usuel »[2].

On a $\mathrm{d}t = \cos(x)\,\mathrm{d}x$ et la formule de changement de variable donne

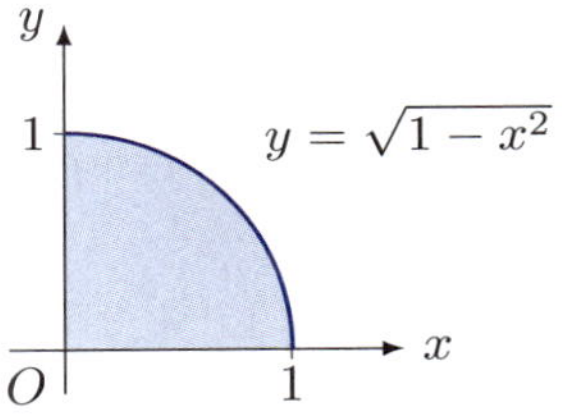

$$\int_{t=0}^1 \sqrt{1-t^2}\,\mathrm{d}t = \int_{x=0}^{\pi/2} \cos^2(x)\,\mathrm{d}x.$$

Cette dernière intégrale a déjà été calculée dans le sujet 1 p. 132 et l'on conclut

$$\int_0^1 \sqrt{1-t^2}\,\mathrm{d}t = \frac{\pi}{4}.$$

L'intégrale calculée correspond à l'aire d'un quart de disque de rayon unité.

Exercice 24 **

Calculer

$$\int_1^{\mathrm{e}^\pi} \sin\big(\ln(t)\big)\,\mathrm{d}t.$$

Solution

méthode

‖ L'expression fonctionnelle invite au changement de variable $x = \ln(t)$.

---

1. On peut aussi réaliser le changement de variable $t = \cos(x)$ mais celui proposé à l'avantage d'être croissant quand x parcourt $[0\,;\pi/2]$ ce qui le rend « plus simple ».

2. En limitant la variable x à évoluer dans $[-\pi/2\,;\pi/2]$, on peut aussi comprendre ce changement de variable comme défini par la relation $x = \arcsin(t)$.

La fonction $t \mapsto \ln(t)$ est de classe $\mathcal{C}^1$, on peut donc réaliser le changement de variable $x = \ln(t)$. En écrivant $t = \mathrm{e}^x$, on observe $\mathrm{d}t = \mathrm{e}^x\,\mathrm{d}x$ et la formule de changement de variable (Th. 4 p. 131) donne

$$\int_{t=1}^{\mathrm{e}^\pi} \sin\big(\ln(t)\big)\,\mathrm{d}t = \int_{x=0}^{\pi} \sin(x)\mathrm{e}^x\,\mathrm{d}x.$$

L'intégrale étudiée correspond alors à la partie imaginaire de l'intégrale complexe

$$\int_0^\pi \mathrm{e}^{(\mathrm{i}+1)x}\,\mathrm{d}x = \left[\frac{1}{\mathrm{i}+1}\mathrm{e}^{(\mathrm{i}+1)x}\right]_0^\pi = -\frac{1}{\mathrm{i}+1}(\mathrm{e}^\pi+1) = -\frac{1-\mathrm{i}}{2}(\mathrm{e}^\pi+1)$$

et donc

$$\int_1^{\mathrm{e}^\pi} \sin\big(\ln(t)\big)\,\mathrm{d}t = \frac{1}{2}(\mathrm{e}^\pi+1).$$

Exercice 25 **

(a) Observer

$$\int_0^{\pi/4} \ln\big(\cos(t)\big)\,\mathrm{d}t = \int_0^{\pi/4} \ln\left(\cos\left(t-\frac{\pi}{4}\right)\right)\mathrm{d}t.$$

(b) En déduire la valeur de

$$\int_0^{\pi/4} \ln\big(1+\tan(t)\big)\,\mathrm{d}t.$$

Solution

(a) Le changement de variable $u = \pi/4 - t$ donne directement

$$\int_{t=0}^{\pi/4} \ln\big(\cos(t)\big)\,\mathrm{d}t = \int_{u=\pi/4}^{0} -\ln\left(\cos\left(\frac{\pi}{4}-u\right)\right)\mathrm{d}u = \int_{u=0}^{\pi/4} \ln\left(\cos\left(\frac{\pi}{4}-u\right)\right)\mathrm{d}u.$$

Il suffit ensuite de renommer la variable d'intégration et d'utiliser la parité du cosinus pour obtenir l'identité voulue.

(b) On exprime la fonction tangente à l'aide des fonctions sinus et cosinus

$$\begin{aligned}\int_0^{\pi/4} \ln\big(1+\tan(t)\big)\,\mathrm{d}t &= \int_0^{\pi/4} \ln\left(\frac{\cos(t)+\sin(t)}{\cos(t)}\right)\mathrm{d}t\\ &= \int_0^{\pi/4} \ln\big(\cos(t)+\sin(t)\big)\,\mathrm{d}t - \int_0^{\pi/4} \ln\big(\cos(t)\big)\,\mathrm{d}t.\end{aligned}$$

méthode

‖ On transforme[1] l'écriture $a\cos(t)+b\sin(t)$ en $A\cos(t-\varphi)$.

Pour $t \in [0\,;\pi/4]$,

$$\cos(t)+\sin(t)=\sqrt{2}\left(\frac{\sqrt{2}}{2}\cos(t)+\frac{\sqrt{2}}{2}\sin(t)\right)=\sqrt{2}\cos\left(t-\frac{\pi}{4}\right).$$

On a donc

$$\int_0^{\pi/4}\ln\bigl(1+\tan(t)\bigr)\,\mathrm{d}t=\int_0^{\pi/4}\ln\bigl(\sqrt{2}\bigr)\,\mathrm{d}t+\int_0^{\pi/4}\ln\left(\cos\left(t-\frac{\pi}{4}\right)\right)\mathrm{d}t-\int_0^{\pi/4}\ln\bigl(\cos(t)\bigr)\,\mathrm{d}t.$$

En simplifiant, on conclut

$$\int_0^{\pi/4}\ln\bigl(1+\tan(t)\bigr)\,\mathrm{d}t=\frac{\pi}{4}\ln\bigl(\sqrt{2}\bigr)=\frac{\pi\ln(2)}{8}.$$

Exercice 26 ***

Soit $\alpha \in\,]0\,;\pi[$. Par le changement de variable $t=\tan(x/2)$, calculer

$$\int_0^{\pi/2}\frac{\sin(\alpha)}{1+\cos(x)\cos(\alpha)}\,\mathrm{d}x.$$

Solution

La fonction $x\mapsto\tan(x/2)$ est de classe $\mathcal{C}^1$ sur $[0\,;\pi/2]$, on peut donc réaliser le changement de variable défini par la relation $t=\tan(x/2)$. Pour celui-ci $x=2\arctan(t)$ et donc

$$\mathrm{d}x=\frac{2\,\mathrm{d}t}{1+t^2}.$$

Au surplus, on sait [2]

$$\cos(x)=\frac{1-t^2}{1+t^2}$$

et alors

$$\begin{aligned}\int_0^{\pi/2}\frac{\sin(\alpha)}{1+\cos(x)\cos(\alpha)}\,\mathrm{d}x&=\int_0^1\frac{\sin(\alpha)}{1+\frac{1-t^2}{1+t^2}\cos(\alpha)}\cdot\frac{2\,\mathrm{d}t}{1+t^2}\\&=\int_0^1\frac{2\sin(\alpha)}{\bigl(1+\cos(\alpha)\bigr)+\bigl(1-\cos(\alpha)\bigr)t^2}\,\mathrm{d}t\end{aligned}$$

puis

$$\int_0^{\pi/2}\frac{\sin(\alpha)}{1+\cos(x)\cos(\alpha)}\,\mathrm{d}x=\frac{2\sin(\alpha)}{1-\cos(\alpha)}\int_0^1\frac{\mathrm{d}t}{\frac{1+\cos(\alpha)}{1-\cos(\alpha)}+t^2}.$$

1. La démarche est détaillée dans le sujet 3 p. 56.
2. Voir sujet 17 p. 71.

Par la formule[1] $\int \frac{\mathrm{d}u}{u^2+a^2} = \frac{1}{a}\arctan\left(\frac{u}{a}\right)$ avec $a = \sqrt{\frac{1+\cos(\alpha)}{1-\cos(\alpha)}}$, on poursuit

$$\begin{aligned}\int_0^{\pi/2} \frac{\sin(\alpha)}{1+\cos(x)\cos(\alpha)}\,\mathrm{d}x &= \frac{2\sin(\alpha)}{1-\cos(\alpha)}\sqrt{\frac{1-\cos(\alpha)}{1+\cos(\alpha)}}\left[\arctan\left(\sqrt{\frac{1-\cos(\alpha)}{1+\cos(\alpha)}}t\right)\right]_0^1 \\ &= \frac{2\sin(\alpha)}{\sqrt{1-\cos^2(\alpha)}}\arctan\left(\sqrt{\frac{1-\cos(\alpha)}{1+\cos(\alpha)}}\right) \\ &= 2\arctan\left(\sqrt{\frac{1-\cos(\alpha)}{1+\cos(\alpha)}}\right).\end{aligned}$$

méthode

On simplifie la racine en exploitant les formules

$$1+\cos(x) = 2\cos^2\left(\frac{x}{2}\right) \quad \text{et} \quad 1-\cos(x) = 2\sin^2\left(\frac{x}{2}\right).$$

On conclut

$$\int_0^{\pi/2} \frac{\sin(\alpha)}{1+\cos(x)\cos(\alpha)}\,\mathrm{d}x = 2\arctan\left(\sqrt{\frac{\sin^2\left(\frac{\alpha}{2}\right)}{\cos^2\left(\frac{\alpha}{2}\right)}}\right) = 2\arctan\left(\tan\left(\frac{\alpha}{2}\right)\right) = \alpha$$

la dernière simplification étant possible car $\alpha/2 \in \left]0\,;\pi/2\right[\subset \left]-\pi/2\,;\pi/2\right[$.

4.5 Exercices d'approfondissement

Exercice 27 *

Démontrer que pour toute fonction polynomiale réelle P,

$$\int_{-1}^{1} P(t)\,\mathrm{d}t = -\mathrm{i}\int_0^{\pi} P(\mathrm{e}^{\mathrm{i}\theta})\mathrm{e}^{\mathrm{i}\theta}\,\mathrm{d}\theta.$$

Solution

On peut être tenté de réaliser un changement de variable complexe $t = \mathrm{e}^{\mathrm{i}\theta}$. Cependant, seuls les changements de variable définis par une fonction d'une variable réelle à valeurs réelles sont possibles.

méthode

Il suffit de vérifier la relation pour les fonctions $t \mapsto t^n$ avec $n \in \mathbb{N}$: par linéarité de l'intégrale, il sera possible d'étendre la relation à toute fonction polynomiale.

1. Voir sujet 8 p. 141.

Soit $n \in \mathbb{N}$. D'une part,

$$\int_{-1}^{1} t^n \, \mathrm{d}t = \left[\frac{1}{n+1} t^{n+1}\right]_{-1}^{1} = \frac{1-(-1)^{n+1}}{n+1}.$$

D'autre part,

$$\int_0^{\pi} \left(\mathrm{e}^{\mathrm{i}\theta}\right)^n \mathrm{e}^{\mathrm{i}\theta} \, \mathrm{d}\theta = \int_0^{\pi} \mathrm{e}^{\mathrm{i}(n+1)\theta} \, \mathrm{d}\theta = \left[\frac{1}{\mathrm{i}(n+1)} \mathrm{e}^{\mathrm{i}(n+1)\theta}\right]_0^{\pi} = \frac{\mathrm{e}^{\mathrm{i}(n+1)\pi} - 1}{\mathrm{i}(n+1)}.$$

Or, on a $\mathrm{e}^{\mathrm{i}(n+1)\pi} = \left(\mathrm{e}^{\mathrm{i}\pi}\right)^{n+1} = (-1)^{n+1}$ et donc

$$-\mathrm{i} \int_0^{\pi} \left(\mathrm{e}^{\mathrm{i}\theta}\right)^n \mathrm{e}^{\mathrm{i}\theta} \, \mathrm{d}\theta = \frac{1-(-1)^{n+1}}{n+1} = \int_{-1}^{1} t^n \, \mathrm{d}t.$$

Généralisons ensuite cette identité à toute fonction polynomiale réelle P. Une telle fonction s'exprime

$$P \colon t \mapsto a_0 + a_1 t + \cdots + a_n t^n \quad \text{avec} \quad n \in \mathbb{N} \text{ et } a_0, a_1, \ldots, a_n \in \mathbb{R}$$

et alors, en employant qu'une somme d'intégrales est l'intégrale de la somme,

$$\begin{aligned} \int_{-1}^{1} P(t) \, \mathrm{d}t &= \int_{-1}^{1} \left(\sum_{k=0}^{n} a_k t^k\right) \mathrm{d}t = \sum_{k=0}^{n} \left(a_k \int_{-1}^{1} t^k \, \mathrm{d}t\right) = \sum_{k=0}^{n} \left(-\mathrm{i} a_k \int_0^{\pi} \left(\mathrm{e}^{\mathrm{i}\theta}\right)^k \mathrm{e}^{\mathrm{i}\theta} \, \mathrm{d}\theta\right) \\ &= -\mathrm{i} \int_0^{\pi} \left(\sum_{k=0}^{n} a_k \left(\mathrm{e}^{\mathrm{i}\theta}\right)^k\right) \mathrm{e}^{\mathrm{i}\theta} \, \mathrm{d}\theta = -\mathrm{i} \int_0^{\pi} P\left(\mathrm{e}^{\mathrm{i}\theta}\right) \mathrm{e}^{\mathrm{i}\theta} \, \mathrm{d}\theta. \end{aligned}$$

Exercice 28 **

Soit λ un réel tel que $|\lambda| \neq 1$.

(a) Étudier la fonction f_λ définie sur $\mathbb{R}$ par la relation

$$f_\lambda(x) = \frac{\sin(x)}{\sqrt{1 - 2\lambda\cos(x) + \lambda^2}}.$$

(b) Calculer

$$\int_0^{\pi} f_\lambda(x) \, \mathrm{d}x.$$

Solution

(a) **méthode**

> On peut écrire le trinôme en λ sous forme canonique
>
> $$1 - 2\lambda\cos(x) + \lambda^2 = \left(\lambda - \cos(x)\right)^2 + \sin^2(x).$$

On en déduit $1-2\lambda\cos(x)+\lambda^2 \geqslant 0$ pour tout $x \in \mathbb{R}$. De plus, sachant $|\lambda| \neq 1$, on peut affirmer $\big(\lambda-\cos(x)\big)^2+\sin^2(x) \neq 0$. La fonction f_λ est donc définie et dérivable sur $\mathbb{R}$ car la racine carrée porte sur une quantité strictement positive. Elle est de plus 2π-périodique et impaire ce qui nous permet de limiter son étude à l'intervalle $[0\,;\pi]$.

Le cas $\lambda = 0$ est immédiat puisque $f_0(x) = \sin(x)$. On suppose dans la suite $\lambda \neq 0$.

Par dérivation d'un produit et d'une fonction composée, on a

$$\begin{aligned} f_\lambda'(x) &= \frac{\cos(x)}{\sqrt{1-2\lambda\cos(x)+\lambda^2}} - \frac{\lambda\sin^2(x)}{\big(1-2\lambda\cos(x)+\lambda^2\big)^{3/2}} \\ &= \frac{\cos(x)\big(1-2\lambda\cos(x)+\lambda^2\big)-\lambda\sin^2(x)}{\big(1-2\lambda\cos(x)+\lambda^2\big)^{3/2}} \quad \text{pour tout } x \in \mathbb{R}. \end{aligned}$$

Le nombre dérivé $f_\lambda'(x)$ est du signe du numérateur que l'on peut écrire

$$\cos(x)-\lambda\big(1+\cos^2(x)\big)+\lambda^2\cos(x) = \big(\cos(x)-\lambda\big)\big(1-\lambda\cos(x)\big).$$

Par stricte décroissance du cosinus sur $[0\,;\pi]$, cette expression s'annule en changeant de signe pour x_λ solution de l'équation $\cos(x) = \lambda$ si $|\lambda| < 1$ ou $\cos(x) = 1/\lambda$ sinon.

On obtient les variations[1] du tableau suivant :

x	0		x_λ		π
$f_\lambda'(x)$		$+$	0	$-$	
$f_\lambda(x)$	0	↗	$f_\lambda(x_\lambda)$	↘	0

Cas : $|\lambda| < 1$. On a $x_\lambda = \arccos(\lambda)$ et

$$f(x_\lambda) = \frac{\sin\big(\arccos(\lambda)\big)}{\sqrt{1-2\lambda\cos\big(\arccos(\lambda)\big)+\lambda^2}} = \frac{\sqrt{1-\lambda^2}}{\sqrt{1-\lambda^2}} = 1.$$

Cas : $|\lambda| > 1$. On a $x_\lambda = \arccos(1/\lambda)$ et

$$f(x_\lambda) = \frac{\sin\Big(\arccos\big(\frac{1}{\lambda}\big)\Big)}{\sqrt{1-2\lambda\cos\Big(\arccos\big(\frac{1}{\lambda}\big)\Big)+\lambda^2}} = \frac{\sqrt{1-\frac{1}{\lambda^2}}}{\sqrt{\lambda^2-1}} = \frac{1}{|\lambda|}.$$

1. Le tableau de signe de la dérivée s'obtient en évaluant $\big(\cos(x)-\lambda\big)\big(1-\lambda\cos(x)\big)$ pour $x = 0$ ou $x = \pi$.

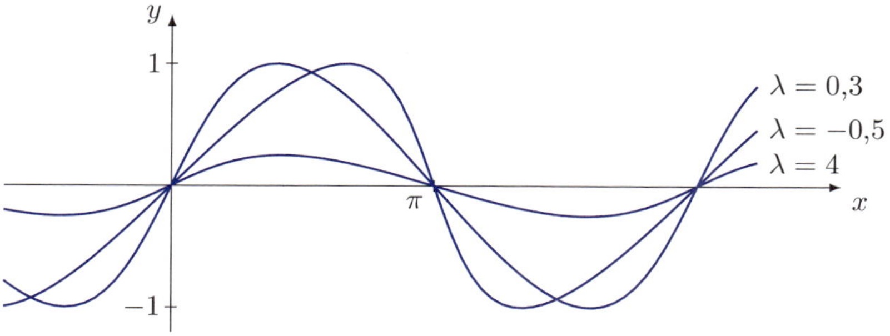

Allures des fonctions f_λ pour diverses valeurs de λ.

(b) Pour $\lambda = 0$,

$$\int_0^\pi f_0(x)\,\mathrm{d}x = \int_0^\pi \sin(x)\,\mathrm{d}x = \Big[-\cos(x)\Big]_0^\pi = 2.$$

méthode

‖ Pour $\lambda \neq 0$, on calcule l'intégrale en reconnaissant une forme $u'/\sqrt{u}$.

On obtient

$$\int_0^\pi f_\lambda(x)\,\mathrm{d}x = \frac{1}{\lambda}\left[\sqrt{1-2\lambda\cos(x)+\lambda^2}\right]_0^\pi = \frac{\sqrt{(1+\lambda)^2}-\sqrt{(1-\lambda)^2}}{\lambda}$$
$$= \frac{|1+\lambda|-|1-\lambda|}{\lambda}.$$

Pour $|\lambda| < 1$,

$$\int_0^\pi f_\lambda(x)\,\mathrm{d}x = \frac{(1+\lambda)-(1-\lambda)}{\lambda} = 2.$$

Pour $\lambda > 1$,

$$\int_0^\pi f_\lambda(x)\,\mathrm{d}x = \frac{(1+\lambda)-(\lambda-1)}{\lambda} = \frac{2}{\lambda}.$$

Pour $\lambda < -1$,

$$\int_0^\pi f_\lambda(x)\,\mathrm{d}x = \frac{-(1+\lambda)-(1-\lambda)}{\lambda} = -\frac{2}{\lambda}.$$

La fonction $\lambda \mapsto \int_0^\pi f_\lambda(x)\,\mathrm{d}x$ est figurée ci-dessous.

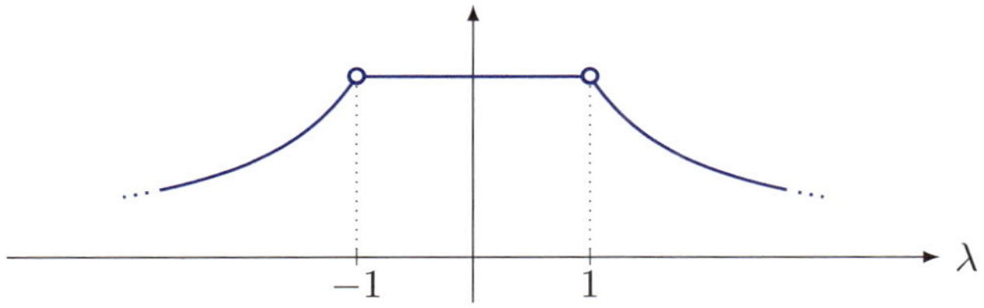

Exercice 29 ***

À l'aide du changement de variable $u = \tan(t)$, calculer

$$\int_0^x \frac{\mathrm{d}t}{1+3\cos^2(t)} \quad \text{pour tout } x \text{ réel.}$$

Solution

L'intégrale est bien définie et détermine la primitive F s'annulant en 0 de la fonction définie et continue sur $\mathbb{R}$

$$f : x \mapsto \frac{1}{1+3\cos^2(x)}.$$

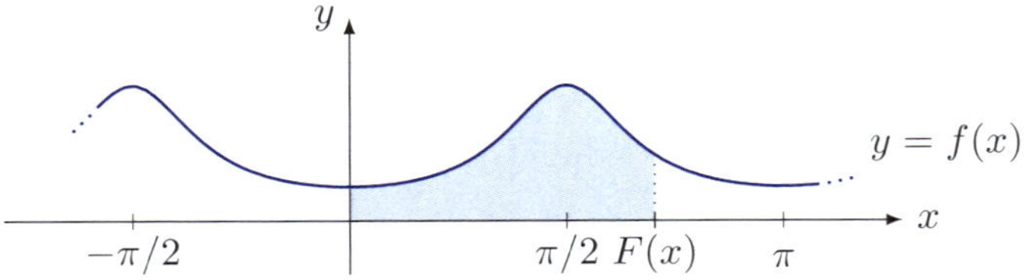

méthode

> Le changement de variable proposé n'est possible que sur $]-\pi/2\,;\pi/2[$: on détermine F sur cet intervalle avant de prolonger la description de la fonction à l'intégralité de la droite réelle.

Pour $x \in\,]-\pi/2\,;\pi/2[$, le changement de variable $u = \tan(t)$ donne [1]

$$F(x) = \int_0^x \frac{1}{1+\frac{3}{1+\tan^2(t)}}\,\mathrm{d}t = \int_0^{\tan(x)} \frac{1}{1+\frac{3}{1+u^2}} \cdot \frac{\mathrm{d}u}{1+u^2}$$

$$= \int_0^{\tan(x)} \frac{\mathrm{d}u}{4+u^2} = \frac{1}{2}\arctan\left(\frac{1}{2}\tan(x)\right).$$

Par continuité, on détermine F en $\pi/2$ et $-\pi/2$:

$$F\left(\frac{\pi}{2}\right) = \lim_{x\to(\pi/2)^-} F(x) = \frac{\pi}{4} \quad \text{et} \quad F\left(-\frac{\pi}{2}\right) = \lim_{x\to-(\pi/2)^+} F(x) = -\frac{\pi}{4}.$$

Puisque f est π-périodique, la fonction $x \mapsto F(x+\pi) - F(x)$ est constante égale à l'intégrale de f sur une période [2]. La valeur C de sa constante est donnée en $x = -\pi/2$:

$$C = F\left(\frac{\pi}{2}\right) - F\left(-\frac{\pi}{2}\right) = \frac{\pi}{2}.$$

1. On emploie $\cos^2(t) = \frac{1}{1+\tan^2(t)}$ et le dernier calcul intégral est résolu par la formule du sujet 8 p. 141 avec $a = 2$.
2. La dérivée de $x \mapsto F(x+\pi) - F(x)$ est nulle et sa valeur en 0 correspond à l'intégrale de f sur $[0\,;\pi]$ (voir sujet 4 p. 378).

Considérons ensuite la fonction $G\colon \mathbb{R} \to \mathbb{R}$ déterminée par

$$G(x) = F(x) - \frac{C}{\pi}x \quad \text{pour tout } x \in \mathbb{R}.$$

Ce qui précède assure que la fonction G est π-périodique et donc $G(x+n\pi) = G(x)$ pour tout $n \in \mathbb{Z}$. On en déduit $F(x+n\pi) = F(x) + nC$ pour tout $n \in \mathbb{Z}$, ou encore

$$F(x) = F(x - n\pi) + nC \quad \text{pour tout } x \in \mathbb{R} \text{ et tout } n \in \mathbb{Z}.$$

Pour calculer $F(x)$, il suffit alors de déterminer l'entier n tel que

$$x - n\pi \in [-\pi/2\,;\pi/2[\quad \text{c'est-à-dire} \quad n = \left\lfloor \frac{x}{\pi} + \frac{1}{2} \right\rfloor.$$

On obtient

$$F(x) = \begin{cases} \frac{1}{2}\arctan\big(\frac{1}{2}\tan(x)\big) + \lfloor \frac{x}{\pi} + \frac{1}{2} \rfloor \frac{\pi}{2} & \text{si } x \neq \frac{\pi}{2} + n\pi \quad (n \in \mathbb{Z}) \\ \frac{\pi}{4} + n\frac{\pi}{2} & \text{si } x = \frac{\pi}{2} + n\pi \quad (n \in \mathbb{Z}). \end{cases}$$

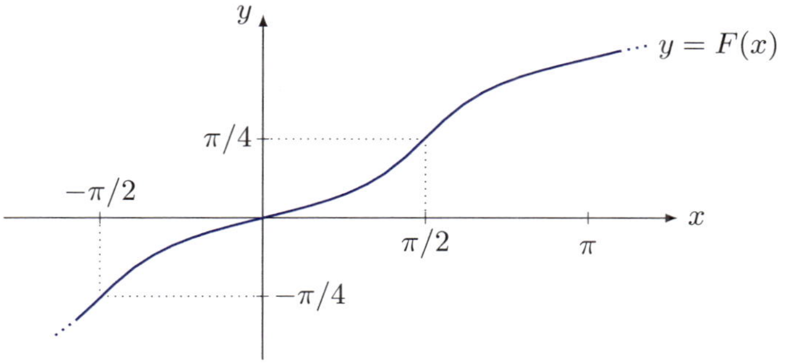

Courbe représentative de F.

Exercice 30 ***

Soient $f\colon [0\,;1] \to \mathbb{R}$ une fonction continue et l'application $\varphi : x \mapsto 3x^2 - 2x^3$.

(a) Vérifier que pour tout t réel,

$$\varphi\left(\frac{1}{2} + \sin(t)\right) = \frac{1}{2} + \frac{1}{2}\sin(3t).$$

(b) Montrer

$$\int_{-1/2}^{3/2} f\big(3x^2 - 2x^3\big)\,\mathrm{d}x = 2\int_0^1 f\big(3x^2 - 2x^3\big)\,\mathrm{d}x.$$

Solution

(a) On sait [1] $\sin(3a) = 3\sin(a) - 4\sin^3(a)$. Il suffit alors de développer le calcul de $\varphi\big(1/2 + \sin(t)\big)$ pour constater l'identité.

(b) **méthode**

> On réalise le changement de variable $x = 1/2 + \sin(t)$ sur chacune des deux intégrales étudiée.

L'application de changement de variable est de classe $\mathcal{C}^1$ et l'on obtient

$$\int_0^1 f\big(3x^2 - 2x^3\big)\,\mathrm{d}x = \int_{-\pi/6}^{\pi/6} f\left(\frac{1}{2} + \frac{1}{2}\sin(3t)\right)\cos(t)\,\mathrm{d}t$$

$$\int_{-1/2}^{3/2} f\big(3x^2 - 2x^3\big)\,\mathrm{d}x = \int_{-\pi/2}^{\pi/2} f\left(\frac{1}{2} + \frac{1}{2}\sin(3t)\right)\cos(t)\,\mathrm{d}t.$$

On poursuit avec le changement de variable $u = 3t$,

$$\int_0^1 f\big(3x^2 - 2x^3\big)\,\mathrm{d}x = \frac{1}{3}\int_{-\pi/2}^{\pi/2} f\left(\frac{1}{2} + \frac{1}{2}\sin(u)\right)\cos\left(\frac{u}{3}\right)\mathrm{d}u$$

$$\int_{-1/2}^{3/2} f\big(3x^2 - 2x^3\big)\,\mathrm{d}x = \frac{1}{3}\int_{-3\pi/2}^{3\pi/2} f\left(\frac{1}{2} + \frac{1}{2}\sin(u)\right)\cos\left(\frac{u}{3}\right)\mathrm{d}u.$$

En découpant cette dernière intégrale en trois aux valeurs $\pi/2$ et $-\pi/2$ puis en procédant aux changements de variables affines $v = -\pi - u$, $v = u$ et $v = \pi - u$, on obtient

$$\begin{aligned}
&\int_{-1/2}^{3/2} f\big(3x^2 - 2x^3\big)\,\mathrm{d}x \\
&\quad = \frac{1}{3}\int_{-\pi/2}^{\pi/2} f\left(\frac{1}{2} + \frac{1}{2}\sin(v)\right)\left(\cos\left(-\frac{v+\pi}{3}\right) + \cos\left(\frac{v}{3}\right) + \cos\left(\frac{\pi - v}{3}\right)\right)\mathrm{d}v \\
&\quad = \frac{2}{3}\int_{-\pi/2}^{\pi/2} f\left(\frac{1}{2} + \frac{1}{2}\sin(v)\right)\cos\left(\frac{v}{3}\right)\mathrm{d}v
\end{aligned}$$

car, après développement et simplification,

$$\cos\left(-\frac{v+\pi}{3}\right) + \cos\left(\frac{v}{3}\right) + \cos\left(\frac{\pi - v}{3}\right) = 2\cos\left(\frac{v}{3}\right).$$

On en déduit la relation demandée.

1. Voir sujet 4 p. 101.

CHAPITRE 5

Équations différentielles linéaires

$\mathbb{K}$ désigne $\mathbb{R}$ ou $\mathbb{C}$ et I un intervalle de $\mathbb{R}$ non vide et non réduit à un point.

5.1 Équations du premier ordre

Soient a et b des fonctions continues définies sur l'intervalle I et à valeurs dans $\mathbb{K}$.

5.1.1 Définition

Définition

On appelle solution sur I de l'*équation différentielle scalaire linéaire du premier ordre* symbolisée par

$$(E)\colon y' + a(x)y = b(x)$$

toute fonction $y\colon I \to \mathbb{K}$ dérivable vérifiant

$$y'(x) + a(x)y(x) = b(x) \quad \text{pour tout } x \in I.$$

La résolution d'une équation différentielle passe par la détermination de primitives[1] et, pour cette raison, il importe que les fonctions paramètres a et b soient continues.

1. On parle aussi de *quadrature*.

5.1.2 Équation homogène

Définition

L'équation différentielle
$$(E_h) : y' + a(x)y = 0$$
est appelée *équation homogène*[1] associée à l'équation
$$(E) : y' + a(x)y = b(x).$$

On sait résoudre une équation homogène par quadrature :

Théorème 1

Si A désigne une primitive de la fonction continue a alors les solutions de l'équation homogène (E_h) sont les fonctions définies sur I par
$$y_h(x) = \lambda e^{-A(x)} \quad \text{avec } \lambda \text{ parcourant } \mathbb{K}.$$

5.1.3 Principe de résolution de l'équation complète

Théorème 2

Si y_p est une solution particulière de l'équation (E) alors la solution générale de cette équation s'exprime
$$y(x) = y_p(x) + y_h(x)$$
avec y_h la solution générale de l'équation (E_h).

Après avoir résolu l'équation homogène (E_h), il suffit donc de déterminer une solution particulière pour achever de résoudre (E). Lorsque celle-ci n'est pas apparente, on utilise la méthode de la variation de la constante présentée ci-dessous pour l'obtenir.

5.1.4 Méthode de la variation de la constante

Si A désigne une primitive de la fonction continue a, la solution générale de l'équation homogène (E_h) s'exprime
$$y_h(x) = \lambda e^{-A(x)} \quad \text{avec } \lambda \in \mathbb{K}.$$

Théorème 3 (Méthode de la variation de la constante)

Par quadrature, on peut trouver une solution particulière de l'équation (E) de la forme
$$y(x) = \lambda(x)e^{-A(x)} \quad \text{avec } \lambda \text{ une fonction dérivable sur } I.$$

1. On peut aussi parler d'équation *sans second membre*.

5.1.5 Problème et théorème de Cauchy

Définition

Résoudre un *problème de Cauchy* associé à l'équation $(E)\colon y' + a(x)y = b(x)$ consiste à chercher, parmi ses solutions, celle vérifiant la *condition initiale* $y(x_0) = y_0$ pour $x_0 \in I$ et $y_0 \in \mathbb{K}$ préalablement choisis.

Théorème 4

Soient $a, b\colon I \to \mathbb{K}$ des fonctions continues, $x_0 \in I$ et $y_0 \in \mathbb{K}$.
Il existe une unique solution sur I au problème de Cauchy :

$$\begin{cases} y' + a(x)y = b(x) \\ y(x_0) = y_0. \end{cases}$$

5.2 Équations du second ordre à coefficients constants

Soient $a, b \in \mathbb{K}$ et $f\colon I \to \mathbb{K}$ une fonction continue.

5.2.1 Définition

Définition

On appelle solution sur I de l'*équation différentielle scalaire linéaire du second ordre à coefficients constants* symbolisée par

$$(E)\colon y'' + ay' + by = f(x)$$

toute fonction $y\colon I \to \mathbb{K}$ deux fois dérivable vérifiant

$$y''(x) + ay'(x) + by(x) = f(x) \quad \text{pour tout } x \in I.$$

5.2.2 Équation homogène

Définition

L'équation différentielle

$$(E_h)\colon y'' + ay' + by = 0$$

est appelée *équation homogène* associée à l'équation

$$(E)\colon y'' + ay' + by = f(x).$$

Afin de résoudre l'équation homogène, on détermine les racines de l'*équation caractéristique* associée

$$r^2 + ar + b = 0$$

de discriminant Δ.

Théorème 5 (Cadre complexe[1] $\mathbb{K} = \mathbb{C}$)
Cas : $\Delta \neq 0$. L'équation caractéristique possède deux racines complexes distinctes α et β et les fonctions complexes solutions de l'équation (E_h) sur $\mathbb{R}$ s'expriment

$$y_h(x) = \lambda \mathrm{e}^{\alpha x} + \mu \mathrm{e}^{\beta x} \quad \text{avec } (\lambda, \mu) \in \mathbb{C}^2.$$

Cas : $\Delta = 0$. L'équation caractéristique possède une racine double α et les fonctions complexes solutions de l'équation (E_h) sur $\mathbb{R}$ s'expriment

$$y_h(x) = (\lambda x + \mu)\mathrm{e}^{\alpha x} \quad \text{avec } (\lambda, \mu) \in \mathbb{C}^2.$$

Théorème 6 (Cadre réel $\mathbb{K} = \mathbb{R}$)
Cas : $\Delta > 0$. L'équation caractéristique possède deux racines réelles distinctes α et β et les fonctions réelles solutions de l'équation (E_h) sur $\mathbb{R}$ s'expriment

$$y_h(x) = \lambda \mathrm{e}^{\alpha x} + \mu \mathrm{e}^{\beta x} \quad \text{avec } (\lambda, \mu) \in \mathbb{R}^2.$$

Cas : $\Delta = 0$. L'équation caractéristique possède une racine double α et les fonctions réelles solutions de l'équation (E_h) sur $\mathbb{R}$ s'expriment

$$y_h(x) = (\lambda x + \mu)\mathrm{e}^{\alpha x} \quad \text{avec } (\lambda, \mu) \in \mathbb{R}^2.$$

Cas : $\Delta < 0$. L'équation caractéristique possède deux racines complexes conjuguées $\alpha + \mathrm{i}\omega$ et $\alpha - \mathrm{i}\omega$ et les fonctions réelles solutions de l'équation (E_h) sur $\mathbb{R}$ s'expriment

$$y_h(x) = \big(\lambda \cos(\omega x) + \mu \sin(\omega x)\big)\mathrm{e}^{\alpha x} \quad \text{avec } (\lambda, \mu) \in \mathbb{R}^2.$$

5.2.3 Principe de résolution de l'équation complète

Théorème 7
Si y_p est une solution particulière de l'équation (E) alors la solution générale de cette équation s'exprime

$$y(x) = y_p(x) + y_h(x)$$

avec y_h la solution générale de l'équation (E_h).

1. La résolution des équations du second degré dans le cadre des nombres complexes est présentée dans le Th. 9 p. 96.

5.2.4 Détermination d'une solution particulière

Théorème 8

Lorsque $f(x) = Ae^{\alpha x}$ avec $(A, \alpha) \in \mathbb{K}^2$, on peut trouver une solution particulière de l'équation (E) de la forme

$$y_p(x) = \begin{cases} Ce^{\alpha x} & \text{si } \alpha \text{ n'est pas racine de } r^2 + ar + b = 0 \\ Cxe^{\alpha x} & \text{si } \alpha \text{ est racine simple de } r^2 + ar + b = 0 \\ Cx^2e^{\alpha x} & \text{si } \alpha \text{ est racine double de } r^2 + ar + b = 0. \end{cases}$$

Lorsque $\mathbb{K} = \mathbb{R}$ et $f(x) = A\cos(\omega x)$ ou $A\sin(\omega x)$ avec $(A, \omega) \in \mathbb{R} \times \mathbb{R}_+^*$, on peut trouver une solution particulière de l'équation réelle

$$y'' + ay' + by = A\cos(\omega x) \quad (\text{resp. } A\sin(\omega x))$$

en considérant la partie réelle (resp. imaginaire) d'une solution de l'équation complexe d'inconnue z

$$z'' + az' + bz = Ae^{i\omega x}.$$

5.2.5 Problème et théorème de Cauchy

Définition

Résoudre un *problème de Cauchy* associé à l'équation (E): $y'' + ay' + by = f(x)$ consiste à rechercher, parmi ses solutions, celle vérifiant les *conditions initiales* $y(x_0) = y_0$ et $y'(x_0) = y'_0$ pour $x_0 \in I$ et $y_0, y'_0 \in \mathbb{K}$ préalablement choisis.

Théorème 9

Soient $a, b \in \mathbb{K}$, $f\colon I \to \mathbb{K}$ une fonction continue, $x_0 \in I$ et $y_0, y'_0 \in \mathbb{K}$.
Il existe une unique solution sur I au problème de Cauchy :

$$\begin{cases} y'' + ay' + by = f(x) \\ y(x_0) = y_0 \text{ et } y'(x_0) = y'_0. \end{cases}$$

Pour que ce théorème s'applique, il importe que les deux conditions initiales s'expriment en la même valeur x_0 de la variable x.

5.3 Exercices d'apprentissage

Dans les exercices qui suivent, les solutions cherchées sont à valeurs réelles.

méthode

On commence la résolution d'une équation différentielle en reconnaissant le type de celle-ci : cela justifie le protocole de résolution suivi.

5.3.1 Équations linéaires du premier ordre

Exercice 1

Résoudre sur $\mathbb{R}$ l'équation différentielle

$$(E)\colon y' - \sin(x)y = 0.$$

Solution

L'équation (E) est une équation différentielle linéaire homogène du premier ordre.

méthode

> Afin d'éviter toute erreur de signe, on résout une équation homogène $y' + a(x)y = 0$ par la démarche suivante :
> — on exprime y' en fonction de y : $y' = -a(x)y$;
> — on intègre le facteur de y : $\int -a(x)\,\mathrm{d}x = -A(x)$;
> — on donne la solution générale à l'aide d'une exponentielle de la primitive précédente[1] : $y(x) = \lambda \mathrm{e}^{-A(x)}$ avec $\lambda \in \mathbb{K}$.

On transforme l'équation étudiée afin d'exprimer y' en fonction de y

$$y' = \sin(x)y.$$

On intègre le facteur de y

$$\int \sin(x)\,\mathrm{d}x = -\cos(x).$$

On peut alors exprimer la solution générale de (E) sur $\mathbb{R}$:

$$y(x) = \lambda \mathrm{e}^{-\cos(x)} \quad \text{avec} \quad \lambda \in \mathbb{R}.$$

Exercice 2

Résoudre sur $\mathbb{R}$ l'équation différentielle

$$(E)\colon y' + 2xy = x.$$

Solution

L'équation (E) est une équation différentielle linéaire du premier ordre.

méthode

> On sait exprimer (Th. 2 p. 166) la solution générale à partir :
> — de la solution générale de l'équation homogène y_h ;
> — d'une solution particulière y_p.

On résout l'équation homogène associée $y' + 2xy = 0$. Cette équation s'écrit aussi $y' = -2xy$ et l'on a

$$\int -2x\,\mathrm{d}x = -x^2.$$

La solution générale de l'équation homogène s'exprime alors $y_h(x) = \lambda \mathrm{e}^{-x^2}$ avec $\lambda \in \mathbb{R}$.

1. En vertu de la formule de dérivation $(\mathrm{e}^u)' = u'\mathrm{e}^u$, on est assuré de la justesse du calcul précédent.

La fonction y_p donnée par $y_p(x) = 1/2$ est une solution particulière apparente de l'équation (E). La solution générale de (E) sur $\mathbb{R}$ est

$$y(x) = \frac{1}{2} + \lambda e^{-x^2} \quad \text{avec} \quad \lambda \in \mathbb{R}.$$

Exercice 3

Résoudre sur $\mathbb{R}$ l'équation différentielle

$$(E) : y' + \frac{2x}{1+x^2} y = 1.$$

Solution

L'équation (E) est une équation différentielle linéaire d'ordre 1 définie sur $\mathbb{R}$.
On résout l'équation homogène associée

$$y' = -\frac{2x}{1+x^2} y \quad \text{avec} \quad \int -\frac{2x}{1+x^2}\, dx = -\ln(1+x^2).$$

La solution générale de l'équation homogène s'exprime

$$y_h(x) = \lambda e^{-\ln(1+x^2)} = \frac{\lambda}{1+x^2} \quad \text{avec} \quad \lambda \in \mathbb{R}.$$

Il reste à déterminer une solution particulière.

méthode

> En l'absence de solution apparente, on détermine une solution particulière par la méthode de la variation de la constante (Th. 3 p. 166).

Cherchons une solution particulière y_p de la forme

$$y_p(x) = \frac{\lambda(x)}{1+x^2} \quad \text{avec } \lambda \text{ une fonction définie et dérivable sur } \mathbb{R}.$$

Par dérivation d'un produit (ce qui est ici préférable à la dérivation d'un quotient), on a pour tout x réel,

$$y_p'(x) = \frac{\lambda'(x)}{1+x^2} - \frac{2x\lambda(x)}{(1+x^2)^2}.$$

En injectant ces expressions dans l'équation (E) et en simplifiant [1], on obtient que la fonction y_p est solution de l'équation différentielle (E) si, et seulement si, pour tout x réel,

$$\frac{\lambda'(x)}{1+x^2} = 1 \quad \text{c'est-à-dire} \quad \lambda'(x) = 1 + x^2.$$

méthode

> L'objectif étant de déterminer *une* solution particulière, on choisit une primitive λ parmi celles possibles.

1. Sauf erreur de calcul, le terme $\lambda(x)$ se simplifie toujours lors de l'application de la méthode de la variation de la constante.

La fonction λ donnée par $\lambda(x) = x + \frac{1}{3}x^3$ convient. La fonction y_p déterminée par

$$y_p(x) = \frac{x + \frac{1}{3}x^3}{1 + x^2}$$

est alors solution particulière [1] et la solution générale de (E) sur $\mathbb{R}$ est [2]

$$y(x) = \frac{x + \frac{1}{3}x^3 + \lambda}{1 + x^2} \quad \text{avec} \quad \lambda \in \mathbb{R}.$$

5.3.2 Équations linéaires du second ordre à coefficients constants

Exercice 4

Résoudre sur $\mathbb{R}$ les équations différentielles suivantes :

(a) $y'' - 3y' + 2y = 0$ (b) $y'' + 4y' + 4y = 0$

(c) $y'' - 2y' + 5y = 0$ (d) $y'' + y = 0$.

Solution

Les quatre équations sont des équations différentielles linéaires homogènes du second ordre à coefficients constants.

méthode

> On exprime la solution générale à partir de la résolution de l'équation caractéristique associée (théorèmes 5 et 6 p. 168).

(a) L'équation caractéristique associée est $r^2 - 3r + 2 = 0$ de racines distinctes 1 et 2. La solution générale sur $\mathbb{R}$ s'exprime

$$y(x) = \lambda e^x + \mu e^{2x} \quad \text{avec} \quad (\lambda, \mu) \in \mathbb{R}^2.$$

(b) L'équation caractéristique associée est $r^2 + 4r + 4 = 0$ de racine double -2. La solution générale sur $\mathbb{R}$ s'exprime

$$y(x) = (\lambda x + \mu)e^{-2x} \quad \text{avec} \quad (\lambda, \mu) \in \mathbb{R}^2.$$

(c) L'équation caractéristique associée est $r^2 - 2r + 5 = 0$ de racines complexes non réelles $1 \pm 2i$. La solution générale sur $\mathbb{R}$ s'exprime

$$y(x) = \big(\lambda \cos(2x) + \mu \sin(2x)\big)e^x \quad \text{avec} \quad (\lambda, \mu) \in \mathbb{R}^2.$$

---

1. Une erreur fréquente est de croire que λ est la solution particulière alors qu'il reste une multiplication à réaliser pour exprimer celle-ci !

2. On voit réapparaître dans cette expression la constante d'intégration qui a été « négligée » lors de la détermination de la fonction λ.

(d) L'équation caractéristique associée est[1] $r^2 + 1 = 0$ de racines i et $-$i. La solution générale sur $\mathbb{R}$ s'exprime

$$y(x) = \lambda \cos(x) + \mu \sin(x) \quad \text{avec} \quad (\lambda, \mu) \in \mathbb{R}^2.$$

Exercice 5

Résoudre sur $\mathbb{R}$ les équations différentielles suivantes :

(a) $y'' + 2y' + y = \mathrm{e}^{2x}$ (b) $y'' + y' - 2y = \mathrm{e}^{x}$.

Solution

Les deux équations sont des équations différentielles linéaires du second ordre à coefficients constants.

méthode

> On sait exprimer (Th. 7 p. 168) la solution générale à partir :
> — de la solution générale de l'équation homogène y_h ;
> — d'une solution particulière y_p.

(a) L'équation caractéristique associée est $r^2 + 2r + 1 = 0$ de racine double -1. La solution générale de l'équation homogène sur $\mathbb{R}$ est alors

$$y_h(x) = (\lambda x + \mu)\mathrm{e}^{-x} \quad \text{avec} \quad (\lambda, \mu) \in \mathbb{R}^2.$$

méthode

> Le second membre est de la forme $A\mathrm{e}^{\alpha x}$ avec $\alpha = 2$ qui n'est pas racine de l'équation caractéristique. On détermine une solution particulière de la forme $y_p(x) = C\mathrm{e}^{2x}$ avec C constante à déterminer.

Posons $y_p(x) = C\mathrm{e}^{2x}$ avec C constante. La fonction y_p est solution sur $\mathbb{R}$ de l'équation différentielle si, et seulement si, pour tout x réel,

$$4C\mathrm{e}^{2x} + 2 \times 2C\mathrm{e}^{2x} + C\mathrm{e}^{2x} = \mathrm{e}^{2x} \quad \text{c'est-à-dire} \quad 9C = 1.$$

On obtient donc une solution particulière en choisissant $C = 1/9$.

Finalement, la solution générale de l'équation sur $\mathbb{R}$ s'exprime

$$y(x) = \frac{1}{9}\mathrm{e}^{2x} + (\lambda x + \mu)\mathrm{e}^{-x} \quad \text{avec} \quad (\lambda, \mu) \in \mathbb{R}^2.$$

(b) L'équation caractéristique associée est $r^2 + r - 2 = 0$ de racines 1 et -2. La solution générale de l'équation homogène s'écrit

$$y_h(x) = \lambda\mathrm{e}^{x} + \mu\mathrm{e}^{-2x} \quad \text{avec} \quad (\lambda, \mu) \in \mathbb{R}^2.$$

1. Et non $r^2 + r = 0$ comme on le rencontre parfois...

méthode

Le second membre est de la forme $Ae^{\alpha x}$ avec $\alpha = 1$ racine simple de l'équation caractéristique. On peut alors déterminer une solution particulière de la forme $y_p(x) = Cxe^x$ avec C constante à déterminer (Th. 8 p. 169).

Posons $y_p(x) = Cxe^x$ avec C constante. La fonction y_p est solution sur $\mathbb{R}$ de l'équation différentielle si, et seulement si, pour tout x réel,

$$C(x+2)e^x + C(x+1)e^x - 2 \times Cxe^x = e^x.$$

Après simplifications, cela donne l'équation $3C = 1$. On obtient donc une solution particulière en choisissant $C = 1/3$. La solution générale sur $\mathbb{R}$ est alors

$$y(x) = \frac{1}{3}xe^x + \lambda e^x + \mu e^{-2x} \quad \text{avec} \quad (\lambda, \mu) \in \mathbb{R}^2.$$

5.4 Exercices d'entraînement

Dans les exercices qui suivent, et sauf mention contraire, les solutions cherchées sont à valeurs réelles.

5.4.1 Équations linéaires du premier ordre

Exercice 6 *

Résoudre sur $]-1\,;1[$ l'équation différentielle

$$(E)\colon\ (1-x^2)y' - xy = \sqrt{1-x^2}.$$

Solution

méthode

L'équation proposée n'est pas à proprement parler une équation différentielle linéaire du premier ordre car il y a un facteur devant y'. Cependant, ce facteur ne s'annule pas sur l'intervalle de résolution et l'on peut transformer par division l'équation en une équation équivalente de la forme attendue.

L'équation (E) est équivalente à l'équation différentielle linéaire du premier ordre

$$y' - \frac{x}{1-x^2}y = \frac{1}{\sqrt{1-x^2}}.$$

On résout l'équation homogène associée

$$y' = \frac{x}{1-x^2}y \quad \text{avec} \quad \int \frac{x}{1-x^2}\,dx = -\frac{1}{2}\ln\big(|1-x^2|\big) = -\frac{1}{2}\ln\big(1-x^2\big).$$

La solution générale de l'équation homogène est

$$y_h(x) = \lambda e^{-\frac{1}{2}\ln(1-x^2)} = \frac{\lambda}{\sqrt{1-x^2}} \quad \text{avec} \quad \lambda \in \mathbb{R}.$$

En l'absence de solution particulière apparente, on applique la méthode de la variation de la constante (Th. 3 p. 166) : on cherche une solution y_p de la forme

$$y_p(x) = \frac{\lambda(x)}{\sqrt{1-x^2}} \quad \text{avec } \lambda \text{ une fonction dérivable sur }]-1\,;1[.$$

En substituant dans l'équation *initiale*, on obtient que y_p est solution si, et seulement si, pour tout x de $]-1\,;1[$,

$$\lambda'(x)\sqrt{1-x^2} = \sqrt{1-x^2} \quad \text{c'est-à-dire} \quad \lambda'(x) = 1.$$

La fonction λ donnée par $\lambda(x) = x$ convient et cela détermine la solution particulière

$$y_p(x) = \frac{x}{\sqrt{1-x^2}}.$$

Finalement, la solution générale de (E) sur $]-1\,;1[$ s'exprime

$$y(x) = \frac{x+\lambda}{\sqrt{1-x^2}} \quad \text{avec} \quad \lambda \in \mathbb{R}.$$

Exercice 7 **

Résoudre sur les intervalles précisés les équations différentielles suivantes :

(a) $y' + \tan(x)y = \sin(2x)$ sur $]-\pi/2\,;\pi/2[$.

(b) $(x^2+1)^2 y' + 2x(x^2+1)y = 1$ sur $\mathbb{R}$.

(c) $(1+e^x)y' - e^x y = e^x$ sur $\mathbb{R}$.

(d) $x(1+\ln^2(x))y' + 2y = 0$ sur $\mathbb{R}_+^*$.

(e) $\text{ch}(x)y' - \text{sh}(x)y = 1$ sur $\mathbb{R}$.

Solution

Dans chaque cas, l'équation étudiée est (ou est équivalente à) une équation différentielle linéaire du premier ordre sur l'intervalle spécifié.

(a) On résout l'équation homogène associée

$$y' = -\tan(x)y \quad \text{avec} \quad \int -\tan(x)\,dx = \int -\frac{\sin(x)}{\cos(x)}\,dx = \ln(|\cos(x)|) = \ln(\cos(x)).$$

La solution générale de l'équation homogène est

$$y_h(x) = \lambda e^{\ln(\cos(x))} = \lambda\cos(x) \quad \text{avec} \quad \lambda \in \mathbb{R}.$$

En l'absence de solution particulière apparente, on utilise la méthode de la variation de la constante en introduisant une fonction y_p définie sur $]-\pi/2\,;\pi/2[$ par

$$y_p(x) = \lambda(x)\cos(x) \quad \text{avec } \lambda \text{ une fonction dérivable sur }]-\pi/2\,;\pi/2[.$$

La fonction y_p est solution de l'équation différentielle si, et seulement si, pour tout x de $]-\pi/2\,;\pi/2[$,

$$\lambda'(x)\cos(x) = \sin(2x) \quad \text{c'est-à-dire} \quad \lambda'(x) = 2\sin(x).$$

La fonction λ donnée par $\lambda(x) = -2\cos(x)$ convient et la solution générale de l'équation sur $]-\pi/2\,;\pi/2[$ est

$$y(x) = -2\cos^2(x) + \lambda\cos(x) \quad \text{avec} \quad \lambda \in \mathbb{R}.$$

(b) On résout l'équation homogène associée

$$y' = -\frac{2x}{x^2+1}y \quad \text{avec} \quad \int -\frac{2x}{x^2+1}\,\mathrm{d}x = -\ln\bigl(|x^2+1|\bigr) = -\ln\bigl(x^2+1\bigr).$$

La solution générale de l'équation homogène est

$$y_h(x) = \lambda \mathrm{e}^{-\ln(x^2+1)} = \frac{\lambda}{x^2+1} \quad \text{avec} \quad \lambda \in \mathbb{R}.$$

En l'absence de solution particulière apparente, on utilise la méthode de la variation de la constante en introduisant une fonction y_p définie sur $\mathbb{R}$ par

$$y_p(x) = \frac{\lambda(x)}{x^2+1} \quad \text{avec } \lambda \text{ une fonction dérivable sur } \mathbb{R}.$$

En injectant dans l'équation *initiale*, la fonction y_p est solution de l'équation différentielle si, et seulement si, pour tout x réel,

$$\lambda'(x)\bigl(x^2+1\bigr) = 1 \quad \text{c'est-à-dire} \quad \lambda'(x) = \frac{1}{x^2+1}.$$

La fonction λ donnée par $\lambda(x) = \arctan(x)$ convient et la solution générale de l'équation sur $\mathbb{R}$ est

$$y(x) = \frac{\arctan(x)+\lambda}{x^2+1} \quad \text{avec} \quad \lambda \in \mathbb{R}.$$

(c) On résout l'équation homogène associée

$$y' = \frac{\mathrm{e}^x}{1+\mathrm{e}^x}y \quad \text{avec} \quad \int \frac{\mathrm{e}^x}{1+\mathrm{e}^x}\,\mathrm{d}x = \ln|1+\mathrm{e}^x| = \ln\bigl(1+\mathrm{e}^x\bigr).$$

La solution générale de l'équation homogène est

$$y_h(x) = \lambda \mathrm{e}^{\ln(1+\mathrm{e}^x)} = \lambda\bigl(1+\mathrm{e}^x\bigr) \quad \text{avec} \quad \lambda \in \mathbb{R}.$$

La fonction y_p donnée par $y_p(x) = -1$ est solution apparente[1] et la solution générale de l'équation sur $\mathbb{R}$ est

$$y(x) = -1 + \lambda\big(1 + \mathrm{e}^{x}\big) \quad \text{avec} \quad \lambda \in \mathbb{R}.$$

(d) **méthode**

> Il s'agit d'une équation homogène : on résout directement celle-ci sans avoir besoin de rechercher de solution particulière[2] !

$$y' = -\frac{2}{x\big(1 + \ln^2(x)\big)}y \quad \text{avec} \quad \int -\frac{2}{x\big(1 + \ln^2(x)\big)}\,\mathrm{d}x = -2\arctan\big(\ln(x)\big).$$

La solution générale de l'équation sur $\mathbb{R}_+^*$ est

$$y(x) = \lambda \mathrm{e}^{-2\arctan(\ln(x))} \quad \text{avec} \quad \lambda \in \mathbb{R}.$$

(e) On résout l'équation homogène associée

$$y' = \frac{\mathrm{sh}(x)}{\mathrm{ch}(x)}y \quad \text{avec} \quad \int \frac{\mathrm{sh}(x)}{\mathrm{ch}(x)}\,\mathrm{d}x = \ln\big(\left|\mathrm{ch}(x)\right|\big) = \ln\big(\mathrm{ch}(x)\big).$$

La solution générale de l'équation homogène est

$$y_h(x) = \lambda \mathrm{e}^{\ln(\mathrm{ch}(x))} = \lambda\,\mathrm{ch}(x) \quad \text{avec} \quad \lambda \in \mathbb{R}.$$

La fonction y_p donnée par $y_p(x) = \mathrm{sh}(x)$ est solution particulière car on sait

$$\mathrm{ch}^2(x) - \mathrm{sh}^2(x) = 1 \quad \text{pour tout } x \text{ réel.}$$

La solution générale de l'équation sur $\mathbb{R}$ est donc

$$y(x) = \mathrm{sh}(x) + \lambda\,\mathrm{ch}(x) \quad \text{avec} \quad \lambda \in \mathbb{R}.$$

Exercice 8 ***

Résoudre sur $\mathbb{R}$ l'équation différentielle

$$(E) : y' + y = \max(x, 0).$$

1. Elle peut aussi être découverte par la méthode de la variation de la constante au prix de quelques calculs.
2. Ou, si l'on préfère, la fonction nulle est une solution particulière évidente.

Solution

L'équation (E) est une équation différentielle linéaire du premier ordre [1]. La solution générale de l'équation homogène est

$$y_h(x) = \lambda \mathrm{e}^{-x} \quad \text{avec} \quad \lambda \in \mathbb{R}.$$

On détermine une solution particulière de la forme $y_p(x) = \lambda(x)\mathrm{e}^{-x}$ avec λ une fonction dérivable. Cette fonction est solution de l'équation (E) si, et seulement si, pour tout x réel,

$$\lambda'(x)\mathrm{e}^{-x} = \max(x,0) \quad \text{c'est-à-dire} \quad \lambda'(x) = \max(x,0)\mathrm{e}^{x} = \begin{cases} x\mathrm{e}^{x} & \text{si } x \geqslant 0 \\ 0 & \text{si } x < 0. \end{cases}$$

méthode

> Par le théorème fondamental du calcul intégral (Th. 2 p. 130), on peut exprimer λ par une intégrale qu'il suffit de calculer en distinguant selon le signe de la variable.

La fonction λ déterminée par

$$\lambda(x) = \int_0^x \max(t,0)\mathrm{e}^{t}\,\mathrm{d}t \quad \text{pour tout } x \in \mathbb{R}$$

convient.

Pour $x < 0$, $\lambda(x)$ est nul car il s'agit de l'intégrale de la fonction nulle

$$\lambda(x) = -\int_x^0 \underbrace{\max(t,0)}_{=0}\mathrm{e}^{t}\,\mathrm{d}t = 0.$$

Pour $x > 0$, on peut calculer l'intégrale étudiée par parties

$$\begin{aligned} \lambda(x) &= \int_0^x \underbrace{\max(t,0)}_{=t}\mathrm{e}^{t}\,\mathrm{d}t = \int_0^x t\mathrm{e}^{t}\,\mathrm{d}t \\ &= \Big[t\mathrm{e}^{t}\Big]_0^x - \int_0^x \mathrm{e}^{t}\,\mathrm{d}t = x\mathrm{e}^{x} - \Big[\mathrm{e}^{t}\Big]_0^x = (x-1)\mathrm{e}^{x} + 1. \end{aligned}$$

Finalement, on obtient

$$\lambda(x) = \begin{cases} (x-1)\mathrm{e}^{x} + 1 & \text{si } x \geqslant 0 \\ 0 & \text{si } x < 0 \end{cases} \quad \text{puis} \quad y_p(x) = \begin{cases} (x-1) + \mathrm{e}^{-x} & \text{si } x \geqslant 0 \\ 0 & \text{si } x < 0. \end{cases}$$

La solution générale de l'équation (E) sur $\mathbb{R}$ s'exprime alors

$$y(x) = \begin{cases} x - 1 + (\lambda+1)\mathrm{e}^{-x} & \text{si } x \geqslant 0 \\ \lambda \mathrm{e}^{-x} & \text{si } x < 0 \end{cases} \quad \text{avec} \quad \lambda \in \mathbb{R}.$$

---

1. La fonction $x \mapsto \max(x,0)$ est une fonction continue sur $\mathbb{R}$.

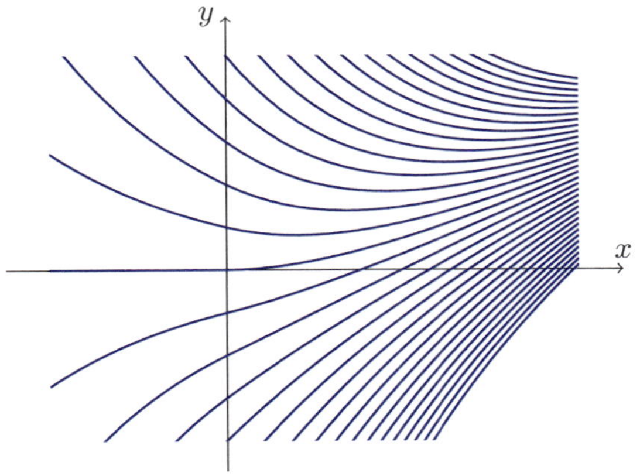

Courbes représentatives de quelques solutions.

5.4.2 Problèmes de Cauchy

Exercice 9 *

Déterminer la solution sur $\mathbb{R}$ au problème de Cauchy

$$y' - (x+1)(y+1) = 0 \quad \text{et} \quad y(0) = 1.$$

Solution

L'équation étudiée s'exprime

$$y' - (x+1)y = x+1.$$

C'est une équation différentielle linéaire du premier ordre définie sur $\mathbb{R}$: on est assuré de l'existence et de l'unicité d'une solution au problème de Cauchy posé (Th. 4 p. 167).

méthode

> On exprime la solution générale de l'équation à l'aide d'une constante que l'on détermine par la condition initiale introduite.

On résout l'équation homogène associée

$$y' = (x+1)y \quad \text{avec} \quad \int (x+1)\,\mathrm{d}x = \frac{1}{2}(x+1)^2.$$

La solution générale de l'équation homogène est

$$y_h(x) = \lambda \mathrm{e}^{\frac{1}{2}(x+1)^2} \quad \text{avec} \quad \lambda \in \mathbb{R}.$$

La fonction $y_p \colon x \mapsto -1$ est une solution particulière apparente et la solution générale sur $\mathbb{R}$ est

$$y(x) = -1 + \lambda \mathrm{e}^{\frac{1}{2}(x+1)^2} \quad \text{avec} \quad \lambda \in \mathbb{R}.$$

La condition initiale $y(0) = 1$ est respectée si, et seulement si,

$$-1 + \lambda e^{1/2} = 1 \quad \text{c'est-à-dire} \quad \lambda = 2e^{-1/2}.$$

La solution sur $\mathbb{R}$ du problème de Cauchy s'exprime donc

$$y(x) = 2e^{\frac{1}{2}x^2+x} - 1.$$

Exercice 10 **

Soient $g\colon \mathbb{R} \to \mathbb{R}$ une fonction continue et $a \in \mathbb{R}$.
À l'aide d'une intégrale, exprimer la solution du problème de Cauchy

$$y' + ay = g(x) \quad \text{et} \quad y(0) = 0.$$

Solution

L'équation différentielle introduite est linéaire du première ordre définie sur $\mathbb{R}$. La solution générale de l'équation homogène est donnée par $y_h(x) = \lambda e^{-ax}$ avec $\lambda \in \mathbb{R}$. On détermine une solution particulière de la forme

$$y_p(x) = \lambda(x)e^{-ax} \quad \text{avec } \lambda \text{ une fonction dérivable sur } \mathbb{R}.$$

La fonction y_p est solution de l'équation différentielle si, et seulement si, pour tout x réel,

$$\lambda'(x)e^{-ax} = g(x) \quad \text{c'est-à-dire} \quad \lambda'(x) = g(x)e^{ax}.$$

méthode

Lorsque f désigne une fonction continue sur un intervalle I, on peut exprimer une primitive F de celle-ci à l'aide d'une intégrale :

$$F\colon x \mapsto \int_{x_0}^{x} f(t)\,dt \quad \text{pour } x_0 \text{ choisi arbitrairement dans } I.$$

En choisissant la primitive s'annulant en 0, la fonction λ déterminée par

$$\lambda(x) = \int_0^x g(t)e^{at}\,dt$$

convient [1].

La solution générale de l'équation différentielle sur $\mathbb{R}$ est

$$y(x) = \left(\int_0^x g(t)e^{at}\,dt + \lambda\right)e^{-ax} \quad \text{avec} \quad \lambda \in \mathbb{R}.$$

Parmi celles-ci, celle vérifiant la condition initiale $y(0) = 0$ est déterminée par $\lambda = 0$, c'est la fonction donnée par

$$y(x) = \left(\int_0^x g(t)e^{at}\,dt\right)e^{-ax} = \int_0^x g(t)e^{a(t-x)}\,dt.$$

1. Il importe de fixer la borne basse lors de l'expression de la primitive afin que la fonction λ soit explicite. Le choix de cette borne est arbitraire et sans conséquence sur la suite de l'étude.

Exercice 11 **

Soient $a \in \mathbb{R}^*$ et $\varphi\colon \mathbb{R} \to \mathbb{R}$ une fonction continue et périodique de période $T > 0$. On étudie l'équation différentielle

$$(E)\colon y' + ay = \varphi(t).$$

(a) Montrer que, si y est une solution sur $\mathbb{R}$ de l'équation, la fonction $t \mapsto y(t+T)$ l'est aussi.

(b) En déduire qu'une solution y est T-périodique si, et seulement si, $y(0) = y(T)$.

(c) Montrer que l'équation (E) admet une unique solution T-périodique.

Solution

(a) Notons $z\colon \mathbb{R} \to \mathbb{R}$ la fonction déterminée par la relation $z(t) = y(t+T)$. Par composition, la fonction z est dérivable sur $\mathbb{R}$ et, pour tout réel t,

$$z'(t) + az(t) = y'(t+T) + ay(t+T) = \varphi(t+T) = \varphi(t).$$

La fonction z est donc solution de (E) sur $\mathbb{R}$.

(b) Si y est T-périodique, on a évidemment $y(0) = y(T)$.

méthode

> Pour la réciproque, on montre que les fonctions $t \mapsto y(t)$ et $t \mapsto y(t+T)$ sont égales car solutions d'un même problème de Cauchy (Th. 4 p. 167).

Supposons $y(0) = y(T)$. Les fonctions $y\colon t \mapsto y(t)$ et $z\colon t \mapsto y(t+T)$ sont toutes deux solutions de l'équation différentielle (E) et vérifient la même condition initiale en 0 car $z(0) = y(T) = y(0)$. Par unicité de la solution à un problème de Cauchy, ces deux fonctions sont égales et la fonction y est T-périodique.

(c) La solution générale de l'équation homogène est $y_h(t) = \lambda \mathrm{e}^{-at}$ avec $\lambda \in \mathbb{R}$. Si y_p désigne une solution particulière, la solution générale de l'équation (E) sur $\mathbb{R}$ s'exprime

$$y(t) = y_p(t) + \lambda \mathrm{e}^{-at} \quad \text{avec} \quad \lambda \in \mathbb{R}.$$

Pour une telle fonction, on a $y(T) = y(0)$ si, et seulement si,

$$y_p(T) + \lambda \mathrm{e}^{-aT} = y_p(0) + \lambda \quad \text{c'est-à-dire} \quad \lambda\big(\mathrm{e}^{-aT} - 1\big) = y_p(0) - y_p(T).$$

Sachant $\mathrm{e}^{-aT} \neq 1$, cette équation possède une unique solution λ et il existe donc une unique solution T-périodique à l'équation (E).

Exercice 12 ***

Soit $f\colon \mathbb{R} \to \mathbb{R}$ une fonction dérivable.

(a) On suppose que la fonction f est paire. Étudier la parité de la fonction g définie sur $\mathbb{R}$ par $g(x) = f'(x) - xf(x)$.

(b) Étudier la réciproque.

(c) Mêmes questions avec la fonction h définie sur $\mathbb{R}$ par $h(x) = xf'(x) - 2f(x)$.

Solution

(a) Si la fonction f est paire, sa dérivée f' est impaire. Aussi, la fonction $x \mapsto xf(x)$ est impaire. On en déduit l'imparité de la fonction g.

(b) Supposons la fonction g impaire.

méthode

La fonction f est solution de l'équation différentielle $y' - xy = g(x)$.

Introduisons, la fonction $\check{f}$ définie sur $\mathbb{R}$ par $\check{f}(x) = f(-x)$. La fonction $\check{f}$ est dérivable avec $\check{f}'(x) = -f'(-x)$ pour tout réel x et donc

$$\check{f}'(x) - x\check{f}(x) = -\big(f'(-x) - (-x)f(-x)\big) = -g(-x) \underset{g \text{ est impaire}}{=} g(x).$$

Au surplus, $\check{f}(0) = f(0)$. Les fonctions f et $\check{f}$ sont donc solutions d'un même problème de Cauchy associé à l'équation différentielle $y' - xy = g(x)$. Par unicité de la solution à un tel problème, on peut conclure $f = \check{f}$. Ainsi, la fonction f est paire.

(c) Si la fonction f est paire alors la fonction h l'est aussi. La réciproque n'est cependant pas vraie. Pour la fonction dérivable $f\colon x \mapsto x|x|$, on a pour tout x réel, $f'(x) = 2|x|$ puis $h(x) = 0$. La fonction h est paire mais f ne l'est pas.

Exercice 13 ***

Soient a_1, a_2 et b_1, b_2 des fonctions continues de I vers $\mathbb{R}$. On considère les équations différentielles :

$$(E_1)\colon y' + a_1(x)y = b_1(x) \quad \text{et} \quad (E_2)\colon y' + a_2(x)y = b_2(x).$$

(a) À quelle(s) condition(s) ces équations différentielles déterminent-elles les mêmes fonctions solutions ?

(b) À quelle(s) condition(s) ces équations différentielles possèdent-elles au moins deux fonctions solutions en commun ?

Solution

(a) Supposons que les équations différentielles (E_1) et (E_2) déterminent les mêmes fonctions solutions.

Soit $x_0 \in I$. En vertu du Th. 4 p. 167, il existe une solution y à l'équation (E_1) vérifiant la condition initiale $y(x_0) = 0$. Cette fonction y étant solution des équations (E_1) et (E_2) on a simultanément

$$y'(x_0) = b_1(x_0) \quad \text{et} \quad y'(x_0) = b_2(x_0).$$

Ce raisonnement pouvant être mené pour tout x_0 appartenant à I, on peut affirmer que les fonctions b_1 et b_2 sont égales. Montrons qu'il en est de même des fonctions a_1 et a_2.

Soient $x_0 \in I$ et y la solution de l'équation (E_1) vérifiant la condition initiale $y(x_0) = 1$. On a simultanément

$$y'(x_0) + a_1(x_0) \times 1 = b_1(x_0) \quad \text{et} \quad y'(x_0) + a_2(x_0) \times 1 = b_2(x_0) = b_1(x_0).$$

On en déduit $a_1(x_0) = a_2(x_0)$ et l'on peut conclure que les fonctions a_1 et a_2 sont égales.

La réciproque étant immédiate, on peut affirmer que les équations (E_1) et (E_2) définissent les mêmes fonctions solutions si, et seulement si, elles sont identiques.

(b) **méthode**

> La connaissance de deux solutions d'une équation différentielle linéaire du premier ordre suffit à les déterminer toutes.

Soient y_1 et y_2 deux solutions distinctes d'une équation différentielle linéaire du premier ordre définie sur I

$$(E)\colon y' + a(x)y = b(x).$$

Pour tout $x \in I$, on a

$$(y_1 - y_2)'(x) + a(x)\big(y_1(x) - y_2(x)\big) = \big(y_1'(x) + a(x)y_1(x)\big) - \big(y_2'(x) + a(x)y_2(x)\big) = 0.$$

La fonction $y_1 - y_2$ est donc solution non nulle de l'équation homogène. Puisque les solutions de l'équation homogène s'expriment

$$y_h(x) = \lambda \mathrm{e}^{-A(x)} \quad \text{avec } \lambda \text{ parcourant } \mathbb{R} \text{ et } A \text{ une primitive fixée de } a$$

la fonction $y_1 - y_2$ est de cette forme pour un certain λ non nul.

La solution générale de l'équation homogène peut alors s'exprimer

$$y(x) = \mu(y_1 - y_2)(x) \quad \text{avec} \quad \mu \in \mathbb{R}.$$

Au surplus, y_1 est solution particulière de (E) et la solution générale de (E) s'écrit

$$y(x) = y_1(x) + \mu(y_1 - y_2)(x) \quad \text{avec} \quad \mu \in \mathbb{R}.$$

En conséquence, si les équations (E_1) et (E_2) ont deux solutions distinctes en commun, elles possèdent exactement les mêmes fonctions solutions et sont alors identiques.

5.4.3 Équations linéaires du second ordre à coefficients constants

Exercice 14 *

Déterminer les fonctions complexes solutions sur $\mathbb{R}$ de l'équation différentielle

$$(E)\colon\ y'' - (1+3\mathrm{i})y' - 4y = 0.$$

Solution

méthode

Une équation différentielle à coefficients constants complexes se résout par la même démarche qu'une équation à coefficients réels.

L'équation (E) est une équation différentielle linéaire homogène du second ordre à coefficients constants définie sur $\mathbb{R}$ et d'équation caractéristique

$$r^2 - (1+3\mathrm{i})r - 4 = 0$$

de discriminant $\Delta = 8 + 6\mathrm{i}$. On détermine [1] une racine carrée $\delta = 3 + \mathrm{i}$ de Δ et l'on peut alors exprimer les deux racines de l'équation caractéristique $\alpha = -1 + \mathrm{i}$ et $\beta = 2 + 2\mathrm{i}$.

La solution générale de l'équation (E) sur $\mathbb{R}$ s'écrit alors

$$y(x) = \lambda \mathrm{e}^{(-1+\mathrm{i})x} + \mu \mathrm{e}^{2(1+\mathrm{i})x} \quad \text{avec} \quad (\lambda, \mu) \in \mathbb{C}^2.$$

Exercice 15 *

Soit ω un réel strictement positif.

Exprimer simplement la solution générale de l'équation $y'' - \omega^2 y = 0$ à l'aide des fonctions hyperboliques ch et sh.

Solution

Il s'agit d'une équation différentielle linéaire homogène du second ordre à coefficients constants définie sur $\mathbb{R}$ et d'équation caractéristique $r^2 - \omega^2 = 0$ de racines distinctes $\pm\omega$. La solution générale de cette équation s'exprime

$$y(x) = \lambda \mathrm{e}^{\omega x} + \mu \mathrm{e}^{-\omega x} \quad \text{avec} \quad (\lambda, \mu) \in \mathbb{R}^2.$$

méthode

On exprime $\mathrm{e}^{\omega x}$ et $\mathrm{e}^{-\omega x}$ à l'aide des fonctions hyperboliques par les identités

$$\mathrm{e}^{\omega x} = \mathrm{ch}(\omega x) + \mathrm{sh}(\omega x) \quad \text{et} \quad \mathrm{e}^{-\omega x} = \mathrm{ch}(\omega x) - \mathrm{sh}(\omega x).$$

La solution générale de l'équation différentielle s'exprime aussi

$$y(x) = \underbrace{(\lambda + \mu)}_{=\alpha} \mathrm{ch}(\omega x) + \underbrace{(\lambda - \mu)}_{=\beta} \mathrm{sh}(\omega x) \quad \text{avec} \quad (\lambda, \mu) \in \mathbb{R}^2.$$

1. Voir méthode du sujet 10 p. 106.

Or le couple (λ, μ) parcourant $\mathbb{R}^2$, le couple (α, β) parcourt aussi $\mathbb{R}^2$. En effet, pour (α, β) arbitrairement choisi dans $\mathbb{R}^2$, le couple $(\lambda, \mu) = \left(\frac{\alpha+\beta}{2}, \frac{\alpha-\beta}{2}\right)$ vérifie $\lambda + \mu = \alpha$ et $\lambda - \mu = \beta$.

On peut donc exprimer la solution générale de l'équation sur $\mathbb{R}$ sous la forme

$$y(x) = \alpha \operatorname{ch}(\omega x) + \beta \operatorname{sh}(\omega x) \quad \text{avec} \quad (\alpha, \beta) \in \mathbb{R}^2.$$

Exercice 16 *

Résoudre sur $\mathbb{R}$ l'équation différentielle

$$(E)\colon y'' + y' + y = 1 + 2\mathrm{e}^{-2x}.$$

Solution

L'équation (E) est une équation différentielle linéaire homogène du second ordre à coefficients constants définie sur $\mathbb{R}$ et d'équation caractéristique

$$r^2 + r + 1 = 0$$

dont les solutions sont les racines troisièmes de l'unité $j = \mathrm{e}^{2\mathrm{i}\pi/3} = -\frac{1}{2} + \mathrm{i}\frac{\sqrt{3}}{2}$ et $j^2 = \bar{j}$.

La solution générale de l'équation homogène s'exprime

$$y_h(x) = \left(\lambda \cos\left(\frac{\sqrt{3}}{2}x\right) + \mu \sin\left(\frac{\sqrt{3}}{2}x\right)\right)\mathrm{e}^{-x/2} \quad \text{avec} \quad (\lambda, \mu) \in \mathbb{R}^2.$$

méthode

Lorsque le second membre $f(x)$ s'exprime comme une somme $f_1(x) + f_2(x)$, on peut déterminer une solution particulière par la somme des solutions particulières que l'on obtient lorsque les seconds membres sont $f_1(x)$ et $f_2(x)$: c'est le *principe de superposition*.

La fonction donnée par $y_1(x) = 1$ est solution particulière de l'équation $y'' + y' + y = 1$.

On détermine une solution de l'équation $y'' + y' + y = 2\mathrm{e}^{-2x}$ de la forme $y_2(x) = C\mathrm{e}^{-2x}$ avec C solution de l'équation $4C - 2C + C = 2$ ce qui donne $C = 2/3$.

Par le principe de superposition, la solution générale de (E) sur $\mathbb{R}$ s'exprime

$$y(x) = 1 + \frac{2}{3}\mathrm{e}^{-2x} + \left(\lambda \cos\left(\frac{\sqrt{3}}{2}x\right) + \mu \sin\left(\frac{\sqrt{3}}{2}x\right)\right)\mathrm{e}^{-x/2} \quad \text{avec} \quad (\lambda, \mu) \in \mathbb{R}^2.$$

Exercice 17 *

Déterminer les solutions réelles sur $\mathbb{R}$ des équations différentielles suivantes :

(a) $y'' + 2y' + 2y = \sin(x)$ (b) $y'' + y = 2\cos^2(x)$.

Solution

(a) Il s'agit d'une équation différentielle linéaire d'ordre 2 à coefficients constants définie sur $\mathbb{R}$ et d'équation caractéristique $r^2 + 2r + 2 = 0$ de racines $-1 \pm \mathrm{i}$.

La solution générale de l'équation homogène est

$$y_h(x) = \big(\lambda\cos(x) + \mu\sin(x)\big)\mathrm{e}^{-x} \quad \text{avec} \quad (\lambda, \mu) \in \mathbb{R}^2.$$

méthode

On détermine une solution particulière en considérant la partie imaginaire d'une solution de l'équation complexe $z'' + 2z' + 2z = \mathrm{e}^{\mathrm{i}x}$.

On détermine une solution particulière de l'équation $z'' + 2z' + 2z = \mathrm{e}^{\mathrm{i}x}$ de la forme $C\mathrm{e}^{\mathrm{i}x}$ avec C solution de l'équation

$$\mathrm{i}^2 C + 2\mathrm{i}C + 2C = 1 \quad \text{c'est-à-dire} \quad C = \frac{1}{1+2\mathrm{i}} = \frac{1-2\mathrm{i}}{1-2\mathrm{i}} \cdot \frac{1}{1+2\mathrm{i}} = \frac{1-2\mathrm{i}}{5}.$$

La partie imaginaire de $C\mathrm{e}^{\mathrm{i}x}$ détermine une solution particulière de l'équation initiale

$$y_p(x) = \mathrm{Im}\left(\frac{1-2\mathrm{i}}{5}\mathrm{e}^{\mathrm{i}x}\right) = \frac{1}{5}\sin(x) - \frac{2}{5}\cos(x).$$

Finalement, la solution générale de l'équation sur $\mathbb{R}$ est

$$y(x) = \frac{1}{5}\sin(x) - \frac{2}{5}\cos(x) + \big(\lambda\cos(x) + \mu\sin(x)\big)\mathrm{e}^{-x} \quad \text{avec} \quad (\lambda, \mu) \in \mathbb{R}^2.$$

(b) Il s'agit d'une équation différentielle linéaire d'ordre 2 à coefficients constants définie sur $\mathbb{R}$ et d'équation caractéristique $r^2 + 1 = 0$ de racines $\pm\mathrm{i}$.

La solution générale de l'équation homogène est

$$y_h(x) = \lambda\cos(x) + \mu\sin(x) \quad \text{avec} \quad (\lambda, \mu) \in \mathbb{R}^2.$$

méthode

Pour exprimer une solution particulière, on linéarise le second membre.

Par la formule $\cos(2a) = 2\cos^2(a) - 1$, on peut écrire $2\cos^2(x) = 1 + \cos(2x)$.

La fonction donnée par $y_1(x) = 1$ est solution particulière de l'équation au second membre 1. En introduisant l'équation complexe $z'' + z = \mathrm{e}^{2\mathrm{i}x}$, on détermine une solution particulière de l'équation au second membre $\cos(2x)$ en considérant la partie réelle de $C\mathrm{e}^{2\mathrm{i}x}$ avec $-4C + C = 1$ ce qui donne $C = -1/3$. Cette solution particulière est

$$y_2(x) = \mathrm{Re}\left(-\frac{1}{3}\mathrm{e}^{2\mathrm{i}x}\right) = -\frac{1}{3}\cos(2x).$$

Finalement, la solution générale de l'équation sur $\mathbb{R}$ est

$$y(x) = 1 - \frac{1}{3}\cos(2x) + \lambda\cos(x) + \mu\sin(x) \quad \text{avec} \quad (\lambda, \mu) \in \mathbb{R}^2.$$

Exercice 18 *

Résoudre sur $\mathbb{R}$ l'équation différentielle

$$(E) : y'' + 2y' + y = 2\,\mathrm{ch}(x).$$

Solution

L'équation (E) est une équation différentielle linéaire du second ordre à coefficients constants définie sur $\mathbb{R}$ et d'équation caractéristique $(r+1)^2 = 0$ de racine double -1. La solution générale de l'équation homogène s'exprime

$$y_h(x) = (\lambda x + \mu)\mathrm{e}^{-x} \quad \text{avec} \quad (\lambda, \mu) \in \mathbb{R}^2.$$

méthode

Le second membre de l'équation se décompose $2\,\mathrm{ch}(x) = \mathrm{e}^x + \mathrm{e}^{-x}$. On détermine une solution particulière pour chacun des deux termes et l'on applique le principe de superposition.

Pour le second membre e^x, on peut trouver une solution particulière de la forme $C\mathrm{e}^x$ avec $C + 2C + C = 1$ ce qui donne $C = 1/4$.

Pour le second membre e^{-x}, on recherche une solution particulière de la forme $Cx^2\mathrm{e}^{-x}$ car -1 est racine double de l'équation caractéristique (Th. 8 p. 169). En injectant cette expression dans l'équation différentielle, la constante est déterminée par $2C = 1$ ce qui donne $C = 1/2$.

Finalement, la solution générale de l'équation (E) sur $\mathbb{R}$ est

$$y(x) = \frac{1}{4}\mathrm{e}^x + \frac{1}{2}x^2\mathrm{e}^{-x} + (\lambda x + \mu)\mathrm{e}^{-x} \quad \text{avec} \quad (\lambda, \mu) \in \mathbb{R}^2.$$

Exercice 19 ** (Oscillateur linéaire forcé)

Soient ω, ω_0, A et y_0 des réels strictement positifs.

Exprimer la solution générale de l'équation différentielle

$$y'' + \omega^2 y = A\cos(\omega_0 x).$$

Solution

Il s'agit d'une équation différentielle linéaire d'ordre 2 à coefficients constants définie sur $\mathbb{R}$ et d'équation caractéristique $r^2 + \omega^2 = 0$ de racines distinctes $\pm \mathrm{i}\omega$.

La solution générale de l'équation homogène est donc

$$y_h(x) = \lambda\cos(\omega x) + \mu\sin(\omega x) \quad \text{avec} \quad (\lambda, \mu) \in \mathbb{R}^2.$$

On détermine une solution particulière en introduisant l'équation complexe

$$z'' + \omega^2 z = A\mathrm{e}^{\mathrm{i}\omega_0 x}.$$

méthode

On distingue le cas général $\omega_0 \neq \omega$ du cas de résonance $\omega_0 = \omega$.

Lorsque $\omega_0 \neq \omega$, une solution particulière de cette équation complexe est de la forme $C\mathrm{e}^{\mathrm{i}\omega_0 x}$ avec C solution de l'équation

$$-\omega_0^2 C + \omega^2 C = A \quad \text{c'est-à-dire} \quad C = \frac{A}{\omega^2 - \omega_0^2}.$$

Une solution particulière de l'équation initiale est alors

$$y_p(x) = \mathrm{Re}\big(C\mathrm{e}^{\mathrm{i}\omega_0 x}\big) = \frac{A}{\omega^2 - \omega_0^2}\cos(\omega_0 x)$$

et la solution générale de l'équation différentielle sur $\mathbb{R}$ s'exprime

$$y(x) = \frac{A}{\omega^2 - \omega_0^2}\cos(\omega_0 x) + \lambda\cos(\omega x) + \mu\sin(\omega x) \quad \text{avec} \quad (\lambda, \mu) \in \mathbb{R}^2.$$

Lorsque $\omega_0 = \omega$, une solution particulière de l'équation en z est à rechercher de la forme $Cx\mathrm{e}^{\mathrm{i}\omega x}$ car $\mathrm{i}\omega$ est racine simple de l'équation caractéristique (Th. 8 p. 169). En injectant, cette expression dans l'équation, la constante C est déterminée par l'équation

$$2\mathrm{i}\omega C = A \quad \text{c'est-à-dire} \quad C = -\mathrm{i}\frac{A}{2\omega}.$$

Une solution particulière de l'équation initiale est alors

$$y_p(x) = \mathrm{Re}\big(Cx\mathrm{e}^{\mathrm{i}\omega x}\big) = \frac{A}{2\omega}x\sin(\omega x).$$

La solution générale de l'équation sur $\mathbb{R}$ s'exprime alors

$$y(x) = \frac{A}{2\omega}x\sin(\omega x) + \lambda\cos(\omega x) + \mu\sin(\omega x) \quad \text{avec} \quad (\lambda, \mu) \in \mathbb{R}^2.$$

Exercice 20 **

On veut déterminer les fonctions y deux fois dérivables sur $\mathbb{R}$ vérifiant [1] :

$$y''(x) + 2xy'(x) + x^2 y(x) = 0 \quad \text{pour tout } x \in \mathbb{R}.$$

(a) Soient y une fonction deux fois dérivable sur $\mathbb{R}$ et z la fonction définie sur $\mathbb{R}$ par

$$z(x) = y(x)\mathrm{e}^{x^2/2}.$$

Montrer que y est solution du problème posé si, et seulement si, z est solution d'une équation différentielle simple que l'on précisera.

(b) Déterminer les fonctions y solutions du problème posé.

1. Il s'agit ici de résoudre une équation différentielle linéaire du second ordre *qui n'est pas à coefficients constants*. L'introduction d'une équation caractéristique n'est pas contextuelle. Des éléments de résolution de ces équations seront présentés en seconde année.

Solution

(a) **méthode**

> On exprime les dérivées de z en fonction des dérivées de y et l'on combine celles-ci pour faire apparaître l'équation étudiée [1].

La fonction z est deux fois dérivable et, pour tout x réel, on obtient par dérivation de produits

$$z'(x) = \big(y'(x) + xy(x)\big)\mathrm{e}^{x^2/2} \quad \text{et} \quad z''(x) = \big(y''(x) + 2xy'(x) + x^2y(x) + y(x)\big)\mathrm{e}^{x^2/2}.$$

On a donc

$$y''(x) + 2xy'(x) + x^2y(x) = \big(z''(x) - z(x)\big)\mathrm{e}^{-x^2/2}.$$

Ainsi, la fonction y est solution du problème posé si, et seulement si, z est solution de l'équation différentielle $z'' - z = 0$.

(b) L'équation en z est une équation différentielle linéaire homogène d'ordre 2 à coefficients constants définie sur $\mathbb{R}$ et d'équation caractéristique $r^2 - 1$ de racines 1 et -1. La solution générale de l'équation en z est

$$z(x) = \lambda\mathrm{e}^{x} + \mu\mathrm{e}^{-x} \quad \text{avec} \quad (\lambda, \mu) \in \mathbb{R}^2.$$

Puisque $y(x) = z(x)\mathrm{e}^{-x^2/2}$, on obtient directement l'expression de la solution générale du problème posé

$$y(x) = \lambda\mathrm{e}^{x-\frac{x^2}{2}} + \mu\mathrm{e}^{-x-\frac{x^2}{2}} \quad \text{avec} \quad (\lambda, \mu) \in \mathbb{R}^2.$$

Exercice 21 **

Soient a un réel et $f : \mathbb{R} \to \mathbb{R}$ une fonction paire.

Montrer que pour chaque $y_0 \in \mathbb{R}$, il existe une unique fonction paire solution de l'équation différentielle $y'' + ay = f(x)$ et vérifiant $y(0) = y_0$.

Solution

Si y est une fonction paire dérivable, sa dérivée est une fonction impaire et donc $y'(0) = 0$. Une fonction solution du problème posé est donc solution du problème de Cauchy

$$\begin{cases} y'' + ay = f(x) \\ y(0) = y_0 \text{ et } y'(0) = 0. \end{cases}$$

Cela assure déjà l'unicité d'une telle solution (Th. 9 p. 169). Inversement, vérifions que la solution y de ce problème de Cauchy est bien une fonction paire.

méthode

> On vérifie que la fonction $z\colon x \mapsto y(-x)$ est solution du même problème de Cauchy.

1. On peut aussi calculer les dérivées de y en fonction de celles de z et simplement substituer dans l'équation étudiée.

La fonction z proposée est deux fois dérivable avec, pour tout x réel, $z'(x) = -y'(-x)$ et $z''(x) = y''(-x)$. Pour tout réel x, on a donc

$$z''(x) + az(x) = y''(-x) + ay(-x) = f(-x) \underset{f \text{ est paire}}{=} f(x).$$

Au surplus, $z(0) = y(0) = y_0$ et $z'(0) = -y'(0) = 0$. La fonction z est donc solution du problème de Cauchy définissant y. Par unicité d'une telle solution, on peut conclure à l'égalité des fonctions z et y. Autrement dit, la fonction y est paire.

Exercice 22 ***

Déterminer les couples $(a, b) \in \mathbb{R}^2$ tels que les solutions de l'équation différentielle $y'' + ay' + by = 0$ soient toutes bornées sur $\mathbb{R}_+$.

Solution

L'équation étudiée est une équation différentielle linéaire homogène d'ordre 2 à coefficients constants d'équation caractéristique $r^2 + ar + b = 0$ de discriminant $\Delta = a^2 - 4b$.

méthode

Selon le signe de Δ, on décrit la solution générale et l'on étudie dans quels cas celle-ci est assurément bornée sur $\mathbb{R}_+$.

Cas : $\Delta > 0$. L'équation caractéristique possède deux racines réelles α et β et la solution générale de l'équation est de la forme

$$y(x) = \lambda e^{\alpha x} + \mu e^{\beta x} \quad \text{avec} \quad (\lambda, \mu) \in \mathbb{R}^2.$$

Cette solution est bornée pour toute valeur du couple (λ, μ) si, et seulement si, les racines α et β sont négatives ou nulles.

méthode

La somme et le produit des racines de l'équation $r^2 + ar + b = 0$ sont [1] respectivement $-a$ et b.

Les racines α et β sont négatives ou nulles lorsque leur produit $b = \alpha\beta$ est positif (les racines ont même signe) et que leur somme $-a = \alpha + \beta$ est négative, soit $(a, b) \in \mathbb{R}_+^2$.

Cas : $\Delta = 0$ (donc $b \geqslant 0$). L'équation caractéristique possède une racine double α égale à $-a/2$ et la solution générale de l'équation s'exprime

$$y(x) = (\lambda x + \mu)e^{\alpha x} \quad \text{avec} \quad (\lambda, \mu) \in \mathbb{R}^2.$$

Cette solution est bornée pour toute valeur de (λ, μ) si, et seulement si, α est strictement négatif, soit $a > 0$.

Cas : $\Delta < 0$ (donc $b > 0$). L'équation caractéristique possède deux racines complexes conjuguées $\alpha \pm i\omega$ avec $\alpha = -a/2$ et la solution générale de l'équation est

$$y(x) = \big(\lambda \cos(\omega x) + \mu \sin(\omega x)\big)e^{\alpha x} \quad \text{avec} \quad (\lambda, \mu) \in \mathbb{R}^2.$$

1. Il suffit de développer $(r - \alpha)(r - \beta)$ pour s'en convaincre !

Cette solution est bornée pour toute valeur de (λ, μ) si, et seulement si, α est négatif ou nul, soit $a \geqslant 0$.

En résumé, les solutions de l'équation $y'' + ay' + by = 0$ sont toutes bornées sur $\mathbb{R}_+$ si, et seulement si, $a \geqslant 0$, $b \geqslant 0$ et $(a, b) \neq (0, 0)$.

5.4.4 Problèmes liés à la résolution d'une équation différentielle

Exercice 23 *

Déterminer les fonctions réelles f dérivables sur $\mathbb{R}$ telles que

$$f'(x) = f(-x) \quad \text{pour tout } x \in \mathbb{R}.$$

Solution

méthode

> On analyse l'équation vérifiée par f afin de déterminer « la forme » des solutions possibles.

Soit f une fonction solution. La dérivée de f est dérivable sur $\mathbb{R}$ car la fonction $x \mapsto f(-x)$ l'est par composition. Ainsi, la fonction f est deux fois dérivable avec, pour tout x réel,

$$f''(x) = -f'(-x) = -f(x).$$

La fonction f est donc solution de l'équation différentielle $y'' + y = 0$. La solution générale de cette équation[1] sur $\mathbb{R}$ s'exprime

$$y(x) = \lambda\cos(x) + \mu\sin(x) \quad \text{avec} \quad (\lambda, \mu) \in \mathbb{R}^2.$$

Ainsi, les solutions du problème posé figurent parmi les fonctions décrites ci-dessus. Il reste à vérifier[2] lesquelles, parmi ces fonctions, sont effectivement solutions.

Soient $(\lambda, \mu) \in \mathbb{R}^2$ et $f : \mathbb{R} \to \mathbb{R}$ définie par $f(x) = \lambda\cos(x) + \mu\sin(x)$. La fonction f est dérivable et, pour tout x réel,

$$f'(x) - f(-x) = (\mu - \lambda)\big(\cos(x) + \sin(x)\big).$$

Par conséquent, la fonction f est solution si, et seulement si, $\mu = \lambda$.

Finalement, les fonctions f solutions s'expriment[3]

$$f(x) = \lambda\big(\cos(x) + \sin(x)\big) \quad \text{avec} \quad \lambda \in \mathbb{R}.$$

Exercice 24 **

Déterminer toutes les fonctions $f : \mathbb{R} \to \mathbb{C}$ dérivables vérifiant

$$f(s+t) = f(s)f(t) \quad \text{pour tout } (s, t) \in \mathbb{R}^2.$$

1. Voir sujet 4 p. 172.
2. Dans l'étude qui précède, il y a eu rupture d'équivalence lors de la dérivation : cela peut entraîner l'apparition de « fausses solutions » d'où la nécessité d'une vérification.
3. Ou encore $f(x) = \alpha\cos(x - \pi/4)$ avec $\alpha \in \mathbb{R}$.

Solution

méthode

On dérive l'égalité en l'un des deux paramètres.

Soit $s \in \mathbb{R}$ fixé. Par dérivation[1] en le paramètre t des deux membres de l'équation $f(s+t) = f(s)f(t)$, on obtient

$$f'(s+t) = f(s)f'(t).$$

En particulier, pour $t = 0$, il vient $f'(s) = f'(0)f(s)$. La fonction f apparaît donc être solution d'une équation différentielle du type $y' = ay$ avec a un nombre complexe. La solution générale de cette équation différentielle s'exprime

$$y(x) = \lambda \mathrm{e}^{ax} \quad \text{avec} \quad \lambda \in \mathbb{C}.$$

Ainsi, la fonction f est de cette forme.

Inversement[2], une fonction f s'exprimant $f(x) = \lambda \mathrm{e}^{ax}$ avec a et λ complexes, vérifie l'équation proposée si, et seulement si, pour tout $(s,t) \in \mathbb{R}^2$,

$$\underbrace{\lambda \mathrm{e}^{a(s+t)}}_{\lambda \mathrm{e}^{as}\mathrm{e}^{at}} = \underbrace{\lambda \mathrm{e}^{as} \times \lambda \mathrm{e}^{at}}_{=\lambda^2 \mathrm{e}^{as}\mathrm{e}^{at}} \quad \text{c'est-à-dire} \quad \lambda^2 = \lambda.$$

La fonction f sera donc solution si, et seulement si, $\lambda = 0$ ou $\lambda = 1$.

Finalement, en dehors de la fonction nulle, les solutions sont les fonctions $x \mapsto \mathrm{e}^{ax}$ avec a un nombre complexe.

Exercice 25 **

Déterminer les fonctions $f \colon [0\,;1] \to \mathbb{R}$ dérivables telles que

$$f'(x) - f(x) = f(0) + f(1) \quad \text{pour tout } x \in [0\,;1].$$

Solution

L'équation étudiée ne correspond pas à une équation différentielle car le second membre dépend de la fonction inconnue.

méthode

On analyse une fonction solution en observant qu'elle satisfait une équation différentielle $y' - y = C$ pour une certaine constante C.

Soit f une fonction solution. Introduisons $C = f(0) + f(1)$. La fonction f est solution de l'équation différentielle $y' - y = C$ dont la solution générale s'exprime

$$y(x) = \lambda \mathrm{e}^{x} - C \quad \text{avec} \quad \lambda \in \mathbb{R}.$$

1. La dérivation a lieu en la variable t pour s fixé : on ne dérive pas en les deux variables en même temps !

2. Le raisonnement qui précède n'étant pas mené par équivalences, une vérification s'impose.

En résumé, si f est solution, il existe deux constantes réelles C et λ telles que, pour tout x de $[0\,;1]$,

$$f(x) = \lambda e^x - C.$$

Inversement, considérons f une fonction comme ci-dessus. Celle-ci est dérivable et l'on a

$$\forall x \in [0\,;1], \quad f'(x) - f(x) = C \quad \text{et} \quad f(0) + f(1) = \lambda(1+e) - 2C.$$

Cette fonction est donc solution du problème posé si, et seulement si,

$$C = \lambda(1+e) - 2C.$$

Après résolution, la condition s'exprime

$$C = \lambda\frac{(1+e)}{3}.$$

Finalement, les solutions cherchées sont les fonctions [1]

$$f : x \mapsto \lambda\left(e^x - \frac{1+e}{3}\right) \quad \text{avec} \quad \lambda \in \mathbb{R}.$$

5.5 Exercices d'approfondissement

Exercice 26 *

Former une équation différentielle linéaire du premier ordre dont les fonctions solutions sont les fonctions $f_\lambda : \mathbb{R} \to \mathbb{R}$ données par

$$f_\lambda(x) = \frac{x+\lambda}{1+x^2} \quad \text{avec} \quad \lambda \in \mathbb{R}.$$

Solution

méthode

‖ On exprime la constante λ en fonction de f et l'on dérive.

Pour tout x réel, on peut écrire

$$(1+x^2)f_\lambda(x) - x = \lambda.$$

En dérivant, on obtient

$$(1+x^2)f'_\lambda(x) + 2xf_\lambda(x) - 1 = 0.$$

1. Ces fonctions constituent un sous-espace vectoriel de l'espace des fonctions dérivables de $[0\,;1]$ vers $\mathbb{R}$ ce qui pouvait être attendu en interprétant la résolution de l'équation comme la détermination du noyau de l'application linéaire $\varphi : f \mapsto f' - f - f(0) - f(1)$.

Les fonctions f_λ sont donc solutions sur $\mathbb{R}$ de l'équation différentielle

$$(1+x^2)y' + 2xy - 1 = 0.$$

Inversement, en menant les calculs à rebours, une fonction f solution sur $\mathbb{R}$ de cette équation différentielle vérifie :

$$\frac{\mathrm{d}}{\mathrm{d}x}\Big((1+x^2)f(x) - x\Big) = 0$$

et correspond donc à l'une des fonctions f_λ.

Exercice 27 ** (Lemme de Grönwall)

Soient $a\colon [0\,;+\infty[\to \mathbb{R}$ une fonction continue à valeurs positives, A sa primitive s'annulant en 0 et $f\colon [0\,;+\infty[\to \mathbb{R}$ une fonction dérivable.

(a) On suppose que $f'(x) \leqslant a(x)f(x)$ pour tout $x \geqslant 0$. Montrer que

$$f(x) \leqslant f(0)\mathrm{e}^{A(x)} \quad \text{pour tout } x \in \mathbb{R}_+.$$

(b) On suppose

$$f(x) \leqslant f(0) + \int_0^x a(t)f(t)\,\mathrm{d}t \quad \text{pour tout } x \in \mathbb{R}_+.$$

Montrer de nouveau que

$$f(x) \leqslant f(0)\mathrm{e}^{A(x)} \quad \text{pour tout } x \in \mathbb{R}_+.$$

Solution

(a) **méthode**

> La solution générale de l'équation différentielle associée à l'inéquation est $f(x) = \lambda\mathrm{e}^{A(x)}$. On étudie alors les variations de la fonction $\lambda\colon x \mapsto f(x)\mathrm{e}^{-A(x)}$.

La fonction λ est définie et dérivable sur $[0\,;+\infty[$ avec, pour tout $x \geqslant 0$,

$$\lambda'(x) = \underbrace{\big(f'(x) - a(x)f(x)\big)}_{\leqslant 0}\mathrm{e}^{-A(x)} \leqslant 0.$$

La fonction λ est donc décroissante sur $\mathbb{R}_+$ et l'inégalité $\lambda(x) \leqslant \lambda(0)$ conduit à celle voulue.

(b) **méthode**

> On étudie la fonction $h\colon x \mapsto f(0) + \displaystyle\int_0^x a(t)f(t)\,\mathrm{d}t$.

Le terme intégral correspond à l'expression d'une primitive, la fonction h est donc dérivable sur $[0\,;+\infty[$ avec

$$h'(x) = a(x)f(x) \quad \text{pour tout } x \geqslant 0.$$

La fonction a étant positive, l'inégalité $f(x) \leqslant h(x)$ entraîne $h'(x) \leqslant a(x)h(x)$. L'étude qui précède donne alors

$$h(x) \leqslant h(0)\mathrm{e}^{A(x)} = f(0)\mathrm{e}^{A(x)} \quad \text{pour tout } x \geqslant 0$$

et il vient donc

$$f(x) \leqslant h(x) \leqslant f(0)\mathrm{e}^{A(x)} \quad \text{pour tout } x \geqslant 0.$$

Exercice 28 ***

Soient a un réel strictement positif et $f\colon [0\,;+\infty[\to \mathbb{R}$ une fonction de classe $\mathcal{C}^1$ telle que $f' + af$ tend vers 0 en $+\infty$. Montrer [1] que f est de limite nulle en $+\infty$.

Solution

méthode

En posant $g = f' + af$ et en résolvant l'équation $y' + ay = g$, on peut exprimer la fonction f à l'aide d'une intégrale dépendant de g.

L'équation différentielle $y' + ay = g$ est une équation différentielle linéaire du premier ordre. La solution générale de l'équation homogène s'exprime

$$y_h(x) = \lambda \mathrm{e}^{-ax} \quad \text{avec} \quad \lambda \in \mathbb{R}.$$

Par la méthode de la variation de la constante, on obtient une solution particulière y_p de la forme

$$y_p(x) = \lambda(x)\mathrm{e}^{-ax} \quad \text{avec} \quad \lambda'(x) = g(x)\mathrm{e}^{ax}.$$

Une fonction λ convenable peut alors être exprimée par une intégrale

$$\lambda(x) = \int_0^x g(t)\mathrm{e}^{at}\,\mathrm{d}t.$$

Finalement, la solution générale de l'équation $y' + ay = g$ sur $[0\,;+\infty[$ s'écrit

$$y(x) = \lambda \mathrm{e}^{-ax} + \mathrm{e}^{-ax}\int_0^x g(t)\mathrm{e}^{at}\,\mathrm{d}t.$$

En particulier, la fonction f est de cette forme. Il reste à étudier sa limite quand x tend vers $+\infty$.

Puisque le réel a est strictement positif, on a déjà

$$\lambda \mathrm{e}^{-ax} \xrightarrow[x\to+\infty]{} 0.$$

méthode

Pour montrer que le terme intégral est de limite nulle, on le coupe en deux afin de pouvoir exprimer par les ε que la fonction g est de limite nulle.

---

1. Pour cette résolution, on prend appui sur la définition formelle de la limite présentée p. 245.

Soit $\varepsilon > 0$. Puisque la fonction g est de limite nulle, il existe $A \in \mathbb{R}_+$ tel que $|g(x)| \leqslant \varepsilon$ pour tout $x \geqslant A$.

Pour $x \geqslant A$, on découpe l'intégrale en $t = A$

$$\mathrm{e}^{-ax} \int_0^x g(t)\mathrm{e}^{at}\,\mathrm{d}t = \mathrm{e}^{-ax} \int_0^A g(t)\mathrm{e}^{at}\,\mathrm{d}t + \int_A^x g(t)\mathrm{e}^{a(t-x)}\,\mathrm{d}t. \qquad (*)$$

D'une part, la première intégrale du second membre de $(*)$ apparaît comme une constante et donc

$$\underbrace{\mathrm{e}^{-ax}}_{\to 0} \int_0^A g(t)\mathrm{e}^{at}\,\mathrm{d}t \xrightarrow[x\to+\infty]{} 0.$$

Pour x assez grand, cette quantité est bornée par ε : il existe $A' \in \mathbb{R}_+$ tel que, pour tout x supérieur à A',

$$\left|\mathrm{e}^{-ax} \int_0^A g(t)\mathrm{e}^{at}\,\mathrm{d}t\right| \leqslant \varepsilon.$$

D'autre part, on peut borner[1] la seconde intégrale de $(*)$ en employant $|g(t)| \leqslant \varepsilon$

$$\begin{aligned}\left|\int_A^x g(t)\mathrm{e}^{a(t-x)}\,\mathrm{d}t\right| &\leqslant \int_A^x |g(t)|\mathrm{e}^{a(t-x)}\,\mathrm{d}t \leqslant \int_A^x \varepsilon\mathrm{e}^{a(t-x)}\,\mathrm{d}t \\ &\leqslant \varepsilon\left[\frac{\mathrm{e}^{a(t-x)}}{a}\right]_A^x = \frac{\varepsilon}{a}\left(1-\mathrm{e}^{a(A-x)}\right) \leqslant \frac{\varepsilon}{a}.\end{aligned}$$

Finalement, pour $x \geqslant \max(A, A')$, on obtient

$$\left|\mathrm{e}^{-ax} \int_0^x g(t)\mathrm{e}^{at}\,\mathrm{d}t\right| \leqslant \varepsilon + \frac{\varepsilon}{a} = C^{te}\varepsilon$$

et donc

$$\lim_{x\to+\infty} \mathrm{e}^{-ax} \int_0^x g(t)\mathrm{e}^{at}\,\mathrm{d}t = 0$$

car on a su exprimer (à un facteur multiplicatif constant devant ε) la définition quantifiée de la limite.

On peut alors conclure que f est de limite nulle en $+\infty$

1. On utilise ici l'inégalité triangulaire intégrale (Th. 3 p. 372).

CHAPITRE 6

Suites numériques

6.1 Compléments sur la droite réelle

6.1.1 Propriété de la borne supérieure

Définition

On appelle *borne supérieure*[1] d'une partie A de $\mathbb{R}$, lorsqu'elle existe, le plus petit des majorants de A. Celle-ci est notée $\sup(A)$.

Si une partie admet un plus grand élément, autrement dit, un maximum, celui-ci est borne supérieure de la partie. En revanche, une partie peut admettre une borne supérieure sans que celle-ci en soit élément[2].

La propriété qui suit est caractéristique de la droite réelle :

Théorème 1

Toute partie de $\mathbb{R}$ non vide et majorée admet une borne supérieure.

Aussi, et sous réserve d'existence, on définit la *borne inférieure*[3] $\inf(A)$ d'une partie A de $\mathbb{R}$ comme étant le plus grand des minorants de A. Il suffit qu'une partie de $\mathbb{R}$ soit non vide et minorée pour admettre une borne inférieure. Cette dernière n'est élément de la partie que s'il s'agit d'un minimum.

1. On parle aussi de *supremum*.
2. Une borne supérieure est un majorant qui « touche » la partie. Elle ne lui appartient que s'il s'agit d'un maximum.
3. Ou *infimum*.

6.1.2 Caractérisation des intervalles

Théorème 2
Une partie I de $\mathbb{R}$ est un intervalle si, et seulement si, elle satisfait la propriété :

$$\forall (a,b) \in I^2, \quad a < b \implies [a\,;b] \subset I.$$

Les intervalles de $\mathbb{R}$ correspondent aux parties « sans trous ». En particulier, $\mathbb{R}^*$ n'est pas un intervalle de $\mathbb{R}$.

Lorsqu'elle est finie, l'extrémité droite d'un intervalle détermine sa borne supérieure et même son plus grand élément s'il s'agit d'une extrémité fermée. Lorsqu'elle est finie, l'extrémité gauche détermine la borne inférieure voire le min.

6.2 Suites réelles

6.2.1 Définition

Définition
On appelle *suite réelle*, toute application $u\colon \mathbb{N} \to \mathbb{R}$. Pour $n \in \mathbb{N}$, la valeur $u(n)$, usuellement notée u_n, est appelée *terme d'indice* n de la suite. Une suite est indifféremment notée u, (u_n) ou $(u_n)_{n\in\mathbb{N}}$.

Une suite (u_n) peut être définie :
- explicitement, en donnant une expression de son terme général u_n ;
- implicitement, en définissant le terme u_n comme l'unique solution d'un problème dépendant du paramètre n ;
- par récurrence, en exprimant u_{n+1} en fonction d'un ou plusieurs termes de rangs inférieurs.

Plus généralement, si n_0 désigne un entier naturel, on parle encore de suite lorsque l'on considère une fonction $u\colon \{n \in \mathbb{N} \mid n \geqslant n_0\} \to \mathbb{R}$. Celle-ci est notée $(u_n)_{n\geqslant n_0}$.

Par commodité, la suite de l'étude est présentée dans le cas où $n_0 = 0$. On peut cependant généraliser aisément aux suites définies à partir d'un certain rang.

6.2.2 Constances

Définition
On dit qu'une suite $u = (u_n)$ est *constante* s'il existe $\lambda \in \mathbb{R}$ vérifiant $u_n = \lambda$ pour tout entier naturel n. Cette suite est alors dite *constante égale à* λ.

La *suite nulle* est la suite constante égale à 0.

Définition
On dit qu'une suite $u = (u_n)$ est *stationnaire* lorsqu'elle est constante à partir d'un certain rang. Cela signifie qu'il existe $\lambda \in \mathbb{R}$ et $N \in \mathbb{N}$ tels que $u_n = \lambda$ pour tout entier n supérieur à N.

6.2.3 Opérations

Définition

Soient $u = (u_n)$ et $v = (v_n)$ deux suites. On définit la *suite somme* $u + v$ et la *suite produit* uv par

$$(u + v)_n = u_n + v_n \quad \text{et} \quad (uv)_n = u_n v_n \quad \text{pour tout } n \in \mathbb{N}.$$

En particulier, on définit la suite λu en multipliant u par la suite constante égale à λ.

6.2.4 Monotonies

Définition

On dit qu'une suite réelle (u_n) est *croissante* si $u_n \leqslant u_{n+1}$ pour tout $n \in \mathbb{N}$.
Elle est dite *strictement croissante* lorsque $u_n < u_{n+1}$ pour tout $n \in \mathbb{N}$.

Mutatis mutandis, on définit les notions de suite *décroissante* voire *strictement décroissante*.

On peut parler aussi de monotonie à partir d'un certain rang : on dit que la suite (u_n) est croissante à partir du rang n_0 si la comparaison $u_n \leqslant u_{n+1}$ est vraie pour tout $n \geqslant n_0$.

6.2.5 « Bornitude »

Définition

On dit qu'une suite réelle (u_n) est *majorée* s'il existe $M \in \mathbb{R}$ vérifiant $u_n \leqslant M$ pour tout entier naturel n. Un tel réel M est alors appelé *majorant* de la suite (u_n).

La suite (u_n) est dite *minorée* s'il existe $m \in \mathbb{R}$ vérifiant $u_n \geqslant m$ pour tout entier naturel n. Un tel réel m est alors appelé *minorant* de la suite.

Définition

On dit qu'une suite (u_n) est *bornée* s'il existe $M \in \mathbb{R}$ vérifiant $|u_n| \leqslant M$ pour tout entier naturel n. On dit alors que M est une *borne* de la suite.

Théorème 3

Une suite réelle est bornée si, et seulement si, elle est minorée et majorée.

En pratique, pour montrer qu'une suite réelle est bornée, il est préférable de majorer la valeur absolue de u_n plutôt que d'encadrer le terme u_n, notamment parce que la valeur absolue rend les facteurs positifs ce qui permet de multiplier les inégalités.

6.3 Limite d'une suite réelle

6.3.1 Limites finies et infinies

Définition

On dit qu'une suite réelle $u = (u_n)$ *tend* vers un réel ℓ lorsque l'on a la propriété[1]

$$\forall \varepsilon > 0, \exists N \in \mathbb{N}, \forall n \in \mathbb{N}, \quad n \geqslant N \implies |u_n - \ell| \leqslant \varepsilon.$$

Le rang N à partir duquel $|u_n - \ell| \leqslant \varepsilon$ est susceptible de dépendre du choix de ε. On le note quelquefois N_ε afin de souligner cette dépendance.

L'inégalité $|u_n - \ell| \leqslant \varepsilon$ peut aussi s'écrire $\ell - \varepsilon \leqslant u_n \leqslant \ell + \varepsilon$: elle signifie que u_n est une valeur approchée de ℓ à ε près.

Théorème 4 (Unicité de la limite)
Si une suite (u_n) tend vers les nombres ℓ et ℓ' alors $\ell = \ell'$.

Définition

On dit qu'une suite réelle $u = (u_n)$ *tend* vers $+\infty$ lorsque l'on a la propriété[2]

$$\forall M \in \mathbb{R}, \exists N \in \mathbb{N}, \forall n \in \mathbb{N}, \quad n \geqslant N \implies u_n \geqslant M.$$

Mutatis mutandis, on définit qu'une suite tend vers $-\infty$ en remplaçant « $u_n \geqslant M$ » par « $u_n \leqslant M$ ».
Une suite réelle qui tend vers un réel ℓ ne peut tendre vers un infini. Plus précisément, lorsqu'il existe, il y a unicité de l'élément ℓ réel ou infini vers lequel une suite u peut tendre.

Définition

Lorsqu'une suite $u = (u_n)$ tend vers un élément ℓ, éventuellement infini, on écrit

$$u \to \ell, \quad u_n \to \ell \quad \text{ou} \quad u_n \xrightarrow[n\to+\infty]{} \ell.$$

Cet élément ℓ étant unique, on l'appelle la *limite* de la suite. Celle-ci est notée

$$\lim u, \quad \lim u_n \quad \text{ou} \quad \lim_{n\to+\infty} u_n.$$

6.3.2 Vocabulaire de convergence

Définition

On dit qu'une suite réelle *converge* lorsque celle-ci admet une limite finie ℓ. Sinon, on dit que la suite *diverge*.

Une suite réelle peut présenter trois comportements distincts :
— elle peut converger (c'est-à-dire admettre une limite finie) ;
— elle peut diverger vers un infini ;
— elle peut diverger sans posséder de limite.
La suite de terme général $(-1)^n$ est un exemple de suite entrant dans la dernière catégorie.

Théorème 5
Toute suite convergente est bornée.

La réciproque est fausse comme l'illustre la suite de terme général $(-1)^n$.

---

1. On peut proposer une définition équivalente avec les inégalités strictes « $n > N$ » au lieu de « $n \geqslant N$ » et/ou « $|u_n - \ell| < \varepsilon$ » au lieu de « $|u_n - \ell| \leqslant \varepsilon$ ».
2. On peut aussi proposer une définition en termes d'inégalités strictes.

6.3.3 Stabilité des inégalités larges par passage à la limite

Théorème 6

Soient (u_n) et (v_n) deux suites réelles vérifiant

$$u_n \leqslant v_n \quad \text{pour } n \text{ assez grand}^1.$$

Si les suites (u_n) et (v_n) admettent des limites finies[2] ℓ et ℓ' alors $\ell \leqslant \ell'$.

Ce résultat n'est pas vrai pour les inégalités strictes : par passage à la limite, les inégalités strictes deviennent larges.

6.3.4 Limites et opérations

Théorème 7

Soient (u_n) et (v_n) deux suites réelles.

Si les suites (u_n) et (v_n) admettent des limites finies ℓ et ℓ' alors

$$u_n + v_n \xrightarrow[n\to+\infty]{} \ell + \ell' \quad \text{et} \quad u_n v_n \xrightarrow[n\to+\infty]{} \ell\ell'.$$

Ce résultat se généralise aux limites infinies sous réserve de ne pas être confronté à une *forme indéterminée* : « $(+\infty) + (-\infty)$ », « $0 \times (+\infty)$ »,...

Théorème 8

Soit (u_n) une suite réelle.

Si la suite (u_n) admet une limite finie non nulle ℓ alors ses termes sont non nuls à partir d'un certain rang et

$$\frac{1}{u_n} \xrightarrow[n\to+\infty]{} \frac{1}{\ell}.$$

Si la suite (u_n) tend vers un infini, on peut encore définir la suite des inverses à partir d'un certain rang et affirmer que celle-ci tend vers 0. Si la suite (u_n) tend vers 0 et si ses termes sont strictement positifs[3] alors la suite des inverses tend vers $+\infty$.

Aussi, dans le chapitre suivant, il sera établi le résultat de composition suivant :

Théorème 9

Soient I un intervalle de $\mathbb{R}$ non vide et non réduit à un point et f une fonction continue définie de I vers $\mathbb{R}$.

Si (u_n) est une suite d'éléments de I convergeant vers $\ell \in I$ alors $\big(f(u_n)\big)$ converge vers $f(\ell)$.

---

1. Autrement dit, il existe $n_0 \in \mathbb{N}$ tel que $u_n \leqslant v_n$ pour tout $n \geqslant n_0$.
2. On peut aussi donner un sens à ce résultat lorsque les limites sont infinies.
3. Ou seulement strictement positifs à partir d'un certain rang.

6.3.5 Limites par comparaison

On peut justifier et calculer une limite par les théorèmes d'opérations qui précèdent. On peut aussi raisonner par comparaison à l'aide des résultats qui suivent :

Théorème 10 (Convergence par encadrement[1])
Soient (a_n), (b_n) et (u_n) trois suites réelles vérifiant

$$a_n \leqslant u_n \leqslant b_n \quad \text{pour } n \text{ assez grand.}$$

Si les suites (a_n) et (b_n) convergent vers la même limite ℓ alors la suite (u_n) converge aussi vers ℓ.

En particulier, si $|u_n - \ell| \leqslant \varepsilon_n$ avec (ε_n) de limite nulle alors la suite (u_n) tend vers ℓ.

Théorème 11 (Divergence par minoration)
Soient (a_n) et (u_n) des suites réelles vérifiant

$$a_n \leqslant u_n \quad \text{pour } n \text{ assez grand.}$$

Si la suite (a_n) diverge vers $+\infty$ alors la suite (u_n) diverge aussi vers $+\infty$.

On peut énoncer un résultat symétrique montrant la divergence vers $-\infty$ par majoration.

6.3.6 Suites extraites

Définition

On appelle *suite extraite*[2] d'une suite réelle $u = (u_n)_{n\in\mathbb{N}}$, toute suite $v = (v_k)_{k\in\mathbb{N}}$ pour laquelle il existe une fonction $\varphi\colon \mathbb{N} \to \mathbb{N}$ strictement croissante vérifiant $v_k = u_{\varphi(k)}$ pour tout $k \in \mathbb{N}$.

En posant $n_k = \varphi(k)$, une suite extraire peut se comprendre comme une sélection à l'intérieur de la suite u de termes dont les indices se succèdent

$$(v_k) = (u_{n_k})_{k\in\mathbb{N}} \quad \text{avec} \quad n_k < n_{k+1}.$$

Par exemple, il est commun de considérer les suites extraites (u_{2p}) et (u_{2p+1}) des termes d'indices pairs et impairs de la suite u.

Théorème 12
Si une suite admet une limite alors toutes ses suites extraites admettent la même limite.

Ce résultat est utile pour établir la divergence d'une suite par extraction de sous-suites de limites différentes. À l'inverse, on peut établir la limite d'une suite en constatant une limite commune aux suites extraites des termes d'indices pairs et impairs[3].

1. On trouve aussi les appellations imagées : *théorème des gendarmes*, de l'*étau*, du *sandwich*,...
2. On peut aussi parler de *sous-suite*.
3. Voir sujet 14 p. 218.

6.4 Comportement des suites monotones

6.4.1 Théorème de la limite monotone

Lorsqu'une suite $u = (u_n)$ est majorée, on peut[1] introduire la borne supérieure de l'ensemble $\{u_n \mid n \in \mathbb{N}\}$ de ses termes. Celle-ci est le plus petit des majorants de la suite et est notée

$$\sup u, \quad \sup u_n \quad \text{ou} \quad \sup_{n\in\mathbb{N}} u_n.$$

Lorsqu'une suite est minorée, on peut introduire sa borne inférieure qui est le plus grand de ses minorants.

Théorème 13 (Théorème de la limite monotone)
Toute suite réelle monotone possède une limite.

Plus précisément :
- une suite croissante et majorée converge et sa limite est sa borne supérieure ;
- une suite croissante non majorée diverge vers $+\infty$.

Par passage à l'opposé, une suite décroissante et minorée converge vers sa borne inférieure tandis qu'une suite décroissante non minorée tend vers $-\infty$.

6.4.2 Suites adjacentes

Définition

On dit que deux suites réelles (a_n) et (b_n) forment un couple de *suites adjacentes* lorsque la première est croissante, que la seconde est décroissante et que leur différence tend vers 0.

Théorème 14 (Théorème des suites adjacentes)
Si (a_n) et (b_n) forment un couple de suites adjacentes alors elles convergent vers une même limite ℓ et encadrent celles-ci.

6.5 Extension aux suites complexes

6.5.1 Définitions

Définition

Une *suite complexe* est une suite $z = (z_n)$ d'éléments de $\mathbb{C}$. Les suites réelles $\big(\mathrm{Re}(z_n)\big)$ et $\big(\mathrm{Im}(z_n)\big)$ se nomment les *parties réelle* et *imaginaire* de (z_n).

Les opérations sur les suites réelles se transposent en les mêmes termes aux suites complexes.

1. Si la suite u est majorée, l'ensemble $\{u_n \mid n \in \mathbb{N}\}$ est une partie de $\mathbb{R}$ non vide et majorée, elle admet une borne supérieure (Th. 1 p. 197).

En l'absence de relation d'ordre sur $\mathbb{C}$, on ne peut définir les concepts de suites minorées, de suites majorées ou de suites monotones dans le cadre des suites complexes. On peut cependant définir la notion de suite bornée à l'aide du module :

Définition

Une suite complexe (z_n) est dite *bornée* lorsqu'il existe un réel M pour lequel $|z_n| \leqslant M$ pour tout entier naturel n.

6.5.2 Convergence

Définition

On dit qu'une suite complexe $z = (z_n)$ *tend* vers un nombre complexe ℓ si la suite réelle de terme général $|z_n - \ell|$ tend vers 0.

Le complexe ℓ est alors unique, on l'appelle la *limite* de la suite (z_n) et l'on dit que la suite *converge* vers ℓ.

Toute suite convergente est bornée et le calcul sur les limites est compatible avec les opérations sur les suites. De plus, on peut étudier la convergence d'une suite par l'étude de ses parties réelle et imaginaire :

Théorème 15

Une suite complexe (z_n) converge vers $\ell \in \mathbb{C}$ si, et seulement si, les suites réelles $\big(\mathrm{Re}(z_n)\big)$ et $\big(\mathrm{Im}(z_n)\big)$ tendent respectivement vers $\mathrm{Re}(\ell)$ et $\mathrm{Im}(\ell)$.

Il n'y a pas de concept de limite infinie pour les suites complexes, tout au plus on peut parler de suite complexe dont le module tend vers $+\infty$.

6.6 Suites remarquables

$\mathbb{K}$ désigne $\mathbb{R}$ ou $\mathbb{C}$.

6.6.1 Suites arithmético-géométriques

Définition

On appelle *suite arithmético-géométrique* de raisons q et $r \in \mathbb{K}$, toute suite numérique (u_n) vérifiant $u_{n+1} = qu_n + r$ pour tout $n \in \mathbb{N}$.

On parle de *suite géométrique* de raison q lorsque $r = 0$. On sait en exprimer le terme général : $u_n = q^n u_0$ pour tout $n \in \mathbb{N}$.

On parle de *suite arithmétique* de raison r lorsque $q = 1$. On sait encore exprimer le terme général : $u_n = u_0 + nr$ pour tout $n \in \mathbb{N}$.

Lorsque $q \neq 1$, on détermine α point fixe de la relation de récurrence (autrement dit, on résout l'équation $\alpha = q\alpha + r$) et l'on vérifie que la suite (v_n) de terme général $v_n = u_n - \alpha$ est géométrique de raison q. On peut alors exprimer le terme général v_n et en déduire u_n.

6.6.2 Suites récurrentes linéaires d'ordre 2

Définition

On dit qu'une suite numérique (u_n) est *récurrente linéaire d'ordre 2* lorsqu'il existe un couple $(a, b) \in \mathbb{K}^2$ tel que

$$u_{n+2} + au_{n+1} + bu_n = 0 \quad \text{pour tout } n \in \mathbb{N}.$$

Lorsque $a = b = 0$, la suite (u_n) correspond à une suite nulle à partir du rang 2.
Supposons désormais $(a, b) \neq (0, 0)$.
Afin d'exprimer le terme général de la suite (u_n) on résout l'*équation caractéristique* associée

$$r^2 + ar + b = 0$$

de discriminant Δ.

Théorème 16 (Cadre complexe [1] : $\mathbb{K} = \mathbb{C}$)
Cas : $\Delta \neq 0$. L'équation caractéristique possède deux racines distinctes r_1 et r_2 et le terme général s'exprime

$$u_n = \lambda r_1^n + \mu r_2^n \quad \text{avec} \quad (\lambda, \mu) \in \mathbb{C}^2.$$

Cas : $\Delta = 0$. L'équation caractéristique possède une racine double r et le terme général s'exprime

$$u_n = (\lambda n + \mu) r^n \quad \text{avec} \quad (\lambda, \mu) \in \mathbb{C}^2.$$

Théorème 17 (Cadre réel : $\mathbb{K} = \mathbb{R}$)
Cas : $\Delta > 0$. L'équation caractéristique possède deux racines réelles distinctes r_1 et r_2 et le terme général s'exprime

$$u_n = \lambda r_1^n + \mu r_2^n \quad \text{avec} \quad (\lambda, \mu) \in \mathbb{R}^2.$$

Cas : $\Delta = 0$. L'équation caractéristique possède une racine réelle double r et le terme général s'exprime

$$u_n = (\lambda n + \mu) r^n \quad \text{avec} \quad (\lambda, \mu) \in \mathbb{R}^2.$$

Cas : $\Delta < 0$. L'équation caractéristique possède deux racines complexes conjuguées $re^{\pm i\theta}$ et le terme général s'exprime

$$u_n = \big(\lambda \cos(n\theta) + \mu \sin(n\theta)\big) r^n \quad \text{avec} \quad (\lambda, \mu) \in \mathbb{R}^2.$$

Dans tous les cas, les deux premiers termes de la suite permettent de déterminer λ et μ.

1. La résolution des équations du second degré dans le cadre des nombres complexes est présentée dans le Th. 9 p. 96.

6.7 Exercices d'apprentissage

6.7.1 Généralités

Exercice 1

Exprimer le terme général de la suite réelle (u_n) définie par :

(a) $u_0 = 0$ et $u_{n+1} = 3u_n + 1$ pour tout $n \in \mathbb{N}$.

(b) $u_0 = 1$, $u_1 = -3$ et $u_{n+2} + 2u_{n+1} + u_n = 0$ pour tout $n \in \mathbb{N}$.

(c) $u_0 = 1$, $u_1 = 2$ et $u_{n+2} - 2u_{n+1} + 2u_n = 0$ pour tout $n \in \mathbb{N}$.

Solution

(a) La suite (u_n) est une suite arithmético-géométrique.

méthode

On introduit $v_n = u_n - \alpha$ avec α point fixe de la relation de récurrence.

L'équation $\alpha = 3\alpha + 1$ a pour solution $\alpha = -1/2$. Considérons alors la suite (v_n) de terme général $v_n = u_n + 1/2$. On a $v_0 = 1/2$ et, pour tout $n \in \mathbb{N}$,

$$v_{n+1} = u_{n+1} + \frac{1}{2} = 3u_n + \frac{3}{2} = 3v_n.$$

La suite (v_n) est géométrique de raison 3 et donc

$$v_n = 3^n v_0 = \frac{3^n}{2} \quad \text{puis} \quad u_n = \frac{3^n - 1}{2} \quad \text{pour tout } n \in \mathbb{N}.$$

(b) La suite (u_n) est une suite récurrente linéaire d'ordre 2.

méthode

On résout l'équation caractéristique afin de proposer la forme générale de l'écriture de u_n (Th. 17 p. 205).

L'équation caractéristique associée à la relation de récurrence est $r^2 + 2r + 1 = 0$ de racine double $r = -1$. Le terme général de la suite (u_n) s'exprime alors

$$u_n = (\lambda n + \mu)(-1)^n$$

avec λ, μ réels. Les conditions initiales $u_0 = 1$ et $u_1 = -3$ permettent de déterminer λ et μ : on obtient $\lambda = 2$ et $\mu = 1$.

Finalement,

$$u_n = (-1)^n(2n + 1) \quad \text{pour tout } n \in \mathbb{N}.$$

(c) La suite (u_n) est une suite récurrente linéaire d'ordre 2 d'équation caractéristique $r^2 - 2r + 2 = 0$ de racines complexes $1 + \mathrm{i}$ et $1 - \mathrm{i}$.

méthode

Lorsque les racines sont complexes, on écrit l'une d'entre elles sous forme trigonométrique $r\mathrm{e}^{\mathrm{i}\theta}$ afin de pouvoir exprimer[1] le terme général.

On peut écrire $1 + \mathrm{i} = r\mathrm{e}^{\mathrm{i}\theta}$ avec $r = \sqrt{2}$ et $\theta = \pi/4$. Le terme général de la suite (u_n) s'exprime alors

$$u_n = \left(\lambda \cos\left(\frac{n\pi}{4}\right) + \mu \sin\left(\frac{n\pi}{4}\right)\right)\sqrt{2}^{\,n}.$$

Les conditions initiales $u_0 = 1$ et $u_1 = 2$ déterminent λ et μ tous deux égaux à 1. On conclut[2]

$$u_n = \left(\cos\left(\frac{n\pi}{4}\right) + \sin\left(\frac{n\pi}{4}\right)\right)\sqrt{2}^{\,n} = \cos\left(\frac{(n-1)\pi}{4}\right)\sqrt{2}^{\,n+1} \quad \text{pour tout } n \in \mathbb{N}.$$

Exercice 2

Étudier la monotonie de la suite (u_n) dans chacun des cas suivants :

(a) $u_n = 2^n \sin\left(\dfrac{\theta}{2^n}\right)$ avec $\theta \in [0\,;2\pi]$

(b) $u_{n+1} = \mathrm{e}^{u_n} - 1$ et $u_0 \in \mathbb{R}$

(c) $u_n = \displaystyle\sum_{k=1}^{n} \frac{1}{n+k}$ avec $n \geqslant 1$

(d) $u_n = \displaystyle\prod_{k=1}^{n}\left(1 - \frac{1}{2k^2}\right)$ avec $n \geqslant 1$.

Solution

(a) **méthode**

On compare les termes successifs u_n et u_{n+1}.

Soit $n \in \mathbb{N}$. Par la formule $\sin(2a) = 2\sin(a)\cos(a)$, on écrit

$$u_n = 2^n \sin\left(2\frac{\theta}{2^{n+1}}\right) = 2^n \times 2\sin\left(\frac{\theta}{2^{n+1}}\right)\cos\left(\frac{\theta}{2^{n+1}}\right) = u_{n+1}\cos\left(\frac{\theta}{2^{n+1}}\right).$$

Le cosinus est inférieur à 1 et le facteur u_{n+1} est positif car l'angle $\theta/2^{n+1}$ appartient à $[0\,;\pi]$. On en déduit $u_n \leqslant u_{n+1}$. La suite (u_n) est croissante.

1. Il y a des similarités entre la résolution d'une équation différentielle linéaire d'ordre 2 à coefficients constants (Th. 6 p. 168) et la résolution d'une relation de récurrence linéaire double. Cependant, ces deux résolutions se distinguent dans le cas des racines complexes conjuguées : pour l'équation différentielle, on exploite l'écriture algébrique $\alpha + \mathrm{i}\omega$ tandis que pour les suites, on utilise l'écriture trigonométrique $r\mathrm{e}^{\mathrm{i}\theta}$.

2. Dans une dernière étape, on a factorisé une expression de la forme $a\cos(x)+b\sin(x)$ (avec $x = n\pi/4$) par $A = \sqrt{a^2+b^2}$ afin de parvenir à une écriture du type $A\cos(x - \varphi)$ (voir sujet 3 p. 56).

(b) **méthode**

‖ On étudie le signe de $u_{n+1} - u_n$.

Pour $n \in \mathbb{N}$, $u_{n+1} - u_n = f(u_n)$ avec f la fonction définie sur $\mathbb{R}$ par $f(x) = \mathrm{e}^x - x - 1$. La fonction f est dérivable avec $f'(x) = \mathrm{e}^x - 1$ pour tout x réel et l'on obtient le tableau de variation

x	$-\infty$		0		$+\infty$
$f'(x)$		$-$	0	$+$	
$f(x)$	$+\infty$	$\searrow$	0	$\nearrow$	$+\infty$

La fonction f est positive et la suite (u_n) est donc croissante.

(c) **méthode**

‖ On simplifie $u_{n+1} - u_n$ avant d'en déterminer le signe.

Pour $n \in \mathbb{N}^*$, on obtient après simplification des termes communs[1]

$$\begin{aligned} u_{n+1} - u_n &= \sum_{k=1}^{n+1} \frac{1}{n+1+k} - \sum_{k=1}^{n} \frac{1}{n+k} \\ &= \left(\frac{1}{n+2} + \frac{1}{n+3} + \cdots + \frac{1}{2n+2}\right) - \left(\frac{1}{n+1} + \frac{1}{n+2} + \cdots + \frac{1}{2n}\right) \\ &= \frac{1}{2n+1} + \frac{1}{2n+2} - \frac{1}{n+1} = \frac{1}{2n+1} - \frac{1}{2n+2} \geqslant 0. \end{aligned}$$

La suite étudiée est croissante.

(d) **méthode**

‖ On compare à 1 le quotient de deux termes successifs.

Pour $n \in \mathbb{N}^*$, le terme u_n est strictement positif[2] par produit de facteurs qui le sont et, en simplifiant les facteurs communs,

$$\frac{u_{n+1}}{u_n} = 1 - \frac{1}{2(n+1)^2} \leqslant 1.$$

La suite (u_n) est donc décroissante.

1. Pour exprimer u_{n+1}, on n'oublie pas de remplacer n par $n+1$ dans le terme sommé.

2. Non seulement la non-nullité de u_n permet de diviser par u_n mais son signe positif permet de multiplier les inégalités. La comparaison à 1 du quotient u_{n+1}/u_n détermine alors lequel de u_{n+1} ou de u_n est le plus grand.

6.7.2 Convergence et divergence

Exercice 3

Soit (u_n) une suite croissante de réels strictement positifs. On suppose que la suite (u_n) converge. Montrer que sa limite ℓ est strictement positive.

Solution

Pour tout $n \in \mathbb{N}$, on a $u_n > 0$. En passant à la limite, on obtient $\ell \geqslant 0$ car les inégalités strictes deviennent larges par passage à la limite...

méthode

On prend appui par comparaison sur un terme de la suite.

La suite (u_n) étant supposée croissante, on peut écrire $u_n \geqslant u_0$ pour tout entier naturel n. En passant à la limite, on obtient $\ell \geqslant u_0$ et donc $\ell > 0$ car $u_0 > 0$.

Exercice 4

Étudier la convergence du produit d'une suite bornée par une suite de limite nulle.

Solution

méthode

On montre par comparaison que le produit tend vers 0.

Soient (u_n) une suite bornée par un certain réel M et (v_n) une suite de limite nulle. Pour tout entier naturel n, on a [1]

$$|u_n v_n - 0| = \underbrace{|u_n|}_{\leqslant M}\,\underbrace{|v_n|}_{\geqslant 0} \leqslant M|v_n|.$$

Par produit de limites, le terme $M|v_n|$ tend vers 0 et, par le théorème de convergence par encadrement (Th. 10 p. 202), on conclut [2] que $(u_n v_n)$ tend vers 0.

Exercice 5

Soient u et v deux suites réelles.

(a) On suppose que les suites u et $u+v$ convergent. Montrer que la suite v converge.

(b) On suppose que les suites u et uv convergent. Peut-on affirmer la convergence de la suite v ?

---

1. Il est plus commode de raisonner par les valeurs absolues plutôt que par encadrement, notamment car le signe du facteur v_n n'est pas connu.

2. La démonstration proposée vaut aussi bien pour une suite réelle que pour une suite complexe : il suffit de lire « module » au lieu de « valeur absolue ».

Solution

(a) **méthode**

> On exprime v en fonction de u et $u+v$.

Pour tout $n \in \mathbb{N}$, on écrit $v_n = (u_n + v_n) - u_n$ et donc, par opérations sur les suites convergentes, on peut affirmer que la suite v converge.

(b) **méthode**

> L'affirmation semble douteuse : on produit un contre-exemple.

Considérons les suites u et v déterminées par $u_n = 1/n$ (pour $n \in \mathbb{N}^*$) et $v_n = n$. La suite u converge vers 0 et la suite produit uv converge vers 1. Cependant, la suite v diverge[1] vers $+\infty$.

Exercice 6

Donner dans chaque cas un exemple de suite (u_n) :

(a) ni minorée, ni majorée ;

(b) minorée, non majorée et qui ne tend pas vers $+\infty$;

(c) positive qui tend vers 0 sans être décroissante.

Solution

méthode

> Il faut avoir en tête que des suites peuvent osciller...

(a) $(u_n) = \big((-1)^n n\big)$ convient[2]. Cette suite n'est pas majorée car la suite extraite des termes d'indices pairs diverge vers $+\infty$. Elle n'est pas minorée car la suite extraite des termes d'indices impairs diverge vers $-\infty$.

(b) $(u_n) = \big((1+(-1)^n)n\big)$ convient. En effet, ses termes sont positifs, elle n'est pas majorée à cause des termes d'indices pairs, elle ne diverge pas vers $+\infty$ à cause des termes d'indices impairs.

(c) $(u_n) = \big(\frac{1+(-1)^n}{n}\big)$ convient. Cette suite tend vers 0 car c'est le produit d'une suite bornée par une suite de limite nulle. Cette suite n'est pas décroissante car ses termes d'indices impairs sont nuls alors que ceux d'indices pairs sont strictement positifs.

Exercice 7

Soit $\theta \in \left]0\,;2\pi\right[$. Montrer la divergence des suites de termes généraux u_n avec :

(a) $u_n = (-1)^n$ (b) $u_n = \cos(n\theta)$ (c) $u_n = \mathrm{e}^{in\theta}$.

---

1. Avec $v_n = (-1)^n$, on propose un exemple où la suite diverge sans limite.
2. On peut aussi proposer $u_n = n\sin(n)$ mais l'argumentation est moins commode.

Solution

(a) **méthode**

> On extrait deux suites aux comportements asymptotiques différents.

La suite extraite (u_{2n}) est constante égale à 1 et converge donc vers 1. À l'inverse, la suite (u_{2n+1}) converge vers -1. La suite (u_n) est donc divergente (Th. 12 p. 202).

(b) **méthode**

> On constate que l'existence d'une limite à la suite $(\cos(n\theta))$ est incompatible avec les formules de trigonométrie usuelles.

Par l'absurde, supposons la convergence de $(\cos(n\theta))$ vers une limite ℓ. Soit $n \in \mathbb{N}$. La formule de factorisation

$$\cos\big((n+1)\theta\big) + \cos\big((n-1)\theta\big) = 2\cos(n\theta)\cos(\theta)$$

donne par passage à la limite

$$2\ell = 2\ell\cos(\theta).$$

Sachant $\cos(\theta) \neq 1$, on peut affirmer $\ell = 0$. La formule de développement

$$\cos(2n\theta) = 2\cos^2(n\theta) - 1$$

donne alors à la limite l'absurdité $0 = -1$. La suite $(\cos(n\theta))$ est donc divergente [1].

(c) Par l'étude qui précède, on a remarqué la divergence de la partie réelle de la suite $(e^{in\theta})$: c'est un argument suffisant pour conclure à sa divergence. On peut cependant proposer une démonstration plus directe :

méthode

> On observe que $u_{n+1} - u_n$ ne tend pas vers 0.

Soit $n \in \mathbb{N}$. Par factorisation, on écrit

$$u_{n+1} - u_n = \underbrace{e^{in\theta}}_{|\cdot|=1}\underbrace{\left(e^{i\theta} - 1\right)}_{\neq 0}.$$

La différence $u_{n+1} - u_n$ n'est donc pas de limite nulle et la suite (u_n) est divergente [2].

---

1. Pour $\theta = \pi$, on retrouve la divergence de la suite $\big((-1)^n\big)$.
2. Notons que la condition $u_{n+1} - u_n \to 0$ est une condition nécessaire de convergence mais celle-ci n'est pas suffisante : voir sujet 17 p. 221.

6.7.3 Calculs de limites

Exercice 8

Étudier[1] les limites suivantes :

(a) $\lim\limits_{n\to+\infty} \mathrm{e}^n - n$ (b) $\lim\limits_{n\to+\infty} \dfrac{n^3+n+1}{2n^2+1}$ (c) $\lim\limits_{n\to+\infty} \sqrt{n+1}-\sqrt{n}$

(d) $\lim\limits_{n\to+\infty} n^{1/n}$ (e) $\lim\limits_{n\to+\infty} \big(2+\cos(n)\big)^{1/n}$ (f) $\lim\limits_{n\to+\infty} \dfrac{(2n)!}{(n!)^2}$

(g) $\lim\limits_{n\to+\infty} \dfrac{\mathrm{e}^{\mathrm{i}n\theta}}{n}$ avec $\theta \in \mathbb{R}$.

Solution

(a) Il s'agit de résoudre une forme indéterminée additive « $(+\infty)-(+\infty)$ ».

méthode

‖ On factorise le terme prépondérant.

$$\mathrm{e}^n - n = \underbrace{\mathrm{e}^n}_{\to+\infty} \times \underbrace{\left(1-n\mathrm{e}^{-n}\right)}_{\to 1} \xrightarrow[n\to+\infty]{} +\infty \quad \text{car on sait} \quad \lim_{x\to+\infty} x\mathrm{e}^{-x} = 0.$$

(b) Il s'agit de résoudre une forme indéterminée quotient « $(+\infty)/(+\infty)$ ».

méthode

‖ On factorise les termes prépondérants au numérateur et au dénominateur.

$$\frac{n^3+n+1}{2n^2+1} = \frac{n^3}{n^2}\cdot\frac{1+\frac{1}{n^2}+\frac{1}{n^3}}{2+\frac{1}{n^2}} = \underbrace{n}_{\to+\infty} \times \underbrace{\frac{1+\frac{1}{n^2}+\frac{1}{n^3}}{2+\frac{1}{n^2}}}_{\to\frac{1}{2}} \xrightarrow[n\to+\infty]{} +\infty.$$

(c) Il s'agit de résoudre une forme indéterminée additive « $(+\infty)-(+\infty)$ ».

méthode

‖ On multiplie et l'on divise par la quantité conjuguée.

$$\sqrt{n+1}-\sqrt{n} = \frac{\left(\sqrt{n+1}-\sqrt{n}\right)\left(\sqrt{n+1}+\sqrt{n}\right)}{\sqrt{n+1}+\sqrt{n}} = \frac{1}{\sqrt{n+1}+\sqrt{n}} \xrightarrow[n\to+\infty]{} 0.$$

(d) Il s'agit de résoudre une forme indéterminée puissance « $+\infty^0$ ».

méthode

‖ On exprime la puissance sous forme exponentielle.

1. *Étudier* une limite consiste à savoir si celle-ci existe (ce qui n'est pas automatique) et déterminer sa valeur si tel est le cas.

On obtient

$$n^{1/n} = \mathrm{e}^{\frac{1}{n}\ln(n)} \xrightarrow[n\to+\infty]{} 1 \quad \text{car on sait} \lim_{x\to+\infty} \frac{\ln(x)}{x} = 0.$$

(e) La suite de terme général $\big(\cos(n)\big)$ ne possède pas de limite, l'étude se prête mal à un raisonnement par opérations.

méthode

‖ Une limite peut être déterminée par opérations ou par comparaisons.

Pour tout entier naturel n, le terme $\cos(n)$ est compris entre -1 et 1 et donc

$$1^{1/n} \leqslant \big(2+\cos(n)\big)^{1/n} \leqslant 3^{1/n} \xrightarrow[n\to+\infty]{} 1.$$

Par le théorème de convergence par encadrement (Th. 10 p. 202), on conclut

$$\big(2+\cos(n)\big)^{1/n} \xrightarrow[n\to+\infty]{} 1.$$

(f) Il s'agit de résoudre une forme indéterminée quotient « $(+\infty)/(+\infty)$ ». Le terme général se prête cependant mal au raisonnement par opérations.

méthode

‖ On minore la suite étudiée par une suite de limite $+\infty$.

On exprime les nombres factoriels par des produits et l'on simplifie les portions communes au numérateur et au dénominateur

$$\begin{aligned}\frac{(2n)!}{(n!\,)^2} &= \frac{1\times 2\times\cdots\times n\times(n+1)\times\cdots\times(2n)}{(1\times 2\times\cdots\times n)^2} = \frac{(n+1)\times(n+2)\times\cdots\times(2n)}{1\times 2\times\cdots\times n}\\ &= \frac{(n+1)}{1}\times\underbrace{\frac{(n+2)}{2}}_{\geqslant 1}\times\cdots\times\underbrace{\frac{2n}{n}}_{\geqslant 1} \geqslant n+1 \xrightarrow[n\to+\infty]{} +\infty.\end{aligned}$$

Par le théorème de divergence par minoration (Th. 11 p. 202), on conclut que la suite étudiée diverge vers $+\infty$.

(g) **méthode**

‖ L'exponentielle imaginaire $\mathrm{e}^{in\theta}$ est bornée car de module 1.

$$\frac{\mathrm{e}^{in\theta}}{n} = \underbrace{\mathrm{e}^{in\theta}}_{\text{bornée}} \times \underbrace{\frac{1}{n}}_{\to 0} \xrightarrow[n\to+\infty]{} 0.$$

6.7.4 Limites monotones

Exercice 9
Montrer la convergence de la suite (u_n) de terme général

$$u_n = \sum_{k=1}^{n} \frac{1}{k^2}.$$

Solution

méthode

> Lorsqu'il est demandé de justifier une convergence sans calculer la limite, on peut penser à utiliser le théorème de la limite monotone (Th. 13 p. 203).

On étudie la monotonie de la suite (u_n). Soit $n \in \mathbb{N}^*$. En simplifiant les termes communs aux deux sommes,

$$u_{n+1} - u_n = \sum_{k=1}^{n+1} \frac{1}{k^2} - \sum_{k=1}^{n} \frac{1}{k^2} = \frac{1}{(n+1)^2} \geqslant 0.$$

La suite (u_n) est donc croissante. Il suffit alors de montrer qu'elle est majorée pour affirmer qu'elle converge.

Chaque terme de la somme définissant u_n est inférieur à 1 et celle-ci est donc inférieure à n : cela ne produit pas un majorant satisfaisant de la suite (u_n), un majorant doit être une constante !

méthode

> On compare le terme sommé à un terme proche dont on sait calculer la somme.

Soit $n \in \mathbb{N}^*$. Pour tout entier k supérieur à 2,

$$\frac{1}{k^2} \leqslant \frac{1}{k(k-1)} = \frac{k-(k-1)}{k(k-1)} = \frac{1}{k-1} - \frac{1}{k}.$$

En sommant ces inégalités pour k allant de 2 à n (le terme d'indice 1 étant traité séparément), on obtient

$$u_n = 1 + \sum_{k=2}^{n} \frac{1}{k^2} \leqslant 1 + \sum_{k=2}^{n} \left(\frac{1}{k-1} - \frac{1}{k} \right) = 1 + 1 - \frac{1}{n} \leqslant 2.$$

La suite (u_n) est donc croissante et majorée : elle converge[1].

1. On peut montrer que sa limite vaut $\pi^2/6$, voir sujet 30 p. 457.

Exercice 10 (Approximation décimale d'un réel)
Soit x un réel. On étudie les suites $(a_n)_{n\in\mathbb{N}}$ et $(b_n)_{n\in\mathbb{N}}$ déterminées par

$$a_n = \frac{\lfloor 10^n x \rfloor}{10^n} \quad \text{et} \quad b_n = \frac{\lfloor 10^n x \rfloor + 1}{10^n}.$$

Montrer que celles-ci forment un couple de suites adjacentes convergeant vers x.

Solution

méthode
On montre que deux suites sont adjacentes en constatant que l'une est croissante, l'autre décroissante et que leur différence tend vers 0.

Soit $n \in \mathbb{N}$. On peut écrire[1] $\lfloor 10^n x \rfloor \leqslant 10^n x$ et donc $10\lfloor 10^n x \rfloor \leqslant 10^{n+1}x$. La partie entière désignant le plus grand entier inférieur au nombre, on a

$$10\lfloor 10^n x \rfloor \leqslant \lfloor 10^{n+1} x \rfloor.$$

En divisant par 10^{n+1}, on obtient $a_n \leqslant a_{n+1}$: la suite (a_n) est croissante.

Aussi, $10^n x < \lfloor 10^n x \rfloor + 1$ donc $\lfloor 10^{n+1} x \rfloor \leqslant 10^{n+1}x < 10\lfloor 10^n x \rfloor + 10$. Les deux membres extrêmes désignant des entiers, on peut transformer l'inégalité stricte en l'inégalité large suivante

$$\lfloor 10^{n+1} x \rfloor + 1 \leqslant 10\lfloor 10^n x \rfloor + 10.$$

En divisant par 10^{n+1}, on parvient à $b_{n+1} \leqslant b_n$: la suite (b_n) est décroissante.

Enfin, la différence $b_n - a_n$ tend vers 0 car égale à 10^{-n}.

méthode
Le théorème des suites adjacentes (Th. 14 p. 203) assure l'existence d'une limite commune aux suites (a_n) et (b_n).

Pour tout entier n, l'encadrement $\lfloor 10^n x \rfloor \leqslant 10^n x < \lfloor 10^n x \rfloor + 1$ donne $a_n \leqslant x < b_n$. En notant ℓ la limite commune aux suites adjacentes (a_n) et (b_n), on obtient par passage à la limite des inégalités larges, l'encadrement $\ell \leqslant x \leqslant \ell$ et donc $\ell = x$.

6.7.5 Bornes supérieures, bornes inférieures

Exercice 11
Soient A et B deux parties non vides de $\mathbb{R}$ vérifiant

$$\forall (a,b) \in A \times B, \quad a \leqslant b.$$

(a) Montrer que $\sup(A)$ et $\inf(B)$ existent.

(b) Justifier $\sup(A) \leqslant \inf(B)$.

1. Pour tout réel x, on sait $\lfloor x \rfloor \leqslant x < \lfloor x \rfloor + 1$.

Solution

(a) **méthode**

> On justifie qu'une partie admet une borne supérieure en vérifiant que c'est une partie de $\mathbb{R}$, non vide et majorée (Th. 1 p. 197).

Par hypothèse, on sait que A est une partie non vide de $\mathbb{R}$.

méthode

> On vérifie qu'une partie est majorée en exhibant un majorant de celle-ci.

La partie B étant non vide, on peut introduire un élément b appartenant à B. Par hypothèse, on a $a \leqslant b$ pour tout $a \in A$. La partie A est donc majorée (en l'occurrence, par l'élément b introduit). Ainsi, A est une partie non vide et majorée de $\mathbb{R}$: elle admet une borne supérieure.

Par un raisonnement symétrique, B est une partie de $\mathbb{R}$ non vide et minorée, elle admet une borne inférieure.

(b) Si les bornes sup et inf étaient éléments de A et B, la propriété serait évidente. Cependant, il se peut que ces bornes n'appartiennent pas aux parties. Pour manipuler sup et inf, on revient à leur définition :

méthode

> La borne supérieure de A est le plus petit des majorants de A : elle est donc inférieure à tout majorant de A.

Soit $b \in B$. Comme on l'a déjà dit ci-dessus, b est un majorant de la partie A. La borne supérieure de A lui est donc inférieure. Cela permet d'écrire[1]

$$\forall b \in B, \quad \sup(A) \leqslant b.$$

Cette propriété signifie que le réel $\sup(A)$ est minorant de la partie B. La borne inférieure étant le plus grand des minorants, on obtient directement $\sup(A) \leqslant \inf(B)$.

Exercice 12

Soit A une partie de $\mathbb{R}$ non vide et majorée.

(a) Vérifier que pour tout[2] $\varepsilon > 0$, il existe un élément x dans A tel que

$$\sup(A) - \varepsilon < x \leqslant \sup(A).$$

(b) En déduire qu'il existe une suite (x_n) uniquement constituée d'éléments de A convergeant vers $\sup(A)$.

---

1. Poursuivre avec un raisonnement symétrique affirmant $a \leqslant \inf(B)$ pour tout $a \in A$ est tentant mais n'apporte rien de décisif.

2. Lorsque $\varepsilon > 0$ devient petit, cette propriété permet de trouver des éléments de A aussi proches que l'on peut le vouloir de $\sup(A)$. À défaut d'affirmer qu'une borne supérieure appartient à la partie, cette propriété affirme « qu'elle touche la partie ».

Solution

On peut effectivement introduire la borne supérieure de A car il s'agit d'une partie de $\mathbb{R}$ non vide et majorée [1].

(a) Soit $\varepsilon > 0$. La deuxième inégalité de l'encadrement souhaité est immédiate à obtenir car la borne supérieure de A est un majorant de A : tout élément x de A lui est inférieur. L'inégalité de gauche n'est pas aussi facile : elle nécessite de « bien choisir » x dans A.

méthode

On emploie que $\sup(A) - \varepsilon$ n'est pas majorant de A.

La borne supérieure de A est le plus petit des majorants de A. Le réel $\sup(A) - \varepsilon$ qui lui est strictement inférieur n'est donc pas majorant de A.

Dire qu'un réel M est majorant de A s'écrit

$$\forall x \in A, \quad x \leqslant M.$$

Par passage à la négation, dire qu'un réel M n'est pas majorant de A s'exprime

$$\exists x \in A, \quad x > M.$$

Sachant que $M = \sup(A) - \varepsilon$ ne majore pas A, on peut assurer l'existence d'au moins un [2] réel x dans A vérifiant $\sup(A) - \varepsilon < x$.

(b) **méthode**

On définit une suite (x_n) en choisissant des éléments vérifiant l'encadrement de la question précédente à partir d'une suite (ε_n) de réels strictement positifs de limite nulle.

Soit (ε_n) la suite déterminée par [3] $\varepsilon_n = 1/(n+1)$. Pour tout $n \in \mathbb{N}$, le terme ε_n est strictement positif et l'étude ci-dessus assure l'existence d'un élément x_n appartenant à A vérifiant

$$\sup(A) - \varepsilon_n < x_n \leqslant \sup(A).$$

En faisant varier n, cela détermine une suite (x_n). Celle-ci est uniquement constituée d'éléments de A et converge vers $\sup(A)$ par application du théorème de convergence par encadrement car on a choisi la suite (ε_n) de limite nulle.

6.8 Exercices d'entraînement

6.8.1 Définitions quantifiées des limites

On préfère généralement utiliser les théorèmes du cours plutôt que de revenir aux définitions quantifiées des limites. Cependant, il est quelquefois nécessaire de faire parler les ε... sous réserve de savoir ce que l'on veut leur faire dire !

1. La partie A est quelconque : ce peut ne pas être un intervalle ! Il n'est pas possible de décrire simplement la partie A.
2. Ce réel x dépend du choix de ε, on peut le noter x_ε pour souligner cette dépendance.
3. Choisir $\varepsilon_n = 1/n$ pose un problème lorsque $n = 0$. Prendre $\varepsilon_n = 2^{-n}$ est un autre choix classique.

Exercice 13 *

(a) Soit (u_n) une suite réelle convergeant vers $\ell > 0$. Montrer que les termes de la suite (u_n) sont strictement positifs à partir d'un certain rang.

(b) Soient (u_n) et (v_n) deux suites réelles convergeant vers ℓ et ℓ' avec $\ell < \ell'$. Montrer que u_n est strictement inférieur à v_n à partir d'un certain rang.

Solution

(a) **méthode**

> Pour $\varepsilon > 0$, la convergence de (u_n) vers ℓ assure que les termes u_n sont encadrés par $\ell - \varepsilon$ et $\ell + \varepsilon$ au delà d'un certain rang, il suffit alors de choisir ε convenablement pour que cela entraîne $u_n > 0$.

La définition quantifiée de la convergence de (u_n) vers ℓ s'exprime

$$\forall \varepsilon > 0,\ \exists N \in \mathbb{N},\ \forall n \in \mathbb{N},\quad \big(n \geqslant N \implies \ell - \varepsilon \leqslant u_n \leqslant \ell + \varepsilon\big).$$

En choisissant $\varepsilon = \ell/2 > 0$ (ou tout autre valeur prise dans $]0\,;\ell[$), on peut introduire un rang N (dépendant du choix de ε) tel que, pour tout $n \geqslant N$,

$$u_n \geqslant \ell - \varepsilon = \frac{1}{2}\ell > 0.$$

(b) **méthode**

> On peut adapter la démonstration précédente mais il est beaucoup plus commode d'introduire la suite différence de (u_n) et (v_n).

Posons $w_n = v_n - u_n$ pour tout $n \in \mathbb{N}$. La suite (w_n) converge vers le réel $\ell' - \ell$ qui est strictement positif. Ses termes sont donc strictement positifs à partir d'un certain rang et l'on a alors $v_n > u_n$ à partir du même rang.

Exercice 14 **

Soit (u_n) une suite réelle.

(a) Montrer que (u_n) converge si, et seulement si, les suites extraites (u_{2p}) et (u_{2p+1}) convergent vers la même limite [1].

(b) Montrer que, si les suites extraites (u_{2p}), (u_{2p+1}) et (u_{q^2}) convergent, alors (u_n) converge.

Solution

(a) ($\Longrightarrow$) Si la suite (u_n) converge vers un réel ℓ, toutes ses suites extraites convergent aussi vers ℓ (Th. 12 p. 202). En particulier, les suites extraites des termes d'indices pairs et impairs (u_{2p}) et (u_{2p+1}) convergent vers ℓ.

1. Ce résultat sera souvent utilisé par la suite.

($\Longleftarrow$) Supposons la convergence des suites (u_{2p}) et (u_{2p+1}) vers une même limite ℓ.

méthode

On exprime par les ε la convergence des deux suites (u_{2p}) et (u_{2p+1}) afin de déterminer un rang au delà duquel $|u_n - \ell| \leqslant \varepsilon$.

Soit $\varepsilon > 0$. Par la convergence de (u_{2p}) vers ℓ, on peut introduire un rang $N_1 \in \mathbb{N}$ tel que, pour tout $p \in \mathbb{N}$,

$$p \geqslant N_1 \implies \left|u_{2p} - \ell\right| \leqslant \varepsilon.$$

La convergence de (u_{2p+1}) vers ℓ permet aussi d'introduire $N_2 \in \mathbb{N}$ tel que

$$p \geqslant N_2 \implies \left|u_{2p+1} - \ell\right| \leqslant \varepsilon.$$

Considérons alors $N = \max(2N_1, 2N_2 + 1) \in \mathbb{N}$ et $n \in \mathbb{N}$ tel que $n \geqslant N$.

Cas : n est pair. On peut écrire $n = 2p$ avec $p \in \mathbb{N}$. Puisque $n \geqslant 2N_1$, on a $p \geqslant N_1$ et donc

$$|u_n - \ell| = |u_{2p} - \ell| \leqslant \varepsilon.$$

Cas : n est impair. On peut écrire $n = 2p + 1$ avec $p \in \mathbb{N}$ tel que $p \geqslant N_2$ et

$$|u_n - \ell| = |u_{2p+1} - \ell| \leqslant \varepsilon.$$

Dans tous les cas, on a $|u_n - \ell| \leqslant \varepsilon$ pour tout $n \geqslant N$.

Finalement, on a prouvé que la suite (u_n) converge vers ℓ car on a vérifié la définition quantifiée de la convergence.

(b) **méthode**

On emploie la convergence de (u_{q^2}) pour établir que (u_{2p}) et (u_{2p+1}) ont la même limite.

Notons ℓ, ℓ' et ℓ'' les limites des trois suites extraites (u_{2p}), (u_{2p+1}) et (u_{q^2}).

La suite $\left(u_{(2k)^2}\right)$ est une suite extraite commune aux suites (u_{2p}) et (u_{q^2}). En effet, ses termes ont des indices qui sont à la fois des entiers pairs et des carrés. Celle-ci converge donc à la fois vers ℓ et vers ℓ''. Par unicité de la limite, $\ell = \ell''$.

Aussi, la suite $\left(u_{(2k+1)^2}\right)$ est une suite extraite commune aux suites (u_{2p+1}) et (u_{q^2}). On en déduit $\ell' = \ell''$ puis, finalement, $\ell = \ell'$. Les suites des termes d'indices pairs et impairs convergeant vers la même limite, la suite complète converge vers cette limite.

Exercice 15 **

Soit (u_n) une suite dont les termes sont tous entiers.

Montrer que (u_n) converge si, et seulement si, (u_n) est stationnaire.

Solution

Si la suite (u_n) est stationnaire égale à λ, il est clair que cette suite converge vers λ. Inversement, supposons que la suite (u_n) converge et notons ℓ sa limite.

méthode

‖ On étudie la suite de terme général $u_{n+1} - u_n$.

La suite de terme général (u_{n+1}) converge vers la même limite que la suite (u_n) car elle s'en déduit par un glissement d'indice [1]. Par différence, la suite $(u_{n+1} - u_n)$ tend vers 0 et l'on peut donc écrire

$$\forall \varepsilon > 0,\ \exists N \in \mathbb{N},\ \forall n \in \mathbb{N}, \quad \big(n \geqslant N \implies \left|u_{n+1} - u_n\right| \leqslant \varepsilon\big).$$

En particulier, pour $\varepsilon = 1/2 > 0$, il existe un rang $N \in \mathbb{N}$ tel que $|u_{n+1} - u_n| \leqslant 1/2$ pour tout entier naturel $n \geqslant N$. Or $u_{n+1} - u_n$ est un entier et donc $u_{n+1} - u_n = 0$.

Finalement, la suite (u_n) est constante à partir du rang N.

Exercice 16 * (Lemme de Cesàro)**

Soient $(u_n)_{n\geqslant 1}$ une suite réelle et $(v_n)_{n\geqslant 1}$ la suite des moyennes

$$v_n = \frac{u_1 + u_2 + \cdots + u_n}{n} \quad \text{pour tout } n \geqslant 1.$$

On suppose que $(u_n)_{n\geqslant 1}$ converge vers un réel ℓ, montrer que $(v_n)_{n\geqslant 1}$ converge aussi vers ℓ.

Solution

méthode

‖ On étudie $v_n - \ell$ en commençant par rapprocher ℓ des termes de la suite (u_n).

Soit $n \in \mathbb{N}^*$. En écrivant $n\ell = \ell + \ell + \cdots + \ell$ (somme à n termes), il vient

$$v_n - \ell = \frac{u_1 + u_2 + \cdots + u_n - n\ell}{n} = \frac{(u_1 - \ell) + (u_2 - \ell) + \cdots + (u_n - \ell)}{n}$$

puis, par l'inégalité triangulaire,

$$|v_n - \ell| \leqslant \frac{|u_1 - \ell| + |u_2 - \ell| + \cdots + |u_n - \ell|}{n}. \qquad (*)$$

méthode

‖ Par les ε, on exprime à partir d'un certain rang la proximité de u_n et ℓ.

Soit $\varepsilon > 0$. La suite (u_n) convergeant vers ℓ, il existe un rang N tel que $|u_n - \ell| \leqslant \varepsilon$ pour tout entier naturel n supérieur à N. On scinde alors la somme de l'inégalité $(*)$ au

1. On peut aussi dire qu'il s'agit d'une suite extraite et employer le Th. 12 p. 202.

niveau du rang N

$$|v_n - \ell| \leqslant \frac{\overbrace{|u_1 - \ell| + \cdots + |u_N - \ell|}^{=C \text{ constante}}}{n} + \frac{\overbrace{|u_{N+1} - \ell|}^{\leqslant \varepsilon} + \cdots + \overbrace{|u_n - \ell|}^{\leqslant \varepsilon}}{n}$$
$$\leqslant \frac{C}{n} + \frac{(n-N)\varepsilon}{n} \leqslant \frac{C}{n} + \varepsilon.$$

Quand n tend vers l'infini, le terme C/n est de limite nulle et il existe donc un rang N' tel que $C/n \leqslant \varepsilon$ pour tout entier n supérieur à N'. On en déduit [1] pour tout $n \in \mathbb{N}$

$$n \geqslant \max(N, N') \implies |v_n - \ell| \leqslant 2\varepsilon.$$

On peut alors affirmer que (v_n) tend vers ℓ car on a vérifié la définition quantifiée de la convergence [2].

Notons que l'on peut aussi établir le même type de résultat lorsque la limite ℓ est infinie mais que la réciproque est fausse : pour $u_n = (-1)^n$, la suite (v_n) converge vers 0 alors que (u_n) diverge sans limite.

6.8.2 Limites monotones

Exercice 17 * (Somme harmonique)

Pour tout $n \in \mathbb{N}^*$, on pose

$$H_n = \sum_{k=1}^{n} \frac{1}{k} = 1 + \frac{1}{2} + \cdots + \frac{1}{n}.$$

(a) Vérifier que

$$H_{2n} - H_n \geqslant \frac{1}{2} \quad \text{pour tout } n \in \mathbb{N}^*.$$

(b) En déduire que la suite (H_n) tend [3] vers $+\infty$.

Solution

(a) Soit $n \in \mathbb{N}^*$. En simplifiant les termes communs aux deux sommes,

$$H_{2n} - H_n = 1 + \frac{1}{2} + \cdots + \frac{1}{2n} - \left(1 + \frac{1}{2} + \cdots + \frac{1}{n}\right)$$
$$= \sum_{k=1}^{2n} \frac{1}{k} - \sum_{k=1}^{n} \frac{1}{k} = \sum_{k=n+1}^{2n} \frac{1}{k} \geqslant n \times \frac{1}{2n} = \frac{1}{2} \qquad (*)$$

1. L'organisation du raisonnement est subtile : le choix de ε détermine N qui détermine à son tour la valeur de C puis la valeur de N'.

2. La comparaison à 2ε plutôt qu'à ε est une difficulté anecdotique : il suffit de modifier le ε initial en $\varepsilon/2$ pour parvenir à la conclusion attendue.

3. La suite (H_n) est un exemple fameux de suite divergente dont la différence de deux termes consécutifs $H_{n+1} - H_n = \frac{1}{n+1}$ tend vers 0.

car la dernière somme écrite comporte n termes tous au moins égaux à $1/2n$.

(b) **méthode**

‖ On étudie la monotonie de la suite (H_n).

Pour $n \in \mathbb{N}^*$, on obtient après simplification des termes communs aux deux sommes

$$H_{n+1} - H_n = \sum_{k=1}^{n+1} \frac{1}{k} - \sum_{k=1}^{n} \frac{1}{k} = \frac{1}{n+1} \geqslant 0.$$

On en déduit que la suite (H_n) est croissante. Elle admet donc une limite, éventuellement égale à $+\infty$ (Th. 13 p. 203).

Par l'absurde, si la suite (H_n) tend vers une limite finie ℓ, la suite extraite (H_{2n}) tend vers la même limite (Th. 12 p. 202). La comparaison $(*)$ donne alors à la limite l'absurdité $\ell - \ell \geqslant 1/2$.

On peut conclure que la suite (H_n) est de limite[1] $+\infty$.

Exercice 18 **

Soit (u_n) une suite de réels positifs telle que

$$u_{n+2} \leqslant \frac{1}{2}(u_n + u_{n+1}) \quad \text{pour tout } n \in \mathbb{N}.$$

Montrer que la suite (u_n) converge.

On pourra étudier la monotonie de la suite (v_n) avec $v_n = \max(u_{n+1}, u_n)$.

Solution

Pour tout $n \in \mathbb{N}$, on a $u_n \leqslant v_n$ et $u_{n+1} \leqslant v_n$ donc $u_{n+2} \leqslant v_n$ puis

$$v_{n+1} = \max(u_{n+2}, u_{n+1}) \leqslant v_n.$$

La suite (v_n) est décroissante. Elle est de plus minorée par 0 et donc converge.

méthode

‖ On encadre la suite (u_n) à l'aide des termes de la suite (v_n).

Pour n entier naturel,

$$v_{n+1} = \max(u_{n+1}, u_{n+2}) \leqslant \max\left(\frac{1}{2}(u_{n+1} + u_{n+1}), \frac{1}{2}(u_n + u_{n+1})\right).$$

Puisque $\frac{1}{2}u_{n+1}$ est commun aux deux quantités dont on prend le max, on poursuit

$$v_{n+1} \leqslant \frac{1}{2}\max(u_{n+1}, u_n) + \frac{1}{2}u_{n+1} = \frac{1}{2}v_n + \frac{1}{2}u_{n+1}.$$

1. Dans le chapitre 11 sur les séries numériques, on dira : « la série $\sum \frac{1}{n}$ est divergente ».

On en déduit $2v_{n+1} - v_n \leqslant u_{n+1}$. On a aussi $u_{n+1} \leqslant v_n$ et donc l'encadrement

$$2v_{n+1} - v_n \leqslant u_{n+1} \leqslant v_n.$$

Les deux membres encadrants convergent vers la même limite et donc, par le théorème de convergence par encadrement (Th. 10 p. 202), la suite (u_n) converge vers cette limite.

Exercice 19 ***

Pour $n \in \mathbb{N}^*$, on étudie l'équation

$$(E_n) \colon x^n + x^{n-1} + \cdots + x = 1.$$

(a) Montrer que l'équation (E_n) possède une unique solution x_n dans $\mathbb{R}_+$ et que x_n est élément de l'intervalle $[1/2\,;1]$.

(b) Montrer la convergence de la suite (x_n) et déterminer sa limite.

Solution

(a) **méthode**

> On étudie les variations de la fonction $f_n \colon x \mapsto x^n + x^{n-1} + \cdots + x$.

Soit $n \in \mathbb{N}^*$. Par somme, la fonction f_n est continue, strictement croissante et vérifie :

$$f_n(0) = 0 \quad \text{et} \quad \lim_{x \to +\infty} f_n(x) = +\infty.$$

La fonction f_n réalise donc une bijection de $[0\,;+\infty[$ vers $[0\,;+\infty[$ (Th. 2 p. 46). Par conséquent, l'équation (E_n) possède une unique solution x_n dans $\mathbb{R}_+$. De plus, x_n est élément de $[1/2\,;1]$ car

$$f_n(1) = n \geqslant 1 \quad \text{et par sommation géométrique} \quad f_n\left(\frac{1}{2}\right) = \frac{1}{2} \cdot \frac{1 - \frac{1}{2^n}}{1 - \frac{1}{2}} < 1.$$

x	0	$\frac{1}{2}$	x_n	1	$+\infty$
$f_n'(x)$			$+$		
$f_n(x)$	0 ↗	< 1 ↗	1 ↗	n ↗	$+\infty$

(b) **méthode**

> On positionne x_{n+1} dans le tableau de variation en comparant $f_n(x_{n+1})$ et 1.

Soit $n \in \mathbb{N}^*$. On a

$$x_{n+1}^{n+1} + x_{n+1}^n + \cdots + x_{n+1}^2 + x_{n+1} = 1$$

donc

$$f_n(x_{n+1}) = x_{n+1}^n + \cdots + x_{n+1}^2 + x_{n+1} = 1 - x_{n+1}^{n+1} < 1.$$

On en déduit $x_{n+1} \leqslant x_n$ car f_n est strictement croissante.

x	0	x_{n+1}	x_n	$+\infty$
$f_n(x)$	0 ↗	$f_n(x_{n+1})$ ↗	1 ↗	$+\infty$

La suite (x_n) est décroissante et minorée donc elle converge. Notons ℓ sa limite.

méthode

‖ Pour déterminer ℓ, on étudie le passage à la limite dans l'équation (E_n).

Soit $n \in \mathbb{N}^*$. Pour la résolution des calculs, on commence par multiplier l'équation (E_n) par $1 - x_n$

$$1 - x_n = (1 - x_n)\big(x_n^n + \cdots + x_n\big) = x_n\big(1 - x_n^n\big). \qquad (*)$$

Puisque $x_2 < 1$, la comparaison $x_n \leqslant x_2$ donne $0 \leqslant x_n^n \leqslant x_2^n$ et donc $\big(x_n^n\big)$ tend vers 0. On obtient alors $1 - \ell = \ell$ par passage à la limite dans la relation $(*)$. On conclut $\ell = 1/2$.

6.8.3 Études de limites par comparaison

Exercice 20 *

Soit a un réel.

(a) Étudier la limite de la suite de terme général $\frac{1}{n}\lfloor na \rfloor$ (avec $n \in \mathbb{N}^*$).

(b) En déduire que tout réel est limite d'une suite de nombres rationnels et d'une suite de nombres irrationnels

Solution

(a) **méthode**

‖ La partie entière d'un réel x peut être encadrée[1] par x et $x - 1$:

$$x - 1 < \lfloor x \rfloor \leqslant x.$$

Pour tout $n \in \mathbb{N}^*$,

$$na - 1 < \lfloor na \rfloor \leqslant na$$

et donc

$$a - \frac{1}{n} < \frac{\lfloor na \rfloor}{n} \leqslant a.$$

Les deux termes encadrants convergent vers a et donc le terme encadré aussi.

1. Rappelons que $\lfloor x \rfloor$ est le plus grand entier inférieur à x, il vérifie donc $\lfloor x \rfloor \leqslant x$ et $\lfloor x \rfloor + 1 > x$.

(b) La suite $\left(\frac{1}{n}\lfloor na \rfloor\right)_{n\geqslant 1}$ est formée de nombres rationnels et converge vers a. Il reste à former une suite de nombres irrationnels convergeant aussi vers a.

méthode

> La somme d'un nombre rationnel et d'un nombre irrationnel est un nombre irrationnel [1].

Considérons

$$u_n = \frac{1}{n}\left\lfloor n\left(a - \sqrt{2}\right)\right\rfloor \quad \text{pour } n \geqslant 1.$$

La suite $(u_n)_{n\geqslant 1}$ est constituée de nombres rationnels et converge vers $a-\sqrt{2}$. Puisque $\sqrt{2}$ est un nombre irrationnel, la suite $\left(u_n + \sqrt{2}\right)_{n\geqslant 1}$ est constituée de nombres irrationnels et converge vers a.

Ainsi, tout réel a peut se voir comme limite d'une suite de nombres rationnels et d'une suite de nombres irrationnels.

Exercice 21 **

Soit (u_n) une suite de réels strictement positifs. On suppose

$$\sqrt[n]{u_n} \xrightarrow[n\to+\infty]{} \ell.$$

(a) Montrer que (u_n) tend vers 0 lorsque $\ell < 1$.

(b) Montrer que (u_n) tend vers $+\infty$ lorsque $\ell > 1$.

(c) Observer que, dans le cas $\ell = 1$, on ne peut rien conclure.

Solution

(a) On ne peut pas élever la limite à la puissance n car il ne s'agit pas d'une puissance constante. En revanche, une inégalité peut être élevée à la puissance n.

méthode

> On transforme l'hypothèse portée par la limite en une inégalité vérifiée par les termes de la suite au delà d'un certain rang.

Soit $\varepsilon > 0$. Puisque la suite de terme général $\sqrt[n]{u_n}$ converge vers ℓ, on peut affirmer qu'à partir d'un rang N_ε, tous les termes de cette suite vérifient

$$\ell - \varepsilon \leqslant \sqrt[n]{u_n} \leqslant \ell + \varepsilon.$$

En particulier, $\sqrt[n]{u_n}$ est inférieur à $\ell + \varepsilon$ pour $n \geqslant N_\varepsilon$. Choisissons alors initialement ε suffisamment petit de sorte que $q = \ell + \varepsilon$ soit élément de $[0\,;1[$ (cela est possible car $\ell \in [0\,;1[$). Pour le rang $N = N_\varepsilon$ associé, on peut écrire

$$0 \leqslant \sqrt[n]{u_n} \leqslant q \quad \text{pour tout } n \geqslant N.$$

1. Voir sujet 8 p. 20.

Par croissance de l'élévation à la puissance n,

$$0 \leqslant u_n \leqslant q^n \quad \text{pour tout } n \geqslant N.$$

On conclut alors que la suite (u_n) tend vers 0 par le théorème de convergence par encadrement car la suite géométrique $\left(q^n\right)$ converge vers 0, sa raison q vérifiant $|q| < 1$,

(b) On suit la même démarche par minoration. On introduit $\varepsilon > 0$ assez petit pour que $q = \ell - \varepsilon$ vérifie $q > 1$ et l'on affirme qu'il existe un rang N au delà duquel

$$\sqrt[n]{u_n} \geqslant q \quad \text{donc} \quad u_n \geqslant q^n.$$

La suite géométrique $\left(q^n\right)$ étant de limite $+\infty$, le théorème de divergence par minoration (Th. 11 p. 202) permet de conclure.

(c) **méthode**

> On propose des exemples aux conclusions différentes.

Les suites (n), (1), $\big(2 + \cos(n)\big)$ et $(1/n)$ vérifient chacune $\ell = 1$ mais on des comportements asymptotiques distincts.

Exercice 22 **

Étudier les limites quand n croît vers l'infini des termes suivants :

(a) $S_n = \displaystyle\sum_{k=1}^{n} \frac{1}{n + \sqrt{k}}$ (b) $S_n = \displaystyle\sum_{k=1}^{n} \frac{1}{\sqrt{n+k}}$ (c) $S_n = \displaystyle\sum_{k=1}^{n} \frac{\sin(k)}{(n+k)^2}$.

Solution

Aucune de ces sommes ne peut être simplement calculée : on étudie leur limite par un argument de comparaison.

(a) **méthode**

> Pour estimer l'ordre asymptotique de la somme, on encadre celle-ci à partir du plus petit et du plus grand terme sommé.

Soit $n \in \mathbb{N}^*$. Pour k allant de 1 à n, on a $1 \leqslant \sqrt{k} \leqslant \sqrt{n}$ et l'on peut donc affirmer

$$\frac{1}{n + \sqrt{n}} \leqslant \frac{1}{n + \sqrt{k}} \leqslant \frac{1}{n+1}.$$

On en déduit l'encadrement

$$n \times \frac{1}{n + \sqrt{n}} \leqslant S_n \leqslant n \times \frac{1}{n+1}$$

car la somme comporte n termes.

Les termes encadrants convergent vers 1, et donc, par le théorème de convergence par encadrement, on conclut que (S_n) tend vers 1.

(b) Soit $n \in \mathbb{N}^*$. Pour k allant de 1 à n, on peut encadrer le terme sommé

$$\frac{1}{\sqrt{2n}} \leqslant \frac{1}{\sqrt{n+k}} \leqslant \frac{1}{\sqrt{n+1}}$$

et l'on obtient en sommant

$$\underbrace{n \times \frac{1}{\sqrt{2n}}}_{\xrightarrow[n\to+\infty]{}+\infty} \leqslant S_n \leqslant n \times \frac{1}{\sqrt{n+1}}.$$

Par le théorème de divergence par minoration, on peut affirmer que (S_n) tend vers $+\infty$.

(c) Le facteur $\sin(k)$ changeant de signe, il n'est pas possible de multiplier simplement par $\sin(k)$ un encadrement de $\frac{1}{(n+k)^2}$.

méthode

‖ On majore $|S_n|$ par un terme de limite nulle.

Soit $n \in \mathbb{N}^*$. Par l'inégalité triangulaire,

$$|S_n| \leqslant \sum_{k=1}^{n} \frac{|\sin(k)|}{(n+k)^2} \leqslant \sum_{k=1}^{n} \frac{1}{(n+k)^2} \leqslant \sum_{k=1}^{n} \frac{1}{(n+1)^2} = n \times \frac{1}{(n+1)^2} \xrightarrow[n\to+\infty]{} 0.$$

La suite (S_n) est donc de limite nulle.

Exercice 23 **

Soit (u_n) une suite réelle vérifiant

$$n(u_n - u_{n-1}) \xrightarrow[n\to+\infty]{} \ell \quad \text{avec} \quad \ell \neq 0.$$

Montrer que (u_n) diverge vers un infini.

Solution

Quitte à considérer la suite opposée, on peut supposer[1] $\ell > 0$.

méthode

‖ On transforme l'hypothèse en inégalités que l'on va sommer.

Soit $\varepsilon > 0$. Puisque la suite de terme général $n(u_n - u_{n-1})$ tend vers ℓ, il existe un rang au delà duquel $n(u_n - u_{n-1}) \geqslant \ell - \varepsilon$. En choisissant initialement $\varepsilon = \ell/2 > 0$, on détermine un rang N tel que

$$u_n - u_{n-1} \geqslant \frac{\ell}{2} \cdot \frac{1}{n} \quad \text{pour tout } n \geqslant N.$$

1. Quitte à diviser par ℓ, on pourrait même supposer $\ell = 1$.

En sommant [1], il vient

$$u_n - u_N = \sum_{k=N+1}^{n} (u_k - u_{k-1}) \geqslant \frac{\ell}{2} \sum_{k=N+1}^{n} \frac{1}{k}$$

et donc

$$u_n \geqslant \frac{\ell}{2} \sum_{k=1}^{n} \frac{1}{k} + C^{te} \quad \text{avec} \quad C^{te} = u_N - \frac{\ell}{2} \sum_{k=1}^{N} \frac{1}{k}.$$

Sachant [2] que le terme défini par la somme tend vers $+\infty$, on conclut par minoration que la suite (u_n) tend vers $+\infty$.

6.8.4 Suites adjacentes

Exercice 24 * (Critère spécial des séries alternées [3])

Soit (u_n) une suite réelle décroissante et de limite nulle. Pour $n \in \mathbb{N}$, on pose

$$S_n = \sum_{k=0}^{n} (-1)^{k+1} u_k.$$

Montrer la convergence de (S_n) en étudiant les suites extraites (S_{2p}) et (S_{2p+1}).

Solution

méthode

‖ On montre l'adjacence [4] des suites (S_{2p}) et (S_{2p+1}).

Soit $p \in \mathbb{N}$. En simplifiant les termes communs aux deux sommes puis en exploitant la décroissance de (u_n), il vient

$$\begin{aligned} S_{2(p+1)} - S_{2p} &= \sum_{k=0}^{2p+2} (-1)^{k+1} u_k - \sum_{k=0}^{2p} (-1)^{k+1} u_k \\ &= (-1)^{2p+2} u_{2p+1} + (-1)^{2p+3} u_{2p+2} \\ &= u_{2p+1} - u_{2p+2} \geqslant 0. \end{aligned}$$

La suite (S_{2p}) est croissante. De même, la suite (S_{2p+1}) est décroissante car

$$S_{2(p+1)+1} - S_{2p+1} = (-1)^{2p+3} u_{2p+2} + (-1)^{2p+4} u_{2p+3} = u_{2p+3} - u_{2p+2} \leqslant 0.$$

1. L'inégalité ne peut être sommée que pour les indices supérieurs ou égaux à N (c'est seulement pour alléger les calculs que l'on somme au delà du rang $N+1$).
2. Voir sujet 17 p. 221.
3. Ce résultat figurera dans le cours de seconde année.
4. Pour étudier la monotonie de (S_{2p}), on étudie le signe de $S_{2p+2} - S_{2p}$.

Enfin,

$$S_{2p+1} - S_{2p} = (-1)^{2p+2} u_{2p+1} = u_{2p+1} \xrightarrow[p \to +\infty]{} 0.$$

Les suites (S_{2p}) et (S_{2p+1}) sont donc adjacentes, elles convergent alors vers une même limite (Th. 14 p. 203). Les suites extraites des termes d'indices pairs et impairs convergeant vers une même limite, la suite (S_n) converge[1] vers celle-ci.

Exercice 25 **

Pour $n \in \mathbb{N}^*$, on pose

$$u_n = \frac{1 \times 3 \times 5 \times \cdots \times (2n-1)}{2 \times 4 \times 6 \times \cdots \times (2n)}, \quad a_n = n u_n^2 \quad \text{et} \quad b_n = \left(n + \frac{1}{2}\right) u_n^2.$$

Montrer que les suites (a_n) et (b_n) convergent vers une même limite strictement positive.

Solution

méthode

> On montre que les suites (a_n) et (b_n) sont adjacentes en étudiant leur monotonie par comparaison à 1 du quotient de deux termes successifs.

Pour tout entier naturel n non nul, $a_n > 0$ et

$$\frac{a_{n+1}}{a_n} = \frac{n+1}{n} \cdot \frac{u_{n+1}^2}{u_n^2} = \frac{n+1}{n}\left(\frac{2n+1}{2n+2}\right)^2 = \frac{(2n+1)^2}{2n(2n+2)} = \frac{4n^2+4n+1}{4n^2+4n} \geqslant 1.$$

La suite (a_n) est donc croissante. Par un calcul analogue, on vérifie que la suite (b_n) est décroissante :

$$\frac{b_{n+1}}{b_n} = \frac{2n+3}{2n+1}\left(\frac{2n+1}{2n+2}\right)^2 = \frac{4n^2+8n+3}{4n^2+8n+4} \leqslant 1.$$

On vérifie aussi $a_n \leqslant b_n$ et l'on peut affirmer que les deux suites (a_n) et (b_n) convergent car monotones et bornées. En effet,

$$a_0 \leqslant a_n \leqslant b_n \leqslant b_0 \quad \text{pour tout } n \in \mathbb{N}.$$

Puisque (a_n) admet une limite finie, on peut écrire

$$u_n^2 = \frac{a_n}{n} \xrightarrow[n \to +\infty]{} 0$$

et affirmer

$$b_n - a_n = \frac{1}{2} u_n^2 \xrightarrow[n \to +\infty]{} 0.$$

Finalement, les suites (a_n) et (b_n) sont adjacentes et leur limite commune est strictement positive car $a_1 = 1/4 > 0$.

---

1. Voir sujet 14 p. 218.

Exercice 26 ** (Irrationalité du nombre de Neper)

Pour $n \in \mathbb{N}^*$, on pose

$$a_n = \sum_{k=0}^{n} \frac{1}{k!} \quad \text{et} \quad b_n = \sum_{k=0}^{n} \frac{1}{k!} + \frac{1}{n \cdot n!} = a_n + \frac{1}{n \cdot n!}.$$

(a) Montrer que les suites (a_n) et (b_n) sont strictement[1] adjacentes.

(b) Montrer que leur limite commune[2] est un nombre irrationnel.

Solution

(a) Après simplifications des portions communes aux sommes, on a

$$a_{n+1} - a_n = \sum_{k=0}^{n+1} \frac{1}{k!} - \sum_{k=0}^{n} \frac{1}{k!} = \frac{1}{(n+1)!} > 0 \quad \text{pour tout } n \geqslant 1 \tag{$*$}$$

et

$$b_{n+1} - b_n = \frac{1}{(n+1)!} + \frac{1}{(n+1)(n+1)!} - \frac{1}{n \cdot n!} = -\frac{1}{n(n+1)(n+1)!} < 0.$$

Les suites (a_n) et (b_n) sont donc strictement monotones et de monotonies contraires. Enfin, il est immédiat que leur différence tend vers 0, ce sont donc des suites strictement adjacentes.

(b) Notons ℓ la limite commune des suites (a_n) et (b_n). Supposons par l'absurde que ℓ soit un nombre rationnel. On peut alors écrire $\ell = \frac{p}{q}$ avec $p \in \mathbb{N}$ et $q \in \mathbb{N}^*$.

méthode

> Par adjacence, les suites (a_n) et (b_n) encadrent leur limite commune (Th. 14 p. 203). Par stricte monotonie, aucun terme de la suite n'est égal à la limite.

Pour tout entier naturel $n \geqslant 1$, on a l'encadrement strict $a_n < \ell < b_n$. En multipliant celui-ci par $n \cdot n!$, on obtient l'encadrement

$$n \cdot n!\, a_n < n \cdot n!\, \ell < n.n!\, b_n = n \cdot n!\, a_n + 1$$

avec

$$n \cdot n!\, a_n = n \sum_{k=0}^{n} \frac{n!}{k!} = n \sum_{k=0}^{n} \big((k+1) \times (k+2) \times \cdots \times n\big) \in \mathbb{N}.$$

En particulier, pour $n = q$, on obtient l'encadrement strict d'un entier par deux entiers successifs

$$\underbrace{q \cdot q!\, a_q}_{\in \mathbb{N}} < \underbrace{q!\, p}_{\in \mathbb{N}} < q \cdot q!\, a_q + 1.$$

C'est absurde !

1. Les suites sont *strictement adjacentes* quand elles sont adjacentes et strictement monotones.

2. Dans le sujet 8 p. 381, on voit que leur limite commune est le nombre de Neper $\mathrm{e} \approx 2{,}718$ à 10^{-3} près.

6.8.5 Études des suites récurrentes

Exercice 27 *

Étudier la suite (u_n) définie par

$$u_0 \in \mathbb{R} \quad \text{et} \quad u_{n+1} = \sqrt{u_n^2+1} \quad \text{pour tout } n \in \mathbb{N}.$$

Solution

La suite (u_n) est une suite récurrente de fonction itératrice $x \mapsto \sqrt{x^2+1}$ définie sur $\mathbb{R}$. La suite (u_n) est donc parfaitement définie.

méthode

En figurant la fonction itératrice accompagnée de la droite d'équation $y = x$, on peut représenter les premiers termes de la suite récurrente et anticiper son comportement asymptotique.

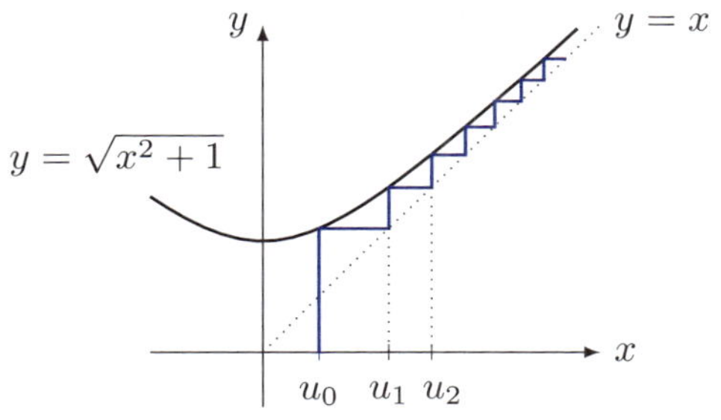

La suite (u_n) semble croître vers $+\infty$.

Pour tout entier naturel n,

$$u_{n+1} = \sqrt{u_n^2+1} \geqslant \sqrt{u_n^2} = |u_n| \geqslant u_n.$$

La suite (u_n) est donc croissante et possède alors une limite, éventuellement égale à $+\infty$.

méthode

On étudie les limites d'une suite récurrente en déterminant les valeurs compatibles avec un passage à la limite dans la relation de récurrence.

Supposons que la suite (u_n) converge vers une limite ℓ finie.

D'une part, u_n^2+1 tend vers $\ell^2+1 \geqslant 0$ par opérations sur les limites et $u_{n+1} = \sqrt{u_n^2+1}$ tend alors vers $\sqrt{\ell^2+1}$ par continuité de la fonction racine carrée (Th. 9 p. 201).

D'autre part, (u_{n+1}) tend vers ℓ car il s'agit d'une suite extraite de (u_n).

Par unicité de la limite, on obtient l'égalité $\ell = \sqrt{\ell^2+1}$. Celle-ci ne possédant pas de solution, la suite (u_n) ne peut pas tendre vers une limite finie.

Finalement, (u_n) diverge vers $+\infty$.

Exercice 28 **

Étudier la suite (u_n) définie par

$$u_0 \geqslant 1 \quad \text{et} \quad u_{n+1} = 1 + \ln(u_n) \quad \text{pour tout } n \in \mathbb{N}.$$

Solution

La suite (u_n) est une suite récurrente de fonction itératrice $f : x \mapsto 1 + \ln(x)$. Cette fonction n'est définie que sur $]0\,;+\infty[$ et prend ses valeurs dans l'intégralité de la droite réelle : la définition de la suite (u_n) n'est pas immédiatement acquise : il se pourrait qu'une valeur u_n ne permette pas le calcul de u_{n+1}.

méthode

> On justifie la bonne définition d'une suite récurrente (u_n) en déterminant un domaine X contenant u_0 et *stable* par la fonction itératrice f, c'est-à-dire vérifiant
> $$f(x) \in X \quad \text{pour tout } x \in X.$$

Le domaine $X = [1\,;+\infty[$ contient u_0 et est stable par f car

$$f(x) = 1 + \underbrace{\ln(x)}_{\geqslant 0} \geqslant 1 \quad \text{pour tout } x \in [1\,;+\infty[.$$

La suite (u_n) est donc bien définie et, au surplus, tous ses termes sont supérieurs à 1.

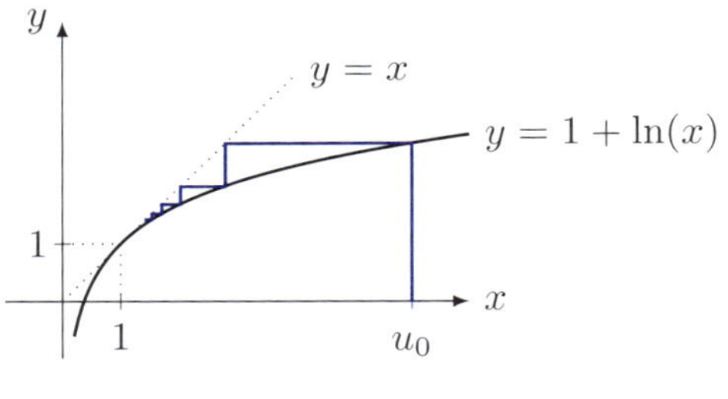

La suite (u_n) semble décroître vers 1.

Pour n entier naturel,

$$u_{n+1} - u_n = 1 + \ln(u_n) - u_n = \varphi(u_n) \quad \text{avec} \quad \varphi(x) = 1 + \ln(x) - x.$$

Étudions les variations de φ afin d'en déterminer le signe. La fonction φ est définie sur l'intervalle $[1\,;+\infty[$ (et même sur $]0\,;+\infty[$) et est dérivable avec $\varphi'(x) = 1/x - 1$ pour $x \geqslant 1$.

x	1		$+\infty$
$\varphi'(x)$	0	$-$	
$\varphi(x)$	0	↘	$-\infty$

La fonction φ est négative et $u_{n+1} - u_n \leqslant 0$. La suite (u_n) est décroissante. De plus, elle est minorée par 1 et converge donc vers un réel $\ell \geqslant 1$. Enfin, en passant à la limite dans la relation de récurrence, on obtient par la continuité de la fonction logarithme l'équation $\ell = 1 + \ln(\ell)$, autrement dit, $\varphi(\ell) = 0$. Le tableau de variation qui précède assure que $\ell = 1$ est la seule solution [1].

Finalement, la suite (u_n) converge vers 1.

Exercice 29 **

Étudier la suite (u_n) déterminée par

$$u_0 = 2 \quad \text{et} \quad u_{n+1} = \sqrt{3 - u_n} \quad \text{pour tout } n \in \mathbb{N}.$$

Solution

La suite (u_n) est une suite récurrente de fonction itératrice $f\colon x \mapsto \sqrt{3-x}$ définie sur l'intervalle $]-\infty\,;3]$ et à valeurs dans $\mathbb{R}_+$. Le segment $[0\,;3]$ est stable par f et contient u_0. La suite (u_n) est donc bien définie et tous ses termes appartiennent à $[0\,;3]$.

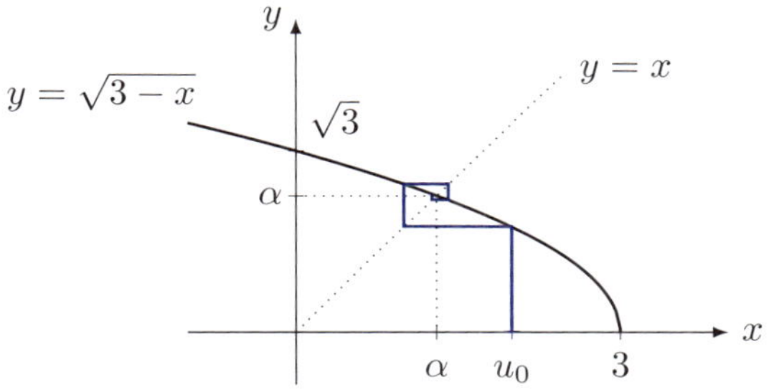

méthode

> En figurant l'évolution de la suite (u_n), on observe qu'elle n'est pas monotone mais que ses termes paraissent se rapprocher d'une valeur α point fixe de la fonction itératrice f, c'est-à-dire une valeur α vérifiant $f(\alpha) = \alpha$.

Si la suite (u_n) converge vers une limite ℓ, par passage à la limite dans des inégalités larges, on obtient $\ell \in [0\,;3]$. Par continuité de la fonction racine carrée, le passage à la limite dans la relation de récurrence donne aussi $\ell = \sqrt{3-\ell}$. Après résolution, il vient $\ell = \alpha$ avec [2]

$$\alpha = \frac{-1+\sqrt{13}}{2} \simeq 1{,}303 \text{ à } 10^{-3} \text{ près.}$$

À ce stade, nous connaissons la seule limite finie possible pour la suite (u_n) mais n'avons pas encore montré la convergence vers celle-ci... Observons qu'à chaque itération,

1. Dans ce tableau de variation, la monotonie est stricte car la dérivée est négative et ne s'annule qu'en 1 (Th. 6 p. 13).

2. Pour la suite, la valeur exacte de α importe peu. En revanche, sa valeur *en intention*, c'est-à-dire la propriété $\alpha = \sqrt{3-\alpha}$, est essentielle.

le terme u_n se rapproche de α. Pour $n \in \mathbb{N}$, on écrit [1]

$$u_{n+1} - \alpha = \sqrt{3 - u_n} - \sqrt{3 - \alpha}.$$

En introduisant la quantité conjuguée,

$$u_{n+1} - \alpha = \frac{\left(\sqrt{3 - u_n} - \sqrt{3 - \alpha}\right)\left(\sqrt{3 - u_n} + \sqrt{3 - \alpha}\right)}{\sqrt{3 - u_n} + \sqrt{3 - \alpha}} = \frac{\alpha - u_n}{\sqrt{3 - u_n} + \sqrt{3 - \alpha}}.$$

On en déduit la majoration

$$|u_{n+1} - \alpha| = \frac{|u_n - \alpha|}{\underbrace{\sqrt{3 - u_n}}_{\geqslant 0} + \sqrt{3 - \alpha}} \leqslant \frac{|u_n - \alpha|}{\sqrt{3 - \alpha}} = \frac{1}{\alpha}|u_n - \alpha|.$$

On exploite par récurrence cette *comparaison sous-géométrique* pour affirmer

$$|u_n - \alpha| \leqslant \frac{1}{\alpha^n}|u_0 - \alpha| \quad \text{avec} \quad \frac{1}{\alpha^n} \xrightarrow[n \to +\infty]{} 0 \text{ car } \alpha > 1.$$

Finalement, la suite (u_n) converge vers α.

Exercice 30 ** (Algorithme de Babylone)

Soient $a > 0$ et (u_n) la suite définie par

$$u_0 > 0 \quad \text{et} \quad u_{n+1} = \frac{1}{2}\left(u_n + \frac{a}{u_n}\right) \quad \text{pour tout } n \in \mathbb{N}.$$

(a) Étudier la convergence de la suite (u_n).

(b) Déterminer, si elle existe,

$$\lim_{n \to +\infty} \frac{u_{n+1} - \sqrt{a}}{\left(u_n - \sqrt{a}\right)^2}.$$

Solution

(a) La suite (u_n) est une suite récurrente de fonction itératrice $f : x \mapsto \frac{1}{2}\left(x + \frac{a}{x}\right)$ définie sur $\mathbb{R}^*$. L'étude de ses variations sur $]0\,;+\infty[$ (où figure u_0) donne le tableau suivant :

x	0		$\sqrt{a}$		$+\infty$
$f'(x)$		$-$	0	$+$	
$f(x)$	$+\infty$	↘	$\sqrt{a}$	↗	$+\infty$

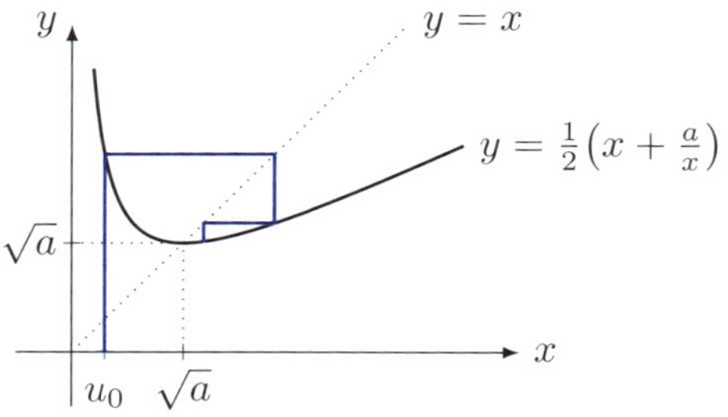

1. Afin de rapprocher u_{n+1} et α, on écrit ces deux nombres sous des formes similaires.

L'intervalle $]0\,;+\infty[$ est stable par f et la suite (u_n) est donc bien définie. On peut même affirmer que ses termes appartiennent à l'intervalle $[\sqrt{a}\,;+\infty[$ à partir du rang 1.

méthode

> Au choix, on peut établir la convergence de (u_n) par monotonie ou constater qu'à chaque itération u_n se rapproche de $\sqrt{a}$ par une comparaison sous-géométrique.

Étudions la monotonie de la suite (u_n). Pour $n \in \mathbb{N}$,

$$u_{n+1} - u_n = \frac{1}{2}\left(\frac{a}{u_n} - u_n\right) = \frac{a - u_n^2}{2u_n}.$$

Pour $n \geqslant 1$, on a souligné ci-dessus $u_n \geqslant \sqrt{a}$ et donc $u_{n+1} - u_n \leqslant 0$. La suite $(u_n)_{n\geqslant 1}$ est alors décroissante. Elle est de plus minorée par $\sqrt{a}$ et converge donc vers une certaine valeur ℓ supérieure[1] à $\sqrt{a}$. En passant à la limite dans la relation de récurrence, on obtient

$$\ell = \frac{1}{2}\left(\ell + \frac{a}{\ell}\right).$$

Après résolution et sachant $\ell > 0$, on conclut $\ell = \sqrt{a}$.

(b) On fait apparaître une identité remarquable. Pour $n \in \mathbb{N}$,

$$u_{n+1} - \sqrt{a} = \frac{1}{2u_n}\left(u_n^2 - 2\sqrt{a}u_n + a\right) = \frac{1}{2u_n}\left(u_n - \sqrt{a}\right)^2$$

et l'on a donc[2]

$$\frac{u_{n+1} - \sqrt{a}}{\left(u_n - \sqrt{a}\right)^2} = \frac{1}{2u_n} \xrightarrow[n\to+\infty]{} \frac{1}{2\sqrt{a}}.$$

Exercice 31 ** (Moyenne arithmético-géométrique)

Soit $(a, b) \in \mathbb{R}_+^2$. On considère les suites (u_n) et (v_n) définies par

$$u_0 = a,\ v_0 = b \quad \text{et} \quad u_{n+1} = \sqrt{u_n v_n},\ v_{n+1} = \frac{u_n + v_n}{2} \quad \text{pour tout } n \in \mathbb{N}.$$

Montrer que les suites (u_n) et (v_n) sont bien définies et convergent vers une même limite. Celle-ci est appelée *moyenne arithmético-géométrique* des réels a et b.

1. Lorsqu'une suite converge en décroissant, sa limite est sa borne inférieure, c'est-à-dire son plus grand minorant.
2. Cette propriété entraîne que la convergence de (u_n) vers $\sqrt{a}$ est très rapide car « plus on est proche, plus on se rapproche ». On parle ici de *convergence quadratique*.

Solution

Les termes initiaux u_0 et v_0 sont positifs. On peut donc calculer u_1 et v_1 qui seront aussi positifs, puis u_2 et v_2, etc.

méthode

On pourrait montrer par récurrence que les suites sont bien définies à termes positifs mais, plus élégamment, on détermine un domaine stable par la fonction itératrice associée aux relations de récurrence.

La fonction itératrice du couple de suites est

$$f\colon (x,y) \mapsto \left(\sqrt{xy}, \frac{x+y}{2}\right).$$

Celle-ci est définie sur $\mathbb{R}_+ \times \mathbb{R}_+$ et laisse stable ce domaine. Les suites (u_n) et (v_n) sont donc bien définies et leurs termes sont tous positifs.

méthode

On compare u_n et v_n par l'inégalité [1] $ab \leqslant \frac{1}{2}(a^2+b^2)$.

Pour $n \geqslant 1$,

$$u_n = \sqrt{u_{n-1}}\sqrt{v_{n-1}} \leqslant \frac{1}{2}\left(\left(\sqrt{u_{n-1}}\right)^2 + \left(\sqrt{v_{n-1}}\right)^2\right) = \frac{u_{n-1}+v_{n-1}}{2} = v_n.$$

On a alors

$$u_{n+1} = \sqrt{u_n v_n} \geqslant \sqrt{u_n^2} = u_n \quad \text{et} \quad v_{n+1} = \frac{u_n+v_n}{2} \leqslant \frac{2v_n}{2} = v_n.$$

À partir du rang 1, les suites (u_n) et (v_n) sont respectivement croissante et décroissante. De plus, $(u_n)_{n\geqslant 1}$ est majorée par v_1 tandis que $(v_n)_{n\geqslant 1}$ minorée par u_1. Ces deux suites convergent donc vers des limites que l'on note ℓ et ℓ'.

En passant à la limite dans la relation de récurrence $v_{n+1} = \frac{1}{2}(u_n+v_n)$, on obtient $\ell' = \frac{1}{2}(\ell+\ell')$ d'où l'on tire $\ell = \ell'$.

6.8.6 Bornes supérieures, bornes inférieures

Exercice 32 *

Soit

$$A = \left\{(-1)^n + \frac{2^n+1}{2^n} \;\middle|\; n \in \mathbb{N}\right\}.$$

Montrer que A est une partie bornée et déterminer ses bornes supérieure et inférieure.

1. Cette inégalité traduit $(a-b)^2 \geqslant 0$.

Solution

méthode

Pour tout entier naturel n,

$$(-1)^n = \begin{cases} 1 & \text{si } n \text{ est pair} \\ -1 & \text{si } n \text{ est impair.} \end{cases}$$

On a donc l'encadrement $-1 \leqslant (-1)^n \leqslant 1$. Aussi, 2^{-n} est positif et inférieur à 1 donc

$$0 \leqslant (-1)^n + \frac{2^n+1}{2^n} = (-1)^n + 1 + \frac{1}{2^n} \leqslant 3.$$

La partie A est minorée par 0 et majorée par 3, elle est donc bornée.

méthode

Si une partie admet un plus grand élément, celui-ci détermine la borne supérieure de cette partie.

En prenant $n = 0$, on obtient que le majorant 3 est élément de A, c'est donc un plus grand élément. On en déduit

$$\sup(A) = \max(A) = 3.$$

méthode

En observant qu'il n'existe pas de minorants plus grands que 0, on peut affirmer que la borne inférieure de A est égale à 0.

Soit m un minorant de A. Pour tout entier naturel n,

$$(-1)^n + \frac{2^n+1}{2^n} \geqslant m.$$

En particulier, lorsque n est impair, $n = 2p+1$ (avec $p \in \mathbb{N}$)

$$\frac{1}{2^{2p+1}} \geqslant m.$$

En passant à la limite quand p tend vers $+\infty$, on obtient $0 \geqslant m$.

Finalement, 0 est un minorant de la partie A et il n'existe pas de minorant qui lui soit supérieur : c'est donc le plus grand des minorants de A, autrement dit, sa borne inférieure.

Exercice 33 **

Soient A et B deux parties non vides et majorées de $\mathbb{R}$. On forme

$$A + B = \big\{a + b \,\big|\, (a,b) \in A \times B\big\}.$$

Montrer

$$\sup(A+B) = \sup(A) + \sup(B).$$

Solution

méthode

‖ On commence par justifier l'existence des bornes supérieures introduites.

Les ensembles A et B sont des parties de $\mathbb{R}$ non vides et majorées, on peut donc introduire leurs bornes supérieures $\sup(A)$ et $\sup(B)$ (Th. 1 p. 197). L'ensemble $A+B$ est aussi une partie de $\mathbb{R}$ et elle est non vide car le choix d'un élément a dans A et d'un élément b dans B suffit à déterminer un élément $a+b$ dans $A+B$. Vérifions que $A+B$ est majorée.

Pour tout x élément de $A+B$, on peut écrire $x=a+b$ avec $a\in A$ et $b\in B$. Les bornes supérieures étant des majorants, on a

$$a\leqslant \sup(A),\quad b\leqslant\sup(B)\quad\text{donc}\quad x=a+b\leqslant\sup(A)+\sup(B).$$

La partie $A+B$ est majorée. On peut alors introduire sa borne supérieure et, puisque celle-ci est le plus petit des majorants, on a une première inégalité

$$\sup(A+B)\leqslant\sup(A)+\sup(B).\tag{$*$}$$

méthode

‖ On obtient l'inégalité complémentaire en écrivant $a=(a+b)-b$.

Soit $b\in B$ fixé. Pour tout $a\in A$, on peut écrire

$$a=(a+b)-b\leqslant\sup(A+B)-b\quad\text{car}\quad a+b\leqslant\sup(A+B).$$

La partie A est donc majorée par $\sup(A+B)-b$. Une borne supérieure étant le plus petits des majorants, on obtient

$$\sup(A)\leqslant\sup(A+B)-b.$$

En réordonnant les membres, on écrit

$$b\leqslant\sup(A+B)-\sup(A).$$

Cette comparaison valant pour tout b dans B, on peut affirmer que la partie B est majorée par $\sup(A+B)-\sup(A)$ et par conséquent

$$\sup(B)\leqslant\sup(A+B)-\sup(A).$$

En réorganisant de nouveau les membres, il vient

$$\sup(A)+\sup(B)\leqslant\sup(A+B).\tag{$**$}$$

Finalement, les inégalités $(*)$ et $(**)$ se complètent pour donner

$$\sup(A)+\sup(B)=\sup(A+B).$$

Exercice 34 **

Soit (u_n) une suite réelle bornée. On pose

$$a_n = \inf_{p \geqslant n} u_p \quad \text{et} \quad b_n = \sup_{p \geqslant n} u_p.$$

(a) Montrer que les suites (a_n) et (b_n) convergent.

(b) Montrer que la suite (u_n) converge si, et seulement si, les limites des suites (a_n) et (b_n) sont identiques.

Solution

(a) Pour tout $n \in \mathbb{N}$, $\{u_p \mid p \geqslant n\} = \{u_p, u_{p+1}, \ldots\}$ est une partie de $\mathbb{R}$ non vide et bornée, elle admet donc une borne inférieure et une borne supérieure et ce sont elles qui définissent a_n et b_n :

$$a_n = \inf\{u_p \mid p \geqslant n\} \quad \text{et} \quad b_n = \sup\{u_p \mid p \geqslant n\}.$$

méthode

> Si A et B sont des parties non vides et bornées de $\mathbb{R}$ avec $A \subset B$ alors
>
> $$\inf(B) \leqslant \inf(A) \quad \text{et} \quad \sup(A) \leqslant \sup(B).$$

Pour tout $n \in \mathbb{N}$,

$$\underbrace{\{u_p \mid p \geqslant n+1\}}_{=\{u_{n+1}, u_{n+2}, \ldots\}} \subset \underbrace{\{u_p \mid p \geqslant n\}}_{=\{u_n, u_{n+1}, \ldots\}}$$

donc

$$a_n \leqslant a_{n+1} \quad \text{et} \quad b_{n+1} \leqslant b_n.$$

Les suites (a_n) et (b_n) sont respectivement croissante et décroissante. Elles sont de plus bornées donc toutes deux convergentes.

(b) Pour tout $n \in \mathbb{N}$, le terme u_n appartient à l'ensemble $\{u_p \mid p \geqslant n\}$ et l'on a donc $a_n \leqslant u_n \leqslant b_n$. Si les suites (a_n) et (b_n) convergent vers la même limite, la suite (u_n) converge vers celle-ci par encadrement.

Inversement, supposons que la suite (u_n) soit convergente et notons ℓ sa limite. Soit $\varepsilon > 0$. Il existe un rang N tel que $|u_n - \ell| \leqslant \varepsilon$ pour tout entier naturel n supérieur à N. On peut alors écrire l'inclusion

$$\{u_p \mid p \geqslant n\} \subset [\ell - \varepsilon\,;\ell + \varepsilon].$$

On en déduit [1]

$$a_n, b_n \in [\ell - \varepsilon\,;\ell + \varepsilon] \quad \text{c'est-à-dire} \quad |a_n - \ell| \leqslant \varepsilon \text{ et } |b_n - \ell| \leqslant \varepsilon.$$

Les suites (a_n) et (b_n) convergent alors vers ℓ.

1. La borne inférieure a_n appartient à $[\ell - \varepsilon\,;\ell + \varepsilon]$ non pas car c'est un élément de la suite (ce qui peut être faux) mais parce qu'une borne inférieure est le plus grand des minorants de la partie.

6.9 Exercices d'approfondissement

Exercice 35 *

Soit (u_n) une suite de réels strictement positifs. On suppose

$$u_n + \frac{1}{u_n} \xrightarrow[n\to+\infty]{} 2.$$

Étudier la limite de (u_n).

Solution

méthode

> On exprime[1] u_n en fonction de $v_n = u_n + \dfrac{1}{u_n}$.

Pour tout $n \in \mathbb{N}$, on vérifie

$$u_n^2 - v_n u_n + 1 = 0$$

ce qui permet d'observer le terme u_n comme solution d'une équation du second degré. Les racines de celle-ci sont[2]

$$\frac{v_n - \sqrt{v_n^2 - 4}}{2} \quad \text{et} \quad \frac{v_n + \sqrt{v_n^2 - 4}}{2}.$$

Il existe donc une suite[3] (ε_n) de réels égaux à 1 ou -1 telle que

$$u_n = \frac{v_n + \varepsilon_n\sqrt{v_n^2 - 4}}{2} \quad \text{pour tout } n \in \mathbb{N}.$$

La suite (v_n) convergeant vers 2 et (ε_n) étant bornée, on conclut par opérations que la suite (u_n) tend vers 1.

Exercice 36 **

Établir

$$\sqrt{1 + \sqrt{1 + \sqrt{1 + \cdots}}} = 1 + \cfrac{1}{1 + \cfrac{1}{1 + \cdots}}.$$

1. On peut aussi résoudre cette question en observant que le carré de $\sqrt{u_n} - 1/\sqrt{u_n}$ tend vers 0 et que la suite (u_n) est majorée pour établir que $|u_n - 1|$ est de limite nulle.

2. On peut affirmer que $\Delta = v_n^2 - 4$ est positif, soit parce que l'on sait que l'équation du second degré admet au moins la solution u_n, soit parce que l'inégalité $x + 1/x \geqslant 2$ pour $x > 0$ est classique.

3. Le terme u_n est égal à l'une ou l'autre des valeurs qui précèdent et cette alternative dépend du choix de n.

Solution

méthode

On comprend les « valeurs » présentées comme des limites de suites récurrentes.

Posons (u_n) la suite récurrente déterminée par $u_0 = 1$ et $u_{n+1} = \sqrt{1 + u_n}$ pour tout n de $\mathbb{N}$. La suite (u_n) est bien définie avec des termes tous positifs. Si celle-ci converge, c'est vers une limite ℓ positive. Par continuité de la fonction racine carrée et en passant à la limite dans la relation de récurrence, on obtient l'équation $\ell = \sqrt{1 + \ell}$. Après résolution,

$$\ell = \frac{1 + \sqrt{5}}{2} \simeq 1{,}618 \text{ à } 10^{-3} \text{ près} \quad \text{(c'est le nombre d'or).}$$

Il reste à montrer que cette convergence a lieu. Soit $n \in \mathbb{N}$. En multipliant par la quantité conjuguée,

$$|u_{n+1} - \ell| = \left|\sqrt{1 + u_n} - \sqrt{1 + \ell}\right| = \frac{|u_n - \ell|}{\underbrace{\sqrt{1 + u_n}}_{\geqslant 1} + \underbrace{\sqrt{1 + \ell}}_{\geqslant 1}} \leqslant \frac{1}{2}|u_n - \ell|.$$

Par récurrence, on obtient

$$|u_n - \ell| \leqslant \frac{1}{2^n}|u_0 - \ell| \quad \text{pour tout } n \in \mathbb{N}.$$

Puisque $1/2^n$ est de limite nulle, on conclut que (u_n) tend vers ℓ et l'on peut écrire, un peu abusivement,

$$\ell = \sqrt{1 + \sqrt{1 + \sqrt{1 + \cdots}}}.$$

Considérons maintenant la suite (v_n) déterminée par $v_0 = 1$ et $v_{n+1} = 1 + 1/v_n$ pour tout $n \in \mathbb{N}$. La suite (v_n) est bien définie avec des termes tous supérieurs à 1. Si celle-ci converge, c'est vers $\ell' \geqslant 1$ vérifiant $\ell' = 1 + 1/\ell'$. Après résolution, on trouve $\ell' = \ell$.

Montrons ensuite la convergence de (v_n) vers ℓ. Soit $n \in \mathbb{N}$. Par réduction au même dénominateur,

$$|v_{n+1} - \ell| = \left|\frac{1}{v_n} - \frac{1}{\ell}\right| \leqslant \frac{|v_n - \ell|}{\underbrace{|v_n|}_{\geqslant 1}\,\ell} \leqslant \frac{1}{\ell}|v_n - \ell|.$$

Par récurrence, on obtient

$$|v_n - \ell| \leqslant \frac{1}{\ell^n}|v_0 - \ell| \quad \text{pour tout } n \in \mathbb{N}.$$

Puisque $\ell > 1$, on conclut que (v_n) converge vers ℓ et l'on peut alors aussi « écrire »

$$\ell = 1 + \cfrac{1}{1 + \cfrac{1}{1 + \cdots}}.$$

Exercice 37 **

Soient $n \in \mathbb{N}$ et $\theta \in]0\,;\pi[$.

(a) Justifier que l'on peut donner un sens à

$$I_n = \int_0^{\pi} \frac{\cos(nt) - \cos(n\theta)}{\cos(t) - \cos(\theta)}\,\mathrm{d}t.$$

(b) Exprimer $I_{n+1} + I_{n-1}$ en fonction de I_n pour $n \geqslant 1$.

(c) En déduire la valeur de I_n.

Solution

(a) La fonction déterminant l'intégrale est continue en tout point de $[0\,;\pi] \setminus \{\theta\}$ mais n'est pas définie en θ. Nous allons l'y prolonger par continuité ce qui permet alors d'attribuer un sens à l'intégrale définissant I_n.

méthode

‖ On fait apparaître le quotient de deux taux d'accroissement.

Pour $t \in [0\,;\pi] \setminus \{\theta\}$, on écrit

$$\frac{\cos(nt) - \cos(n\theta)}{\cos(t) - \cos(\theta)} = \frac{\cos(nt) - \cos(n\theta)}{t - \theta} \cdot \frac{t - \theta}{\cos(t) - \cos(\theta)}.$$

Sachant

$$\lim_{\substack{t \to \theta \\ t \neq \theta}} \frac{\cos(t) - \cos(\theta)}{t - \theta} = (\cos)'(\theta) = -\sin(\theta) \quad \text{et} \quad \lim_{\substack{t \to \theta \\ t \neq \theta}} \frac{\cos(nt) - \cos(n\theta)}{t - \theta} = -n\sin(n\theta)$$

on obtient

$$\lim_{\substack{t \to \theta \\ t \neq \theta}} \frac{\cos(nt) - \cos(n\theta)}{\cos(t) - \cos(\theta)} = n\frac{\sin(n\theta)}{\sin(\theta)} \quad \text{car} \quad \sin(\theta) \neq 0.$$

Il est donc possible de prolonger la fonction intégrée par continuité en θ et ainsi comprendre l'intégrale définissant I_n comme l'intégrale d'une fonction continue sur le segment $[0\,;\pi]$.

(b) Soit $n \in \mathbb{N}^*$. En développant [1] les expressions trigonométriques,

$$\begin{aligned} I_{n+1} + I_{n-1} &= \int_0^{\pi} \frac{\cos\big((n+1)t\big) + \cos\big((n-1)t\big) - \cos\big((n+1)\theta\big) - \cos\big((n-1)\theta\big)}{\cos(t) - \cos(\theta)}\,\mathrm{d}t \\ &= 2\int_0^{\pi} \frac{\cos(nt)\cos(t) - \cos(n\theta)\cos(\theta)}{\cos(t) - \cos(\theta)}\,\mathrm{d}t. \end{aligned}$$

1. Ou en employant la factorisation $\cos(p) + \cos(q) = 2\cos\big(\frac{p+q}{2}\big)\cos\big(\frac{p-q}{2}\big)$.

On introduit par addition et soustraction le terme intermédiaire[1] $\cos(nt)\cos(\theta)$

$$I_{n+1}+I_{n-1}=2\int_0^{\pi}\frac{\cos(nt)\cos(t)-\cos(nt)\cos(\theta)}{\cos(t)-\cos(\theta)}\,\mathrm{d}t+2\cos(\theta)\int_0^{\pi}\frac{\cos(nt)-\cos(n\theta)}{\cos(t)-\cos(\theta)}\,\mathrm{d}t$$

$$=2\int_0^{\pi}\cos(nt)\,\mathrm{d}t+2\cos(\theta)I_n=2\left[\frac{\sin(nt)}{n}\right]_0^{\pi}+2\cos(\theta)I_n=2\cos(\theta)I_n.$$

(c) La suite (I_n) est donc une suite récurrente linéaire d'ordre 2 d'équation caractéristique

$$r^2-2\cos(\theta)r+1=0$$

de racines[2] distinctes $\mathrm{e}^{\mathrm{i}\theta}$ et $\mathrm{e}^{-\mathrm{i}\theta}$. Il existe donc deux réels λ et μ tels que

$$I_n=\lambda\cos(n\theta)+\mu\sin(n\theta)\quad\text{pour tout } n\in\mathbb{N}.$$

On calcule immédiatement $I_0=0$ et $I_1=\pi$ pour obtenir $\lambda=0$, $\mu=\pi/\sin(\theta)$ et conclure

$$I_n=\pi\frac{\sin(n\theta)}{\sin(\theta)}\quad\text{pour tout } n\in\mathbb{N}.$$

Exercice 38 ***

Déterminer les fonctions $f\colon\mathbb{R}_+^*\to\mathbb{R}_+^*$ vérifiant

$$f\big(f(x)\big)+f(x)=2x\quad\text{pour tout } x>0.$$

Solution

Soit f une fonction solution.

méthode

‖ On exprime le terme général des suites récurrentes de fonction itératrice f.

Pour $x>0$, on introduit la suite (u_n) déterminée par

$$u_0=x\quad\text{et}\quad u_{n+1}=f(u_n)\quad\text{pour tout } n\in\mathbb{N}.$$

La suite (u_n) est formée de réels strictement positifs et satisfait la relation de récurrence

$$u_{n+2}+u_{n+1}-2u_n=0\quad\text{pour tout } n\in\mathbb{N}.$$

La suite (u_n) est donc une suite récurrente linéaire d'ordre 2 d'équation caractéristique $r^2+r-2=0$ de racines 1 et -2. Il existe alors deux réels λ et μ tels que

$$u_n=\lambda 1^n+\mu(-2)^n\quad\text{pour tout } n\in\mathbb{N}.$$

Cependant, la suite (u_n) n'est formée que de nombres strictement positifs, le réel μ est donc nécessairement nul. La suite (u_n) est alors constante égale à x et, en particulier, $u_1=f(x)=x$.

Finalement, la fonction f est l'identité de $\mathbb{R}_+^*$. La réciproque est immédiate.

1. Ce terme construit un « pont » entre $\cos(nt)\cos(t)$ et $\cos(n\theta)\cos(\theta)$.
2. Voir sujet 9 p. 105.

Exercice 39 **

Soit (u_n) une suite dont les termes sont deux à deux distincts et appartiennent à $\mathbb{N}$. Étudier son éventuelle limite.

Solution

Soit A un réel positif arbitrairement grand.

méthode

‖ On montre qu'il n'existe qu'un nombre fini d'indices n tels que $u_n \leqslant A$.

L'application $n \mapsto u_n$ induit une injection de $E_A = \{n \in \mathbb{N} \mid u_n \leqslant A\}$ vers l'ensemble fini $[\![0\,;\lfloor A \rfloor]\!]$ des entiers allant de 0 à $\lfloor A \rfloor$. L'ensemble E_A est alors fini et possède au plus $\lfloor A \rfloor + 1$ éléments. S'il n'est pas vide, cet ensemble possède un plus grand élément. On peut donc introduire $N \in \mathbb{N}$ tel que tout élément de E_A soit inférieur à N et alors, pour tout $n \in \mathbb{N}$,

$$\begin{aligned} n > N &\implies n \notin E_A \\ &\implies u_n > A. \end{aligned}$$

Finalement, la suite (u_n) diverge vers $+\infty$.

Exercice 40 ***

Soit $f\colon [0\,;1] \to [0\,;1]$ une fonction croissante. Montrer que f admet un point fixe.

Solution

méthode

‖ On introduit [1] par une borne supérieure le plus grand réel x vérifiant $f(x) \geqslant x$.

Considérons l'ensemble des x pour lesquels le graphe de f est au-dessus de la droite d'équation $y = x$

$$A = \{x \in [0\,;1] \mid f(x) \geqslant x\}.$$

L'ensemble A est une partie de $\mathbb{R}$, non vide, car 0 en est élément, et majorée par 1. On peut donc introduire sa borne supérieure α.

Pour tout x appartenant à A, on a $x \leqslant \alpha$. Par croissance de f, il vient $f(x) \leqslant f(\alpha)$. Or $x \leqslant f(x)$ car x est choisi dans A et donc $x \leqslant f(\alpha)$. Ainsi, $f(\alpha)$ est un majorant de la partie A. Une borne supérieure étant le plus petit des majorants, on obtient une première inégalité $\alpha \leqslant f(\alpha)$.

Par croissance de f, on poursuit en affirmant $f(\alpha) \leqslant f\big(f(\alpha)\big)$ et $f(\alpha)$ est donc élément de la partie A. On en déduit la deuxième inégalité $f(\alpha) \leqslant \alpha$ car α est un majorant de A.

Finalement [2], par double inégalité, on conclut $f(\alpha) = \alpha$.

---

1. Une résolution par dichotomie de l'équation $f(x) - x = 0$ est aussi possible.
2. On peut aussi définir un point fixe de f en introduisant la borne inférieure de l'ensemble des x vérifiant $f(x) \leqslant x$.

CHAPITRE 7

Limites et continuité

I et J désignent des intervalles de $\mathbb{R}$ non vides et non réduits à des points.

7.1 Limites

Soit a un point de I ou une extrémité finie ou infinie de I.

7.1.1 Limites finies et infinies

Soit f une fonction définie de I vers $\mathbb{R}$.

Définition

> On dit que la fonction f *tend vers un réel* ℓ *en* a lorsque l'on a[1] :
>
> *Cas :* $a \in \mathbb{R}$. $\quad \forall \varepsilon > 0,\ \exists \alpha > 0,\ \forall x \in I, \quad |x - a| \leqslant \alpha \Longrightarrow \big|f(x) - \ell\big| \leqslant \varepsilon.$
>
> *Cas :* $a = +\infty$. $\quad \forall \varepsilon > 0,\ \exists A \in \mathbb{R},\ \forall x \in I, \quad x \geqslant A \Longrightarrow \big|f(x) - \ell\big| \leqslant \varepsilon.$
>
> *Cas :* $a = -\infty$. $\quad \forall \varepsilon > 0,\ \exists A \in \mathbb{R},\ \forall x \in I, \quad x \leqslant A \Longrightarrow \big|f(x) - \ell\big| \leqslant \varepsilon.$

Ainsi, lorsque la fonction f tend vers ℓ en a, on peut affirmer qu'au voisinage[2] de a on a l'encadrement $\ell - \varepsilon \leqslant f(x) \leqslant \ell + \varepsilon$ pour toute valeur de ε strictement positive *préalablement* fixée.

1. On peut proposer les définitions équivalentes avec les inégalités strictes « $|x - a| < \alpha$ » au lieu de « $|x - a| \leqslant \alpha$ », « $x > A$ » au lieu de « $x \geqslant A$ » et/ou « $\big|f(x) - \ell\big| < \varepsilon$ » au lieu de « $\big|f(x) - \ell\big| \leqslant \varepsilon$ ».

2. On dit que la fonction f présente une propriété au voisinage de $a \in \mathbb{R}$ si une restriction de f sur un domaine $I \cap [a - \alpha\,; a + \alpha]$ avec $\alpha > 0$ présente cette propriété. Si $a = +\infty$ ou $-\infty$, on considère une restriction sur $I \cap [A\,; +\infty[$ ou $I \cap]-\infty\,; A]$ avec $A \in \mathbb{R}$.

Théorème 1 (Unicité de la limite en a)
Si f tend vers les réels ℓ et ℓ' en a alors $\ell = \ell'$.

Définition

On dit que la fonction f *tend vers* $+\infty$ *en* a lorsque l'on a[1] :

Cas : $a \in \mathbb{R}$. $\forall M \in \mathbb{R}, \exists \alpha > 0, \forall x \in I, \quad |x - a| \leqslant \alpha \implies f(x) \geqslant M.$

Cas : $a = +\infty$. $\forall M \in \mathbb{R}, \exists A \in \mathbb{R}, \forall x \in I, \quad x \geqslant A \implies f(x) \geqslant M.$

Cas : $a = -\infty$. $\forall M \in \mathbb{R}, \exists A \in \mathbb{R}, \forall x \in I, \quad x \leqslant A \implies f(x) \geqslant M.$

De façon analogue, on exprime que f tend vers $-\infty$ en a en remplaçant « $f(x) \geqslant M$ » par « $f(x) \leqslant M$ ».

Si une fonction tend vers un réel ℓ en a, on dit qu'elle admet une *limite finie*. Elle ne peut alors tendre vers une *limite infinie* (c'est-à-dire vers $+\infty$ ou $-\infty$).
Plus précisément, lorsqu'il existe, il y a unicité de l'élément ℓ réel ou infini vers lequel la fonction f peut tendre en a.

Définition

Si la fonction f tend vers un élément ℓ, éventuellement infini, en a on écrit

$$f \underset{a}{\to} \ell \quad \text{ou} \quad f(x) \xrightarrow[x \to a]{} \ell.$$

Cet élément ℓ étant unique, on l'appelle la *limite de* f *en* a et on le note

$$\lim_a f \quad \text{ou} \quad \lim_{x \to a} f(x).$$

En résumé, une fonction peut présenter trois comportements distincts en a :
— elle peut admettre une limite finie ;
— elle peut admettre une limite infinie ;
— elle peut ne pas posséder de limite.

Théorème 2
Si $f : I \to \mathbb{R}$ tend vers une limite finie en a alors f est bornée au voisinage de a.

7.1.2 Limites et inégalités

Théorème 3 (Passage à la limite des inégalités larges)
Soient f et g sont deux fonctions définies de I vers $\mathbb{R}$ vérifiant

$$f(x) \leqslant g(x) \quad \text{au voisinage}^{2} \text{ de } a.$$

Si f et g admettent des limites finies ℓ et ℓ' en a alors $\ell \leqslant \ell'$.

1. On peut exprimer des définitions équivalentes avec des inégalités strictes.
2. Lorsque $a \in \mathbb{R}$, cela signifie qu'il existe $\alpha > 0$ tel que $f(x) \leqslant g(x)$ pour tout x de $I \cap [a - \alpha\,;a + \alpha]$. Lorsque $a = +\infty$, cela exprime qu'il existe $A \in \mathbb{R}$ tel que $f(x) \leqslant g(x)$ pour tout x de $I \cap [A\,;+\infty[$.

On dit que les inégalités larges sont stables par passage à la limite. Ce résultat n'est pas vrai pour les inégalités strictes : les passages à la limite « élargissent » les inégalités.

7.1.3 Limites et opérations

Théorème 4
Soient $f, g\colon I \to \mathbb{R}$.
Si f et g admettent des limites finies ℓ et ℓ' en a alors

$$(f+g)(x) \xrightarrow[x\to a]{} \ell+\ell' \quad \text{et} \quad (fg)(x) \xrightarrow[x\to a]{} \ell\ell'.$$

Ce résultat se généralise aux limites infinies sous réserve de ne pas être confronté à une forme indéterminée : « $(+\infty)+(-\infty)$ », « $(+\infty)\times 0$ », etc.

Théorème 5
Soient $f\colon I \to \mathbb{R}$ et $g\colon J \to \mathbb{R}$ au moins définie sur l'ensemble des valeurs prises par f.
Si f admet une limite b en a et si g admet[1] une limite ℓ en b alors

$$(g\circ f)(x) \xrightarrow[x\to a]{} \ell.$$

En particulier, à partir des limites connues de la fonction inverse et en composant avec celle-ci, on peut énoncer des résultats de passage à l'inverse des limites voire de quotient de limites.

7.1.4 Limites par comparaison

On peut justifier et calculer une limite par les théorèmes d'opérations qui précèdent. On peut aussi raisonner par comparaison :

Théorème 6 (Limite finie par encadrement)
Soient f, g et h trois fonctions définies de I vers $\mathbb{R}$ vérifiant

$$g(x) \leqslant f(x) \leqslant h(x) \quad \text{au voisinage de } a.$$

Si les fonctions g et h tendent vers un même réel ℓ en a alors la fonction f tend aussi vers ℓ en a.

En particulier, si $\left|f(x)-\ell\right| \leqslant \varepsilon(x)$ avec ε une fonction de limite nulle en a, la fonction f tend vers ℓ en a.

1. Lorsque f admet une limite b en a, celle-ci est nécessairement élément ou extrémité de J.

Théorème 7 (Limite infinie par minoration)
Soient f et g deux fonctions définies de I vers $\mathbb{R}$ vérifiant

$$g(x) \leqslant f(x) \quad \text{au voisinage de } a.$$

Si la fonction g tend vers $+\infty$ en a alors la fonction f tend aussi vers $+\infty$ en a.

Par passage à l'opposé, on peut aussi énoncer un résultat de limite égale à $-\infty$ par majoration.

7.1.5 Composition séquentielle des limites

Théorème 8
Si $f\colon I \to \mathbb{R}$ admet une limite ℓ finie ou infinie en a alors, pour toute suite (x_n) d'éléments de I,

$$x_n \xrightarrow[n\to+\infty]{} a \implies f(x_n) \xrightarrow[n\to+\infty]{} \ell.$$

Ce résultat permet de justifier l'absence de limite en a à une fonction f en déterminant deux suites de limite a dont les images par f ont des comportements incompatibles avec l'existence d'une limite.

7.1.6 Limites latérales et limites épointées

Soient a un point ou une extrémité finie de I et f une fonction définie sur I à valeurs réelles.

Définition

Si a n'est pas extrémité droite[1] de I, on appelle *limite à droite*[2] de f en a, l'éventuelle limite en a de la restriction de f au départ de $I \cap \left]a\,;+\infty\right[$. Lorsqu'elle existe, celle-ci est notée

$$\lim_{a^+} f, \quad \lim_{x\to a^+} f(x) \quad \text{ou} \quad \lim_{\substack{x\to a\\ x>a}} f(x).$$

Si a n'est pas extrémité gauche de I, on définit l'éventuelle *limite à gauche* de f en a en considérant la restriction de f au départ de $I \cap \left]-\infty\,;a\right[$. Celle-ci est notée

$$\lim_{a^-} f, \quad \lim_{x\to a^-} f(x) \quad \text{ou} \quad \lim_{\substack{x\to a\\ x<a}} f(x).$$

On peut aussi exprimer par des quantificateurs les limites à droite et à gauche. Par exemple, f tend vers un réel ℓ en a par valeurs supérieures s'écrit

$$\forall \varepsilon > 0,\ \exists \alpha > 0,\ \forall x \in I, \quad a < x < a + \alpha \implies \left|f(x) - \ell\right| \leqslant \varepsilon.$$

1. On dit alors que la fonction f est *définie à droite* de a.
2. On parle aussi de limite en a par *valeurs supérieures*.

Définition

Si f admet une limite à droite et une limite à gauche en a et si celles-ci sont égales, cette valeur commune est appelée la *limite épointée* de f en a. On la note

$$\lim_{\substack{x\to a\\ x\neq a}} f(x).$$

Lorsque la fonction f est seulement définie sur $I \setminus \{a\}$ ou lieu de I, le concept de limite épointée permet de donner un sens à l'éventuelle limite de f en a. Celle-ci est alors simplement notée

$$\lim_{x\to a} f(x).$$

Puisque les notions de limites latérales et épointées sont définies à partir de fonctions restreintes, les résultats relatifs aux limites qui précèdent se particularisent à ces concepts.

7.1.7 Limites monotones

Lorsqu'une fonction $f\colon I \to \mathbb{R}$ est majorée, elle n'admet pas pour autant nécessairement un maximum. Cependant, on peut introduire le plus petit de ses majorants :

Définition

Si une fonction $f\colon I \to \mathbb{R}$ est majorée, on appelle *borne supérieure* de f, le plus petit de ses majorants. Cette borne supérieure est notée

$$\sup f, \quad \sup_I f \quad \text{ou} \quad \sup_{x\in I} f(x).$$

Lorsqu'il existe, le maximum d'une fonction détermine sa borne supérieure. En revanche, la borne supérieure d'une fonction peut ne pas être une valeur prise par cette fonction et donc ne pas être un maximum.

On définit aussi la *borne inférieure* d'une fonction minorée comme étant le plus grand de ses minorants.

Théorème 9 (Théorème de la limite monotone)
On suppose l'intervalle I ouvert d'extrémités $a < b$ éventuellement infinies.
Si $f\colon I \to \mathbb{R}$ est une fonction monotone alors f admet des limites (éventuellement infinies) en a et en b.

Plus précisément, lorsque f est une fonction croissante :

- sa limite en b est sa borne supérieure si f est majorée, $+\infty$ sinon ;
- sa limite en a est sa borne inférieure si f est minorée, $-\infty$ sinon.

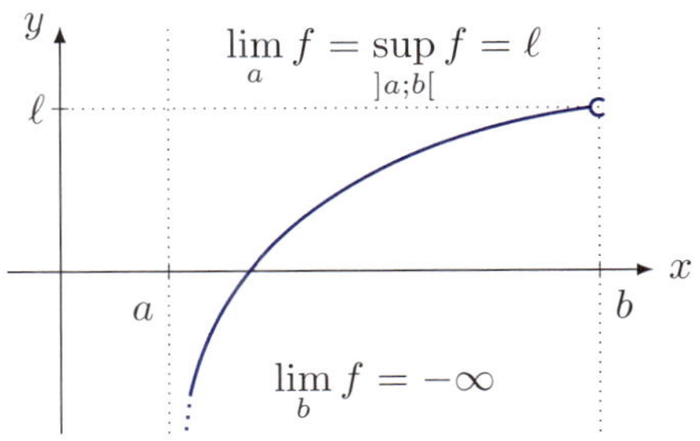

Si f est décroissante, les comportements en a et b sont échangés.

Lorsqu'elles existent, les bornes supérieure et inférieure d'une fonction monotone peuvent donc être lues sur son tableau de variation.

Une conséquence de ce théorème est qu'une fonction monotone f admet des limites à droite et à gauche en tout point a qui n'est pas extrémité de son intervalle de définition. Au surplus, ces limites encadrent la valeur de la fonction au point :

$$\begin{cases} \lim\limits_{x \to a^-} f(x) \leqslant f(a) \leqslant \lim\limits_{x \to a^+} f(x) & \text{si } f \text{ est croissante} \\ \lim\limits_{x \to a^+} f(x) \leqslant f(a) \leqslant \lim\limits_{x \to a^-} f(x) & \text{si } f \text{ est décroissante.} \end{cases}$$

7.2 Continuité

Soit f une fonction définie de I vers $\mathbb{R}$.

7.2.1 Continuité en un point

Si la fonction f admet une limite en un point a où elle est définie, cette limite est nécessairement la valeur de f en a. On adopte alors le vocabulaire suivant :

Définition

On dit que f est *continue* en $a \in I$ si f admet une limite en a.

Si f admet une limite en a par valeurs supérieures et si celle-ci est égale à $f(a)$, on dit que f est *continue à droite* en a. *Mutatis mutandis*, on définit la *continuité à gauche* en a.

Théorème 10

Lorsque $a \in I$ n'est pas une extrémité de l'intervalle I, la fonction f est continue en a si, et seulement si, elle y est continue à droite et à gauche.

Ce résultat est utile pour étudier la continuité d'une fonction définie par une alternative.

Théorème 11

Si f est continue en $a \in I$ alors, pour toute suite (x_n) d'éléments de I,

$$x_n \xrightarrow[n \to +\infty]{} a \implies f(x_n) \xrightarrow[n \to +\infty]{} f(a).$$

7.2.2 Continuité sur un intervalle

Définition

On dit qu'une fonction f définie sur I est *continue*[1] lorsque celle-ci est continue en chaque point de I.

1. On dit quelquefois qu'une fonction est *continue sur* un intervalle J pour insister sur le domaine de définition de la fonction ou pour affirmer que c'est sa restriction au départ de J qui est continue.

La fonction valeur absolue est continue sur $\mathbb{R}$ en vertu de l'inégalité triangulaire renversée $\big||x| - |a|\big| \leqslant |x - a|$ valable [1] pour tous x et a réels.

On justifie généralement la continuité d'une fonction par opérations sur les fonctions continues ou composition de telles fonctions.

Théorème 12
Soient $f, g\colon I \to \mathbb{R}$ et $\lambda \in \mathbb{R}$.
Si f et g sont continues alors les fonctions λf, $f + g$ et fg le sont aussi.

Théorème 13
Soient $f\colon I \to \mathbb{R}$ et $g\colon J \to \mathbb{R}$ au moins définie sur l'ensemble des valeurs prises par f.
Si f et g sont continues alors la fonction composée $g \circ f$ l'est aussi.

Rappelons aussi que la bijection réciproque d'une fonction continue et strictement monotone est continue.

7.2.3 Image continue d'un intervalle

Théorème 14 (Théorème des valeurs intermédiaires)
Une fonction continue définie sur un intervalle et à valeurs réelles prend toutes les valeurs comprises entre deux valeurs prises.

En particulier, si f prend une valeur négative et une valeur positive, elle s'annule. Cette affirmation n'est valable que lorsque le domaine de définition est un intervalle [2].

Une formulation équivalente du théorème des valeurs intermédiaires est la suivante :

Théorème 15
L'image d'un intervalle par une fonction continue est un intervalle.

7.2.4 Image continue d'un segment

Théorème 16 (Théorème des bornes atteintes)
Toute fonction réelle définie et continue sur un segment $[a\,;b]$ admet un minimum et un maximum.

On dit qu'une fonction réelle continue sur un segment est bornée et qu'elle atteint ses bornes.

---

1. Voir sujet 1 p. 14.
2. La fonction inverse sur $\mathbb{R}^*$ prend des valeurs positives et négatives sans pour autant s'annuler !

7.3 Extension aux fonctions complexes

7.3.1 Limites

Soit a un point de I ou une extrémité éventuelle infinie de I.

Définition

On dit qu'une fonction f définie de I vers $\mathbb{C}$ *tend* vers un nombre complexe[1] ℓ en a si

$$\left|f(t) - \ell\right| \xrightarrow[t \to a]{} 0.$$

Cette valeur ℓ est alors unique, on l'appelle la *limite* de f en a. Les théorèmes d'opérations sur les limites se transposent aux fonctions complexes et l'on peut étudier la limite d'une fonction complexe par ses parties réelle et imaginaire :

Théorème 17

Une fonction $f : I \to \mathbb{C}$ tend vers $\ell \in \mathbb{C}$ en a si, et seulement si, les fonctions réelles $\mathrm{Re}(f)$ et $\mathrm{Im}(f)$ tendent respectivement vers $\mathrm{Re}(\ell)$ et $\mathrm{Im}(\ell)$ en a.

7.3.2 Continuité

Le vocabulaire de continuité se transpose directement aux fonctions complexes et l'on peut étudier la continuité d'une fonction complexe par la continuité de ses parties réelle et imaginaire.

Le théorème des valeurs intermédiaires n'a plus de sens dans le cadre complexe[2]. Le théorème des bornes atteintes peut cependant être adapté pour affirmer que toute fonction complexe continue sur un segment y est bornée.

7.4 Exercices d'apprentissage

7.4.1 Limites

Exercice 1

Étudier[3] les limites suivantes :

(a) $\displaystyle\lim_{x \to +\infty} \left(3x^2 - \mathrm{e}^x\right)$ (b) $\displaystyle\lim_{x \to +\infty} \frac{\sqrt{x^2 + x + 1}}{x + 1}$ (c) $\displaystyle\lim_{x \to +\infty} x\mathrm{e}^{-\sqrt{x}}$

(d) $\displaystyle\lim_{x \to +\infty} \frac{x\cos(\mathrm{e}^x)}{x^2 + 1}$ (e) $\displaystyle\lim_{x \to +\infty} \frac{1}{x}\lfloor x \rfloor$ (f) $\displaystyle\lim_{x \to +\infty} \left(x^2 + x\sin(x)\right)$.

1. Pour une fonction à valeurs complexes, on ne définit pas de limite infinie, tout au plus on peut dire $\left|f(t)\right|$ tend vers $+\infty$ quand t tend vers a.

2. La fonction $t \mapsto \mathrm{e}^{\mathrm{i}t}$ est continue sur $[0\,;\pi]$ prend une valeur positive en 0 et une valeur négative en π sans pour autant s'annuler.

3. *Étudier* une limite consiste à savoir si celle-ci existe et donner sa valeur si tel est le cas.

Solution

(a) Il s'agit de résoudre une forme indéterminée additive « $(+\infty) - (+\infty)$ ».

méthode

On factorise le terme prépondérant.

Pour $x \in \mathbb{R}$,

$$3x^2 - e^x = \underbrace{e^x}_{\to +\infty} \underbrace{\left(3x^2e^{-x} - 1\right)}_{\to -1} \xrightarrow[x \to +\infty]{} -\infty \quad \text{car on sait } \lim_{x\to+\infty} x^2e^{-x} = 0.$$

(b) Il s'agit de résoudre une forme indéterminée quotient« $(+\infty)/(+\infty)$ ».

méthode

On factorise le terme prépondérant au numérateur et au dénominateur.

Pour $x > 0$,

$$\frac{\sqrt{x^2 + x + 1}}{x + 1} = \frac{|x|}{x} \cdot \frac{\sqrt{1 + \frac{1}{x} + \frac{1}{x^2}}}{1 + \frac{1}{x}} = \frac{\sqrt{1 + \frac{1}{x} + \frac{1}{x^2}}}{1 + \frac{1}{x}} \xrightarrow[x \to +\infty]{} 1.$$

La même expression étudiée en $-\infty$ donne la limite -1.

(c) Il s'agit de résoudre une forme indéterminée multiplicative « $(+\infty) \times 0$ ».

méthode

On écrit [1] le facteur x sous la forme exponentielle $e^{\ln(x)}$.

Pour $x > 0$,

$$xe^{-\sqrt{x}} = e^{\ln(x) - \sqrt{x}}.$$

L'expression contenue dans l'exponentielle présente une forme indéterminée additive que l'on résout en factorisant le terme prépondérant

$$xe^{-\sqrt{x}} = e^{\sqrt{x}\left(\frac{\ln(x)}{\sqrt{x}} - 1\right)} \xrightarrow[x \to +\infty]{} 0 \quad \text{car} \quad \lim_{x\to+\infty} \frac{\ln(x)}{\sqrt{x}} = 0 \text{ et } \lim_{t\to-\infty} e^t = 0.$$

(d) La fonction cosinus ne possède pas de limite en $+\infty$, l'étude se prête mal à un raisonnement par opérations.

méthode

Le produit d'une fonction de limite nulle par une fonction bornée est de limite nulle.

Pour $x \in \mathbb{R}$,

$$\frac{x\cos\left(e^x\right)}{x^2 + 1} = \underbrace{\frac{x}{x^2 + 1}}_{\to 0} \underbrace{\cos\left(e^x\right)}_{\text{bornée}} \xrightarrow[x \to +\infty]{} 0.$$

1. On peut aussi poser $X = \sqrt{x}$ afin de reconnaître une forme X^2e^{-X} avec X de limite $+\infty$.

(e) Il s'agit de résoudre une forme indéterminée multiplicative « $0 \times (+\infty)$ ».

méthode

‖ On raisonne par encadrement.

Pour tout $x > 0$, on sait $x - 1 < \lfloor x \rfloor \leqslant x$ et donc

$$1 - \frac{1}{x} \leqslant \frac{1}{x}\lfloor x \rfloor \leqslant 1.$$

Les termes encadrants tendent vers 1 en l'infini et donc, par le théorème de limite par encadrement (Th. 6 p. 247), on peut affirmer que $\frac{1}{x}\lfloor x \rfloor$ tend aussi 1 vers quand x croît vers $+\infty$.

(f) La fonction sinus ne possède pas de limite en $+\infty$, l'étude se prête mal à un raisonnement par opérations.

méthode

‖ On minore[1] la fonction étudiée par une fonction de limite $+\infty$.

Puisque $\sin(x) \geqslant -1$, on peut écrire pour $x \geqslant 0$,

$$x^2 + x\sin(x) \geqslant x^2 - x = x(x-1) \xrightarrow[x \to +\infty]{} +\infty.$$

Par le théorème de limite infinie par minoration (Th. 7 p. 248), on conclut que la limite étudiée vaut $+\infty$.

Exercice 2

Étudier les limites suivantes :

(a) $\displaystyle\lim_{x \to 0^+} \left(\frac{1}{x} + \ln(x)\right)$ (b) $\displaystyle\lim_{x \to 0^+} x^{\sqrt{x}}$ (c) $\displaystyle\lim_{x \to 0^+} \left|\ln(x)\right|^{\frac{1}{\ln(x)}}$

(d) $\displaystyle\lim_{x \to 0} \frac{\sin(x)}{x}$ (e) $\displaystyle\lim_{x \to 0^+} x\sin\big(\ln(x)\big)$ (f) $\displaystyle\lim_{x \to 0^+} \frac{1}{x}\lfloor x \rfloor$.

Solution

(a) Il s'agit de résoudre une forme indéterminée additive « $(+\infty) + (-\infty)$ ».

méthode

‖ On factorise le terme prépondérant.

Pour $x > 0$,

$$\frac{1}{x} + \ln(x) = \underbrace{\frac{1}{x}}_{\to +\infty}\underbrace{\Big(1 + x\ln(x)\Big)}_{\to 1} \xrightarrow[x \to 0^+]{} +\infty \quad \text{car on sait} \quad \lim_{x \to 0^+} x\ln(x) = 0.$$

1. On peut aussi factoriser le terme prépondérant x^2 et exploiter que le produit d'une fonction de limite nulle par une fonction bornée est de limite nulle.

(b) Il s'agit de résoudre une forme indéterminée puissance « 0^0 ».

méthode

‖ On exprime la puissance sous forme exponentielle.

Pour $x > 0$,

$$x^{\sqrt{x}} = \mathrm{e}^{\sqrt{x}\ln(x)} \xrightarrow[x\to 0^+]{} 1 \quad \text{car on sait } \lim_{x\to 0^+} \sqrt{x}\ln(x) = 0.$$

(c) Il s'agit de résoudre une forme indéterminée puissance « $(+\infty)^0$ » : on commence par exprimer la puissance sous forme exponentielle.

Pour $x \in \,]0\,;1[$,

$$\left|\ln(x)\right|^{\frac{1}{\ln(x)}} = \exp\left(\frac{1}{\ln(x)}\ln\left(\left|\ln(x)\right|\right)\right).$$

méthode

‖ Par composition de limites, on introduit une « nouvelle variable » $X = \ln(x)$.

$$\exp\left(\frac{1}{\ln(x)}\ln\left(\left|\ln(x)\right|\right)\right) = \exp\Bigg(\underbrace{\frac{\ln(|X|)}{X}}_{\to 0}\Bigg) \xrightarrow[x\to 0^+]{} 1 \quad \text{car} \quad X \to -\infty.$$

(d) Il s'agit de résoudre une forme indéterminée quotient « $0/0$ ».

méthode

‖ On reconnaît un taux d'accroissement.

$$\lim_{x\to 0} \frac{\sin(x)}{x} = \lim_{x\to 0} \frac{\sin(x) - \sin(0)}{x - 0} = (\sin)'(0) = \cos(0) = 1.$$

(e) Le terme en sinus ne possède pas de limite mais est bornée.

$$\underbrace{x}_{\to 0}\ \underbrace{\sin\left(\ln(x)\right)}_{\text{bornée}} \xrightarrow[x\to 0^+]{} 0.$$

(f) Il s'agit *a priori* d'une forme indéterminée multiplicative « $(+\infty) \times 0$ » mais, à mieux y regarder, la partie entière est constante égale à 0 sur $[0\,;1[$.

Pour $x \in \,]0\,;1[$,

$$\frac{1}{x}\lfloor x \rfloor = \frac{1}{x} \times 0 = 0 \xrightarrow[x\to 0^+]{} 0.$$

Exercice 3

Étudier les limites suivantes :

(a) $\lim\limits_{x\to 1^+} \ln(x)\ln\left(\ln(x)\right)$ (b) $\lim\limits_{x\to \pi/2} \dfrac{\sin(2x)}{\pi - 2x}$ (c) $\lim\limits_{x\to 1} \dfrac{x-1}{\ln(x)}$.

Solution

(a) **méthode**

‖ On reconnaît une composition.

Pour $X = \ln(x)$, on a X de limite nulle quand x tend vers 1^+ et donc

$$\ln(x)\ln\big(\ln(x)\big) = X\ln(X) \xrightarrow[x\to 1^+]{} 0.$$

(b) **méthode**

‖ Lorsque l'on étudie une limite quand x tend vers $a \neq 0$, il est souvent pertinent de translater [1] l'étude en écrivant $x = a + h$ avec h de limite nulle.

On écrit $x = \pi/2 + h$ avec $h = x - \pi/2$ de limite nulle quand x tend vers $\pi/2$. On a alors

$$\frac{\sin(2x)}{\pi - 2x} = \frac{\sin(\pi + 2h)}{-2h} = \frac{\sin(2h)}{2h} \xrightarrow[x\to\frac{\pi}{2}]{} 1 \quad \text{car} \quad \lim_{t\to 0}\frac{\sin(t)}{t} = 1.$$

L'opération de translation de la variable peut se comprendre comme une composition de limites, h s'interprète comme une fonction de x et c'est pourquoi la flèche ci-dessus est exprimée avec « $x \to \pi/2$ » et non « $h \to 0$ ».

(c) **méthode**

‖ On reconnaît l'inverse d'un taux d'accroissement.

$$\frac{x-1}{\ln(x)} = \frac{x-1}{\ln(x) - \ln(1)} \xrightarrow[x\to 1]{} \frac{1}{(\ln)'(1)} = 1.$$

Exercice 4

Soit $f\colon [0\,;+\infty[\to \mathbb{R}$ une fonction strictement croissante de limite $\ell \in \mathbb{R}$ en $+\infty$. Montrer que la valeur $f(x)$ est strictement inférieure à ℓ pour tout $x \in [0\,;+\infty[$.

Solution

Par le théorème de la limite monotone (Th. 9 p. 249), on sait déjà que ℓ est la borne supérieure de f et donc que ℓ majore f. L'enjeu est alors seulement de montrer que ℓ n'est pas une valeur prise par f.

méthode

‖ Par l'absurde, on contredit la stricte monotonie de f.

Par l'absurde, supposons qu'il existe $a \in [0\,;+\infty[$ tel que $f(a) = \ell$. On obtient par croissance de f l'inégalité $f(x) \geqslant f(a) = \ell$ pour tout $x \in [a\,;+\infty[$. On a alors $f(x) = \ell$ car on a déjà vu ci-dessus que ℓ majore f. Finalement, f est constante sur $[a\,;+\infty[$ et cela contredit sa stricte monotonie. C'est absurde.

1. Cela équivaut à raisonner par composition de limites.

7.4.2 Continuité

Exercice 5

Étudier la continuité de la fonction f définie sur $\mathbb{R}$ par

$$f(x) = \begin{cases} x^2 & \text{si } x \geqslant 0 \\ -x^2 & \text{si } x < 0. \end{cases}$$

Solution

méthode

> La continuité d'une fonction sur un intervalle est la continuité de celle-ci en chaque point de l'intervalle.

Étudions la continuité en $a \in \mathbb{R}$.

Cas : $a > 0$. Au voisinage[1] de a, on a $x > 0$ et donc $f(x) = x^2$. Lorsque x tend vers a, $f(x)$ tend vers a^2 qui est la valeur de f en a. La fonction f est donc continue[2] en ce point.

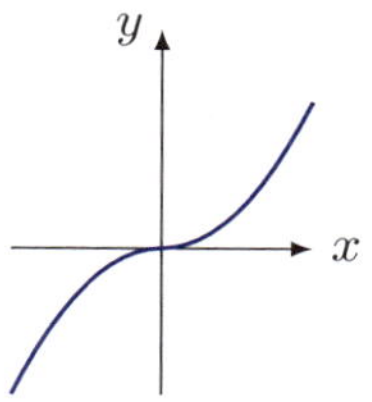

Cas : $a < 0$. C'est analogue sachant $f(x) = -x^2$ au voisinage de a.

Cas : $a = 0$. La démarche ci-dessus ne peut être directement reprise car on ignore le signe de x au voisinage de a.

méthode

> Pour étudier la continuité en un point de jonction d'une alternative, on raisonne par continuité à droite et continuité à gauche (Th. 10 p. 250).

Lorsque x tend vers 0 par valeurs supérieures, $f(x) = x^2$ et donc $f(x)$ tend vers 0 qui est la valeur de f en 0. La fonction f est continue à droite en 0.

Lorsque x tend vers 0 par valeurs inférieures, $f(x) = -x^2$ et à nouveau $f(x)$ tend vers 0. La fonction f est aussi continue à gauche en 0.

Finalement, f est continue en 0 puis continue[3] sur $\mathbb{R}$.

Exercice 6

Soient $f, g\colon [a\,;b] \to \mathbb{R}$ deux fonctions continues vérifiant

$$\big(g(a) - f(a)\big)\big(g(b) - f(b)\big) \leqslant 0 \qquad (*)$$

Montrer qu'il existe x dans $[a\,;b]$ tel que $f(x) = g(x)$.

---

1. C'est-à-dire sur un intervalle $[a - \alpha\,; a + \alpha]$ pour un certain $\alpha > 0$, même très petit.
2. On peut aussi dire que la fonction f se confond avec la fonction continue $x \mapsto x^2$ sur un voisinage de a.
3. Un argument rapide est aussi possible : $f\colon x \mapsto x|x|$ est continue par produit de fonctions continues.

Solution

L'hypothèse $(*)$ signifie que $g(a) - f(a)$ et $g(b) - f(b)$ sont de signes opposés.

méthode

> On introduit la fonction auxiliaire définie par la différence des membres de l'égalité souhaitée et l'on montre que celle-ci s'annule.

La fonction $\varphi = g - f$ est définie et continue sur l'intervalle $[a\,;b]$ et à valeurs réelles. Puisque $\varphi(a)\varphi(b) \leqslant 0$, la fonction φ prend des valeurs de signes opposés en a et b et le théorème des valeurs intermédiaires (Th. 14 p. 251) assure que cette fonction s'annule alors en un certain x dans $[a\,;b]$. En cette valeur, on a $f(x) = g(x)$.

Exercice 7

Soit $f\colon [0\,;+\infty[\to \mathbb{R}$ une fonction continue admettant une limite finie ℓ en $+\infty$. Montrer que la fonction f est bornée.

Solution

méthode

> Par sa limite finie en $+\infty$, on borne la fonction f sur un voisinage de $+\infty$. Par sa continuité, on borne f sur le domaine restant.

Soit $\varepsilon = 1 > 0$. Il existe $A \in \mathbb{R}_+$ tel que $\left|f(x) - \ell\right| \leqslant 1$ pour tout $x \geqslant A$. En particulier, on a alors

$$\left|f(x)\right| = \left|f(x) - \ell + \ell\right| \leqslant \left|f(x) - \ell\right| + \left|\ell\right| \leqslant 1 + \left|\ell\right|.$$

La fonction f est donc bornée sur $[A\,;+\infty[$ par $M_1 = 1 + |\ell|$. Aussi, la fonction f est continue sur le segment $[0\,;A]$ et donc bornée sur celui-ci par un certain réel M_2 (Th. 16 p. 251). Par conséquent, quelle que soit la valeur de x choisie dans $[0\,;+\infty[$, on peut affirmer $\left|f(x)\right| \leqslant M$ avec $M = \max(M_1, M_2)$. La fonction f est bornée[1].

Exercice 8

Donner un exemple :

(a) de fonction continue sur $[0\,;+\infty[$ ni minorée, ni majorée.

(b) de fonction continue sur $]0\,;+\infty[$ sans limite en 0 ;

(c) de fonction définie sur $\mathbb{R}$ continue en aucun point.

(d) de fonction définie sur $\mathbb{R}$ continue en aucun point sauf 0.

1. Une alternative élégante à ce raisonnement est de considérer la fonction continue $g = f \circ \tan$ définie sur $[0\,;\pi/2[$. La limite finie de f en $+\infty$ permet de prolonger g par continuité en $\pi/2$. La fonction g est alors continue sur un segment, donc bornée. La fonction f l'est alors aussi.

Solution

(a) **méthode**

> Il faut savoir qu'une fonction continue peut osciller...

La fonction $f\colon x \mapsto x\cos(x)$ convient. C'est en effet une fonction continue et celle-ci n'est pas majorée car, pour $n \in \mathbb{N}$, $f(2n\pi) = 2n\pi$ est de limite $+\infty$. Elle n'est pas non plus minorée puisque $f\big((2n+1)\pi\big) = -(2n+1)\pi$ pour tout $n \in \mathbb{N}$.

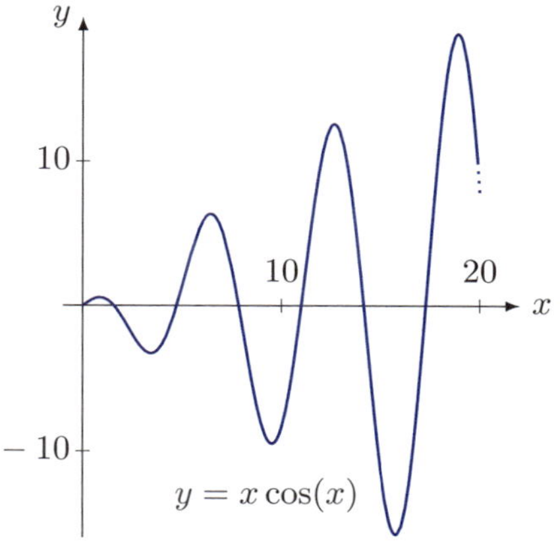

(b) La fonction $f\colon x \mapsto \cos(1/x)$ convient. C'est en effet une fonction continue qui n'admet pas de limite en 0.

méthode

> On montre qu'une fonction n'admet pas de limite en a en déterminant des suites de limite a dont l'image par f a un comportement incompatible avec l'existence d'une limite.

Introduisons les suites $(u_n)_{n\geqslant 1}$ et (v_n) de limite 0 par valeurs supérieures déterminées par

$$u_n = \frac{1}{2n\pi} \quad \text{et} \quad v_n = \frac{1}{(2n+1)\pi}.$$

D'une part, $\cos(1/u_n) = 1$ tend vers 1.
D'autre part, $\cos(1/v_n) = -1$ tend vers -1.
La fonction f ne possède donc pas de limite en 0 (Th. 8 p. 248).

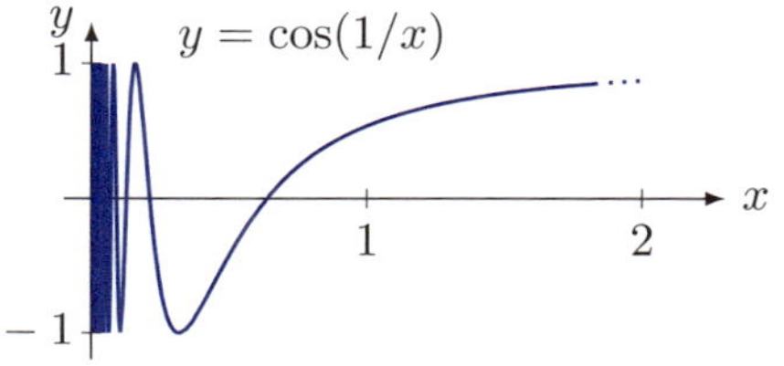

(c) **méthode**

> On considère la fonction indicatrice de $\mathbb{Q}$:
>
> $$\mathbf{1}_{\mathbb{Q}}(x) = \begin{cases} 1 & \text{si } x \in \mathbb{Q} \\ 0 & \text{sinon.} \end{cases}$$

Celle-ci n'est continue en aucun point de $\mathbb{R}$. En effet, $\mathbf{1}_{\mathbb{Q}}$ n'est pas continue en $a \in \mathbb{R}\setminus\mathbb{Q}$ car, en écrivant a comme limite d'une suite (u_n) de nombres rationnels [1], on a

$$\mathbf{1}_{\mathbb{Q}}(u_n) = 1 \xrightarrow[n\to+\infty]{} 1 \neq 0 = \mathbf{1}_{\mathbb{Q}}(a).$$

De même, on montre que $\mathbf{1}_{\mathbb{Q}}$ n'est pas continue en $a \in \mathbb{Q}$ en introduisant une suite de nombres irrationnels de limite a.

1. Voir sujet 20 p. 224.

(d) Considérons la fonction $f: x \mapsto x\mathbf{1}_{\mathbb{Q}}(x)$ définie sur $\mathbb{R}$.

Elle est continue en $a = 0$ car de limite nulle en ce point en tant que produit d'une fonction de limite nulle par une fonction bornée.

Elle est discontinue en tout point $a \neq 0$ car la fonction $\mathbf{1}_{\mathbb{Q}}$ est discontinue en a et que l'on peut écrire au voisinage de a

$$\mathbf{1}_{\mathbb{Q}}(x) = \frac{1}{x} f(x).$$

7.5 Exercices d'entraînement

7.5.1 Limites

Exercice 9 *

Soit $f: \mathbb{R} \to \mathbb{R}$ une fonction périodique admettant une limite en $+\infty$. Que dire de la fonction f ?

Solution

méthode

> On montre que f est constante en projetant le calcul de $f(x)$ à l'infini par périodicité.

Notons ℓ la limite de f en $+\infty$ et $T > 0$ une période de f.

Soit x un réel fixé. Par périodicité, on sait $f(x) = f(x + nT)$ pour tout $n \in \mathbb{Z}$.

Quand n croît vers l'infini, la suite de terme général $x + nT$ tend vers $+\infty$ et, par composition séquentielle de limites (Th. 8 p. 248), la suite de terme général $f(x + nT)$ tend vers ℓ. Or $f(x + nT)$ est aussi constant égal à $f(x)$ et donc la suite de terme général $f(x+nT)$ tend vers $f(x)$. Par unicité de la limite d'une suite, on obtient $f(x) = \ell$. Cette égalité étant établie pour n'importe quelle valeur de x, la fonction f est constante égale à ℓ.

Exercice 10 **

Soit $f: \mathbb{R} \to \mathbb{R}$ une fonction. Montrer qu'il y a équivalence entre :

(i) $|f|$ tend vers $+\infty$ en $+\infty$ et $-\infty$;

(ii) l'image réciproque[1] par f d'une partie bornée de $\mathbb{R}$ est une partie bornée.

Solution

méthode

> On revient à la définition quantifiée de la notion de limite.

(i) $\Longrightarrow$ (ii) Supposons que $|f|$ tende vers $+\infty$ en $+\infty$ et en $-\infty$. Soit B une partie bornée de $\mathbb{R}$. Il existe $M \in \mathbb{R}_+$ tel que $|x| \leqslant M$ pour tout x élément de B. En exploitant

1. Rappelons que l'image réciproque d'une partie par une application est constituée de l'ensemble des antécédents éventuels des éléments de la partie par cette application.

la définition de la limite exprimée avec des inégalités strictes, il existe A et A' réels tels que, pour tout $x \in \mathbb{R}$,

$$x > A \implies |f(x)| > M \quad \text{et} \quad x < A' \implies |f(x)| > M.$$

Pour $A'' = \max(A, -A')$, on peut alors écrire, pour tout $x \in \mathbb{R}$,

$$\begin{aligned} |x| > A'' &\implies |f(x)| > M \\ &\implies f(x) \notin B. \end{aligned}$$

Par conséquent, l'ensemble des antécédents éventuels des éléments de B par f est inclus dans $[-A'' ; A'']$, c'est une partie bornée.

(ii) $\implies$ (i) Supposons que l'image réciproque de toute partie bornée de $\mathbb{R}$ soit une partie bornée. Soit $M \in \mathbb{R}_+$ arbitraire. L'image réciproque du segment $[-M ; M]$ étant une partie bornée, il existe un réel A tel que

$$f^{-1}\big([-M ; M]\big) \subset [-A ; A].$$

Par conséquent, pour tout $x \in \mathbb{R}$, si x est strictement supérieur à A, $f(x)$ n'est pas élément du segment $[-M ; M]$ et donc $|f(x)| > M$. On vient ainsi d'établir

$$\forall M \in \mathbb{R}_+, \exists A \in \mathbb{R}_+, \forall x \in \mathbb{R}, \quad x > A \implies |f(x)| > M.$$

On peut alors affirmer que $|f|$ tend [1] vers $+\infty$ en $+\infty$. On obtient de même que $|f|$ tend vers $+\infty$ en $-\infty$.

7.5.2 Continuité

Exercice 11 *
Étudier la continuité de

$$f : x \mapsto \lfloor x \rfloor + \big(x - \lfloor x \rfloor\big)^2.$$

Solution
Étudions la continuité en $a \in \mathbb{R}$.

méthode
On distingue les cas selon que $a \in \mathbb{Z}$ ou non.

Cas : $a \notin \mathbb{Z}$. Sur un voisinage de a, la fonction $x \mapsto \lfloor x \rfloor$ est constante égale à $\lfloor a \rfloor$ et [2]

$$f(x) = \lfloor a \rfloor + \big(x - \lfloor a \rfloor\big)^2 \xrightarrow[x \to a]{} \lfloor a \rfloor + \big(a - \lfloor a \rfloor\big)^2 = f(a).$$

1. Si l'on adjoint une hypothèse de continuité à la fonction f, on peut poursuivre en affirmant que f tend vers $+\infty$ ou vers $-\infty$ en $+\infty$ (voir sujet 18 p. 266).

2. L'égalité qui suit est à comprendre pour x au voisinage de a, c'est-à-dire sur un intervalle de la forme $[a - \alpha ; a + \alpha]$ pour $\alpha > 0$ assez petit.

Ainsi, f est continue en a.

Cas : $a \in \mathbb{Z}$. On raisonne par continuité à droite et à gauche.

D'une part, quand x tend vers a par valeurs supérieures, la partie entière de x vaut a et

$$f(x) = a + (x-a)^2 \xrightarrow[x \to a^+]{} a = f(a).$$

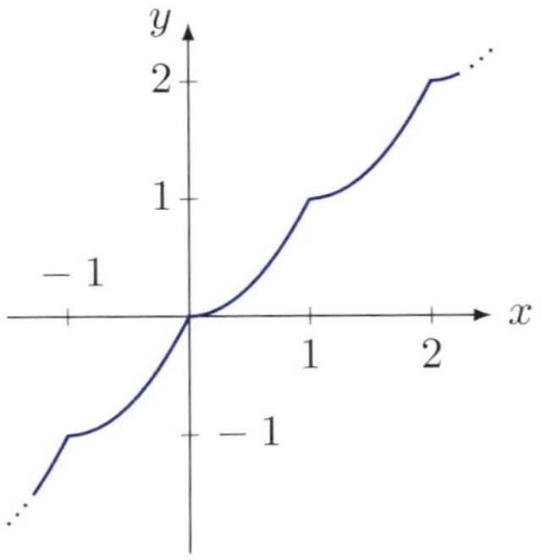

D'autre part, quand x tend vers a par valeurs inférieures, la partie entière de x vaut $a-1$ et

$$f(x) = a - 1 + \big(x - (a-1)\big)^2 \xrightarrow[x \to a^-]{} a - 1 + 1 = a = f(a).$$

La fonction f est donc continue à droite et à gauche donc continue en a (Th. 10 p. 250).

Exercice 12 *

(a) Soient $f\colon I \to \mathbb{R}$ et $g\colon I \to \mathbb{R}$ deux fonctions continues. Montrer la continuité de la fonction $\sup(f,g)$ définie sur I par

$$\sup(f,g)(x) = \max\big(f(x), g(x)\big).$$

(b) Soient $f\colon I \to \mathbb{R}$, $g\colon I \to \mathbb{R}$ et $h\colon I \to \mathbb{R}$ trois fonctions continues. Montrer la continuité de la fonction qui à $x \in I$ associe la valeur, parmi $f(x), g(x), h(x)$, qui est comprise entre les deux autres.

Solution

(a) **méthode**

> On exprime $\sup(f,g)$ par opérations sur les fonctions continues en employant
>
> $$\max(a,b) = \frac{1}{2}\big(a + b + |a-b|\big) \quad \text{pour tous } a, b \text{ réels.}$$

On vérifie aisément l'identité proposée ci-dessus en discutant selon que a est ou non supérieur à b. On peut donc exprimer la fonction $\sup(f,g)$ comme ci-dessous :

$$\sup(f,g) = \frac{1}{2}\big(f + g + |f-g|\big).$$

La fonction $\sup(f,g)$ est alors continue par opérations sur les fonctions continues, notamment par composition avec la fonction valeur absolue qui est continue.

(b) Comme ci-dessus, on montre la continuité de la fonction $\inf(f,g)$ définie par

$$\inf(f,g)(x) = \min\big(f(x), g(x)\big) \quad \text{pour tout } x \in I$$

en employant l'écriture

$$\min(a,b) = \frac{1}{2}\big(a + b - |a-b|\big).$$

On en déduit la continuité des fonctions $\sup(f,g,h)$ et $\inf(f,g,h)$ données par

$$\sup(f,g,h) = \sup\big(\sup(f,g),h\big) \quad \text{et} \quad \inf(f,g,h) = \inf\big(\inf(f,g),h\big)$$

puis celle de la fonction étudiée qui s'exprime

$$f+g+h-\sup(f,g,h)-\inf(f,g,h).$$

Exercice 13 **

Soit $f\colon \mathbb{R}_+^* \to \mathbb{R}$ une fonction telle que $x \mapsto f(x)$ est croissante et $x \mapsto \frac{f(x)}{x}$ décroissante. Montrer que f est continue.

Solution

méthode

> On justifie par monotonie l'existence en tout point de limites à droite et à gauche que l'on montre égales à la valeur de la fonction au point.

Soit $a \in \mathbb{R}_+^*$. Puisque f est croissante, f admet des limites à droite et à gauche en a encadrant la valeur de la fonction au point (Th. 9 p. 249)

$$\lim_{x\to a^-} f(x) \leqslant f(a) \leqslant \lim_{x\to a^+} f(x). \tag{$*$}$$

De même, la décroissance de $x \mapsto \frac{f(x)}{x}$ permet d'écrire

$$\lim_{x\to a^+} \frac{f(x)}{x} \leqslant \frac{f(a)}{a} \leqslant \lim_{x\to a^-} \frac{f(x)}{x}. \tag{$**$}$$

Par produit de limites, on a

$$\lim_{x\to a^+} \frac{f(x)}{x} = \frac{1}{a}\lim_{x\to a^+} f(x) \quad \text{et} \quad \lim_{x\to a^-} \frac{f(x)}{x} = \frac{1}{a}\lim_{x\to a^-} f(x).$$

L'encadrement $(**)$ se relit alors

$$\frac{1}{a}\lim_{x\to a^+} f(x) \leqslant \frac{f(a)}{a} \leqslant \frac{1}{a}\lim_{x\to a^+} f(x)$$

et, en multipliant par le facteur a qui est strictement positif, on obtient

$$\lim_{x\to a^+} f(x) \leqslant f(a) \leqslant \lim_{x\to a^-} f(x). \tag{$\triangle$}$$

Les encadrements $(*)$ et $(\triangle)$ permettent de conclure : la fonction f est continue à droite et à gauche en a, donc continue en a.

7.5.3 Théorème des valeurs intermédiaires

Exercice 14 *

Soit $f\colon [a\,;b] \to \mathbb{R}$ continue.

(a) Montrer que, si $f\big([a\,;b]\big) \subset [a\,;b]$, alors f admet un point fixe[1].

(b) Montrer que, si $[a\,;b] \subset f\big([a\,;b]\big)$, alors f admet un point fixe.

Solution

méthode

> On montre que la fonction auxiliaire $\varphi\colon x \mapsto f(x) - x$ s'annule car continue et change de signe.

La fonction réelle $\varphi\colon x \mapsto f(x) - x$ est définie et continue sur l'intervalle $[a\,;b]$ par différence de fonctions continues.

(a) Par l'hypothèse $f\big([a\,;b]\big) \subset [a\,;b]$, la valeur $f(a)$ appartient à l'intervalle $[a\,;b]$ et donc $\varphi(a) = f(a) - a$ est positif. Aussi, $f(b)$ est élément de $[a\,;b]$ ce qui donne $\varphi(b) \leqslant 0$. Le théorème des valeurs intermédiaires (Th. 14 p. 251) permet alors d'affirmer que φ s'annule et qu'il existe donc x dans $[a\,;b]$ tel que $f(x) = x$.

(b) Par l'hypothèse $[a\,;b] \subset f\big([a\,;b]\big)$, on peut affirmer que a et b sont des valeurs prises par f. Il existe donc α et β dans $[a\,;b]$ tels que $f(\alpha) = a$ et $f(\beta) = b$. On a alors

$$\varphi(\alpha) = a - \alpha \leqslant 0 \quad \text{et} \quad \varphi(\beta) = b - \beta \geqslant 0.$$

Encore une fois, on peut conclure que φ s'annule.

Exercice 15 *

Soit f une fonction réelle, définie et continue sur un intervalle I.
On suppose que f n'est ni minorée, ni majorée. Montrer que f est surjective[2].

Solution

méthode

> L'image d'un intervalle par une fonction continue est un intervalle (Th. 15 p. 251).

L'ensemble $f(I) = \big\{f(x) \bigm| x \in I\big\}$ des valeurs prises par f sur I est un intervalle et celui-ci ni minoré ni majoré car f ne l'est pas. Le seul intervalle de ce type est la droite réelle $\mathbb{R}$. La fonction f est donc surjective.

Exercice 16 **

Montrer que tout polynôme réel de degré impair admet au moins une racine réelle.

1. Un *point fixe* d'une fonction f est une solution de l'équation $f(x) = x$.
2. Il s'agit d'établir que f prend toutes valeurs réelles : $f(I) = \mathbb{R}$.

Solution

Soit P un polynôme réel de degré impair que l'on écrit

$$P = a_{2p+1}X^{2p+1} + a_{2p}X^{2p} + \cdots + a_1X + a_0$$

avec $p \in \mathbb{N}$, $a_0, a_1, \ldots, a_{2p} \in \mathbb{R}$ et $a_{2p+1} \in \mathbb{R}^*$.

méthode

‖ On vérifie que la fonction polynomiale associée au polynôme P change de signe.

Quitte à considérer $-P$ au lieu de P (ce qui ne modifie pas la nature du problème), on peut supposer $a_{2p+1} > 0$.

Par opérations sur les limites,

$$P(t) = \underbrace{t^{2p+1}}_{\to+\infty}\left(a_{2p+1} + \underbrace{\frac{a_{2p}}{t}}_{\to 0} + \cdots + \underbrace{\frac{a_1}{t^{2p}}}_{\to 0} + \underbrace{\frac{a_0}{t^{2p+1}}}_{\to 0}\right) \xrightarrow[t\to+\infty]{} +\infty$$

La fonction $t \mapsto P(t)$ prend donc des valeurs positives. De même, on observe

$$P(t) \xrightarrow[t\to-\infty]{} -\infty$$

et l'on peut affirmer que la fonction $t \mapsto P(t)$ prend des valeurs négatives.

Enfin, $t \mapsto P(t)$ est une fonction continue à valeurs réelles définie sur l'intervalle $\mathbb{R}$ et, par application du théorème des valeurs intermédiaires, on peut affirmer que celle-ci s'annule. Ainsi, le polynôme P possède[1] au moins une racine réelle.

Exercice 17 ** (Théorème des valeurs intermédiaires généralisé[2])

Soit $f : \mathbb{R} \to \mathbb{R}$ une fonction continue possédant des limites ℓ et ℓ' (finies ou infinies) en $-\infty$ et en $+\infty$. Montrer que toute valeur strictement comprise entre ℓ et ℓ' est une valeur prise par f.

Solution

Si $\ell = \ell'$, il n'y a rien à montrer. Si $\ell \neq \ell'$, on peut supposer $\ell < \ell'$ quitte à considérer $-f$ au lieu de f. Introduisons ensuite y une valeur de l'intervalle $]\ell\,;\ell'[$ et montrons que celle-ci est une valeur prise par f.

méthode

‖ La fonction f n'est ni minorée, ni majorée, par y.

Par l'absurde, supposons $f(x) \geqslant y$ pour tout $x \in \mathbb{R}$. Par passage à la limite quand x tend vers $-\infty$, on obtient $\ell \geqslant y$ ce qui contredit le choix de y. Ainsi, f n'est pas minorée

1. Ce résultat peut aussi se déduire de la décomposition de P en facteurs irréductibles réels (Th. 18 du chapitre 5 de l'ouvrage *Exercices d'algèbre et de probabilités PCSI*) : celle-ci ne peut être uniquement constituée de facteurs $X^2 + \mu X + \nu$ (avec $\Delta = \mu^2 - 4\nu < 0$) et comporte donc au moins un facteur $X - \lambda$.

2. On peut proposer et établir de la même façon que, si $f :]a\,;b[\to \mathbb{R}$ est une fonction (avec $a < b$ réels ou infinis) possédant des limites finies ou infinies en a et en b, celle-ci prend toutes les valeurs strictement comprises entre ces deux limites.

par y et il existe $a \in \mathbb{R}$ tel que $f(a) < y$. De même, on obtient l'existence de $b \in \mathbb{R}$ tel que $f(b) > y$. Enfin [1], la fonction f est continue entre a et b et prend donc toutes les valeurs comprises entre $f(a)$ et $f(b)$, en particulier la valeur y.

Exercice 18 **

Soit $f\colon [0\,;+\infty[\to \mathbb{R}$ une fonction continue telle que $|f|$ tend vers $+\infty$ en $+\infty$. Montrer que f tend vers $+\infty$ ou vers $-\infty$ en $+\infty$.

Solution

méthode

‖ On justifie que f est de signe constant au voisinage de $+\infty$.

Puisque $|f|$ est de limite $+\infty$ en $+\infty$, il existe $A \in [0\,;+\infty[$ tel que

$$\big|f(x)\big| \geqslant 1 \quad \text{pour tout } x \geqslant A.$$

En particulier, f ne s'annule pas sur $[A\,;+\infty[$ et donc conserve un signe constant sur cet intervalle car elle est continue [2]. Si f est positive sur $[A\,;+\infty[$, $f(x)$ se confond avec $\big|f(x)\big|$ et tend vers $+\infty$ quand x tend vers $+\infty$. Sinon, f tend vers $-\infty$.

Exercice 19 **

Soient $f\colon \mathbb{R} \to \mathbb{R}$ une fonction continue et $n \in \mathbb{N}^*$. On note f^n l'itéré de composition d'ordre n de la fonction f :

$$f^n = f \circ f \circ \cdots \circ f \quad (n \text{ facteurs}).$$

On suppose que f^n admet un point fixe, montrer que f admet aussi un point fixe.

Solution

Introduisons $c \in \mathbb{R}$ un point fixe de f^n et considérons la fonction continue $\varphi\colon \mathbb{R} \to \mathbb{R}$ définie par $\varphi(x) = f(x) - x$ pour tout $x \in \mathbb{R}$.

méthode

‖ φ ne peut conserver un signe strict sur les éléments $c, f(c), \ldots, f^{n-1}(c)$.

Par télescopage, on observe

$$\begin{aligned}\varphi(c) + \varphi\big(f(c)\big) + \cdots + \varphi\big(f^{n-1}(c)\big) \\ &= \big(f(c) - c\big) + \big(f^2(c) - f(c)\big) + \cdots + \big(f^n(c) - f^{n-1}(c)\big) \\ &= f^n(c) - c = 0.\end{aligned}$$

1. Lorsque ℓ et ℓ' sont des valeurs finies, une variante élégante consiste à introduire la fonction composée $g = f \circ \tan$ définie sur $]-\pi/2\,;\pi/2[$ et la prolonger par continuité sur $[-\pi/2\,;\pi/2]$ afin de lui appliquer le théorème des valeurs intermédiaires.

2. L'hypothèse de continuité est essentielle : la fonction donnée par $f(x) = (-1)^{\lfloor x \rfloor} x$ satisfait l'hypothèse $|f|$ de limite $+\infty$ en $+\infty$ sans pour autant admettre de limite en $+\infty$.

Les réels $\varphi(c), \varphi(f(c)), \ldots, \varphi(f^{(n-1)}(c))$ ne peuvent alors être tous strictement positifs ni tous strictement négatifs. La fonction φ prend donc des valeurs positives et négatives (au sens large). En rappelant qu'il s'agit d'une fonction réelle continue sur un intervalle, le théorème des valeurs intermédiaires assure que la fonction φ s'annule : cela détermine un point fixe de f.

Exercice 20 ***

Soit $f\colon [0\,;1] \to \mathbb{R}$ une fonction continue vérifiant $f(0) = f(1)$.

(a) Soit $n \in \mathbb{N}^*$. Montrer qu'il existe $c \in [0\,;1-1/n]$ tel que

$$f(c) = f\left(c + \frac{1}{n}\right).$$

Soit $a \in]0\,;1[$ qui n'est pas l'inverse d'un entier.

(b) Déterminer une fonction réelle f continue sur $[0\,;1]$, vérifiant $f(0) = f(1)$ et pour laquelle il n'existe pas de solution dans $[0\,;1-a]$ à l'équation $f(x) = f(x+a)$.

Solution

(a) Soit $n \in \mathbb{N}^*$. Introduisons la fonction réelle φ définie sur $[0\,;1-1/n]$ par

$$\varphi(x) = f\left(x + \frac{1}{n}\right) - f(x).$$

La fonction φ est continue par opérations sur les fonctions qui le sont.

méthode

φ ne peut conserver un signe strict sur les éléments $0, 1/n, \ldots, 1-1/n$.

Par télescopage, on obtient

$$\sum_{k=0}^{n-1} \varphi\left(\frac{k}{n}\right) = \sum_{k=0}^{n-1}\left(f\left(\frac{k+1}{n}\right) - f\left(\frac{k}{n}\right)\right) = f(1) - f(0) = 0.$$

La fonction φ ne peut donc pas prendre des valeurs toutes strictement positives ou toutes strictement négatives. Puisqu'il s'agit d'une fonction réelle continue sur un intervalle, le théorème des valeurs intermédiaires assure que la fonction φ s'annule.

(b) Une fonction périodique de période a n'est évidemment pas solution. Elle ne vérifie pas non plus l'hypothèse d'égalité des valeurs en 0 et 1 si sa valeur en 0 n'est prise qu'une seule fois par période.

méthode

On adapte une telle fonction par l'ajout d'un terme linéaire afin de récupérer l'hypothèse d'égalité des valeurs en 0 et 1 tout en perdant l'existence de solution.

Considérons la fonction $f\colon [0\,;1] \to \mathbb{R}$ donnée par

$$f(x) = \sin^2\left(\frac{\pi x}{a}\right) - kx \quad \text{avec} \quad k = \sin^2\left(\frac{\pi}{a}\right).$$

La fonction f est continue, vérifie $f(0) = f(1)$ et, pour tout $x \in [0\,;a]$, on observe

$$\begin{aligned} f(x+a) - f(x) &= \sin^2\left(\frac{\pi x}{a} + \pi\right) - k(a+x) - \sin^2\left(\frac{\pi x}{a}\right) + kx \\ &= \sin^2\left(\frac{\pi x}{a}\right) - ka - \sin^2\left(\frac{\pi x}{a}\right) \\ &= -ka. \end{aligned}$$

Puisque a n'est pas l'inverse d'un entier, le réel k n'est pas nul et l'équation $f(x+a) = f(x)$ n'a pas de solution [1].

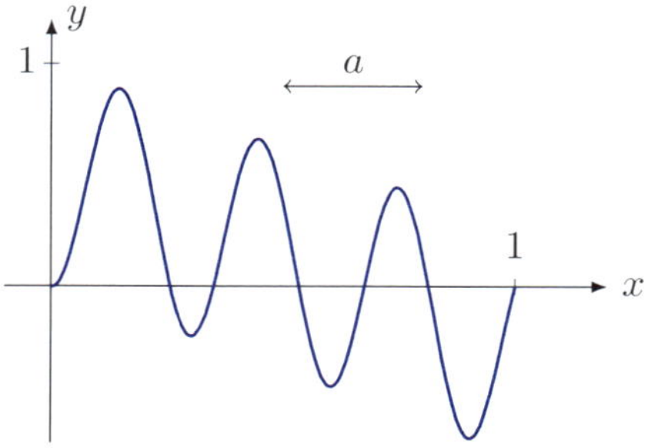

Représentation de la fonction f choisie pour $a = 0{,}3$.

7.5.4 Théorème des bornes atteintes

Exercice 21 *

Soient $a < b \in \mathbb{R}$ et $f\colon [a\,;b] \to \mathbb{R}$ une fonction continue vérifiant

$$\left|f(x)\right| < 1 \quad \text{pour tout } x \in [a\,;b].$$

(a) Montrer qu'il existe $k \in [0\,;1[$ tel que $\left|f(x)\right| \leqslant k$ pour tout $x \in [a\,;b]$.

(b) *Application :* Soit (x_n) une suite d'éléments de $[a\,;b]$. Étudier

$$\lim_{n\to+\infty} \big(f(x_n)\big)^n.$$

1. Le sujet 24 p. 271 poursuit l'étude de l'existence de solutions à l'équation $f(x+a) = f(x)$.

Solution

(a) **méthode**

> Par le théorème des bornes atteintes (Th. 16 p. 251), on introduit k la valeur extrême de la valeur absolue de f.

La fonction $x \mapsto |f(x)|$ est continue sur le segment $[a\,;b]$, elle est donc bornée et atteint ses bornes. En particulier, cette fonction admet un maximum en un certain $c \in [a\,;b]$. Pour $k = |f(c)|$, on a alors

$$|f(x)| \leqslant k \quad \text{pour tout } x \in [a\,;b] \quad \text{avec} \quad k \in [0\,;1[.$$

Notons que, si cette propriété implique en retour que $|f(x)| < 1$ pour tout $x \in [a\,;b]$, elle est notoirement plus forte car l'introduction de la valeur k induit l'existence d'un « couloir » en deçà de 1 dans lequel la valeur absolue de f ne peut pas pénétrer [1].

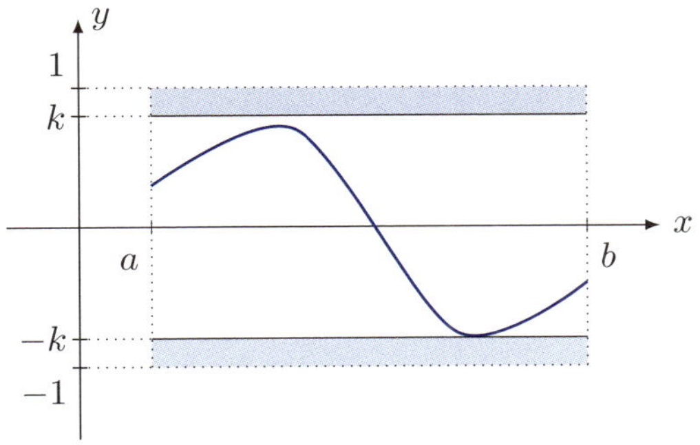

(b) Pour tout $n \in \mathbb{N}$,

$$\left|\left(f(x_n)\right)^n\right| = \left|f(x_n)\right|^n \leqslant k^n \xrightarrow[n\to+\infty]{} 0.$$

La suite $\left(f(x_n)\right)$ est donc de limite nulle.

Exercice 22 *

Soit $f : \mathbb{R} \to \mathbb{R}$ une fonction continue de limite $+\infty$ en $+\infty$ et en $-\infty$.

Montrer que f admet un minimum.

Solution

méthode

> On exploite les limites de f pour observer qu'aux voisinages de $+\infty$ et de $-\infty$, les valeurs prises par f sont supérieures à une valeur préalablement choisie.

1. Cette propriété n'est plus vraie pour une fonction continue sur un intervalle qui n'est pas un segment. Par exemple, la fonction $x \mapsto x/(x+1)$ sur $[0\,;+\infty[$ prend des valeurs positives et strictement inférieures à 1 mais aussi des valeurs arbitrairement proches de 1 au voisinage de $+\infty$.

Puisque la fonction f tend vers $+\infty$ en $+\infty$, elle vérifie

$$\forall M \in \mathbb{R},\ \exists A \in \mathbb{R},\ \forall x \in \mathbb{R},\quad x \geqslant A \implies f(x) \geqslant M.$$

Pour[1] $M = f(0)+1$, considérons le réel b égal au réel A tel qu'au-dessus. Celui-ci est nécessairement strictement positif et l'on a $f(x) \geqslant f(0)+1$ pour tout $x \in [b\,;+\infty[$. De la même façon, on emploie que f tend vers $+\infty$ en $-\infty$ pour introduire a strictement négatif tel que $f(x) \geqslant f(0)+1$ pour tout $x \in \,]-\infty\,;a]$. La fonction f est ainsi minorée par $f(0)+1$ sur chacun des intervalles $]-\infty\,;a]$ et $[b\,;+\infty[$. Sur le segment $[a\,;b]$ restant, la fonction f est continue et admet donc un minimum en un certain c de $[a\,;b]$. On a ainsi $f(x) \geqslant f(c)$ pour tout $x \in [a\,;b]$. En particulier, cela vaut pour $x = 0$ ce qui donne $f(0) \geqslant f(c)$ et donc $f(x) \geqslant f(0)+1 \geqslant f(c)$ pour tout x de $]-\infty\,;a]$ et de $[b\,;+\infty[$.

Finalement, la fonction f admet un minimum en c.

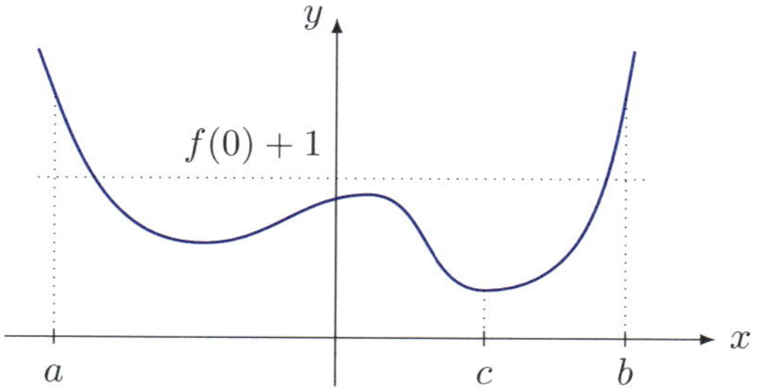

Exercice 23 **

Soit $f\colon \mathbb{R} \to \mathbb{R}$ une fonction continue périodique de période $T > 0$.

(a) Montrer que f est bornée.

(b) Justifier l'existence d'un réel x pour lequel $f\big([x\,;x+T/2]\big) = f(\mathbb{R})$.

Solution

(a) Puisque f est T-périodique, les valeurs prises par f sur $\mathbb{R}$ se confondent avec celles prises sur la période $[0\,;T]$. Or f est continue donc bornée sur $[0\,;T]$ et l'est alors aussi sur $\mathbb{R}$.

(b) **méthode**

> On détermine x tel que les valeurs minimales et maximales de f soient prises sur le segment $[x\,;x+T/2]$.

La fonction f est continue sur le segment $[0\,;T]$ et donc admet un minimum et un maximum en des points $a, b \in [0\,;T]$. L'ensemble des valeurs prises par la fonction f est

1. Pour la conclusion du raisonnement, il importe de choisir le réel M supérieur à une valeur prise par f et non seulement une valeur M quelconque.

alors inclus dans $[f(a)\,;f(b)]$. Inversement, toute valeur comprise entre $f(a)$ et $f(b)$ est une valeur prise par la fonction continue f et donc

$$f(\mathbb{R}) = [f(a)\,;f(b)].$$

Quitte à remplacer b par $b+T$, on peut supposer $a \leqslant b \leqslant a+T$.

Si $b \in [a\,;a+T/2]$, les valeurs extrêmes $f(a)$ et $f(b)$ appartiennent à $f\big([a\,;a+T/2]\big)$. Dans ce cas, la valeur $x=a$ convient car, par double inclusion,

$$[f(a)\,;f(b)] = f\big([a\,;a+T/2]\big).$$

Sinon, $b \in [a+T/2\,;a+T]$ et $x = a+T/2$ convient.

Exercice 24 **

Soit $f\colon [a\,;b] \to \mathbb{R}$ une fonction continue vérifiant $f(a)=f(b)$ (avec $a<b$). Montrer qu'il existe $\alpha > 0$ tel que

$$\forall t \in [0\,;\alpha],\ \exists x \in [a\,;b-\alpha],\quad f(x+t) = f(x).$$

Solution

Si la fonction f est constante, c'est évident.

méthode

> La propriété voulue est vérifiée au voisinage d'un point intérieur à l'intervalle de définition où f présente un extremum.

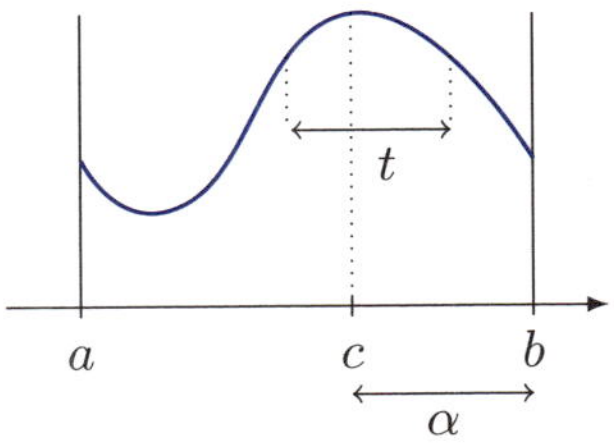

La fonction f est continue sur le segment $[a\,;b]$ et y admet donc un minimum et un maximum. La fonction f n'étant pas constante, l'un au moins de ses extremums est atteint en un point distinct de a et b. Quitte à considérer $-f$, on peut supposer que le maximum est atteint en $c \in \,]a\,;b[$. Posons alors

$$\alpha = \min\{c-a, b-c\} > 0$$

de sorte que $[c-\alpha\,;c+\alpha] \subset [a\,;b]$.

Soit $t \in [0\,;\alpha]$. La fonction $g\colon x \mapsto f(x+t)-f(x)$ est définie et continue sur l'intervalle $[c-t\,;c]$. On a $g(c-t) \geqslant 0$ et $g(c) \leqslant 0$ car f est maximale en c. Le théorème des valeurs intermédiaires assure alors que g s'annule et il existe donc $x \in [a\,;b-\alpha]$ tel que $f(x+t) = f(x)$.

Exercice 25 ***

Soit $f\colon [0\,;+\infty[\to \mathbb{R}$ une fonction continue. Pour tout réel x positif, on pose

$$g(x) = \max_{t\in[0;x]} f(t).$$

Montrer que la fonction g est définie, continue et croissante sur $[0\,;+\infty[$.

Solution

Soit $x \in [0\,;+\infty[$. La fonction f étant continue, elle admet un maximum sur le segment $[0\,;x]$ et l'on peut donc introduire le max définissant $g(x)$. Au surplus, la fonction g est croissante car, pour chaque x et y dans $[0\,;+\infty[$,

$$x \leqslant y \implies [0\,;x] \subset [0\,;y] \implies g(x) \leqslant g(y).$$

Il reste à établir la continuité de g.

méthode

> On étudie la continuité de g en $a \in [0\,;+\infty[$ en discutant selon que $g(a)$ est, ou non, égale à $f(a)$.

Soit $a \in]0\,;+\infty[$. On a assurément $f(a) \leqslant g(a)$.

Cas : $f(a) < g(a)$. Par continuité de la fonction f en a, il existe $\alpha > 0$ assez petit [1] tel que $f(x) < g(a)$ pour tout $x \in [a-\alpha\,;a+\alpha]$. Pour de tels x, on a alors

$$g(x) = \max_{t\in[0;x]} f(t) = g(a).$$

La fonction g est constante au voisinage de a et donc continue en a.

Cas : $f(a) = g(a)$. Soit $\varepsilon > 0$. Par continuité de f en a, il existe $\alpha > 0$ assez petit tel que $f(x)$ soit encadré par $f(a)-\varepsilon$ et $f(a)+\varepsilon$ pour tout $x \in [a-\alpha\,;a+\alpha]$.

En particulier, $f(a-\alpha) \geqslant f(a)-\varepsilon$ et donc $g(a-\alpha) \geqslant f(a)-\varepsilon = g(a)-\varepsilon$.

Aussi, pour tout $x \in [0\,;a+\alpha]$, on a $f(x) \leqslant f(a)+\varepsilon$ car l'inégalité est vraie pour $x \leqslant a$ et pour $x \in [a\,;a+\alpha]$. Ainsi, $g(a+\alpha) \leqslant f(a)+\varepsilon = g(a)+\varepsilon$.

Par croissance de g, on a alors

$$\forall x \in [a-\alpha\,;a+\alpha], \quad g(a)-\varepsilon \leqslant g(x) \leqslant g(a)+\varepsilon.$$

On peut à nouveau conclure que g est continue en a.

Il reste à évoquer la continuité en $a = 0$ et celle-ci se résout comme dans le cas ci-dessus en se limitant à l'étude d'une limite à droite.

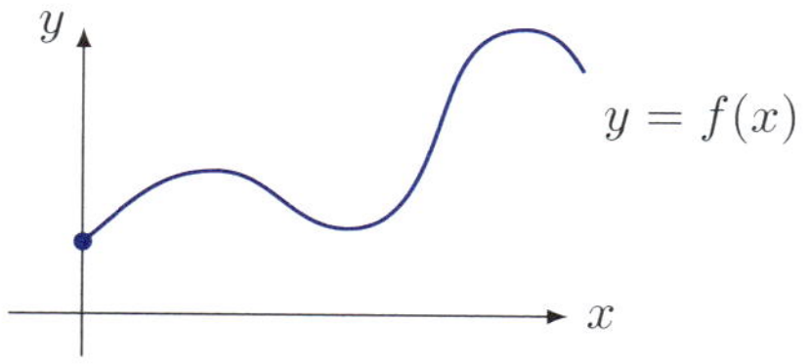

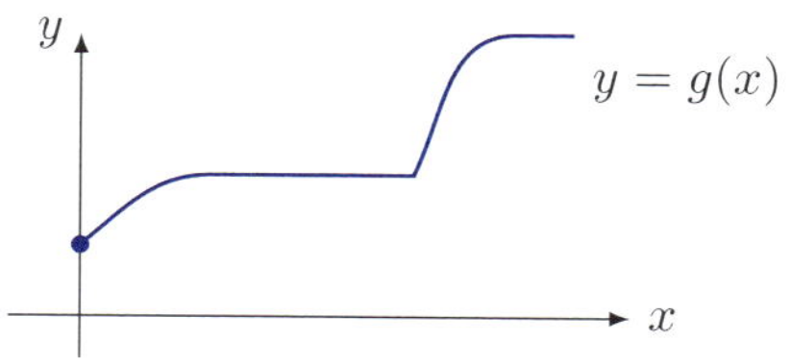

7.5.5 Équations fonctionnelles

Exercice 26 *

Déterminer les fonctions $f\colon \mathbb{R} \to \mathbb{R}$ continues en 0 vérifiant

$$f(2x) = f(x) \quad \text{pour tout } x \text{ réel.}$$

1. On choisit α de sorte que $[a-\alpha\,;a+\alpha] \subset [0\,;+\infty[$ afin d'assurer la définition de $f(x)$.

Solution

Analyse : Soit f une fonction solution.

méthode

> On exprime $f(x)$ en fonction de $f(x/2)$, $f(x/4)$, etc.

Par l'équation fonctionnelle $f(2x) = f(x)$, valable pour tout $x \in \mathbb{R}$ et employée avec $x/2$, on peut écrire

$$f(x) = f\left(2 \times \frac{x}{2}\right) = f\left(\frac{x}{2}\right).$$

Soit x un réel fixé. Par récurrence, on établit que pour tout entier naturel n,

$$f(x) = f\left(\frac{x}{2^n}\right).$$

Lorsque n tend vers l'infini, le terme $x/2^n$ tend vers 0 et, par continuité de f en 0, on obtient

$$f\left(\frac{x}{2^n}\right) \xrightarrow[n \to +\infty]{} f(0).$$

Or $f\big(x/2^n\big)$ est constant égal à $f(x)$ et l'on a donc aussi

$$f\left(\frac{x}{2^n}\right) = f(x) \xrightarrow[n \to +\infty]{} f(x).$$

Par unicité de la limite d'une suite, on conclut $f(x) = f(0)$.

Ce résultat valant pour toute valeur de x arbitrairement choisie dans $\mathbb{R}$, on peut conclure que la fonction f est constante.

Synthèse : Les fonctions constantes sont solutions du problème posé.

Exercice 27 ** (Fonctions additives et continues)

Déterminer les fonctions $f\colon \mathbb{R} \to \mathbb{R}$ continues vérifiant

$$f(x+y) = f(x) + f(y) \quad \text{pour tout } (x,y) \in \mathbb{R}^2 \qquad (*)$$

On pourra commencer par calculer $f(x)$ pour x nombre rationnel.

Solution

On constate aisément que les fonctions linéaires[1] sont solutions. Il s'agit d'établir qu'il n'y en a pas d'autres.

Soit f une fonction solution.

méthode

> La propriété $(*)$ valant pour tous $x, y \in \mathbb{R}$, il est possible de particulariser celle-ci pour des valeurs de x et y pertinemment choisies.

En prenant $x = y = 0$ dans $(*)$, on obtient $f(0+0) = f(0) + f(0)$ et donc $f(0) = 0$.

1. Les fonctions *linéaires* sont celles de la forme $x \mapsto ax$ avec $a \in \mathbb{R}$.

En prenant x réel quelconque et $y = -x$, on obtient $f(x) + f(-x) = f(0) = 0$ et donc $f(-x) = -f(x)$: la fonction f est impaire.

Aussi, en prenant x réel et $y = nx$ avec $n \in \mathbb{N}$, on montre

$$f\big((n+1)x\big) = f(nx) + f(x)$$

de sorte que la suite $\big(f(nx)\big)_{n\in\mathbb{N}}$ est arithmétique de raison $f(x)$. On en déduit

$$f(nx) = nf(x) \quad \text{pour tous } x \in \mathbb{R} \text{ et } n \in \mathbb{N}.$$

De plus, pour $n \in \mathbb{Z}_-$, on peut écrire $n = -p$ avec $p \in \mathbb{N}$ et alors

$$f(nx) = f(-px) = -f(px) \underset{p\in\mathbb{N}}{=} -pf(x) = nf(x).$$

Finalement, on peut affirmer

$$f(nx) = nf(x) \quad \text{pour tous } x \in \mathbb{R} \text{ et } n \in \mathbb{Z}. \qquad (**)$$

Posons alors $a = f(1)$ et vérifions $f(x) = ax$ pour tout x nombre rationnel.

Soit $x \in \mathbb{Q}$. On peut écrire $x = \frac{p}{q}$ avec $p \in \mathbb{Z}$ et $q \in \mathbb{N}^*$. En exploitant $(**)$, on obtient à la fois

$$f\left(\frac{p}{q}\right) = f\left(p \times \frac{1}{q}\right) \underset{p\in\mathbb{Z}}{=} pf\left(\frac{1}{q}\right) \quad \text{et} \quad f(1) = f\left(q \times \frac{1}{q}\right) \underset{q\in\mathbb{N}^*}{=} qf\left(\frac{1}{q}\right).$$

On en tire

$$f\left(\frac{p}{q}\right) = \frac{p}{q}f(1) \quad \text{c'est-à-dire} \quad f(x) = ax.$$

méthode

> On étend la relation aux nombres réels en exprimant ceux-ci comme limites de suites de nombres rationnels[1].

Soit $x \in \mathbb{R}$. On peut écrire

$$\frac{\lfloor nx \rfloor}{n} \xrightarrow[n\to+\infty]{} x \quad \text{avec} \quad \frac{\lfloor nx \rfloor}{n} \in \mathbb{Q}.$$

Par continuité de f en x et par un calcul direct, on a simultanément

$$f\left(\frac{\lfloor nx \rfloor}{n}\right) \xrightarrow[n\to+\infty]{} f(x) \quad \text{et} \quad f\left(\frac{\lfloor nx \rfloor}{n}\right) = a\frac{\lfloor nx \rfloor}{n} \xrightarrow[n\to+\infty]{} ax.$$

Par unicité de la limite d'une suite, on conclut $f(x) = ax$.

En résumé, si f est solution, il existe[2] un réel a pour lequel $f(x) = ax$ pour tout x réel : la fonction f est linéaire.

Exercice 28 **

Déterminer les fonctions $f\colon \mathbb{R} \to \mathbb{R}$ continues vérifiant

$$f(x+y) = f(x)f(y) \quad \text{pour tout } (x,y) \in \mathbb{R}^2.$$

---

1. Voir sujet 20 p. 224.
2. Cette étude peut être rapprochée de celle du sujet 31 p. 40.

Solution

On constate que la fonction exponentielle est solution. Plus généralement, les fonctions $x \mapsto \alpha^x$ (avec $\alpha > 0$) et la fonction nulle le sont aussi. Il s'agit de vérifier qu'il n'y en a pas d'autres.

Soit f une fonction solution. Celle-ci est à valeurs positives car, pour tout réel x,

$$f(x) = f\left(\frac{x}{2} + \frac{x}{2}\right) = \left(f\left(\frac{x}{2}\right)\right)^2 \geqslant 0.$$

méthode

Après avoir isolé le cas de la fonction nulle, on introduit $g = \ln \circ f$ que l'on vérifie être additive et continue.

Si la fonction f s'annule en un certain $x_0 \in \mathbb{R}$ alors, pour tout $x \in \mathbb{R}$,

$$f(x) = f(x - x_0 + x_0) = f(x - x_0)\underbrace{f(x_0)}_{=0} = 0.$$

La fonction f désigne dans ce cas la fonction nulle.

Sinon, la fonction f prend des valeurs toutes strictement positives et l'on peut introduire la fonction composée $g = \ln \circ f$. La fonction g est continue et vérifie, pour tous x et y réels,

$$\begin{aligned} g(x+y) &= \ln\big(f(x+y)\big) = \ln\big(f(x)f(y)\big) \\ &= \ln\big(f(x)\big) + \ln\big(f(y)\big) = g(x) + g(y). \end{aligned}$$

En vertu de l'étude du sujet précédent, on peut affirmer l'existence d'une constante a réelle pour laquelle $g(x) = ax$ puis $f(x) = \exp\big(g(x)\big) = \mathrm{e}^{ax}$ pour tout x réel. En posant $\alpha = \mathrm{e}^a > 0$, cette solution s'exprime encore $f(x) = \alpha^x$.

Exercice 29 ** (Équation fonctionnelle de Jensen)

Déterminer les fonctions $f\colon \mathbb{R} \to \mathbb{R}$ continues vérifiant

$$f\left(\frac{x+y}{2}\right) = \frac{f(x)+f(y)}{2} \quad \text{pour tout } (x,y) \in \mathbb{R}^2.$$

Solution

On constate que les fonctions affines[1] sont solutions. Il s'agit d'établir qu'il n'en existe pas d'autres.

méthode

On montre que la fonction $g\colon x \mapsto f(x) - f(0)$ est additive et continue.

Tout comme la fonction f, la fonction g satisfait

$$g\left(\frac{x+y}{2}\right) = \frac{g(x)+g(y)}{2} \quad \text{pour tout } (x,y) \in \mathbb{R}^2. \qquad (*)$$

1. Les fonctions *affines* sont celles de la forme $x \mapsto ax + b$ avec $a, b \in \mathbb{R}$.

Elle vérifie aussi $g(0) = 0$ ce qui entraîne, en prenant $y = 0$,

$$g\left(\frac{x}{2}\right) = \frac{1}{2}g(x) \quad \text{pour tout } x \in \mathbb{R}.$$

L'identité $(*)$ donne alors

$$g\left(\frac{x}{2} + \frac{y}{2}\right) = g\left(\frac{x}{2}\right) + g\left(\frac{y}{2}\right) \quad \text{pour tout } (x, y) \in \mathbb{R}^2.$$

En remplaçant [1] $x/2$ et $y/2$ par x et y, on écrit

$$g(x + y) = g(x) + g(y) \quad \text{pour tout } (x, y) \in \mathbb{R}^2.$$

Enfin, g est continue et la résolution du sujet 27 p. 273 permet d'affirmer qu'il existe un réel a pour lequel $g(x) = ax$ pour tout $x \in \mathbb{R}$. En posant $b = f(0)$, on conclut que $f(x) = ax + b$ pour tout x réel : f est une fonction affine.

7.6 Exercices d'approfondissement

Exercice 30 *
Soit $f : \mathbb{R} \to \mathbb{R}$ une fonction continue. On suppose qu'il existe un polynôme réel P non constant tel que $P\big(f(x)\big) \in \mathbb{Q}$ pour tout $x \in \mathbb{R}$. Que peut-on dire de f ?

Solution

méthode

‖ On commence par établir que la fonction $P(f)$ est constante.

La fonction $g = P(f)$ est continue et prend ses valeurs dans $\mathbb{Q}$. Par l'absurde, s'il ne s'agit pas d'une fonction constante, il existe deux valeurs distinctes $y_1 < y_2$ prises par g. Le théorème des valeurs intermédiaires assure alors que tout réel de l'intervalle $[y_1\,;y_2]$ est aussi une valeur prise par g. Cependant, cet intervalle contient des nombres irrationnels [2] alors que la fonction g ne prend pour valeurs que des nombres rationnels. C'est absurde.

Ainsi, il existe une constante C telle que $P\big(f(x)\big) = C$ pour tout $x \in \mathbb{R}$. Les valeurs prises par f sont donc toutes racines du polynôme $Q = P - C$ et ce dernier est non nul puisque le polynôme P est supposé non constant. Par conséquent, il n'existe qu'un nombre fini de valeurs possibles pour f. On peut alors adapter le raisonnement précédent : si f n'est pas constante, elle prend deux valeurs distinctes et donc aussi par continuité toutes les valeurs intermédiaires ce qui l'oblige à prendre une infinité de valeurs.

On conclut que la fonction f est nécessairement constante.

1. La formule qui précède vaut pour tout x réel auquel cas $x/2$ parcourt aussi l'intégralité de $\mathbb{R}$.
2. L'intervalle ouvert non vide $]y_1\,;y_2[$ rencontre $\mathbb{R} \setminus \mathbb{Q}$: voir sujet 11 p. 22.

Exercice 31 *
Étudier la continuité de la fonction $f\colon [0\,;+\infty[\to \mathbb{R}$ définie par

$$f(x) = \sup\left\{ \frac{x^n}{n!} \,\middle|\, n \in \mathbb{N} \right\}.$$

Solution

Commençons par vérifier la bonne définition de la fonction f et exprimons plus simplement celle-ci.

méthode

Pour x fixé, on étudie la monotonie de la suite $\big(u_n(x)\big)$ avec $u_n(x) = \dfrac{x^n}{n!}$.

Pour $x > 0$,

$$\frac{u_{n+1}(x)}{u_n(x)} = \frac{x^{n+1}}{x^n} \cdot \frac{n!}{(n+1)!} = \frac{x}{n+1}.$$

Pour $n \geqslant \lfloor x \rfloor$, on a $n+1 > x$ ce qui entraîne $u_{n+1}(x) \leqslant u_n(x)$. En revanche, pour $n < \lfloor x \rfloor$, on a $n+1 \leqslant x$ et donc $u_{n+1}(x) \geqslant u_n(x)$. La suite $\big(u_n(x)\big)$ est alors croissante jusqu'au terme d'indice $\lfloor x \rfloor$ puis décroissante ensuite. On en déduit l'existence de la borne supérieure étudiée ainsi que sa valeur (il s'agit d'un max)

$$f(x) = \sup_{n \in \mathbb{N}} u_n(x) = u_{\lfloor x \rfloor}(x) = \frac{x^{\lfloor x \rfloor}}{\lfloor x \rfloor !}.$$

Cette formule est aussi valable pour $x = 0$ car $0^0 = 1$ et $0! = 1$.

Étudions ensuite la continuité de f en chaque a de $\mathbb{R}_+$.

Cas : $a \notin \mathbb{N}$. Au voisinage de a, la partie entière de x est constante égale à $\lfloor a \rfloor$ et donc

$$f(x) = \frac{x^{\lfloor a \rfloor}}{\lfloor a \rfloor !} \xrightarrow[x \to a]{} \frac{a^{\lfloor a \rfloor}}{\lfloor a \rfloor !} = f(a).$$

Cas : $a \in \mathbb{N}$. On raisonne par continuité à droite et continuité à gauche (dans ce dernier cas, uniquement si a n'est pas nul)

Quand x tend vers a par valeurs supérieures, la partie entière de x constante égale à a et l'étude est très semblable à la précédente.

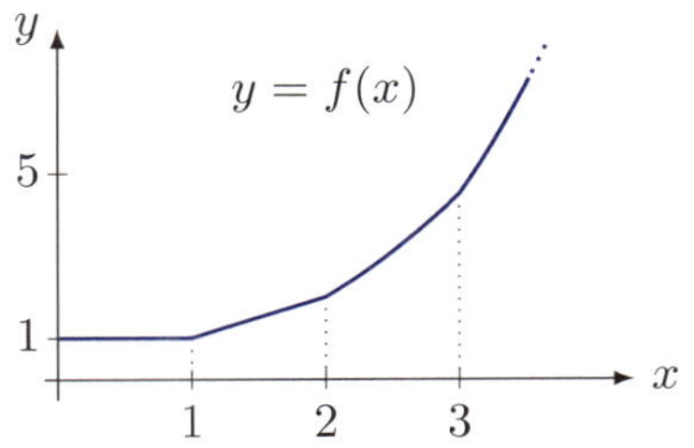

Quand x tend vers a par valeurs inférieures, la partie entière de x vaut $a-1$ et

$$f(x) = \frac{x^{a-1}}{(a-1)!} \xrightarrow[x \to a^-]{} \frac{a^{a-1}}{(a-1)!} = \frac{a}{a} \cdot \frac{a^{a-1}}{(a-1)!} = \frac{a^a}{a!}.$$

Finalement, f est continue en tout point de $[0\,;+\infty[$.

Exercice 32 **

Soit $f : [a\,;b] \to [a\,;b]$ une fonction vérifiant [1]

$$\forall (x,y) \in [a\,;b]^2, \quad \big|f(y) - f(x)\big| \leqslant \big|y - x\big|.$$

On considère la suite récurrente définie par

$$u_0 \in [a\,;b] \quad \text{et} \quad u_{n+1} = \frac{u_n + f(u_n)}{2} \quad \text{pour tout } n \in \mathbb{N}.$$

Montrer que (u_n) converge vers un point fixe de f.

Solution

La suite (u_n) est bien définie. En effet, le premier terme u_0 est choisi dans $[a\,;b]$ et, pour tout x de $[a\,;b]$, on peut affirmer

$$\frac{x + f(x)}{2} \in [a\,;b]$$

car c'est le milieu de deux éléments de $[a\,;b]$.

méthode

‖ On étudie la monotonie de la suite (u_n).

Pour tout $n \in \mathbb{N}^*$,

$$u_{n+1} - u_n = \frac{\big(f(u_n) - f(u_{n-1})\big) + (u_n - u_{n-1})}{2}.$$

Par l'hypothèse sur f, on sait

$$\big|f(u_n) - f(u_{n-1})\big| \leqslant |u_n - u_{n-1}|$$

et $u_{n+1} - u_n$ est donc du signe [2] de $u_n - u_{n-1}$: la suite (u_n) est donc monotone [3]. De plus, la suite (u_n) est bornée, elle converge donc vers un réel ℓ. Sachant que tous les termes de la suite vérifient $a \leqslant u_n \leqslant b$, la limite vérifie aussi $a \leqslant \ell \leqslant b$. Enfin, la fonction f est continue et en passant à la limite dans la relation de récurrence, on obtient

$$\ell = \frac{\ell + f(\ell)}{2} \quad \text{donc} \quad f(\ell) = \ell.$$

Exercice 33 **

Soient $f, g : [a\,;b] \to [a\,;b]$ deux fonctions continues vérifiant

$$f \circ g = g \circ f.$$

Montrer qu'il existe x_0 dans $[a\,;b]$ tel que $f(x_0) = g(x_0)$.

1. On dit que f est 1-*lipschitzienne*. De telles fonctions sont évidemment continues.
2. Pour x et y réels, $x + |y|$ est assurément du signe de x lorsque $|y| \leqslant |x|$.
3. Sa monotonie est déterminée par le signe de $u_1 - u_0$.

Solution

Par l'absurde, supposons que la fonction $f-g$ ne s'annule pas. Puisque c'est une fonction continue sur un intervalle, cette fonction est de signe constant. Quitte à échanger f et g, on peut supposer $g-f>0$.

La fonction f admet un point fixe[1] x dans $[a\,;b]$.

méthode

On considère la suite des itérés $x, g(x), g\bigl(g(x)\bigr), \ldots$

On a $f\bigl(g(x)\bigr) = g\bigl(f(x)\bigr) = g(x)$ et $g(x)$ est donc un point fixe de f. De plus, $g(x) > x$ car $g(x) - f(x) > 0$. De même, $g\bigl(g(x)\bigr)$ est un point fixe de f supérieur à $g(x)$, etc.

Étudions la suite récurrente (u_n) déterminée par

$$u_0 = x \quad \text{et} \quad u_{n+1} = g(u_n) \quad \text{pour tout } n \in \mathbb{N}.$$

La suite (u_n) est constituée de points fixes de f. C'est aussi une suite croissante d'éléments de $[a\,;b]$, elle converge donc vers une limite $\ell \in [a\,;b]$. En passant à la limite les égalités

$$f(u_n) = u_n \quad \text{et} \quad u_{n+1} = g(u_n)$$

on obtient $f(\ell) = \ell = g(\ell)$. C'est absurde.

Exercice 34 ***

Soit $f\colon [0\,;+\infty[\to \mathbb{R}$ une fonction continue vérifiant

$$f(x+1) - f(x) \xrightarrow[x\to+\infty]{} \ell \in \mathbb{R}.$$

Montrer

$$\frac{f(x)}{x} \xrightarrow[x\to+\infty]{} \ell.$$

Solution

Quitte à considérer la fonction $x \mapsto f(x) - \ell x$, on peut supposer[2] $\ell = 0$ ce que nous ferons pour la suite.

Soit $\varepsilon > 0$. Il existe un réel $A \in \mathbb{R}_+$ tel que $\bigl|f(x+1) - f(x)\bigr| \leqslant \varepsilon$ pour tout $x \geqslant A$.

méthode

Par décrément d'unité, on rapporte le calcul de $f(x)$ à celui d'une valeur prise par f sur le segment $[A\,;A+1]$.

Soient $x \geqslant A$ et l'entier $n = \lfloor x - A \rfloor$ tel que $x - n \in [A\,;A+1]$. On peut écrire par télescopage

$$f(x) = \sum_{k=0}^{n-1} \bigl(f(x-k) - f(x-k-1)\bigr) + f(x-n).$$

1. Voir sujet 14 p. 264.
2. Autrement dit, si l'on répond à la question dans le cas où ℓ est nul, on peut résoudre le cas général simplement en introduisant la fonction $x \mapsto f(x) - \ell x$ qui ramène au cas précédent.

Par l'inégalité triangulaire,

$$\left|\frac{f(x)}{x}\right| \leqslant \frac{1}{x}\sum_{k=0}^{n-1}\underbrace{\left|f(x-k)-f(x-k-1)\right|}_{\leqslant\varepsilon} + \frac{\left|f(x-n)\right|}{x} \leqslant \frac{n\varepsilon}{x} + \frac{\left|f(x-n)\right|}{x}.$$

Puisque la fonction f est continue sur le segment $[A\,;A+1]$, elle y est bornée par un certain réel M. Sachant de plus $x \geqslant n$, on écrit

$$\left|\frac{f(x)}{x}\right| \leqslant \varepsilon + \frac{M}{x}.$$

Le terme M/x étant de limite nulle quand x tend vers $+\infty$, on peut introduire un réel A' strictement positif pour lequel $M/x \leqslant \varepsilon$ pour tout $x \geqslant A'$.

On a alors, pour tout réel $x \geqslant \max(A, A')$,

$$\left|\frac{f(x)}{x}\right| \leqslant 2\varepsilon.$$

On peut conclure que $f(x)/x$ est de limite nulle[1] quand x croît vers $+\infty$.

Exercice 35 ***

Montrer la surjectivité de l'application

$$\begin{cases} \mathbb{C} \to \mathbb{C} \\ z \mapsto z\exp(z). \end{cases}$$

Solution

Soit $Z \in \mathbb{C}$. On recherche $z \in \mathbb{C}$ tel que $z\exp(z) = Z$.

Si $Z = 0$, on observe simplement que $z = 0$ est solution. On suppose désormais $Z \neq 0$ et l'on écrit $Z = R\mathrm{e}^{\mathrm{i}\theta}$ avec $R > 0$ et $\theta \in \mathbb{R}$. On recherche ensuite $z \in \mathbb{C}$ solution de l'équation $z\exp(z) = Z$ de la forme $z = r\mathrm{e}^{\mathrm{i}\alpha}$ avec $r > 0$ et $\alpha \in \mathbb{R}$. On a

$$z\exp(z) = r\mathrm{e}^{\mathrm{i}\alpha}\mathrm{e}^{r\cos(\alpha)+\mathrm{i}r\sin(\alpha)} = r\mathrm{e}^{r\cos(\alpha)}\mathrm{e}^{\mathrm{i}\left(\alpha+r\sin(\alpha)\right)}.$$

L'identification du module et d'un argument des membres de l'équation $z\exp(z) = Z$ conduit à l'étude du système

$$\begin{cases} r\mathrm{e}^{r\cos(\alpha)} = R \\ \alpha + r\sin(\alpha) \equiv \theta\ [2\pi] \end{cases} \qquad (*)$$

dont on cherche à déterminer au moins une solution.

La deuxième équation du système permet d'exprimer r en fonction de α sous réserve de pouvoir diviser par $\sin(\alpha)$.

méthode

‖ On recherche une solution (r, α) au système $(*)$ avec $\alpha \in \left]0\,;\pi\right[$.

1. On peut mettre cette étude en parallèle avec celle du sujet 16 p. 220.

Soit $\alpha \in]0\,;\pi[$. On pose
$$r = \frac{\theta + 2k\pi - \alpha}{\sin(\alpha)}$$
avec $k \in \mathbb{Z}$ suffisamment grand afin que r soit un réel strictement positif (par exemple, k tel que $\theta + 2k\pi > \pi$). Par ce choix de r, la deuxième équation du système est assurément vérifiée tandis que la première l'est si, et seulement si, $f(\alpha) = R$ avec f la fonction définie sur $]0\,;\pi[$ par
$$f(\alpha) = \frac{\theta + 2k\pi - \alpha}{\sin(\alpha)} \exp\left(\frac{\theta + 2k\pi - \alpha}{\sin(\alpha)}\cos(\alpha)\right).$$

méthode

Une étude complète de la fonction f n'est pas utile : sa continuité et ses limites en 0 et π suffisent à pouvoir affirmer que f prend la valeur R.

Par opérations sur les fonctions, on peut affirmer que f est continue sur $]0\,;\pi[$. Étudions ensuite la limite de f en 0 par valeurs supérieures.
$$\frac{\theta + 2k\pi - \alpha}{\sin(\alpha)} \xrightarrow[\alpha \to 0^+]{} +\infty \quad \text{car} \quad \sin(\alpha) \xrightarrow[\alpha \to 0^+]{} 0^+ \text{ et } \theta + 2k\pi > 0$$
et
$$\exp\left(\frac{\theta + 2k\pi - \alpha}{\sin(\alpha)}\cos(\alpha)\right) \xrightarrow[\alpha \to 0^+]{} +\infty \quad \text{car} \quad \cos(\alpha) \xrightarrow[\alpha \to 0^+]{} 1.$$
Par produit de limites, f tend vers $+\infty$ en 0^+.

Poursuivons par l'étude de la limite de f en π par valeurs inférieures.
$$\frac{\theta + 2k\pi - \alpha}{\sin(\alpha)} \xrightarrow[\alpha \to \pi^-]{} +\infty \quad \text{et} \quad \exp\left(\frac{\theta + 2k\pi - \alpha}{\sin(\alpha)}\cos(\alpha)\right) \xrightarrow[\alpha \to \pi^-]{} 0$$
car le facteur $\cos(\alpha)$ tend vers -1 quand α tend vers π^-. Cela conduit à la résolution d'une forme indéterminée du type « $(+\infty) \times 0$ ».

méthode

On introduit artificiellement un facteur $\cos(\alpha)$ afin d'employer
$$X\mathrm{e}^X \xrightarrow[X \to -\infty]{} 0.$$

On écrit
$$f(\alpha) = \frac{\cos(\alpha)}{\cos(\alpha)} \cdot \frac{\theta + 2k\pi - \alpha}{\sin(\alpha)} \exp\left(\frac{\theta + 2k\pi - \alpha}{\sin(\alpha)}\cos(\alpha)\right) = \frac{X\mathrm{e}^X}{\cos(\alpha)}$$
avec
$$X = \frac{\theta + 2k\pi - \alpha}{\sin(\alpha)}\cos(\alpha) \xrightarrow[\alpha \to \pi^-]{} -\infty.$$
Par opérations sur les limites, on peut affirmer que f tend vers 0 en π par valeurs inférieures.

Ainsi, f est continue sur $]0\,;\pi[$ et a pour limites $+\infty$ et 0 en les extrémités de cet intervalle, le théorème des valeurs intermédiaires généralisé [1] assure alors que f prend toutes les valeurs de $]0\,;+\infty[$. En particulier, il existe α appartenant à $]0\,;\pi[$ solution de l'équation $f(\alpha) = R$.

Finalement, on a prouvé l'existence d'un couple (r, α) solution du système $(*)$ et donc l'existence d'un nombre complexe z tel que $z\mathrm{e}^z = Z$.

1. Voir sujet 17 p. 265.

CHAPITRE 8

Dérivabilité

I et J désignent des intervalles de $\mathbb{R}$ non vides et non réduits à des points et a désigne un élément de I.

8.1 Dérivabilité

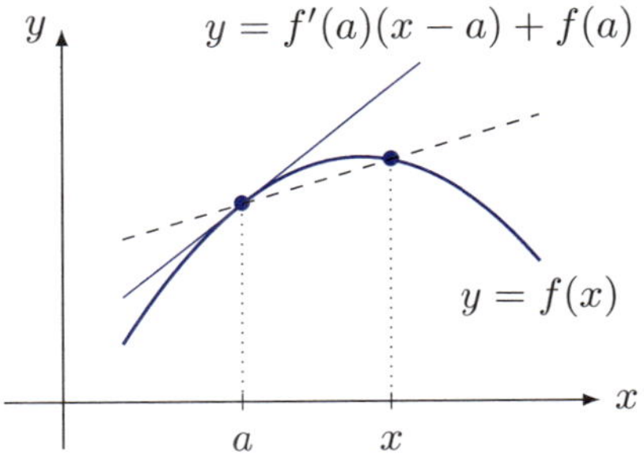

8.1.1 Nombre dérivé

Définition

On dit qu'une fonction $f\colon I \to \mathbb{R}$ est *dérivable en a* si le *taux d'accroissement* de f entre a et x admet une limite finie quand x tend vers a avec $x \neq a$. Cette limite est notée $f'(a)$ et se nomme le *nombre dérivé* de f en a.

Ainsi, et sous réserve d'existence,

$$f'(a) = \lim_{\substack{x \to a \\ x \neq a}} \frac{f(x) - f(a)}{x - a}.$$

Théorème 1 (Développement limité à l'ordre 1)

Si $f\colon I \to \mathbb{R}$ est dérivable en a alors on peut écrire [1]

$$f(x) = f(a) + f'(a)(x-a) + (x-a)\varepsilon(x)$$

avec ε une fonction de limite nulle en a.

En particulier, une fonction dérivable en un point y est continue.

8.1.2 Dérivées latérales

Lorsque cela a un sens, en étudiant la limite du taux d'accroissement quand x tend vers a par valeurs supérieures (resp. par valeurs inférieures), on définit la notion de *nombre dérivé à droite* (resp. *à gauche*) en a.

Théorème 2

Une fonction $f\colon I \to \mathbb{R}$ est dérivable en un point qui n'est pas extrémité de I si, et seulement si, elle est dérivable à droite et à gauche en ce point et que les nombres dérivés correspondants sont égaux.

Ce résultat est utile pour étudier la dérivabilité des fonctions définies par une alternative.

8.1.3 Fonction dérivée

Définition

On dit qu'une fonction $f\colon I \to \mathbb{R}$ est *dérivable*[2] si celle-ci est dérivable en tout point de I. On peut alors introduire sa *fonction dérivée* $f'\colon I \to \mathbb{R}$.

La notation de la dérivée avec un « prime » est utilisée pour dériver une fonction. Si l'on veut dériver une expression de la variable x, on emploie de préférence la notation différentielle $\frac{\mathrm{d}}{\mathrm{d}x}$. On peut ainsi écrire

$$f'(x) = \frac{\mathrm{d}}{\mathrm{d}x}\big(f(x)\big).$$

On justifie généralement la dérivabilité et l'on obtient l'expression de la dérivée d'une fonction par les théorèmes d'opérations présentés dans les chapitres précédents p. 13 et p. 46.

8.2 Théorèmes de Rolle et des accroissements finis

8.2.1 Extremum local

Définition

On dit qu'une fonction $f\colon I \to \mathbb{R}$ présente un *maximum local* en a s'il existe $\alpha > 0$ tel que $f(x) \leqslant f(a)$ pour tout x de I vérifiant $|x-a| \leqslant \alpha$.

Mutatis mutandis, on définit la notion de *minimum local*.

---

1. Inversement, lorsque $f(x) = f(a) + \ell(x-a) + (x-a)\varepsilon(x)$ avec ε de limite nulle en a, la fonction f est dérivable en a avec $f'(a) = \ell$.

2. On dit quelquefois qu'une fonction est *dérivable sur* un intervalle J pour insister sur le domaine de définition de la fonction ou pour affirmer que c'est sa restriction au départ de J qui est dérivable.

Théorème 3

Si $f\colon I \to \mathbb{R}$ présente un extremum local en un point a qui n'est pas extrémité[1] de I et si f est dérivable en a alors[2] $f'(a) = 0$.

Si f admet un maximum en a extrémité gauche de I, on peut seulement affirmer $f'(a) \leqslant 0$. On affirme $f'(a) \geqslant 0$ lorsque a est extrémité droite.

8.2.2 Théorèmes de Rolle et des accroissements finis

Soient a, b deux réels avec $a < b$.

Théorème 4 (Théorème de Rolle)

Si f est une fonction à valeurs réelles continue sur $[a\,;b]$, dérivable sur $]a\,;b[$ et si $f(a) = f(b)$ alors il existe un réel c dans $]a\,;b[$ tel que $f'(c) = 0$.

Théorème 5 (Théorème des accroissements finis)

Si f est une fonction à valeurs réelles continue sur $[a\,;b]$ et dérivable sur $]a\,;b[$ alors il existe un réel c dans $]a\,;b[$ tel que

$$f(b) - f(a) = f'(c)(b - a).$$

Une application importante de l'égalité des accroissements finis est la justification des théorèmes de monotonie[3] déjà énoncés p. 13.

8.2.3 Inégalité des accroissements finis

Définition

On dit qu'une fonction $f\colon I \to \mathbb{R}$ est *lipschitzienne* s'il existe $M \in \mathbb{R}_+$ vérifiant

$$\big|f(y) - f(x)\big| \leqslant M|y - x| \quad \text{pour tous } x \text{ et } y \text{ dans } I.$$

Plus précisément, on dit alors que la fonction f est *M-lipschitzienne*.

Les fonctions lipschitziennes sont continues.

Théorème 6

Si $f\colon I \to \mathbb{R}$ est une fonction dérivable et si $|f'|$ est majorée par un réel M alors la fonction f est M-lipschitzienne.

1. Un tel point est dit *intérieur* à l'intervalle I.
2. On dit que a est *point critique* de f.
3. Ceux-ci demeurent valables pour une fonction continue et dérivable sauf en un nombre fini de points.

8.2.4 Limite de la dérivée

Théorème 7 (Théorème de la limite de la dérivée)
Si $f\colon I \to \mathbb{R}$ est continue sur I, dérivable sur les intervalles formant $I \setminus \{a\}$ et si

$$\lim_{\substack{x \to a \\ x \neq a}} f'(x) = \ell \in \mathbb{R} \cup \{\pm\infty\}$$

alors

$$\frac{f(x) - f(a)}{x - a} \xrightarrow[\substack{x \to a \\ x \neq a}]{} \ell.$$

En particulier, si ℓ est une limite finie, f est dérivable en a avec $f'(a) = \ell$ et la dérivée de f est continue en a. En revanche, si ℓ est une limite infinie, le graphe de f présente une tangente verticale en a.

8.3 Classe d'une fonction

8.3.1 Fonctions de classe $\mathcal{C}^n$

Soient $f\colon I \to \mathbb{R}$ une fonction et $n \in \mathbb{N}$.

Définition

On pose $f^{(0)} = f$ appelée *dérivée d'ordre* 0 de f.
Si f admet une dérivée d'ordre n, notée $f^{(n)}$, et si celle-ci est dérivable, sa dérivée est appelée *dérivée d'ordre* $n+1$ de f et est notée $f^{(n+1)}$.

Si l'on veut dériver à l'ordre n une expression de la variable x, on emploie la notation différentielle $\frac{\mathrm{d}^n}{\mathrm{d}x^n}$.

Définition

On dit que f est de *classe*[1] $\mathcal{C}^n$ si f admet une dérivée d'ordre n et si celle-ci est continue. On dit que f est de *classe* $\mathcal{C}^\infty$ si f admet une dérivée jusqu'à n'importe quel[2] ordre n.

En particulier, les fonctions de classe $\mathcal{C}^0$ sont les fonctions continues, les fonctions de classe $\mathcal{C}^1$ sont les fonctions dérivables et de dérivées continues.

8.3.2 Opérations sur les fonctions de classe $\mathcal{C}^n$

Soit $n \in \mathbb{N}$.

1. On dit aussi qu'une fonction est de *classe* $\mathcal{C}^n$ *sur* un intervalle J pour insister sur son domaine de définition ou pour affirmer que c'est la restriction de la fonction au départ de J qui est de classe $\mathcal{C}^n$.
2. On dit aussi que f est *indéfiniment dérivable*. Une telle fonction est de classe $\mathcal{C}^n$ pour tout $n \in \mathbb{N}$.

Théorème 8
Soient $f, g\colon I \to \mathbb{R}$ et $\lambda \in \mathbb{R}$.
Si f et g sont de classe $\mathcal{C}^n$ alors les fonctions λf, $f+g$ et fg le sont aussi et [1]

$$(\lambda f)^{(n)} = \lambda f^{(n)}, \quad (f+g)^{(n)} = f^{(n)} + g^{(n)} \quad \text{et} \quad (fg)^{(n)} = \sum_{k=0}^{n} \binom{n}{k} f^{(k)} g^{(n-k)}.$$

Théorème 9
Soient $f\colon I \to \mathbb{R}$ et $g\colon J \to \mathbb{R}$ au moins définie sur l'ensemble des valeurs prises par f.
Si f et g sont de classe $\mathcal{C}^n$ alors la fonction composée $g \circ f$ l'est aussi.

En composant avec la fonction inverse qui est de classe $\mathcal{C}^n$, on montre que l'inverse d'une fonction de classe $\mathcal{C}^n$ ne s'annulant pas est de classe $\mathcal{C}^n$. On peut aussi affirmer que le quotient défini de deux fonctions de classe $\mathcal{C}^n$ est de classe $\mathcal{C}^n$.

Théorème 10
Si $f\colon I \to \mathbb{R}$ est de classe $\mathcal{C}^n$ (avec $n \geqslant 1$) et si sa dérivée ne s'annule pas alors f réalise une bijection de I vers un intervalle J et sa bijection réciproque est aussi de classe $\mathcal{C}^n$.

Notons enfin que ces différents résultats se généralisent aux fonctions de classe $\mathcal{C}^\infty$.

8.4 Extension aux fonctions complexes

Le vocabulaire précédent (dérivabilité, fonction dérivée, classe d'une fonction) et les théorème d'opérations algébriques se transposent aux fonctions complexes. En particulier, on peut étudier la dérivabilité à n'importe quel ordre d'une fonction complexe en considérant sa partie réelle et sa partie imaginaire. En revanche, le théorème de Rolle [2] ou le théorème des accroissement finis ne sont pas valables dans le cadre complexe et seule demeure l'inégalité des accroissements finis :

Théorème 11
Si $f\colon I \to \mathbb{C}$ est une fonction de classe $\mathcal{C}^1$ et si $|f'|$ est majorée par un réel M alors la fonction f est M-lipschitzienne :

$$\bigl|f(y) - f(x)\bigr| \leqslant M|y-x| \quad \text{pour tout } (x,y) \in I^2.$$

1. L'égalité exprimant la dérivée d'ordre n d'un produit se nomme la *formule de Leibniz.*
2. La fonction $t \mapsto \mathrm{e}^{\mathrm{i}t}$ est dérivable sur $[0\,;2\pi]$ prend les mêmes valeurs en 0 et en 2π et pourtant sa dérivée ne s'annule pas.

8.5 Exercices d'apprentissage

8.5.1 Dérivabilité

Exercice 1
Étudier la dérivabilité de la fonction $f : \mathbb{R} \to \mathbb{R}$ définie par $f(x) = \frac{x}{1+|x|}$.

Solution

méthode
La fonction valeur absolue n'étant pas dérivable, on commence par déterminer la valeur de celle-ci en discutant selon le signe de la variable.

Étudions la dérivabilité de f en $a \in \mathbb{R}$.
Cas : $a > 0$. Pour x au voisinage[1] de a, on a $|x| = x$ et donc

$$f(x) = \frac{x}{1+x} = \frac{(1+x)-1}{1+x} = 1 - \frac{1}{1+x}.$$

La fonction f est alors dérivable en a avec

$$f'(a) = \frac{1}{(1+a)^2}.$$

Cas : $a < 0$. Cette fois-ci, $|x| = -x$ et un travail analogue permet de justifier la dérivabilité de f en a et

$$f'(a) = \frac{1}{(1-a)^2}.$$

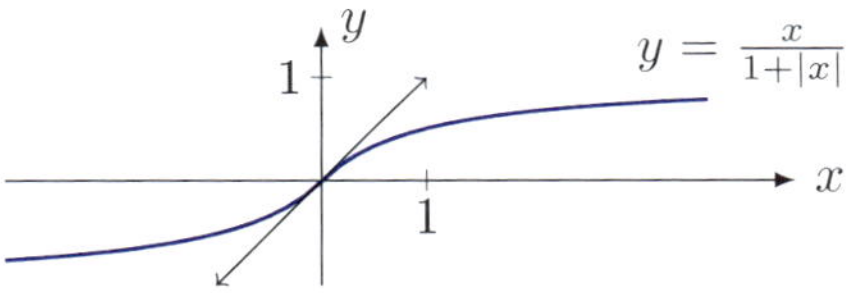

Cas : $a = 0$.

méthode
La dérivabilité en 0 s'étudie par la limite d'un taux d'accroissement[2].

Pour $x \neq 0$,

$$\frac{f(x) - f(0)}{x} = \frac{1}{1+|x|} \xrightarrow[\substack{x \to 0 \\ x \neq 0}]{} 1.$$

La fonction f est donc aussi dérivable en 0 avec $f'(0) = 1$.

1. Pour calculer la dérivée d'une expression en un point, il importe de connaître cette expression au *voisinage* du point et non seulement la valeur en celui-ci.
2. La fonction f étant continue en 0, on peut aussi utiliser le théorème de la limite de la dérivée (Th. 7 p. 286) : f' est clairement de limite égale à 1 en 0.

Exercice 2

Pour quels $n \in \{0, 1, 2, 3\}$, la fonction f_n définie sur $\mathbb{R}$ suivante est-elle continue, dérivable, de classe $\mathcal{C}^1$?

$$f_n : x \mapsto \begin{cases} x^n \sin\left(\dfrac{1}{x}\right) & \text{si } x \neq 0 \\ 0 & \text{sinon.} \end{cases}$$

Solution

Par opérations sur les fonctions, f_n est assurément de classe $\mathcal{C}^1$ (et même $\mathcal{C}^\infty$) sur les intervalles $]-\infty\,;0[$ et $]0\,;+\infty[$ avec, pour tout $x \neq 0$,

$$f_n'(x) = nx^{n-1}\sin\left(\frac{1}{x}\right) - x^{n-2}\cos\left(\frac{1}{x}\right).$$

Il reste à étudier sa régularité en 0.

Dans le cas $n = 0$, la fonction f_0 n'est pas continue[1] en 0 (*a fortiori*, elle n'est ni dérivable, ni de classe $\mathcal{C}^1$).

Supposons désormais $n \geqslant 1$. La fonction f_n est continue en 0 car

$$f_n(x) = \underbrace{x^n}_{\to 0} \times \underbrace{\sin\left(\frac{1}{x}\right)}_{\text{bornée}} \xrightarrow[\substack{x \to 0 \\ x \neq 0}]{} 0 = f_n(0).$$

Étudions, maintenant sa dérivabilité en 0. Pour $x \neq 0$,

$$\frac{f_n(x) - f_n(0)}{x} = x^{n-1}\sin\left(\frac{1}{x}\right).$$

Si $n = 1$, ce taux d'accroissement ne possède pas de limite quand x tend vers 0 : la fonction f_1 n'est alors pas dérivable en 0.

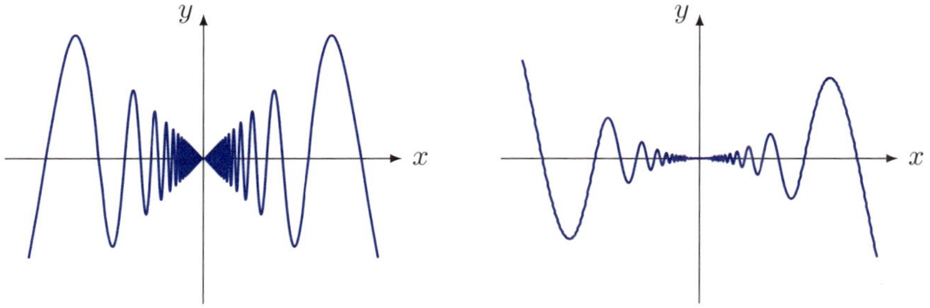

Allure au voisinage de 0 des fonctions f_1 à gauche et f_2 à droite.

En revanche, si $n \geqslant 2$, ce taux d'accroissement tend vers 0 car produit d'un facteur borné par un facteur de limite nulle. Dans ce cas, f_n est dérivable avec $f_n'(0) = 0$.

1. Le terme général $u_n = 1/(2n\pi + \pi/2)$ tend vers 0 tandis que $f_0(u_n) = 1$ ne tend pas vers $f_0(0)$.

méthode

Pour étudier si une fonction dérivable est de classe $\mathcal{C}^1$, on étudie la continuité de sa dérivée.

Pour $x \neq 0$,

$$f_2'(x) = \underbrace{2x\sin\left(\frac{1}{x}\right)}_{\xrightarrow[x\to 0]{}0} - \underbrace{\cos\left(\frac{1}{x}\right)}_{\text{sans limite en } 0}.$$

La dérivée de f_2 n'est donc pas continue en 0. En revanche,

$$f_3'(x) = \underbrace{3x^2\sin\left(\frac{1}{x}\right)}_{\to 0} - \underbrace{x\cos\left(\frac{1}{x}\right)}_{\to 0} \xrightarrow[x\to 0]{} 0 = f_3'(0).$$

La dérivée de la fonction f_3 est donc continue en 0.

En résumé : f_0 n'est pas continue, f_1 est continue mais pas dérivable, f_2 est dérivable mais pas de classe $\mathcal{C}^1$ et f_3 est de classe $\mathcal{C}^1$.

Exercice 3

Déterminer un exemple :

(a) de fonction dérivable sur $\mathbb{R}$ mais de dérivée discontinue en 0 ;

(b) de fonction dérivable sur $]0\,;+\infty[$ de limite 0 en $+\infty$ mais dont la dérivée n'est pas de limite 0 en $+\infty$;

(c) de fonction dérivable sur $]0\,;+\infty[$ de limite $+\infty$ en 0 mais dont la dérivée n'est pas de limite $+\infty$ en 0 ;

(d) de fonction dérivable sur $\mathbb{R}$, de nombre dérivé strictement positif en 0 mais croissante sur aucun voisinage de 0.

Solution

méthode

On prend appui sur des fonctions présentant des oscillations de « fréquences infinies ».

(a) La fonction $f\colon x \mapsto x^2\sin\left(\frac{1}{x}\right)$ prolongée par continuité en 0 convient : c'est la fonction f_2 de l'étude précédente.

(b) La fonction $g\colon x \mapsto \frac{1}{x}\sin\left(x^2\right)$ convient. Elle est bien de limite 0 en $+\infty$ car produit d'une fonction de limite nulle par une fonction bornée. Elle est aussi dérivable avec

$$g'(x) = -\frac{1}{x^2}\sin(x^2) + 2\cos\left(x^2\right) \quad \text{pour tout } x > 0.$$

Cette dérivée n'est pas de limite nulle en $+\infty$ car

$$g'\left(\sqrt{n\pi}\right) = 2(-1)^n \quad \text{pour tout } n \in \mathbb{N}.$$

Plus précisément, la fonction g' n'a pas[1] de limite en $+\infty$.

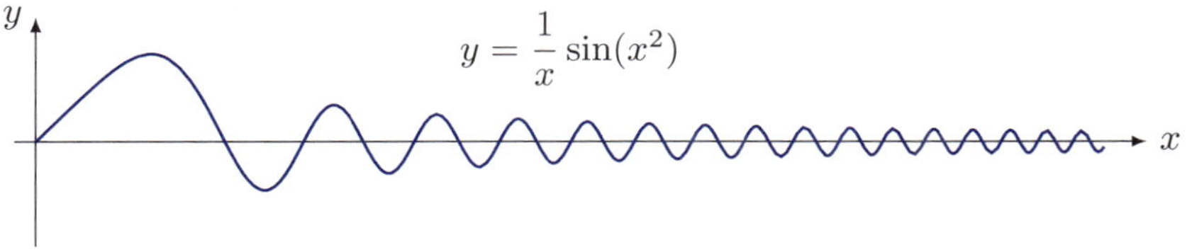

(c) La fonction $h\colon x \mapsto \frac{1}{x} + \sin\left(\frac{1}{x}\right)$ convient. Elle est bien de limite $+\infty$ en 0 car somme d'une fonction de limite $+\infty$ et d'une fonction bornée. Cependant, sa dérivée n'est pas de limite infinie en 0 car, pour tout $x > 0$,

$$h'(x) = -\frac{1}{x^2}\left(1 + \cos\left(\frac{1}{x}\right)\right) \quad \text{donc} \quad h'\left(\frac{1}{(2n+1)\pi}\right) = 0 \quad \text{pour tout } n \in \mathbb{N}.$$

(d) La fonction $k\colon x \mapsto x + 2x^2\sin\left(\frac{1}{x}\right)$ prolongée par continuité en 0 convient. En effet, $k'(0) = 1 > 0$ et, pour $x \neq 0$,

$$k'(x) = \underbrace{1 + 4x\sin\left(\frac{1}{x}\right)}_{\xrightarrow[x\to 0]{} 1} - \underbrace{2\cos\left(\frac{1}{x}\right)}_{\text{oscille entre } -2 \text{ et } 2}.$$

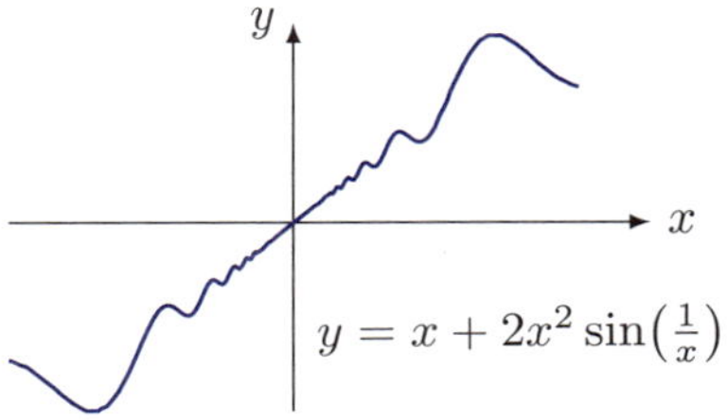

La dérivée k' est strictement négative (et donc k strictement décroissante) sur des intervalles aussi proches de 0 que l'on peut le vouloir.

8.5.2 Théorèmes de Rolle et des accroissements finis

Exercice 4

Soit $f\colon I \to \mathbb{R}$ une application n fois dérivable.

On suppose que f s'annule en au moins $n+1$ points distincts de I. Montrer que la dérivée n-ième de f s'annule au moins une fois sur I.

Solution

méthode

> On applique le théorème de Rolle (Th. 4 p. 285) entre des annulations successives de f afin de produire des annulations pour la fonction f'.

1. En revanche, si une fonction a une limite finie en $+\infty$ et si sa dérivée possède aussi une limite en $+\infty$, cette dernière est nécessairement nulle (voir sujet 23 p. 309).

Notons $a_0, a_1, \dots, a_n$ les $n+1$ points distincts où f s'annule. Quitte à redéfinir l'indexation, on peut supposer ceux-ci organisés par ordre croissant :

$$a_0 < a_1 < \cdots < a_n.$$

Soit i un indice compris entre 1 et n. La fonction réelle f est continue sur $[a_{i-1}\,;a_i]$, dérivable sur $]a_{i-1}\,;a_i[$ et prend les mêmes valeurs en a_{i-1} et a_i puisqu'elle s'y annule. Par le théorème de Rolle, on peut affirmer l'existence de b_i dans $]a_{i-1}\,;a_i[$ annulant f'.

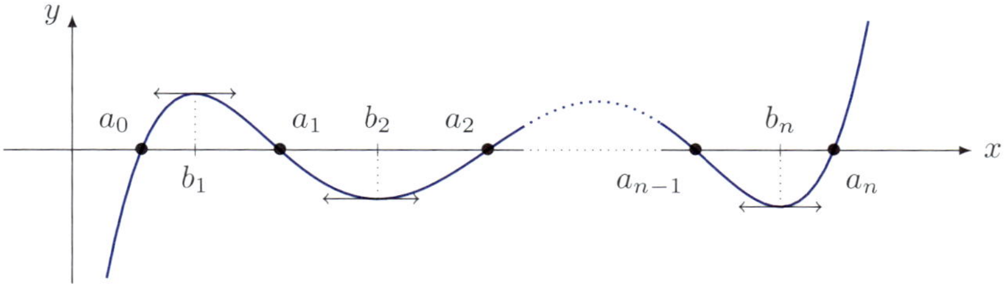

Par construction, les b_i sont entrelacés dans les a_i :

$$a_0 < b_1 < a_1 < b_2 < a_2 < \cdots < a_{n-1} < b_n < a_n.$$

Les b_i sont donc deux à deux distincts et l'on peut affirmer que f' s'annule au moins n fois sur I.

En reprenant ce raisonnement [1], on obtient que f'' s'annule au moins $n-1$ fois ou encore que $f^{(k)}$ s'annule au moins $n-k+1$ fois pour tout $k = 0, 1, \dots, n$. Au final, $f^{(n)}$ s'annule au moins une fois.

Exercice 5

Montrer l'encadrement

$$\frac{x}{x+1} < \ln(1+x) < x \quad \text{pour tout } x > 0.$$

Solution

méthode

> On applique le théorème des accroissements finis (Th. 5 p. 285) à la fonction $t \mapsto \ln(1+t)$ entre 0 et x.

Soit $x > 0$. La fonction $f\colon t \mapsto \ln(1+t)$ est de classe $\mathcal{C}^\infty$ sur $]-1\,;+\infty[$ et donc a *fortiori* continue sur $[0\,;x]$ et dérivable sur $]0\,;x[$. Le théorème des accroissements finis assure alors l'existence d'un élément c de $]0\,;x[$ tel que

$$f(x) - f(0) = f'(c)(x-0) \quad \text{c'est-à-dire} \quad \ln(1+x) = \frac{x}{1+c}.$$

Sachant $1 < 1+c < 1+x$, on obtient directement l'encadrement strict voulu.

1. Le plus élégant serait cependant de raisonner par récurrence sur $n \in \mathbb{N}$, la démarche ci-dessus fournissant l'hérédité de celle-ci.

Exercice 6
Montrer
$$\left|\sin(y) - \sin(x)\right| \leqslant |y - x| \quad \text{pour tous } x \text{ et } y \text{ réels.}$$

Solution

méthode

> Par l'inégalité des accroissements finis (Th. 6 p. 285), on montre qu'une fonction est lipschitzienne en bornant sa dérivée.

La fonction $x \mapsto \sin(x)$ est dérivable avec
$$\left|(\sin)'(x)\right| = \left|\cos(x)\right| \leqslant 1 \quad \text{pour tout } x \in \mathbb{R}.$$
La fonction sin est donc 1-lipschitzienne[1].

8.5.3 Dérivées successives

Exercice 7
Soit $n \in \mathbb{N}$. Vérifier que les dérivées n-ièmes des fonctions cos et sin s'expriment
$$\frac{\mathrm{d}^n}{\mathrm{d}x^n}(\cos(x)) = \cos\left(x + n\frac{\pi}{2}\right) \quad \text{et} \quad \frac{\mathrm{d}^n}{\mathrm{d}x^n}(\sin(x)) = \sin\left(x + n\frac{\pi}{2}\right).$$

Solution

méthode

> On peut valider les formules proposées en raisonnant par récurrence sur $n \in \mathbb{N}$. On peut aussi effectuer un calcul dans le champ complexe.

Les fonctions cos et sin sont les parties réelles et imaginaires de la fonction complexe $x \mapsto \mathrm{e}^{\mathrm{i}x}$. Celle-ci est indéfiniment dérivable et l'on peut affirmer par une récurrence facile
$$\frac{\mathrm{d}^n}{\mathrm{d}x^n}\left(\mathrm{e}^{\mathrm{i}x}\right) = \mathrm{i}^n\mathrm{e}^{\mathrm{i}x} = \left(\mathrm{e}^{\mathrm{i}\pi/2}\right)^n\mathrm{e}^{\mathrm{i}x} = \mathrm{e}^{\mathrm{i}\left(x + n\frac{\pi}{2}\right)}.$$
En passant à la partie réelle et à la partie imaginaire, on valide simultanément les deux formules proposées.

Exercice 8
Soit $n \in \mathbb{N}$. Calculer les dérivées n-ièmes des fonctions suivantes :

(a) $x \mapsto x^p$ (avec $p \in \mathbb{N}$) (b) $x \mapsto \dfrac{1}{x}$ (c) $x \mapsto \ln(x)$

(d) $x \mapsto \left(x^2 - x + 1\right)\mathrm{e}^{-x}$ (e) $x \mapsto \cos^3(x)$ (f) $x \mapsto \cos(x)\mathrm{e}^x$.

1. On montre de même que les fonctions cos ou arctan sont 1-lipschitziennes.

Solution

Par opérations sur les fonctions, chacune des fonctions proposées est indéfiniment dérivable sur leurs intervalles de définition.

(a) **méthode**

> On calcule les premières dérivées jusqu'à voir apparaître le « schéma général ».

$$\frac{\mathrm{d}}{\mathrm{d}x}(x^p) = px^{p-1}, \quad \frac{\mathrm{d}^2}{\mathrm{d}x^2}(x^p) = p(p-1)x^{p-2}, \ldots$$

Tant que l'ordre de dérivation est inférieur à l'exposant p, on obtient [1]

$$\frac{\mathrm{d}^n}{\mathrm{d}x^n}(x^p) = p(p-1) \times \cdots \times (p-n+1)x^{p-n} = \frac{p!}{(p-n)!}x^{p-n}.$$

En particulier, la dérivée p-ième est constante égale à $p!$. Les dérivées d'ordres strictement supérieurs à p sont alors nulles.

(b) **méthode**

> Pour calculer les premières dérivées successives, on préfère dériver une forme en $1/u^k$ plutôt qu'en $1/u$.

$$\frac{\mathrm{d}}{\mathrm{d}x}\left(\frac{1}{x}\right) = -\frac{1}{x^2}, \quad \frac{\mathrm{d}^2}{\mathrm{d}x^2}\left(\frac{1}{x}\right) = +\frac{2}{x^3}, \quad \frac{\mathrm{d}^3}{\mathrm{d}x^3}\left(\frac{1}{x}\right) = -\frac{2 \times 3}{x^4}, \ldots$$

On peut alors proposer [2] la formule générale

$$\frac{\mathrm{d}^n}{\mathrm{d}x^n}\left(\frac{1}{x}\right) = (-1)^n \frac{n!}{x^{n+1}}.$$

(c) La dérivée de la fonction $x \mapsto \ln(x)$ est la fonction inverse ce qui ramène à l'étude précédente

$$\frac{\mathrm{d}^n}{\mathrm{d}x^n}(\ln(x)) = (-1)^{n-1}\frac{(n-1)!}{x^n} \quad \text{pour } n \geqslant 1.$$

(d) **méthode**

> La formule de Leibniz (Th. 8 p. 287) permet de dériver un produit à l'ordre n.

Introduisons les fonctions f et g définies sur $\mathbb{R}$ par $f(x) = x^2 - x + 1$ et $g(x) = \mathrm{e}^{-x}$. Ces fonctions sont de classe $\mathcal{C}^n$ et l'on peut appliquer la formule de Leibniz

$$(fg)^{(n)} = \sum_{k=0}^{n} \binom{n}{k} f^{(k)} g^{(n-k)}$$

1. Pour exprimer la formule générale, on observe qu'après n dérivations, l'exposant de x est égal à $p-n$ tandis que le dernier facteur est $(p-n+1)$ car provient de la dérivation de x^{p-n+1}.
2. On pourra justifier l'exactitude de cette formule en raisonnant par récurrence.

avec, pour x réel,

$$f'(x) = 2x - 1, \quad f''(x) = 2, \quad f^{(k)}(x) = 0 \quad \text{pour tout } k \geqslant 3$$

et $g^{(n-k)}(x) = (-1)^{n-k}\mathrm{e}^{-x}$ pour tout $k \in \mathbb{N}$. On en déduit

$$\frac{\mathrm{d}^n}{\mathrm{d}x^n}\Big((x^2 - x + 1)\mathrm{e}^{-x}\Big) = (-1)^n\big(x^2 - (2n+1)x + n^2 + 1\big)\mathrm{e}^{-x}.$$

(e) **méthode**

On linéarise l'expression trigonométrique avant de dériver.

Soit $x \in \mathbb{R}$. On a [1] $\cos(3x) = 4\cos^3(x) - 3\cos(x)$ et l'on peut donc proposer la linéarisation

$$\cos^3(x) = \frac{1}{4}\big(3\cos(x) + \cos(3x)\big).$$

On sait [2]

$$\frac{\mathrm{d}^n}{\mathrm{d}x^n}\big(\cos(x)\big) = \cos\left(x + \frac{n\pi}{2}\right) \quad \text{et} \quad \frac{\mathrm{d}^n}{\mathrm{d}x^n}\big(\cos(3x)\big) = 3^n\cos\left(3x + \frac{n\pi}{2}\right).$$

On obtient donc

$$\frac{\mathrm{d}^n}{\mathrm{d}x^n}\big(\cos^3(x)\big) = \frac{1}{4}\left(3\cos\left(x + \frac{n\pi}{2}\right) + 3^n\cos\left(3x + \frac{n\pi}{2}\right)\right).$$

(f) **méthode**

On interprète [3] la fonction comme la partie réelle d'une fonction complexe simple à dériver.

Pour tout x réel, on peut écrire

$$\cos(x)\mathrm{e}^x = \mathrm{Re}\big(\mathrm{e}^{(1+\mathrm{i})x}\big)$$

avec

$$\frac{\mathrm{d}^n}{\mathrm{d}x^n}\big(\mathrm{e}^{(1+\mathrm{i})x}\big) = (1+\mathrm{i})^n\mathrm{e}^{(1+\mathrm{i})x} = 2^{n/2}\mathrm{e}^{\mathrm{i}n\pi/4}\mathrm{e}^{(1+\mathrm{i})x} \quad \text{car} \quad 1 + \mathrm{i} = \sqrt{2}\mathrm{e}^{\mathrm{i}\pi/4}.$$

On en déduit

$$\frac{\mathrm{d}^n}{\mathrm{d}x^n}\big(\cos(x)\mathrm{e}^x\big) = 2^{n/2}\cos\left(x + \frac{n\pi}{4}\right)\mathrm{e}^x.$$

---

1. Voir sujet 4 p. 101. On peut aussi simplement linéariser $\cos^3(x)$ par les formule d'Euler.
2. Voir le sujet précédent.
3. On peut aussi utiliser la formule de Leibniz.

8.6 Exercices d'entraînement

8.6.1 Généralités

Exercice 9 *

Soit $f\colon \mathbb{R} \to \mathbb{R}$ une fonction dérivable en $a \in \mathbb{R}$. Étudier

$$\lim_{\substack{x\to a\\ x\neq a}} \frac{xf(a) - af(x)}{x-a}.$$

Solution

méthode

On introduit[1] par addition et soustraction le terme « pont » $af(a)$.

Pour x réel différent de a,

$$\frac{xf(a)-af(x)}{x-a} = \frac{xf(a)-af(a)+af(a)-af(x)}{x-a} = f(a) + a\frac{f(a)-f(x)}{x-a}.$$

Dans le deuxième terme de la somme, on reconnaît l'opposé d'un taux d'accroissement et donc

$$\frac{xf(a)-af(x)}{x-a} \xrightarrow[\substack{x\to a\\ x\neq a}]{} f(a) - af'(a).$$

Exercice 10 *

Soit $f\colon [0\,;+\infty[\to \mathbb{R}$ une fonction de classe $\mathcal{C}^1$ telle que

$$f(0) < 0 \quad \text{et} \quad \lim_{+\infty} f = +\infty.$$

Montrer que si f s'annule au moins deux fois, alors f' aussi.

Solution

méthode

On étudie les variations de f en supposant que f' s'annule au plus une fois.

Raisonnons par l'absurde. Si f' ne s'annule pas, f' est de signe strict constant car continue. La fonction f est alors strictement monotone (en fait strictement croissante) et donc injective : elle ne s'annule qu'au plus[2] une fois.

Si f' ne s'annule qu'une fois en un certain $x_0 \in \mathbb{R}$, à nouveau f' est de signe strict constant sur $[0\,;x_0[$ et $]x_0\,;+\infty[$ car continue. La fonction f' est nécessairement strictement positive sur $]x_0\,;+\infty[$ car f est de limite $+\infty$ en $+\infty$ et les variations de f correspondent à l'un ou l'autre des deux tableaux suivants :

1. Ou introduire le terme $xf(x)$.
2. En fait, f s'annule exactement une fois car réalise une bijection vers un intervalle contenant 0.

x	0		x_0		$+\infty$
$f'(x)$		$-$	0	$+$	
$f(x)$	$f(0)$	↘	$f(x_0)$	↗	$+\infty$

x	0		x_0		$+\infty$
$f'(x)$		$+$	0	$+$	
$f(x)$	$f(0)$	↗	$f(x_0)$	↗	$+\infty$

Les flèches signifiant une stricte monotonie sur l'intervalle considéré, on peut affirmer dans les deux cas que f s'annule une seule fois.

Exercice 11 **

Soient $f\colon [0\,;1] \to \mathbb{R}$ une fonction dérivable et $\varphi\colon [0\,;1] \to \mathbb{R}$ définie par :

$$\varphi(x) = \begin{cases} f(2x) & \text{si } x \in [0\,;1/2] \\ f(2x-1) & \text{sinon.} \end{cases}$$

À quelle(s) condition(s) la fonction φ est-elle dérivable ?

Solution

Par composition, la fonction φ est dérivable en chaque point des intervalles $[0\,;1/2[$ et $]1/2\,;1]$. Il reste à étudier la dérivabilité au point de jonction $x = 1/2$. Commençons par étudier les continuités à gauche et à droite de φ en $1/2$.

$$\lim_{x\to\frac{1}{2}^-} \varphi(x) = \lim_{x\to\frac{1}{2}^-} f(2x) = f(1) = \varphi(1/2) \text{ et}$$
$$\lim_{x\to\frac{1}{2}^+} \varphi(x) = \lim_{x\to\frac{1}{2}^+} f(2x-1) = f(0).$$

La fonction φ est donc continue en $1/2$ si, et seulement si, $f(0) = f(1)$. Supposons par la suite cette condition vérifiée.

méthode

On étudie les dérivées latérales en $1/2$ par les limites des taux d'accroissement.

$$\lim_{x\to\frac{1}{2}^-} \frac{\varphi(x)-\varphi(1/2)}{x-1/2} = 2\lim_{x\to\frac{1}{2}^-} \frac{f(2x)-f(1)}{2x-1} = 2f'(1) \text{ et}$$
$$\lim_{x\to\frac{1}{2}^+} \frac{\varphi(x)-\varphi(1/2)}{x-1/2} = 2\lim_{x\to\frac{1}{2}^+} \frac{f(2x-1)-f(0)}{2x-1} = 2f'(0).$$

La fonction φ est donc dérivable à gauche et à droite en $1/2$ avec les nombres dérivés $\varphi'_g(1/2) = 2f'(1)$ et $\varphi'_d(1/2) = 2f'(0)$. La fonction φ est alors dérivable en $1/2$ si, et seulement si, $f'(0) = f'(1)$ (Th. 2 p. 284).

En résumé, φ est dérivable si, et seulement si, $f(0) = f(1)$ et $f'(0) = f'(1)$.

Exercice 12 ***

Soient φ et ψ les fonctions réelles définies sur $\mathbb{R}$ par

$$\varphi(x) = \begin{cases} e^{-\frac{1}{x}} & \text{si } x > 0 \\ 0 & \text{sinon} \end{cases} \quad \text{et} \quad \psi(x) = \begin{cases} e^{\frac{2}{x^2-1}} & \text{si } x \in \left]-1\,;1\right[\\ 0 & \text{sinon.} \end{cases}$$

(a) Montrer que la fonction φ est de classe $\mathcal{C}^\infty$ sur $\mathbb{R}$.

(b) En déduire que la fonction ψ est elle aussi de classe $\mathcal{C}^\infty$ sur $\mathbb{R}$.

Solution

(a) La fonction φ est évidemment continue sur chacun des deux intervalles $\left]-\infty\,;0\right[$ et $\left]0\,;+\infty\right[$. Elle est aussi continue en 0 car continue à droite et à gauche puisque

$$\varphi(x) = 0 \xrightarrow[x\to 0^-]{} 0 = \varphi(0) \quad \text{et} \quad \varphi(x) = e^{-\frac{1}{x}} \xrightarrow[x\to 0^+]{} 0 = \varphi(0).$$

Étudions sa dérivabilité en 0.

méthode

On utilise le théorème de la limite de la dérivée (Th. 7 p. 286).

Lorsque x tend vers 0 par valeurs inférieures, $\varphi'(x)$ est égal à 0 et tend vers 0.

Lorsque x tend vers 0 par valeurs supérieures, on a aussi par croissances comparées

$$\varphi'(x) = \frac{1}{x^2}e^{-\frac{1}{x}} \underset{X=\frac{1}{x}}{=} X^2e^{-X} \xrightarrow[x\to 0^+]{} 0 \quad \text{car} \quad X \xrightarrow[x\to 0^+]{} +\infty.$$

La fonction φ est donc dérivable en 0 avec $\varphi'(0) = 0$.

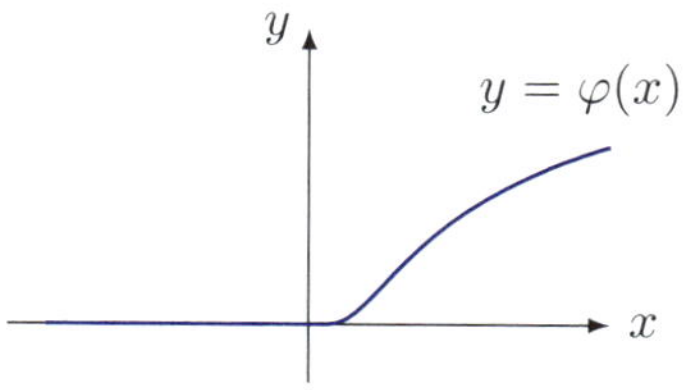

méthode

On répète l'utilisation du théorème de la limite de la dérivée.

Montrons par récurrence que, pour tout entier naturel n, la fonction φ est n fois dérivable avec

$$\varphi^{(n)}(x) = 0 \quad \text{si } x \leqslant 0 \quad \text{et} \quad \varphi^{(n)}(x) = P_n\left(\frac{1}{x}\right)e^{-\frac{1}{x}} \quad \text{si } x > 0$$

où P_n désigne un polynôme à coefficients réels.

Pour $n = 0$. La propriété est immédiate avec P_0 le polynôme constant égal à 1.

Supposons la propriété vraie au rang $n \geqslant 0$. La fonction $\varphi^{(n)}$ est continue, notamment en 0 et, par opérations, $\varphi^{(n)}$ est dérivable sur chacun des intervalles $\left]-\infty\,;0\right[$ et $\left]0\,;+\infty\right[$ avec

$$\varphi^{(n+1)}(x) = 0 \quad \text{si } x < 0 \quad \text{et} \quad \varphi^{(n+1)}(x) = P_{n+1}\left(\frac{1}{x}\right)e^{-\frac{1}{x}} \quad \text{si } x > 0$$

où $P_{n+1} = X^2(P_n - P'_n)$ est un polynôme à coefficients réels.

Par des calculs semblables aux précédents, on constate

$$\varphi^{(n+1)}(x) = 0 \xrightarrow[x\to 0^-]{} 0 \quad \text{et} \quad \varphi^{(n+1)}(x) \underset{X=\frac{1}{x}}{=} P_{n+1}(X)\mathrm{e}^{-X} \xrightarrow[x\to 0^+]{} 0.$$

La fonction continue $\varphi^{(n)}$ est donc dérivable en 0 avec $\varphi^{(n+1)}(0) = 0$.

La récurrence est établie et l'on peut affirmer que la fonction φ est de classe[1] $\mathcal{C}^\infty$ sur $\mathbb{R}$.

(b) **méthode**

> On exprime ψ à l'aide de la fonction φ.

On peut écrire la décomposition

$$\frac{2}{x^2-1} = \frac{(x+1)-(x-1)}{(x-1)(x+1)} = \frac{1}{x-1} - \frac{1}{x+1}$$

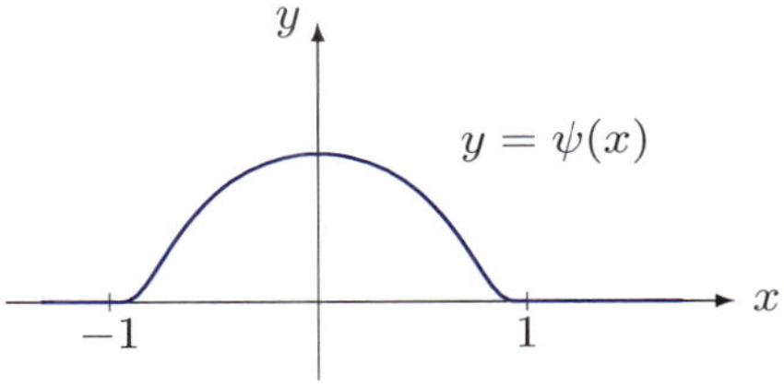

et l'on remarque

$$x \in \left]-1\,;1\right[\iff 1-x>0 \text{ et } 1+x>0.$$

Par conséquent,

$$\psi(x) = \varphi(1-x)\varphi(1+x) \quad \text{pour tout } x \text{ réel.}$$

La fonction ψ est alors de classe $\mathcal{C}^\infty$ par produit de fonctions qui le sont.

8.6.2 Calculs de dérivée n-ième

Exercice 13 *

En calculant de deux façons la dérivée n-ième de $x \mapsto x^{2n}$, établir

$$\sum_{k=0}^{n} \binom{n}{k}^2.$$

Solution

méthode

> On sait[2]
>
> $$\frac{\mathrm{d}^k}{\mathrm{d}x^k}(x^n) = \frac{n!}{(n-k)!}x^{n-k} \quad \text{pour tous } n,k \in \mathbb{N} \text{ avec } k \leqslant n.$$

1. Au surplus, $\varphi^{(n)}(0) = 0$ pour tout $n \in \mathbb{N}$, on dit que la fonction φ est *plate* en 0.
2. Voir sujet 8 p. 293.

D'une part,

$$\frac{\mathrm{d}^n}{\mathrm{d}x^n}\left(x^{2n}\right) = \frac{(2n)!}{n!}x^n. \tag{$*$}$$

D'autre part, on obtient par la formule de Leibniz (Th. 8 p. 287),

$$\frac{\mathrm{d}^n}{\mathrm{d}x^n}\left(x^{2n}\right) = \frac{\mathrm{d}^n}{\mathrm{d}x^n}\left(x^n \times x^n\right) = \sum_{k=0}^{n}\binom{n}{k}\frac{\mathrm{d}^{n-k}}{\mathrm{d}x^{n-k}}\left(x^n\right)\frac{\mathrm{d}^k}{\mathrm{d}x^k}\left(x^n\right)$$

avec

$$\frac{\mathrm{d}^{n-k}}{\mathrm{d}x^{n-k}}\left(x^n\right) = \frac{n!}{k!}x^k \quad \text{et} \quad \frac{\mathrm{d}^k}{\mathrm{d}x^k}\left(x^n\right) = \frac{n!}{(n-k)!}x^{n-k}$$

et donc

$$\frac{\mathrm{d}^n}{\mathrm{d}x^n}\left(x^{2n}\right) = \sum_{k=0}^{n}\binom{n}{k}\frac{n!}{k!}\cdot\frac{n!}{(n-k)!}x^n. \tag{$**$}$$

L'identification des formules $(*)$ et $(**)$ donne

$$\frac{(2n)!}{n!}x^n = \sum_{k=0}^{n}\binom{n}{k}^2 n!\,x^n \quad \text{car} \quad \binom{n}{k} = \frac{n!}{k!\,(n-k)!}.$$

Il suffit ensuite de poser $x = 1$ et de réorganiser les membres de l'identité pour conclure[1]

$$\sum_{k=0}^{n}\binom{n}{k}^2 = \frac{(2n)!}{(n!\,)^2} = \binom{2n}{n}.$$

Exercice 14 **

Soit $f\colon]0\,;+\infty[\to \mathbb{R}$ une fonction indéfiniment dérivable. Pour tout $x \neq 0$ et tout $n \in \mathbb{N}$, établir l'identité

$$\frac{\mathrm{d}^n}{\mathrm{d}x^n}\left(x^{n-1}f\left(\frac{1}{x}\right)\right) = \frac{(-1)^n}{x^{n+1}}f^{(n)}\left(\frac{1}{x}\right).$$

Solution

méthode

On raisonne par récurrence en dérivant par la formule de Leibniz le produit

$$x^n f\left(\frac{1}{x}\right) = x \cdot x^{n-1} f\left(\frac{1}{x}\right).$$

1. On retrouvera cette identité dans le sujet 20 du chapitre 2 de l'ouvrage *Exercices d'algèbre et de probabilités PCSI*.

Pour $n = 0$, l'identité est immédiate car la dérivée d'ordre 0 désigne la fonction. Supposons la propriété vérifiée au rang $n \geqslant 0$. On applique la formule de Leibniz[1]

$$\begin{aligned}\frac{\mathrm{d}^{n+1}}{\mathrm{d}x^{n+1}}\left(x^n f\left(\frac{1}{x}\right)\right) &= \frac{\mathrm{d}^{n+1}}{\mathrm{d}x^{n+1}}\left(x \cdot x^{n-1} f\left(\frac{1}{x}\right)\right)\\ &= \binom{n+1}{0} x \cdot \frac{\mathrm{d}^{n+1}}{\mathrm{d}x^{n+1}}\left(x^{n-1} f\left(\frac{1}{x}\right)\right) + \binom{n+1}{1}\frac{\mathrm{d}^n}{\mathrm{d}x^n}\left(x^{n-1} f\left(\frac{1}{x}\right)\right).\end{aligned}$$

Par l'hypothèse de récurrence, on poursuit le calcul et l'on simplifie

$$\begin{aligned}\frac{\mathrm{d}^{n+1}}{\mathrm{d}x^{n+1}}\left(x^n f\left(\frac{1}{x}\right)\right) &= x \cdot \frac{\mathrm{d}}{\mathrm{d}x}\left(\frac{(-1)^n}{x^{n+1}} f^{(n)}\left(\frac{1}{x}\right)\right) + (n+1)\frac{(-1)^n}{x^{n+1}} f^{(n)}\left(\frac{1}{x}\right)\\ &= x\left(-(n+1)\frac{(-1)^n}{x^{n+2}} f^{(n)}\left(\frac{1}{x}\right) + \frac{(-1)^n}{x^{n+1}} \cdot \frac{-1}{x^2} f^{(n+1)}\left(\frac{1}{x}\right)\right)\\ &\quad + (n+1)\frac{(-1)^n}{x^{n+1}} f^{(n)}\left(\frac{1}{x}\right)\\ &= \frac{(-1)^{n+1}}{x^{n+2}} f^{(n+1)}\left(\frac{1}{x}\right).\end{aligned}$$

La récurrence est établie.

Exercice 15 ***

Soit $n \in \mathbb{N}^*$.

(a) Montrer

$$\frac{\mathrm{d}^n}{\mathrm{d}x^n}\left(x^n \ln(x)\right) = n!\left(\ln(x) + 1 + \frac{1}{2} + \cdots + \frac{1}{n}\right) \quad \text{pour tout } x > 0.$$

(b) En déduire

$$\sum_{k=1}^{n} \frac{(-1)^{k-1}}{k}\binom{n}{k} = 1 + \frac{1}{2} + \cdots + \frac{1}{n}.$$

Solution

(a) On remarque que la fonction $x \mapsto x^n \ln(x)$ est indéfiniment dérivable sur $]0\,;+\infty[$ ce qui légitime le calcul de sa dérivée d'ordre n.

On établit l'identité proposée par récurrence sur $n \in \mathbb{N}^*$.

Pour $n = 1$, la propriété est immédiate car

$$\frac{\mathrm{d}}{\mathrm{d}x}\left(x \ln(x)\right) = \ln(x) + x \cdot \frac{1}{x} = \ln(x) + 1 \quad \text{pour tout } x > 0.$$

1. La somme se limite à deux termes car les dérivées successives du facteur x sont nulles au delà de l'ordre 2.

Supposons l'identité vraie au rang $n \geqslant 1$.

méthode

Une dérivée d'ordre $n+1$ est la dérivée de la dérivée d'ordre n mais aussi la dérivée d'ordre n de la dérivée.

Pour $x > 0$, on écrit

$$\begin{aligned}\frac{\mathrm{d}^{n+1}}{\mathrm{d}x^{n+1}}\left(x^{n+1}\ln(x)\right) &= \frac{\mathrm{d}^n}{\mathrm{d}x^n}\left(\frac{\mathrm{d}}{\mathrm{d}x}\left(x^{n+1}\ln(x)\right)\right)\\ &= \frac{\mathrm{d}^n}{\mathrm{d}x^n}\left((n+1)x^n\ln(x)+x^n\right)\\ &= (n+1)\frac{\mathrm{d}^n}{\mathrm{d}x^n}\left(x^n\ln(x)\right)+\frac{\mathrm{d}^n}{\mathrm{d}x^n}\left(x^n\right).\end{aligned}$$

Par dérivation successives, on obtient

$$\frac{\mathrm{d}^n}{\mathrm{d}x^n}\left(x^n\right) = n\frac{\mathrm{d}^{n-1}}{\mathrm{d}x^{n-1}}\left(x^{n-1}\right) = \cdots = n(n-1)\times\cdots\times 1\times x^0 = n!\,.$$

Par l'hypothèse de récurrence, on poursuit

$$\frac{\mathrm{d}^{n+1}}{\mathrm{d}x^{n+1}}\left(x^{n+1}\ln(x)\right) = (n+1)\cdot n!\left(\ln(x)+1+\frac{1}{2}+\cdots\frac{1}{n}\right)+n!\,.$$

Enfin, il suffit d'écrire $n! = \frac{(n+1)!}{n+1}$ pour conclure

$$\frac{\mathrm{d}^{n+1}}{\mathrm{d}x^{n+1}}\left(x^{n+1}\ln(x)\right) = (n+1)!\left(\ln(x)+1+\frac{1}{2}+\cdots+\frac{1}{n}+\frac{1}{n+1}\right).$$

La récurrence est établie.

(b) **méthode**

On reprend le calcul à partir de la formule de Leibniz.

On obtient

$$\frac{\mathrm{d}^n}{\mathrm{d}x^n}\left(x^n\ln(x)\right) = \sum_{k=0}^{n}\binom{n}{k}\frac{\mathrm{d}^{n-k}}{\mathrm{d}x^{n-k}}\left(x^n\right)\frac{\mathrm{d}^k}{\mathrm{d}x^k}\left(\ln(x)\right)$$

avec [1]

$$\frac{\mathrm{d}^{n-k}}{\mathrm{d}x^{n-k}}\left(x^n\right) = \frac{n!}{k!}x^k \quad\text{et}\quad \frac{\mathrm{d}^k}{\mathrm{d}x^k}\left(\ln(x)\right) = (-1)^{k-1}\frac{(k-1)!}{x^k} \qquad \text{pour } k\geqslant 1$$

ce qui donne

$$n!\left(\ln(x)+1+\frac{1}{2}+\cdots+\frac{1}{n}\right) = \underbrace{n!\,\ln(x)}_{k=0}+\sum_{k=1}^{n}(-1)^{k-1}\binom{n}{k}\frac{n!}{k}.$$

Après simplification, on obtient la relation demandée [2].

1. Voir sujet 8 p. 293.
2. On trouvera une démarche alternative dans le sujet 29 du chapitre 2 de l'ouvrage *Exercices d'algèbre et de probabilités PCSI*.

8.6.3 Théorème de Rolle

Exercice 16 *

Soit $f\colon [0\,;1] \to \mathbb{R}$ une fonction dérivable telle que $f(0) = f(1)$ et $f'(0)f'(1) > 0$. Montrer que f' s'annule au moins deux fois sur $]0\,;1[$.

Solution

Les réels $f'(0)$ et $f'(1)$ ont le même signe puisque leur produit est positif. Quitte à considérer $-f$, on peut supposer [1] $f'(0) > 0$ et $f'(1) > 0$.

méthode

Une figure peut aider à comprendre la situation hypothétique et trouver une stratégie de résolution : on commence par justifier que la valeur commune prise par f en 0 et 1 est aussi prise dans $]0\,;1[$ avant d'appliquer deux fois le théorème de Rolle (Th. 4 p. 285).

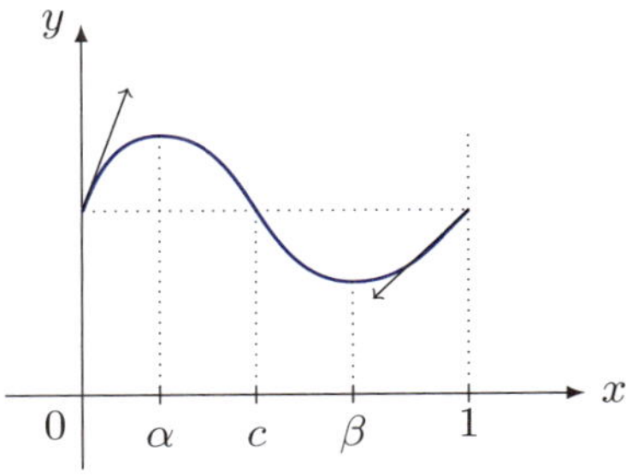

Par définition,

$$f'(0) = \lim_{x \to 0^+} \frac{f(x) - f(0)}{x}.$$

Puisque cette valeur est strictement positive, la fonction f prend à droite de 0 des valeurs strictement supérieures [2] à celle prise en 0. On peut donc introduire $a \in \,]0\,;1[$ tel que $f(a) > f(0)$. De même, $f'(1) > 0$ assure l'existence d'un élément $b \in \,]0\,;1[$ tel que $f(b) < f(1)$. Par application du théorème des valeurs intermédiaires à la fonction continue f entre a et b, il existe $c \in \,]0\,;1[$ tel que $f(c) = f(0) = f(1)$.

On applique alors le théorème de Rolle à la fonction f entre 0 et c puis entre c et 1. Cela produit $\alpha \in \,]0\,;c[$ et $\beta \in \,]c\,;1[$ tels que $f'(\alpha) = f'(\beta) = 0$ avec α et β distincts.

Exercice 17 **

Soit $f\colon [a\,;b] \to \mathbb{R}$ une fonction dérivable s'annulant en a et b.

(a) Soit $\alpha \in \mathbb{R}$. Montrer qu'il existe $c \in \,]a\,;b[$ tel que $f'(c) + \alpha f(c) = 0$.

(b) Montrer qu'il existe $c \in \,]a\,;b[$ tel que $f'(c) + cf(c) = 0$.

Solution

méthode

On introduit une fonction auxiliaire dont l'annulation de la dérivée fait apparaître la relation souhaitée.

1. Cela signifie que, si l'on démontre le résultat voulu dans ce cadre, celui-ci sera aussi acquis dans le cas $f'(0) < 0$ et $f'(1) < 0$ par application de la résolution à la fonction $-f$.

2. Cependant, on n'ira pas jusqu'à affirmer que la fonction f est croissante au voisinage de 0 car cela est incorrect, voir sujet 3 p. 290.

(a) Considérons la fonction $\varphi\colon [a\,;b] \to \mathbb{R}$ définie par $\varphi(x) = f(x)\mathrm{e}^{\alpha x}$. Celle-ci est dérivable par produit de fonctions qui le sont et

$$\varphi'(x) = \big(f'(x) + \alpha f(x)\big)\mathrm{e}^{\alpha x}.$$

De plus, φ s'annule en a et b ce qui permet d'appliquer le théorème de Rolle. Il existe donc $c \in \,]a\,;b[$ tel que $\varphi'(c) = 0$. Puisque le facteur exponentiel ne s'annule pas, cela donne $f'(c) + \alpha f(c) = 0$.

(b) On suit la même démarche avec la fonction auxiliaire $\psi\colon [a\,;b] \to \mathbb{R}$ définie par

$$\psi(x) = f(x)\mathrm{e}^{x^2/2}$$

pour laquelle

$$\psi'(x) = \big(f'(x) + xf(x)\big)\mathrm{e}^{x^2/2}.$$

Exercice 18 ** (Théorème de Rolle généralisé [1])

Soit $f\colon \mathbb{R} \to \mathbb{R}$ une fonction dérivable admettant les mêmes limites finies en $+\infty$ et $-\infty$. Montrer qu'il existe $c \in \mathbb{R}$ tel que $f'(c) = 0$.

Solution

méthode

‖ On réunit [2] les hypothèses d'application du théorème de Rolle.

Si f est constante la propriété est immédiate. Sinon, f prend en un certain $x \in \mathbb{R}$ une valeur différente de la valeur ℓ de la limite de f en $\pm\infty$. Soit y une valeur strictement comprise entre ℓ et $f(x)$. En appliquant le théorème des valeurs intermédiaires généralisé [3] à f, il existe, d'une part $a < x$, d'autre part $b > x$, tels que $f(a) = f(b) = y$.

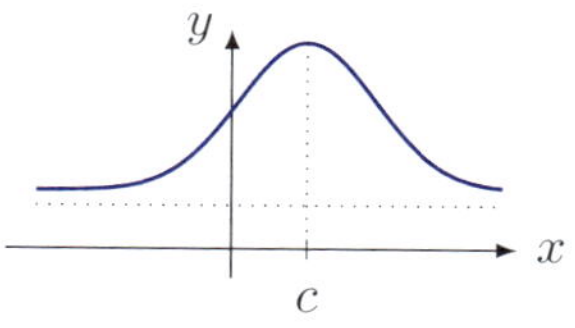

Les réels a et b étant distincts, on peut appliquer le théorème de Rolle entre a et b et affirmer que la dérivée de f s'annule.

Exercice 19 **

Soit $f\colon [0\,;+\infty[\to \mathbb{R}$ une fonction dérivable telle que

$$f(0) = f'(0) = 0 \quad \text{et} \quad \lim_{x\to+\infty} f(x) = \ell \in \mathbb{R}.$$

Montrer qu'il existe un point autre que l'origine en lequel la tangente à la courbe représentative de f passe par l'origine.

1. On peut proposer et établir de la même façon un énoncé général : pour $a < b$ réels ou infinis, si $f\colon]a\,;b[\to \mathbb{R}$ est dérivable et présente des limites finies ou infinies égales en a et b alors la dérivée de f s'annule.

2. Une alternative élégante consiste à introduire la fonction composée $g = f \circ \tan$ définie sur $]-\pi/2\,;\pi/2[$. On prolonge celle-ci par continuité en $\pm\pi/2$ puis on lui applique le théorème de Rolle pour obtenir une annulation de g' donc de f'.

3. Voir sujet 17 p. 265.

Solution

Pour $a \in [0\,;+\infty[$, la tangente au graphe de f en a a pour équation

$$y = f'(a)(x-a) + f(a).$$

Celle-ci passe par l'origine si, et seulement si, $af'(a) - f(a) = 0$.

méthode

On remarque que $xf'(x) - f(x)$ est le numérateur de la dérivée de $f(x)/x$: on applique le théorème de Rolle à la fonction correspondante.

Soit $\varphi\colon]0\,;+\infty[\to \mathbb{R}$ la fonction définie par la relation $\varphi(x) = f(x)/x$. La fonction φ est dérivable sur l'intervalle $]0\,;+\infty[$ et l'on peut la prolonger par continuité en posant $\varphi(0) = 0$ car

$$\varphi(x) = \frac{f(x) - f(0)}{x - 0} \xrightarrow[x \to 0^+]{} f'(0) = 0.$$

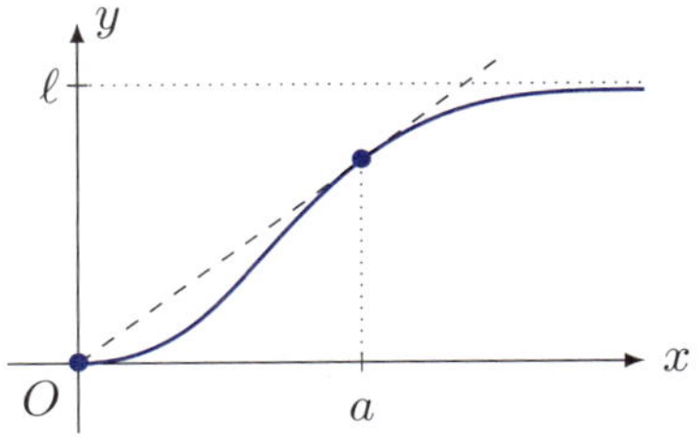

Au surplus, la fonction φ tend vers 0 en $+\infty$.

En exploitant une version généralisée du théorème de Rolle[1], on peut affirmer qu'il existe $a > 0$ tel que $\varphi'(a) = 0$. La tangente au graphe de f au point d'abscisse a passe alors par l'origine.

Exercice 20 ** (Théorème de Darboux)

Soit $f\colon [a\,;b] \to \mathbb{R}$ une fonction dérivable

(a) On suppose $f'(a) < 0$ et $f'(b) > 0$. Montrer que la dérivée de f s'annule.

(b) Plus généralement, on considère y un réel strictement compris entre $f'(a)$ et $f'(b)$. Montrer que la dérivée de f prend la valeur y.

Solution

(a) **méthode**

On vérifie que f admet un minimum dans $]a\,;b[$.

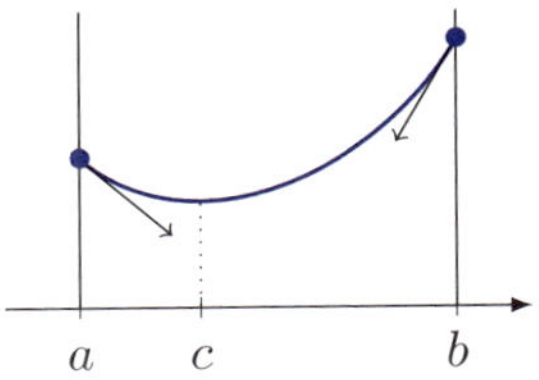

La fonction réelle f est continue sur le segment $[a\,;b]$, elle y admet donc un minimum en un certain $c \in [a\,;b]$. Montrons que c n'est ni en a, ni en b.

Puisque $f'(a) < 0$, la fonction f prend des valeurs strictement inférieures à $f(a)$ à droite de a. On en déduit $c \neq a$. De même, $f'(b) > 0$ permet d'affirmer $c \neq b$.

Ainsi, c n'est pas une extrémité de l'intervalle $[a\,;b]$. De plus f est dérivable en c et y admet un extremum : la dérivée de f s'annule en c (Th. 3 p. 285).

1. Voir sujet 18 ci-dessus.

(b) **méthode**

> Par l'introduction d'une fonction auxiliaire on se ramène à l'étude précédente.

Quitte à considérer $-f$, on peut supposer $f'(a) < f'(b)$. Soient y strictement compris entre $f'(a)$ et $f'(b)$ et φ la fonction définie sur $[a\,;b]$ par $\varphi(t) = f(t) - yt$. La fonction φ est dérivable sur $[a\,;b]$ avec $\varphi'(a) = f'(a) - y < 0$ et $\varphi'(b) = f'(b) - y > 0$. L'étude ci-dessus assure que la dérivée de φ s'annule et qu'il existe donc $c \in \,]a\,;b[$ tel que $f'(c) = y$.

Exercice 21 * (Règle de L'Hospital)**

Soient $f, g\colon [a\,;b] \to \mathbb{R}$ deux fonctions dérivables. On suppose que la dérivée de g ne s'annule pas.

(a) Montrer que $g(a) \neq g(b)$.

(b) Montrer qu'il existe $c \in \,]a\,;b[$ tel que

$$\frac{f(b) - f(a)}{g(b) - g(a)} = \frac{f'(c)}{g'(c)}.$$

(c) En déduire que, si le quotient f'/g' admet une limite en a par valeurs supérieures, alors

$$\lim_{t \to a^+} \frac{f(t) - f(a)}{g(t) - g(a)} = \lim_{t \to a^+} \frac{f'(t)}{g'(t)}.$$

(d) *Application :* Soit $h\colon \mathbb{R} \to \mathbb{R}$ une fonction de classe $\mathcal{C}^2$ telle que $h(0) = 1$, $h'(0) = 0$ et $h''(0) = a \in \mathbb{R}$. Montrer

$$\lim_{t \to 0^+} \big(h(xt)\big)^{1/t^2} = \mathrm{e}^{ax^2/2} \quad \text{pour tout } x \in \mathbb{R}.$$

Solution

(a) Par l'absurde, si $g(a) = g(b)$, l'application du théorème de Rolle à la fonction g entre a et b contredit l'hypothèse de non-annulation de g'.

(b) L'identité voulue équivaut à

$$\big(f(b) - f(a)\big)g'(c) - \big(g(b) - g(a)\big)f'(c) = 0.$$

méthode

> On introduit la fonction auxiliaire
>
> $$\varphi : x \mapsto \big(f(b) - f(a)\big)g(x) - \big(g(b) - g(a)\big)f(x).$$

La fonction φ est dérivable sur $[a\,;b]$ et prend la valeur $f(b)g(a) - g(b)f(a)$ en a et b. Par le théorème de Rolle, la dérivée de la fonction φ s'annule ce qui résout la question posée.

(c) Pour tout $t \in]a\,;b[$, l'usage du résultat précédent permet d'introduire[1] un réel c_t strictement compris entre a et t tel que

$$\frac{f(t)-f(a)}{g(t)-g(a)} = \frac{f'(c_t)}{g'(c_t)}.$$

Lorsque t tend vers a par valeurs supérieures, il en est de même par encadrement pour le réel c_t. Par composition de limites, on en déduit que, si le quotient f'/g' présente une limite ℓ (finie ou infinie) en a par valeurs supérieures, alors

$$\frac{f(t)-f(a)}{g(t)-g(a)} \xrightarrow[t\to a^+]{} \ell.$$

(d) Par passage au logarithme, la question posée revient à établir

$$\frac{\ln\bigl(h(xt)\bigr)}{t^2} \xrightarrow[t\to 0^+]{} \frac{ax^2}{2}$$

ce qui conduit à la résolution d'une forme indéterminée du type « 0/0 ». Par le résultat qui précède appliqué aux fonctions $f\colon t \mapsto \ln\bigl(h(xt)\bigr)$ et $g\colon t \mapsto t^2$ qui s'annulent en 0, le problème revient à établir

$$\frac{xh'(xt)}{2th(xt)} \xrightarrow[t\to 0^+]{} \frac{ax^2}{2}.$$

Il s'agit encore de résoudre une forme indéterminée du type « 0/0 ». On considère cette fois-ci les fonctions $f\colon t \mapsto xh'\bigl(xt\bigr)$ et $g\colon t \mapsto 2th(xt)$ et il s'agit alors d'acquérir

$$\frac{x^2h''(xt)}{2h(xt)+2txh'(xt)} \xrightarrow[t\to 0^+]{} \frac{ax^2}{2}.$$

Par opérations sur les limites, cette dernière affirmation est immédiate car la forme indéterminée a disparu.

Exercice 22 * (Écart à la corde)**

Soient $f\colon [a\,;b] \to \mathbb{R}$ une fonction de classe $\mathcal{C}^2$ et $\varphi\colon [a\,;b] \to \mathbb{R}$ la fonction affine prenant les mêmes valeurs que f en a et b.

(a) Montrer que pour tout $x_0 \in [a\,;b]$, il existe $c \in]a\,;b[$ tel que

$$f(x_0)-\varphi(x_0) = \frac{(x_0-a)(x_0-b)}{2}f''(c).$$

(b) En déduire que pour tout $x \in [a\,;b]$,

$$\bigl|f(x)-\varphi(x)\bigr| \leqslant \frac{(b-a)^2}{8}\sup_{[a;b]}|f''|.$$

1. La valeur de c_t est fonction de t que l'on fait varier : pour souligner cette dépendance, on adopte une notation indicée.

Solution

(a) Si $x_0 = a$ ou $x_0 = b$ n'importe quelle valeur de c convient. Supposons désormais [1] x_0 élément de $]a\,;b[$.

méthode

> On applique le théorème de Rolle à la fonction
> $$g\colon x \mapsto f(x) - \varphi(x) - \frac{(x-a)(x-b)}{2}K$$
> où la constante K est choisie de sorte que $g(x_0) = 0$.

On peut effectivement introduire un réel K tel que voulu : il suffit de résoudre l'équation $g(x_0) = 0$ pour déterminer la valeur de K :

$$K = 2\frac{f(x_0) - \varphi(x_0)}{(x_0 - a)(x_0 - b)}.$$

La fonction g alors introduite est de classe $\mathcal{C}^2$ sur $[a\,;b]$ et s'annule en les trois points distincts a, x_0 et b. On applique alors le théorème de Rolle entre a et x_0 d'une part, et entre x_0 et b d'autre part. Cela détermine deux réels $\alpha < \beta$ dans $]a\,;b[$ où g' s'annule. On applique ensuite le théorème de Rolle à g' entre α et β afin de déterminer $c \in]a\,;b[$ tel que $g''(c) = 0$. Puisque la fonction φ est affine, sa dérivée seconde est nulle et l'égalité $g''(c) = 0$ donne $K = f''(c)$. L'égalité $g(x_0) = 0$ exprime alors la relation voulue.

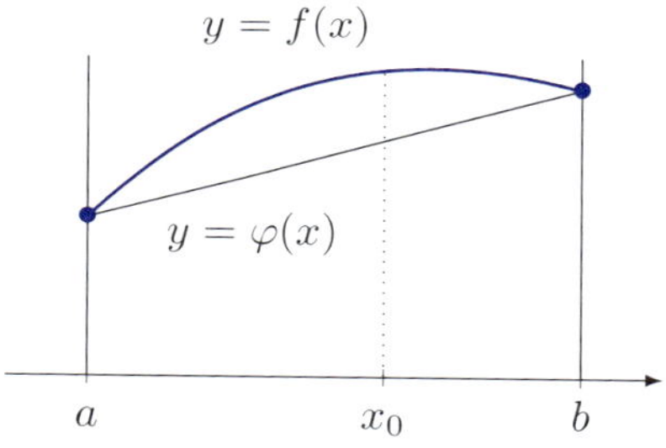

(b) Notons que la borne supérieure introduite existe car la fonction f'' est continue sur le segment $[a\,;b]$ donc bornée. Par l'étude ci-dessus, on a pour tout $x \in [a\,;b]$

$$\left|f(x) - \varphi(x)\right| \leqslant \frac{|x-a||x-b|}{2}\sup_{[a;b]}|f''| = \frac{(x-a)(b-x)}{2}\sup_{[a;b]}|f''|.$$

Or la fonction $x \mapsto (x-a)(b-x)$ est maximale [2] en $x = \frac{a+b}{2}$ et donc

$$\left|f(x) - \varphi(x)\right| \leqslant \frac{(b-a)^2}{8}\sup_{[a;b]}|f''| \quad \text{pour tout } x \in [a\,;b].$$

1. On écarte les cas $x_0 = a$ ou b de la suite de l'étude afin notamment de pouvoir diviser par le produit $(x_0 - a)(x_0 - b)$.
2. On vérifie l'affirmation par l'étude des variations de cette fonction ou l'en se rappelant que le sommet d'une fonction polynôme du second degré se situe au milieu de ses racines.

8.6.4 Théorème des accroissements finis

Exercice 23 *

Soit $f\colon [0\,;+\infty[\, \to \mathbb{R}$ une fonction bornée et dérivable. On suppose que la dérivée f' admet une limite ℓ en $+\infty$. Déterminer la valeur de celle-ci.

Solution

méthode

> On applique le théorème des accroissements finis (Th. 5 p. 285) entre deux valeurs s'échappant à l'infini.

Soit x un réel strictement positif. La fonction f est dérivable sur $[0\,;+\infty[$ donc continue sur $[x\,;2x]$ et dérivable sur $]x\,;2x[$. Par le théorème des accroissements finis, il existe[1] c_x strictement compris entre x et $2x$ tel que

$$f(2x) - f(x) = f'(c_x) \times (2x - x).$$

Lorsque x tend vers $+\infty$, l'élément c_x tend aussi vers $+\infty$ car il est minoré par x et donc, par composition de limites, $f'(c_x)$ tend vers ℓ. Cependant,

$$f'(c_x) = \underbrace{\frac{1}{x}}_{\to 0} \times \underbrace{\big(f(2x) - f(x)\big)}_{\text{bornée}} \xrightarrow[x\to+\infty]{} 0.$$

Par unicité de la limite, on conclut $\ell = 0$.

Exercice 24 **

Soit $f\colon \mathbb{R} \to \mathbb{R}$ une fonction dérivable. Montrer que pour tout réel x, il existe $c > 0$ vérifiant

$$f(x) - f(-x) = x\big(f'(c) + f'(-c)\big).$$

Solution

méthode

> On applique le théorème des accroissements finis à une fonction auxiliaire bien choisie.

Soit $\varphi\colon [0\,;+\infty[\, \to \mathbb{R}$ la fonction définie par la relation $\varphi(x) = f(x) - f(-x)$. La fonction φ est dérivable avec $\varphi'(x) = f'(x) + f'(-x)$.

Soit x un réel.

Cas : $x = 0$. N'importe quelle valeur c convient.

Cas : $x > 0$. On applique le théorème des accroissements finis à l'application φ entre 0 et x et l'on peut affirmer qu'il existe $c \in\,]0\,;x[$ tel que

$$\varphi(x) - \varphi(0) = x\varphi'(c) \quad \text{c'est-à-dire} \quad f(x) - f(-x) = x\big(f'(c) + f'(-c)\big).$$

Cas : $x < 0$. Par passage à l'opposé, on prend la valeur de c déterminée pour $-x$.

---

1. La valeur de c_x est fonction de x : pour souligner cette dépendance, on adopte une notation indicée.

Exercice 25 **

Soit $f\colon [a\,;b] \to [a\,;b]$ une fonction de classe $\mathcal{C}^1$ vérifiant $\left|f'(x)\right| < 1$ pour tout x élément de $[a\,;b]$.

(a) Montrer que f admet un unique point fixe α dans $[a\,;b]$.

(b) Soit $c \in [a\,;b]$. Montrer la convergence vers α de la suite (u_n) déterminée par

$$u_0 = c \quad \text{et} \quad u_{n+1} = f(u_n) \quad \text{pour tout } n \in \mathbb{N}.$$

Solution

(a) La question est double, il s'agit d'établir existence et unicité.

Existence : On constate l'annulation [1] de la fonction auxiliaire $x \mapsto f(x) - x$: c'est une fonction réelle continue prenant des valeurs de signes opposés en a et b.

Unicité : Par l'absurde, supposons que f possède deux points fixes α et β avec $\alpha < \beta$. Par application du théorème des accroissements finis, il existe un réel c strictement compris entre α et β tel que

$$f(\beta) - f(\alpha) = f'(c)(\beta - \alpha) \quad \text{c'est-à-dire} \quad \beta - \alpha = f'(c)(\beta - \alpha).$$

On en déduit $f'(c) = 1$ ce qui est incompatible avec l'hypothèse $\left|f'(x)\right| < 1$ pour tout x de $[a\,;b]$. C'est absurde.

(b) Par application du théorème des accroissements finis, on peut établir

$$\left|u_{n+1} - \alpha\right| = \left|f(u_n) - f(\alpha)\right| < \left|u_n - \alpha\right| \quad \text{pour tout } n \in \mathbb{N}$$

mais cette inégalité stricte ne suffit pas pour conclure...

méthode

‖ Par un argument de continuité, on « renforce » l'hypothèse $\left|f'(x)\right| < 1$.

La fonction $x \mapsto \left|f'(x)\right|$ est continue sur le segment $[a\,;b]$, elle y admet donc un maximum en un point $c \in [a\,;b]$. En posant $M = \left|f'(c)\right|$, on peut affirmer $\left|f'(x)\right| \leqslant M$ pour tout $x \in [a\,;b]$ avec $M \in [0\,;1[$: cela est notoirement plus fort que l'hypothèse de départ.

Par l'inégalité des accroissements finis, la fonction f est M-lipschitzienne et l'on a pour tout entier naturel n,

$$|u_{n+1} - \alpha| = \left|f(u_n) - f(\alpha)\right| \leqslant M|u_n - \alpha|.$$

Par récurrence, on obtient $|u_n - \alpha| \leqslant M^n|u_0 - \alpha|$ pour tout $n \in \mathbb{N}$ avec $\left(M^n\right)$ de limite nulle quand n tend vers l'infini. On peut conclure que (u_n) tend vers α.

1. Voir sujet 14 p. 264.

Exercice 26 ***

Soient $n \in \mathbb{N}^*$ et $f\colon [0\,;1] \to [0\,;1]$ une bijection de classe $\mathcal{C}^1$ de dérivée strictement positive. Montrer que l'on peut trouver une famille $(x_k)_{1\leqslant k\leqslant n}$ vérifiant

$$\sum_{k=1}^{n} \frac{1}{f'(x_k)} = n \quad \text{et} \quad \frac{k-1}{n} < f(x_k) < \frac{k}{n} \quad \text{pour tout } k = 1, \dots, n.$$

Solution

On peut introduire la bijection réciproque f^{-1} et celle-ci est dérivable car la dérivée de f ne s'annule pas (Th. 3 p. 46). De plus, on sait

$$(f^{-1})'(y) = \frac{1}{f'\big(f^{-1}(y)\big)}.$$

méthode

On applique le théorème des accroissements finis à f^{-1} entre $\frac{k-1}{n}$ et $\frac{k}{n}$.

Soit k un entier compris entre 1 et n. Il existe y_k strictement compris entre $\frac{k-1}{n}$ et $\frac{k}{n}$ tel que

$$f^{-1}\left(\frac{k}{n}\right) - f^{-1}\left(\frac{k-1}{n}\right) = (f^{-1})'(y_k) \times \underbrace{\left(\frac{k}{n} - \frac{k-1}{n}\right)}_{=1/n}.$$

Posons alors $x_k = f^{-1}(y_k)$, de sorte que

$$\frac{k-1}{n} < f(x_k) < \frac{k}{n} \quad \text{et} \quad \frac{1}{f'(x_k)} = (f^{-1})'(y_k).$$

On a alors

$$\underbrace{f^{-1}(1) - f^{-1}(0)}_{=1-0} = \sum_{k=1}^{n}\left(f^{-1}\left(\frac{k}{n}\right) - f^{-1}\left(\frac{k-1}{n}\right)\right) = \sum_{k=1}^{n} \frac{1}{f'(x_k)} \cdot \frac{1}{n}$$

ce qui permet de conclure.

8.7 Exercices d'approfondissement

Exercice 27 **

Soit $f\colon \mathbb{R} \to \mathbb{R}$ définie par $f(x) = \mathrm{e}^{-x^2}$.

Montrer que pour tout $n \in \mathbb{N}$, il existe un polynôme réel P_n tel que

$$f^{(n)}(x) = P_n(x)\mathrm{e}^{-x^2} \quad \text{pour tout } x \in \mathbb{R}.$$

Établir que P_n possède exactement n racines réelles.

Solution

Par composition de fonctions qui le sont, la fonction f est indéfiniment dérivable. On montre l'existence du polynôme P_n exprimant sa dérivée d'ordre n en raisonnant par récurrence sur $n \in \mathbb{N}$.

Pour $n = 0$, le polynôme constant $P_0 = 1$ convient.

Supposons l'existence du polynôme P_n vraie au rang $n \geqslant 0$. On peut donc écrire

$$f^{(n)}(x) = P_n(x)\mathrm{e}^{-x^2} \quad \text{pour tout } x \in \mathbb{R}.$$

En dérivant ce produit, on obtient

$$f^{(n+1)}(x) = \big(P_n'(x) - 2xP_n(x)\big)\mathrm{e}^{-x^2}.$$

Le polynôme P_{n+1} déterminé par $P_{n+1} = P_n' - 2XP_n$ convient alors au rang $n+1$.

La récurrence est établie.

La formule de récurrence exprimant P_{n+1} en fonction de P_n permet d'établir que le polynôme P_n est de degré n exactement [1]. Il possède donc au plus n racines réelles.

méthode

> On montre par récurrence que P_n possède au moins n racines réelles en appliquant le théorème de Rolle entre les infinis et les racines obtenues au rang précédent.

Pour $n = 0$, le polynôme P_0 possède au moins 0 racines.

Au rang $n \geqslant 0$, supposons que le polynôme P_n possède au moins n racines. La dérivée $f^{(n)}$ s'annule alors au moins n fois en des réels $x_1 < x_2 < \cdots < x_n$. De plus, par croissances comparées, cette fonction est de limite nulle en $+\infty$ et en $-\infty$. En appliquant le théorème de Rolle entre les x_k et x_{k+1} (pour k compris entre 1 et $n-1$), on obtient $n-1$ annulations pour $f^{(n+1)}$. En appliquant le théorème de Rolle dans sa version généralisée [2] entre $-\infty$ et x_1 d'une part, et entre x_n et $+\infty$ d'autre part, on obtient deux nouvelles annulations de $f^{(n+1)}$. Chacune de ces annulations correspond à une racine de P_{n+1} car le facteur exponentiel ne s'annule pas. Au final, P_{n+1} possède au moins $n+1$ racines.

La récurrence est établie.

Exercice 28 ** (Fonctions hölderiennes)

Une fonction $f\colon I \to \mathbb{R}$ est dite *hölderienne d'exposant* $\alpha > 0$ s'il existe $M \in \mathbb{R}_+$ vérifiant [3]

$$\big|f(y) - f(x)\big| \leqslant M|y - x|^\alpha \quad \text{pour tout } (x, y) \in I^2.$$

(a) Montrer qu'une fonction $f\colon [a\,;b] \to \mathbb{R}$ de classe $\mathcal{C}^1$ est hölderienne d'exposant 1.

(b) Démontrer que les fonctions hölderiennes d'exposant > 1 sont constantes.

On considère la fonction $f\colon x \mapsto x\ln(x)$ définie sur $]0\,;1]$.

(c) Montrer que la fonction f n'est pas hölderienne d'exposant 1.

(d) Vérifier cependant que f est hölderienne d'exposant α pour tout $\alpha \in \,]0\,;1[$.

1. P_n' et XP_n étant de degrés distincts, on observe $\deg(P_{n+1}) = \deg(XP_n) = \deg(P_n) + 1$.
2. Voir sujet 18 p. 304.

Solution

(a) **méthode**

> Une fonction hölderienne d'exposant 1 est une fonction lipschitzienne.

La fonction f' est continue sur le segment $[a\,;b]$ donc bornée. En introduisant M la borne supérieure de $|f'|$ sur $[a\,;b]$, l'inégalité des accroissements finis assure que f est M-lipschitzienne et donc hölderienne d'exposant $\alpha = 1$.

(b) Supposons $f\colon I \to \mathbb{R}$ hölderienne d'exposant $\alpha > 1$. Pour tout $x \in I$,

$$\left|\frac{f(x+h)-f(x)}{h}\right| \leqslant M|h|^{\alpha-1} \xrightarrow[h\to 0]{} 0.$$

La fonction f est donc dérivable et sa dérivée est nulle sur l'intervalle I : c'est une fonction constante.

(c) **méthode**

> On raisonne par l'absurde en constatant que la lipschitzianité de $x \mapsto x\ln(x)$ est incompatible avec les propriétés connues du logarithme.

Par l'absurde, supposons $f\colon x \mapsto x\ln(x)$ hölderienne d'exposant 1. On peut donc introduire $M \in \mathbb{R}_+$ vérifiant

$$\bigl|y\ln(y) - x\ln(x)\bigr| \leqslant M|y-x| \quad \text{pour tout } (x,y) \in]0\,;1]^2$$

En particulier, pour $y = 2x$, on obtient

$$\bigl|x\ln(x) + 2x\ln(2)\bigr| \leqslant Mx \quad \text{pour tout } x \in]0\,;1/2].$$

En simplifiant par x puis en faisant tendre x vers 0 par valeurs supérieures, on conclut à l'absurdité $+\infty \leqslant M$.

(d) Soient $\alpha \in]0\,;1[$ et $x,y \in]0\,;1]$. Quitte à échanger, on peut supposer $x \leqslant y$ et écrire

$$y\ln(y) - x\ln(x) = (y-x)\ln(y) + x\ln\left(1 + \frac{y-x}{x}\right).$$

méthode

> On fait apparaître le facteur $y - x$ puis $(y-x)^\alpha$.

3. Pour $\alpha \in [0\,;1]$, on montre que la fonction $t \mapsto t^\alpha$ est hölderienne d'exposant α sur $\mathbb{R}_+$ (voir sujet 15 p. 69).

On sait[1] $\ln(1+u) \leqslant u$ pour tout $u > -1$, et donc

$$\begin{aligned}\left|y\ln(y) - x\ln(x)\right| &\leqslant |y-x|\left|\ln(y)\right| + |x|\left|\ln\left(1+\frac{y-x}{x}\right)\right| \\ &= (y-x)\left|\ln(y)\right| + x\ln\left(1+\frac{y-x}{x}\right) \\ &\leqslant (y-x)\left|\ln(y)\right| + x\cdot\frac{y-x}{x} = (y-x)\left(\left|\ln(y)\right|+1\right).\end{aligned}$$

On fait ensuite apparaître l'exposant α,

$$\left|y\ln(y) - x\ln(x)\right| = \underbrace{|y-x|^{1-\alpha}\left(\left|\ln(y)\right|+1\right)}_{=M(x,y)}\cdot|y-x|^{\alpha}.$$

Puisque $0 \leqslant y-x \leqslant y$ et $1-\alpha \geqslant 0$, on obtient

$$M(x,y) \leqslant \underbrace{y^{1-\alpha}\left(\left|\ln(y)\right|+1\right)}_{=\varphi(y)}.$$

La fonction φ ainsi introduite est définie et continue sur $]0\,;1]$. Elle se prolonge par continuité en 0 par la valeur 0 car $1-\alpha > 0$. Cette fonction est donc bornée car continue sur un segment et l'on peut introduire $M \in \mathbb{R}_+$ vérifiant $\varphi(y) \leqslant M$ pour tout y de $]0\,;1]$. On obtient alors la propriété attendue

$$\left|f(y) - f(x)\right| \leqslant M|y-x|^{\alpha} \quad \text{pour tous } x, y \in\,]0\,;1].$$

Exercice 29 ***

Soit $h\colon \mathbb{R} \to \mathbb{R}$ l'application[2] déterminée par $h(x) = \omega + a(x-\omega)$ avec $a, \omega \in \mathbb{R}$ et $a \notin \{0,1\}$.

On note S l'ensemble des fonctions $f\colon \mathbb{R} \to \mathbb{R}$ dérivables telles que $f \circ f = h$.

(a) Vérifier que ω est point fixe de tout élément f de S.

(b) Montrer que S est vide lorsque $a < 0$.

On suppose désormais $a > 0$ (et toujours $a \neq 1$).

(c) Soit $f \in S$. Montrer $h^{-1} \circ f \circ h = f$.

(d) En déduire une expression de f en commençant par le cas $0 < a < 1$.

Solution

(a) On vérifie aisément que le réel ω est l'unique point fixe de h. Si f admet un point fixe, celui-ci est aussi point fixe de $f \circ f = h$ et est donc égal à ω.

méthode

‖ Il suffit de montrer l'existence d'un point fixe à la fonction f.

1. Voir sujet 3 p. 15.
2. L'application h est une *homothétie* de centre ω et de rapport a définie sur la droite réelle.

Par l'absurde, si $f(x) < x$ pour tout $x \in \mathbb{R}$, on a $f\big(f(x)\big) < f(x) < x$ et donc $h(x) < x$. Cela contredit l'égalité $h(\omega) = \omega$. De même, $f(x) > x$ pour tout $x \in \mathbb{R}$ est impossible. La fonction continue $x \mapsto f(x) - x$ change donc de signe et par conséquent s'annule. Ainsi, la fonction f admet un point fixe qui, comme on l'a vu plus haut, est nécessairement ω.

(b) Soit f une solution de l'équation $f \circ f = h$. En dérivant cette relation, on obtient

$$f'(x)f'\big(f(x)\big) = a.$$

En particularisant en $x = \omega$, il vient $a = f'(\omega)^2$ et donc $a \geqslant 0$. En conséquence, si $a < 0$, il n'existe pas de solutions dérivables à l'équation $f \circ f = h$.

(c) Puisque $f \circ f = h$, on a par associativité

$$h^{-1} \circ f \circ h = h^{-1} \circ f \circ (f \circ f) = h^{-1} \circ (f \circ f) \circ f = h^{-1} \circ h \circ f = f.$$

(d) En répétant le calcul précédent, il vient [1] pour tout entier naturel n,

$$f = \big(h^{-1}\big)^n \circ f \circ h^n$$

avec, pour tout $x \in \mathbb{R}$,

$$h^n(x) = \omega + a^n(x - \omega) \quad \text{et} \quad \big(h^{-1}\big)^n(x) = \omega + a^{-n}(x - \omega).$$

méthode

> Lorsque $a \in \,]0\,;1[$, la relation $f = \big(h^{-1}\big)^n \circ f \circ h^n$ permet d'exprimer globalement f à partir de sa connaissance au voisinage de ω.

Supposons $a \in \,]0\,;1[$. Pour x réel, on peut écrire

$$f(x) = \Big(\big(h^{-1}\big)^n \circ f \circ h^n\Big)(x) = \Big(\big(h^{-1}\big)^n \circ f\Big)\big(\omega + a^n(x - \omega)\big).$$

Par dérivabilité de la fonction f en ω, on a le développement limité à l'ordre 1

$$f(\omega + t) = \underbrace{f(\omega)}_{=\omega} + tf'(\omega) + t\varepsilon(t) \quad \text{avec } \varepsilon \text{ une fonction de limite nulle en } 0.$$

On en déduit par substitution

$$f\big(\omega + a^n(x - \omega)\big) = \omega + a^n(x - \omega)f'(\omega) + a^n(x - \omega)\varepsilon\big(a^n(x - \omega)\big)$$

puis

$$f(x) = \omega + (x - \omega)f'(\omega) + (x - \omega)\varepsilon\underbrace{\big(a^n(x - \omega)\big)}_{\xrightarrow[n \to +\infty]{} 0}.$$

1. Ici, h^n désigne le produit de composition $h \circ h \circ \cdots \circ h$ à n facteurs.

En passant à la limite quand n tend vers l'infini, on obtient l'écriture

$$f(x) = \omega + f'(\omega)(x - \omega)$$

avec, comme on l'a vu ci-dessus, $\big(f'(\omega)\big)^2 = a$ ce qui donne $f'(\omega) = \pm\sqrt{a}$.

Finalement, la fonction f vérifie :

$$f(x) = \omega + \sqrt{a}(x - \omega) \quad \text{pour tout } x \in \mathbb{R}$$

ou

$$f(x) = \omega - \sqrt{a}(x - \omega) \quad \text{pour tout } x \in \mathbb{R}.$$

La réciproque est immédiate.

Le cas $a > 1$ se résout selon le même principe en partant de la relation $h \circ f \circ h^{-1} = f$. On parvient à la même conclusion.

CHAPITRE 9

Calcul asymptotique

9.1 Comparaisons des suites numériques

Les suites (u_n), (v_n) et (w_n) introduites ici sont des suites réelles ou complexes définies à partir d'un certain rang.

9.1.1 Négligeabilité

Définition

On dit qu'une suite (u_n) est *négligeable devant une suite*[1] (w_n) lorsqu'il existe une suite (ε_n) de limite nulle permettant d'écrire $u_n = \varepsilon_n w_n$ à partir d'un certain rang. On note alors

$$u_n \underset{n\to+\infty}{=} \mathrm{o}(w_n)$$

ou encore $u_n = \mathrm{o}(w_n)$ s'il n'y a pas d'ambiguïté sur le paramètre n décrivant les suites.

Théorème 1

Lorsque la suite (w_n) est à termes non nuls à partir d'un certain rang,

$$u_n \underset{n\to+\infty}{=} \mathrm{o}(w_n) \iff \frac{u_n}{w_n} \xrightarrow[n\to+\infty]{} 0.$$

Écrire $u_n = \mathrm{o}(1)$ signifie que la suite (u_n) est de limite nulle.

1. On dit à l'inverse que (w_n) est *prépondérante* sur (u_n).

Dans l'écriture $u_n = o(w_n)$ l'égalité est à manier avec précaution, elle se comprend comme une appartenance : « (u_n) fait partie de l'ensemble des suites négligeables devant (w_n) ». Pour cette raison, si $u_n = o(w_n)$ et $v_n = o(w_n)$, on ne peut pas affirmer que les suites (u_n) et (v_n) sont égales. Pour cette raison aussi, les négligeabilités ne se simplifient jamais lors des calculs.

9.1.2 Domination

Définition

On dit qu'une suite (u_n) est *dominée par une suite* (w_n) lorsqu'il existe une suite (φ_n) bornée permettant d'écrire $u_n = \varphi_n w_n$ à partir d'un certain rang. On note alors

$$u_n \underset{n\to+\infty}{=} O(w_n) \quad \text{ou} \quad u_n = O(w_n).$$

Si $u_n = o(w_n)$ alors $u_n = O(w_n)$.

Théorème 2

Lorsque la suite (w_n) est à termes non nuls à partir d'un certain rang,

$$u_n \underset{n\to+\infty}{=} O(w_n) \iff \left(\frac{u_n}{w_n}\right) \text{ est une suite bornée.}$$

Écrire $u_n = O(1)$ signifie que la suite (u_n) est bornée.

9.1.3 Opérations sur les comparaisons

Théorème 3

Si $u_n = o(v_n)$ et si $v_n = o(w_n)$ alors $u_n = o(w_n)$.
Si $u_n = O(v_n)$ et si $v_n = o(w_n)$ alors $u_n = o(w_n)$.
Si $u_n = o(v_n)$ et si $v_n = O(w_n)$ alors $u_n = o(w_n)$.
Si $u_n = O(v_n)$ et si $v_n = O(w_n)$ alors $u_n = O(w_n)$.

Ces transitivités permettent de simplifier les contenus des $o(\cdot)$ et $O(\cdot)$. Par exemple, il n'est pas usuel d'écrire $o(2n)$ ou $o\big((-1)^n n\big)$, on préférera simplement écrire $o(n)$.

Théorème 4

Si $u_n = o(w_n)$ alors $\lambda u_n = o(w_n)$ pour tout λ réel ou complexe.
Si $u_n = o(w_n)$ et si $v_n = o(w_n)$ alors $u_n + v_n = o(w_n)$.
Si $u_n = o(w_n)$ alors $u_n v_n = o(v_n w_n)$.
Si $u_n = o(w_n)$ et si ces suites ne s'annulent pas alors $1/w_n = o(1/u_n)$.

Ces propriétés peuvent aussi s'énoncer en termes de domination.

9.1.4 Comparaisons usuelles

Comparaison d'expressions similaires ($\alpha < \beta \in \mathbb{R}$, $0 < q < r$) :

$$n^\alpha = \mathrm{o}\big(n^\beta\big), \quad \big(\ln(n)\big)^\alpha = \mathrm{o}\Big(\big(\ln(n)\big)^\beta\Big) \quad \text{et} \quad q^n = \mathrm{o}\big(r^n\big).$$

Comparaison d'expressions de limites infinies ($\alpha, \beta > 0$ et $q > 1$) :

$$\big(\ln(n)\big)^\beta = \mathrm{o}\big(n^\alpha\big), \quad n^\alpha = \mathrm{o}\big(q^n\big) \quad \text{et} \quad q^n = \mathrm{o}(n!\,).$$

On peut visualiser ces comparaisons par l'échelle asymptotique figurée ci-dessous :

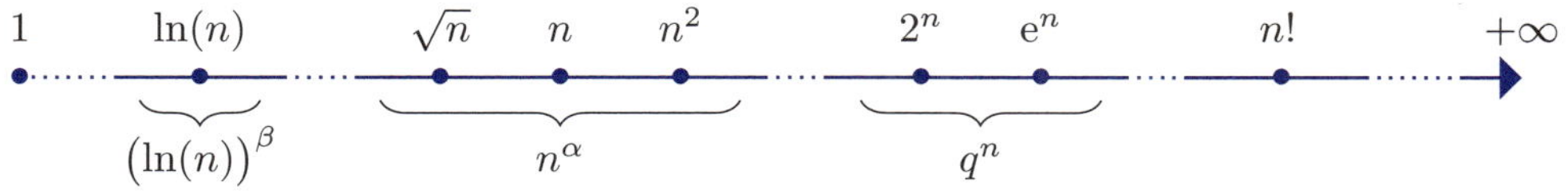

Comparaison d'expressions de limites nulles ($\alpha, \beta > 0$ et $q \in \,]0\,;1[$) :

$$\frac{1}{n!} = \mathrm{o}\big(q^n\big), \quad q^n = \mathrm{o}\left(\frac{1}{n^\alpha}\right) \quad \text{et} \quad \frac{1}{n^\alpha} = \mathrm{o}\left(\frac{1}{\big(\ln(n)\big)^\beta}\right).$$

On peut visualiser :

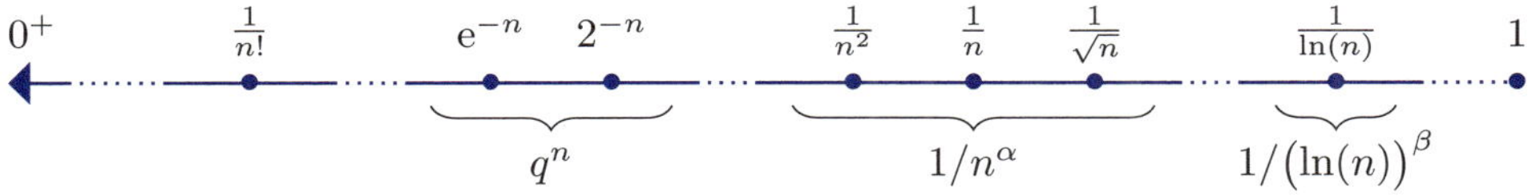

9.1.5 Équivalence

Définition

On dit qu'une suite (u_n) est *équivalente* à une suite (v_n) lorsque

$$u_n \underset{n\to+\infty}{=} v_n + \mathrm{o}(v_n).$$

On note alors

$$u_n \underset{n\to+\infty}{\sim} v_n \quad \text{ou} \quad u_n \sim v_n.$$

L'équivalence de suites définit une relation d'équivalence[1] sur l'ensemble des suites numériques.

Théorème 5

Lorsque la suite (v_n) est à termes non nuls à partir d'un certain rang,

$$u_n \underset{n\to+\infty}{\sim} v_n \iff \frac{u_n}{v_n} \xrightarrow[n\to+\infty]{} 1.$$

Les équivalents usuels sont listés p. 465.

1. En particulier, c'est une relation symétrique et donc $u_n = v_n + \mathrm{o}(v_n) \iff v_n = u_n + \mathrm{o}(u_n)$.

9.1.6 Propriétés des équivalents

Théorème 6
Si deux suites sont équivalentes et si l'une d'elles admet une limite alors les deux suites possèdent la même limite.

À l'inverse, deux suites admettant la même limite *finie* et *non nulle* sont équivalentes. En revanche, deux suites de limites nulles (ou de limites infinies) ne sont pas *a priori* équivalentes.

Théorème 7
Si deux suites réelles sont équivalentes alors leurs termes sont de même signe à partir d'un certain rang.

Si deux suites sont équivalentes, elles se dominent mutuellement. La réciproque n'est pas vraie.

9.1.7 Opérations sur les équivalents

L'équivalence des suites est compatible avec les opérations multiplicatives :

Théorème 8
Si $u_n \sim v_n$ alors $u_n w_n \sim v_n w_n$ pour toute suite (w_n).
Si $u_n \sim v_n$ alors $u_n^\alpha \sim v_n^\alpha$ pour tout exposant α pour lequel cela a un sens [1].

L'équivalence des suites n'est pas compatible avec l'addition :

$$u_n \sim v_n \quad \not\Longrightarrow \quad u_n + w_n \sim v_n + w_n.$$

9.2 Comparaisons des fonctions numériques

I désigne un intervalle réel non vide et non réduit à un point et a désigne un point de I ou une extrémité de I éventuellement infinie. Les fonctions f, g et h considérées sont définies sur un même domaine qui peut être I ou $I \setminus \{a\}$ et sont à valeurs réelles ou complexes.

9.2.1 Négligeabilité et domination

Définition

On dit qu'une fonction f est *négligeable devant une fonction* h en a s'il existe une fonction ε de limite nulle en a permettant d'écrire $f(x) = \varepsilon(x)h(x)$ au voisinage [2] de a. On note alors

$$f \underset{a}{=} \mathrm{o}(h) \quad \text{ou} \quad f(x) \underset{x \to a}{=} \mathrm{o}\big(h(x)\big).$$

1. Lorsque α est un réel non entier, on suppose les suites à termes positifs. Lorsque α est un entier strictement négatif, on suppose que les suites ne s'annulent pas.

Théorème 9

Lorsque la fonction h ne s'annule pas sur un voisinage de a, sauf peut-être en a et alors concomitamment à f,

$$f(x) \underset{x \to a}{=} \mathrm{o}\big(h(x)\big) \iff \frac{f(x)}{h(x)} \xrightarrow[x \to a]{} 0.$$

Écrire $f(x) \underset{x \to a}{=} \mathrm{o}(1)$ signifie que f tend vers 0 en a.

Définition

On dit qu'une fonction f est *dominée par une fonction* h en a s'il existe une fonction φ bornée permettant d'écrire $f(x) = \varphi(x)h(x)$ au voisinage de a. On note alors

$$f \underset{a}{=} \mathrm{O}(h) \quad \text{ou} \quad f(x) \underset{x \to a}{=} \mathrm{O}\big(h(x)\big).$$

Écrire $f(x) \underset{x \to a}{=} \mathrm{O}(1)$ signifie que f est bornée au voisinage de a.

Les propriétés énoncées dans le cadre des suites se généralisent au cadre des fonctions. En particulier, lors de l'usage des notations $\mathrm{o}(\,\cdot\,)$ et $\mathrm{O}(\,\cdot\,)$, l'égalité n'est pas symétrique. Écrire $\mathrm{o}(h) = \mathrm{O}(h)$ signifie qu'une fonction négligeable devant h est *a fortiori* dominée par h et non l'inverse !

9.2.2 Comparaisons usuelles en $+\infty$

Les comparaisons quand x tend vers $+\infty$ sont similaires à celles vues pour les suites. Pour $\alpha < \beta \in \mathbb{R}$,

$$\big(\ln(x)\big)^{\alpha} \underset{x \to +\infty}{=} \mathrm{o}\Big(\big(\ln(x)\big)^{\beta}\Big) \quad \text{et} \quad x^{\alpha} \underset{x \to +\infty}{=} \mathrm{o}\big(x^{\beta}\big).$$

Pour $\alpha, \beta > 0$,

$$\mathrm{e}^{-x} \underset{x \to +\infty}{=} \mathrm{o}\left(\frac{1}{x^{\alpha}}\right), \quad \frac{1}{x^{\alpha}} \underset{x \to +\infty}{=} \mathrm{o}\left(\frac{1}{\big(\ln(x)\big)^{\beta}}\right)$$

et

$$\big(\ln(x)\big)^{\beta} \underset{x \to +\infty}{=} \mathrm{o}\big(x^{\alpha}\big) \quad \text{et} \quad x^{\alpha} \underset{x \to +\infty}{=} \mathrm{o}\big(\mathrm{e}^{x}\big).$$

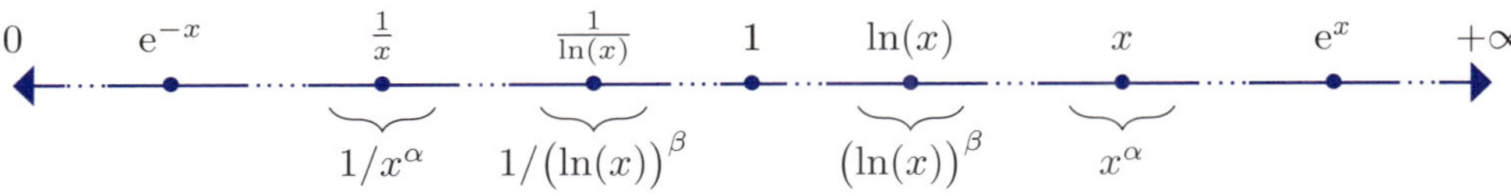

2. Lorsque $a \in \mathbb{R}$, l'égalité est vérifiée sur un domaine de la forme $I \cap [a - \alpha\,; a + \alpha]$ pour un certain $\alpha > 0$. Lorsque $a = +\infty$, c'est un intervalle $I \cap [A\,; +\infty[$ pour $A \in \mathbb{R}$. Lorsque $a = -\infty$, c'est $I \cap]-\infty\,; A]$.

9.2.3 Comparaisons usuelles en 0^+

Les comparaisons quand x tend 0^+ ne sont pas les mêmes qu'en $+\infty$.
Pour $\alpha < \beta \in \mathbb{R}$,

$$x^\beta \underset{x\to 0^+}{=} \mathrm{o}\big(x^\alpha\big).$$

Pour $\alpha > 0$,

$$x^\alpha \underset{x\to 0^+}{=} \mathrm{o}\left(\frac{1}{\ln(x)}\right) \quad \text{et} \quad \ln(x) \underset{x\to 0^+}{=} \mathrm{o}\left(\frac{1}{x^\alpha}\right).$$

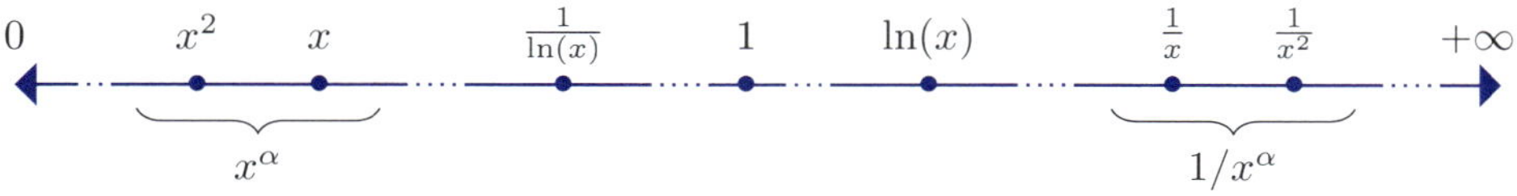

9.2.4 Équivalence

Définition

On dit qu'une fonction f est *équivalente* à une fonction g en a si l'on peut écrire

$$f(x) \underset{x\to a}{=} g(x) + \mathrm{o}\big(g(x)\big).$$

On note alors

$$f \underset{a}{\sim} g \quad \text{ou} \quad f(x) \underset{x\to a}{\sim} g(x).$$

Théorème 10

Lorsque la fonction g ne s'annule pas sur un voisinage de a, sauf peut-être en a et alors concomitamment à f,

$$f(x) \underset{x\to a}{\sim} g(x) \iff \frac{f(x)}{g(x)} \xrightarrow[x\to a]{} 1.$$

Les propriétés de l'équivalence des fonctions sont les mêmes que celles de l'équivalence des suites. En particulier, l'équivalence de fonctions est une relation d'équivalence compatible avec les opérations multiplicatives mais pas avec les opérations additives.

Les équivalents usuels en 0 sont listés p. 465.

9.2.5 Propriétés des équivalents

Théorème 11

Si deux fonctions sont équivalentes en a et si l'une d'elles admet une limite en a alors les deux fonctions possèdent la même limite en a.

Inversement, deux fonctions admettant la même limite *finie* et *non nulle* en a sont équivalentes en a.
Deux fonctions de limites nulles (ou infinies) peuvent ne pas être équivalentes.

Théorème 12
Si deux fonctions réelles f et g sont équivalentes en a alors il existe un voisinage de a sur lequel les valeurs $f(x)$ et $g(x)$ sont de même signe.

9.3 Développements limités

$\mathbb{K}$ désigne $\mathbb{R}$ ou $\mathbb{C}$ et I désigne un intervalle réel non vide et non réduit à un point. Enfin, n désigne un entier naturel.

9.3.1 Définition

Soit a un point de I ou une extrémité finie de I.

Définition

On dit qu'une fonction f définie sur I, ou sur $I \setminus \{a\}$, et à valeurs dans $\mathbb{K}$ admet un *développement limité à l'ordre* n en a s'il existe des scalaires $a_0, a_1, \dots, a_n \in \mathbb{K}$ permettant d'écrire

$$f(x) \underset{x\to a}{=} a_0 + a_1(x-a) + \cdots + a_n(x-a)^n + \mathrm{o}\big((x-a)^n\big).$$

Lorsqu'elle existe, cette écriture est unique ce qui permet de parler *du* développement limité à l'ordre n de f en a :

$$\begin{cases} f(x) \underset{x\to a}{=} a_0 + a_1(x-a) + \cdots + a_n(x-a)^n + \mathrm{o}\big((x-a)^n\big) \\ f(x) \underset{x\to a}{=} b_0 + b_1(x-a) + \cdots + b_n(x-a)^n + \mathrm{o}\big((x-a)^n\big) \end{cases} \Longrightarrow \begin{cases} a_0 = b_0 \\ \quad\vdots \\ a_n = b_n. \end{cases}$$

Lorsque f admet un développement limité à l'ordre n en a, on peut former par *troncature* un développement limité à tout p ordre inférieur à n :

$$f(x) \underset{x\to a}{=} a_0 + a_1(x-a) + \cdots + a_p(x-a)^p + \mathrm{o}\big((x-a)^p\big).$$

Lors d'un calcul de développement limité, on ne développe jamais les puissances du terme $(x-a)$: les expressions $(x-a)^k$ sont intéressantes car on sait les hiérarchiser les unes vis-à-vis des autres au voisinage de a.

Un développement limité en 0 s'exprime sous la forme remarquable

$$f(x) \underset{x\to 0}{=} a_0 + a_1 x + \cdots + a_n x^n + \mathrm{o}(x^n).$$

Par translation de la variable, ce sont essentiellement des développements limités en 0 qui sont étudiés [1].

On retrouvera les développements limités usuels en 0 dans le formulaire p. 465.

9.3.2 Formule de Taylor-Young

Théorème 13 (Formule de Taylor-Young)
Si $f : I \to \mathbb{K}$ est une fonction de classe $\mathcal{C}^n$ alors f admet un développement limité à l'ordre n en tout point a de I et celui-ci s'exprime

$$f(x) \underset{x \to a}{=} \sum_{k=0}^{n} \frac{f^{(k)}(a)}{k!}(x-a)^k + \mathrm{o}\big((x-a)^n\big).$$

Ce résultat permet de justifier l'existence de développements limités voire de calculer ceux-ci lorsque les dérivées successives sont simples ou en raisonnant par coefficients inconnus.

9.3.3 Calcul de développements limités

On peut calculer le développement limité d'une combinaison linéaire de fonctions, d'un produit, d'une composition, d'un quotient, etc. Les techniques associées sont illustrées dans le sujet 7 p. 335.

Lors d'un calcul de développement limité le terme en $\mathrm{o}(\,\cdot\,)$ est essentiel car c'est celui-ci qui détermine la précision des calculs (et donc les coefficients qui sont significatifs). On sera attentif, non seulement à ne pas éluder ce terme, mais aussi à étudier comment celui-ci évolue au travers des calculs.

9.3.4 Intégration des développements limités

Théorème 14
Soit $f : I \to \mathbb{K}$ une fonction continue admettant un développement limité à l'ordre n en $a \in I$ de la forme

$$f(x) \underset{x \to a}{=} a_0 + a_1(x-a) + \cdots + a_n(x-a)^n + \mathrm{o}\big((x-a)^n\big).$$

Si F désigne une primitive de f alors F admet un développement limité à l'ordre $n+1$ en a de la forme

$$F(x) \underset{x \to a}{=} F(a) + a_0(x-a) + \frac{a_1}{2}(x-a)^2 + \cdots + \frac{a_n}{n+1}(x-a)^{n+1} + \mathrm{o}\big((x-a)^{n+1}\big).$$

1. On remplaçant x par $1/x$, on parle parfois de *développements limités en l'infini*. Ceux-ci s'expriment $f(x) = a_0 + \frac{a_1}{x} + \cdots + \frac{a_n}{x^n} + \mathrm{o}\big(\frac{1}{x^n}\big)$.

Le développement de F est obtenu en « intégrant formellement » celui de f sans négliger la valeur de F en a comme « constante d'intégration ».

S'il est possible d'intégrer des développements limités, il n'est cependant pas possible[1] de dériver ceux-ci !

9.3.5 Notion de développement asymptotique

Un développement limité en un réel a est la décomposition d'une fonction sur l'*échelle* des termes $(x-a)^k$ avec $k \in \mathbb{N}$. Cette décomposition est ordonnée de sorte que chaque nouveau terme soit négligeable devant celui qui précède. En élargissant le champ des fonctions sur lesquelles on autorise la décomposition, on obtient la notion de développement asymptotique :

Définition

> Soit $a \in \mathbb{R}$ ou $a = \pm\infty$. On appelle *développement asymptotique* d'une fonction définie au voisinage de a, la décomposition de son expression en somme d'expressions « simples » ordonnées en négligeabilité croissante.

Un développement asymptotique se calcule de la même façon qu'un développement limité, seule l'échelle des fonctions selon laquelle on exprime le résultat est élargie.

9.3.6 Applications des développements limités

Équivalent, limite, signe

Le premier terme non nul d'un développement limité (ou asymptotique) constitue un équivalent simple de la fonction considérée. Celui-ci permet d'en étudier la limite et aussi le signe s'il s'agit d'une fonction réelle.

Prolongement d'une fonction

Théorème 15

Soit a un point de I ou une extrémité finie de I.
Si une fonction f définie sur $I \setminus \{a\}$ à valeurs réelles ou complexes admet un développement limité en a de la forme

$$f(x) \underset{x\to a}{=} a_0 + a_1(x-a) + \mathrm{o}(x-a)$$

alors f peut être prolongée par continuité en a en posant $f(a) = a_0$ et ce prolongement est dérivable en a avec $f'(a) = a_1$.

1. Voir sujet 21 p. 353.

Étude locale d'une fonction

Théorème 16

Soit a un point de I.

Si f est une fonction réelle définie sur I admettant un développement limité en a de la forme

$$f(x) \underset{x \to a}{=} a_0 + a_1(x-a) + \mathrm{o}(x-a)$$

alors la courbe représentative de f admet une tangente au point d'abscisse a qui est la droite d'équation

$$y = a_0 + a_1(x-a).$$

S'il est possible d'approfondir le développement de f afin d'écrire

$$f(x) \underset{x \to a}{=} a_0 + a_1(x-a) + a_q(x-a)^q + \mathrm{o}\big((x-a)^q\big) \quad \text{avec} \quad q \geqslant 2 \text{ et } a_q \neq 0$$

on peut positionner la courbe par rapport à sa tangente au voisinage de a :

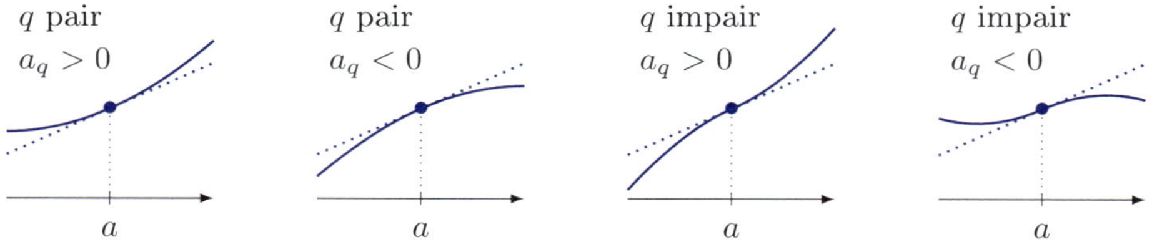

En particulier, pour que f présente un extremum local en a, il faut $a_1 = 0$ et, si tel est le cas, il suffit que a_2 soit non nul pour qu'il y ait un extremum[1] en a.

Étude asymptotique

De façon analogue à ce qui précède, si l'on peut écrire pour une fonction réelle

$$f(x) \underset{x \to +\infty}{=} a_0 x + a_1 + \mathrm{o}(1)$$

la courbe représentative de f tend à se rapprocher en l'infini de la droite d'équation

$$y = a_0 x + a_1.$$

On dit que celle-ci est *asymptote* à la courbe en $+\infty$.

En poursuivant le développement de f avec un troisième terme significatif, on peut préciser la position relative de la courbe vis-à-vis de cette asymptote.

1. Plus précisément, ce sera un minimum local si $a_2 > 0$ et un maximum local si $a_2 < 0$.

9.4 Exercices d'apprentissage

9.4.1 Comparaisons de suites numériques

La relation de négligeabilité étant transitive, on peut utiliser la notation $u_n \ll v_n$ pour signifier que u_n est négligeable devant v_n et enchaîner les comparaisons. Par exemple, il est possible d'écrire $\ln(n) \ll n \ll \mathrm{e}^n$.

Exercice 1

En employant la notation $\ll$, classer par négligeabilité les termes généraux qui suivent :

(a) $n, n^2, \ln(n), \mathrm{e}^n, n\ln(n), \dfrac{n^2}{\ln(n)}$ (b) $\dfrac{1}{n}, \dfrac{1}{n^2}, \dfrac{1}{\ln(n)}, \dfrac{\ln(n)}{n}, \dfrac{\ln(n)}{n^2}, \dfrac{1}{n\ln(n)}$.

Solution

(a) Les termes proposés sont tous de limite $+\infty$. Il s'agit ici de hiérarchiser ces infinis. Grâce aux comparaisons présentées p. 319, on peut positionner les termes n, n^2, $\ln(n)$ et e^n les uns par rapport aux autres :

$$\ln(n) \ll n \ll n^2 \ll \mathrm{e}^n.$$

Il reste à insérer les termes produits $n\ln(n)$ et $\frac{n^2}{\ln(n)}$

méthode

‖ Les termes produits se positionnent « à proximité » du facteur dominant.

Dans le produit $n\ln(n)$, le facteur dominant est n. Puisque celui-ci est multiplié par $\ln(n)$ de limite $+\infty$, le terme $n\ln(n)$ prépondère sur n. Cependant, il ne va pas au delà du terme n^2 : il s'insère entre n et n^2

$$n \ll n\ln(n) \ll n^2.$$

On justifie cette comparaison, soit en étudiant les limites des quotients :

$$\frac{n}{n\ln(n)} = \frac{1}{\ln(n)} \xrightarrow[n\to+\infty]{} 0 \quad \text{et} \quad \frac{n\ln(n)}{n^2} = \frac{\ln(n)}{n} \xrightarrow[n\to+\infty]{} 0$$

soit en multipliant par n la comparaison connue $1 \ll \ln(n) \ll n$.

Le terme $\frac{n^2}{\ln(n)}$ s'insère à proximité de n^2, il est devant celui-ci car le facteur $\frac{1}{\ln(n)}$ est de limite nulle mais il n'est pas devant $n\ln(n)$ car ce dernier est « à proximité » de n alors que $\frac{n^2}{\ln(n)}$ l'est de n^2. Ainsi,

$$n\ln(n) \ll \frac{n^2}{\ln(n)} \ll n^2.$$

Ces comparaisons se justifient en étudiant les limites des quotients des termes successifs.

Finalement,

$$\ln(n) \ll n \ll n\ln(n) \ll \frac{n^2}{\ln(n)} \ll n^2 \ll \mathrm{e}^n.$$

(b) Les termes proposés sont tous de limite nulle. Il s'agit ici de comparer les « vitesses » avec lesquelles ces suites tendent vers 0.

Grâce aux comparaisons usuelles, on sait déjà

$$\frac{1}{n^2} \ll \frac{1}{n} \ll \frac{1}{\ln(n)}.$$

Le terme $\frac{\ln(n)}{n}$ se positionne à proximité de $\frac{1}{n}$ et lui est « supérieur » car $\ln(n)$ est de limite infinie. Le facteur $\frac{1}{n\ln(n)}$ figure aussi à proximité de $\frac{1}{n}$ mais lui est « inférieur » car $\frac{1}{\ln(n)}$ est de limite nulle. Enfin, $\frac{\ln(n)}{n^2}$ est voisin et plus grand que $\frac{1}{n^2}$. Au final,

$$\frac{1}{n^2} \ll \frac{\ln(n)}{n^2} \ll \frac{1}{n\ln(n)} \ll \frac{1}{n} \ll \frac{\ln(n)}{n} \ll \frac{1}{\ln(n)}.$$

Ces comparaisons se justifient en étudiant les limites des quotients des termes successifs.

Exercice 2

Réduire l'écriture des expressions asymptotiques suivantes :
(a) $\mathrm{o}(2n) - 2\mathrm{o}\big((-1)^n n\big)$ (b) $n\ln(n) + \mathrm{o}(n+1) + \mathrm{o}\big(n^2\big)$ (c) $2\mathrm{o}(n)\mathrm{O}(n) - n\mathrm{O}(n)$.

Solution

Les $\mathrm{o}(\,\cdot\,)$ et $\mathrm{O}(\,\cdot\,)$ sont compatibles avec les opérations algébriques.

(a) **méthode**

> Les constantes multipliant les $\mathrm{o}(\,\cdot\,)$ ou à l'intérieur de ceux-ci peuvent être simplifiées. Il en est de même pour le facteur borné $(-1)^n$.

En prenant garde de ne pas simplifier [1] les $\mathrm{o}(\,\cdot\,)$, on peut écrire

$$\mathrm{o}(2n) - 2\mathrm{o}\big((-1)^n n\big) = \mathrm{o}(n) - \mathrm{o}(n) = \mathrm{o}(n).$$

(b) **méthode**

> Les contenus de $\mathrm{o}(\,\cdot\,)$ et $\mathrm{O}(\,\cdot\,)$ peuvent être remplacés par des équivalents.

On peut écrire $\mathrm{o}(n+1) = \mathrm{o}(n)$ et, puisque $n\ln(n)$ est négligeable devant n^2, on obtient

$$n\ln(n) + \mathrm{o}(n+1) + \mathrm{o}\big(n^2\big) = \mathrm{o}\big(n^2\big) + \mathrm{o}(n) + \mathrm{o}\big(n^2\big) = \mathrm{o}\big(n^2\big)$$

car un terme négligeable devant n l'est aussi devant n^2.

1. Dans la notation $\mathrm{o}(\,\cdot\,)$, la lettre o est là pour rappeler la présence d'un facteur ε qui tend vers 0. Ce facteur n'est pas exprimé et pour cette raison ne peut être simplifié.

(c) **méthode**

> On peut multiplier les contenus des o(·) et O(·) par les facteurs qui les précèdent.

$$2\mathrm{o}(n)\mathrm{O}(n) - n\mathrm{O}(n) = \mathrm{o}(n^2) - \mathrm{O}(n^2) = \mathrm{O}(n^2).$$

Exercice 3

Déterminer des équivalents simples quand n tend vers l'infini des termes suivants :

(a) $\ln(n) + 2n - 1$ (b) $\dfrac{(1+\ln(n))(3n^2+1)}{\sqrt{n^2+2n}}$ (c) $\dfrac{1}{n-1} - \dfrac{1}{n+1}$

(d) $\sqrt{n+1} + \sqrt{n-1}$ (e) $\ln(2n^3+1)$ (f) $\ln\left(1 + \dfrac{1}{\sqrt{n}}\right)$

(g) $n\sin\left(\dfrac{1}{n^2+1}\right)$ (h) $\ln(n+1) - \ln(n-1)$ (i) $(n+1)^n$.

Solution

(a) **méthode**

> Pour déterminer un équivalent d'une somme, on cherche parmi ses termes celui qui l'emporte, c'est-à-dire celui devant lequel les autres sont négligeables. On obtient ainsi l'écriture
> $$v_n + \mathrm{o}(v_n) \underset{n\to+\infty}{\sim} v_n.$$

Le terme $\ln(n)$ est négligeable devant n et la constante 1 l'est aussi. On peut donc écrire

$$\ln(n) + 2n - 1 \underset{n\to+\infty}{=} 2n + \mathrm{o}(n) \underset{n\to+\infty}{\sim} 2n.$$

Il importe dans cette expression de conserver le facteur 2 : les constantes multiplicatives ne se simplifient [1] pas dans la description d'un équivalent.

(b) **méthode**

> Le calcul des équivalents est compatible avec la multiplication et l'élévation à une puissance constante : on détermine un équivalent en étudiant séparément chaque facteur.

On a

$$1 + \ln(n) \underset{n\to+\infty}{=} \mathrm{o}(\ln(n)) + \ln(n) \underset{n\to+\infty}{\sim} \ln(n), \quad 3n^2 + 1 \underset{n\to+\infty}{=} 3n^2 + \mathrm{o}(n^2) \underset{n\to+\infty}{\sim} 3n^2$$

et

$$n^2 + 2n \underset{n\to+\infty}{=} n^2 + \mathrm{o}(n^2) \underset{n\to+\infty}{\sim} n^2 \quad \text{donc} \quad \sqrt{n^2+2n} \underset{n\to+\infty}{\sim} n.$$

Par conséquent,

$$\frac{(1+\ln(n))(3n^2+1)}{\sqrt{n^2+2n}} \underset{n\to+\infty}{\sim} \frac{3n^2\ln(n)}{n} = 3n\ln(n).$$

1. Il y a équivalence lorsque le quotient tend 1 : les constantes multiplicatives sont essentielles.

(c) Les termes $\frac{1}{n-1}$ et $\frac{1}{n+1}$ sont tous deux équivalents à $\frac{1}{n}$. Si l'on effectuait la différence, on affirmerait que celle-ci est équivalente à 0 ce qui est absurde[1] : les équivalents ne sont pas compatibles avec les opérations additives !

méthode

Avant de calculer cet équivalent, on exprime autrement le terme étudié. Ici, on réduit au même dénominateur.

$$\frac{1}{n-1} - \frac{1}{n+1} = \frac{2}{n^2-1} \underset{n\to+\infty}{=} \frac{2}{n^2+\mathrm{o}(n^2)} \underset{n\to+\infty}{\sim} \frac{2}{n^2}.$$

(d) Les deux termes $\sqrt{n+1}$ et $\sqrt{n-1}$ sont équivalents à $\sqrt{n}$ et, lorsque l'on somme, ce terme principal ne se simplifie pas. Il n'est pas possible de sommer les équivalents, cependant le résultat de cette somme semble « crédible » car il n'y a pas eu de simplifications.

méthode

On exprime les équivalents qui précèdent avec un $\mathrm{o}(\,\cdot\,)$ et l'on somme les expressions associées.

$$\sqrt{n+1}+\sqrt{n-1} \underset{n\to+\infty}{=} \sqrt{n}+\mathrm{o}(\sqrt{n})+\sqrt{n}+\mathrm{o}(\sqrt{n}) = 2\sqrt{n}+\mathrm{o}(\sqrt{n}) \underset{n\to+\infty}{\sim} 2\sqrt{n}.$$

(e) **méthode**

On factorise le terme prépondérant du logarithme.

$$\ln(2n^3+1) = \underbrace{\ln(2)}_{\text{constante}} + \underbrace{3\ln(n)}_{\to+\infty} + \underbrace{\ln\left(1+\frac{1}{2n^3}\right)}_{\to 0} \underset{n\to+\infty}{=} 3\ln(n)+\mathrm{o}(\ln(n)) \underset{n\to+\infty}{\sim} 3\ln(n).$$

(f) **méthode**

Lorsque (u_n) est de limite nulle, on sait $\ln(1+u_n)\sim u_n$.

$$\ln\left(1+\frac{1}{\sqrt{n}}\right) \underset{n\to+\infty}{\sim} \frac{1}{\sqrt{n}} \quad \text{car} \quad \frac{1}{\sqrt{n}} \xrightarrow[n\to+\infty]{} 0.$$

(g) **méthode**

Lorsque (u_n) est de limite nulle[2], on sait $\sin(u_n)\sim u_n$.

$$n\sin\left(\frac{1}{n^2+1}\right) \underset{n\to+\infty}{\sim} n\times\frac{1}{n^2+1} \underset{n\to+\infty}{\sim} \frac{n}{n^2} = \frac{1}{n} \quad \text{car} \quad \frac{1}{n^2+1} \xrightarrow[n\to+\infty]{} 0.$$

1. Seule une suite stationnaire égale à 0 peut s'écrire à partir d'un certain rang comme le produit par 0 d'une suite ε de limite nulle.

2. Sous la même hypothèse, on peut aussi citer $\mathrm{e}^{u_n}-1\sim u_n$, $1-\cos(u_n)\sim\frac{1}{2}u_n^2$, $(1+u_n)^\alpha-1\sim\alpha u_n$. Ces équivalents sont tous inspirés des premiers termes des développements limités usuels.

(h) On combine les deux logarithmes afin d'obtenir un équivalent de leur différence

$$\ln(n+1) - \ln(n-1) = \ln\left(\frac{n+1}{n-1}\right).$$

méthode

Le contenu du logarithme étant de limite 1, on peut l'écrire $1 + u_n$ avec u_n de limite nulle auquel cas $\ln(1 + u_n) \sim u_n$.

$$\ln(n+1) - \ln(n-1) = \ln\left(1 + \frac{2}{n-1}\right) \underset{n\to+\infty}{\sim} \frac{2}{n-1} \sim \frac{2}{n} \quad \text{car} \quad \frac{2}{n-1} \xrightarrow[n\to+\infty]{} 0.$$

(i) Le terme $n+1$ est équivalent à n. On pourrait être tenté d'affirmer que $(n+1)^n$ est équivalent à n^n mais la puissance n'est pas constante : cette affirmation est fausse.

méthode

On ne peut pas élever un équivalent à une puissance non constante, ni le passer à l'exponentielle.

On factorise n^n et l'on étudie la limite du facteur introduit

$$(n+1)^n = n^n\left(1 + \frac{1}{n}\right)^n.$$

On résout la forme indéterminée du type « $1^{+\infty}$ » en passant en écriture exponentielle

$$\left(1 + \frac{1}{n}\right)^n = \exp\left(n\ln\left(1 + \frac{1}{n}\right)\right) \quad \text{avec} \quad \ln\left(1 + \frac{1}{n}\right) \underset{n\to+\infty}{\sim} \frac{1}{n}.$$

On a donc par produit d'équivalents

$$n\ln\left(1 + \frac{1}{n}\right) \underset{n\to+\infty}{\sim} n \cdot \frac{1}{n} \xrightarrow[n\to+\infty]{} 1$$

puis, par composition [1] de limites,

$$\left(1 + \frac{1}{n}\right)^n \xrightarrow[n\to+\infty]{} \mathrm{e}.$$

méthode

Une limite finie non nulle exprime aussi un équivalent (Th. 6 p. 320).

On peut alors conclure

$$(n+1)^n \underset{n\to+\infty}{\sim} \mathrm{e} \cdot n^n.$$

---

1. On opère par composition de limites et non par « composition d'équivalents ». Notamment pour la fonction exponentielle, il n'est pas correct de composer les équivalents !

Exercice 4

Calculer les limites quand n tend vers l'infini des termes suivants :

(a) $n\left(\left(1+\frac{1}{n}\right)^{27}-1\right)$ (b) $(n+1)\left(n^{1/n}-1\right)$ (c) $\left(1+\frac{x}{n}\right)^n$ avec $x \in \mathbb{R}$.

Solution

Les trois études conduisent ici à la résolution de formes indéterminées.

méthode

Un équivalent simple a même limite que le terme étudié (Th. 6 p. 320).

(a) Lorsque (u_n) est de limite nulle, on sait $(1+u_n)^\alpha - 1 \sim \alpha u_n$ pour tout α réel[1] et donc

$$n\left(\left(1+\frac{1}{n}\right)^{27}-1\right) \underset{n\to+\infty}{\sim} n\cdot\frac{27}{n} \xrightarrow[n\to+\infty]{} 27 \quad \text{car} \quad \frac{1}{n} \xrightarrow[n\to+\infty]{} 0.$$

(b) On écrit le terme $n^{1/n}$ sous forme exponentielle et l'on exploite $\mathrm{e}^{u_n} - 1 \sim u_n$ quand (u_n) est de limite nulle. On obtient

$$n^{1/n} - 1 = \mathrm{e}^{\frac{\ln(n)}{n}} - 1 \underset{n\to+\infty}{\sim} \frac{\ln(n)}{n} \quad \text{car} \quad \frac{\ln(n)}{n} \xrightarrow[n\to+\infty]{} 0.$$

On en déduit

$$(n+1)\left(n^{1/n}-1\right) \underset{n\to+\infty}{\sim} n\cdot\frac{\ln(n)}{n} = \ln(n) \xrightarrow[n\to+\infty]{} +\infty.$$

(c) On exprime la puissance sous forme exponentielle. Pour n assez grand, $1+x/n$ est strictement positif et l'on peut écrire

$$\left(1+\frac{x}{n}\right)^n = \exp\left(n\ln\left(1+\frac{x}{n}\right)\right).$$

On détermine ensuite la limite du contenu de l'exponentielle[2]. Puisque x/n est de limite nulle,

$$n\ln\left(1+\frac{x}{n}\right) \underset{n\to+\infty}{\sim} n\cdot\frac{x}{n} \xrightarrow[n\to+\infty]{} x.$$

Par composition de limites (ou par continuité de l'exponentielle), on conclut

$$\left(1+\frac{x}{n}\right)^n \xrightarrow[n\to+\infty]{} \mathrm{e}^x.$$

1. Ici, α est entier naturel et l'on pourrait employer la formule du binôme de Newton, ou du moins le début de celle-ci, pour proposer la même affirmation.
2. On ne peut pas composer les équivalents par la fonction exponentielle.

9.4.2 Comparaisons de fonctions numériques

Exercice 5

Déterminer un équivalent simple aux expressions suivantes quand $x \to +\infty$:

(a) $(x+1)\mathrm{e}^{x+1}$ (b) $\sqrt{x^2+1}-\sqrt{x^2-1}$ (c) $(x+1)\ln(x) - x\ln(x+1)$.

Solution

On reprend les mêmes démarches que dans le cadre des suites.

(a) Quand x tend vers $+\infty$, on a $x+1 \sim x$ et donc[1]

$$(x+1)\mathrm{e}^{x+1} \underset{x\to+\infty}{\sim} x\mathrm{e}^{x+1} = \mathrm{e}\cdot x\mathrm{e}^{x}.$$

(b) **méthode**

‖ On introduit la quantité conjuguée[2].

$$\sqrt{x^2+1}-\sqrt{x^2-1} = \frac{(x^2+1)-(x^2-1)}{\sqrt{x^2+1}+\sqrt{x^2-1}} = \frac{2}{\sqrt{x^2+1}+\sqrt{x^2-1}}.$$

Les contenus des racines sont équivalents à x^2 quand x tend vers $+\infty$ et donc

$$\sqrt{x^2+1} \underset{x\to+\infty}{\sim} x \quad \text{et} \quad \sqrt{x^2-1} \underset{x\to+\infty}{\sim} x.$$

Puisque l'on ne peut pas sommer directement les équivalents, on poursuit l'expression des calculs avec des termes $\mathrm{o}(\,\cdot\,)$

$$\sqrt{x^2+1}+\sqrt{x^2-1} \underset{x\to+\infty}{=} x+\mathrm{o}(x)+x+\mathrm{o}(x) = 2x+\mathrm{o}(x) \underset{x\to+\infty}{\sim} 2x.$$

Finalement,

$$\sqrt{x^2+1}-\sqrt{x^2-1} \underset{x\to+\infty}{\sim} \frac{2}{2x} = \frac{1}{x}.$$

(c) On a

$$(x+1)\ln(x) \underset{x\to+\infty}{\sim} x\ln(x) \quad \text{et} \quad x\ln(x+1) \underset{x\to+\infty}{\sim} x\ln(x).$$

En effet, on peut écrire en factorisant x dans le logarithme

$$\ln(x+1) = \ln(x) + \underbrace{\ln\left(1+\frac{1}{x}\right)}_{\to 0} \underset{x\to+\infty}{=} \ln(x)+\mathrm{o}(1) = \ln(x)+\mathrm{o}\big(\ln(x)\big) \underset{x\to+\infty}{\sim} \ln(x).$$

---

1. On ne « simplifie » pas le 1 contenu dans l'exponentielle, il correspond d'ailleurs à une constante multiplicative et celles-ci sont conservées lors d'un calcul d'équivalent.

2. Un calcul direct par différence d'équivalents n'est pas correct. Une alternative possible est de factoriser x^2 du contenu de chaque racine avant d'employer le développement limité de $u \mapsto \sqrt{1+u}$ en 0.

Cependant, il y a simplification des termes principaux lors de la différence : on ne peut pas réaliser de calculs à partir de ces seuls équivalents.

méthode

On mène un calcul plus précis du terme $x\ln(x+1)$.

$$x\ln(x+1) = x\ln(x) + x\ln\left(1+\frac{1}{x}\right) \quad \text{avec} \quad x\ln\left(1+\frac{1}{x}\right) \underset{x\to+\infty}{\sim} x\cdot\frac{1}{x} = 1$$

et donc

$$x\ln(x+1) \underset{x\to+\infty}{=} x\ln(x) + 1 + \mathrm{o}(1).$$

On en déduit

$$\begin{aligned}(x+1)\ln(x) - x\ln(x+1) &\underset{x\to+\infty}{=} (x+1)\ln(x) - \big(x\ln(x) + 1 + \mathrm{o}(1)\big)\\ &\underset{x\to+\infty}{=} \ln(x) - \underbrace{1+\mathrm{o}(1)}_{=\mathrm{o}(\ln(x))} \underset{x\to+\infty}{\sim} \ln(x).\end{aligned}$$

Exercice 6

Déterminer un équivalent simple aux expressions suivantes quand $x \to 0^+$:

(a) $\sqrt{x} - x + 2x^{3/2}$ (b) $\dfrac{2\ln(x)+\sqrt{x}}{\frac{1}{x} - 2\ln(x)}$ (c) $\ln\big(\sin(x)\big)$.

Solution

méthode

On retrouve les démarches d'au-dessus mais les comparaisons asymptotiques ne sont plus les mêmes. Pour $\alpha < \beta$ réels,

$$x^{\alpha} \underset{x\to+\infty}{=} \mathrm{o}\big(x^{\beta}\big) \quad \text{alors que} \quad x^{\beta} \underset{x\to0^+}{=} \mathrm{o}\big(x^{\alpha}\big).$$

(a) Lorsque $x \to 0^+$, le terme prépondérant de cette somme est $\sqrt{x}$ et donc

$$\sqrt{x} - x + 2x^{3/2} \underset{x\to0^+}{=} \sqrt{x} + \mathrm{o}\big(\sqrt{x}\big) \underset{x\to0^+}{\sim} \sqrt{x}.$$

(b) On étudie séparément numérateur et dénominateur et l'on fait le quotient des équivalents produits

$$\frac{2\ln(x)+\sqrt{x}}{\frac{1}{x} - 2\ln(x)} \underset{x\to0^+}{=} \frac{2\ln(x) + \mathrm{o}\big(\ln(x)\big)}{\frac{1}{x} + \mathrm{o}\big(\frac{1}{x}\big)} \underset{x\to0^+}{\sim} 2x\ln(x).$$

(c) **méthode**

Afin de simplifier l'expression contenue dans le logarithme, on écrit

$$\sin(x) = x \times \frac{\sin(x)}{x}.$$

$$\ln\big(\sin(x)\big) = \underbrace{\ln(x)}_{\to -\infty} + \underbrace{\ln\left(\frac{\sin(x)}{x}\right)}_{\to 1} \underset{x\to 0^+}{=} \ln(x) + \mathrm{o}\big(\ln(x)\big) \underset{x\to 0^+}{\sim} \ln(x).$$

9.4.3 Calculs de développements limités et asymptotiques

Exercice 7

Calculer les développements limités suivants :

(a) $\dfrac{\mathrm{e}^x}{x}$ à l'ordre 2 en 1

(b) $\ln\big(1+\mathrm{e}^x\big)$ à l'ordre 3 en 0

(c) $\dfrac{1}{1+\cos(x)}$ à l'ordre 4 en 0

(d) $\sqrt{3+\mathrm{ch}(x)}$ à l'ordre 3 en 0

(e) $\sin(x)\mathrm{e}^x$ à l'ordre 2 en 0

(f) $\dfrac{\mathrm{sh}(x)}{\ln(1+x)}$ à l'ordre 2 en 0.

Solution

(a) **méthode**

> Les développements limités usuels sont présentés en 0. Lorsque l'on étudie un développement limité en un point différent, on translate la variable afin de se ramener en 0.

On écrit $x = 1+h$ de sorte que h tend vers 0 quand x tend vers 1.

$$\frac{\mathrm{e}^x}{x} = \frac{\mathrm{e}^{1+h}}{1+h} = \mathrm{e}\times\mathrm{e}^h\times\frac{1}{1+h}.$$

On développe à l'ordre 2 les facteurs à l'aide des développements limités usuels

$$\frac{\mathrm{e}^x}{x} \underset{x\to 1}{=} \mathrm{e}\times\left(1+h+\frac{1}{2}h^2+\mathrm{o}\big(h^2\big)\right)\times\left(1-h+h^2+\mathrm{o}\big(h^2\big)\right).$$

On développe ensuite le produit. Lors de ce développement, il apparaît un $\mathrm{o}\big(h^2\big)$ et d'autres termes négligeables devant celui-ci : on n'écrit pas ces derniers puisqu'ils peuvent être incorporés au $\mathrm{o}\big(h^2\big)$ qui détermine la précision des calculs.

$$\frac{\mathrm{e}^x}{x} \underset{x\to 1}{=} \mathrm{e}\left(1+\frac{1}{2}h^2+\mathrm{o}\big(h^2\big)\right) = \mathrm{e}+\frac{\mathrm{e}}{2}h^2+\mathrm{o}\big(h^2\big).$$

Enfin, on revient à la variable d'origine

$$\frac{\mathrm{e}^x}{x} \underset{x\to 1}{=} \mathrm{e}+\frac{\mathrm{e}}{2}(x-1)^2+\mathrm{o}\big((x-1)^2\big).$$

On ne développe pas les carrés : l'étude asymptotique a lieu en 1 où l'on sait hiérarchiser entre elles les puissances de $(x-1)$ mais pas celles de x.

(b) Il s'agit de calculer une composition de développements limités où interviennent la fonction logarithme et la fonction exponentielle.

méthode

On développe la fonction « au plus proche de la variable ».

On commence par développer l'exponentielle à l'ordre 3

$$\ln\left(1+\mathrm{e}^x\right) \underset{x\to 0}{=} \ln\left(2+x+\frac{1}{2}x^2+\frac{1}{6}x^3+\mathrm{o}\left(x^3\right)\right).$$

On poursuit le calcul grâce au développement connu de $\ln(1+u)$.

méthode

On transforme l'écriture afin de faire apparaître $\ln(1+u)$ avec u de limite nulle.

En factorisant 2 dans le logarithme, on écrit

$$\ln\left(1+\mathrm{e}^x\right) = \ln(2) + \ln(1+u) \quad \text{avec} \quad u \underset{x\to 0}{=} \frac{1}{2}x + \frac{1}{4}x^2 + \frac{1}{12}x^3 + \mathrm{o}\left(x^3\right) \xrightarrow[x\to 0]{} 0.$$

méthode

On calcule les puissances de u à l'ordre 3 en x jusqu'à obtenir une puissance de u assurant la précision voulue en x.

On écrit

$$\begin{cases} u = \frac{1}{2}x + \frac{1}{4}x^2 + \frac{1}{12}x^3 + \mathrm{o}\left(x^3\right) \\ u^2 = \qquad \frac{1}{4}x^2 + \frac{1}{4}x^3 + \mathrm{o}\left(x^3\right) \\ u^3 = \qquad\qquad \frac{1}{8}x^3 + \mathrm{o}\left(x^3\right). \end{cases}$$

Un terme en $\mathrm{o}\left(u^3\right)$ devient un terme en $\mathrm{o}\left(x^3\right)$.

méthode

Il suffit de développer $\ln(1+u)$ à l'ordre 3 en u pour obtenir, par substitution, le développement voulu en x.

On sait

$$\ln(1+u) \underset{u\to 0}{=} u - \frac{1}{2}u^2 + \frac{1}{3}u^3 + \mathrm{o}\left(u^3\right).$$

Par substitution, les calculs ayant été organisés de façon à ce que celle-ci soit très rapide, on obtient

$$\ln\left(1+\mathrm{e}^x\right) \underset{x\to 0}{=} \ln(2) + \frac{1}{2}x + \frac{1}{8}x^2 + \mathrm{o}\left(x^3\right).$$

Le coefficient de x^3 est nul, cependant c'est bien un développement limité à l'ordre 3 qui a été réalisé puisque l'on a obtenu la précision $\mathrm{o}\left(x^3\right)$.

(c) **méthode**

> On calcule le développement limité d'un inverse par une composition à partir du développement connu de $\frac{1}{1+u}$ quand u tend vers 0.

On développe la fonction au plus proche de la variable

$$\frac{1}{1+\cos(x)} \underset{x\to 0}{=} \frac{1}{2-\frac{1}{2}x^2+\frac{1}{24}x^4+\mathrm{o}\big(x^4\big)} = \frac{1}{2}\cdot\frac{1}{1+u} \quad \text{avec} \quad u \underset{x\to 0}{\longrightarrow} 0.$$

On a

$$\begin{cases} u = -\frac{1}{4}x^2 + \frac{1}{48}x^4 + \mathrm{o}\big(x^4\big) \\ u^2 = \qquad\qquad \frac{1}{16}x^4 + \mathrm{o}\big(x^4\big). \end{cases}$$

Un terme en $\mathrm{o}\big(u^2\big)$ devient un terme en $\mathrm{o}\big(x^4\big)$, un développement à l'ordre 2 de $\frac{1}{1+u}$ suffit à la poursuite des calculs

$$\frac{1}{1+u} \underset{u\to 0}{=} 1-u+u^2+\mathrm{o}\big(u^2\big).$$

On obtient

$$\frac{1}{1+\cos(x)} \underset{x\to 0}{=} \frac{1}{2}+\frac{1}{8}x^2+\frac{1}{48}x^4+\mathrm{o}\big(x^4\big).$$

(d) **méthode**

> On calcule le développement limité d'une racine par une composition à partir du développement connu de $\sqrt{1+u}$ quand u tend vers 0.

On écrit le cosinus hyperbolique sous forme exponentielle et l'on développe les fonctions qui sont au plus proches de la variable

$$\begin{aligned} \sqrt{3+\mathrm{ch}(x)} &= \sqrt{3+\frac{\mathrm{e}^x+\mathrm{e}^{-x}}{2}} \\ &\underset{x\to 0}{=} \sqrt{3+\frac{1}{2}\Big(1+x+\frac{1}{2}x^2+\mathrm{o}\big(x^2\big)\Big)+\frac{1}{2}\Big(1-x+\frac{1}{2}x^2+\mathrm{o}\big(x^2\big)\Big)} \\ &\underset{x\to 0}{=} \sqrt{4+\frac{1}{2}x^2+\mathrm{o}\big(x^3\big)} = 2\sqrt{1+u} \quad \text{avec} \quad u \underset{x\to 0}{\longrightarrow} 0. \end{aligned}$$

On a

$$\begin{cases} u = \frac{1}{8}x^2 + \mathrm{o}\big(x^3\big) \\ u^2 = \qquad\quad \mathrm{o}\big(x^3\big). \end{cases}$$

Un terme en $\mathrm{o}\big(u^2\big)$ devient un terme en $\mathrm{o}\big(x^3\big)$, un développement [1] limité à l'ordre 2 en u suffit à la poursuite des calculs

$$\sqrt{1+u} \underset{u\to 0}{=} 1+\frac{1}{2}u-\frac{1}{8}u^2+\mathrm{o}\big(u^2\big).$$

1. Un développement limité à l'ordre 1 ne suffit pas car le $\mathrm{o}(u)$ déterminera un $\mathrm{o}\big(x^2\big)$ trop court... Tout au plus, on peut anticiper que le coefficient de u^2 dans les calculs à venir sera sans importance.

On obtient [1]

$$\sqrt{3+\operatorname{ch}(x)} \underset{x\to 0}{=} 2+\frac{1}{8}x^2+\mathrm{o}\big(x^3\big).$$

(e) On calcule simplement le produit de deux développements.

méthode

> Puisque le développement de $\sin(x)$ s'amorce par un x, un développement à l'ordre 1 du terme exponentiel suffit à la conduite des calculs.

$$\sin(x)\mathrm{e}^x \underset{x\to 0}{=} \Big(x+\mathrm{o}\big(x^2\big)\Big)\Big(1+x+\mathrm{o}(x)\Big) = x+x^2+\mathrm{o}\big(x^2\big).$$

(f) On développe le sinus hyperbolique à l'aide de son écriture exponentielle. Après simplification des termes constants, ce développement commence par un x.

méthode

> Les développements du numérateur et du dénominateur s'amorcent tous deux par un x. La simplification par cet x réduit d'une unité l'ordre des développements.

En anticipant cette simplification, on amorce le calcul par des développements à l'ordre 3 du numérateur et du dénominateur

$$\begin{aligned}\operatorname{sh}(x) &= \frac{1}{2}\big(\mathrm{e}^x-\mathrm{e}^{-x}\big)\\ &\underset{x\to 0}{=} \frac{1}{2}\Big(1+x+\frac{1}{2}x^2+\frac{1}{6}x^3+\mathrm{o}\big(x^3\big)\Big)-\frac{1}{2}\Big(1-x+\frac{1}{2}x^2-\frac{1}{6}x^3+\mathrm{o}\big(x^3\big)\Big)\\ &\underset{x\to 0}{=} x+\frac{1}{6}x^3+\mathrm{o}\big(x^3\big)\end{aligned}$$

ce qui donne

$$\frac{\operatorname{sh}(x)}{\ln(1+x)} \underset{x\to 0}{=} \frac{x+\frac{1}{6}x^3+\mathrm{o}\big(x^3\big)}{x-\frac{1}{2}x^2+\frac{1}{3}x^3+\mathrm{o}\big(x^3\big)} = \frac{1+\frac{1}{6}x^2+\mathrm{o}\big(x^2\big)}{1-\frac{1}{2}x+\frac{1}{3}x^2+\mathrm{o}\big(x^2\big)}.$$

Le dénominateur s'écrit $1+u$ avec $u=-\frac{1}{2}x+\frac{1}{3}x^2+\mathrm{o}\big(x^2\big)$. Un développement à l'ordre 2 de l'expression $\frac{1}{1+u}$ permet la poursuite du calcul

$$\frac{\operatorname{sh}(x)}{\ln(1+x)} \underset{x\to 0}{=} \Big(1+\frac{1}{6}x^2+\mathrm{o}\big(x^2\big)\Big)\Big(1+\frac{1}{2}x-\frac{1}{12}x^2+\mathrm{o}\big(x^2\big)\Big) = 1+\frac{1}{2}x+\frac{1}{12}x^2+\mathrm{o}\big(x^2\big).$$

Exercice 8

Calculer les trois premiers termes des développements asymptotiques de :

(a) $\dfrac{1}{\mathrm{e}^x-1}$ quand $x\to 0$ (b) $\ln(x+1)$ quand $x\to+\infty$.

---

1. Le développement limité d'une fonction paire ne contient que des puissances paires de la variable : on pouvait anticiper la nullité du coefficient de x^3.

Solution

méthode

On reproduit les techniques de calculs vues pour les développements limités : seule l'échelle de fonctions sur laquelle on exprime le résultat change.

(a) On amorce le calcul à partir de développements des fonctions au plus proche de la variable.

méthode

On développe à un ordre suffisant pour qu'il reste trois termes à la fin des calculs [1].

Pour $x \neq 0$, on développe l'exponentielle à l'ordre 3

$$\frac{1}{e^x - 1} \underset{x \to 0}{=} \frac{1}{x + \frac{1}{2}x^2 + \frac{1}{6}x^3 + o(x^3)}.$$

En factorisant $\frac{1}{x}$, on fait apparaître en facteur une expression du type $\frac{1}{1+u}$ avec u de limite nulle que l'on sait développer

$$\frac{1}{e^x - 1} \underset{x \to 0}{=} \frac{1}{x} \cdot \frac{1}{1 + \frac{1}{2}x + \frac{1}{6}x^2 + o(x^2)} = \frac{1}{x}\left(1 - \frac{1}{2}x + \frac{1}{12}x^2 + o(x^2)\right).$$

Il suffit ensuite de développer le facteur $\frac{1}{x}$ pour former le développement asymptotique [2] cherché

$$\frac{1}{e^x - 1} \underset{x \to 0}{=} \frac{1}{x} - \frac{1}{2} + \frac{1}{12}x + o(x).$$

(b) **méthode**

On factorise x dans le logarithme afin de pouvoir exploiter le développement limité connu de $\ln(1+u)$ quand $u \to 0$.

Pour $x > 0$,

$$\ln(x+1) = \ln(x) + \ln\left(1 + \frac{1}{x}\right)$$

et donc

$$\ln(x+1) \underset{x \to +\infty}{=} \ln(x) + \frac{1}{x} - \frac{1}{2x^2} + o\left(\frac{1}{x^2}\right) \quad \text{car} \quad \frac{1}{x} \xrightarrow[x \to +\infty]{} 0.$$

Exercice 9

Calculer les développements asymptotiques des suites dont les termes généraux sont les suivants :

(a) $\sqrt{n^2+1}$ à 3 termes (b) $\sqrt[n]{n}$ à 3 termes (c) $\left(1 + \frac{1}{n}\right)^n$ à 3 termes.

---

1. Et l'on espère qu'il n'y aura pas trop de simplifications...
2. Lors des calculs, on a conservé l'organisation des termes en « négligeabilité croissante ». L'expression obtenue correspond donc bien à un développement asymptotique.

Solution

Il est entendu qu'ici le paramètre n tend vers l'infini (il en est toujours ainsi pour les suites). On réalise les développements de ces expressions comme s'il s'agissait d'expressions fonctionnelles.

(a) **méthode**

> Le contenu de la racine équivaut à n^2. En factorisant celui-ci, on fait apparaître $\sqrt{1+u}$ avec u de limite nulle.

$$\sqrt{n^2+1} = n\sqrt{1+\frac{1}{n^2}} = n\sqrt{1+u} \quad \text{avec} \quad u = \frac{1}{n^2} \xrightarrow[n\to+\infty]{} 0.$$

Sachant

$$\sqrt{1+u} \underset{u\to 0}{=} 1 + \frac{1}{2}u - \frac{1}{8}u^2 + \mathrm{o}(u^2)$$

on conclut

$$\sqrt{n^2+1} \underset{n\to+\infty}{=} n + \frac{1}{2n} - \frac{1}{8n^3} + \mathrm{o}\left(\frac{1}{n^3}\right).$$

(b) **méthode**

> On écrit la puissance sous forme exponentielle et l'on exploite le développement connu de e^u quand u tend vers 0.

$$\sqrt[n]{n} = n^{1/n} = \exp\Big(\underbrace{\frac{\ln(n)}{n}}_{\to 0}\Big) \underset{n\to+\infty}{=} 1 + \frac{\ln(n)}{n} + \frac{\big(\ln(n)\big)^2}{2n^2} + \mathrm{o}\left(\frac{\big(\ln(n)\big)^2}{n^2}\right).$$

(c) On écrit la puissance sous forme exponentielle

$$\left(1+\frac{1}{n}\right)^n = \exp\left(n\ln\left(1+\frac{1}{n}\right)\right).$$

méthode

> On développe le logarithme à trois termes puis on compose avec la fonction exponentielle.

Puisque $1/n$ est de limite nulle quand n tend vers l'infini

$$n\ln\left(1+\frac{1}{n}\right) \underset{n\to+\infty}{=} 1 - \frac{1}{2n} + \frac{1}{3n^2} + \mathrm{o}\left(\frac{1}{n^2}\right)$$

puis

$$\left(1+\frac{1}{n}\right)^n = \mathrm{e}\cdot\mathrm{e}^u \quad \text{avec} \quad u \underset{n\to+\infty}{=} -\frac{1}{2n} + \frac{1}{3n^2} + \mathrm{o}\left(\frac{1}{n^2}\right) \xrightarrow[n\to+\infty]{} 0.$$

En développant e^u à la précision $\mathrm{o}(u^2)$, on obtient au terme des calculs

$$\left(1+\frac{1}{n}\right)^n \underset{n\to+\infty}{=} \mathrm{e} - \frac{\mathrm{e}}{2n} + \frac{11\mathrm{e}}{24n^2} + \mathrm{o}\left(\frac{1}{n^2}\right).$$

9.5 Exercices d'entraînement

9.5.1 Limites et équivalents de suites numériques

Exercice 10 **

Soient a et b des réels positifs.

Étudier

$$\lim_{n\to+\infty}\left(\frac{a^{\frac{1}{n}}+b^{\frac{1}{n}}}{2}\right)^n.$$

Solution

Si $a=0$, un calcul direct est possible :

$$\left(\frac{a^{\frac{1}{n}}+b^{\frac{1}{n}}}{2}\right)^n=\frac{b}{2^n}\xrightarrow[n\to+\infty]{}0.$$

De même, on obtient une limite nulle lorsque $b=0$. On suppose désormais a et b strictement positifs.

méthode

On développe $a^{\frac{1}{n}}$ en employant une écriture exponentielle.

$$a^{\frac{1}{n}}=\mathrm{e}^{\frac{1}{n}\ln(a)}=\mathrm{e}^u\quad\text{avec}\quad u=\frac{1}{n}\ln(a)\xrightarrow[n\to+\infty]{}0.$$

Par le développement limité $\mathrm{e}^u=1+u+\mathrm{o}(u)$ quand u tend vers 0, on écrit

$$a^{\frac{1}{n}}\underset{n\to+\infty}{=}1+\frac{1}{n}\ln(a)+\mathrm{o}\left(\frac{1}{n}\right).$$

On procède au même calcul avec $b^{\frac{1}{n}}$ et l'on obtient

$$\frac{a^{\frac{1}{n}}+b^{\frac{1}{n}}}{2}\underset{n\to+\infty}{=}1+\frac{1}{2n}\ln(ab)+\mathrm{o}\left(\frac{1}{n}\right).$$

Enfin, sachant $\ln(1+u)=u+\mathrm{o}(u)$ quand u tend vers 0,

$$\left(\frac{a^{\frac{1}{n}}+b^{\frac{1}{n}}}{2}\right)^n\underset{n\to+\infty}{=}\exp\left(n\ln\left(1+\frac{1}{2n}\ln(ab)+\mathrm{o}\left(\frac{1}{n}\right)\right)\right)=\exp\left(\frac{1}{2}\ln(ab)+\mathrm{o}(1)\right).$$

Par continuité de l'exponentielle, on conclut

$$\left(\frac{a^{\frac{1}{n}}+b^{\frac{1}{n}}}{2}\right)^n\xrightarrow[n\to+\infty]{}\exp\left(\frac{1}{2}\ln(ab)\right)=\sqrt{ab}.$$

Exercice 11 **

Soient $r > 0$ et $\theta \in]0\,;\pi[$. Déterminer la limite de la suite complexe (z_n) définie par

$$z_0 = r\mathrm{e}^{\mathrm{i}\theta} \quad \text{et} \quad z_{n+1} = \frac{z_n + |z_n|}{2} \quad \text{pour tout } n \in \mathbb{N}.$$

Solution

méthode

On exprime le terme général de la suite à l'aide d'un produit.

Par la technique de factorisation de l'exponentielle imaginaire d'angle moitié, on fait apparaître un cosinus

$$z_1 = \frac{r\mathrm{e}^{\mathrm{i}\theta} + r}{2} = r\frac{\mathrm{e}^{\mathrm{i}\frac{\theta}{2}} + \mathrm{e}^{-\mathrm{i}\frac{\theta}{2}}}{2}\mathrm{e}^{\mathrm{i}\frac{\theta}{2}} = r\cos\left(\frac{\theta}{2}\right)\mathrm{e}^{\mathrm{i}\frac{\theta}{2}}.$$

En répétant ce calcul,

$$z_2 = r\cos\left(\frac{\theta}{2}\right)\cos\left(\frac{\theta}{4}\right)\mathrm{e}^{\mathrm{i}\frac{\theta}{4}}$$

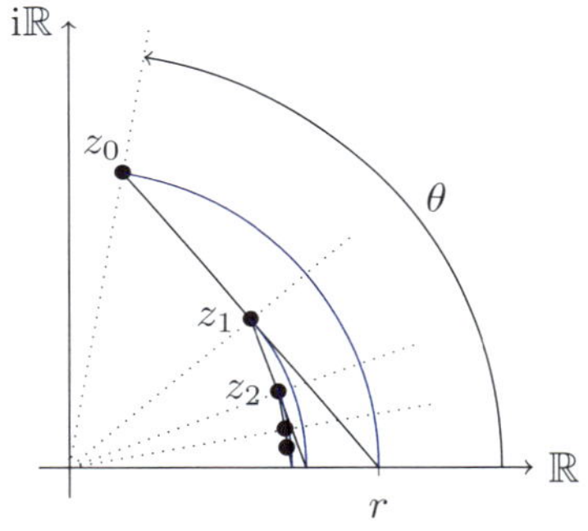

puis, par récurrence,

$$z_n = r\prod_{k=1}^{n}\cos\left(\frac{\theta}{2^k}\right)\mathrm{e}^{\mathrm{i}\frac{\theta}{2^n}} \quad \text{pour tout } n \in \mathbb{N}.$$

Comme déjà vu dans le sujet 20 p. 75, on a

$$\prod_{k=1}^{n}\cos\left(\frac{\theta}{2^k}\right) = \frac{\sin(\theta)}{2^n\sin\left(\frac{\theta}{2^n}\right)}.$$

Lorsque n tend vers l'infini, $\frac{\theta}{2^n}$ est de limite nulle et donc $\sin\left(\frac{\theta}{2^n}\right)$ équivaut à $\frac{\theta}{2^n}$ tandis que $\mathrm{e}^{\mathrm{i}\theta/2^n}$ tend vers 1. On en déduit

$$z_n \underset{n\to+\infty}{\sim} r\frac{\sin(\theta)}{2^n\cdot\frac{\theta}{2^n}} \times 1 \xrightarrow[n\to+\infty]{} r\frac{\sin(\theta)}{\theta}.$$

9.5.2 Études asymptotiques de suites numériques

Exercice 12 *

Soit (u_n) une suite décroissante de réels telle que

$$u_n + u_{n+1} \underset{n\to+\infty}{\sim} \frac{1}{n}.$$

Déterminer un équivalent simple de (u_n).

Solution

On peut avoir l'intuition que u_n équivaut $\frac{1}{2n}$ mais, d'une part, la propriété $u_{n+1} \sim u_n$ n'est pas toujours vraie[1], d'autre part, il ne faut pas sommer les équivalents !

méthode

Par l'hypothèse de monotonie, on encadre u_n à l'aide des quantités connues $u_{n+1} + u_n$ et $u_n + u_{n-1}$.

Par décroissance de la suite, on peut écrire $u_{n+1} \leqslant u_n \leqslant u_{n-1}$ puis, en ajoutant u_n à chaque membre,

$$u_{n+1} + u_n \leqslant 2u_n \leqslant u_{n-1} + u_n$$

avec

$$u_{n+1} + u_n \underset{n\to+\infty}{\sim} \frac{1}{n} \quad \text{et} \quad u_{n-1} + u_n \underset{n\to+\infty}{\sim} \frac{1}{n-1} \sim \frac{1}{n}.$$

On en déduit[2]

$$2u_n \underset{n\to+\infty}{\sim} \frac{1}{n} \quad \text{puis} \quad u_n \underset{n\to+\infty}{\sim} \frac{1}{2n}.$$

Exercice 13 * (Constante d'Euler)

Pour tout $n \in \mathbb{N}^*$, on pose

$$a_n = \sum_{k=1}^{n} \frac{1}{k} - \ln(n+1) \quad \text{et} \quad b_n = \sum_{k=1}^{n} \frac{1}{k} - \ln(n).$$

(a) Établir que $\ln(1+x) \leqslant x$ pour tout $x \in \,]-1\,;+\infty[$.

(b) Justifier que les suites $(a_n)_{n\geqslant 1}$ et $(b_n)_{n\geqslant 1}$ sont adjacentes.

On note γ leur limite commune[3].

(c) Justifier le développement

$$\sum_{k=1}^{n} \frac{1}{k} \underset{n\to+\infty}{=} \ln(n) + \gamma + o(1).$$

Solution

(a) Cette inégalité fameuse a déjà été justifiée par étude de la fonction définie par la différence des deux membres dans le sujet 3 p. 15.

1. Si $u_n = e^{-n}$, on a $u_{n+1} \sim e^{-1}u_n$, si $u_n = e^{-n^2}$, on a $u_{n+1} = o(u_n)$.

2. On peut énoncer un théorème d'encadrement : si u_n est encadré par deux termes généraux équivalents à une même expression alors u_n équivaut aussi à cette expression. Cela se justifie en étudiant la limite d'un quotient.

3. Il s'agit de la *constante d'Euler*, $\gamma = 0{,}577$ à 10^{-3} près.

(b) Pour tout[1] $n \geqslant 2$,

$$a_n - a_{n-1} = \frac{1}{n} - \ln(n+1) + \ln(n) = \frac{1}{n} - \ln\left(\frac{n+1}{n}\right) = \frac{1}{n} - \ln\left(1 + \frac{1}{n}\right) \underset{x=1/n}{\geqslant} 0$$

$$b_n - b_{n-1} = \frac{1}{n} - \ln(n) + \ln(n-1) = \frac{1}{n} + \ln\left(\frac{n-1}{n}\right) = \frac{1}{n} + \ln\left(1 - \frac{1}{n}\right) \underset{x=-1/n}{\leqslant} 0$$

et

$$b_n - a_n = \ln(n+1) - \ln(n) = \ln\left(\frac{n+1}{n}\right) \xrightarrow[n \to +\infty]{} 0.$$

Les suites $(a_n)_{n \geqslant 1}$ et $(b_n)_{n \geqslant 1}$ sont donc adjacentes.

(c) **méthode**

> Lorsqu'une suite (u_n) possède une limite finie ℓ, on peut écrire $u_n = \ell + o(1)$ quand n tend vers $+\infty$.

Puisque la suite (b_n) tend vers γ, on peut écrire

$$b_n \underset{n \to +\infty}{=} \gamma + o(1).$$

En réorganisant les termes, cette égalité se transforme immédiatement en celle souhaitée[2]

$$\sum_{k=1}^{n} \frac{1}{k} \underset{n \to +\infty}{=} \ln(n) + \gamma + o(1).$$

Exercice 14 ** (Intégrales de Wallis)

Pour $n \in \mathbb{N}$, on pose

$$I_n = \int_0^{\pi/2} \sin^n(t)\,\mathrm{d}t.$$

(a) Montrer que pour tout $n \in \mathbb{N}$,

$$I_{n+2} = \frac{n+1}{n+2} I_n.$$

(b) Établir que pour tout $n \in \mathbb{N}$,

$$(n+1) I_n I_{n+1} = \frac{\pi}{2} \quad \text{et} \quad 0 \leqslant I_{n+1} \leqslant I_n.$$

(c) Déterminer un équivalent de I_n.

---

1. Il est ici plus commode d'étudier la monotonie de la suite (a_n) en déterminant le signe de $a_n - a_{n-1}$ plutôt que celui de $a_{n+1} - a_n$.
2. En particulier, on en déduit $1 + \frac{1}{2} + \cdots + \frac{1}{n} \sim \ln(n)$.

Solution

(a) Cette question a déjà été résolue par intégration par parties dans le sujet 20 p. 151.

(b) **méthode**

‖ On montre la constance de la suite (u_n) avec $u_n = (n+1)I_n I_{n+1}$.

Soit n un entier naturel. La formule ci-dessus donne

$$u_{n+1} = (n+2)I_{n+2}I_{n+1} = (n+1)I_n I_{n+1} = u_n.$$

La suite (u_n) est donc constante. Par un calcul direct, on a $I_0 = \pi/2$ et $I_1 = 1$. La suite (u_n) est donc constante égale à $u_0 = \pi/2$.

Pour tout $t \in [0\,;\pi/2]$, on a $0 \leqslant \sin(t) \leqslant 1$. En multipliant par $\sin^n(t)$ qui est positif, on obtient

$$0 \leqslant \sin^{n+1}(t) \leqslant \sin^n(t).$$

En intégrant en bon ordre, on conclut $0 \leqslant I_{n+1} \leqslant I_n$.

(c) **méthode**

‖ On encadre I_n^2 par les produits connus $I_n I_{n-1}$ et $I_n I_{n+1}$.

Pour $n \in \mathbb{N}^*$, on sait par ce qui précède $I_{n+1} \leqslant I_n \leqslant I_{n-1}$. En multipliant par le facteur positif I_n, on obtient

$$\underbrace{I_n I_{n+1}}_{=\frac{\pi}{2(n+1)}} \leqslant I_n^2 \leqslant \underbrace{I_{n-1} I_n}_{=\frac{\pi}{2n}}.$$

Les termes encadrants sont tous deux équivalents à $\pi/2n$ donc le terme encadré l'est aussi. Enfin, en passant à la racine, on conclut

$$I_n \underset{n\to+\infty}{\sim} \sqrt{\frac{\pi}{2n}} \quad \text{car} \quad I_n \geqslant 0.$$

Exercice 15 ***

Pour $n \in \mathbb{N}$, on considère l'équation $x + \sqrt[3]{x} = n$ d'inconnue $x \in \mathbb{R}_+$.

(a) Montrer que cette équation possède une unique solution x_n.

(b) Déterminer la limite puis un équivalent simple de la suite (x_n).

(c) Donner un développement asymptotique à trois termes de la suite (x_n).

Solution

(a) Par somme de fonctions, l'application $f\colon \mathbb{R}_+ \to \mathbb{R}$ définie par $f(x) = x + \sqrt[3]{x}$ est continue et strictement croissante. Elle réalise donc une bijection de $[0\,;+\infty[$ vers l'intervalle $[f(0)\,;\lim\limits_{+\infty} f[= [0\,;+\infty[$. L'équation étudiée possède alors une unique solution :

$$x_n = f^{-1}(n).$$

(b) **méthode**

> Le tableau de variation de f^{-1} se déduit de celui de f par symétrie.

On a les variations suivantes :

x	0	$+\infty$
$f(x)$	0 ↗	$+\infty$

x	0	$+\infty$
$f^{-1}(x)$	0 ↗	$+\infty$

On en déduit que la suite $(x_n) = \big(f^{-1}(n)\big)$ croît vers $+\infty$.

méthode

> On détermine un équivalent de x_n en ne conservant que les termes principaux dans l'équation définissant x_n.

Puisque (x_n) tend vers $+\infty$, on peut affirmer que $\sqrt[3]{x_n}$ est négligeable devant x_n. L'équation définissant x_n se relit alors

$$x_n + \mathrm{o}(x_n) \underset{n\to+\infty}{=} n \quad \text{donc} \quad x_n \underset{n\to+\infty}{\sim} n.$$

(c) **méthode**

> On détermine un développement asymptotique de (x_n) au « compte-gouttes » : après avoir déterminé un équivalent de x_n, on calcule un équivalent de la différence puis on recommence. On fait ainsi apparaître successivement les termes du développement asymptotique cherché.

On introduit $y_n = x_n - n$ avec, en vertu de ce qui précède, $y_n = \mathrm{o}(n)$. Par l'équation définissant x_n, on peut affirmer

$$y_n = -\sqrt[3]{x_n} \underset{n\to+\infty}{\sim} -\sqrt[3]{n} \quad \text{car} \quad x_n \underset{n\to+\infty}{\sim} n.$$

On obtient ainsi un premier développement asymptotique à deux termes

$$x_n \underset{n\to+\infty}{=} n - \sqrt[3]{n} + \mathrm{o}\big(\sqrt[3]{n}\big).$$

On introduit ensuite $z_n = x_n - n + \sqrt[3]{n} = y_n + \sqrt[3]{n}$. L'équation $y_n = -\sqrt[3]{x_n}$ se relit

$$-\sqrt[3]{n} + z_n \underset{n\to+\infty}{=} -\sqrt[3]{n - \sqrt[3]{n} + \mathrm{o}\big(\sqrt[3]{n}\big)}.$$

On réalise le développement asymptotique du second membre en factorisant n de la racine cubique et en exploitant le développement connu de $u \mapsto (1+u)^\alpha$ en 0 avec $\alpha = 1/3$.

$$\begin{aligned}
-\sqrt[3]{n} + z_n &\underset{n\to+\infty}{=} -\sqrt[3]{n}\left(1 - \frac{1}{n^{2/3}} + \mathrm{o}\left(\frac{1}{n^{2/3}}\right)\right)^{1/3} \\
&\underset{n\to+\infty}{=} -\sqrt[3]{n} + \frac{1}{3\sqrt[3]{n}} + \mathrm{o}\left(\frac{1}{\sqrt[3]{n}}\right).
\end{aligned}$$

Après simplification,

$$z_n \underset{n\to+\infty}{=} \frac{1}{3\sqrt[3]{n}} + \mathrm{o}\left(\frac{1}{\sqrt[3]{n}}\right) \underset{n\to+\infty}{\sim} \frac{1}{3\sqrt[3]{n}}.$$

Finalement, on conclut au développement asymptotique à trois termes

$$x_n \underset{n\to+\infty}{=} n - \sqrt[3]{n} + \frac{1}{3\sqrt[3]{n}} + \mathrm{o}\left(\frac{1}{\sqrt[3]{n}}\right).$$

Exercice 16 ***

Soient n un entier naturel non nul et (E_n) l'équation $x^n \ln(x) = 1$ d'inconnue $x \in \mathbb{R}_+^*$.

(a) Montrer que l'équation (E_n) admet une unique solution x_n et que $x_n > 1$.

(b) Montrer que la suite (x_n) est décroissante et déterminer sa limite.

Pour tout $n \in \mathbb{N}^*$, on pose $y_n = x_n - 1$.

(c) Justifier que ny_n équivaut à $-\ln(y_n)$ et en déduire un équivalent simple de y_n.

Solution

(a) **méthode**

‖ On étudie les variations de la fonction $f_n\colon x \mapsto x^n \ln(x)$.

La fonction f_n est définie et dérivable sur $\mathbb{R}_+^*$. Pour $x > 0$, $f_n'(x) = \big(n\ln(x) + 1\big)x^{n-1}$ est du signe de $n\ln(x) + 1$ qui s'annule en $x = \mathrm{e}^{-1/n}$.

x	0		$\mathrm{e}^{-1/n}$		1		x_n		$+\infty$
$f_n'(x)$		$-$	0			$+$			
$f_n(x)$	0	$\searrow$	$-\frac{1}{ne}$	$\nearrow$	0	$\nearrow$	1	$\nearrow$	$+\infty$

Ce tableau de variation (où les flèches signifient que la fonction est continue et strictement monotone) assure l'existence et l'unicité d'une solution x_n à l'équation $f_n(x) = 1$ sur $\mathbb{R}_+^*$. De plus, on observe que cette solution vérifie $x_n > 1$.

(b) **méthode**

‖ On positionne x_{n+1} dans le tableau précédent en comparant $f_n(x_{n+1})$ et 1.

Sachant $x_{n+1}^{n+1}\ln(x_{n+1}) = 1$, on a $x_{n+1}f_n(x_{n+1}) = 1$ et donc $f_n(x_{n+1}) = \frac{1}{x_{n+1}} \leqslant 1$. On en déduit $x_{n+1} \leqslant x_n$ car f est strictement croissante sur $[1\,;+\infty[$.

x	1		x_{n+1}		x_n		$+\infty$
$f_n(x)$	0	$\nearrow$	$f_n(x_{n+1})$	$\nearrow$	1	$\nearrow$	$+\infty$

La suite (x_n) étant décroissante et minorée par 1, elle converge. Notons ℓ sa limite. Sachant $x_n \geqslant 1$ pour tout $n \in \mathbb{N}^*$, on a à la limite $\ell \geqslant 1$.

méthode

On montre que $\ell = 1$ est la seule valeur compatible avec un passage à la limite dans la relation $x_n^n \ln(x_n) = 1$.

Par l'absurde, supposons $\ell > 1$. La suite décroissante (x_n) étant minorée par sa limite, on a

$$1 = x_n^n \ln(x_n) \geqslant \ell^n \ln(\ell) \xrightarrow[n\to+\infty]{} +\infty.$$

Cela est absurde et $\ell = 1$ est alors la seule limite possible.

(c) Par l'étude qui précède, le terme y_n tend vers 0 par valeurs strictement supérieures. L'équation définissant x_n exprimée en y_n et passée au logarithme donne

$$n \ln(1 + y_n) + \ln\big(\ln(1 + y_n)\big) = 0. \tag{$*$}$$

D'une part,

$$n \ln(1 + y_n) \underset{n\to+\infty}{\sim} n y_n$$

car on sait $\ln(1 + u) \sim u$ lorsque u tend vers 0.

D'autre part,

$$\ln\big(\ln(1 + y_n)\big) \underset{n\to+\infty}{=} \ln\big(y_n + \mathrm{o}(y_n)\big) = \underbrace{\ln(y_n)}_{\to-\infty} + \underbrace{\ln\big(1 + \mathrm{o}(1)\big)}_{\to 0} \underset{n\to+\infty}{\sim} \ln(y_n).$$

L'équation $(*)$ se relit

$$n y_n + \mathrm{o}(n y_n) + \ln(y_n) + \mathrm{o}\big(\ln(y_n)\big) \underset{n\to+\infty}{=} 0.$$

En réordonnant les membres, on en déduit que le terme $n y_n$ équivaut à $-\ln(y_n)$.

méthode

On passe l'équivalent qui précède au logarithme afin de déterminer un équivalent de $\ln(y_n)$ qui suffira pour obtenir un équivalent de y_n.

On écrit

$$n y_n = -\ln(y_n) + \mathrm{o}\big(\ln(y_n)\big) = -\ln(y_n) \times \big(1 + \mathrm{o}(1)\big)$$

et l'on passe au logarithme

$$\ln(n) + \ln(y_n) \underset{n\to+\infty}{=} \ln\big(-\ln(y_n)\big) + \ln\big(1 + \mathrm{o}(1)\big).$$

D'une part, $\ln\big(1 + \mathrm{o}(1)\big)$ tend vers 0 et est donc négligeable devant le terme $\ln(n)$.

D'autre part, $\ln(y_n)$ tend vers $-\infty$ et $\ln\big(-\ln(y_n)\big)$ est donc négligeable devant $\ln(y_n)$.

On peut alors affirmer

$$\ln(n) + \ln(y_n) \underset{n\to+\infty}{=} \mathrm{o}\big(\ln(y_n)\big) + \mathrm{o}\big(\ln(n)\big).$$

En réorganisant les membres, il vient que $\ln(y_n)$ équivaut à $-\ln(n)$ et l'on peut conclure

$$y_n \underset{n\to+\infty}{\sim} \frac{\ln(n)}{n}.$$

9.5.3 Limites et équivalents de fonctions numériques

Exercice 17 *

Étudier les limites suivantes :

(a) $\displaystyle\lim_{x\to1} \frac{\ln(x)}{x-1}$ (b) $\displaystyle\lim_{x\to0} \frac{\mathrm{e}^{2x}-\mathrm{e}^{x}}{x}$ (c) $\displaystyle\lim_{x\to0} \left(\frac{1}{\sin^2(x)} - \frac{1}{x^2}\right)$

(d) $\displaystyle\lim_{x\to+\infty} \left(\cos\left(\frac{1}{x}\right)\right)^{x^2}$ (e) $\displaystyle\lim_{x\to+\infty} \left(3\cdot2^{\frac{1}{x}} - 2\cdot3^{\frac{1}{x}}\right)^{x}$.

Solution

(a) **méthode**

‖ On translate le problème en 0 en écrivant $x = 1 + h$ avec h de limite nulle.

$$\frac{\ln(x)}{x-1} = \frac{\ln(1+h)}{h} \underset{x\to1}{\sim} \frac{h}{h} = 1.$$

On pouvait aussi calculer cette limite comme un nombre dérivé limite d'un taux d'accroissement associé à la fonction logarithme entre 1 et x.

(b) **méthode**

‖ On calcule[1] un développement limité du numérateur.

On a

$$\mathrm{e}^{2x} \underset{x\to0}{=} 1 + 2x + \mathrm{o}(x) \quad \text{et} \quad \mathrm{e}^{x} \underset{x\to0}{=} 1 + x + \mathrm{o}(x)$$

donc

$$\frac{\mathrm{e}^{2x}-\mathrm{e}^{x}}{x} \underset{x\to0}{=} \frac{x+\mathrm{o}(x)}{x} \xrightarrow[x\to0]{} 1.$$

(c) **méthode**

‖ On réduit au même dénominateur et l'on cherche un équivalent simple pour le numérateur et le dénominateur.

1. On peut aussi reconnaître un taux de d'accroissement associé à la fonction exponentielle après factorisation de e^x.

$$\frac{1}{\sin^2(x)} - \frac{1}{x^2} = \frac{x^2 - \sin^2(x)}{x^2 \sin^2(x)} = \frac{\big(x - \sin(x)\big)\big(x + \sin(x)\big)}{x^2 \sin^2(x)}.$$

Par le développement limité de la fonction sinus,

$$x - \sin(x) \underset{x\to 0}{=} \frac{1}{6}x^3 + \mathrm{o}(x^3) \quad \text{et} \quad x + \sin(x) \underset{x\to 0}{=} 2x + \mathrm{o}(x).$$

On en déduit

$$\frac{1}{\sin^2(x)} - \frac{1}{x^2} \underset{x\to 0}{\sim} \frac{\frac{1}{6}x^3 \times 2x}{x^2 \times x^2} = \frac{1}{3} \xrightarrow[x\to 0]{} \frac{1}{3}.$$

(d) **méthode**

‖ On exprime la puissance en écriture exponentielle.

$$\left(\cos\left(\frac{1}{x}\right)\right)^{x^2} = \exp\left(x^2 \ln\left(\cos\left(\frac{1}{x}\right)\right)\right).$$

Puisque $1/x$ est de limite nulle, on peut écrire le développement

$$x^2 \ln\left(\cos\left(\frac{1}{x}\right)\right) \underset{x\to+\infty}{=} x^2 \ln\Bigg(1 \underbrace{- \frac{1}{2x^2} + \mathrm{o}\left(\frac{1}{x^2}\right)}_{\to 0}\Bigg) = x^2\left(-\frac{1}{2x^2} + \mathrm{o}\left(\frac{1}{x^2}\right)\right) \xrightarrow[x\to+\infty]{} -\frac{1}{2}.$$

On conclut

$$\left(\cos\left(\frac{1}{x}\right)\right)^{x^2} \xrightarrow[x\to+\infty]{} \frac{1}{\sqrt{\mathrm{e}}}.$$

(e) **méthode**

‖ On développe $2^{\frac{1}{x}}$ et $3^{\frac{1}{x}}$ en passant par l'écriture exponentielle.

$$2^{\frac{1}{x}} = \exp\left(\frac{1}{x}\ln(2)\right) \underset{x\to+\infty}{=} 1 + \frac{\ln(2)}{x} + \mathrm{o}\left(\frac{1}{x}\right) \quad \text{et} \quad 3^{\frac{1}{x}} \underset{x\to+\infty}{=} 1 + \frac{\ln(3)}{x} + \mathrm{o}\left(\frac{1}{x}\right).$$

On en déduit

$$\left(3\cdot 2^{\frac{1}{x}} - 2\cdot 3^{\frac{1}{x}}\right)^x \underset{x\to+\infty}{=} \exp\left(x \ln\left(1 + \frac{3\ln(2) - 2\ln(3)}{x} + \mathrm{o}\left(\frac{1}{x}\right)\right)\right)$$

avec

$$x \ln\Bigg(1 + \underbrace{\frac{3\ln(2) - 2\ln(3)}{x} + \mathrm{o}\left(\frac{1}{x}\right)}_{\to 0}\Bigg) \underset{x\to+\infty}{\sim} x\left(\frac{3\ln(2) - 2\ln(3)}{x} + \mathrm{o}\left(\frac{1}{x}\right)\right)$$

$$\xrightarrow[x\to+\infty]{} 3\ln(2) - 2\ln(3) = \ln\left(\frac{8}{9}\right)$$

et donc

$$\left(3 \cdot 2^{\frac{1}{x}} - 2 \cdot 3^{\frac{1}{x}}\right)^{x} \xrightarrow[x \to +\infty]{} \frac{8}{9}.$$

Exercice 18 *

Soient f et g deux fonctions définies sur I et à valeurs réelles strictement positives. On suppose que f et g sont équivalentes en a extrémité finie ou infinie de I.

(a) Montrer que, si f et g tendent en a vers une limite $\ell \in \mathbb{R}_+ \cup \{+\infty\}$ différente de 1, alors $\ln(f)$ et $\ln(g)$ sont équivalentes[1] en a.

(b) Cette propriété est-elle encore vraie lorsque $\ell = 1$?

Solution

(a) **méthode**

> On écrit $f(x) = g(x)\varphi(x)$ avec φ de limite en 1 en a.

Pour $x \in I$,

$$\ln\big(f(x)\big) = \ln\big(g(x)\big) + \ln\big(\varphi(x)\big).$$

Or $\ln\big(\varphi(x)\big)$ est négligeable devant $\ln\big(g(x)\big)$ quand x tend vers a car $\ln\big(\varphi(x)\big)$ tend vers 0 tandis que $\ln\big(g(x)\big)$ tend vers une limite non nulle, éventuellement infinie. On a ainsi[2]

$$\ln\big(f(x)\big) \underset{x \to a}{=} \ln\big(g(x)\big) + \mathrm{o}\Big(\ln\big(g(x)\big)\Big) \underset{x \to a}{\sim} \ln\big(g(x)\big).$$

(b) **méthode**

> Un contre-exemple suffit à vérifier que la propriété n'est plus vraie lorsque ℓ est égal à 1.

Prenons $f(x) = 1 + x$ et $g(x) = 1 + x^2$ et menons l'étude en $a = 0$.

D'une part, les fonctions f et g tendent vers 1 en 0 ce qui est une limite finie non nulle donc un équivalent :

$$f(x) \underset{x \to 0}{\sim} 1 \quad \text{et} \quad g(x) \underset{x \to 0}{\sim} 1.$$

D'autre part, on a

$$\ln\big(f(x)\big) = \ln(1 + x) \underset{x \to 0}{\sim} x \quad \text{et} \quad \ln\big(g(x)\big) = \ln\big(1 + x^2\big) \underset{x \to 0}{\sim} x^2.$$

Ainsi, les fonctions f et g sont équivalentes mais leurs logarithmes ne le sont pas.

---

1. On voit que, dans une certaine mesure, on peut passer les équivalents au logarithme. En revanche, on ne peut passer pas ceux-ci à l'exponentielle, sauf si la différence des fonctions tend vers 0.

2. Ce résultat se particularise aux suites : on a $\ln(u_n) \sim \ln(v_n)$ quand (u_n) et (v_n) sont deux suites équivalentes à termes strictement positifs admettant une limite différente de 1.

Exercice 19 **

(a) Soient f et g deux fonctions réelles définies sur un intervalle dont a est une extrémité finie ou infinie. On suppose

$$f(x) \xrightarrow[x\to a]{} 1 \quad \text{et} \quad g(x)\big(f(x)-1\big) \xrightarrow[x\to a]{} \ell \in \mathbb{R}\cup\{\pm\infty\}.$$

Étudier la limite de $f(x)^{g(x)}$ lorsque x tend vers a.

(b) *Application :* Étudier

$$\lim_{x\to+\infty}\left(\frac{1}{x}+\frac{\ln(2x)}{\ln(x)}\right)^{\ln(x)}.$$

Solution

(a) **méthode**

‖ Si $f(x)$ est de limite 1, on montre que $\ln\big(f(x)\big)$ équivaut à $f(x)-1$.

Par l'écriture exponentielle,

$$f(x)^{g(x)} = \exp\Big(g(x)\ln\big(f(x)\big)\Big).$$

Cependant,

$$\ln\big(f(x)\big) = \ln\big(1+u\big) \quad \text{avec} \quad u = f(x)-1 \xrightarrow[x\to a]{} 0$$

et donc

$$\ln\big(f(x)\big) \underset{x\to a}{\sim} f(x)-1 \quad \text{puis} \quad g(x)\ln\big(f(x)\big) \underset{x\to a}{\sim} g(x)\big(f(x)-1\big).$$

Par composition de limites, on conclut

$$f(x)^{g(x)} \xrightarrow[x\to a]{} \begin{cases} e^{\ell} & \text{si } \ell\in\mathbb{R} \\ +\infty & \text{si } \ell=+\infty \\ 0 & \text{si } \ell=-\infty. \end{cases}$$

(b) On observe

$$\frac{1}{x}+\frac{\ln(2x)}{\ln(x)} = \frac{1}{x}+\frac{\ln(2)}{\ln(x)}+1 \xrightarrow[x\to+\infty]{} 1$$

et

$$\begin{aligned}\ln(x)\left(\frac{1}{x}+\frac{\ln(2x)}{\ln(x)}-1\right) &= \frac{\ln(x)}{x}+\ln(2x)-\ln(x)\\ &= \frac{\ln(x)}{x}+\ln(2) \xrightarrow[x\to+\infty]{} \ln(2).\end{aligned}$$

Le résultat qui précède donne alors

$$\lim_{x\to+\infty}\left(\frac{1}{x}+\frac{\ln(2x)}{\ln(x)}\right)^{\ln(x)} = e^{\ln(2)} = 2.$$

9.5.4 Développements limités

Exercice 20 *
Former le développement limité à l'ordre 3 en 0 de la fonction $x \mapsto \arctan(e^x)$.
Quelle est l'allure de cette fonction autour du point d'abscisse 0 ?

Solution

méthode
‖ On développe à l'ordre 2 la fonction dérivée.

Par dérivation de fonctions composées,

$$\frac{d}{dx}\Big(\arctan(e^x)\Big) = \frac{e^x}{1+e^{2x}}.$$

Par développement d'un quotient,

$$\frac{e^x}{1+e^{2x}} \underset{x\to 0}{=} \frac{1+x+\frac{1}{2}x^2+o(x^2)}{1+1+2x+\frac{1}{2}(2x)^2+o(x^2)} = \frac{1}{2}\cdot\frac{1+x+\frac{1}{2}x^2+o(x^2)}{1+x+x^2+o(x^2)}$$

$$\underset{x\to 0}{=} \frac{1}{2}\Big(1+x+\frac{1}{2}x^2+o(x^2)\Big)\Big(1-x+o(x^2)\Big) = \frac{1}{2}-\frac{1}{4}x^2+o(x^2).$$

En intégrant (Th. 14 p. 324), sans oublier la constante d'intégration qui est la valeur de la fonction en 0, ici $\arctan(1)$, on obtient le développement à l'ordre 3 voulu

$$\arctan(e^x) \underset{x\to 0}{=} \frac{\pi}{4}+\frac{1}{2}x-\frac{1}{12}x^3+o(x^3).$$

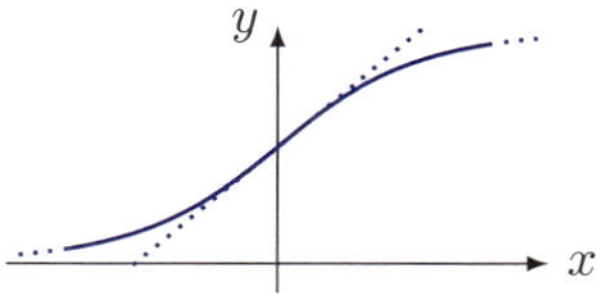

La tangente en 0 a pour équation $y = \pi/4 + x/2$ (Th. 16 p. 326). Puisque le terme qui suit dans le développement limité change de signe, la courbe traverse cette tangente : il s'agit d'un *point d'inflexion*.

Exercice 21 *
Soit f l'application définie sur $\mathbb{R}^*$ par

$$f(x) = 1 + x^2 \sin\left(\frac{1}{x}\right).$$

(a) Montrer à l'aide d'un développement limité à l'ordre 1 que l'on peut prolonger f en une fonction dérivable sur $\mathbb{R}$.

(b) La fonction dérivée de f admet-elle un développement limité en 0 ?

Solution

(a) La fonction f est évidemment dérivable sur les intervalles $]-\infty\,;0[$ et $]0\,;+\infty[$. La fonction sinus étant bornée, on peut écrire le développement limité à l'ordre 1

$$f(x) \underset{x\to 0}{=} 1 + \mathrm{O}\big(x^2\big) = 1 + 0 \cdot x + \mathrm{o}(x).$$

On en déduit qu'il est possible de prolonger f par continuité en 0 en posant $f(0) = 1$ et que ce prolongement est dérivable en 0 avec $f'(0) = 0$ (Th. 15 p. 325).

(b) Pour $x \neq 0$, on a

$$f'(x) = 2x \sin\left(\frac{1}{x}\right) - \cos\left(\frac{1}{x^2}\right).$$

méthode

Le coefficient constant d'un développement limité est la limite de la fonction au point.

Ici, $f'(x)$ n'admet [1] pas de limite en 0 et *a fortiori* pas de développement limité [2].

Exercice 22 **

(a) Former le développement limité à l'ordre 3 en 0 de

$$\tan(x) = \frac{\sin(x)}{\cos(x)}.$$

(b) Prolonger ce développement limité à l'ordre 5 en exploitant

$$\tan\big(\arctan(x)\big) = x.$$

(c) Prolonger ce développement limité à l'ordre 7 en exploitant

$$(\tan)'(x) = 1 + \tan^2(x).$$

Solution

(a) Par quotient de développements limités, on obtient

$$\begin{aligned}\tan(x) &\underset{x\to 0}{=} \frac{\sin(x)}{\cos(x)} = \frac{x - \frac{1}{6}x^3 + \mathrm{o}\big(x^3\big)}{1 - \frac{1}{2}x^2 + \mathrm{o}\big(x^2\big)} \\ &\underset{x\to 0}{=} \left(x - \frac{1}{6}x^3 + \mathrm{o}\big(x^3\big)\right)\left(1 + \frac{1}{2}x^2 + \mathrm{o}\big(x^2\big)\right) = x + \frac{1}{3}x^3 + \mathrm{o}\big(x^3\big).\end{aligned}$$

1. Pour $x_n = 1/\sqrt{n\pi}$, $f'(x_{2p})$ tend vers -1 alors que $f'(x_{2p+1})$ tend vers 1 quand p tend vers $+\infty$.

2. La même étude avec $f(x) = 1 + x^{n+1}\sin\big(1/x^n\big)$ donne un exemple de fonction admettant un développement limité à l'ordre n en 0 sans que sa dérivée possède un développement limité à l'ordre 0 en 0. Cela illustre que l'on ne peut pas dériver les développements limités !

On notera qu'un développement limité à l'ordre 2 du dénominateur a suffit à conduire les calculs car le développement du sinus commence par x.

(b) **méthode**

> On justifie l'existence d'un développement limité par le calcul de celui-ci ou encore en appliquant la formule de Taylor-Young (Th. 13 p. 324).

La fonction tangente est de classe $\mathcal{C}^\infty$ sur $]-\pi/2\,;\pi/2[$, elle admet donc un développement limité à l'ordre 5 en 0. De plus, cette fonction étant impaire, ce développement ne comporte que des puissances impaires de x. En introduisant un paramètre inconnu a réel, on peut alors écrire

$$\tan(x) \underset{x\to 0}{=} x + \frac{1}{3}x^3 + ax^5 + \mathrm{o}(x^5).$$

méthode

> On détermine la valeur de a en calculant de deux façons le développement de $\tan(\arctan(x))$.

D'une part,

$$\tan(\arctan(x)) = x \underset{x\to 0}{=} x + \mathrm{o}(x^5)$$

ce qui produit un premier développement limité à l'ordre 5.

D'autre part,

$$\tan(\arctan(x)) = \tan(u) \quad \text{avec} \quad u = \arctan(x) \xrightarrow[x\to 0]{} 0.$$

On connaît

$$\arctan(x) \underset{x\to 0}{=} x - \frac{1}{3}x^3 + \frac{1}{5}x^5 + \mathrm{o}(x^5)$$

et l'on opère alors une composition de développements avec

$$\begin{cases} u = x - \frac{1}{3}x^3 + \frac{1}{5}x^5 + \mathrm{o}(x^5) \\ u^3 = \phantom{x - {}} x^3 - \phantom{\frac{1}{5}} x^5 + \mathrm{o}(x^5) \\ u^5 = \phantom{x - \frac{1}{3}x^3 + \frac{1}{5}} x^5 + \mathrm{o}(x^5). \end{cases}$$

On obtient

$$\tan(\arctan(x)) \underset{x\to 0}{=} x + 0\cdot x^3 + \left(\frac{1}{5} - \frac{1}{3} + a\right)x^5 + \mathrm{o}(x^5)$$

ce qui produit un second développement limité à l'ordre 5.

Par unicité des coefficients d'un développement limité, il vient

$$a = \frac{1}{3} - \frac{1}{5} = \frac{2}{15}.$$

(c) **méthode**

‖ On intègre le développement à l'ordre 6 de $1+\tan^2(x)$ (Th. 14 p. 324).

Par produit de développements limités,

$$1+\tan^2(x) \underset{x\to 0}{=} 1+\left(x+\frac{1}{3}x^3+\frac{2}{15}x^5+\mathrm{o}\big(x^5\big)\right)^2 = 1+x^2+\frac{2}{3}x^4+\frac{17}{45}x^6+\mathrm{o}\big(x^6\big).$$

En intégrant ce développement (avec une constante d'intégration nulle car $\tan(0)=0$), on conclut

$$\tan(x) \underset{x\to 0}{=} x+\frac{1}{3}x^3+\frac{2}{15}x^5+\frac{17}{315}x^7+\mathrm{o}\big(x^7\big).$$

Exercice 23 ***

En calculant de deux façons le développement limité à l'ordre n en 0 de $\big(\mathrm{e}^x-1\big)^n$, établir que pour tout entier ℓ compris entre 0 et n,

$$\sum_{k=0}^{n}\binom{n}{k}\frac{(-1)^{n-k}k^\ell}{\ell!}=\begin{cases}0 & \text{si } \ell<n\\ 1 & \text{si } \ell=n.\end{cases}$$

Solution

méthode

‖ Un premier développement se déduit de $\mathrm{e}^x-1\sim x$ quand x tend vers 0.

En élevant à la puissance n l'équivalent ci-dessus, il vient

$$\big(\mathrm{e}^x-1\big)^n \underset{x\to 0}{\sim} x^n.$$

Cette équivalence peut aussi s'interpréter comme le développement limité à l'ordre n suivant :

$$\big(\mathrm{e}^x-1\big)^n \underset{x\to 0}{=} x^n+\mathrm{o}\big(x^n\big).$$

méthode

‖ Un second calcul exploite la formule du binôme de Newton.

On a

$$\big(\mathrm{e}^x-1\big)^n=\sum_{k=0}^{n}\binom{n}{k}(-1)^{n-k}\mathrm{e}^{kx}.$$

On peut développer chaque terme exponentiel

$$\mathrm{e}^{kx} \underset{x\to 0}{=} \sum_{\ell=0}^{n}\frac{1}{\ell!}(kx)^\ell+\mathrm{o}\big((kx)^n\big) \underset{x\to 0}{=} \sum_{\ell=0}^{n}\frac{k^\ell}{\ell!}x^\ell+\mathrm{o}\big(x^n\big).$$

En échangeant les deux sommes, on forme un nouveau développement de $\big(\mathrm{e}^x-1\big)^n$

$$\big(\mathrm{e}^x-1\big)^n \underset{x\to 0}{=} \sum_{\ell=0}^{n}\left(\sum_{k=0}^{n}\binom{n}{k}\frac{(-1)^{n-k}k^\ell}{\ell!}\right)x^\ell+\mathrm{o}\big(x^n\big).$$

L'unicité des coefficients d'un développement limité entraîne alors la relation proposée.

9.5.5 Études asymptotiques de fonctions numériques

Exercice 24 *

Former le développement asymptotique à trois termes au voisinage de $+\infty$ de la fonction $x \mapsto x\arctan(x)$. Quelle est l'allure de cette fonction en $+\infty$?

Solution

méthode

On rapporte le problème en 0 par la formule[1]

$$\arctan(x) + \arctan\left(\frac{1}{x}\right) = \frac{\pi}{2} \quad \text{valable pour tout } x > 0.$$

On écrit

$$x\arctan(x) = \frac{\pi}{2}x - x\arctan\left(\frac{1}{x}\right) = \frac{\pi}{2}x - x\arctan(u) \quad \text{avec} \quad u = \frac{1}{x} \xrightarrow[x\to+\infty]{} 0.$$

On connaît le développement limité de la fonction arc tangente en 0

$$\arctan(u) \underset{u\to 0}{=} u - \frac{1}{3}u^3 + o(u^3).$$

On en déduit le développement asymptotique cherché

$$x\arctan(x) \underset{x\to+\infty}{=} \frac{\pi}{2}x - 1 + \frac{1}{3x^2} + o\left(\frac{1}{x^2}\right).$$

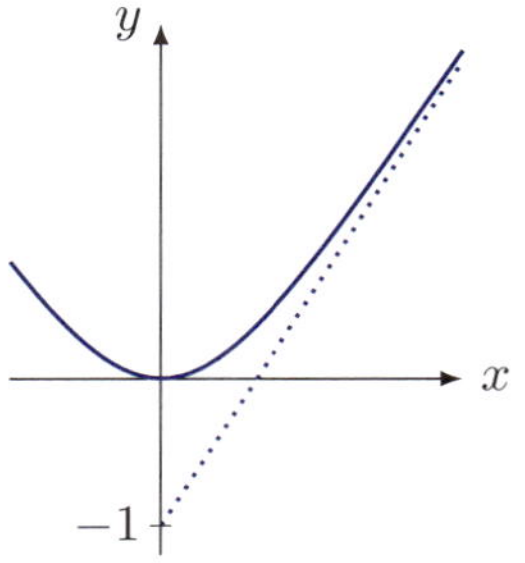

La fonction $x \mapsto x\arctan(x)$ présente une asymptote en $+\infty$ qui est la droite d'équation $y = \frac{\pi}{2}x - 1$. Puisque le terme qui suit dans le développement est positif, la courbe se positionne au-dessus de l'asymptote au voisinage de l'infini.

Exercice 25 **

On pose $f(x) = x + \ln(x) - 1$ pour $x > 0$.

(a) Justifier que f réalise une bijection de $]0\,;+\infty[$ vers un intervalle à préciser.

(b) Former le développement limité à l'ordre 2 de f^{-1} en 0.

(c) Donner un équivalent simple à $f^{-1}(y)$ quand y tend vers $+\infty$.

(d) Donner un équivalent simple à $f^{-1}(y)$ quand y tend vers $-\infty$.

1. Voir sujet 7 p. 61.

Solution

(a) Par somme de fonctions, f est continue et strictement croissante sur $]0\,;+\infty[$.

x	0		1		$+\infty$
$f(x)$	$-\infty$	↗	0	↗	$+\infty$

La fonction f réalise alors une bijection $]0\,;+\infty[$ vers $]\lim_{0^+} f\,;\lim_{+\infty} f[\,=\mathbb{R}$.

(b) **méthode**

> On justifie l'existence d'un développement limité que l'on exprime à l'aide de coefficients inconnus. On détermine ceux-ci par la relation $f\big(f^{-1}(y)\big)=y$.

La fonction f est de classe $\mathcal{C}^\infty$ et sa dérivée ne s'annule pas sur $]0\,;+\infty[$. La bijection réciproque f^{-1} est donc de classe $\mathcal{C}^\infty$ sur $\mathbb{R}$ (Th. 10 p. 287). Par la formule de Taylor-Young, on peut affirmer que f^{-1} admet un développement limité à l'ordre 2 :

$$f^{-1}(y) \underset{y\to 0}{=} a+by+cy^2+\mathrm{o}\big(y^2\big).$$

Le coefficient constant de ce développement est la valeur de la fonction au point. Sachant $f(1)=0$, on a $f^{-1}(0)=1$ et donc $a=1$.

La relation $y=f\big(f^{-1}(y)\big)$ donne ensuite

$$y \underset{y\to 0}{=} 1+by+cy^2+\mathrm{o}\big(y^2\big)+\ln\Big(1+by+cy^2+\mathrm{o}\big(y^2\big)\Big)-1.$$

Après quelques calculs, il vient

$$y \underset{y\to 0}{=} 2by+\left(2c-\frac{1}{2}b^2\right)y^2+\mathrm{o}\big(y^2\big).$$

Par unicité des coefficients d'un développement limité, on conclut [1]

$$b=\frac{1}{2}\quad\text{et}\quad c=\frac{1}{4}b^2=\frac{1}{16}.$$

(c) Commençons par déterminer la limite de f^{-1} en $+\infty$. Le tableau de variation de f détermine par symétrie celui de f^{-1}

y	$-\infty$		0		$+\infty$
$f^{-1}(y)$	0	↗	1	↗	$+\infty$

1. La valeur de b pouvait aussi s'obtenir en calculant $\big(f^{-1}\big)'(0)=1/f'(1)$.

La fonction f^{-1} croît donc vers $+\infty$ en $+\infty$.

méthode

On détermine un équivalent de f^{-1} en ne conservant que les termes principaux dans l'équation $y = f\big(f^{-1}(y)\big)$.

L'égalité $y = f\big(f^{-1}(y)\big)$ donne $y = f^{-1}(y) + \ln\big(f^{-1}(y)\big) - 1$. Le terme $\ln\big(f^{-1}(y)\big)$ est négligeable devant $f^{-1}(y)$ car ce dernier tend vers l'infini et la relation précédente se relit

$$y \underset{y\to+\infty}{=} f^{-1}(y) + \mathrm{o}\big(f^{-1}(y)\big).$$

On en déduit

$$f^{-1}(y) \underset{y\to+\infty}{\sim} y.$$

(d) Quand y tend vers $-\infty$, $f^{-1}(y)$ est de limite nulle et la relation $f\big(f^{-1}(y)\big) = y$ permet d'écrire

$$\ln\big(f^{-1}(y)\big) = -f^{-1}(y) + y + 1.$$

En passant à l'exponentielle, on conclut

$$f^{-1}(y) = \underbrace{\mathrm{e}^{-f^{-1}(y)}}_{\to 1}\,\mathrm{e}^{y+1} \underset{y\to-\infty}{\sim} \mathrm{e}^{y+1}.$$

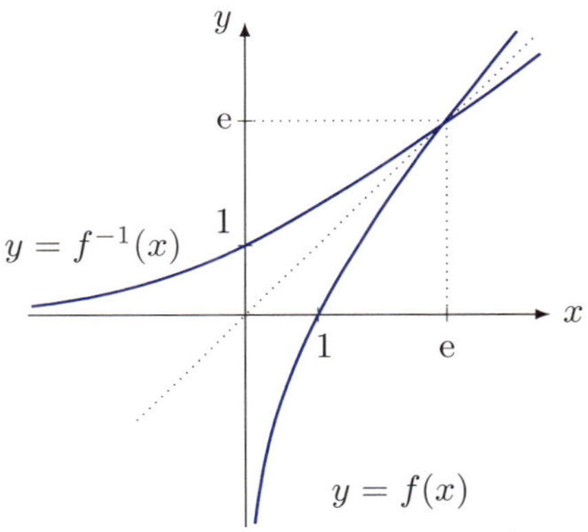

Exercice 26 ***

Soit $\varphi\colon]-1\,;+\infty[\to \mathbb{R}$ la fonction définie par $\varphi(s) = s - \ln(1+s)$ pour tout $s > -1$.

(a) Montrer que φ définit par restriction aux intervalles $]-1\,;0]$ et $[0\,;+\infty[$ une bijection $\varphi_- :]-1\,;0] \to [0\,;+\infty[$ et une bijection $\varphi_+ : [0\,;+\infty[\to [0\,;+\infty[$.

(b) Donner un équivalent de $\varphi(s)$ lorsque s tend vers 0 et en déduire des équivalents des bijections réciproques φ_+^{-1} et φ_-^{-1} en 0 par valeurs supérieures.

(c) Former un développement asymptotique à trois termes de φ_+^{-1} et φ_-^{-1} en 0^+.

Solution

(a) La fonction φ est dérivable sur $]-1\,;+\infty[$ avec

$$\varphi'(s) = 1 - \frac{1}{1+s} = \frac{s}{1+s} \quad \text{pour tout } s > -1.$$

On en déduit les variations de φ :

s	-1		0		$+\infty$
$\varphi'(s)$		$-$	0	$+$	
$\varphi(s)$	$+\infty$	↘	0	↗	$+\infty$

La fonction φ est continue sur $[0\,;+\infty[$ et strictement croissante sur cet intervalle car sa dérivée y est positive et ne s'annule qu'en 0. La restriction de φ au départ de $[0\,;+\infty[$ définit une bijection dont le domaine de valeurs est déterminé par les limites de φ en 0 et $+\infty$, c'est la bijection φ_+ de $[0\,;+\infty[$ vers $[0\,;+\infty[$. De même, φ est continue sur $]-1\,;0]$ et strictement décroissante, elle définit une bijection φ_- de $]-1\,;0]$ vers $[0\,;+\infty[$.

(b) Par développement limité,

$$\varphi(s) \underset{s\to 0}{=} s - \left(s - \frac{1}{2}s^2 + \mathrm{o}(s^2)\right) = \frac{1}{2}s^2 + \mathrm{o}(s^2) \underset{s\to 0}{\sim} \frac{1}{2}s^2.$$

Les bijections réciproques φ_+^{-1} et φ_-^{-1} sont continues et leurs limites, ainsi que leurs variations, se déduisent des tableaux de variation de φ_+ et φ_- :

t	0		$+\infty$
$\varphi_+^{-1}(t)$	0	↗	$+\infty$

t	0		$+\infty$
$\varphi_-^{-1}(t)$	0	↘	-1

En particulier, φ_+^{-1} est de limite nulle en 0. Par composition, on peut donc écrire à la fois

$$\varphi\big(\varphi_+^{-1}(t)\big) \underset{t\to 0}{\sim} \frac{1}{2}\big(\varphi_+^{-1}(t)\big)^2 \quad \text{et} \quad \varphi\big(\varphi_+^{-1}(t)\big) = t \quad \text{pour tout } t \geqslant 0.$$

On en déduit

$$\varphi_+^{-1}(t) \underset{t\to 0}{\sim} \sqrt{2t} \quad \text{car} \quad \varphi_+^{-1}(t) \geqslant 0.$$

On montre de même

$$\varphi_-^{-1}(t) \underset{t\to 0}{\sim} -\sqrt{2t} \quad \text{car} \quad \varphi_-^{-1}(t) \leqslant 0.$$

(c) **méthode**

> Un équivalent produit le premier terme d'un développement asymptotique, le terme suivant se déduit d'un équivalent de la différence.

Posons $\alpha(t) = \varphi_+^{-1}(t) - \sqrt{2t}$ de sorte que

$$\varphi_+^{-1}(t) = \sqrt{2t} + \alpha(t) \quad \text{avec} \quad \alpha(t) \underset{t\to 0^+}{=} \mathrm{o}\big(\sqrt{t}\big).$$

Déterminons ensuite un équivalent de $\alpha(t)$ en injectant l'écriture précédente dans l'égalité $\varphi\big(\varphi_+^{-1}(t)\big) = t$, c'est-à-dire

$$\varphi_+^{-1}(t) - \ln\big(1 + \varphi_+^{-1}(t)\big) = t \quad \text{pour tout } t \geqslant 0. \tag{$*$}$$

Par développement du logarithme à trois termes,

$$\ln(1+u) \underset{u\to 0}{=} u - \frac{1}{2}u^2 + \frac{1}{3}u^3 + \mathrm{o}\big(u^3\big)$$

avec

$$\begin{cases} u = \sqrt{2t} + \alpha(t) \\ u^2 = 2t + 2\sqrt{2t}\alpha(t) + \mathrm{o}\big(\sqrt{t}\alpha(t)\big) \\ u^3 = 2\sqrt{2}t^{3/2} + \mathrm{o}\big(t^{3/2}\big) \end{cases}$$

on obtient

$$\ln\big(1+\sqrt{2t}+\alpha(t)\big) \underset{t\to 0^+}{=} \sqrt{2t}+\alpha(t) - \frac{1}{2}\Big(2t + 2\sqrt{2t}\alpha(t) + \mathrm{o}\big(\sqrt{t}\alpha(t)\big)\Big) + \frac{2\sqrt{2}}{3}t^{3/2} + \mathrm{o}\big(t^{3/2}\big).$$

Après simplifications, l'égalité $(*)$ donne alors

$$\sqrt{2t}\alpha(t) + \mathrm{o}\big(\sqrt{t}\alpha(t)\big) \underset{t\to 0^+}{=} \frac{2\sqrt{2}}{3}t^{3/2} + \mathrm{o}\big(t^{3/2}\big).$$

On en déduit

$$\sqrt{2t}\alpha(t) \underset{t\to 0^+}{\sim} \frac{2\sqrt{2}}{3}t^{3/2} \quad \text{puis} \quad \alpha(t) \underset{t\to 0^+}{\sim} \frac{2}{3}t.$$

On obtient ainsi le développement asymptotique à deux termes

$$\varphi_+^{-1}(t) \underset{t\to 0^+}{=} \sqrt{2t} + \frac{2}{3}t + \mathrm{o}(t).$$

On calcule un troisième terme en déterminant un équivalent de $\beta(t) = \alpha(t) - \frac{2}{3}t = \mathrm{o}(t)$. On développe pour cela le logarithme à quatre termes en écrivant

$$\begin{cases} u = \sqrt{2t} + \frac{2}{3}t + \beta(t) \\ u^2 = 2t + \frac{4\sqrt{2}}{3}t^{3/2} + \frac{4}{9}t^2 + 2\sqrt{2t}\beta(t) + \mathrm{o}\big(\sqrt{t}\beta(t)\big) \\ u^3 = 2\sqrt{2}t^{3/2} + 4t^2 + \mathrm{o}\big(t^2\big) \\ u^4 = 4t^2 + \mathrm{o}\big(t^2\big). \end{cases}$$

Au terme des calculs, on obtient

$$\beta(t) \underset{t\to 0^+}{\sim} \frac{1}{9\sqrt{2}} t^{3/2}$$

puis

$$\varphi_+^{-1}(t) \underset{t\to 0^+}{=} \sqrt{2t} + \frac{2}{3}t + \frac{1}{9\sqrt{2}} t^{3/2} + \mathrm{o}\big(t^{3/2}\big).$$

Par des calculs analogues, on acquiert

$$\varphi_-^{-1}(t) \underset{t\to 0^+}{=} -\sqrt{2t} + \frac{2}{3}t - \frac{1}{9\sqrt{2}} t^{3/2} + \mathrm{o}\big(t^{3/2}\big).$$

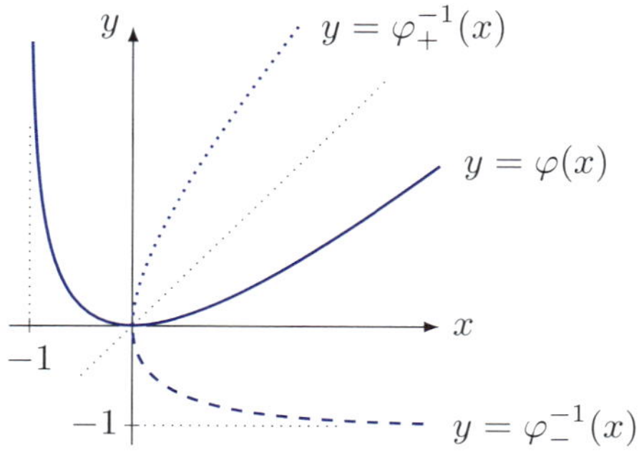

9.6 Exercices d'approfondissement

Exercice 27 *

Pour tout $z \in \mathbb{C}$, établir

$$\left(1 + \frac{z}{n}\right)^n \xrightarrow[n\to+\infty]{} \exp(z).$$

Solution

méthode

On étudie séparément module et argument de $\left(1 + \frac{z}{n}\right)^n$.

Posons $x = \mathrm{Re}(z)$ et $y = \mathrm{Im}(z)$. On a

$$Z_n = 1 + \frac{z}{n} = \left(1 + \frac{x}{n}\right) + \mathrm{i}\frac{y}{n}.$$

D'une part, le module r_n de Z_n est

$$r_n = \left|\left(1 + \frac{z}{n}\right)^n\right| = |Z_n|^n = \left(\left(1 + \frac{x}{n}\right)^2 + \left(\frac{y}{n}\right)^2\right)^{n/2}.$$

D'autre part, pour n assez grand, on a $1 + \frac{x}{n} > 0$ et l'on peut exprimer un argument θ_n de Z_n à l'aide d'une arc tangente

$$\theta_n \equiv \arg\left(\left(1 + \frac{z}{n}\right)^n\right) \equiv n \arg(Z_n) \equiv n \arctan\left(\frac{\frac{y}{n}}{1 + \frac{x}{n}}\right) \; [2\pi].$$

Sachant $\ln(1+u) \sim u$ quand u est de limite nulle, on obtient

$$r_n = \exp\left(\frac{n}{2}\ln\Big(1+\underbrace{\frac{2x}{n}+\frac{x^2+y^2}{n^2}}_{\to 0}\Big)\right) \underset{n\to+\infty}{=} \exp\left(\frac{n}{2}\times\left(\frac{2x}{n}+\mathrm{o}\Big(\frac{1}{n}\Big)\right)\right) \xrightarrow[n\to+\infty]{} \exp(x).$$

Sachant aussi $\arctan(u) \sim u$,

$$n\arctan\Bigg(\underbrace{\frac{\frac{y}{n}}{1+\frac{x}{n}}}_{\to 0}\Bigg) \underset{n\to+\infty}{\sim} n\frac{\frac{y}{n}}{1+\frac{x}{n}} \xrightarrow[n\to+\infty]{} y.$$

On peut alors conclure

$$\left(1+\frac{z}{n}\right)^n = r_n \mathrm{e}^{\mathrm{i}\theta_n} \xrightarrow[n\to+\infty]{} \exp(x)\mathrm{e}^{\mathrm{i}y} = \exp(z).$$

Exercice 28 **

Soit $f\colon \mathbb{R} \to \mathbb{R}$ une fonction de classe $\mathcal{C}^2$ vérifiant $f''(0) \neq 0$.

(a) Montrer que pour chaque $x \in \mathbb{R}^*$, il existe $\theta_x \in \,]0\,;1[$ vérifiant la relation

$$f(x) = f(0) + xf'(x\theta_x).$$

(b) Montrer qu'au voisinage de 0 ce réel θ_x est unique.

(c) Déterminer la limite de θ_x quand x tend vers 0.

Solution

(a) Soit $x \neq 0$. Par le théorème des accroissements finis, il existe c_x strictement compris entre 0 et x tel que $f(x)-f(0) = f'(c_x)(x-0)$, c'est-à-dire $f(x)-f(0) = xf'(c_x)$. On détermine θ_x convenable en posant $\theta_x = c_x/x$.

(b) Si θ_x et θ'_x sont deux solutions distinctes, on peut appliquer le théorème de Rolle à la fonction f' et affirmer que la fonction f'' s'annule entre $x\theta_x$ et $x\theta'_x$. Or f'' est continue et $f''(0) \neq 0$, il existe donc un voisinage de 0 sur lequel f'' ne s'annule pas. En choisissant x dans ce voisinage, il ne peut exister deux valeurs θ_x et θ'_x convenables et distinctes.

(c) **méthode**

> Par la formule de Taylor-Young, on exprime de deux façons un développement limité à l'ordre 2 de f en 0.

D'une part, la fonction f étant de classe $\mathcal{C}^2$, on sait

$$f(x) \underset{x\to 0}{=} f(0) + xf'(0) + \frac{1}{2}x^2 f''(0) + \mathrm{o}(x^2).$$

D'autre part, la fonction f' étant de classe $\mathcal{C}^1$, on a aussi

$$f'(x) \underset{x\to 0}{=} f'(0) + xf''(0) + \mathrm{o}(x).$$

En évaluant en $x\theta_x$, il vient

$$f'(x\theta_x) \underset{x\to 0}{=} f'(0) + x\theta_x f''(0) + \mathrm{o}(x\theta_x) = f'(0) + x\theta_x f''(0) + \mathrm{o}(x).$$

En effet, la fonction θ étant bornée, une fonction négligeable devant $x\theta_x$ l'est aussi devant x. L'égalité $f(x) = f(0) + xf'(x\theta_x)$ donne alors après simplification

$$x^2\theta_x f''(0) + \mathrm{o}(x^2) \underset{x\to 0}{=} \frac{1}{2}x^2 f''(0) + \mathrm{o}(x^2).$$

En divisant par x^2 et en passant à la limite quand x tend vers 0, on conclut que θ_x tend vers $1/2$ car $f''(0) \neq 0$.

Exercice 29 ***

Soit $f\colon [0\,;1] \to \mathbb{R}$ une fonction de classe $\mathcal{C}^1$ vérifiant $f(1) \neq 0$.

(a) Déterminer un équivalent simple quand n tend vers $+\infty$ de

$$I_n = \int_0^1 t^n f(t)\,\mathrm{d}t.$$

(b) Même question avec l'hypothèse f continue au lieu de classe $\mathcal{C}^1$.

Solution

(a) **méthode**

‖ Les hypothèses posées invitent à la réalisation d'une intégration par parties.

Pour les fonctions u et v de classe $\mathcal{C}^1$ déterminées par

$$u(t) = \frac{1}{n+1}t^{n+1} \quad \text{et} \quad v(t) = f(t)$$

la formule d'intégration par parties donne

$$I_n = \left[\frac{t^{n+1}}{n+1}f(t)\right]_0^1 - \frac{1}{n+1}\int_0^1 t^{n+1}f'(t)\,\mathrm{d}t = \frac{f(1)}{n+1} - \frac{1}{n+1}\int_0^1 t^{n+1}f'(t)\,\mathrm{d}t.$$

méthode

‖ On montre par comparaison que le terme intégral introduit est de limite nulle.

La fonction f' est continue sur le segment $[0\,;1]$, elle y est donc bornée par un certain M. L'inégalité triangulaire intégrale (Th. 3 p. 372) donne alors [1]

$$\left|\int_0^1 t^{n+1}f'(t)\,\mathrm{d}t\right| \leqslant \int_0^1 t^{n+1}\left|f'(t)\right|\mathrm{d}t \leqslant M\int_0^1 t^{n+1}\,\mathrm{d}t = \frac{M}{n+2} \xrightarrow[n\to+\infty]{} 0.$$

1. Ici, on obtient la limite du terme intégral par un argument de comparaison : affirmer que le contenu de l'intégrale tend vers 0 pour tout $t \in [0\,;1[$ n'est pas suffisant car il n'est pas possible d'intégrer directement les limites.

On peut ensuite écrire (sachant $f(1) \neq 0$)

$$I_n \underset{n\to+\infty}{=} \frac{f(1)}{n+1} + \frac{1}{n+1} \times \mathrm{o}(1) = \frac{f(1)}{n+1} + \mathrm{o}\left(\frac{1}{n+1}\right)$$
$$\underset{n\to+\infty}{\sim} \frac{f(1)}{n+1} \underset{n\to+\infty}{\sim} \frac{f(1)}{n}.$$

(b) On montre que la suite $\big((n+1)I_n\big)$ tend vers $f(1)$ ce qui détermine une limite finie non nulle donc un équivalent.

méthode

On rapproche les écritures des termes de la différence en exprimant $f(1)$ à l'aide d'une intégrale.

$$(n+1)I_n - f(1) = (n+1)\int_0^1 t^n f(t)\,\mathrm{d}t - (n+1)\int_0^1 t^n f(1)\,\mathrm{d}t$$
$$= (n+1)\int_0^1 t^n\big(f(t) - f(1)\big)\,\mathrm{d}t.$$

méthode

On traduit par les ε la continuité de f en 1 afin de signifier que la portion de l'intégrale voisine de 1 est petite.

Soit $\varepsilon > 0$. Par continuité de f en 1, il existe $a \in [0\,;1[$ tel que $\big|f(t) - f(1)\big| \leqslant \varepsilon$ pour tout $t \in [a\,;1]$. En découpant l'intégrale par la relation de Chasles,

$$\big|(n+1)I_n - f(1)\big| \leqslant (n+1)\int_0^a t^n\big|f(t) - f(1)\big|\,\mathrm{d}t + (n+1)\int_a^1 t^n \varepsilon\,\mathrm{d}t.$$

On poursuit en introduisant la borne supérieure M de $|f|$ sur $[0\,;1]$ ce qui permet d'écrire $\big|f(t) - f(1)\big| \leqslant 2M$ et de poursuivre

$$\big|(n+1)I_n - f(1)\big| \leqslant 2(n+1)M\int_0^a t^n\,\mathrm{d}t + \varepsilon(n+1)\int_a^1 t^n\,\mathrm{d}t$$
$$= 2M\left[t^{n+1}\right]_0^a + \varepsilon\left[t^{n+1}\right]_a^1$$
$$= 2Ma^{n+1} + \varepsilon\big(1 - a^{n+1}\big) \leqslant 2Ma^{n+1} + \varepsilon.$$

Puisque a est strictement inférieur à 1, la suite $\big(a^{n+1}\big)$ est de limite nulle et il existe un rang N au delà duquel $2Ma^{n+1} \leqslant \varepsilon$. Au delà de ce même rang,

$$\big|(n+1)I_n - f(1)\big| \leqslant 2\varepsilon.$$

On peut alors affirmer que $\big((n+1)I_n\big)$ tend vers $f(1)$ car on a vérifié la définition quantifiée de la limite. On conclut au même équivalent qu'à la question précédente.

Exercice 30 ***

Pour $n \in \mathbb{N}^*$, on introduit le polynôme

$$P_n(X) = X(X-1)\dots(X-n).$$

(a) Montrer que le polynôme P_n' possède une unique racine dans l'intervalle $]0\,;1[$. Cette racine est notée x_n et l'on détermine une suite $(x_n)_{n\geqslant 1}$ en faisant varier n.

(b) Étudier la monotonie de la suite $(x_n)_{n\geqslant 1}$.

(c) Justifier que pour tout x réel distinct de $0, 1, \dots, n$,

$$\frac{P_n'(x)}{P_n(x)} = \sum_{k=0}^{n} \frac{1}{x-k}.$$

(d) Déterminer un équivalent de la suite $(x_n)_{n\geqslant 1}$.

On admettra[1]

$$\sum_{k=1}^{n} \frac{1}{k} \underset{n\to+\infty}{\sim} \ln(n).$$

Solution

(a) La fonction polynôme P_n est de degré $n+1$ et s'annule en chacun des $n+1$ entiers : $0, 1, \dots, n$. Par application du théorème de Rolle sur les intervalles $[k\,;k+1]$ (avec $0 \leqslant k \leqslant n-1$), on obtient que le polynôme P_n' admet au moins une racine dans chacun des intervalles $]k\,;k+1[$. Puisque le polynôme P_n' est de degré n, il possède au plus n racines et donc il ne possède pas d'autres racines que celles qui précèdent. En particulier, le polynôme P_n' possède exactement une racine dans l'intervalle $]0\,;1[$.

(b) **méthode**

‖ On positionne x_n dans le tableau de signe de P_{n+1}' sur $[0\,;1]$.

On a $P_{n+1}(X) = P_n(X)\big(X-(n+1)\big)$. En dérivant et en évaluant en x_n, on obtient $P_{n+1}'(x_n) = P_n(x_n)$ avec

$$P_n(x_n) = \prod_{k=0}^{n}(x_n - k) = \underbrace{x_n}_{>0} \prod_{k=1}^{n} \underbrace{(x_n-k)}_{<0} \text{ du signe de } (-1)^n.$$

On a aussi[2]

$$P_{n+1}'(0) = \prod_{k=1}^{n+1}(-k) = (-1)^{n+1}(n+1)! \text{ du signe de } (-1)^{n+1}.$$

1. Voir sujet 13 p. 343 ou sujet 6 p. 428.
2. $P_{n+1}'(0)$ correspond au coefficient devant X dans l'écriture développée du polynôme P_{n+1}'.

La fonction polynôme P'_{n+1} possédant autant de racines distinctes que son degré, elle change de signe à chaque racine. On en déduit que x_n est dans l'intervalle $]0\,;1[$ de l'autre côté de x_{n+1} vis-à-vis de 0, autrement dit, $x_n \geqslant x_{n+1}$. La suite $(x_n)_{n\geqslant 1}$ est décroissante.

(c) **méthode**

> On dérive le produit définissant P_n en considérant la somme des produits où seul un facteur est dérivé.

Par dérivation d'un produit, on a pour tout x réel,

$$P'_n(x) = \sum_{j=0}^{n}\left(\prod_{\substack{0\leqslant k\leqslant n\\ k\neq j}}(x-k)\right).$$

Lorsque x n'est pas l'un des entiers $0, 1, \dots, n$, on obtient la formule souhaitée en divisant par $P_n(x)$ qui est non nul

$$\frac{P'_n(x)}{P_n(x)} = \sum_{j=0}^{n}\frac{\prod_{k\neq j}(x-k)}{\prod_{k=0}^{n}(x-k)} = \sum_{j=0}^{n}\frac{1}{x-j}.$$

(d) Sachant $P'_n(x_n) = 0$, on obtient en ordonnant les membres l'identité précédente

$$\frac{1}{x_n} = \sum_{k=1}^{n}\frac{1}{k-x_n}.$$

méthode

> On forme un encadrement de $\frac{1}{x_n}$ par des expressions équivalentes.

Puisque $0 < x_n < 1$, on a $k-1 < k - x_n < k$ et donc

$$\frac{1}{k} \leqslant \frac{1}{k-x_n} \leqslant \frac{1}{k-1}$$

(la minoration valant pour tout $k \in [\![1\,;n]\!]$ et la majoration seulement pour $k \geqslant 2$).

D'une part,

$$\frac{1}{x_n} = \sum_{k=1}^{n}\frac{1}{k-x_n} \geqslant \sum_{k=1}^{n}\frac{1}{k} \underset{n\to+\infty}{\sim} \ln(n).$$

D'autre part,

$$\frac{1}{x_n} = \frac{1}{1-x_n} + \sum_{k=2}^{n}\frac{1}{k-x_n} \leqslant \frac{1}{1-x_n} + \sum_{k=2}^{n}\frac{1}{k-1} = \frac{1}{1-x_n} + \sum_{k=1}^{n-1}\frac{1}{k}.$$

Puisque la suite (x_n) décroît, le terme $\frac{1}{1-x_n}$ admet une limite finie et donc

$$\frac{1}{1-x_n}+\sum_{k=1}^{n-1}\frac{1}{k}\underset{n\to+\infty}{\sim}\ln(n-1)\underset{n\to+\infty}{\sim}\ln(n).$$

Par encadrement, on conclut

$$\frac{1}{x_n}\underset{n\to+\infty}{\sim}\ln(n)\quad\text{puis}\quad x_n\underset{n\to+\infty}{\sim}\frac{1}{\ln(n)}.$$

CHAPITRE 10

Intégration sur un segment

$\mathbb{K}$ désigne $\mathbb{R}$ ou $\mathbb{C}$, I un intervalle de $\mathbb{R}$ non vide et non réduit à un point et $[a\,;b]$ un segment inclus dans $\mathbb{R}$ avec $a < b$.

10.1 Définition de l'intégrale

10.1.1 Subdivision

Définition

On appelle *subdivision* du segment $[a\,;b]$, toute suite finie $\sigma = (a_0, a_1, \ldots, a_n)$ de réels vérifiant

$$a_0 = a, \quad a_0 < a_1 < \cdots < a_n \quad \text{et} \quad a_n = b.$$

Les réels a_i sont appelés *points de subdivision* et les intervalles ouverts $]a_{i-1}\,;a_i[$ sont appelés *intervalles de subdivision*.

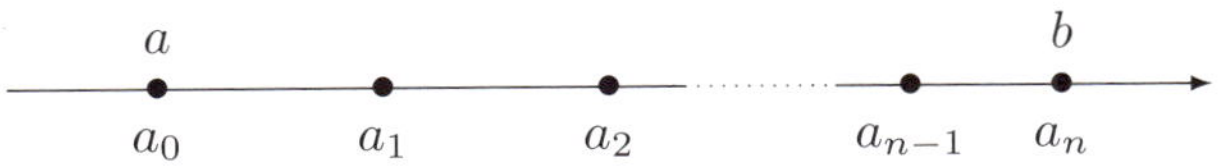

Une subdivision du segment $[a\,;b]$.

Pour $n \in \mathbb{N}^*$, la subdivision de $[a\,;b]$ *à pas constant* de longueur n est déterminée par les points

$$a_k = a + k\frac{b-a}{n} \quad \text{pour } k \text{ entier allant de } 0 \text{ à } n.$$

10.1.2 Fonctions en escalier

Définition

> On dit qu'une fonction $f\colon [a\,;b] \to \mathbb{K}$ est *en escalier* lorsqu'il existe une subdivision $\sigma = (a_0, a_1, \dots, a_n)$ de $[a\,;b]$ telle que f soit constante sur chaque intervalle ouvert de subdivision $]a_{k-1}\,;a_k[$. On dit alors qu'une telle subdivision σ est *adaptée* à la fonction en escalier f.

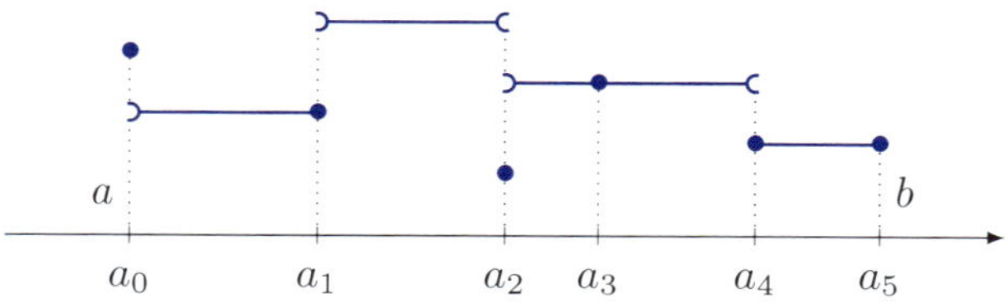

Une fonction en escalier accompagnée d'une subdivision adaptée.

Si f et g sont des fonctions en escalier définies sur $[a\,;b]$ et si $\lambda \in \mathbb{K}$, les fonctions λf, $f+g$, fg et $|f|$ sont aussi en escalier.

On définit l'*aire algébrique*[1] sous la courbe d'une d'une fonction en escalier f définie sur $[a\,;b]$ en posant

$$\text{Aire} = \sum_{k=1}^{n} \underbrace{(a_k - a_{k-1})}_{\text{largeur}} \times \underbrace{h_k}_{\text{hauteur}}$$

avec $\sigma = (a_0, a_1, \dots, a_n)$ une subdivision adaptée à f et h_k la valeur constante de f sur l'intervalle $]a_{k-1}\,;a_k[$ pour $k = 1, \dots, n$.

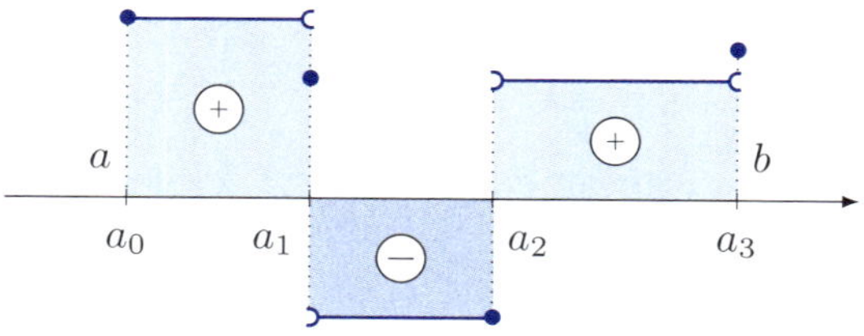

Aire algébrique définie par une fonction en escalier.

10.1.3 Intégrale sur un segment

Soit $f\colon [a\,;b] \to \mathbb{K}$ une fonction continue. En approchant uniformément[2] la fonction f par des fonctions en escalier, on définit l'intégrale de f sur $[a\,;b]$ comme la limite des

1. Si la fonction f est à valeurs réelles, l'aire est comptée positivement lorsque la courbe est au-dessus de l'axe des abscisses et négativement sinon. Si la fonction f est à valeurs complexes, l'interprétation n'a plus de sens mais la formule demeure !

2. On dit qu'une fonction en escalier φ approche uniformément f sur $[a\,;b]$ à $\varepsilon > 0$ près si l'inégalité $\big|f(t) - \varphi(t)\big| \leqslant \varepsilon$ est vraie pour tout $t \in [a\,;b]$.

aires sous la courbe des fonctions en escalier approchantes. Cette intégrale est notée

$$\int_{[a;b]} f(t)\,\mathrm{d}t \quad \text{ou} \quad \int_{[a;b]} f.$$

Lorsque la fonction f est à valeurs réelles, l'intégrale se comprend comme l'aire algébrique comprise entre l'axe des abscisses et la courbe représentative de f.

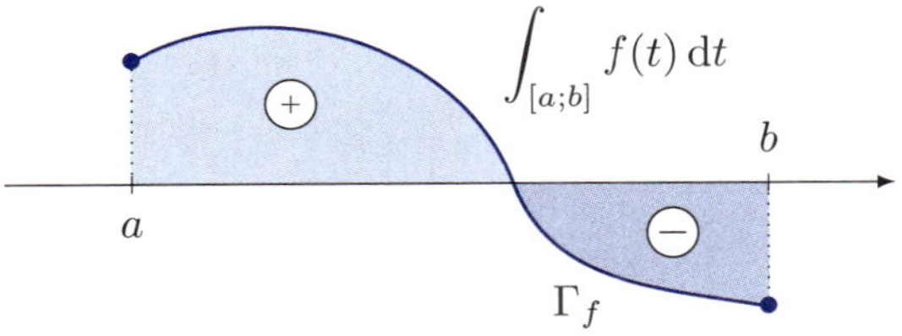

Intégrale d'une fonction continue sur un segment.

10.2 Propriétés de l'intégrale

10.2.1 Linéarité

Théorème 1
Si $f, g\colon [a\,;b] \to \mathbb{K}$ sont des fonctions continues alors, pour tout $\lambda \in \mathbb{K}$,

$$\int_{[a;b]} \lambda f(t)\,\mathrm{d}t = \lambda \int_{[a;b]} f(t)\,\mathrm{d}t \quad \text{et} \quad \int_{[a;b]} \big(f(t) + g(t)\big)\,\mathrm{d}t = \int_{[a;b]} f(t)\,\mathrm{d}t + \int_{[a;b]} g(t)\,\mathrm{d}t.$$

En conséquence, lorsqu'une fonction f est à valeurs complexes, l'intégrale de f se déduit des intégrales de la partie réelle et de la partie imaginaire de f :

$$\int_{[a;b]} f(t)\,\mathrm{d}t = \int_{[a;b]} \mathrm{Re}(f)(t)\,\mathrm{d}t + \mathrm{i}\int_{[a;b]} \mathrm{Im}(f)(t)\,\mathrm{d}t.$$

10.2.2 Croissance

Théorème 2
Pour $f, g\colon [a\,;b] \to \mathbb{K}$ des fonctions continues,

$$f \leqslant g \Longrightarrow \int_{[a;b]} f(t)\,\mathrm{d}t \leqslant \int_{[a;b]} g(t)\,\mathrm{d}t.$$

En particulier, l'intégrale d'une fonction positive est positive.

10.2.3 Inégalité triangulaire

Théorème 3 (Inégalité triangulaire intégrale)
Si $f\colon [a\,;b] \to \mathbb{K}$ est une fonction continue alors

$$\left|\int_{[a;b]} f(t)\,\mathrm{d}t\right| \leqslant \int_{[a;b]} |f(t)|\,\mathrm{d}t.$$

10.2.4 Stricte positivité

Théorème 4
Pour $f\colon [a\,;b] \to \mathbb{R}$ une fonction continue et positive,

$$\int_{[a;b]} f(t)\,\mathrm{d}t = 0 \implies f \text{ est la fonction nulle.}$$

En particulier, si $f\colon [a\,;b] \to \mathbb{R}$ est une fonction continue,

$$\int_{[a;b]} |f(t)|\,\mathrm{d}t = 0 \implies f \text{ est la fonction nulle}$$
$$\int_{[a;b]} \big(f(t)\big)^2\,\mathrm{d}t = 0 \implies f \text{ est la fonction nulle.}$$

Si une fonction continue à valeurs réelles est d'intégrale nulle, soit il s'agit de la fonction nulle, soit elle change de signe. Dans les deux cas, on peut affirmer :

Théorème 5
Pour $f\colon [a\,;b] \to \mathbb{R}$ une fonction continue,

$$\int_{[a;b]} f(t)\,\mathrm{d}t = 0 \implies f \text{ s'annule.}$$

10.2.5 Inégalité de Cauchy-Schwarz

Théorème 6 (Inégalité de Cauchy-Schwarz intégrale)
Si $f, g\colon [a\,;b] \to \mathbb{R}$ sont des fonctions continues alors

$$\left|\int_{[a;b]} f(t)g(t)\,\mathrm{d}t\right| \leqslant \left(\int_{[a;b]} f(t)^2\,\mathrm{d}t\right)^{1/2} \left(\int_{[a;b]} g(t)^2\,\mathrm{d}t\right)^{1/2}.$$

10.2.6 Intégrale entre deux bornes

Définition

Soit $f\colon I \to \mathbb{K}$ une fonction continue. Pour tous a et b choisis dans I, on définit l'*intégrale de f de la borne a à la borne b* par

$$\int_a^b f(t)\,\mathrm{d}t \overset{\text{déf}}{=} \begin{cases} \displaystyle\int_{[a;b]} f(t)\,\mathrm{d}t & \text{si } a < b \\ 0 & \text{si } a = b \\ \displaystyle -\int_{[b;a]} f(t)\,\mathrm{d}t & \text{si } a > b. \end{cases}$$

La propriété de linéarité est encore vraie pour les intégrales entre deux bornes. En revanche, les propriétés de croissance et d'inégalité triangulaire ne sont conservées que si $a \leqslant b$: on parle alors d'*intégration en bon ordre*.

Théorème 7 (Relation de Chasles)

Soit $f\colon I \to \mathbb{K}$ une fonction continue.
Pour tous a, b et c choisis dans I,

$$\int_a^b f(t)\,\mathrm{d}t = \int_a^c f(t)\,\mathrm{d}t + \int_c^b f(t)\,\mathrm{d}t.$$

10.2.7 Sommes de Riemann

Définition

Soit $f\colon [a\,;b] \to \mathbb{K}$ une fonction continue. On appelle *somme de Riemann* associée à la méthode des rectangles à gauche, la quantité

$$S_n = \frac{b-a}{n}\sum_{k=0}^{n-1} f\left(a + k\frac{b-a}{n}\right).$$

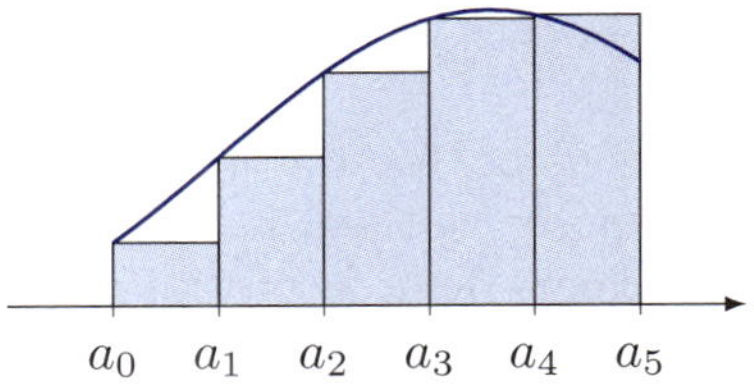

La somme S_n constitue une approximation de l'aire sous la courbe calculée à partir d'une fonction en escalier associée à une subdivision à pas constant.

Théorème 8

Si $f\colon [a\,;b] \to \mathbb{K}$ est une fonction continue alors

$$\frac{b-a}{n}\sum_{k=0}^{n-1} f\left(a + k\frac{b-a}{n}\right) \xrightarrow[n\to+\infty]{} \int_a^b f(t)\,\mathrm{d}t.$$

On définit aussi les sommes de Riemann associées à la méthode des rectangles à droite et l'on dispose de la même conclusion

$$\frac{b-a}{n}\sum_{k=1}^{n} f\left(a+k\frac{b-a}{n}\right) \xrightarrow[n\to+\infty]{} \int_a^b f(t)\,\mathrm{d}t.$$

10.3 Calcul intégral

10.3.1 Primitives et intégrales

Comme déjà présenté dans le chapitre 4, toute fonction f continue sur un intervalle y admet des primitives (Th. 2 p. 130). Si F désigne une primitive de f, on dispose de l'identité suivante permettant le calcul pratique d'intégrales

$$\int_a^b f(t)\,\mathrm{d}t = \Big[F(t)\Big]_a^b \quad \text{pour tout } (a,b)\in I^2.$$

Cette identité permet notamment de justifier la formule d'intégration par parties (Th. 5 p. 132) ou de changement de variable (Th. 4 p. 131).

10.3.2 Formule de Taylor avec reste intégral

Soient $f\colon I\to\mathbb{K}$ une fonction de classe $\mathcal{C}^1$ et $a\in I$. La fonction f est une primitive de sa dérivée f' et donc

$$f(x) = f(a) + \int_a^x f'(t)\,\mathrm{d}t \quad \text{pour tout } x\in I.$$

Cette identité est utile lorsque l'on dispose de propriétés sur f' et que l'on souhaite transposer celles-ci à la fonction f. Cette identité se généralise aux dérivées d'ordres supérieurs de la façon suivante :

Théorème 9 (Formule de Taylor avec reste intégral)
Si $f\colon I\to\mathbb{K}$ est une fonction de classe $\mathcal{C}^{n+1}$ et si a désigne un élément arbitraire de I alors, pour tout x dans I,

$$f(x) = \sum_{k=0}^{n}\frac{(x-a)^k}{k!}f^{(k)}(a) + \int_a^x \frac{(x-t)^n}{n!}f^{(n+1)}(t)\,\mathrm{d}t.$$

Le terme somme est la *partie régulière* du développement de Taylor tandis que le terme intégral s'appelle le *reste intégral*.

10.4 Exercices d'apprentissage

10.4.1 Généralités

Exercice 1 (Égalité de la moyenne [1])
Soit $f\colon [a\,;b] \to \mathbb{R}$ une fonction continue. Montrer qu'il existe $c \in [a\,;b]$ tel que

$$\frac{1}{b-a}\int_a^b f(t)\,\mathrm{d}t = f(c).$$

Solution

méthode
‖ Toute fonction réelle continue d'intégrale nulle s'annule (Th. 5 p. 372).

Posons [2]

$$\mu = \frac{1}{b-a}\int_a^b f(t)\,\mathrm{d}t.$$

La fonction $\varphi\colon t \mapsto f(t) - \mu$ est définie et continue sur $[a\,;b]$ et à valeurs réelles. De plus, par linéarité,

$$\int_a^b \varphi(t)\,\mathrm{d}t = \int_a^b f(t)\,\mathrm{d}t - \int_a^b \mu\,\mathrm{d}t = \int_a^b f(t)\,\mathrm{d}t - \mu(b-a) = 0.$$

La fonction φ s'annule donc et il existe $c \in [a\,;b]$ tel que $\varphi(c) = 0$, c'est-à-dire $\mu = f(c)$.

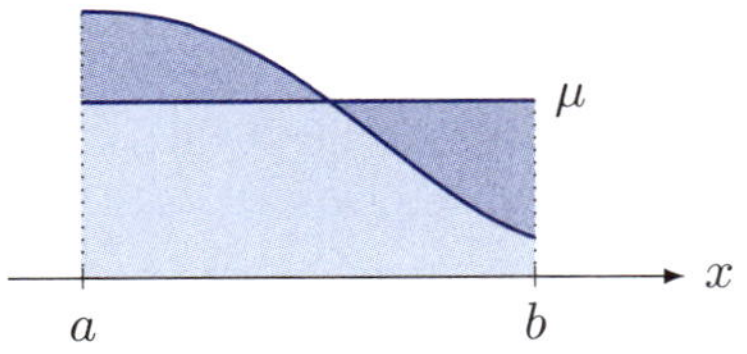

Égalité de la moyenne.

Exercice 2
Pour $n \in \mathbb{N}$, on pose

$$u_n = \int_0^1 \ln\bigl(1+t^n\bigr)\,\mathrm{d}t.$$

(a) Montrer que la suite (u_n) est à termes strictement positifs.

(b) Montrer que la suite (u_n) est strictement décroissante.

(c) Déterminer la limite de la suite (u_n).

1. Ce résultat se comprend aussi comme une « version intégrale » du théorème des accroissements finis (Th. 5 p. 285).
2. Le réel μ définit la *valeur moyenne* de la fonction f sur $[a\,;b]$.

Solution

(a) La fonction $f_n : t \mapsto \ln(1+t^n)$ est continue et positive sur $[0\,;1]$, son intégrale est donc assurément positive.

méthode

On montre que l'intégrale n'est pas nulle en exploitant que seule la fonction nulle est continue, de signe constant et d'intégrale nulle (Th. 4 p. 372).

La fonction f_n est continue, positive et n'est pas la fonction nulle[1], son intégrale est donc strictement positive.

(b) **méthode**

On obtient $u_{n+1} < u_n$ en étudiant le signe de l'intégrale exprimant la différence des deux membres.

Par linéarité, on a pour tout $n \in \mathbb{N}$

$$u_n - u_{n+1} = \int_0^1 \underbrace{\Big(\ln(1+t^n) - \ln(1+t^{n+1})\Big)}_{=g_n(t)} \,\mathrm{d}t.$$

La fonction g_n est continue. Elle est aussi positive car, pour tout t de $[0\,;1]$, on a l'inégalité $t^{n+1} \leqslant t^n$ et, par croissance du logarithme, il vient

$$\ln(1+t^{n+1}) \leqslant \ln(1+t^n).$$

Enfin, la fonction g_n n'est pas la fonction nulle et donc $u_n - u_{n+1} > 0$.

(c) Il n'est pas possible de calculer u_n de façon générale et il n'est pas non plus possible de passer directement à la limite sous l'intégrale[2].

méthode

On réalise un encadrement du terme u_n par des intégrales faciles à calculer.

On sait[3] $0 \leqslant \ln(1+x) \leqslant x$ pour tout $x \geqslant 0$. Pour $t \in [0\,;1]$, on a $0 \leqslant \ln(1+t^n) \leqslant t^n$ et par intégration en bon ordre (Th. 2 p. 371) il vient

$$0 \leqslant \int_0^1 \ln(1+t^n)\,\mathrm{d}t \leqslant \int_0^1 t^n \,\mathrm{d}t = \left[\frac{t^{n+1}}{n+1}\right]_0^1 = \frac{1}{n+1} \xrightarrow[n\to+\infty]{} 0.$$

Par le théorème de convergence encadrement, on conclut que la suite (u_n) tend vers 0.

1. Cependant, cette fonction s'annule lorsque $t = 0$: il n'est donc pas possible d'écrire $f_n(t) > 0$ sur l'intégralité du segment $[0\,;1]$, cela n'est vrai que sur $]0\,;1]$.
2. Les théorèmes d'échange de limites et d'intégrales seront présentés en seconde année.
3. Voir sujet 3 p. 15.

Exercice 3

Soient $a > 0$ et $f\colon [-a\,;a] \to \mathbb{R}$ une fonction continue.
Vérifier que, si la fonction f est paire, alors

$$\int_{-a}^{a} f(t)\,\mathrm{d}t = 2\int_{0}^{a} f(t)\,\mathrm{d}t \quad \text{pour tout } a \in \mathbb{R}.$$

Que peut-on dire lorsque la fonction f est impaire ?

Solution

méthode

Par changement de variable, on transforme l'intégrale de f sur $[-a\,;0]$ en une intégrale sur $[0\,;a]$.

Le changement de variable $u = -t$ avec $\mathrm{d}t = -\,\mathrm{d}u$ permet d'écrire

$$\int_{t=-a}^{0} f(t)\,\mathrm{d}t = \int_{u=a}^{0} f(-u) \times (-\,\mathrm{d}u) = \int_{0}^{a} f(-u)\,\mathrm{d}u.$$

Par la relation de Chasles et en renommant la variable d'intégration,

$$\int_{t=-a}^{a} f(t)\,\mathrm{d}t = \int_{t=-a}^{0} f(t)\,\mathrm{d}t + \int_{t=0}^{a} f(t)\,\mathrm{d}t = \int_{t=0}^{a} \big(f(-t) + f(t)\big)\,\mathrm{d}t.$$

Lorsque la fonction f est paire, on a $f(-t) + f(t) = 2f(t)$ pour tout $t \in [0\,;a]$ et donc

$$\int_{-a}^{a} f(t)\,\mathrm{d}t = 2\int_{0}^{a} f(t)\,\mathrm{d}t.$$

Si la fonction f est impaire, on a $f(-t) + f(t) = 0$ ce qui entraîne [1]

$$\int_{-a}^{a} f(t)\,\mathrm{d}t = 0.$$

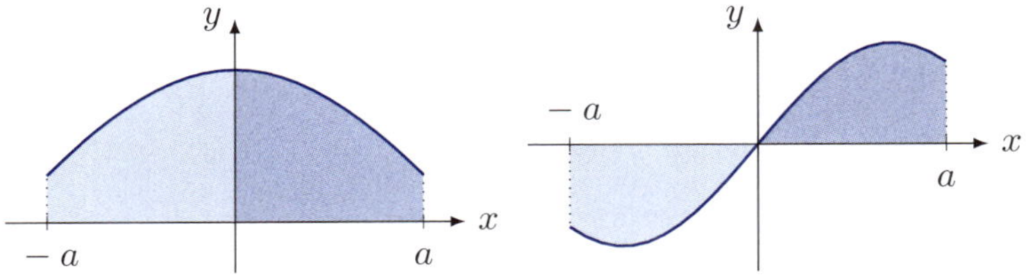

Intégrale sur $[-a\,;a]$ d'une fonction paire ou impaire.

1. Inversement, une fonction continue sur $\mathbb{R}$ dont l'intégrale est nulle sur $[-a\,;a]$ pour tout $a > 0$ est nécessairement impaire : on établit ce résultat par l'introduction d'une primitive et dérivation de celle-ci. On peut proposer un résultat analogue pour l'étude de la parité.

Exercice 4

Soient $f\colon \mathbb{R} \to \mathbb{R}$ une fonction continue et $T > 0$. Montrer que la fonction f est T-périodique si, et seulement si, la fonction suivante est constante

$$g\colon x \mapsto \int_x^{x+T} f(t)\,\mathrm{d}t.$$

Solution

méthode

‖ On exprime g à partir d'une primitive F de la fonction f.

Puisque la fonction f est continue sur l'intervalle $\mathbb{R}$, on peut introduire une primitive F de celle-ci (Th. 2 p. 130) et écrire, pour tout x réel,

$$g(x) = \int_x^{x+T} f(t)\,\mathrm{d}t = \Big[F(t)\Big]_x^{x+T} = F(x+T) - F(x).$$

La fonction g est alors dérivable sur $\mathbb{R}$ avec, pour tout x réel,

$$g'(x) = F'(x+T) - F'(x) = f(x+T) - f(x).$$

Dire que la fonction g est constante sur $\mathbb{R}$ signifie que sa dérivée est nulle. Cela revient alors à dire que f est T-périodique.

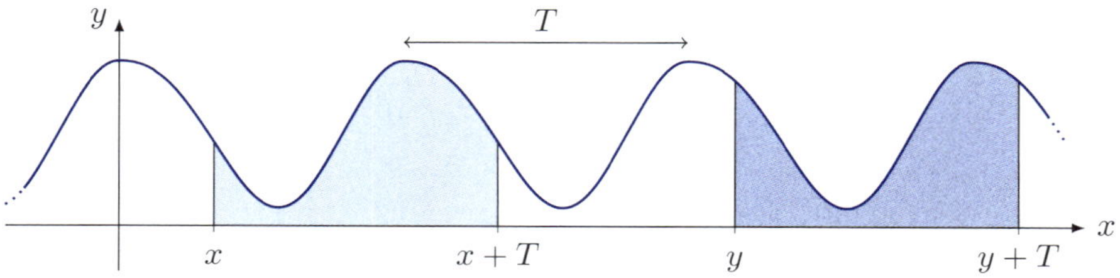

Constance de l'intégrale sur une période.

Exercice 5

Soit $f\colon [0\,;1] \to \mathbb{R}$ continue. Montrer

$$\int_0^1 t^n f(t)\,\mathrm{d}t \xrightarrow[n\to+\infty]{} 0.$$

Solution

méthode

‖ On borne l'intégrale par le terme général d'une suite de limite nulle[1].

1. Soulignons que l'on ne peut pas intégrer directement les limites !

Les bornes étant bien ordonnées, on peut employer l'inégalité triangulaire intégrale (Th. 3 p. 372)

$$\left|\int_0^1 t^n f(t)\,\mathrm{d}t\right| \leqslant \int_0^1 \left|t^n f(t)\right|\mathrm{d}t = \int_0^1 t^n\left|f(t)\right|\mathrm{d}t.$$

méthode

La fonction f est continue sur un segment donc bornée (Th. 16 p. 251).

On introduit le réel M égal à la borne supérieure de la fonction[1] $|f|$ sur le segment $[0\,;1]$. On a alors

$$\left|\int_0^1 t^n f(t)\,\mathrm{d}t\right| \leqslant M\int_0^1 t^n\,\mathrm{d}t = M\left[\frac{t^{n+1}}{n+1}\right]_0^1 = \frac{M}{n+1} \xrightarrow[n\to+\infty]{} 0.$$

Par encadrement, on conclut[2]

$$\int_0^1 t^n f(t)\,\mathrm{d}t \xrightarrow[n\to+\infty]{} 0.$$

10.4.2 Sommes de Riemann

Exercice 6

Étudier les limites quand n croît vers l'infini de :

(a) $\displaystyle\sum_{k=1}^{n}\frac{1}{n+k}$ (b) $\displaystyle\sum_{k=n+1}^{2n}\frac{n}{k^2}$ (c) $\displaystyle\frac{1}{n}\sqrt[n]{(n+1)(n+2)\dots(2n)}$.

Solution

(a) **méthode**

On transforme l'écriture de la somme afin de faire apparaître une somme de Riemann

$$S_n = \frac{1}{n}\sum_{k=1}^{n} f\left(\frac{k}{n}\right).$$

On factorise $1/n$ devant la somme puis on fait apparaître k/n dans celle-ci

$$\sum_{k=1}^{n}\frac{1}{n+k} = \frac{1}{n}\sum_{k=1}^{n}\frac{n}{n+k} = \frac{1}{n}\sum_{k=1}^{n}\frac{1}{1+k/n}.$$

1. On notera que l'on ne se contente pas de majorer f : cela serait insuffisant pour conclure. En majorant la valeur absolue de f, on réalise un encadrement de la fonction f.

2. Par l'inégalité de Cauchy-Schwarz, on peut aussi rapidement borner l'intégrale par une suite de limite nulle. On trouvera un approfondissement de cette étude dans le sujet 29 p. 364.

On peut alors reconnaître le terme sommé de la forme $f(k/n)$ avec $f(t) = 1/(1+t)$. La fonction f est continue sur $[0\,;1]$ et l'on a donc (Th. 8 p. 373)

$$\sum_{k=1}^{n} \frac{1}{n+k} \xrightarrow[n\to+\infty]{} \int_0^1 \frac{\mathrm{d}t}{1+t} = \Big[\ln(1+t)\Big]_0^1 = \ln(2).$$

(b) **méthode**

> Par glissement d'indice, on se ramène à une somme indexée de 1 à n que l'on transforme en somme de Riemann comme au-dessus.

En posant $k = n + \ell$,

$$\sum_{k=n+1}^{2n} \frac{n}{k^2} = \sum_{\ell=1}^{n} \frac{n}{(n+\ell)^2} = \frac{1}{n}\sum_{\ell=1}^{n} \frac{1}{(1+\ell/n)^2}.$$

Le terme sommé s'écrit $f(\ell/n)$ avec $f(t) = 1/(1+t)^2$. La fonction f étant continue sur le segment $[0\,;1]$, on obtient

$$\sum_{k=n+1}^{2n} \frac{n}{k^2} \xrightarrow[n\to+\infty]{} \int_0^1 \frac{\mathrm{d}t}{(1+t)^2} = \left[-\frac{1}{1+t}\right]_0^1 = \frac{1}{2}.$$

(c) **méthode**

> Par un logarithme, on transforme les produits en sommes.

Le terme étudié est strictement positif, on peut donc en calculer le logarithme

$$\ln\left(\frac{1}{n}\sqrt[n]{(n+1)(n+2)\dots(2n)}\right) = \ln\left(\frac{1}{n}\right) + \frac{1}{n}\sum_{k=1}^{n}\ln(n+k) = \frac{1}{n}\sum_{k=1}^{n}\ln(n+k) - \ln(n)$$

On fait apparaître k/n dans la somme puis on simplifie

$$\begin{aligned}\ln\left(\frac{1}{n}\sqrt[n]{(n+1)(n+2)\dots(2n)}\right) &= \frac{1}{n}\sum_{k=1}^{n}\left(\ln(n) + \ln\left(1+\frac{k}{n}\right)\right) - \ln(n)\\ &= \frac{1}{n}\sum_{k=1}^{n}\ln\left(1+\frac{k}{n}\right).\end{aligned}$$

Le terme sommé est de la forme $f(k/n)$ avec $f(t) = \ln(1+t)$ et la fonction f étant continue

$$\ln\left(\frac{1}{n}\sqrt[n]{(n+1)(n+2)\dots(2n)}\right) \xrightarrow[n\to+\infty]{} \int_0^1 \ln(1+t)\,\mathrm{d}t.$$

On calcule l'intégrale par une intégration par parties [1]

$$\int_0^1 1\times\ln(1+t)\,\mathrm{d}t = \Big[(t+1)\ln(1+t)\Big]_0^1 - \int_0^1 \mathrm{d}t = 2\ln(2) - 1.$$

1. Lors de cette intégration par parties, on a choisi $t \mapsto t+1$ pour primitive de $t \mapsto 1$ afin de simplifier la poursuite des calculs.

Enfin, par continuité de l'exponentielle, on conclut

$$\frac{1}{n}\sqrt[n]{(n+1)(n+2)\dots(2n)} \xrightarrow[n\to+\infty]{} e^{2\ln(2)-1} = \frac{4}{e}.$$

10.4.3 Formule de Taylor avec reste intégral

Exercice 7
Établir que pour tout x dans $[0\,;\pi/2]$,

$$x - \frac{1}{6}x^3 \leqslant \sin(x) \leqslant x - \frac{1}{6}x^3 + \frac{1}{120}x^5.$$

Solution

méthode
On reconnaît les premiers termes du développement de Taylor de la fonction sinus.

Soit $x \in [0\,;\pi/2]$. Par la formule de Taylor avec reste intégral (Th. 9 p. 374) appliquée à la fonction sinus à l'ordre $n = 4$, on écrit

$$\begin{aligned}\sin(x) &= \sum_{k=0}^{4} \frac{\sin^{(k)}(0)}{k!}x^k + \int_0^x \frac{(x-t)^4}{4!}\sin^{(5)}(t)\,dt\\ &= x - \frac{1}{3!}x^3 + \int_0^x \frac{(x-t)^4}{4!}\cos(t)\,dt.\end{aligned}$$

Or, pour tout t compris entre 0 et x, on a $0 \leqslant \cos(t) \leqslant 1$. Par intégration en bon ordre, on obtient

$$0 \leqslant \int_0^x \frac{(x-t)^4}{4!}\cos(t)\,dt \leqslant \int_0^x \frac{(x-t)^4}{4!}\,dt = \left[-\frac{(x-t)^5}{5!}\right]_0^x = \frac{x^5}{120}.$$

On en déduit l'encadrement[1] demandé

$$x - \frac{1}{6}x^3 \leqslant \sin(x) \leqslant x - \frac{1}{6}x^3 + \frac{1}{120}x^5.$$

Exercice 8
En appliquant la formule de Taylor à la fonction exponentielle, montrer[2]

$$\sum_{k=0}^{n} \frac{1}{k!} \xrightarrow[n\to+\infty]{} e.$$

1. De nombreux encadrements peuvent être obtenus ainsi, par exemple, $1 - \frac{x^2}{2} \leqslant \cos(x) \leqslant 1 - \frac{x^2}{2} + \frac{x^4}{24}$ pour x dans $[0\,;\pi/2]$.
2. Dans le chapitre suivant, nous dirons que la série $\sum \frac{1}{k!}$ converge et que sa somme vaut e.

Solution

Les dérivées successives de la fonction exponentielle sont égales à elle-même et prennent chacune la valeur 1 en 0. La formule de Taylor avec reste intégral à l'ordre n en 0 donne alors

$$\mathrm{e}^x = \sum_{k=0}^{n} \frac{x^k}{k!} + \int_0^x \frac{(x-t)^n}{n!}\mathrm{e}^t \,\mathrm{d}t \quad \text{pour tout } x \in \mathbb{R}.$$

En particulier, pour $x = 1$, il vient

$$\mathrm{e} - \sum_{k=0}^{n} \frac{1}{k!} = \int_0^1 \frac{(1-t)^n}{n!}\mathrm{e}^t \,\mathrm{d}t.$$

méthode

‖ Par encadrement, on montre que le terme intégral est de limite nulle.

Pour tout $t \in [0\,;1]$,

$$0 \leqslant \frac{(1-t)^n}{n!}\mathrm{e}^t \leqslant \frac{(1-t)^n}{n!}\mathrm{e}.$$

En intégrant en bon ordre, on obtient

$$\begin{aligned} 0 \leqslant \int_0^1 \frac{(1-t)^n}{n!}\mathrm{e}^t \,\mathrm{d}t &\leqslant \frac{\mathrm{e}}{n!}\int_0^1 (1-t)^n \,\mathrm{d}t \\ &= \frac{\mathrm{e}}{n!}\left[-\frac{(1-t)^{n+1}}{n+1}\right]_0^1 = \frac{\mathrm{e}}{(n+1)!} \xrightarrow[n\to+\infty]{} 0. \end{aligned}$$

On peut alors conclure[1]

$$\mathrm{e} = \lim_{n\to+\infty} \sum_{k=0}^{n} \frac{1}{k!}.$$

10.5 Exercices d'entraînement

10.5.1 Généralités

Exercice 9 *

Soit $f\colon [a\,;b] \to \mathbb{R}$ une fonction continue.

Montrer qu'il existe une unique primitive F de f vérifiant

$$\int_a^b F(t)\,\mathrm{d}t = 0.$$

1. Plus généralement, on montre de la même façon $\mathrm{e}^x = \lim\limits_{n\to+\infty} \sum_{k=0}^{n} \frac{x^k}{k!}$ pour tout réel x.

Solution

méthode

Les primitives de f sont déterminées à une constante additive près, on adapte celle-ci pour que la condition intégrale soit vérifiée.

La fonction f est continue sur l'intervalle $[a\,;b]$, elle y admet donc au moins une primitive G (Th. 2 p. 130). Les autres primitives de f sont alors les fonctions $F = G + C$ avec C une constante réelle. Par linéarité,

$$\int_a^b F(t)\,\mathrm{d}t = \int_a^b \big(G(t) + C\big)\,\mathrm{d}t = \int_a^b G(t)\,\mathrm{d}t + C(b-a).$$

Cette intégrale est nulle si, et seulement si,

$$C = -\frac{1}{b-a}\int_a^b G(t)\,\mathrm{d}t.$$

Ainsi, il existe une unique primitive F de f d'intégrale nulle sur $[a\,;b]$.

Exercice 10 *

(a) Soit $f\colon [a\,;b] \to \mathbb{R}$ une fonction continue.
On suppose $f(a+b-x) = f(x)$ pour tout $x \in [a\,;b]$. Montrer

$$\int_a^b xf(x)\,\mathrm{d}x = \frac{a+b}{2}\int_a^b f(x)\,\mathrm{d}x.$$

(b) *Application* : Calculer

$$\int_0^\pi \frac{x\sin(x)}{1+\cos^2(x)}\,\mathrm{d}x.$$

Solution

(a) **méthode**

On réalise le changement de variable $t = a + b - x$.

On obtient

$$\int_{x=a}^b xf(x)\,\mathrm{d}x = \int_{t=b}^a (a+b-t)f(t) \times (-\,\mathrm{d}t) = \int_a^b (a+b-t)f(t)\,\mathrm{d}t.$$

En renommant la variable d'intégration et en sommant les deux intégrales, on obtient la simplification

$$2\int_a^b xf(x)\,\mathrm{d}x = (a+b)\int_a^b f(x)\,\mathrm{d}x.$$

On en déduit l'identité demandée [1].

1. L'hypothèse $f(a+b-x) = f(x)$ signifie que le graphe de f est symétrique par rapport à l'axe d'équation $x = (a+b)/2$. Après translation de la variable, l'intégrale de $x \mapsto \big(x - (a+b)/2\big)f(x)$ se comprend comme l'intégrale d'une fonction impaire sur un intervalle symétrique par rapport à 0.

(b) Pour tout $x \in [0\,;\pi]$, on vérifie

$$\frac{\sin(\pi - x)}{1+\cos^2(\pi - x)} = \frac{\sin(x)}{1+\cos^2(x)}$$

et l'on peut employer le résultat précédent pour calculer l'intégrale

$$\begin{aligned}\int_0^\pi \frac{x\sin(x)}{1+\cos^2(x)}\,\mathrm{d}x &= \frac{\pi}{2}\int_0^\pi \frac{\sin(x)}{1+\cos^2(x)}\,\mathrm{d}x\\ &= \frac{\pi}{2}\Big[-\arctan\big(\cos(x)\big)\Big]_0^\pi = \frac{\pi}{2}\left(\frac{\pi}{4}+\frac{\pi}{4}\right) = \frac{\pi^2}{4}.\end{aligned}$$

10.5.2 Croissance et positivité de l'intégrale

Exercice 11 *

Soit $f\colon [a\,;b] \to \mathbb{R}$ une fonction continue telle que

$$\int_a^b f(t)\,\mathrm{d}t = \frac{(b-a)(b+a)}{2}.$$

Montrer qu'il existe $x \in [a\,;b]$ tel que $f(x) = x$.

Solution

méthode

‖ En calculant son intégrale, on établit que la fonction $x \mapsto f(x) - x$ s'annule.

La fonction différence $x \mapsto f(x) - x$ est continue sur $[a\,;b]$ à valeurs réelles et d'intégrale nulle car

$$\int_a^b \big(f(t) - t\big)\,\mathrm{d}t = \int_a^b f(t)\,\mathrm{d}t - \left[\frac{t^2}{2}\right]_a^b = \int_a^b f(t)\,\mathrm{d}t - \frac{b^2-a^2}{2} = 0.$$

On peut donc affirmer que cette fonction s'annule (Th. 5 p. 372) ce qui assure l'existence d'un point fixe à la fonction f.

Exercice 12 **

Soient $f, g\colon [a\,;b] \to \mathbb{R}$ des fonctions continues.

Montrer qu'il existe $c \in [a\,;b]$ tel que

$$g(c)\int_a^b f(t)\,\mathrm{d}t = f(c)\int_a^b g(t)\,\mathrm{d}t.$$

Solution

méthode

Une fonction continue d'intégrale nulle s'annule.

Introduisons la fonction $\varphi\colon [a\,;b] \to \mathbb{R}$ définie par

$$\varphi(x) = g(x)\int_a^b f(t)\,\mathrm{d}t - f(x)\int_a^b g(t)\,\mathrm{d}t.$$

La fonction φ est continue à valeurs réelles et, par linéarité de l'intégrale,

$$\int_a^b \varphi(x)\,\mathrm{d}x = \int_a^b \Big(g(x)\underbrace{\int_a^b f(t)\,\mathrm{d}t}_{\text{constante}} - f(x)\underbrace{\int_a^b g(t)\,\mathrm{d}t}_{\text{constante}}\Big)\,\mathrm{d}x$$
$$= \Big(\int_a^b g(x)\,\mathrm{d}x\Big)\Big(\int_a^b f(t)\,\mathrm{d}t\Big) - \Big(\int_a^b f(x)\,\mathrm{d}x\Big)\Big(\int_a^b g(t)\,\mathrm{d}t\Big) = 0.$$

On en déduit que la fonction φ s'annule ce qui détermine $c \in [a\,;b]$ tel que souhaité.

Exercice 13 ** (Formule de la moyenne [1])

Soient $f, g\colon [a\,;b] \to \mathbb{R}$ des fonctions continues avec $g \geqslant 0$.
Montrer qu'il existe $x \in [a\,;b]$ tel que

$$\int_a^b f(t)g(t)\,\mathrm{d}t = f(x)\int_a^b g(t)\,\mathrm{d}t.$$

Solution

méthode

Lorsqu'il est défini, on encadre le quotient des intégrales par les valeurs extrêmes de f.

Si l'intégrale de g sur $[a\,;b]$ est nulle, la fonction g est nulle car il s'agit d'une fonction continue et positive (Th. 4 p. 372). N'importe quel x de l'intervalle $[a\,;b]$ convient dans ce cas.

Sinon, on peut introduire le quotient

$$q = \frac{\displaystyle\int_a^b f(t)g(t)\,\mathrm{d}t}{\displaystyle\int_a^b g(t)\,\mathrm{d}t}.$$

Puisque la fonction f est continue sur le segment $[a\,;b]$, elle admet un minimum et un maximum en des points c et d (Th. 16 p. 251). Posons $m = f(c)$ et $M = f(d)$.

1. Ce résultat généralise celui du sujet 1 p. 375.

Par positivité de la fonction g, on peut multiplier par $g(t)$ l'encadrement $m \leqslant f(t) \leqslant M$ et écrire

$$mg(t) \leqslant f(t)g(t) \leqslant Mg(t) \quad \text{pour tout } t \in [a\,;b].$$

En intégrant en bon ordre (Th. 2 p. 371),

$$m\int_a^b g(t)\,\mathrm{d}t \leqslant \int_a^b f(t)g(t)\,\mathrm{d}t \leqslant M\int_a^b g(t)\,\mathrm{d}t.$$

Le quotient q est donc compris entre m et M. Il suffit ensuite d'appliquer le théorème des valeurs intermédiaires à la fonction continue f entre c et d pour conclure que ce quotient est une valeur prise par f et qu'il existe $x \in [a\,;b]$ tel que $q = f(x)$.

Exercice 14 **

Soient $(a,b) \in \mathbb{R}^2$ avec $a < b$ et $f\colon [a\,;b] \to \mathbb{R}$ une fonction continue.

(a) À quelle condition portant sur f a-t-on l'égalité suivante ?

$$\left|\int_a^b f(t)\,\mathrm{d}t\right| = \int_a^b |f(t)|\,\mathrm{d}t.$$

(b) Même question pour une fonction f à valeurs complexes.

Solution

(a) Si la fonction f est positive, l'égalité est immédiate. Si la fonction f est négative, l'identité est encore vraie. Montrons que ce sont les deux seuls cas possibles.

méthode

> Dans le cas où l'intégrale est positive, on montre l'égalité de f et de sa valeur absolue en étudiant l'intégrale de la différence.

Supposons

$$\left|\int_a^b f(t)\,\mathrm{d}t\right| = \int_a^b |f(t)|\,\mathrm{d}t \quad \text{avec} \quad \int_a^b f(t)\,\mathrm{d}t \geqslant 0.$$

On a donc

$$\int_a^b f(t)\,\mathrm{d}t = \int_a^b |f(t)|\,\mathrm{d}t \quad \text{puis} \quad \int_a^b \Big(|f(t)| - f(t)\Big)\,\mathrm{d}t = 0.$$

Or la fonction $|f| - f$ est continue à valeurs réelles et positive, c'est donc la fonction nulle (Th. 4 p. 372). Ainsi, la fonction f est positive car elle se confond en tout point avec sa valeur absolue.

De façon semblable, on conclut que f est négative en étudiant l'intégrale de $|f| + f$ lorsque l'intégrale de f est négative.

(b) **méthode**

On écrit l'intégrale de f sous la forme $r\mathrm{e}^{\mathrm{i}\theta}$ et l'on étudie l'intégrale de la fonction $g\colon t \to f(t)\mathrm{e}^{-\mathrm{i}\theta}$.

Supposons
$$\left|\int_a^b f(t)\,\mathrm{d}t\right| = \int_a^b \bigl|f(t)\bigr|\,\mathrm{d}t.$$

On écrit
$$\int_a^b f(t)\,\mathrm{d}t = r\mathrm{e}^{\mathrm{i}\theta} \quad \text{avec} \quad r = \left|\int_a^b f(t)\,\mathrm{d}t\right| \quad \text{et} \quad \theta \in \mathbb{R}.$$

La fonction $g\colon t \to f(t)\mathrm{e}^{-\mathrm{i}\theta}$ vérifie
$$\int_a^b g(t)\,\mathrm{d}t = \mathrm{e}^{-\mathrm{i}\theta}\int_a^b f(t)\,\mathrm{d}t = \left|\int_a^b f(t)\,\mathrm{d}t\right| \in \mathbb{R}$$

et donc
$$\int_a^b g(t)\,\mathrm{d}t = \int_a^b \operatorname{Re}\bigl(g(t)\bigr)\,\mathrm{d}t.$$

De plus, $|g| = |f|$ et l'on peut écrire
$$\int_a^b \bigl|g(t)\bigr|\,\mathrm{d}t = \int_a^b \bigl|f(t)\bigr|\,\mathrm{d}t = r = \int_a^b g(t)\,\mathrm{d}t = \int_a^b \operatorname{Re}\bigl(g(t)\bigr)\,\mathrm{d}t$$

puis
$$\int_a^b \Bigl(\bigl|g(t)\bigr| - \operatorname{Re}\bigl(g(t)\bigr)\Bigr)\,\mathrm{d}t = 0.$$

Puisque la fonction réelle $|g| - \operatorname{Re}(g)$ est continue, positive et d'intégrale nulle, c'est la fonction nulle. On en déduit $\operatorname{Re}(g) = |g|$ et la fonction g est donc une fonction réelle et positive car un nombre complexe dont la partie réelle est égale au module est nécessairement élément de $\mathbb{R}_+$.

Finalement, la fonction f est de la forme $t \mapsto g(t)\mathrm{e}^{\mathrm{i}\theta}$ avec g une fonction réelle et positive. La réciproque est immédiate.

Exercice 15 **

Soient $f\colon [a\,;b] \to \mathbb{R}$ une fonction continue et $n \in \mathbb{N}$ vérifiant
$$\int_a^b t^k f(t)\,\mathrm{d}t = 0 \quad \text{pour tout } k = 0, 1, \dots, n.$$

Montrer que la fonction f s'annule au moins $n+1$ fois dans l'intervalle $[a\,;b]$.

Solution

Par linéarité de l'intégrale, on a

$$\int_a^b P(t)f(t)\,\mathrm{d}t = 0$$

pour toute fonction polynomiale de degré inférieur à n.

méthode

> Par l'absurde, on détermine une fonction polynôme P telle que la fonction $t \mapsto P(t)f(t)$ soit de signe constant.

Supposons par l'absurde que la fonction f ne s'annule pas plus de n fois dans $[a\,;b]$. Notons $x_1 < \cdots < x_p$ (avec $p \leqslant n$) les points où f s'annule tout en changeant de signe. Considérons ensuite la fonction polynomiale P définie par

$$P(x) = (x - x_1)\dots(x - x_p) \quad \text{pour tout } x \in [a\,;b].$$

La fonction P s'annule en changeant de signe en exactement les mêmes points $x_1, \dots, x_p$. La fonction produit $t \mapsto P(t)f(t)$ est donc de signe constant. Or cette fonction réelle est continue et d'intégrale nulle, c'est donc la fonction nulle. Il en découle que la fonction f est nulle sur $[a\,;b]$. Cela est absurde car celle-ci est supposée ne s'annuler qu'au plus n fois.

Exercice 16 ***

Soit $f\colon [a\,;b] \to \mathbb{R}$ une fonction continue. On suppose

$$\int_a^b f(t)g(t)\,\mathrm{d}t = 0$$

pour toute fonction $g\colon [a\,;b] \to \mathbb{R}$ continue et s'annulant en a et b.

Montrer que f est la fonction nulle.

Solution

Par l'absurde, supposons que la fonction f ne soit pas identiquement nulle. Il existe alors $c \in [a\,;b]$ tel que $f(c) \neq 0$ et l'on peut supposer $c \in \,]a\,;b[$ car, si f est nulle sur $]a\,;b[$, elle l'est aussi en a et b par continuité en ces points.

méthode

> On définit une fonction g nulle sauf sur un voisinage de c sur lequel la fonction f est de signe constant.

Quitte à considérer $-f$, on peut supposer $f(c) > 0$. Par continuité de f en c, il existe $\alpha > 0$ tel que l'intervalle $[c - \alpha\,; c + \alpha]$ soit inclus dans $[a\,;b]$ et que f soit strictement positive sur celui-ci. Considérons alors la fonction g définie par le graphe de la figure ci-dessous

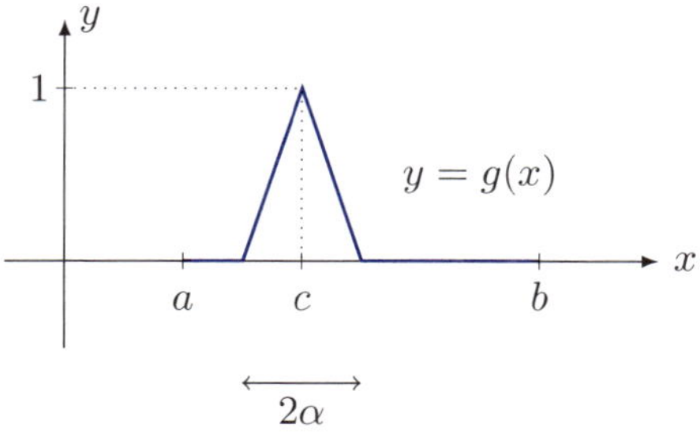

La fonction g est continue et s'annule en a et b ce qui permet d'écrire

$$\int_a^b f(t)g(t)\,\mathrm{d}t = 0.$$

Or la fonction g est nulle en dehors de $[c-\alpha\,;c+\alpha]$ et l'on obtient donc

$$\int_{c-\alpha}^{c+\alpha} f(t)g(t)\,\mathrm{d}t = 0.$$

La fonction réelle $t \mapsto f(t)g(t)$ est alors continue, positive et d'intégrale nulle sur l'intervalle $[c-\alpha\,;c+\alpha]$, c'est donc la fonction nulle. Cela est absurde car cette fonction ne s'annule pas en c.

10.5.3 Inégalités et intégrales

Exercice 17 *

Soient $f, g\colon [0\,;1] \to \mathbb{R}$ deux fonctions continues et positives.

On suppose $f(t)g(t) \geqslant 1$ pour tout $t \in [0\,;1]$, montrer

$$\left(\int_0^1 f(t)\,\mathrm{d}t\right)\left(\int_0^1 g(t)\,\mathrm{d}t\right) \geqslant 1.$$

Solution

méthode

‖ On applique l'inégalité de Cauchy-Schwarz (Th. 6 p. 372).

Les fonctions f et g étant positives, on peut introduire les fonctions composées $\sqrt{f}$ et $\sqrt{g}$. Par l'inégalité de Cauchy-Schwarz,

$$\int_0^1 \sqrt{f(t)}\sqrt{g(t)}\,\mathrm{d}t \leqslant \left(\int_0^1 f(t)\,\mathrm{d}t\right)^{1/2}\left(\int_0^1 g(t)\,\mathrm{d}t\right)^{1/2}.$$

Par élévation au carré puis croissance de l'intégrale bien ordonnée,

$$\left(\int_0^1 f(t)\,\mathrm{d}t\right)\left(\int_0^1 g(t)\,\mathrm{d}t\right) \geqslant \left(\int_0^1 \underbrace{\sqrt{f(t)g(t)}}_{\geqslant 1}\,\mathrm{d}t\right)^2 \geqslant \left(\int_0^1 \mathrm{d}t\right)^2 = 1.$$

Exercice 18 **

Soient $f, g\colon [0\,;1] \to \mathbb{R}$ continues et croissantes.

Montrer
$$\left(\int_0^1 f(t)\,\mathrm{d}t\right)\left(\int_0^1 g(t)\,\mathrm{d}t\right) \leqslant \int_0^1 f(t)g(t)\,\mathrm{d}t.$$

Solution

méthode

> Par produit de facteurs même signe
> $$\big(f(s)-f(t)\big)\big(g(s)-g(t)\big) \geqslant 0 \quad \text{pour tous } s,t \in [0\,;1].$$

Soit $t \in [0\,;1]$. Par intégration en bon ordre,
$$\int_0^1 \big(f(s)-f(t)\big)\big(g(s)-g(t)\big)\,\mathrm{d}s \geqslant 0.$$

En développant,
$$\int_0^1 f(s)g(s)\,\mathrm{d}s - \int_0^1 f(s)\underbrace{g(t)}_{\text{constante}}\,\mathrm{d}s - \int_0^1 \underbrace{f(t)}_{\text{constante}}g(s)\,\mathrm{d}s + \int_0^1 \underbrace{f(t)g(t)}_{\text{constante}}\,\mathrm{d}s \geqslant 0.$$

Par linéarité et en réorganisant les membres, on obtient
$$\left(\int_0^1 f(s)g(s)\,\mathrm{d}s\right) + f(t)g(t) \geqslant \left(\int_0^1 f(s)\,\mathrm{d}s\right)g(t) + f(t)\left(\int_0^1 g(s)\,\mathrm{d}s\right).$$

En intégrant cette comparaison pour t allant de 0 à 1, on obtient
$$\int_0^1 f(s)g(s)\,\mathrm{d}s + \int_0^1 f(t)g(t)\,\mathrm{d}t \geqslant \left(\int_0^1 f(s)\,\mathrm{d}s\right)\left(\int_0^1 g(t)\,\mathrm{d}t\right) + \left(\int_0^1 f(t)\,\mathrm{d}t\right)\left(\int_0^1 g(s)\,\mathrm{d}s\right)$$

car les intégrales en la variable s apparaissent comme des constantes.

Enfin, en renommant t la variable d'intégration s, on conclut [1]
$$2\int_0^1 f(t)g(t)\,\mathrm{d}t \geqslant 2\left(\int_0^1 f(t)\,\mathrm{d}t\right)\left(\int_0^1 g(t)\,\mathrm{d}t\right).$$

1. Cette démonstration est très analogue à celle du sujet 30 p. 40. On peut d'ailleurs lier les deux résultats par les sommes de Riemann.

Exercice 19 * (Inégalité de Steffensen)**
Soient $f\colon [0\,;1] \to \mathbb{R}$ une fonction continue décroissante et $g\colon [0\,;1] \to \mathbb{R}$ une fonction continue prenant ses valeurs dans $[0\,;1]$. Montrer

$$\int_0^1 f(t)g(t)\,\mathrm{d}t \leqslant \int_0^\lambda f(t)\,\mathrm{d}t \quad \text{avec} \quad \lambda = \int_0^1 g(t)\,\mathrm{d}t.$$

Que devient cette inégalité lorsque f est croissante ?

Solution

Notons que λ est élément de $[0\,;1]$ en tant qu'intégrale sur un intervalle de longueur 1 d'une fonction positive et majorée par 1. Il est donc possible de considérer l'intégrale de f sur $[0\,;\lambda]$.

méthode

On exprime la différence des deux membres comme l'intégrale d'une fonction de signe constant [1].

Par la relation de Chasles,

$$\begin{aligned}\int_0^\lambda f(t)\,\mathrm{d}t - \int_0^1 f(t)g(t)\,\mathrm{d}t &= \int_0^\lambda f(t)\,\mathrm{d}t - \int_0^\lambda f(t)g(t)\,\mathrm{d}t - \int_\lambda^1 f(t)g(t)\,\mathrm{d}t \\ &= \int_0^\lambda f(t)\big(1-g(t)\big)\,\mathrm{d}t - \int_\lambda^1 f(t)g(t)\,\mathrm{d}t. \qquad (*)\end{aligned}$$

Pour tout réel t de l'intervalle d'intégration $[0\,;\lambda]$, on a $f(t) \geqslant f(\lambda)$ en vertu de la décroissance de f. On en déduit $f(t)\big(1-g(t)\big) \geqslant f(\lambda)\big(1-g(t)\big)$ car $1-g(t)$ est un facteur positif. En intégrant en bon ordre, on obtient

$$\begin{aligned}\int_0^\lambda f(t)\big(1-g(t)\big)\,\mathrm{d}t &\geqslant \int_0^\lambda f(\lambda)\big(1-g(t)\big)\,\mathrm{d}t = f(\lambda)\left(\int_0^\lambda \mathrm{d}t - \int_0^\lambda g(t)\,\mathrm{d}t\right) \\ &= f(\lambda)\left(\lambda - \int_0^\lambda g(t)\,\mathrm{d}t\right) = f(\lambda)\left(\int_0^1 g(t)\,\mathrm{d}t - \int_0^\lambda g(t)\,\mathrm{d}t\right) \\ &= f(\lambda)\int_\lambda^1 g(t)\,\mathrm{d}t.\end{aligned}$$

La relation $(*)$ donne alors

$$\begin{aligned}\int_0^\lambda f(t)\,\mathrm{d}t - \int_0^1 f(t)g(t)\,\mathrm{d}t &\geqslant f(\lambda)\int_\lambda^1 g(t)\,\mathrm{d}t - \int_\lambda^1 f(t)g(t)\,\mathrm{d}t \\ &= \int_\lambda^1 \big(f(\lambda)-f(t)\big)g(t)\,\mathrm{d}t.\end{aligned}$$

1. On peut aussi étudier par dérivation les variations de la fonction $x \mapsto \int_0^{\lambda(x)} f(t)\,\mathrm{d}t - \int_0^x f(t)g(t)\,\mathrm{d}t$ avec $\lambda(x) = \int_0^x g(t)\,\mathrm{d}t$.

La fonction f étant décroissante, on a $f(\lambda) - f(t) \geqslant 0$ pour tout $t \in [\lambda\,;1]$ et comme de plus $g(t)$ est positif, on peut conclure que la dernière intégrale est positive en tant qu'intégrale bien ordonnée d'une fonction positive. Ainsi,

$$\int_0^\lambda f(t)\,\mathrm{d}t \geqslant \int_0^1 f(t)g(t)\,\mathrm{d}t.$$

Si la fonction f est croissante, on peut la transformer en une fonction décroissante par passage à l'opposé et l'on conclut à l'inégalité dans l'autre sens.

10.5.4 Limites d'intégrales

Exercice 20 **

Étudier les limites suivantes :

(a) $\lim\limits_{x\to 0^+} \displaystyle\int_0^x \frac{\sin(t)}{1+t^2}\,\mathrm{d}t$ (b) $\lim\limits_{x\to+\infty} \displaystyle\int_x^{x+1} \arctan(t)\,\mathrm{d}t$ (c) $\lim\limits_{x\to+\infty} \displaystyle\int_x^{2x} \frac{\mathrm{d}t}{\ln(t)}$

(d) $\lim\limits_{x\to 0^+} \displaystyle\int_x^{2x} \frac{\mathrm{e}^t}{t}\,\mathrm{d}t$ (e) $\lim\limits_{x\to 1^+} \displaystyle\int_x^{x^2} \frac{\mathrm{d}t}{\ln(t)}$ (f) $\lim\limits_{x\to 1^-} \displaystyle\int_x^{x^2} \frac{\mathrm{d}t}{\ln(t)}$.

Solution

Dans chaque cas, il n'est pas possible (ou pas nécessaire) de calculer la valeur de l'intégrale.

(a) On intègre une fonction bornée sur un intervalle de plus en plus petit, il est raisonnable de présumer que l'intégrale tend vers 0.

méthode

On majore la valeur absolue de l'intégrale par une intégrale plus facile à calculer.

Pour $x > 0$, l'inégalité triangulaire intégrale donne

$$\left|\int_0^x \frac{\sin(t)}{1+t^2}\,\mathrm{d}t\right| \leqslant \int_0^x \underbrace{\frac{|\sin(t)|}{1+t^2}}_{\leqslant 1}\,\mathrm{d}t \leqslant \int_0^x \mathrm{d}t = x \xrightarrow[x\to 0^+]{} 0.$$

Effectivement, l'intégrale étudiée est de limite nulle [1].

(b) L'intervalle d'intégration est toujours de longueur 1 et la fonction intégrée se rapproche de $\pi/2$. On peut présumer [2] que l'intégrale tend vers $\pi/2$.

méthode

On encadre la fonction intégrée en prenant appui sur les bornes d'intégration.

1. On peut aussi introduire une primitive F et affirmer $F(x) - F(0) \to 0$ par continuité de F en 0.
2. Il n'est pas possible d'intégrer directement les limites et une étude plus approfondie s'impose !

Pour tout $t \in [x\,;x+1]$, on peut affirmer par croissance de la fonction arc tangente

$$\arctan(x) \leqslant \arctan(t) \leqslant \arctan(x+1).$$

En intégrant en bon ordre, il vient

$$\int_x^{x+1} \arctan(x)\,\mathrm{d}t \leqslant \int_x^{x+1} \arctan(t)\,\mathrm{d}t \leqslant \int_x^{x+1} \arctan(x+1)\,\mathrm{d}t.$$

Les intégrales encadrantes sont faciles à calculer car il s'agit d'intégrales de fonctions constantes et l'on obtient

$$\arctan(x) \leqslant \int_x^{x+1} \arctan(t)\,\mathrm{d}t \leqslant \arctan(x+1).$$

Les deux membres encadrants tendent vers $\pi/2$ quand x tend vers $+\infty$ et, par le théorème de limite finie par encadrement, l'expression étudiée tend aussi vers $\pi/2$.

(c) La longueur de l'intervalle d'intégration tend vers $+\infty$ mais la fonction intégrée y est de plus en plus petite. On est confronté à la résolution d'une forme indéterminée du type « $(+\infty) \times 0$ ».

méthode

> Pour cerner l'ordre de grandeur asymptotique, on encadre de nouveau la fonction intégrée en prenant appui sur les bornes d'intégration.

Soit $x > 1$. Pour $t \in [x\,;2x]$, on a l'encadrement

$$\frac{1}{\ln(2x)} \leqslant \frac{1}{\ln(t)} \leqslant \frac{1}{\ln(x)}.$$

En intégrant en bon ordre, il vient

$$\int_x^{2x} \frac{\mathrm{d}t}{\ln(2x)} \leqslant \int_x^{2x} \frac{\mathrm{d}t}{\ln(t)} \leqslant \int_x^{2x} \frac{\mathrm{d}t}{\ln(x)}.$$

On obtient alors

$$\underbrace{\frac{x}{\ln(2x)}}_{\xrightarrow[x\to+\infty]{}+\infty} \leqslant \int_x^{2x} \frac{\mathrm{d}t}{\ln(t)} \leqslant \frac{x}{\ln(x)}.$$

Par le théorème de limite infinie par minoration, on conclut

$$\lim_{x\to+\infty} \int_x^{2x} \frac{\mathrm{d}t}{\ln(t)} = +\infty.$$

(d) La longueur de l'intervalle d'intégration tend vers 0 mais la fonction intégrée y est de plus en plus grande. On est confronté à la résolution d'une forme indéterminée du type « $0 \times (+\infty)$ ».

Pour cerner l'ordre de grandeur asymptotique, on peut commencer par encadrer la fonction intégrée par des constantes.

Soit $x > 0$. Pour $t \in [x\,;2x]$,

$$\mathrm{e}^x \leqslant \mathrm{e}^t \leqslant \mathrm{e}^{2x} \quad \text{et} \quad \frac{1}{2x} \leqslant \frac{1}{t} \leqslant \frac{1}{x}$$

donc

$$\frac{\mathrm{e}^x}{2x} \leqslant \frac{\mathrm{e}^t}{t} \leqslant \frac{\mathrm{e}^{2x}}{x}.$$

Par intégration en bon ordre,

$$\underbrace{\int_x^{2x} \frac{\mathrm{e}^x}{2x}\,\mathrm{d}t}_{=\frac{\mathrm{e}^x}{2} \xrightarrow[x\to 0^+]{} \frac{1}{2}} \leqslant \int_x^{2x} \frac{\mathrm{e}^t}{t}\,\mathrm{d}t \leqslant \underbrace{\int_x^{2x} \frac{\mathrm{e}^{2x}}{x}\,\mathrm{d}t}_{=\mathrm{e}^{2x} \xrightarrow[x\to 0^+]{} 1}.$$

L'encadrement est trop large pour conclure autre chose que « la fonction est bornée au voisinage de 0 ».

méthode

> On encadre la fonction intégrée non plus par des constantes mais par des fonctions qui lui sont proches et dont on sait calculer les intégrales.

Dans l'étude ci-dessus, c'est l'encadrement du facteur $1/t$ qui a introduit l'écart entre les deux membres encadrants : on ne va encadrer que le terme exponentiel.

Soit $x > 0$. Pour $t \in [x\,;2x]$,

$$\frac{\mathrm{e}^x}{t} \leqslant \frac{\mathrm{e}^t}{t} \leqslant \frac{\mathrm{e}^{2x}}{t}.$$

En intégrant en bon ordre,

$$\int_x^{2x} \frac{\mathrm{e}^x}{t}\,\mathrm{d}t \leqslant \int_x^{2x} \frac{\mathrm{e}^t}{t}\,\mathrm{d}t \leqslant \int_x^{2x} \frac{\mathrm{e}^{2x}}{t}\,\mathrm{d}t.$$

Les intégrales encadrantes sont immédiates à calculer et l'on obtient

$$\underbrace{\mathrm{e}^x \ln(2)}_{\xrightarrow[x\to 0^+]{} \ln(2)} \leqslant \int_x^{2x} \frac{\mathrm{e}^t}{t}\,\mathrm{d}t \leqslant \underbrace{\mathrm{e}^{2x} \ln(2)}_{\xrightarrow[x\to 0^+]{} \ln(2)}.$$

Par le théorème d'existence de limite par encadrement, on conclut

$$\lim_{x\to 0^+} \int_x^{2x} \frac{\mathrm{e}^t}{t}\,\mathrm{d}t = \ln(2).$$

(e) La longueur de l'intervalle d'intégration tend vers 0 mais la fonction intégrée y tend vers l'infini : on doit résoudre une forme indéterminée du type « $0 \times (+\infty)$ ».

Comme au-dessus, l'encadrement de la fonction intégrée par deux constantes déterminées à partir les bornes d'intégration se révèle trop large.

méthode

On sait intégrer la fonction $t \mapsto \frac{1}{t\ln(t)}$ et cette fonction est proche de $t \mapsto \frac{1}{\ln(t)}$ au voisinage de 1.

Soit $x > 1$. Pour tout $t \in [x\,;x^2]$, on a $x \leqslant t \leqslant x^2$ et $t\ln(t) > 0$ donc

$$\frac{x}{t\ln(t)} \leqslant \frac{t}{t\ln(t)} = \frac{1}{\ln(t)} \leqslant \frac{x^2}{t\ln(t)}.$$

Par intégration en bon ordre,

$$\int_x^{x^2} \frac{x\,\mathrm{d}t}{t\ln(t)} \leqslant \int_x^{x^2} \frac{\mathrm{d}t}{\ln(t)} \leqslant \int_x^{x^2} \frac{x^2\,\mathrm{d}t}{t\ln(t)}.$$

Les intégrales encadrantes peuvent être calculées en reconnaissant une forme u'/u en $u(t) = \ln(t)$,

$$\int_x^{x^2} \frac{\mathrm{d}t}{t\ln(t)} = \Big[\ln\big(|\ln(t)|\big)\Big]_x^{x^2} = \ln\big(2\ln(x)\big) - \ln\big(\ln(x)\big) = \ln(2).$$

On obtient ainsi

$$x\ln(2) \leqslant \int_x^{x^2} \frac{\mathrm{d}t}{\ln(t)} \leqslant x^2\ln(2).$$

Par le théorème de limite finie par encadrement, on conclut que l'intégrale étudiée tend vers $\ln(2)$ quand x tend vers 1 par valeurs supérieures.

(f) L'étude quand x tend vers 1 par valeurs inférieures est analogue, mais l'encadrement de départ est inversé. On divise par $t\ln(t)$ qui est négatif ce qui renverse l'encadrement et l'on intègre en mauvais ordre ce qui inverse une dernière fois l'encadrement. La limite obtenue demeure cependant la même.

Exercice 21 ** (Lemme de Lebesgue)

Soit $f\colon [a\,;b] \to \mathbb{R}$ une fonction de classe $\mathcal{C}^1$.

Montrer

$$\lim_{n\to+\infty} \int_a^b f(t)\sin(nt)\,\mathrm{d}t = 0.$$

Solution

méthode

Par intégration par parties, on fait apparaître un facteur $1/n$ qui sera à l'origine de la nullité de la limite.

On réalise l'intégration par parties déterminée par les fonctions de classe $\mathcal{C}^1$ définies par

$$u(t) = -\frac{\cos(nt)}{n} \quad \text{et} \quad v(t) = f(t).$$

On obtient

$$\int_a^b f(t)\sin(nt)\,\mathrm{d}t = \left[-\frac{1}{n}f(t)\cos(nt)\right]_a^b + \frac{1}{n}\int_a^b f'(t)\cos(nt)\,\mathrm{d}t.$$

D'une part,

$$\frac{1}{n}f(a)\underbrace{\cos(na)}_{\text{bornée}} \xrightarrow[n\to+\infty]{} 0 \quad \text{et} \quad \frac{1}{n}f(b)\underbrace{\cos(nb)}_{\text{bornée}} \xrightarrow[n\to+\infty]{} 0.$$

D'autre part, l'inégalité triangulaire[1] intégrale donne

$$\left|\frac{1}{n}\int_a^b f'(t)\cos(nt)\,\mathrm{d}t\right| \leqslant \frac{1}{n}\int_a^b \left|f'(t)\cos(nt)\right|\mathrm{d}t \leqslant \frac{1}{n}\int_a^b \left|f'(t)\right|\mathrm{d}t \xrightarrow[n\to+\infty]{} 0$$

car le terme intégral dans le dernier membre est une constante[2].

On peut conclure

$$\lim_{n\to+\infty}\int_a^b f(t)\sin(nt)\,\mathrm{d}t = 0.$$

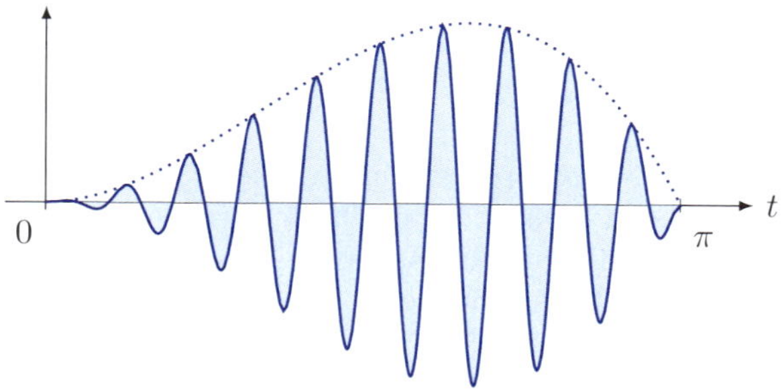

Une fonction f accompagnée de $t \mapsto f(t)\sin(nt)$.

1. Encadrer $\cos(nt)$ par -1 et 1 puis multiplier par $f'(t)$ est incorrect car le signe de $f'(t)$ n'est pas connu.

2. Il est inutile de vouloir exprimer plus simplement cette constante et cela n'est d'ailleurs pas possible de façon générale à cause de la valeur absolue.

Exercice 22 ***

Soit $f\colon [0\,;\pi] \to \mathbb{R}$ une fonction de classe $\mathcal{C}^1$.

Étudier la limite quand n tend vers l'infini de

$$\int_0^{\pi} f(t)\bigl|\sin(nt)\bigr|\,\mathrm{d}t.$$

Solution

méthode

> On découpe l'intégrale en les $k\pi/n$ (avec k entier) afin de résoudre la valeur absolue du sinus.

Par la relation de Chasles,

$$\int_0^{\pi} f(t)\bigl|\sin(nt)\bigr|\,\mathrm{d}t = \sum_{k=0}^{n-1}\left(\int_{k\pi/n}^{(k+1)\pi/n} f(t)\bigl|\sin(nt)\bigr|\,\mathrm{d}t\right).$$

Par la translation de variable $t = u + k\pi/n$,

$$\begin{aligned}\int_0^{\pi} f(t)\bigl|\sin(nt)\bigr|\,\mathrm{d}t &= \sum_{k=0}^{n-1}\left(\int_0^{\pi/n} f\left(u+\frac{k\pi}{n}\right)\bigl|\sin(nu+k\pi)\bigr|\,\mathrm{d}u\right)\\ &= \sum_{k=0}^{n-1}\left(\int_0^{\pi/n} f\left(u+\frac{k\pi}{n}\right)\underbrace{\sin(nu)}_{\geqslant 0}\,\mathrm{d}u\right)\end{aligned}$$

car $\sin(nu+k\pi) = (-1)^k\sin(nu)$.

méthode

> Les valeurs prises par f sur l'intervalle d'intégration sont voisines de la constante $f(k\pi/n)$.

Pour exploiter cette idée, on écrit

$$\begin{aligned}\int_0^{\pi} f(t)\bigl|\sin(nt)\bigr|\,\mathrm{d}t = &\sum_{k=0}^{n-1}\left(\int_0^{\pi/n}\left(f\left(u+\frac{k\pi}{n}\right) - f\left(\frac{k\pi}{n}\right)\right)\sin(nu)\,\mathrm{d}u\right)\\ &+\sum_{k=0}^{n-1}\left(\int_0^{\pi/n} f\left(\frac{k\pi}{n}\right)\sin(nu)\,\mathrm{d}u\right).\end{aligned}$$

D'une part,

$$\sum_{k=0}^{n-1}\left(\int_0^{\pi/n} f\left(\frac{k\pi}{n}\right)\sin(nu)\,\mathrm{d}u\right) = \sum_{k=0}^{n-1} f\left(\frac{k\pi}{n}\right)\left[-\frac{\cos(nu)}{n}\right]_0^{\pi/n} = \frac{2}{n}\sum_{k=0}^{n-1} f\left(\frac{k\pi}{n}\right).$$

On reconnaît une somme de Riemann et donc

$$\sum_{k=0}^{n-1}\left(\int_0^{\pi/n} f\left(\frac{k\pi}{n}\right)\sin(nu)\,\mathrm{d}u\right) \xrightarrow[n\to+\infty]{} 2\int_0^1 f(\pi x)\,\mathrm{d}x \underset{t=\pi x}{=} \frac{2}{\pi}\int_0^{\pi} f(t)\,\mathrm{d}t.$$

D'autre part, la fonction f étant de classe $\mathcal{C}^1$, sa dérivée est continue donc bornée sur le segment $[0\,;\pi]$. La fonction f est alors M-lipschitzienne (Th. 6 p. 285) avec M le max de $|f'|$ sur $[0\,;\pi]$. On en déduit

$$\begin{aligned}
&\left|\sum_{k=0}^{n-1}\left(\int_0^{\pi/n}\left(f\left(u+\frac{k\pi}{n}\right)-f\left(\frac{k\pi}{n}\right)\right)\sin(nu)\,\mathrm{d}u\right)\right| \\
&\qquad\leqslant \sum_{k=0}^{n-1}\left(\int_0^{\pi/n}\left|f\left(u+\frac{k\pi}{n}\right)-f\left(\frac{k\pi}{n}\right)\right|\underbrace{\sin(nu)}_{\leqslant 1}\,\mathrm{d}u\right) \\
&\qquad\leqslant \sum_{k=0}^{n-1}\left(\int_0^{\pi/n} Mu\,\mathrm{d}u\right) = \sum_{k=0}^{n-1}\left[\frac{Mu^2}{2}\right]_0^{\pi/n} \\
&\qquad= \sum_{k=0}^{n-1}\frac{M\pi^2}{2n^2} = \frac{M\pi^2}{2n} \xrightarrow[n\to+\infty]{} 0.
\end{aligned}$$

On peut conclure

$$\int_0^{\pi} f(t)\big|\sin(nt)\big|\,\mathrm{d}t \xrightarrow[n\to+\infty]{} \frac{2}{\pi}\int_0^{\pi} f(t)\,\mathrm{d}t.$$

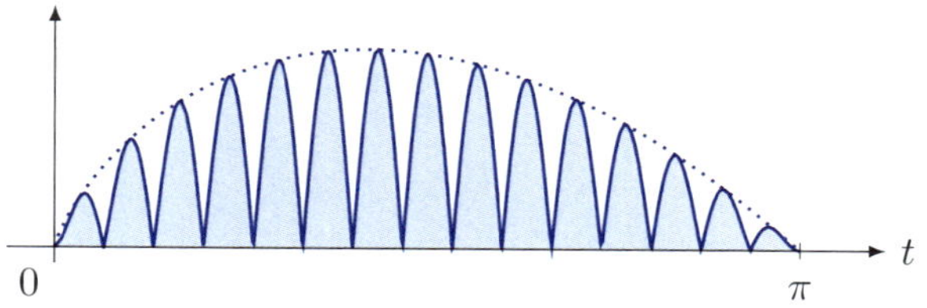

Une fonction f accompagnée de $t \mapsto f(t)\big|\sin(nt)\big|$.

10.5.5 Fonctions dont la variable définit une borne d'intégration

Exercice 23 *

Pour $x > 0$, on pose

$$I(x) = \int_{1/x}^{x} \frac{t}{1+t+t^2+t^3}\,\mathrm{d}t.$$

(a) Montrer que la fonction I est définie et de classe $\mathcal{C}^1$ sur $]0\,;+\infty[$.

(b) Calculer $I'(x)$ et en déduire une expression simple de $I(x)$ pour tout $x > 0$.

Solution

(a) **méthode**

‖ On exprime $I(x)$ en introduisant une primitive de la fonction intégrée.

La fonction de l'intégrale est définie et continue sur l'intervalle $[0\,;+\infty[$, on peut donc en introduire une primitive F (Th. 2 p. 130). On a alors, pour tout x strictement positif,

$$I(x) = \Big[F(t)\Big]_{1/x}^{x} = F(x) - F\left(\frac{1}{x}\right).$$

La fonction F étant de classe $\mathcal{C}^1$ (car primitive d'une fonction continue), la fonction I est de classe $\mathcal{C}^1$ sur $]0\,;+\infty[$ par opérations sur les fonctions.

(b) Sachant dériver la primitive F, on obtient par dérivation de fonctions composées

$$\begin{aligned} I'(x) &= F'(x) + \frac{1}{x^2}F'\left(\frac{1}{x}\right) \\ &= \frac{x}{1+x+x^2+x^3} + \frac{1}{x^2}\cdot\frac{\frac{1}{x}}{1+\frac{1}{x}+\frac{1}{x^2}+\frac{1}{x^3}} \\ &= \frac{x}{1+x+x^2+x^3} + \frac{1}{x^3+x^2+x+1} \\ &= \frac{x+1}{(x+1)(x^2+1)} = \frac{1}{x^2+1}. \end{aligned}$$

On en déduit l'existence d'une constante C telle que

$$I(x) = \arctan(x) + C \quad \text{pour tout } x > 0.$$

Puisque $I(1) = 0$, on obtient $C = -\pi/4$ et l'on conclut

$$I(x) = \arctan(x) - \frac{\pi}{4} \quad \text{pour tout } x > 0.$$

Exercice 24 **

On introduit la fonction f définie sur $\mathbb{R}^*$ par la relation

$$f(x) = \int_x^{2x} \frac{\mathrm{e}^{-t^2}}{t}\,\mathrm{d}t.$$

(a) Montrer que la fonction f est bien définie et étudier sa parité.

(b) Justifier qu'il est possible de prolonger f par continuité en 0.

On note encore f la fonction ainsi prolongée.

(c) Montrer que f est dérivable sur $\mathbb{R}$.

(d) Étudier la limite de f en $+\infty$.

Solution

(a) La fonction intégrée n'est pas définie en 0. Cependant, pour chaque $x > 0$, la fonction intégrée est parfaitement définie et continue sur le segment $[x\,;2x]$. L'intégrale définissant $f(x)$ est donc bien définie dans ce cas. Il en est de même lorsque $x < 0$.

méthode

> On étudie la parité de f en réalisant le changement de variable $t = -s$.

$$f(-x) = \int_{t=-x}^{-2x} \frac{\mathrm{e}^{-t^2}}{t}\,\mathrm{d}t = \int_{s=x}^{2x} \frac{\mathrm{e}^{-s^2}}{-s} \times \big(-\,\mathrm{d}s\big) = \int_{x}^{2x} \frac{\mathrm{e}^{-s^2}}{s}\,\mathrm{d}s = f(x).$$

On en déduit que la fonction f est paire.

(b) On étudie la limite de f en 0 ce qui conduit à la résolution d'une forme indéterminée du type « $0 \times (+\infty)$ ». En effet, si l'intervalle d'intégration est de plus en plus petit, la fonction intégrée y est de plus en plus grande !

méthode

> Il n'est pas possible d'exprimer simplement l'intégrale définissant $f(x)$. Pour en étudier la limite, on encadre la fonction intégrée en prenant appui sur des fonctions proches dont on sait calculer des primitives [1].

Pour $x > 0$, on peut écrire par croissance de la fonction exponentielle

$$\mathrm{e}^{-4x^2} \leqslant \mathrm{e}^{-t^2} \leqslant \mathrm{e}^{-x^2}$$

pour tout t de l'intervalle d'intégration $[x\,;2x]$. En divisant par le facteur positif t, on obtient après intégration en bon ordre

$$\int_x^{2x} \frac{\mathrm{e}^{-4x^2}}{t}\,\mathrm{d}t \leqslant \int_x^{2x} \frac{\mathrm{e}^{-t^2}}{t}\,\mathrm{d}t \leqslant \int_x^{2x} \frac{\mathrm{e}^{-x^2}}{t}\,\mathrm{d}t.$$

Les intégrales encadrantes sont faciles à calculer car le facteur exponentiel y est constant. On obtient ainsi

$$\mathrm{e}^{-4x^2}\ln(2) \leqslant f(x) \leqslant \mathrm{e}^{-x^2}\ln(2). \qquad (*)$$

Par le théorème d'existence de limite par encadrement, on peut affirmer que $f(x)$ tend vers $\ln(2)$ quand x tend vers 0 par valeurs supérieures. Par parité, on obtient la même limite par valeurs inférieures.

On pose alors $f(0) = \ln(2)$ afin de prolonger f par continuité en 0.

(c) **méthode**

> En introduisant une primitive, on montre que f est de classe $\mathcal{C}^1$ sur chacun des deux intervalles constituant $\mathbb{R}^*$.

1. On trouvera dans le sujet 30 p. 408 une alternative à cette démarche.

Soit F une primitive de la fonction continue $t \mapsto \mathrm{e}^{-t^2}/t$ sur $\mathbb{R}_+^*$. La fonction F est dérivable et $f(x) = F(2x) - F(x)$. La fonction f est donc aussi dérivable sur $\mathbb{R}_+^*$ et, par dérivation de fonctions composées,

$$f'(x) = 2F'(2x) - F'(x) = \frac{\mathrm{e}^{-4x^2} - \mathrm{e}^{-x^2}}{x}.$$

L'étude sur l'intervalle[1] $\mathbb{R}_-^*$ est identique et conduit à la même expression de $f'(x)$.

méthode

‖ On résout l'étude en 0 par le théorème de la limite de la dérivée (Th. 7 p. 286).

En écrivant les développements limités

$$\mathrm{e}^{-x^2} \underset{x\to 0}{=} 1 - x^2 + \mathrm{o}\big(x^2\big) \quad \text{et} \quad \mathrm{e}^{-4x^2} \underset{x\to 0}{=} 1 - 4x^2 + \mathrm{o}\big(x^2\big)$$

on obtient

$$f'(x) \underset{x\to 0}{=} \frac{-3x^2 + \mathrm{o}\big(x^2\big)}{x} \xrightarrow[x\to 0]{} 0.$$

La fonction f est continue en 0 et sa dérivée sur $\mathbb{R}^*$ admet une limite finie en 0, c'est donc une fonction dérivable en 0 avec $f'(0) = 0$.

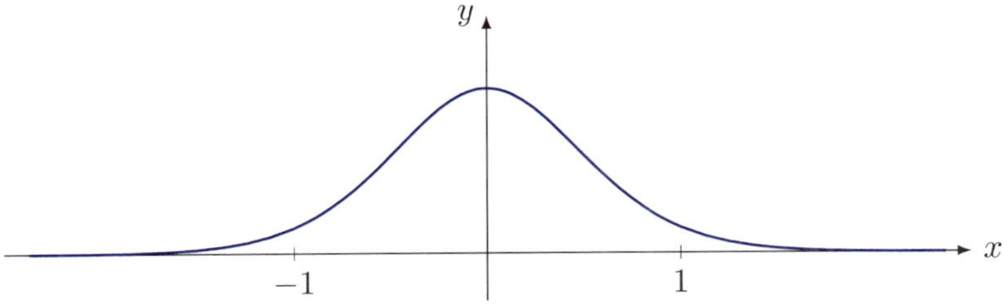

Allure de la fonction $x \mapsto \int_x^{2x} \frac{\mathrm{e}^{-t^2}}{t}\,\mathrm{d}t$.

(d) **méthode**

‖ On reprend l'encadrement $(*)$.

Lorsque x tend vers $+\infty$, les deux membres encadrants sont de limites nulles et la fonction f tend vers 0 en $+\infty$.

1. L'étude n'a pas été directement menée sur $\mathbb{R}^*$ car ce domaine n'est pas un intervalle : cela empêche d'utiliser le théorème calculant une intégrale à partir d'une primitive (Th. 3 p. 131).

Exercice 25 ***

Soient $f\colon [0\,;+\infty[\to \mathbb{R}$ une fonction continue et $g\colon]0\,;+\infty[\to \mathbb{R}$ la fonction définie par

$$g(x) = \frac{1}{x}\int_0^x f(t)\,\mathrm{d}t.$$

(a) Montrer que la fonction g est dérivable et solution sur $]0\,;+\infty[$ de l'équation différentielle

$$xy' + y = f(x).$$

(b) Déterminer, si elle existe, la limite de g en 0.

On suppose que f tend vers une limite finie ℓ en $+\infty$.

(c) Étudier la limite de g en $+\infty$.

Solution

La valeur $g(x)$ se comprend comme la valeur moyenne de la fonction f sur $[0\,;x]$.

(a) La fonction g est le produit de la fonction inverse et d'une fonction décrivant une primitive, c'est donc une fonction dérivable sur $]0\,;+\infty[$. De plus, en dérivant la relation

$$xg(x) = \int_0^x f(t)\,\mathrm{d}t$$

on obtient immédiatement

$$xg'(x) + g(x) = f(x) \quad \text{pour tout } x > 0.$$

(b) Lorsque x tend vers 0^+, l'étude de la limite de $g(x)$ conduit à la résolution d'une forme indéterminée du type « 0/0 ». Cependant, le segment $[0\,;x]$ tend à se rapprocher du singleton $\{0\}$, il est alors raisonnable de présumer que la valeur moyenne $g(x)$ se rapproche de la valeur de f en 0.

méthode

> On introduit une primitive de f puis on exprime g comme un taux d'accroissement [1].

Soit F une primitive de la fonction continue f sur $[0\,;+\infty[$. Pour tout $x > 0$,

$$g(x) = \frac{1}{x}\int_0^x f(t)\,\mathrm{d}t = \frac{1}{x}\Big[F(t)\Big]_0^x = \frac{F(x)-F(0)}{x}.$$

La fonction F étant dérivable en 0, on obtient directement

$$g(x) = \frac{F(x)-F(0)}{x-0} \xrightarrow[x\to 0^+]{} F'(0) = f(0).$$

1. On peut aussi employer l'égalité de la moyenne (sujet 1 p. 375) ou raisonner par les ε.

(c) Lorsque x tend vers $+\infty$, il est raisonnable de présumer que la valeur moyenne $g(x)$ se rapproche de la limite ℓ de f en $+\infty$. Pour cette raison, on étudie

$$g(x) - \ell = \frac{1}{x}\int_0^x f(t)\,\mathrm{d}t - \ell.$$

méthode

On exprime ℓ comme une intégrale afin de rapprocher l'écriture des termes de la différence.

On écrit

$$g(x) - \ell = \frac{1}{x}\int_0^x f(t)\,\mathrm{d}t - \frac{1}{x}\int_0^x \ell\,\mathrm{d}t = \frac{1}{x}\int_0^x \big(f(t) - \ell\big)\,\mathrm{d}t.$$

méthode

On signifie par les ε la proximité de f à sa limite au voisinage de l'infini.

Soit $\varepsilon > 0$. Il existe un réel $A \geqslant 0$ tel que $\left|f(x) - \ell\right| \leqslant \varepsilon$ pour tout réel $x \geqslant A$. On découpe alors l'intégrale en A

$$\frac{1}{x}\int_0^x \big(f(t) - \ell\big)\,\mathrm{d}t = \frac{1}{x}\int_0^A \big(f(t) - \ell\big)\,\mathrm{d}t + \frac{1}{x}\int_A^x \big(f(t) - \ell\big)\,\mathrm{d}t.$$

D'une part, l'inégalité triangulaire intégrale donne

$$\left|\frac{1}{x}\int_A^x \big(f(t) - \ell\big)\,\mathrm{d}t\right| \leqslant \frac{1}{x}\int_A^x \underbrace{\left|f(t) - \ell\right|}_{\leqslant \varepsilon}\,\mathrm{d}t \leqslant \frac{x - A}{x}\varepsilon \leqslant \varepsilon.$$

D'autre part,

$$\underbrace{\frac{1}{x}\int_0^A \big(f(t) - \ell\big)\,\mathrm{d}t}_{\text{constante}} \xrightarrow[x \to +\infty]{} 0.$$

Il existe donc un réel $A' \geqslant 0$ tel que cette quantité soit elle aussi bornée par ε pour tout réel $x \geqslant A'$.

Pour $x \geqslant \max(A, A')$, on a alors

$$\left|g(x) - \ell\right| \leqslant 2\varepsilon.$$

Finalement, la fonction g tend vers ℓ en $+\infty$ car on a vérifié la définition quantifiée de la limite.

10.5.6 Formule de Taylor avec reste intégral

Exercice 26 *

En appliquant la formule de Taylor avec reste intégral à la fonction $x \mapsto \ln(1 + x)$, établir[1]

$$\sum_{k=1}^{n} \frac{(-1)^{k-1}}{k} \xrightarrow[n \to +\infty]{} \ln(2).$$

Solution

méthode

> On calcule les dérivées successives de la fonction $x \mapsto \ln(1+x)$ afin d'exprimer la formule de Taylor à partir de 0.

La fonction $f\colon x \mapsto \ln(1+x)$ est définie et de classe $\mathcal{C}^\infty$ sur $]-1\,;+\infty[$ avec

$$f'(x) = \frac{1}{1+x}, \quad f''(x) = \frac{-1}{(1+x)^2}, \quad f'''(x) = \frac{(-1)\times(-2)}{(1+x)^3}, \ldots$$

Par récurrence, on vérifie [2]

$$f^{(k)}(x) = (-1)^{k-1}\frac{(k-1)!}{(1+x)^k} \quad \text{pour tout } x \in\,]-1\,;+\infty[\text{ et tout } k \in \mathbb{N}^*.$$

On a donc $f(0) = 0$ et $f^{(k)}(0) = (-1)^{k-1}(k-1)!$ pour $k \in \mathbb{N}^*$. La formule de Taylor à l'ordre n appliquée de 0 à $x \in\,]-1\,;+\infty[$ s'écrit

$$f(x) = \sum_{k=0}^{n} \frac{f^{(k)}(0)}{k!}x^k + \int_0^x \frac{(x-t)^n}{n!} f^{(n+1)}(t)\,\mathrm{d}t$$

ce qui donne

$$\begin{aligned}\ln(1+x) &= \sum_{k=1}^{n} \frac{(-1)^{k-1}(k-1)!}{k!}x^k + \int_0^x \frac{(x-t)^n}{n!}\cdot\frac{(-1)^n n!}{(1+t)^{n+1}}\,\mathrm{d}t \\ &= \sum_{k=1}^{n} \frac{(-1)^{k-1}}{k}x^k + (-1)^n \int_0^x \frac{(x-t)^n}{(1+t)^{n+1}}\,\mathrm{d}t.\end{aligned}$$

Pour $x = 1$, on obtient

$$\ln(2) = \sum_{k=1}^{n} \frac{(-1)^{k-1}}{k} + (-1)^n \int_0^1 \frac{(1-t)^n}{(1+t)^{n+1}}\,\mathrm{d}t.$$

Pour conclure, il suffit de montrer que le terme intégral est de limite nulle quand n tend vers l'infini. On procède par encadrement.

Pour tout t dans $[0\,;1]$,

$$0 \leqslant \frac{(1-t)^n}{(1+t)^{n+1}} \leqslant (1-t)^n \quad \text{car} \quad (1+t)^{n+1} \geqslant 1.$$

En intégrant en bon ordre,

$$0 \leqslant \int_0^1 \frac{(1-t)^n}{(1+t)^{n+1}}\,\mathrm{d}t \leqslant \int_0^1 (1-t)^n\,\mathrm{d}t = \left[-\frac{(1-t)^{n+1}}{n+1}\right]_0^1 = \frac{1}{n+1} \xrightarrow[n\to+\infty]{} 0.$$

1. Dans le chapitre suivant, nous dirons que la série $\sum \frac{(-1)^{k-1}}{k}$ converge et que sa somme vaut $\ln(2)$.
2. Pour établir l'hérédité de cette récurrence, on sera attentif à dériver une forme $1/u^{k+1}$ plutôt qu'une forme $1/u$.

Par le théorème de convergence par encadrement, on conclut

$$\int_0^1 \frac{(1-t)^n}{(1+t)^{n+1}}\,\mathrm{d}t \xrightarrow[n\to+\infty]{} 0 \quad \text{puis} \quad \sum_{k=1}^{n} \frac{(-1)^{k-1}}{k} \xrightarrow[n\to+\infty]{} \ln(2).$$

Exercice 27 **

Soit $g\colon [0\,;1] \to \mathbb{R}$ une fonction continue.

Déterminer les fonctions $f\colon [0\,;1] \to \mathbb{R}$ deux fois dérivables telles que

$$f(0) = f(1) = 0 \quad \text{et} \quad f'' = g.$$

Solution

méthode

> Par la formule de Taylor avec reste intégral, il est possible d'exprimer f à partir de sa dérivée seconde.

Analyse : Si f est solution du problème posé, la fonction f est de classe $\mathcal{C}^2$ car deux fois dérivable et de dérivée seconde g continue. On peut alors appliquer la formule de Taylor avec reste intégral et écrire, pour tout x de $[0\,;1]$,

$$f(x) = \underbrace{f(0)}_{=0} + xf'(0) + \int_0^x (x-t)\underbrace{f''(t)}_{=g(t)}\,\mathrm{d}t = xf'(0) + \int_0^x (x-t)g(t)\,\mathrm{d}t.$$

Or $f(1) = 0$ et donc

$$f'(0) = \int_0^1 (t-1)g(t)\,\mathrm{d}t$$

puis

$$f(x) = x\int_0^1 (t-1)g(t)\,\mathrm{d}t + \int_0^x (x-t)g(t)\,\mathrm{d}t. \tag{$*$}$$

Cette relation détermine entièrement la fonction f.

Synthèse : Considérons la fonction f définie par la relation $(*)$ ci-dessus. On vérifie immédiatement $f(0) = f(1) = 0$. De plus, on peut écrire pour x dans $[0\,;1]$

$$f(x) = x\int_0^1 (t-1)g(t)\,\mathrm{d}t + x\int_0^x g(t)\,\mathrm{d}t - \int_0^x tg(t)\,\mathrm{d}t.$$

La fonction f est donc une première fois dérivable avec

$$f'(x) = \int_0^1 (t-1)g(t)\,\mathrm{d}t + \int_0^x g(t)\,\mathrm{d}t + \underbrace{xg(x) - xg(x)}_{=0}.$$

La fonction f est donc une seconde fois dérivable avec

$$f''(x) = g(x) \quad \text{pour tout } x \in [0\,;1].$$

Finalement, le problème posé possède une unique solution, celle déterminée par la relation $(*)$.

Exercice 28 ** (Égalité de Taylor-Lagrange[1])

Soient $f\colon I \to \mathbb{R}$ une fonction de classe $\mathcal{C}^{n+1}$ et $a \in I$.

Montrer que pour tout $x \in I$, il existe un réel c compris entre a et x vérifiant

$$f(x) = \sum_{k=0}^{n} \frac{f^{(k)}(a)}{k!}(x-a)^k + \frac{f^{(n+1)}(c)}{(n+1)!}(x-a)^{n+1}.$$

Solution

Soit $x \in I$. Le cas $x = a$ est immédiat puisque $c = a$ convient. Pour fixer les idées, supposons $x > a$ pour la suite (le cas symétrique se résout de façon analogue).

méthode

On exprime le reste intégral de la formule de Taylor par la formule de la moyenne[2] dont on reprend ici la démonstration.

Par la formule de Taylor avec reste intégral,

$$f(x) = \sum_{k=0}^{n} \frac{f^{(k)}(a)}{k!}(x-a)^k + \int_a^x \frac{(x-t)^n}{n!} f^{(n+1)}(t)\,\mathrm{d}t.$$

La fonction $f^{(n+1)}$ étant continue sur $[a\,;x]$, le théorème des bornes atteintes permet d'introduire d et d' dans $[a\,;x]$ tels que

$$m = \min_{[a;x]} f^{(n+1)} = f^{(n+1)}(d) \quad \text{et} \quad M = \max_{[a;x]} f^{(n+1)} = f^{(n+1)}(d').$$

On a alors

$$m\frac{(x-t)^n}{n!} \leqslant \frac{(x-t)^n}{n!} f^{(n+1)}(t) \leqslant M\frac{(x-t)^n}{n!} \quad \text{pour tout } t \in [a\,;x].$$

Par croissance de l'intégrale, on poursuit

$$m\int_a^x \frac{(x-t)^n}{n!}\,\mathrm{d}t \leqslant \int_a^x \frac{(x-t)^n}{n!} f^{(n+1)}(t)\,\mathrm{d}t \leqslant \int_a^x M\frac{(x-t)^n}{n!}\,\mathrm{d}t$$

c'est-à-dire

$$m\frac{(x-a)^{n+1}}{(n+1)!} \leqslant \int_a^x \frac{(x-t)^n}{n!} f^{(n+1)}(t)\,\mathrm{d}t \leqslant M\frac{(x-a)^{n+1}}{(n+1)!}$$

et donc

$$m \leqslant \frac{(n+1)!}{(x-a)^{n+1}} \int_a^x \frac{(x-t)^n}{n!} f^{(n+1)}(t)\,\mathrm{d}t \leqslant M.$$

La quantité encadrée apparaît alors comme une valeur intermédiaire entre deux valeurs prises par la fonction continue $f^{(n+1)}$, il existe donc c compris entre a et x tel que

$$\int_a^x \frac{(x-t)^n}{n!} f^{(n+1)}(t)\,\mathrm{d}t = \frac{(x-a)^{n+1}}{(n+1)!} f^{(n+1)}(c).$$

1. Ce résultat constitue une généralisation de l'égalité des accroissements finis (Th. 5 p. 285).
2. Voir sujet 13 p. 385.

10.6 Exercices d'approfondissement

Exercice 29 *

Soient $f\colon \mathbb{R} \to \mathbb{R}$ une fonction continue et $\varphi\colon \mathbb{R} \to \mathbb{R}$ la fonction définie par

$$\varphi(x) = \int_0^x \sin(x-t)f(t)\,\mathrm{d}t \quad \text{pour tout } x \in \mathbb{R}.$$

(a) Montrer que φ est solution sur $\mathbb{R}$ de l'équation différentielle $(E)\colon y'' + y = f(x)$.

(b) Déterminer toutes les fonctions réelles solutions de (E) sur $\mathbb{R}$.

Solution

(a) Dans l'intégrale définissant $\varphi(x)$, la variable apparaît sur une borne d'intégration mais aussi dans le contenu de l'intégrale.

méthode

> On développe le terme $\sin(x-t)$ afin de séparer l'intégrale en différents termes que l'on sait dériver.

Par développement du sinus,

$$\begin{aligned}\varphi(x) &= \int_0^x \big(\sin(x)\cos(t) - \cos(x)\sin(t)\big)f(t)\,\mathrm{d}t \\ &= \sin(x)\int_0^x \cos(t)f(t)\,\mathrm{d}t - \cos(x)\int_0^x \sin(t)f(t)\,\mathrm{d}t.\end{aligned}$$

Les expressions intégrales correspondent à des primitives des fonctions continues intégrées. La fonction φ est donc dérivable par somme de fonctions qui le sont et, après simplification d'un terme $\cos(x)\sin(x)f(x)$, on obtient

$$\varphi'(x) = \cos(x)\int_0^x \cos(t)f(t)\,\mathrm{d}t + \sin(x)\int_0^x \sin(t)f(t)\,\mathrm{d}t.$$

La fonction φ est alors une deuxième fois dérivable avec

$$\begin{aligned}\varphi''(x) &= -\sin(x)\int_0^x \cos(t)f(t)\,\mathrm{d}t + \cos(x)\int_0^x \sin(t)f(t)\,\mathrm{d}t + \underbrace{\big(\cos^2(x) + \sin^2(x)\big)}_{=1}f(x) \\ &= -\int_0^x \sin(x-t)f(t)\,\mathrm{d}t + f(x).\end{aligned}$$

On vérifie donc $\varphi''(x) + \varphi(x) = f(x)$ pour tout $x \in \mathbb{R}$ et la fonction φ est bien solution de l'équation (E) sur $\mathbb{R}$.

(b) (E) est une équation différentielle linéaire d'ordre 2 à coefficients constants d'équation caractéristique $r^2+1=0$ de racines i et $-$i. La solution générale de l'équation homogène s'exprime $y(x)=\lambda\cos(x)+\mu\sin(x)$ avec $\lambda,\mu\in\mathbb{R}$ et, puisque φ est une solution particulière, la solution générale s'exprime

$$y(x)=\lambda\cos(x)+\mu\sin(x)+\int_0^x \sin(x-t)f(t)\,\mathrm{d}t \quad \text{avec} \quad (\lambda,\mu)\in\mathbb{R}^2.$$

Exercice 30 **

Soient $a<b$ deux réels strictement positifs et $f\colon [0\,;+\infty[\to\mathbb{R}$ une fonction continue. Étudier

$$\lim_{x\to 0^+}\int_{ax}^{bx}\frac{f(t)}{t}\,\mathrm{d}t.$$

Solution

Lorsque x tend vers 0 par valeurs supérieures, l'intervalle d'intégration se réduit mais parallèlement la fonction intégrée est susceptible de devenir de plus en plus grande : il y a une indétermination à résoudre. Lorsque x tend vers 0 par valeurs supérieures, la fonction f devient voisine de $f(0)$ sur l'intervalle $[ax\,;bx]$ et l'on peut présumer que l'intégrale étudiée se rapproche de

$$\int_{ax}^{bx}\frac{f(0)}{t}\,\mathrm{d}t=\Big[f(0)\ln(t)\Big]_{ax}^{bx}=f(0)\ln\left(\frac{b}{a}\right).$$

méthode

On étudie la différence

$$\int_{ax}^{bx}\frac{f(t)}{t}\,\mathrm{d}t-f(0)\ln\left(\frac{b}{a}\right).$$

En exprimant le second terme de la différence par l'intégrale qui en est à l'origine,

$$\begin{aligned}\int_{ax}^{bx}\frac{f(t)}{t}\,\mathrm{d}t-f(0)\ln\left(\frac{b}{a}\right)&=\int_{ax}^{bx}\frac{f(t)}{t}\,\mathrm{d}t-\int_{ax}^{bx}\frac{f(0)}{t}\,\mathrm{d}t\\&=\int_{ax}^{bx}\frac{f(t)-f(0)}{t}\,\mathrm{d}t.\end{aligned}$$

méthode

On signifie par les ε la continuité de f en 0.

Soit $\varepsilon>0$. Il existe $\alpha>0$ tel que

$$\big|f(t)-f(0)\big|\leqslant\varepsilon \quad \text{pour tout } t\in[0\,;\alpha].$$

Pour tout $x\in\,]0\,;\alpha']$ avec $\alpha'=\alpha/b>0$, on a

$$\big|f(t)-f(0)\big|\leqslant\varepsilon \quad \text{pour tout } t\in[ax\,;bx]\subset[0\,;\alpha].$$

Par l'inégalité triangulaire intégrale,

$$\left|\int_{ax}^{bx}\frac{f(t)-f(0)}{t}\,\mathrm{d}t\right|\leqslant\int_{ax}^{bx}\frac{\left|f(t)-f(0)\right|}{t}\,\mathrm{d}t\leqslant\int_{ax}^{bx}\frac{\varepsilon}{t}\,\mathrm{d}t=\varepsilon\ln\left(\frac{b}{a}\right)$$

et donc

$$\left|\int_{ax}^{bx}\frac{f(t)}{t}\,\mathrm{d}t-f(0)\ln\left(\frac{b}{a}\right)\right|\leqslant C^{te}\varepsilon\quad\text{pour tout } x\in\,]0\,;\alpha'].$$

On est ainsi parvenu à vérifier la définition quantifiée de la limite et donc

$$\lim_{x\to 0^+}\int_{ax}^{bx}\frac{f(t)}{t}\,\mathrm{d}t=f(0)\ln\left(\frac{b}{a}\right).$$

Exercice 31 **

(a) Soit $n\in\mathbb{N}^*$. Montrer l'égalité

$$X^{2n}-1=\left(X^2-1\right)\prod_{k=1}^{n-1}\left(X^2-2X\cos\left(\frac{k\pi}{n}\right)+1\right).$$

(b) Soit a un réel différent de 1 et de -1. Déduire du calcul qui précède la valeur de

$$\int_0^{\pi}\ln\left(a^2-2a\cos(t)+1\right)\mathrm{d}t.$$

Solution

(a) **méthode**

> On établit que les deux polynômes ont les mêmes racines complexes, le même degré et le même coefficient dominant.

Après résolution [1], les racines du trinôme $X^2-2X\cos\left(\frac{k\pi}{n}\right)+1$ sont les $\mathrm{e}^{\pm ik\pi/n}$. Les racines du polynôme

$$P_n=\left(X^2-1\right)\prod_{k=1}^{n-1}\left(X^2-2X\cos\left(\frac{k\pi}{n}\right)+1\right)$$

sont donc exactement les racines $2n$-ièmes de l'unité. De plus, P_n est unitaire de degré $2n$, il s'agit donc [2] du polynôme $X^{2n}-1$.

(b) La fonction de l'intégrale est définie et continue sur $[0\,;\pi]$ car

$$a^2-2a\cos(t)+1=\left(a-\cos(t)\right)^2+\sin^2(t)>0\quad\text{pour tout } t\in[0\,;\pi].$$

1. Voir sujet 9 p. 105.
2. Le polynôme $(X^{2n}-1)-P_n$ est de degré inférieur à $2n-1$ et possède au moins $2n$ racines, c'est donc le polynôme nul.

En effet, $a-\cos(t)$ et $\sin(t)$ ne peuvent être simultanément nuls car $a \neq \pm 1$.

méthode

‖ On fait apparaître une somme de Riemann.

On peut écrire [1]

$$\int_0^{\pi} \ln\big(a^2 - 2a\cos(t) + 1\big)\,\mathrm{d}t = \lim_{n\to+\infty} \frac{\pi}{n}\sum_{k=1}^{n-1} \ln\left(a^2 - 2a\cos\left(\frac{k\pi}{n}\right) + 1\right).$$

Sachant $a \neq \pm 1$, le calcul qui précède permet d'écrire

$$\frac{\pi}{n}\sum_{k=1}^{n-1} \ln\left(a^2 - 2a\cos\left(\frac{k\pi}{n}\right) + 1\right) = \frac{\pi}{n}\ln\left(\frac{a^{2n}-1}{a^2-1}\right).$$

Pour étudier la limite de cette expression, on est amené à distinguer deux cas.

Cas : $|a| < 1$.

$$\frac{\pi}{n}\ln\underbrace{\left(\frac{a^{2n}-1}{a^2-1}\right)}_{\to 1/(1-a^2)} \xrightarrow[n\to+\infty]{} 0$$

et donc

$$\int_0^{\pi} \ln\big(a^2 - 2a\cos(t) + 1\big)\,\mathrm{d}t = 0.$$

Cas : $|a| > 1$.

$$\frac{\pi}{n}\ln\left(\frac{a^{2n}-1}{a^2-1}\right) = \underbrace{\frac{\pi}{n}\ln\big(a^{2n}\big)}_{=\pi\ln(a^2)} + \frac{\pi}{n}\ln\underbrace{\left(\frac{1-1/a^{2n}}{a^2-1}\right)}_{\to\frac{1}{a^2-1}} \xrightarrow[n\to+\infty]{} 2\pi\ln\big(|a|\big)$$

et donc

$$\int_0^{\pi} \ln\big(a^2 - 2a\cos(t) + 1\big)\,\mathrm{d}t = 2\pi\ln\big(|a|\big).$$

Exercice 32 ** (Inégalité de Poincaré)

Soit $f\colon [0\,;1] \to \mathbb{R}$ une fonction de classe $\mathcal{C}^1$ vérifiant $f(0) = 0$.

(a) Montrer

$$\int_0^1 f(t)^2\,\mathrm{d}t \leqslant \frac{1}{2}\int_0^1 f'(t)^2\,\mathrm{d}t.$$

(b) On suppose $f(1) = 0$. Montrer

$$\int_0^1 f(t)^2\,\mathrm{d}t \leqslant \frac{1}{8}\int_0^1 f'(t)^2\,\mathrm{d}t.$$

1. Par commodité, le terme d'indice $k = 0$ de la somme de Riemann a été omis. Cela est possible car il est multiplié par π/n qui est de limite nulle.

Solution

(a) **méthode**

‖ À l'aide d'une intégrale, on exprime f en fonction de sa dérivée.

La fonction f étant de classe $\mathcal{C}^1$, on peut écrire

$$f(x) = \underbrace{f(0)}_{=0} + \int_0^x f'(t)\,\mathrm{d}t = \int_0^x f'(t)\,\mathrm{d}t \quad \text{pour tout } x \text{ de } [0\,;1].$$

méthode

‖ La présence de carrés invite à utiliser l'inégalité de Cauchy-Schwarz.

$$|f(x)| = \left|\int_0^x 1 \times f'(t)\,\mathrm{d}t\right| \leqslant \left(\int_0^x \mathrm{d}t\right)^{1/2} \left(\int_0^x f'(t)^2\,\mathrm{d}t\right)^{1/2}$$

et donc

$$f(x)^2 \leqslant x \int_0^x f'(t)^2\,\mathrm{d}t \leqslant x \int_0^1 f'(t)^2\,\mathrm{d}t.$$

Enfin, en intégrant de 0 à 1,

$$\int_0^1 f(x)^2\,\mathrm{d}x \leqslant \int_0^1 x \underbrace{\left(\int_0^1 f'(t)^2\,\mathrm{d}t\right)}_{\text{constante}} \mathrm{d}x = \left[\frac{1}{2}x^2\right]_0^1 \times \int_0^1 f'(t)^2\,\mathrm{d}t = \frac{1}{2}\int_0^1 f'(t)^2\,\mathrm{d}t.$$

(b) **méthode**

‖ On reprend l'étude qui précède en rapprochant la variable de 0 lorsqu'elle est inférieure à 1/2 et en la rapprochant de 1 quand elle est supérieure.

Comme ci-dessus, on obtient

$$f(x)^2 \leqslant x \int_0^{1/2} f'(t)^2\,\mathrm{d}t \quad \text{pour tout } x \in [0\,;1/2]$$

et

$$f(x)^2 \leqslant (1-x) \int_{1/2}^1 f'(t)^2\,\mathrm{d}t \quad \text{pour tout } x \in [1/2\,;1]$$

car

$$f(x) = -\int_x^1 f'(t)\,\mathrm{d}t \quad \text{pour tout } x \in [1/2\,;1].$$

En intégrant,

$$\begin{aligned}\int_0^1 f(x)^2\,\mathrm{d}x &= \int_0^{1/2} f(x)^2\,\mathrm{d}x + \int_{1/2}^1 f(x)^2\,\mathrm{d}x\\ &\leqslant \int_0^{1/2} x\underbrace{\left(\int_0^{1/2} f'(t)^2\,\mathrm{d}t\right)}_{\text{constante}}\mathrm{d}x + \int_{1/2}^1 (1-x)\underbrace{\left(\int_{1/2}^1 f'(t)^2\,\mathrm{d}t\right)}_{\text{constante}}\mathrm{d}x\\ &\leqslant \frac{1}{8}\int_0^{1/2} f'(t)^2\,\mathrm{d}t + \frac{1}{8}\int_{1/2}^1 f'(t)^2\,\mathrm{d}t = \frac{1}{8}\int_0^1 f'(t)^2\,\mathrm{d}t.\end{aligned}$$

Exercice 33 * (Inégalité de Young)**

Soit $f\colon [0\,;a] \to \mathbb{R}$ une fonction de classe $\mathcal{C}^1$ vérifiant $f(0) = 0$ et $f'(x) > 0$ pour tout x de $[0\,;a]$.

(a) Montrer que pour tout réel x de $[0\,;a]$,

$$\int_0^x f(t)\,\mathrm{d}t + \int_0^{f(x)} f^{-1}(t)\,\mathrm{d}t = xf(x).$$

(b) En déduire que pour tous réels x et y de $[0\,;a]$,

$$xy \leqslant \int_0^x f(t)\,\mathrm{d}t + \int_0^y f^{-1}(t)\,\mathrm{d}t.$$

Solution

(a) **méthode**

> On vérifie l'identité par dérivation après avoir justifié que celle-ci a un sens et que la dérivation est possible.

La fonction f est continue et strictement croissante sur $[0\,;a]$, elle réalise donc une bijection de $[0\,;a]$ vers $[0\,;f(a)]$. De plus, son application réciproque est continue et l'on peut donc intégrer la fonction f^{-1} sur tout segment inclus dans $[0\,;f(a)]$.

Introduisons $\varphi\colon [0\,;a] \to \mathbb{R}$ la fonction définie par la différence des membres de l'identité voulue

$$\varphi(x) = \int_0^x f(t)\,\mathrm{d}t + \int_0^{f(x)} f^{-1}(t)\,\mathrm{d}t - xf(x).$$

Dérivons celle-ci.

D'une part, on sait par dérivation d'une primitive

$$\frac{\mathrm{d}}{\mathrm{d}x}\left(\int_0^x f(t)\,\mathrm{d}t\right) = f(x).$$

D'autre part, en introduisant une primitive G de l'application continue f^{-1} et en dérivant une fonction composée,

$$\frac{\mathrm{d}}{\mathrm{d}x}\left(\int_0^{f(x)} f^{-1}(t)\,\mathrm{d}t\right) = \frac{\mathrm{d}}{\mathrm{d}x}\Big(G\big(f(x)\big) - G(0)\Big) = f'(x)\underbrace{G'\big(f(x)\big)}_{=f^{-1}(f(x))} = xf'(x).$$

Ainsi, la fonction φ est dérivable sur $[0\,;a]$ et

$$\varphi'(x) = f(x) + xf'(x) - \big(f(x) + xf'(x)\big) = 0.$$

La fonction φ est donc constante égale à $\varphi(0) = 0$ et l'identité demandée est établie.

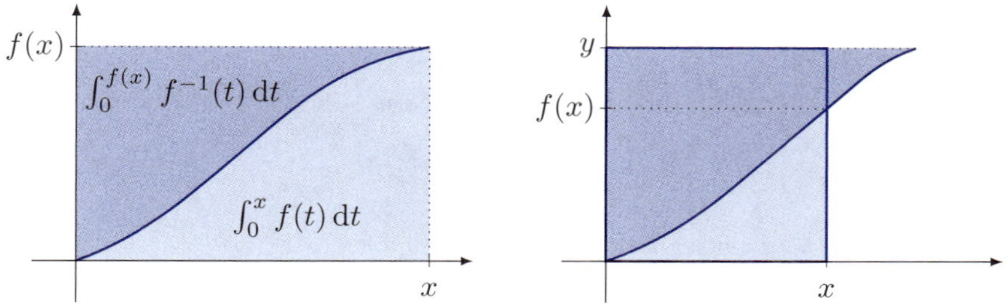

Inégalité de Young.

(b) **méthode**

‖ On discute selon les positions relatives de $f(x)$ et y.

Cas : $f(x) \leqslant y$. On écrit

$$xy = xf(x) + x\big(y - f(x)\big) = \int_0^x f(t)\,\mathrm{d}t + \int_0^{f(x)} f^{-1}(t)\,\mathrm{d}t + x\big(y - f(x)\big).$$

Par croissance de f^{-1} sur $[f(x)\,;y]$, on a

$$\int_{f(x)}^y f^{-1}(t)\,\mathrm{d}t \geqslant \int_{f(x)}^y \underbrace{f^{-1}\big(f(x)\big)}_{=x}\,\mathrm{d}t = x\big(y - f(x)\big)$$

et l'on obtient l'inégalité voulue à l'aide de la relation de Chasles

$$xy \leqslant \int_0^x f(t)\,\mathrm{d}t + \int_0^{f(x)} f^{-1}(t)\,\mathrm{d}t + \int_{f(x)}^y f^{-1}(t)\,\mathrm{d}t = \int_0^x f(t)\,\mathrm{d}t + \int_0^y f^{-1}(t)\,\mathrm{d}t.$$

Cas : $f(x) \geqslant y$. On écrit cette fois-ci

$$\int_y^{f(x)} f^{-1}(t)\,\mathrm{d}t \leqslant \int_y^{f(x)} f^{-1}\big(f(x)\big)\,\mathrm{d}t = x\big(f(x) - y\big)$$

et donc

$$\begin{aligned}
xy = xf(x) + x\big(y - f(x)\big) &= \int_0^x f(t)\,\mathrm{d}t + \int_0^{f(x)} f^{-1}(t)\,\mathrm{d}t + x\big(y - f(x)\big)\\
&= \int_0^x f(t)\,\mathrm{d}t + \int_0^y f^{-1}(t)\,\mathrm{d}t + \int_y^{f(x)} f^{-1}(t)\,\mathrm{d}t + x\big(y - f(x)\big)\\
&\leqslant \int_0^x f(t)\,\mathrm{d}t + \int_0^y f^{-1}(t)\,\mathrm{d}t + x\big(f(x) - y\big) + x\big(y - f(x)\big)\\
&= \int_0^x f(t)\,\mathrm{d}t + \int_0^y f^{-1}(t)\,\mathrm{d}t.
\end{aligned}$$

Exercice 34 ***

Soit $f\colon \mathbb{R} \to \mathbb{R}$ une fonction de classe $\mathcal{C}^{n+1}$ (avec $n \in \mathbb{N}$) vérifiant

$$f(x) \xrightarrow[x\to+\infty]{} 0 \quad \text{et} \quad f^{(n+1)}(x) \xrightarrow[x\to+\infty]{} 0.$$

Montrer que pour tout entier k compris entre 1 et n,

$$f^{(k)}(x) \xrightarrow[x\to+\infty]{} 0.$$

Solution

La fonction f étant de classe $\mathcal{C}^{n+1}$, on peut employer la formule de Taylor avec reste intégral et écrire, pour tous $x \in \mathbb{R}$ et $h > 0$,

$$f(x+h) = f(x) + \underbrace{f'(x)h + \cdots + \frac{f^{(n)}(x)}{n!}h^n}_{=S_h(x)} + \int_x^{x+h} \frac{(x+h-t)^n}{n!} f^{(n+1)}(t)\,\mathrm{d}t.$$

Fixons h. Lorsque x tend vers $+\infty$, les quantités $f(x)$ et $f(x+h)$ sont toutes deux de limites nulles. De plus,

$$\begin{aligned}
\left|\int_x^{x+h} \frac{(x+h-t)^n}{n!} f^{(n+1)}(t)\,\mathrm{d}t\right| &\leqslant \int_x^{x+h} \frac{(x+h-t)^n}{n!} \big|f^{(n+1)}(t)\big|\,\mathrm{d}t\\
&\leqslant \int_x^{x+h} \frac{(x+h-t)^n}{n!} \underbrace{\max_{x\leqslant s\leqslant x+h}\big|f^{(n+1)}(s)\big|}_{=\text{constante}}\,\mathrm{d}t\\
&= \left[-\frac{(x+h-t)^{n+1}}{(n+1)!}\right]_x^{x+h} \max_{x\leqslant s\leqslant x+h}\big|f^{(n+1)}(s)\big|\\
&= \frac{h^{n+1}}{(n+1)!} \max_{x\leqslant s\leqslant x+h}\big|f^{(n+1)}(s)\big|.
\end{aligned}$$

Vérifions que le terme défini par le max est de limite nulle quand x tend vers $+\infty$.

Soit $\varepsilon > 0$. Il existe $A \in \mathbb{R}$ tel que

$$\forall s \in \mathbb{R}, \quad s \geqslant A \implies \left|f^{(n+1)}(s)\right| \leqslant \varepsilon$$

et alors

$$\begin{aligned} \forall x \in \mathbb{R}, \quad x \geqslant A &\implies \forall s \in [x\,;x+h],\ \left|f^{(n+1)}(s)\right| \leqslant \varepsilon \\ &\implies \max_{x \leqslant s \leqslant x+h} \left|f^{(n+1)}(s)\right| \leqslant \varepsilon. \end{aligned}$$

On en déduit

$$S_h(x) = \sum_{k=1}^{n} \frac{f^{(k)}(x)}{k!} h^k \xrightarrow[x \to +\infty]{} 0.$$

méthode

> En choisissant différentes valeurs de h, on peut former un système d'équations permettant d'exprimer $f^{(k)}(x)$ à partir d'expressions de limites nulles.

Choisissons arbitrairement $a_1, a_2, \ldots, a_n$ des réels strictement positifs deux à deux distincts. Considérons les matrices

$$A = \begin{pmatrix} a_1 & a_1^2 & \cdots & a_1^n \\ a_2 & a_2^2 & \cdots & a_2^n \\ \vdots & \vdots & & \vdots \\ a_n & a_n^2 & \cdots & a_n^n \end{pmatrix}, \quad X = \begin{pmatrix} f'(x) \\ \frac{f''(x)}{2!} \\ \vdots \\ \frac{f^n(x)}{n!} \end{pmatrix} \quad \text{et} \quad Y = \begin{pmatrix} S_{a_1}(x) \\ S_{a_2}(x) \\ \vdots \\ S_{a_n}(x) \end{pmatrix}.$$

On a l'équation matricielle $AX = Y$ avec A une matrice inversible[1]. On peut donc écrire $X = A^{-1}Y$ et chaque $f^{(k)}(x)$ s'exprime alors comme combinaison linéaire des $S_{a_j}(x)$. Or ces derniers sont chacun de limite nulle quand x tend vers $+\infty$ et l'on en déduit que $f^{(k)}(x)$ est aussi de limite nulle.

1. En factorisant a_i sur chaque ligne, on fait apparaître une matrice de Vandermonde (voir sujet 14 du chapitre 9 de l'ouvrage *Exercices d'algèbre et de probabilités PCSI*).

CHAPITRE 11

Séries numériques

11.1 Généralités sur les séries numériques

$(u_n)_{n \geqslant n_0}$ désigne une suite de nombres réels ou complexes définie à partir d'un rang n_0 entier naturel.

11.1.1 Séries numériques

Définition

On appelle *série* de terme général u_n, la suite $(S_n)_{n \geqslant n_0}$ avec

$$S_n = \sum_{k=n_0}^{n} u_k \quad \text{pour tout } n \geqslant n_0.$$

Cette série est notée

$$\Big(\sum u_n\Big)_{n \geqslant n_0}, \quad \sum_{n \geqslant n_0} u_n \quad \text{ou simplement} \quad \sum u_n.$$

Pour $n \geqslant n_0$, le terme S_n est appelé *somme partielle de rang* n de la série.

Une série numérique est un cas particulier de suite : c'est une suite de sommes partielles.

Sans perte de généralité, on suppose pour poursuivre $n_0 = 0$ (quitte à poser égaux à 0 les premiers termes de la suite (u_n) s'ils ne sont pas définis).

11.1.2 Convergence

Définition

On dit que la série de terme général u_n *converge* lorsqu'il y a convergence de la suite (S_n) de ses sommes partielles. Sinon, on dit que la série *diverge*[1].

Lorsque la série $\sum u_n$ converge, on introduit sa *somme*[2] :

$$\sum_{n=0}^{+\infty} u_n = \lim_{N\to+\infty} \sum_{n=0}^{N} u_n.$$

Il importe de savoir distinguer la série $\sum u_n$ de sa somme. La série s'apparente à une suite, la somme est son éventuelle limite : elle ne peut être introduite qu'une fois la convergence de la série justifiée.

Théorème 1

Si $\sum u_n$ et $\sum v_n$ sont deux séries numériques convergentes alors, pour tout λ nombre réel ou complexe, les séries $\sum \lambda u_n$ et $\sum (u_n + v_n)$ convergent avec

$$\sum_{n=0}^{+\infty} \lambda u_n = \lambda \sum_{n=0}^{+\infty} u_n \quad \text{et} \quad \sum_{n=0}^{+\infty} (u_n + v_n) = \sum_{n=0}^{+\infty} u_n + \sum_{n=0}^{+\infty} v_n.$$

La somme d'une série convergente et d'une série divergente est une série divergente. La nature de la somme de deux séries divergentes ne peut pas être déterminée *a priori*.

11.1.3 Reste

Définition

Lorsque la série $\sum u_n$ converge, on introduit son *reste* de rang n défini par

$$R_n = \sum_{k=n+1}^{+\infty} u_k \quad \text{pour tout } n \in \mathbb{N}.$$

Le reste d'une série ne peut être introduit qu'une fois la convergence de celle-ci justifiée.

Le reste R_n tend vers 0 lorsque n tend vers l'infini et il permet d'écrire la décomposition[3] $S = S_n + R_n$, c'est-à-dire

$$\sum_{k=0}^{+\infty} u_k = \sum_{k=0}^{n} u_k + \sum_{k=n+1}^{+\infty} u_k.$$

1. Déterminer la *nature* d'une série numérique consiste à savoir si celle-ci est convergente ou non.
2. Par définition, la somme d'une série est une limite : il convient d'en justifier l'existence avant de la manipuler.
3. On sera attentif à ne pas compter deux fois le terme u_n en amorçant la deuxième somme à partir du rang $n+1$ et non du rang n.

11.1.4 Divergence grossière

Théorème 2

Si la série $\sum u_n$ converge alors $u_n \xrightarrow[n\to+\infty]{} 0$.

Cela produit une condition nécessaire de convergence. Cette condition n'est pas suffisante : la série $\sum \frac{1}{n}$ diverge alors que son terme général tend vers 0.

Définition

Lorsque le terme général u_n d'une série $\sum u_n$ ne tend pas vers 0, on dit que la série *diverge grossièrement*.

11.1.5 Lien suite-série

Les sommes partielles de la série $\sum(u_{n+1} - u_n)$ sont aisément calculables par télescopage

$$\sum_{k=0}^{n}(u_{k+1} - u_k) = u_{n+1} - u_0.$$

On en déduit le résultat suivant :

Théorème 3

La série $\sum(u_{n+1} - u_n)$ et la suite (u_n) sont de même nature[1].

11.1.6 Séries de référence

Définition

Lorsque α est un réel, la série $\sum \frac{1}{n^\alpha}$ est appelée *série de Riemann* de paramètre α.

Théorème 4

Pour $\alpha \in \mathbb{R}$,

$$\sum \frac{1}{n^\alpha} \text{ converge } \iff \alpha > 1.$$

Le calcul de la somme d'une série de Riemann convergente n'est pas aisé. Seules les valeurs sur les entiers pairs sont bien connues. Parmi celles-ci, citons la fameuse constante de Bâle[2] :

$$\sum_{n=1}^{+\infty} \frac{1}{n^2} = \frac{\pi^2}{6}.$$

Définition

Lorsque q est un nombre complexe, la série $\sum q^n$ est appelée *série géométrique* de raison q.

1. Cela signifie que, lorsque l'une converge, l'autre aussi.
2. Cette somme est calculée dans le sujet 30 p. 457.

Théorème 5
Pour $q \in \mathbb{C}$,

$$\sum q^n \text{ converge} \iff |q| < 1.$$

De plus, lorsqu'il y a convergence,

$$\sum_{n=0}^{+\infty} q^n = \frac{1}{1-q}.$$

11.2 Séries à termes positifs

11.2.1 Convergence

Lorsque les termes d'une série sont positifs, la suite de ses sommes partielles est croissante. Ce constat entraîne le résultat suivant :

Théorème 6
Une série $\sum u_n$ à termes positifs converge si, et seulement si, la suite de ses sommes partielles est majorée.

Lorsqu'une série à termes positifs diverge, la suite de ses sommes partielles croît vers $+\infty$.

11.2.2 Théorèmes de comparaison

Lorsqu'il n'est pas possible de calculer de façon exacte les sommes partielles d'une série afin d'en déterminer la nature, il est fréquent de raisonner par comparaison en exploitant l'un ou l'autre des résultats qui suivent :

Théorème 7 (Comparaison à une série à termes positifs)
Soient $\sum u_n$ et $\sum v_n$ deux séries à termes positifs vérifiant $u_n \leqslant v_n$ pour tout $n \in \mathbb{N}$.
Si la série $\sum v_n$ converge alors la série $\sum u_n$ converge.
Si la série $\sum u_n$ diverge alors la série $\sum v_n$ diverge.

Ce résultat reste valable si l'inégalité $u_n \leqslant v_n$ n'est vraie qu'à partir d'un certain rang.

Théorème 8 (Équivalence de séries à termes positifs)
Pour $\sum u_n$ et $\sum v_n$ deux séries à termes positifs [1],

$$u_n \underset{n\to+\infty}{\sim} v_n \implies \sum u_n \text{ et } \sum v_n \text{ sont de même nature.}$$

1. En pratique, il suffit que l'une des deux suites soit positive car l'équivalent assure que les deux suites ont le même signe à partir d'un certain rang.

Ces deux résultats ne permettent la comparaison que des séries à termes positifs. Ils peuvent néanmoins être utilisés lorsque la positivité n'a lieu qu'à partir d'un certain rang. En effet, on ne change pas la nature d'une série lorsque l'on change la valeur d'un nombre fini de ses termes [1]. Par un passage à l'opposé, on peut aussi énoncer des théorèmes relatifs aux séries à termes négatifs.

11.3 Convergence absolue

11.3.1 Définition

Définition

On dit que la série $\sum u_n$ *converge absolument* lorsqu'il y a convergence de la série des valeurs absolues [2] $\sum |u_n|$.

Lorsque $\sum u_n$ est une série à termes réels positifs (ou négatifs), l'absolue convergence équivaut à la convergence. Lorsque la série $\sum u_n$ est à termes complexes ou réels de signe non constant, on dispose d'une implication :

Théorème 9

Si la série $\sum u_n$ converge absolument alors celle-ci converge et

$$\left|\sum_{n=0}^{+\infty} u_n\right| \leqslant \sum_{n=0}^{+\infty} |u_n|.$$

La convergence absolue est une condition suffisante mais non nécessaire de convergence. Il existe des séries qui convergent sans converger absolument, c'est dernières sont dites *semi-convergentes* (voir par ex. le sujet 26 p. 452.)

11.3.2 Théorème de comparaison

Puisque la série $\sum |u_n|$ est à termes positifs, il est possible d'adapter les outils de comparaison relatifs aux séries positives avec le vocabulaire de la convergence absolue :

Théorème 10

Pour $\sum u_n$ une série à termes complexes et $\sum v_n$ une série à termes positifs,

$$u_n \underset{n \to +\infty}{=} \mathrm{O}(v_n) \text{ et } \sum v_n \text{ converge} \implies \sum u_n \text{ converge absolument.}$$

En opérant des comparaisons aux séries de Riemann, on pourra déterminer la nature de nombreuses séries !

1. Cela modifie en revanche la valeur de sa somme.
2. Ou de la série des modules selon le contexte.

11.4 Exercices d'apprentissage

11.4.1 Natures

Exercice 1

Déterminer la nature[1] des séries dont les termes généraux sont les suivants :

(a) $\sum \cos(n)$ (b) $\sum \dfrac{1}{n+\sqrt{n}}$ (c) $\sum \dfrac{1}{n+n^2}$

(d) $\sum \dfrac{(-1)^n}{n!}$ (e) $\sum \dfrac{\ln(n)}{n^2}$ (f) $\sum \dfrac{\ln(\sqrt{n})}{n+1}$.

Solution

méthode

Pour étudier la nature d'une série, on étudie souvent son terme général. Il est alors commode de commencer par dénommer celui-ci !

Dans chaque cas étudié ci-dessous, on note u_n le terme général de la série considérée.

(a) La suite (u_n) n'est pas de limite nulle[2], la série $\sum u_n$ diverge grossièrement.

(b) La suite (u_n) est de limite nulle, mais ce n'est pas décisif !

méthode

La condition $u_n \to 0$ est une condition nécessaire de convergence, mais elle n'est pas suffisante : il faut savoir avec « quelle vitesse » la suite tend vers 0. On peut pour cela la comparer à une série de Riemann.

On a

$$u_n = \frac{1}{n+\sqrt{n}} \underset{n\to+\infty}{\sim} \frac{1}{n} \quad \text{avec} \quad \frac{1}{n} \geqslant 0 \quad \text{et} \quad \sum \frac{1}{n} \text{ divergente.}$$

Par équivalence de séries à termes positifs (Th. 8 p. 420), on peut affirmer la divergence de la série $\sum u_n$.

(c) De nouveau la suite (u_n) est de limite nulle mais cette fois-ci, on a

$$u_n = \frac{1}{n+n^2} \underset{n\to+\infty}{\sim} \frac{1}{n^2} \quad \text{avec} \quad \frac{1}{n^2} \geqslant 0 \quad \text{et} \quad \sum \frac{1}{n^2} \text{ convergente car } \alpha = 2 > 1.$$

Par équivalence de séries à termes positifs, on peut assurer la convergence de la série de terme général u_n.

1. Étudier la *nature* d'une série consiste à savoir si celle-ci est convergente ou non. Ce problème peut être résolu conjointement au calcul de la somme de la série ou préalablement, par exemple, par un argument de comparaison.

2. En effet, si $\cos(n)$ tend vers 0, le passage à la limite dans la formule $\cos(2n) = 2\cos^2(n) - 1$ entraîne une absurdité.

(d) **méthode**

> On ne peut pas proposer un équivalent du type « Riemann » au terme général étudié. On observe cependant que la suite (u_n) tend très vite vers 0 et l'on montre que son terme est négligeable devant la série absolument convergente des $1/n^2$.

Pour $n \geqslant 3$, on peut écrire

$$0 \leqslant n^2|u_n| = \frac{n^2}{n!} = \frac{n}{n-1} \cdot \frac{1}{(n-2)!} \leqslant \frac{n}{n-1} \cdot \frac{1}{n-2} \xrightarrow[n\to+\infty]{} 0.$$

Par le théorème de convergence par encadrement, on obtient $n^2 u_n$ de limite nulle et donc

$$u_n \underset{n\to+\infty}{=} \mathrm{o}\left(\frac{1}{n^2}\right) \quad \text{avec} \quad \frac{1}{n^2} \geqslant 0 \quad \text{et} \quad \sum \frac{1}{n^2} \text{ convergente car } \alpha = 2 > 1.$$

Par comparaison (Th. 10 p. 421), on peut affirmer que la série $\sum u_n$ converge absolument et donc converge (Th. 9 p. 421).

(e) **méthode**

> Lorsqu'il n'y a pas négligeabilité devant $1/n^2$, il peut suffire d'adapter l'exposant et d'établir une négligeabilité devant $1/n^\alpha$ pour $\alpha > 1$ bien choisi [1], par exemple, $\alpha = 3/2$ ou $\alpha = 1{,}01$.

Pour $\alpha = 1{,}01 > 1$, on a

$$n^\alpha u_n = \frac{\ln(n)}{n^{0,99}} \xrightarrow[n\to+\infty]{} 0 \quad \text{car} \quad \ln(n) \underset{n\to+\infty}{=} \mathrm{o}(n^\gamma) \text{ pour tout } \gamma > 0.$$

Ainsi, on a

$$u_n \underset{n\to+\infty}{=} \mathrm{o}\left(\frac{1}{n^\alpha}\right) \quad \text{avec} \quad \frac{1}{n^\alpha} \geqslant 0 \quad \text{et} \quad \sum \frac{1}{n^\alpha} \text{ convergente car } \alpha > 1.$$

On peut donc affirmer la convergence absolue, et donc la convergence, de la série $\sum u_n$.

(f) Encore une fois le terme général de la série étudiée tend vers 0 mais cette convergence est un peu lente... On a

$$nu_n = n\frac{\ln(\sqrt{n})}{n+1} = \frac{1}{2} \cdot \frac{n}{n+1} \ln(n) \xrightarrow[n\to+\infty]{} +\infty.$$

À partir d'un certain rang, $nu_n \geqslant 1$ et donc

$$u_n \geqslant \frac{1}{n} \quad \text{avec} \quad \sum \frac{1}{n} \text{ divergente.}$$

Par comparaison de séries à termes positifs (Th. 7 p. 420), on peut affirmer la divergence de la série $\sum u_n$.

1. Plus l'exposant α est proche de 1 et plus il y a de suites négligeables devant $1/n^\alpha$.

méthode

En guise de bilan, on retient :

— si (u_n) ne tend pas vers 0, la série diverge (grossièrement) ;
— s'il existe $C \neq 0$ tel que $u_n \sim \frac{C}{n^\alpha}$, la série converge si, et seulement si, $\alpha > 1$ (auquel cas, elle converge même absolument) ;
— s'il existe $\alpha > 1$ tel que $n^\alpha u_n \to 0$, la série converge absolument ;
— si $nu_n \to \ell$ avec $\ell \neq 0$ (éventuellement ℓ infinie), la série diverge.

Ces critères ne sont pas exhaustifs [1] mais suffisent à résoudre de nombreuses situations.

Exercice 2

Déterminer la nature de la série de terme général

$$u_n = \begin{cases} 1/n & \text{si } n \text{ est un carré} \\ 1/n^2 & \text{sinon} \end{cases} \qquad (\text{avec } n \in \mathbb{N}^*).$$

Solution

méthode

En constatant que les sommes partielles d'une série à termes positifs sont majorées, on peut affirmer sa convergence (Th. 6 p. 420).

Introduisons E l'ensemble des $n \in \mathbb{N}^*$ qui sont des carrés d'entiers $E = \{1, 4, 9, \dots\}$. En séparant, les termes sommés selon que l'indice est ou non le carré d'un entier, on peut écrire

$$\sum_{k=1}^{n} u_k = \sum_{\substack{k=1 \\ k \notin E}}^{n} \frac{1}{k^2} + \sum_{\substack{k=1 \\ k \in E}}^{n} \frac{1}{k} = \sum_{\substack{k=1 \\ k \notin E}}^{n} \frac{1}{k^2} + \sum_{\ell=1}^{\lfloor \sqrt{n} \rfloor} \frac{1}{\ell^2} \leqslant 2 \sum_{n=1}^{+\infty} \frac{1}{n^2} = M.$$

La série étudiée est une série à termes positifs aux sommes partielles majorées, elle converge.

Exercice 3

(a) Vérifier que pour tout $n \in \mathbb{N}^*$,

$$\ln(n+1) - \ln(n) \leqslant \frac{1}{n}.$$

(b) Retrouver par cette comparaison la nature de la série de terme général $1/n$.

1. Il figure notamment un espace entre les deux derniers critères dans lequel s'engouffrent la série divergente de terme général $1/\big(n\ln(n)\big)$ et la série convergente de terme général $1/n\big(\ln(n)\big)^2$.

Solution

(a) **méthode**

On exploite[1] l'inégalité $\ln(1+u) \leqslant u$ valable pour tout $u > -1$.

Soit $n \in \mathbb{N}^*$. En combinant les deux logarithmes,

$$\ln(n+1) - \ln(n) = \ln\left(\frac{n+1}{n}\right) = \ln\left(1 + \frac{1}{n}\right) \leqslant \frac{1}{n}.$$

(b) **méthode**

Une série télescopique a la nature de la suite associée (Th. 3 p. 419).

La série de terme général $\ln(n+1) - \ln(n)$ diverge car la suite $\big(\ln(n)\big)$ diverge[2]. Par comparaison de séries à termes positifs (Th. 7 p. 420), on peut affirmer la divergence[3] de la série $\sum \frac{1}{n}$.

11.4.2 Calculs de somme

Exercice 4

Déterminer la nature et la somme de la série

$$\sum_{n \geqslant 2} \frac{1}{n(n-1)}.$$

Solution

méthode

Lorsque l'on sait calculer les sommes partielles, on peut obtenir la convergence d'une série tout en calculant sa somme.

Pour $n \geqslant 2$, on peut écrire la décomposition

$$\frac{1}{n(n-1)} = \frac{n-(n-1)}{n(n-1)} = \frac{1}{n-1} - \frac{1}{n}.$$

Les sommes partielles de la série étudiée sont télescopiques. Pour $N \in \mathbb{N}$ avec $N \geqslant 2$,

$$\sum_{n=2}^{N} \frac{1}{n(n-1)} = \sum_{n=2}^{N} \left(\frac{1}{n-1} - \frac{1}{n}\right) = \sum_{n=2}^{N} \frac{1}{n-1} - \sum_{n=2}^{N} \frac{1}{n}.$$

1. Voir sujet 3 p. 15.
2. On peut aussi simplement calculer les sommes partielles pour affirmer la divergence de la série.
3. On pourra comparer cette méthode à celle suivie dans le sujet 17 p. 221.

On opère un glissement d'indice puis on simplifie la portion commune aux deux sommes [1]

$$\sum_{n=2}^{N} \frac{1}{n(n-1)} = \sum_{n=1}^{N-1} \frac{1}{n} - \sum_{n=2}^{N} \frac{1}{n} = 1 - \frac{1}{N}.$$

On peut alors obtenir la convergence de la série étudiée tout en calculant sa somme

$$\sum_{n=2}^{+\infty} \frac{1}{n(n-1)} = \lim_{N\to+\infty} \sum_{n=1}^{N} \frac{1}{n(n-1)} = \lim_{N\to+\infty} \left(1 - \frac{1}{N}\right) = 1.$$

Exercice 5

Établir

$$\sum_{n=0}^{+\infty} \frac{1}{(2n+1)^2} = \frac{3}{4} \sum_{n=1}^{+\infty} \frac{1}{n^2} \quad \text{et} \quad \sum_{n=1}^{+\infty} \frac{(-1)^{n-1}}{n^2} = \frac{1}{2} \sum_{n=1}^{+\infty} \frac{1}{n^2}.$$

Solution

méthode

> Avant de manipuler une somme infinie, on justifie son existence en étudiant la convergence de la série associée.

Dans la première égalité, la série exprimant le second membre est une série de Riemann de paramètre $\alpha = 2 > 1$: elle est convergente. La série exprimant le premier membre est aussi convergente car

$$\frac{1}{(2n+1)^2} \underset{n\to+\infty}{\sim} \frac{1}{4} \cdot \frac{1}{n^2} \quad \text{avec} \quad \frac{1}{n^2} \geqslant 0 \quad \text{et} \quad \sum \frac{1}{n^2} \text{ convergente.}$$

Dans la seconde égalité, la série exprimant le premier membre converge car elle est absolument convergente puisque

$$\left| \frac{(-1)^{n-1}}{n^2} \right| = \frac{1}{n^2} \quad \text{et} \quad \sum \frac{1}{n^2} \text{ converge.}$$

méthode

> En raisonnant par les sommes partielles [2], on peut séparer les termes d'indices pairs de ceux d'indices impairs dans la série des $1/n^2$.

---

1. Plus directement, après simplification, une somme télescopique est égale à la différence des termes extrêmes.

2. On peut être tenté de séparer directement la somme infinie en la somme de ses termes d'indices pairs et celle de ses termes d'indices impairs. On ne dispose cependant pas dans le cours de résultat le permettant. Pire, cette séparation peut écrire la somme d'une série convergente comme la différence de deux divergences ! C'est le cas si l'on manipule la série de terme général $(-1)^{n-1}/n$ dont la convergence est acquise dans le sujet 26 p. 452.

Pour $N \geqslant 1$, on peut écrire

$$\sum_{n=1}^{2N} \frac{1}{n^2} = \underbrace{\sum_{p=0}^{N-1} \frac{1}{(2p+1)^2}}_{\frac{1}{1^2}+\frac{1}{3^2}+\cdots+\frac{1}{(2N-1)^2}} + \underbrace{\sum_{p=1}^{N} \frac{1}{(2p)^2}}_{\frac{1}{2^2}+\frac{1}{4^2}+\cdots+\frac{1}{(2N)^2}} = \sum_{p=0}^{N-1} \frac{1}{(2p+1)^2} + \frac{1}{4}\sum_{p=1}^{N} \frac{1}{p^2}.$$

En passant à la limite[1] quand N tend vers l'infini, on obtient

$$\sum_{n=1}^{+\infty} \frac{1}{n^2} = \sum_{n=0}^{+\infty} \frac{1}{(2n+1)^2} + \frac{1}{4}\sum_{n=1}^{+\infty} \frac{1}{n^2}$$

et donc

$$\sum_{n=0}^{+\infty} \frac{1}{(2n+1)^2} = \frac{3}{4}\sum_{n=1}^{+\infty} \frac{1}{n^2}.$$

Pour obtenir la deuxième égalité, on raisonne de façon semblable en séparant les termes d'indices pairs et impairs afin de calculer la puissance de -1. Pour $N \geqslant 1$,

$$\sum_{n=1}^{2N} \frac{(-1)^{n-1}}{n^2} = \sum_{p=0}^{N-1} \frac{(-1)^{2p}}{(2p+1)^2} + \sum_{p=1}^{N} \frac{(-1)^{2p-1}}{(2p)^2} = \sum_{p=0}^{N-1} \frac{1}{(2p+1)^2} - \frac{1}{4}\sum_{p=1}^{N} \frac{1}{p^2}.$$

En passant à la limite quand N tend vers $+\infty$,

$$\sum_{n=1}^{+\infty} \frac{(-1)^{n-1}}{n^2} = \sum_{n=0}^{+\infty} \frac{1}{(2n+1)^2} - \frac{1}{4}\sum_{n=1}^{+\infty} \frac{1}{n^2} = \frac{1}{2}\sum_{n=1}^{+\infty} \frac{1}{n^2}.$$

Si l'on connaît[2] la somme des $1/n^2$, on obtient

$$\sum_{n=0}^{+\infty} \frac{1}{(2n+1)^2} = \frac{\pi^2}{8} \quad \text{et} \quad \sum_{n=1}^{+\infty} \frac{(-1)^{n-1}}{n^2} = \frac{\pi^2}{12}.$$

11.4.3 Études asymptotiques

Lorsque $f\colon [0\,;+\infty[\to \mathbb{R}$ est une fonction continue par morceaux monotone, on peut estimer les sommes partielles et les éventuels restes de la série $\sum f(n)$ en sommant les encadrements du terme $f(n)$ par les intégrales

$$\int_{n-1}^{n} f(t)\,\mathrm{d}t \quad \text{et} \quad \int_{n}^{n+1} f(t)\,\mathrm{d}t.$$

1. Ce passage à la limite est possible car on sait la convergence des séries $\sum \frac{1}{n^2}$ et $\sum \frac{1}{(2n+1)^2}$.
2. Voir sujet 30 p. 457.

Exercice 6

Déterminer un équivalent quand n tend vers l'infini de

$$H_n = \sum_{k=1}^{n} \frac{1}{k}.$$

Solution

La fonction $t \mapsto 1/t$ est décroissante sur $]0\,;+\infty[$ et donc

$$\frac{1}{t} \leqslant \frac{1}{k} \quad \text{pour tout } t \in [k\,;k+1] \text{ avec } k \geqslant 1.$$

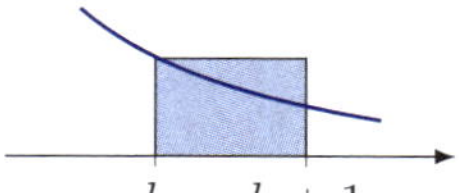

En intégrant cette inégalité en bon ordre, on obtient

$$\int_k^{k+1} \frac{\mathrm{d}t}{t} \leqslant \int_k^{k+1} \frac{\mathrm{d}t}{k} = \left[\frac{t}{k}\right]_k^{k+1} = \frac{1}{k}.$$

En opérant de même pour $t \in [k-1\,;k]$ avec $k \geqslant 2$, on justifie

$$\frac{1}{k} \leqslant \int_{k-1}^{k} \frac{\mathrm{d}t}{t}.$$

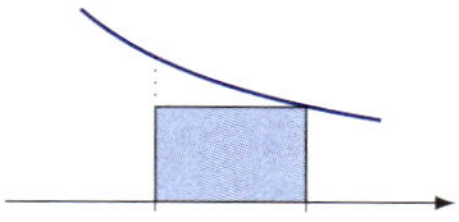

En sommant ces deux inégalités (quitte à isoler le terme d'indice 1 lors de la majoration), on obtient

$$\sum_{k=1}^{n}\left(\int_k^{k+1} \frac{\mathrm{d}t}{t}\right) \leqslant \sum_{k=1}^{n} \frac{1}{k} \leqslant 1 + \sum_{k=2}^{n} \frac{1}{k} \leqslant 1 + \sum_{k=2}^{n}\left(\int_{k-1}^{k} \frac{\mathrm{d}t}{t}\right).$$

méthode

Dans les termes encadrants, les intégrales sommées sont contiguës : on peut les raccorder par application de la relation de Chasles.

$$\int_1^{n+1} \frac{\mathrm{d}t}{t} \leqslant \sum_{k=1}^{n} \frac{1}{k} \leqslant 1 + \int_1^{n} \frac{\mathrm{d}t}{t}.$$

Enfin, en calculant les intégrales, on parvient à l'encadrement

$$\ln(n+1) \leqslant \sum_{k=1}^{n} \frac{1}{k} \leqslant 1 + \ln(n).$$

Les membres encadrants sont chacun équivalents à $\ln(n)$ puisque

$$\ln(n+1) = \ln(n) + \ln\left(1 + \frac{1}{n}\right) \underset{n\to+\infty}{=} \ln(n) + \mathrm{o}\big(\ln(n)\big)$$

et

$$1 + \ln(n) \underset{n\to+\infty}{=} \ln(n) + \mathrm{o}\big(\ln(n)\big)$$

et l'on peut conclure

$$\sum_{k=1}^{n} \frac{1}{k} \underset{n\to+\infty}{\sim} \ln(n).$$

Exercice 7

Soit α un réel positif. Déterminer un équivalent quand n tend vers l'infini de

$$S_n = \sum_{k=1}^{n} k^\alpha.$$

Solution

méthode

> La fonction $t \mapsto t^\alpha$ est croissante : la démarche est identique à celle du sujet précédent mais le sens de l'encadrement par les intégrales est inversé. On peut s'aider d'une figure pour exprimer le bon encadrement.

Pour tout $k \in \mathbb{N}^*$, on a l'encadrement

$$\int_{k-1}^{k} t^\alpha \,\mathrm{d}t \leqslant k^\alpha \leqslant \int_{k}^{k+1} t^\alpha \,\mathrm{d}t.$$

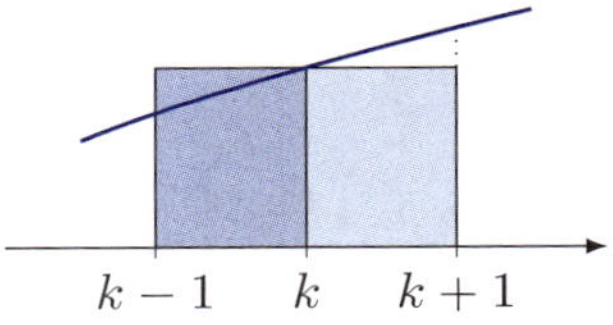

En sommant, on obtient

$$\int_{0}^{n} t^\alpha \,\mathrm{d}t \leqslant S_n \leqslant \int_{1}^{n+1} t^\alpha \,\mathrm{d}t \quad \text{pour tout } n \in \mathbb{N}$$

avec

$$\int_0^n t^\alpha \,\mathrm{d}t = \left[\frac{t^{\alpha+1}}{\alpha+1}\right]_0^n = \frac{n^{\alpha+1}}{\alpha+1} \quad \text{et} \quad \int_1^{n+1} t^\alpha \,\mathrm{d}t = \frac{(n+1)^{\alpha+1}-1}{\alpha+1} \underset{n\to+\infty}{\sim} \frac{n^{\alpha+1}}{\alpha+1}.$$

Par équivalence des termes encadrants, on conclut

$$S_n \underset{n\to+\infty}{\sim} \frac{n^{\alpha+1}}{\alpha+1}.$$

Exercice 8

Soit α un réel strictement supérieur à 1. Déterminer un équivalent quand n tend vers l'infini de

$$R_n = \sum_{k=n+1}^{+\infty} \frac{1}{k^\alpha}.$$

Solution

méthode

Il faut commencer par justifier l'existence du terme étudié.

Le terme R_n est bien défini puisqu'il s'agit du reste d'une série de Riemann convergente puisque $\alpha > 1$. La fonction $t \mapsto 1/t^\alpha$ est décroissante sur $]0\,;+\infty[$ et l'on peut affirmer [1] par comparaison série-intégrale

$$\int_k^{k+1} \frac{\mathrm{d}t}{t^\alpha} \leqslant \frac{1}{k^\alpha} \leqslant \int_{k-1}^{k} \frac{\mathrm{d}t}{t^\alpha}$$

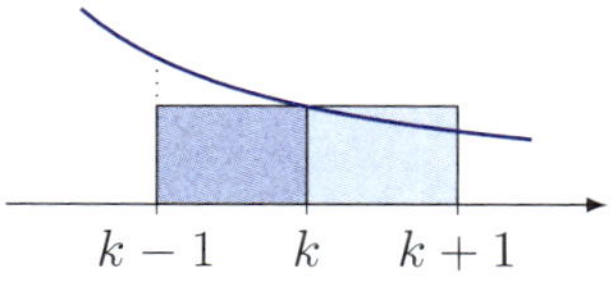

(la minoration valant pour $k \geqslant 1$ et la majoration pour $k \geqslant 2$ seulement).

méthode

Il n'est pas possible d'encadrer directement la somme infinie exprimant le reste : on commence par encadrer une somme de $n+1$ à N avant de faire tendre N vers $+\infty$.

Soit $N \in \mathbb{N}$ tel que $N > n$. En sommant les encadrements qui précèdent pour k allant de $n+1$ à N, on obtient

$$\int_{n+1}^{N+1} \frac{\mathrm{d}t}{t^\alpha} \leqslant \sum_{k=n+1}^{N} \frac{1}{k^\alpha} \leqslant \int_{n}^{N} \frac{\mathrm{d}t}{t^\alpha}.$$

On calcule les intégrales encadrantes

$$\int_n^N \frac{\mathrm{d}t}{t^\alpha} = \int_n^N t^{-\alpha}\,\mathrm{d}t = \left[\frac{t^{1-\alpha}}{1-\alpha}\right]_n^N = \frac{n^{1-\alpha} - N^{1-\alpha}}{\alpha - 1}.$$

méthode

Inutile de répéter le calcul avec la seconde intégrale, il suffit de remplacer n et N par $n+1$ et $N+1$ dans le résultat.

$$\int_{n+1}^{N+1} \frac{\mathrm{d}t}{t^\alpha} = \frac{(n+1)^{1-\alpha} - (N+1)^{1-\alpha}}{\alpha - 1}.$$

En faisant tendre N vers l'infini et sachant $1 - \alpha < 0$, on obtient

$$\frac{(n+1)^{1-\alpha}}{\alpha - 1} \leqslant R_n \leqslant \frac{n^{1-\alpha}}{\alpha - 1}.$$

Enfin, puisque $(n+1)^{1-\alpha}$ équivaut à $n^{1-\alpha}$, on conclut [2]

$$R_n \underset{n\to+\infty}{\sim} \frac{n^{1-\alpha}}{\alpha - 1} = \frac{1}{\alpha - 1} \cdot \frac{1}{n^{\alpha-1}}.$$

1. Il arrive parfois que l'on inverse par mégarde les intégrales lors de cet encadrement. Il suffit cependant de vérifier que la comparaison des intégrales est compatible avec la monotonie de la fonction pour éviter cette erreur !

2. En adaptant cette étude, on peut aussi déterminer un équivalent des sommes partielles de la série divergente $\sum \frac{1}{k^\alpha}$ pour $\alpha \in [0\,;1[$.

11.5 Exercices d'entraînement

11.5.1 Convergence

Exercice 9 *

Déterminer les natures des séries numériques suivantes :

(a) $\sum \frac{(-1)^n}{n}\sin\left(\frac{1}{n}\right)$ (b) $\sum \frac{\cos(n)}{\big(\ln(n)\big)^{\ln(n)}}$ (c) $\sum\left(\mathrm{e}-\left(1+\frac{1}{n}\right)^n\right)$.

Solution

méthode

Il importe de déterminer l'ordre de grandeur du terme général définissant la série, par exemple, en recherchant un équivalent ou en l'exprimant plus simplement.

(a) Sachant $\sin(u) \sim u$ lorsque u tend vers 0, on a

$$u_n = \frac{(-1)^n}{n}\sin\left(\frac{1}{n}\right) \underset{n\to+\infty}{\sim} \frac{(-1)^n}{n^2} \quad \text{donc} \quad |u_n| \underset{n\to+\infty}{\sim} \frac{1}{n^2}.$$

Par équivalence de séries à termes positifs (Th. 8 p. 420), la série étudiée converge absolument et donc converge (Th. 9 p. 421).

(b) **méthode**

Une expression $a_n^{b_n}$ est souvent plus « parlante » lorsqu'elle est écrite sous forme exponentielle.

Pour $n \geqslant 2$,

$$u_n = \frac{\cos(n)}{\big(\ln(n)\big)^{\ln(n)}} = \cos(n)\mathrm{e}^{-\ln(n)\ln(\ln(n))}$$

donc

$$n^2 u_n = \cos(n)\mathrm{e}^{2\ln(n)-\ln(n)\ln(\ln(n))} = \underbrace{\cos(n)}_{\text{bornée}}\exp\Big(\ln(n)\underbrace{\big(2-\ln(\ln(n))\big)}_{\to-\infty}\Big) \xrightarrow[n\to+\infty]{} 0.$$

Le terme général u_n est négligeable devant $1/n^2$. Or $1/n^2$ est positif et terme général d'une série convergente. Par conséquent, la série étudiée converge absolument (Th. 10 p. 421) et donc converge.

(c) Par le développement limité $\ln(1+u) = u - \frac{1}{2}u^2 + \mathrm{o}(u^2)$ lorsque u tend vers 0, on écrit

$$u_n = \mathrm{e} - \left(1+\frac{1}{n}\right)^n = \mathrm{e} - \mathrm{e}^{n\ln\left(1+\frac{1}{n}\right)} \underset{n\to+\infty}{=} \mathrm{e} - \mathrm{e}^{1-\frac{1}{2n}+\mathrm{o}\left(\frac{1}{n}\right)}.$$

Par le développement limité $e^u = 1 + u + o(u)$ lorsque u tend vers 0, on poursuit le calcul

$$u_n \underset{n\to+\infty}{=} e - e \cdot e^{-\frac{1}{2n}+o\left(\frac{1}{n}\right)} = e - e\left(1 - \frac{1}{2n} + o\left(\frac{1}{n}\right)\right) = \frac{e}{2n} + o\left(\frac{1}{n}\right) \underset{n\to+\infty}{\sim} \frac{e}{2n}.$$

Par équivalence de séries à termes positifs, on peut conclure à la divergence de la série étudiée.

Exercice 10 **

Soient (u_n) une suite de réels positifs et (v_n) la suite déterminée par

$$v_n = \frac{u_n}{1 + u_n}.$$

Montrer que les séries $\sum u_n$ et $\sum v_n$ sont de même nature.

Solution

Notons que la série $\sum v_n$ est à termes positifs. Si $\sum u_n$ converge, $\sum v_n$ converge aussi par comparaison de séries à termes positifs (Th. 7 p. 420) car $v_n \leqslant u_n$ pour tout entier naturel n.

Inversement, supposons la convergence de $\sum v_n$.

méthode

‖ En résolvant l'équation définissant v_n, on peut exprimer u_n en fonction de v_n.

Après résolution,

$$u_n = \frac{v_n}{1 - v_n} \quad \text{avec} \quad v_n \neq 1 \quad \text{pour tout } n \in \mathbb{N}.$$

Puisque la série $\sum v_n$ converge, la suite (v_n) tend vers 0 et l'on a donc

$$u_n \underset{n\to+\infty}{=} \frac{v_n}{1 + o(1)} \underset{n\to+\infty}{\sim} v_n.$$

Par équivalence de séries à termes positifs, on peut conclure à la convergence de la série $\sum u_n$.

Finalement, les séries $\sum u_n$ et $\sum v_n$ sont de même nature [1].

Exercice 11 **

Soit (u_n) une suite réelle décroissante. On suppose que la série $\sum u_n$ converge et l'on note S_n sa somme partielle de rang n.

(a) Déterminer la limite de $S_{2n} - S_n$ quand n croît vers l'infini.

(b) En déduire la limite de la suite (nu_{2n}) puis celle de (nu_n).

1. On vient d'établir que la convergence de l'une entraîne la convergence de l'autre. Par conséquent, la divergence de l'une entraîne la divergence de l'autre !

Solution

(a) En notant S la somme de la série, on obtient par différence de limites

$$S_{2n} - S_n \xrightarrow[n\to+\infty]{} S - S = 0$$

car la suite extraite (S_{2n}) a même limite que (S_n).

(b) En simplifiant les termes communs

$$S_{2n} - S_n = \sum_{k=0}^{2n} u_k - \sum_{k=0}^{n} u_k = \sum_{k=n+1}^{2n} u_k.$$

méthode

La décroissance de la suite (u_n) assure que u_{2n} est le plus petit des termes de la somme précédente.

La somme comportant n termes, on a l'inégalité

$$S_{2n} - S_n \geqslant \sum_{k=n+1}^{2n} u_{2n} = nu_{2n}.$$

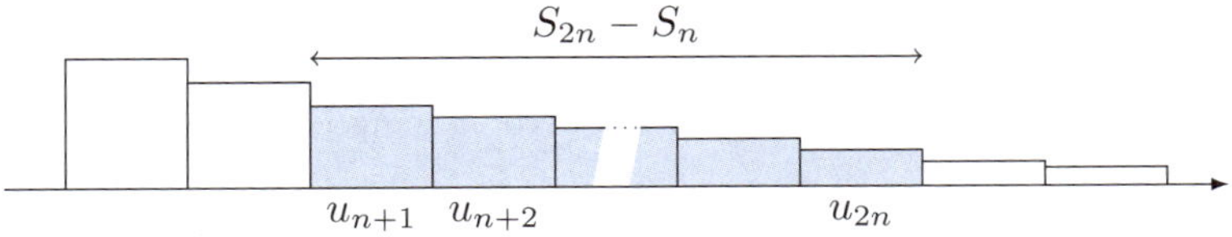

De plus, la suite (u_n) tend vers 0 (car la série converge). Étant décroissante, sa limite est sa borne inférieure et cette suite est positive. On dispose alors de l'encadrement

$$0 \leqslant nu_{2n} \leqslant S_{2n} - S_n \xrightarrow[n\to+\infty]{} 0.$$

Par le théorème de convergence par encadrement, on peut affirmer que la suite (nu_{2n}) tend vers 0.

méthode

Si les suites extraites des termes d'indices pairs et impairs ont la même limite alors la suite tend vers cette limite commune[1].

Les suites extraites des termes d'indices pairs et impairs de (nu_n) sont les suites $(2nu_{2n})$ et $\big((2n+1)u_{2n+1}\big)$. Par ce qui précède, on peut déjà affirmer que la suite extraite $(2nu_{2n})$ tend vers 0. De plus, par décroissance,

$$0 \leqslant (2n+1)u_{2n+1} \leqslant (2n+1)u_{2n} = 2nu_{2n} + u_{2n} \xrightarrow[n\to+\infty]{} 0.$$

La suite extraite $\big((2n+1)u_{2n+1}\big)$ tend aussi vers 0 et l'on peut donc conclure que la suite (nu_n) est de limite nulle.

1. Voir sujet 14 p. 218.

Exercice 12 ** (Règle de Cauchy)
Soit $\sum u_n$ une série à termes positifs. On suppose que

$$\sqrt[n]{u_n} \xrightarrow[n\to+\infty]{} \ell \in \mathbb{R}_+.$$

(a) Montrer que, si $\ell > 1$, alors la série $\sum u_n$ diverge.

(b) Montrer que, si $\ell < 1$, alors la série $\sum u_n$ converge.

(c) Observer que, dans le cas $\ell = 1$, on ne peut rien conclure.

Solution

(a) **méthode**

> Lorsqu'une suite réelle tend vers une limite ℓ avec $\ell > a$ alors, à partir d'un certain rang, ses termes sont supérieurs à a.

On suppose $\ell > 1$. La convergence de $\sqrt[n]{u_n}$ vers ℓ permet d'écrire

$$\forall \varepsilon > 0,\ \exists N \in \mathbb{N},\ \forall n \in \mathbb{N},\quad n \geqslant N \implies \underbrace{\left|\sqrt[n]{u_n} - \ell\right| \leqslant \varepsilon}_{\ell-\varepsilon\leqslant \sqrt[n]{u_n}\leqslant \ell+\varepsilon}.$$

Pour $\varepsilon = \ell - 1 > 0$, il existe alors un rang N au delà duquel $\sqrt[n]{u_n} \geqslant 1$ et donc $u_n \geqslant 1$. La suite (u_n) n'est pas de limite nulle : il y a divergence grossière de la série $\sum u_n$.

(b) **méthode**

> On compare la suite (u_n) à une suite géométrique de raison bien choisie.

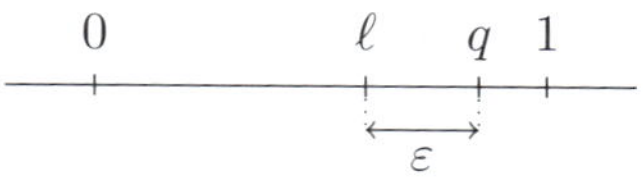

On suppose $\ell < 1$. On peut introduire un réel $q \in]\ell\,;1[$. Pour $\varepsilon = q - \ell > 0$, la convergence de $\sqrt[n]{u_n}$ vers ℓ permet d'affirmer qu'à partir d'un certain rang $\sqrt[n]{u_n} \leqslant \ell + \varepsilon = q$ et donc $u_n \leqslant q^n$. Or la série géométrique de terme général q^n est convergente car $q \in [0\,;1[$ et alors, par comparaison de séries à termes positifs, la série $\sum u_n$ converge.

(c) **méthode**

> Pour montrer que l'on ne peut rien conclure, on exhibe des exemples !

Soient $\alpha \in \mathbb{R}$ et $u_n = 1/n^\alpha$. La série de Riemann $\sum u_n$ converge si, et seulement si, $\alpha > 1$ alors que, pour tout réel α,

$$\sqrt[n]{u_n} = \left(\frac{1}{n^\alpha}\right)^{1/n} = n^{-\alpha/n} = \mathrm{e}^{-\alpha\frac{\ln(n)}{n}} \xrightarrow[n\to+\infty]{} 1.$$

Exercice 13 ***

Soit $(u_n)_{n\geqslant 1}$ une suite décroissante de réels de limite nulle.
Montrer que les séries $\sum u_n$ et $\sum n(u_n - u_{n+1})$ sont de même nature et que leurs sommes sont égales en cas de convergence.

Solution

Notons que la suite (u_n) est à termes positifs car, étant décroissante, sa limite est sa borne inférieure.

méthode

On exprime les sommes partielles de la série $\sum n(u_n - u_{n+1})$ en fonction de celles de $\sum u_n$.

Posons $v_n = n(u_n - u_{n+1})$. En séparant la somme et en opérant un glissement d'indice, on peut écrire pour tout $n \geqslant 1$

$$\sum_{k=1}^{n} v_k = \sum_{k=1}^{n} ku_k - \sum_{k=1}^{n} ku_{k+1} = \sum_{k=1}^{n} ku_k - \sum_{k=2}^{n+1}(k-1)u_k = \sum_{k=1}^{n} ku_k - \sum_{k=2}^{n+1} ku_k + \sum_{k=2}^{n+1} u_k.$$

Après simplification des termes communs aux deux premières sommes,

$$\sum_{k=1}^{n} v_k = u_1 - (n+1)u_{n+1} + \sum_{k=2}^{n+1} u_k = \sum_{k=1}^{n} u_k - nu_{n+1}.$$

Si la série $\sum u_n$ converge, on peut introduire sa somme et, ses termes étant tous positifs, on obtient

$$\sum_{k=1}^{n} v_k \leqslant \sum_{k=1}^{n} u_k \leqslant \sum_{k=1}^{+\infty} u_k.$$

La série $\sum v_n$ est alors convergente car à termes positifs et aux sommes partielles majorées (Th. 6 p. 420).

Inversement, supposons la convergence de $\sum v_n$. Montrons que la suite (nu_n) est de limite nulle [1].

méthode

Puisque la suite (u_n) est de limite nulle, on peut écrire son terme général comme un reste de série télescopique.

Pour tout $n \geqslant 1$,

$$u_n = \lim_{N\to+\infty}(u_n - u_N) = \lim_{N\to+\infty} \sum_{k=n}^{N-1}(u_k - u_{k+1}) = \sum_{k=n}^{+\infty}(u_k - u_{k+1}) = \sum_{k=n}^{+\infty} \frac{v_k}{k}.$$

1. Une démarche alternative à celle qui suit est possible en s'inspirant du sujet 11 p. 432.

Les termes étant tous positifs, on a l'encadrement

$$0 \leqslant nu_n = n \sum_{k=n}^{+\infty} \frac{v_k}{k} = \sum_{k=n}^{+\infty} \underbrace{\frac{n}{k}}_{\leqslant 1} v_k \leqslant \sum_{k=n}^{+\infty} v_k \xrightarrow[n \to +\infty]{} 0.$$

Ainsi, la suite (nu_n) est de limite nulle et la relation initiale entre les sommes partielles donne

$$\sum_{k=1}^{n} u_k = \sum_{k=1}^{n} v_k + \underbrace{(n+1)u_{n+1}}_{\to 0} - \underbrace{u_{n+1}}_{\to 0} \xrightarrow[n \to +\infty]{} \sum_{k=1}^{+\infty} v_k.$$

On peut donc affirmer la convergence de la série $\sum u_n$ ainsi que l'égalité des sommes des séries.

11.5.2 Calculs de sommes

Exercice 14 **

Existence et valeur de

(a) $\displaystyle\sum_{n=1}^{+\infty} \frac{1}{n(n+1)\dots(n+m)}$, $(m \in \mathbb{N}^*)$ (b) $\displaystyle\sum_{n=2}^{+\infty} \ln\left(1 - \frac{1}{n^2}\right)$

(c) $\displaystyle\sum_{n=1}^{+\infty} \frac{n}{3 \times 5 \times \cdots \times (2n+1)}$ (d) $\displaystyle\sum_{n=0}^{+\infty} 3^n \sin^3\left(\frac{x}{3^{n+1}}\right)$, $(x \in \mathbb{R})$.

Pour ce dernier calcul, on pourra employer la formule $\sin(3a) = 3\sin(a) - 4\sin^3(a)$.

Solution

méthode

On calcule les sommes partielles en faisant apparaître un télescopage. En observant que les sommes partielles convergent vers une limite finie, on justifie la convergence tout en calculant la somme.

(a) Soit $m \in \mathbb{N}^*$. Pour tout $n \geqslant 1$, on peut écrire

$$\begin{aligned} \frac{1}{n(n+1)\dots(n+m)} &= \frac{1}{m} \cdot \frac{(n+m)-n}{n(n+1)\dots(n+m)} \\ &= \frac{1}{m}\Bigg(\underbrace{\frac{1}{n(n+1)\dots(n+m-1)}}_{=u_n} - \underbrace{\frac{1}{(n+1)(n+2)\dots(n+m)}}_{=u_{n+1}}\Bigg). \end{aligned}$$

Pour $N \geqslant 1$, on a alors

$$\sum_{n=1}^{N} \frac{1}{n(n+1)\dots(n+m)} = \frac{1}{m} \sum_{n=1}^{N} (u_n - u_{n+1}) = \frac{1}{m}(u_1 - u_{N+1})$$

et donc

$$\sum_{n=1}^{N} \frac{1}{n(n+1)\dots(n+m)} \xrightarrow[N\to+\infty]{} \frac{1}{m}u_1 = \frac{1}{m}\cdot\frac{1}{1\times 2\times\cdots\times m}$$

car u_{N+1} est de limite nulle.

Finalement, la série étudiée converge et

$$\sum_{n=1}^{+\infty} \frac{1}{n(n+1)\dots(n+m)} = \frac{1}{m\cdot m!}.$$

(b) Pour $n \geqslant 2$, on peut écrire

$$\ln\left(1-\frac{1}{n^2}\right) = \ln\left(\frac{n^2-1}{n^2}\right) = \ln\left(\frac{(n-1)(n+1)}{n^2}\right) = \ln(n-1)+\ln(n+1)-2\ln(n).$$

Pour $N \geqslant 2$, on a alors

$$\sum_{n=2}^{N} \ln\left(1-\frac{1}{n^2}\right) = \sum_{n=2}^{N}\big(\ln(n-1)+\ln(n+1)-2\ln(n)\big).$$

On peut séparer la somme en deux et faire apparaître deux sommes télescopiques

$$\begin{aligned}\sum_{n=2}^{N} \ln\left(1-\frac{1}{n^2}\right) &= \sum_{n=2}^{N}\big(\ln(n-1)-\ln(n)\big) + \sum_{n=2}^{N}\big(\ln(n+1)-\ln(n)\big)\\ &= \big(\ln(1)-\ln(N)\big)+\big(\ln(N+1)-\ln(2)\big) = \ln\left(\frac{N+1}{N}\right)-\ln(2).\end{aligned}$$

En faisant tendre N vers $+\infty$, on peut affirmer la convergence de la série étudiée et exprimer sa somme

$$\sum_{n=2}^{+\infty} \ln\left(1-\frac{1}{n^2}\right) = -\ln(2).$$

(c) Pour $n \geqslant 1$, on écrit [1]

$$\begin{aligned}\frac{n}{3\times 5\times\cdots\times(2n+1)} &= \frac{1}{2}\cdot\frac{(2n+1)-1}{3\times 5\times\cdots\times(2n+1)}\\ &= \frac{1}{2}\left(\frac{1}{3\times 5\times\cdots\times(2n-1)} - \frac{1}{3\times 5\times\cdots\times(2n+1)}\right).\end{aligned}$$

Pour $N \geqslant 1$, on obtient alors après simplification

$$\sum_{n=1}^{N} \frac{n}{3\times 5\times\cdots\times(2n+1)} = \frac{1}{2}\left(1-\frac{1}{3\times 5\times\cdots\times(2N+1)}\right).$$

1. Pour $n = 1$, l'égalité se lit $\frac{1}{3} = \frac{1}{2}\left(1-\frac{1}{3}\right)$.

En faisant tendre N vers $+\infty$, on conclut que la série étudiée converge et

$$\sum_{n=1}^{+\infty} \frac{n}{3 \times 5 \times \cdots \times (2n+1)} = \frac{1}{2}.$$

(d) Par la formule de trigonométrie proposée, on peut écrire

$$\sin^3(a) = \frac{1}{4}\big(3\sin(a) - \sin(3a)\big)$$

et donc, pour $x \in \mathbb{R}$ et $n \geqslant 0$,

$$3^n \sin^3\left(\frac{x}{3^{n+1}}\right) = \frac{1}{4}\left(3^{n+1}\sin\left(\frac{x}{3^{n+1}}\right) - 3^n \sin\left(\frac{x}{3^n}\right)\right).$$

Pour $N \geqslant 0$, on obtient alors après simplification

$$\sum_{n=0}^{N} 3^n \sin^3\left(\frac{x}{3^{n+1}}\right) = \frac{1}{4}\left(3^{N+1}\sin\left(\frac{x}{3^{N+1}}\right) - \sin(x)\right).$$

L'emploi de l'équivalent $\sin(u) \sim u$ quand u tend vers 0 donne

$$3^{N+1}\sin\left(\frac{x}{3^{N+1}}\right) \underset{N\to+\infty}{\sim} 3^{N+1}\frac{x}{3^{N+1}} = x$$

et l'on peut conclure que la série étudiée converge avec

$$\sum_{n=0}^{+\infty} 3^n \sin^3\left(\frac{x}{3^n}\right) = \frac{x - \sin(x)}{4}.$$

Exercice 15 **

Justifier la convergence et calculer la somme de

$$\sum_{k\geqslant 1} \frac{\lfloor\sqrt{k+1}\rfloor - \lfloor\sqrt{k}\rfloor}{k}.$$

Solution

Les premiers termes de la série étudiée sont

$$\frac{0}{1}, \frac{0}{2}, \frac{1}{3}, \frac{0}{4}, \frac{0}{5}, \frac{0}{6}, \frac{0}{7}, \frac{1}{8}, \frac{0}{9}, \frac{0}{10}, \ldots$$

méthode

Le terme général de la série peut être simplifié : si $k+1$ n'est pas un carré, les deux parties entières exprimées au numérateur sont égales !

Notons u_k le terme général de la série étudiée.
Si $k+1$ n'est pas le carré d'un entier, $u_k = 0$.
Si $k+1$ est le carré d'un entier p, $\lfloor\sqrt{k+1}\rfloor = p$ et $\lfloor\sqrt{k}\rfloor = p-1$ de sorte que

$$u_k = \frac{1}{p^2-1}.$$

On peut alors simplifier la somme partielle

$$S_n = \sum_{k=1}^{n} u_k = \sum_{p=2}^{N_n} \frac{1}{p^2-1} \quad \text{avec} \quad N_n = \lfloor\sqrt{n+1}\rfloor.$$

En réalisant une décomposition du terme sommé, on écrit

$$\frac{1}{p^2-1} = \frac{1}{(p-1)(p+1)} = \frac{1}{2}\left(\frac{(p+1)-(p-1)}{(p-1)(p+1)}\right) = \frac{1}{2}\left(\frac{1}{p-1} - \frac{1}{p+1}\right).$$

On poursuit ensuite le calcul

$$S_n = \frac{1}{2}\sum_{p=2}^{N_n}\left(\frac{1}{p-1} - \frac{1}{p+1}\right) = \frac{1}{2}\left(\sum_{p=2}^{N_n}\frac{1}{p-1} - \sum_{p=2}^{N_n}\frac{1}{p+1}\right).$$

Après glissement d'indices, on simplifie les portions communes aux deux sommes

$$S_n = \frac{1}{2}\left(\sum_{p=1}^{N_n-1}\frac{1}{p} - \sum_{p=3}^{N_n+1}\frac{1}{p}\right) = \frac{1}{2}\left(1 + \frac{1}{2} - \frac{1}{N_n} - \frac{1}{N_n+1}\right).$$

Quand n tend vers l'infini, N_n tend aussi vers l'infini et

$$S_n \xrightarrow[n\to+\infty]{} \frac{3}{4}.$$

Finalement, la série étudiée converge et sa somme est égale à $3/4$.

Exercice 16 **

Soient $a, b \in \mathbb{R}$. Déterminer la nature de la série

$$\sum_{n\geqslant 1}\left(\sqrt{n} + a\sqrt{n+1} + b\sqrt{n+2}\right)$$

et calculer sa somme lorsqu'il y a convergence.

Solution

méthode

> On détermine un équivalent du terme général de la série en fonction des valeurs des paramètres.

Notons u_n le terme général de la série étudiée. On sait [1]

$$\sqrt{1+u} \underset{u\to 0}{=} 1 + \frac{1}{2}u - \frac{1}{8}u^2 + \mathrm{o}(u^2).$$

On obtient après quelques calculs

$$\begin{aligned} u_n &= \sqrt{n}\left(1 + a\sqrt{1+\frac{1}{n}} + b\sqrt{1+\frac{2}{n}}\right) \\ &\underset{n\to+\infty}{=} (1+a+b)\sqrt{n} + \frac{a+2b}{2\sqrt{n}} - \frac{a+4b}{8n^{3/2}} + \mathrm{o}\left(\frac{1}{n^{3/2}}\right). \end{aligned}$$

On discute ensuite selon les valeurs des paramètres a et b pour exprimer un équivalent simple du terme u_n.

Cas : $a + b + 1 \neq 0$.

$$u_n \underset{n\to+\infty}{\sim} (1+a+b)\sqrt{n} \xrightarrow[n\to+\infty]{} \begin{cases} +\infty & \text{si } 1+a+b>0 \\ -\infty & \text{si } 1+a+b<0. \end{cases}$$

La série $\sum u_n$ diverge grossièrement.

Cas : $a + b + 1 = 0$ et $a + 2b \neq 0$.

$$u_n \underset{n\to+\infty}{\sim} \frac{a+2b}{2\sqrt{n}}.$$

Par équivalence de séries à termes de signe constant, la série $\sum u_n$ diverge car on connaît la divergence de la série de Riemann $\sum \frac{1}{\sqrt{n}}$.

Cas : $a + b + 1 = 0$ et $a + 2b = 0$. On a alors $a = -2$, $b = 1$ et

$$u_n \underset{n\to+\infty}{\sim} -\frac{1}{4n^{3/2}}.$$

Par équivalence de séries à termes de signe constant, la série $\sum u_n$ converge.

Calculons alors sa somme en étudiant ses sommes partielles. Par translations d'indices, on a pour tout $N \in \mathbb{N}^*$

$$\sum_{n=1}^{N}\left(\sqrt{n} - 2\sqrt{n+1} + \sqrt{n+2}\right) = \sum_{n=1}^{N}\sqrt{n} - 2\sum_{n=2}^{N+1}\sqrt{n} + \sum_{n=3}^{N+2}\sqrt{n}.$$

1. Il s'agit du développement limité en 0 de $u \mapsto (1+u)^\alpha$ lorsque $\alpha = 1/2$.

En simplifiant les portions communes aux trois sommes[1], il reste

$$\sum_{n=1}^{N}\left(\sqrt{n}-2\sqrt{n+1}+\sqrt{n+2}\right)=\sqrt{1}-\sqrt{2}-\sqrt{N+1}+\sqrt{N+2}.$$

Enfin, en multipliant par la quantité conjuguée,

$$\sqrt{N+2}-\sqrt{N+1}=\frac{(N+2)-(N+1)}{\sqrt{N+2}+\sqrt{N+1}}=\frac{1}{\sqrt{N+2}+\sqrt{N+1}}\xrightarrow[N\to+\infty]{}0.$$

On peut alors conclure

$$\sum_{n=1}^{+\infty}\left(\sqrt{n}-2\sqrt{n+1}+\sqrt{n+2}\right)=1-\sqrt{2}.$$

Exercice 17 ***

Soient $\alpha\in\,]2\,;+\infty[$ et (a_n) la suite définie par

$$a_0=\alpha \quad \text{et} \quad a_{n+1}=a_n^2-2 \quad \text{pour tout } n\in\mathbb{N}.$$

Montrer

$$\sum_{n=0}^{+\infty}\frac{1}{a_0a_1\ldots a_n}=\frac{1}{2}\left(\alpha-\sqrt{\alpha^2-4}\right).$$

Solution

Commençons par étudier brièvement la suite (a_n).

Pour tout $x>2$, on remarque $x^2-2>2$ de sorte que l'on vérifie par récurrence que tous les termes de la suite (a_n) appartiennent à $]2\,;+\infty[$. De plus,

$$a_{n+1}-a_n=a_n^2-a_n-2=(a_n+1)(a_n-2)>0 \quad \text{pour tout } n\in\mathbb{N}$$

ce qui assure que la suite (a_n) est croissante. Par l'absurde, si celle-ci converge vers un réel ℓ, on obtient l'égalité $\ell=\ell^2-2$ en passant à la limite dans la relation de récurrence. On en déduit $\ell=-1$ ou $\ell=2$. Cependant, par croissance, on a aussi $\ell\geqslant a_0=\alpha>2$. C'est absurde.

En résumé, on peut affirmer que la suite (a_n) croît vers $+\infty$.

Exprimons ensuite les sommes partielles de la série étudiée. Pour $n\geqslant 1$, on observe

$$\frac{1}{a_0a_1\ldots a_n}=\frac{1}{2}\cdot\frac{a_n^2-a_{n+1}}{a_0a_1\ldots a_n}=\frac{1}{2}\left(\frac{a_n}{a_0a_1\ldots a_{n-1}}-\frac{a_{n+1}}{a_0a_1\ldots a_n}\right)$$

ce qui écrit le terme sommé sous forme télescopique.

1. En fait, le terme étudié est télescopique de la forme $v_{n+1}-v_n$ pour $v_n=\sqrt{n+1}-\sqrt{n}$.

Pour tout $N \geqslant 1$, on a alors

$$\sum_{n=0}^{N} \frac{1}{a_0 a_1 \dots a_n} = \frac{1}{a_0} + \frac{1}{2} \sum_{n=1}^{N} \left(\frac{a_n}{a_0 a_1 \dots a_{n-1}} - \frac{a_{n+1}}{a_0 a_1 \dots a_n} \right)$$

$$= \frac{1}{a_0} + \frac{1}{2} \left(\frac{a_1}{a_0} - \frac{a_{N+1}}{a_0 a_1 \dots a_N} \right) = \underbrace{\frac{2 + a_1}{2a_0}}_{= \alpha/2} - \frac{1}{2} \cdot \frac{a_{N+1}}{a_0 a_1 \dots a_N}.$$

Pour conclure, il suffit d'établir

$$\frac{a_{N+1}}{a_0 a_1 \dots a_N} \xrightarrow[N \to +\infty]{} \sqrt{\alpha^2 - 4}.$$

méthode

Après un peu de recherche inspirée par la limite souhaitée, on observe

$$a_{n+1}^2 - 4 = a_n^2 \left(a_n^2 - 4 \right).$$

Pour tout $N \in \mathbb{N}$,

$$a_0^2 a_1^2 \dots a_N^2 = \frac{a_1^2 - 4}{a_0^2 - 4} \times \frac{a_2^2 - 4}{a_1^2 - 4} \times \dots \times \frac{a_{N+1}^2 - 4}{a_N^2 - 4} = \frac{a_{N+1}^2 - 4}{a_0^2 - 4}$$

et, par conséquent,

$$\frac{a_{N+1}}{a_0 a_1 \dots a_N} = \sqrt{a_0^2 - 4} \cdot \frac{a_{N+1}}{\sqrt{a_{N+1}^2 - 4}} = \sqrt{a_0^2 - 4} \cdot \sqrt{\frac{a_{N+1}^2}{a_{N+1}^2 - 4}} \xrightarrow[N \to +\infty]{} \sqrt{\alpha^2 - 4}$$

car a_{N+1} tend vers $+\infty$.

11.5.3 Lien suite-série

Exercice 18 *

Montrer l'existence d'un réel λ tel que

$$\lambda = \lim_{n \to +\infty} \left(\sum_{k=1}^{n} \frac{1}{\sqrt{k}} - 2\sqrt{n} \right).$$

Solution

méthode

La suite (u_n) et la série $\sum (u_{n+1} - u_n)$ sont de même nature.

Posons

$$u_n = \sum_{k=1}^{n} \frac{1}{\sqrt{k}} - 2\sqrt{n} \quad \text{pour tout } n \in \mathbb{N}^*$$

et étudions[1] la nature de la série de terme général $u_n - u_{n-1}$. Pour $n \geqslant 2$, on a après simplification

$$u_n - u_{n-1} = \frac{1}{\sqrt{n}} - 2\sqrt{n} + 2\sqrt{n-1}.$$

Sachant $\sqrt{1+u} = 1 + \frac{1}{2}u - \frac{1}{8}u^2 + \mathrm{o}(u^2)$ quand u tend vers 0, on obtient

$$\sqrt{n-1} = \sqrt{n}\sqrt{1-\frac{1}{n}} \underset{n\to+\infty}{=} \sqrt{n}\left(1 - \frac{1}{2n} - \frac{1}{8n^2} + \mathrm{o}\left(\frac{1}{n^2}\right)\right)$$

et donc

$$u_n - u_{n-1} \underset{n\to+\infty}{=} -\frac{1}{4n^{3/2}} + \mathrm{o}\left(\frac{1}{n^{3/2}}\right) \underset{n\to+\infty}{\sim} -\frac{1}{4n^{3/2}}.$$

Par équivalence de séries à termes de signe constant, on a la convergence de la série de terme général $u_n - u_{n-1}$ et donc la convergence de la suite (u_n). Cela légitime l'existence du réel λ.

Exercice 19 **

Soit (u_n) la suite récurrente définie par

$$u_0 \in \left]0\,;1\right[\quad \text{et} \quad u_{n+1} = u_n - u_n^2 \quad \text{pour tout } n \in \mathbb{N}.$$

(a) Étudier la convergence de la suite (u_n).

(b) Étudier la convergence et donner la somme de la série $\sum u_n^2$.

(c) Étudier la convergence de la série $\sum \ln(1-u_n)$.

(d) Quelle est la nature de la série de terme général u_n ?

Solution

(a) **méthode**

‖ On vérifie que (u_n) est monotone et bornée.

On constate

$$x - x^2 = x(1-x) \in \left]0\,;1\right[\quad \text{pour tout } x \in \left]0\,;1\right[.$$

Le terme initial u_0 appartenant à l'intervalle $\left]0\,;1\right[$, tous les termes de la suite (u_n) appartiennent aussi à l'intervalle $\left]0\,;1\right[$. De plus, la suite (u_n) est décroissante car

$$u_{n+1} - u_n = -u_n^2 \leqslant 0 \quad \text{pour tout } n \in \mathbb{N}.$$

La suite (u_n) étant décroissante et minorée par 0, elle converge vers une limite $\ell \geqslant 0$. En passant à la limite dans la relation de récurrence $u_{n+1} = u_n - u_n^2$, on obtient $\ell = \ell - \ell^2$ et la seule solution de cette équation est $\ell = 0$.

Finalement, la suite (u_n) décroît vers 0.

1. La série $\sum(u_n - u_{n-1})$ est quelquefois plus commode à étudier que $\sum(u_{n+1} - u_n)$.

(b) **méthode**

> On exprime u_n^2 comme un terme télescopique afin de pouvoir calculer les sommes partielles de la série $\sum u_n^2$.

Soit $n \in \mathbb{N}$. On constate l'écriture $u_n^2 = u_n - u_{n+1}$. On a donc après simplification

$$\sum_{n=0}^{N} u_n^2 = \sum_{n=0}^{N} (u_n - u_{n+1}) = u_0 - u_{N+1} \xrightarrow[N \to +\infty]{} u_0.$$

La série $\sum u_n^2$ converge et sa somme vaut u_0.

(c) **méthode**

> On exprime $\ln(1 - u_n)$ comme un terme télescopique.

Soit $n \in \mathbb{N}$. On a vu ci-dessus $u_n \in \left]0\,;1\right[$ et l'on peut écrire

$$\ln(1 - u_n) = \ln\left(\frac{u_{n+1}}{u_n}\right) = \ln(u_{n+1}) - \ln(u_n).$$

On a donc après simplification

$$\sum_{n=0}^{N} \ln(1 - u_n) = \sum_{n=0}^{N} \big(\ln(u_{n+1}) - \ln(u_n)\big) = \ln(u_{N+1}) - \ln(u_0) \xrightarrow[N \to +\infty]{} -\infty.$$

La série $\sum \ln(1 - u_n)$ diverge.

(d) Puisque (u_n) est de limite nulle, on peut affirmer

$$\ln(1 - u_n) \underset{n \to +\infty}{\sim} -u_n.$$

Par équivalence de séries à termes de signe constant, on conclut que la série $\sum u_n$ diverge.

Exercice 20 **

Soient (a_n) une suite positive et (u_n) la suite définie par

$$u_0 > 0 \quad \text{et} \quad u_{n+1} = u_n + \frac{a_n}{u_n} \quad \text{pour tout } n \in \mathbb{N}.$$

Montrer que la suite (u_n) converge si, et seulement si, la série de terme général a_n converge.

Solution

Notons que la suite (u_n) est croissante et à termes strictement positifs.

méthode

> On compare $u_{n+1} - u_n$ et a_n.

Si (u_n) converge, sa limite ℓ est strictement positive et l'on peut écrire

$$a_n = u_n(u_{n+1} - u_n) \underset{n\to+\infty}{\sim} \ell(u_{n+1} - u_n).$$

La série de terme général $u_{n+1} - u_n$ étant convergente, on obtient la convergence de la série de terme général a_n par équivalence de séries à termes positifs.

Inversement, supposons que la série de terme général a_n converge. Par croissance de (u_n), on a pour tout entier naturel n,

$$0 \leqslant u_{n+1} - u_n \leqslant \frac{a_n}{u_0}.$$

Par comparaison de séries à termes positifs, la série télescopique $\sum(u_{n+1} - u_n)$ converge et donc la suite (u_n) converge.

Exercice 21 ***

Soient α dans $\mathbb{R}^*$, a et b dans $\mathbb{R} \setminus \mathbb{N}$. On considère la suite (u_n) déterminée par

$$u_0 = \alpha \quad \text{et} \quad u_{n+1} = \frac{n-a}{n-b}u_n \quad \text{pour tout } n \in \mathbb{N}.$$

(a) Montrer l'existence d'un réel $A \neq 0$ tel que

$$u_n \underset{n\to+\infty}{\sim} \frac{A}{n^{a-b}}.$$

(b) Déterminer la nature de la série de terme général u_n et calculer sa somme lorsqu'elle converge.

Solution

(a) Commençons par observer que la suite (u_n) est bien définie car $b \notin \mathbb{N}$. De même, on peut souligner que ses termes sont tous non nuls car $a \notin \mathbb{N}$ et $\alpha \neq 0$.

La question posée conduit à établir la convergence de la suite $\left(n^{a-b}u_n\right)$.

méthode

Afin de pouvoir exploiter la relation de récurrence qui est de nature multiplicative, on introduit la série télescopique associée à la suite (v_n) déterminée par $v_n = \ln\left(n^{a-b}u_n\right)$ (sous réserve d'existence).

Pour n assez grand, le quotient $\frac{n-a}{n-b}$ est strictement positif et le signe des termes u_n ne change pas. Posons $\varepsilon = \pm 1$ de sorte que $u_n = \varepsilon|u_n|$ pour n assez grand et introduisons $v_n = \ln\left(\varepsilon n^{a-b}u_n\right)$. On a alors

$$\begin{aligned} v_{n+1} - v_n &= (a-b)\ln\left(\frac{n+1}{n}\right) + \ln\left(\frac{u_{n+1}}{u_n}\right) \\ &= (a-b)\ln\left(1 + \frac{1}{n}\right) + \ln\left(1 + \frac{b-a}{n-b}\right). \end{aligned}$$

Sachant [1] $\ln(1+u) = u + \mathrm{O}(u^2)$ quand u tend vers 0, on peut poursuivre le développement

$$v_{n+1} - v_n \underset{n\to+\infty}{=} (a-b)\frac{1}{n} + \frac{b-a}{n} + \mathrm{O}\Big(\frac{1}{n^2}\Big) = \mathrm{O}\Big(\frac{1}{n^2}\Big).$$

La série télescopique de terme général $v_{n+1} - v_n$ converge absolument et donc la suite (v_n) converge. En posant ℓ sa limite, on obtient

$$\varepsilon n^{a-b} u_n \xrightarrow[n\to+\infty]{} \mathrm{e}^{\ell}$$

et donc

$$u_n \underset{n\to+\infty}{\sim} \frac{A}{n^{a-b}} \quad \text{avec} \quad A = \varepsilon \mathrm{e}^{\ell} \in \mathbb{R}^*.$$

(b) Par l'équivalent de séries à termes de signe constant qui précède, on peut affirmer que la série de terme général u_n converge si, et seulement si, $a - b > 1$.

Supposons cette condition remplie et calculons la somme S de la série. Pour tout $n \in \mathbb{N}$, on a $(n-b)u_{n+1} = (n-a)u_n$ et donc

$$(b+1)u_{n+1} - au_n = (n+1)u_{n+1} - nu_n.$$

En sommant cette relation, on obtient pour tout $N \in \mathbb{N}$

$$\sum_{n=0}^{N} \big((b+1)u_{n+1} - au_n\big) = \sum_{n=0}^{N} \big((n+1)u_{n+1} - nu_n\big)$$

et donc

$$(b+1)\sum_{n=0}^{N} u_{n+1} - a\sum_{n=0}^{N} u_n = (N+1)u_{N+1}.$$

En passant à la limite quand N tend vers l'infini, il vient

$$(b+1)(S - u_0) - aS = 0$$

car la suite (nu_n) est de limite nulle en vertu de l'équivalent obtenu à la question précédente. On en déduit

$$S = \frac{(b+1)\alpha}{b+1-a}.$$

1. Un calcul plus exact peut être mené à partir du développement $\ln(1+u) = u - \frac{1}{2}u^2 + \mathrm{o}(u^2)$ mais il importe peut de savoir que $v_{n+1} - v_n$ s'écrit exactement $\frac{(b-a)(a+b+1)}{2n^2} + \mathrm{o}\big(\frac{1}{n^2}\big)$.

Exercice 22 * (Séries de Bertrand[1])**

Dans ce sujet, on souhaite déterminer selon les valeurs de $\alpha, \beta \in \mathbb{R}$ la nature de la série $\sum u_n$ avec

$$u_n = \frac{1}{n^\alpha \big(\ln(n)\big)^\beta} \quad \text{pour} \quad n \geqslant 2.$$

(a) On suppose $\alpha < 1$. Déterminer la limite de nu_n quand n tend vers l'infini. Quelle est la nature de la série $\sum u_n$?

(b) On suppose $\alpha > 1$ et l'on introduit $\lambda \in]1\,;\alpha[$. Déterminer la limite de $n^\lambda u_n$ quand n tend vers l'infini. Quelle est la nature de la série $\sum u_n$?

(c) On suppose $\alpha = 1$ et $\beta \neq 1$ et l'on introduit

$$v_n = \big(\ln(n)\big)^{1-\beta} \quad \text{pour } n \geqslant 2.$$

Déterminer un équivalent de $v_{n+1} - v_n$ quand n croît vers l'infini. En déduire la nature de la série de terme général u_n en fonction de β.

(d) On suppose pour finir $\alpha = \beta = 1$. Déterminer la nature de $\sum u_n$ en introduisant

$$w_n = \ln\big(\ln(n)\big) \quad \text{pour } n \geqslant 2.$$

Solution

(a) **méthode**

> Pour résoudre cette limite, on écrit nu_n sous forme exponentielle et l'on exploite
> $$\ln\big(\ln(n)\big) \underset{n\to+\infty}{=} \mathrm{o}\big(\ln(n)\big).$$

$$nu_n = \frac{1}{n^{\alpha-1}\big(\ln(n)\big)^\beta} = \exp\Big(\underbrace{(1-\alpha)}_{>0}\ln(n) - \beta\underbrace{\ln\big(\ln(n)\big)}_{=\mathrm{o}(\ln(n))}\Big) \xrightarrow[n\to+\infty]{} +\infty.$$

À partir d'un certain rang on a $nu_n \geqslant 1$ et donc $u_n \geqslant 1/n$. Par comparaison de séries à termes positifs, on peut conclure que la série étudiée diverge.

(b) Par des calculs analogues,

$$n^\lambda u_n \underset{n\to+\infty}{=} \exp\Big(\underbrace{(\lambda-\alpha)}_{<0}\ln(n) + \mathrm{o}\big(\ln(n)\big)\Big) \xrightarrow[n\to+\infty]{} 0.$$

Cette fois-ci, on obtient que le terme u_n est négligeable devant $1/n^\lambda$ quand n tend vers l'infini. Sachant $\lambda > 1$, on peut affirmer la convergence de la série de terme général u_n par comparaison à une série de Riemann convergente.

1. Cette étude généralise celle des séries de Riemann (qui correspond au cas $\beta = 0$).

(c) **méthode**

On développe $\ln(n+1)$ en écrivant

$$\ln(n+1) = \ln(n) + \ln\left(1+\frac{1}{n}\right) \underset{n\to+\infty}{=} \ln(n) + \frac{1}{n} + \mathrm{o}\left(\frac{1}{n}\right).$$

On a

$$\begin{aligned} v_{n+1} - v_n &= \big(\ln(n+1)\big)^{1-\beta} - \big(\ln(n)\big)^{1-\beta} \\ &\underset{n\to+\infty}{=} \big(\ln(n)\big)^{1-\beta}\left(1 + \frac{1}{n\ln(n)} + \mathrm{o}\left(\frac{1}{n\ln(n)}\right)\right)^{1-\beta} - \big(\ln(n)\big)^{1-\beta}. \end{aligned}$$

En exploitant le développement

$$(1+u)^{1-\beta} \underset{u\to 0}{=} 1 + (1-\beta)u + \mathrm{o}(u)$$

on obtient

$$\begin{aligned} v_{n+1} - v_n &\underset{n\to+\infty}{=} \big(\ln(n)\big)^{1-\beta}\left(1 + (1-\beta)\frac{1}{n\ln(n)} + \mathrm{o}\left(\frac{1}{n\ln(n)}\right)\right) - \big(\ln(n)\big)^{1-\beta} \\ &\underset{n\to+\infty}{=} (1-\beta)\frac{1}{n\big(\ln(n)\big)^{\beta}} + \mathrm{o}\left(\frac{1}{n\big(\ln(n)\big)^{\beta}}\right) \underset{n\to+\infty}{\sim} \frac{1-\beta}{n\big(\ln(n)\big)^{\beta}}. \end{aligned}$$

On en déduit l'équivalence

$$u_n \underset{n\to+\infty}{\sim} \frac{1}{1-\beta}(v_{n+1} - v_n).$$

méthode

Par le lien suite-série, la suite (v_n) et la série de terme général $v_{n+1} - v_n$ ont la même nature.

Par équivalence de séries à termes positifs [1], la série de terme général u_n a la nature de la série de terme général $v_{n+1} - v_n$, c'est-à-dire la nature de la suite (v_n). On peut alors affirmer que $\sum u_n$ converge pour $\beta > 1$ et diverge pour $\beta < 1$.

(d) Par un calcul analogue au précédent,

$$\begin{aligned} w_{n+1} - w_n = \ln\big(\ln(n+1)\big) - \ln\big(\ln(n)\big) &\underset{n\to+\infty}{=} \ln\left(\ln(n) + \frac{1}{n} + \mathrm{o}\left(\frac{1}{n}\right)\right) - \ln\big(\ln(n)\big) \\ &= \ln\big(\ln(n)\big) + \ln\left(1 + \frac{1}{n\ln(n)} + \mathrm{o}\left(\frac{1}{n\ln(n)}\right)\right) - \ln\big(\ln(n)\big) \underset{n\to+\infty}{\sim} \frac{1}{n\ln(n)}. \end{aligned}$$

Par équivalence de séries à termes positifs, la série $\sum u_n$ a la nature de la série télescopique de terme général $w_{n+1} - w_n$, c'est-à-dire la nature de la suite (w_n). La série $\sum u_n$ diverge.

1. Par définition, il est clair que u_n est positif.

11.5.4 Comparaisons série-intégrale

Exercice 23 **

Déterminer un équivalent quand n croît vers l'infini de

$$\sum_{k=2}^{n} \frac{1}{k\ln(k)}.$$

Solution

méthode

> On opère une comparaison série-intégrale après étude de la monotonie de la fonction exprimant le terme sommé.

On introduit la fonction réelle f définie sur $]1\,;+\infty[$ par la relation

$$f(x) = \frac{1}{x\ln(x)}.$$

La fonction f est décroissante car c'est l'inverse d'une fonction croissante et positive. On peut alors encadrer le terme $f(k)$ par des intégrales de f sur $[k-1\,;k]$ et $[k\,;k+1]$:

$$\int_k^{k+1} f(t)\,\mathrm{d}t \leqslant f(k) \leqslant \int_{k-1}^{k} f(t)\,\mathrm{d}t$$

(la minoration vaut pour $k \geqslant 2$ et la majoration pour $k \geqslant 3$ seulement).

En sommant ces encadrements tout en isolant le terme d'indice $k = 2$ lors de la majoration, il vient

$$\sum_{k=2}^{n}\left(\int_k^{k+1} f(t)\,\mathrm{d}t\right) \leqslant \sum_{k=2}^{n} f(k) \leqslant f(2) + \sum_{k=3}^{n}\left(\int_{k-1}^{k} f(t)\,\mathrm{d}t\right).$$

En raccordant les intégrales,

$$\int_2^{n+1} f(t)\,\mathrm{d}t \leqslant \sum_{k=2}^{n} f(k) \leqslant \frac{1}{2\ln(2)} + \int_2^{n} f(t)\,\mathrm{d}t.$$

Il reste à calculer les intégrales en constatant une forme u'/u en $u(t) = \ln(t)$

$$\int_2^{n} f(t)\,\mathrm{d}t = \Big[\ln\big(|\ln(t)|\big)\Big]_2^{n} = \ln\big(\ln(n)\big) - \ln\big(\ln(2)\big) \text{ et}$$
$$\int_2^{n+1} f(t)\,\mathrm{d}t = \ln\big(\ln(n+1)\big) - \ln\big(\ln(2)\big).$$

Les deux membres encadrants sont équivalents [1] à $\ln(\ln(n))$ quand n tend vers l'infini et l'on peut conclure [2]

$$\sum_{k=2}^{n} \frac{1}{k\ln(k)} \underset{n\to+\infty}{\sim} \ln(\ln(n)).$$

Exercice 24 **

Déterminer la nature de la série de terme général

$$u_n = \sum_{k=n+1}^{+\infty} \frac{1}{k^2}.$$

Solution

méthode

Il ne faut pas se méprendre sur la question posée : on veut la nature de la série $\sum u_n$ et non la convergence de la série dont u_n est le reste !

Le terme u_n est bien défini car c'est le reste d'une série de Riemann convergente.

méthode

Par comparaison série-intégrale, on détermine un équivalent de u_n.

La fonction $x \mapsto 1/x^2$ est décroissante sur $[1\,;+\infty[$ et l'on peut affirmer l'encadrement qui suit pour tout $k \geqslant 2$

$$\int_k^{k+1} \frac{\mathrm{d}x}{x^2} \leqslant \frac{1}{k^2} \leqslant \int_{k-1}^{k} \frac{\mathrm{d}x}{x^2}.$$

Soient $n \geqslant 1$ et $N > n$. En sommant ces encadrements pour k allant de $n+1$ à N

$$\int_{n+1}^{N+1} \frac{\mathrm{d}x}{x^2} \leqslant \sum_{k=n+1}^{N} \frac{1}{k^2} \leqslant \int_n^N \frac{\mathrm{d}x}{x^2}.$$

On calcule les intégrales en introduisant la primitive $x \mapsto -1/x$ et l'on fait tendre N vers l'infini pour obtenir

$$\frac{1}{n+1} \leqslant u_n = \sum_{k=n+1}^{+\infty} \frac{1}{k^2} \leqslant \frac{1}{n}.$$

Les deux membres encadrants sont équivalents à $1/n$ quand n tend vers l'infini et donc u_n aussi [3].

Par équivalence de séries à termes positifs, on peut conclure à la divergence de la série de terme général u_n.

---

1. Voir sujet 18 p. 351 ou amorcer un calcul partant de $\ln(n+1) = \ln(n) + \mathrm{o}(\ln(n))$.
2. C'est une divergence assez lente : on estime que l'univers contient environ $N = 10^{80}$ atomes alors que $\ln(\ln(N)) \approx 5{,}22$.
3. Cette étude correspond au cas particulier $\alpha = 2$ du sujet 8 p. 429.

Exercice 25 ***

Soit $\sum u_n$ une série divergente de réels strictement positifs. On pose

$$S_n = \sum_{k=0}^{n} u_k \quad \text{pour tout } n \in \mathbb{N}.$$

(a) Soit $\alpha > 1$. Étudier la nature de la série $\sum \dfrac{u_n}{S_n^\alpha}$.

(b) Même question avec $\alpha \leqslant 1$.

Solution

(a) **méthode**

> Lorsque la suite (u_n) est constante égale à 1, on retrouve l'étude des séries de Riemann. On peut calquer à la situation en cours la démonstration de convergence des séries de Riemann par comparaison à une intégrale.

Soit $n \in \mathbb{N}^*$. La fonction $t \mapsto 1/t^\alpha$ est décroissante sur $]0\,;+\infty[$ et $u_n = S_n - S_{n-1}$ donc

$$\frac{u_n}{S_n^\alpha} = \frac{S_n - S_{n-1}}{S_n^\alpha} = \int_{S_{n-1}}^{S_n} \frac{\mathrm{d}t}{S_n^\alpha} \leqslant \int_{S_{n-1}}^{S_n} \frac{\mathrm{d}t}{t^\alpha}.$$

En sommant, on obtient pour tout $N \geqslant 1$

$$\sum_{n=1}^{N} \frac{u_n}{S_n^\alpha} \leqslant \int_{S_0}^{S_N} \frac{\mathrm{d}t}{t^\alpha} = -\frac{1}{\alpha - 1}\left[\frac{1}{t^{\alpha-1}}\right]_{S_0}^{S_N} \leqslant \frac{1}{\alpha - 1} \cdot \frac{1}{S_0^{\alpha-1}}.$$

La série étudiée est à termes positifs et convergente car ses sommes partielles sont majorées.

(b) Pour n assez grand, on a $S_n \geqslant 1$ et, puisque $\alpha \leqslant 1$, on obtient $S_n^\alpha \leqslant S_n$ donc

$$\frac{u_n}{S_n^\alpha} \geqslant \frac{u_n}{S_n}.$$

Il suffit alors d'établir la divergence de la série à termes positifs $\sum \frac{u_n}{S_n}$ pour conclure à celle de $\sum \frac{u_n}{S_n^\alpha}$.

méthode

> On observe que les sommes $\displaystyle\sum_{k=n+1}^{N} \frac{u_k}{S_k}$ conservent une « certaine épaisseur ».

Soient n et N des entiers naturels avec $N > n$.

$$\sum_{k=n+1}^{N} \frac{u_k}{S_k} \geqslant \sum_{k=n+1}^{N} \frac{u_k}{S_N} = \frac{S_N - S_n}{S_N}.$$

Ce dernier terme tend vers 1 lorsque N tend vers $+\infty$ (avec n fixé). Ainsi, pour tout entier naturel n, il existe N assez grand tel que

$$\sum_{k=n+1}^{N} \frac{u_k}{S_k} \geqslant \frac{1}{2}.$$

Cela est incompatible avec une éventuelle convergence de la série $\sum \frac{u_n}{S_n}$. En effet, si cette série converge, son reste de rang n peut être rendu arbitrairement petit alors que celui-ci majore la quantité précédemment minorée par 1/2.

11.6 Exercices d'approfondissement

Exercice 26 *

(a) Soit $n \in \mathbb{N}$. Vérifier l'identité

$$\int_0^1 \left(\sum_{k=0}^{n} (-1)^k t^k\right) dt = \ln(2) + (-1)^n \int_0^1 \frac{t^{n+1}}{1+t}\, dt.$$

(b) En déduire la convergence et la somme[1] de la *série harmonique alternée*

$$\sum_{n\geqslant 1} \frac{(-1)^{n-1}}{n}.$$

Solution

(a) **méthode**

‖ La somme en premier membre est géométrique : on sait la calculer !

Soit $t \in [0\,;1]$. Par sommation géométrique de raison $-t \neq 1$, on a

$$\sum_{k=0}^{n} (-1)^k t^k = \frac{1-(-1)^{n+1}t^{n+1}}{1+t} = \frac{1}{1+t} + (-1)^n \frac{t^{n+1}}{1+t}.$$

Par linéarité de l'intégrale, on obtient

$$\int_0^1 \left(\sum_{k=0}^{n} (-1)^k t^k\right) dt = \int_0^1 \frac{dt}{1+t} + (-1)^n \int_0^1 \frac{t^{n+1}}{1+t}\, dt \quad \text{avec} \quad \int_0^1 \frac{dt}{1+t} = \ln(2).$$

(b) Soit $n \in \mathbb{N}$. Par linéarité de l'intégrale, on peut exprimer le premier membre de l'identité précédente comme une somme partielle

$$\int_0^1 \left(\sum_{k=0}^{n} (-1)^k t^k\right) dt = \sum_{k=0}^{n} \left((-1)^k \int_0^1 t^k\, dt\right) = \sum_{k=0}^{n} (-1)^k \left[\frac{t^{k+1}}{k+1}\right]_0^1 = \sum_{k=0}^{n} \frac{(-1)^k}{k+1}.$$

1. On trouvera un autre calcul de cette somme dans le sujet 26 p. 403.

Il ne reste plus qu'à étudier la limite du terme intégral restant.

méthode

Pour déterminer la limite d'une intégrale, on peut encadrer la fonction intégrée par des fonctions dont on sait calculer des primitives.

Pour tout $t \in [0\,;1]$,

$$0 \leqslant \frac{t^{n+1}}{1+t} \leqslant t^{n+1}.$$

En intégrant en bon ordre, on obtient

$$0 \leqslant \int_0^1 \frac{t^{n+1}}{1+t}\,\mathrm{d}t \leqslant \int_0^1 t^{n+1}\,\mathrm{d}t = \left[\frac{t^{n+2}}{n+2}\right]_0^1 = \frac{1}{n+2} \xrightarrow[n\to+\infty]{} 0.$$

Par le théorème de convergence par encadrement,

$$\int_0^1 \frac{t^{n+1}}{1+t}\,\mathrm{d}t \xrightarrow[n\to+\infty]{} 0.$$

On peut alors conclure à la convergence[1] de la série étudiée tout en obtenant la valeur de sa somme

$$\sum_{n=1}^{+\infty} \frac{(-1)^{n-1}}{n} = \lim_{n\to+\infty}\left(\sum_{k=1}^{n+1} \frac{(-1)^{k-1}}{k}\right) = \lim_{n\to+\infty}\left(\sum_{k=0}^{n} \frac{(-1)^{k}}{k+1}\right) = \ln(2).$$

Exercice 27 **

Déterminer une suite réelle (u_n) de limite nulle telle que la suite des sommes partielles de la série $\sum u_n$ diverge sans limite.

Solution

méthode

Puisqu'il est délicat de calculer les sommes partielles d'une série quelconque, il est préférable de chercher les sommes partielles S_n puis de poser u_n égal à $S_n - S_{n-1}$ pour constituer un exemple.

On veut ici une suite (S_n) qui diverge sans limite et telle que ses termes successifs soient de plus en plus proches. La suite de terme général $S_n = \sin(n)$ vérifie la première condition sans vérifier la seconde : nous allons « ralentir la fréquence d'oscillation ».

Pour $n \in \mathbb{N}$, considérons $S_n = \sin(\sqrt{n})$ et introduisons la suite (u_n) définie par

$$u_n = S_n - S_{n-1} = \sin(\sqrt{n}) - \sin(\sqrt{n-1}) \quad \text{avec} \quad n \geqslant 1$$

1. Puisque la série $\sum \frac{1}{n}$ diverge, il s'agit ici d'un exemple de série convergente qui n'est pas absolument convergente.

Vérifions que la suite (u_n) est de limite nulle.

méthode

On emploie la formule de factorisation

$$\sin(p) - \sin(q) = 2\sin\left(\frac{p-q}{2}\right)\cos\left(\frac{p+q}{2}\right).$$

Pour $n \geqslant 1$, on peut écrire

$$u_n = 2\sin\left(\frac{\sqrt{n}-\sqrt{n-1}}{2}\right)\cos\left(\frac{\sqrt{n}+\sqrt{n-1}}{2}\right).$$

En introduisant la quantité conjuguée,

$$\frac{\sqrt{n}-\sqrt{n-1}}{2} = \frac{1}{2\left(\sqrt{n}+\sqrt{n-1}\right)} \xrightarrow[n\to+\infty]{} 0.$$

Par composition de limites, on conclut que la suite (u_n) est de limite nulle et celle-ci produit un exemple convenable.

Exercice 28 **

Soit $f\colon [1\,;+\infty[\to \mathbb{R}$ une fonction de classe $\mathcal{C}^1$ strictement positive telle que

$$\frac{xf'(x)}{f(x)} \xrightarrow[x\to+\infty]{} \ell \in \mathbb{R}\cup\{\pm\infty\}.$$

(a) On suppose $\ell > -1$. Montrer la divergence de la série $\sum f(n)$.

(b) On suppose $\ell < -1$. Montrer la convergence de la série $\sum f(n)$.

Solution

(a) **méthode**

On retraduit l'hypothèse exprimée par la limite en terme d'inégalité afin de comparer la série $\sum f(n)$ à $\sum 1/n$.

La définition quantifiée de la limite s'exprime

$$\forall \varepsilon > 0,\ \exists A \in \mathbb{R},\ \forall x \in [1\,;+\infty[,\quad x \geqslant A \implies \left|\frac{f'(x)}{xf(x)} - \ell\right| \leqslant \varepsilon.$$

Pour $\varepsilon = \ell + 1 > 0$, on peut donc introduire un réel A que l'on peut choisir supérieur à 1 tel que

$$\frac{xf'(x)}{f(x)} \geqslant \ell - \varepsilon = -1 \quad \text{pour tout } x \in [A\,;+\infty[$$

et l'on a alors

$$\frac{f'(x)}{f(x)} \geqslant -\frac{1}{x}.$$

En intégrant cette inégalité pour $x \geqslant A$,

$$\ln\big(f(x)\big) - \ln\big(f(A)\big) = \int_A^x \frac{f'(t)}{f(t)}\,\mathrm{d}t \geqslant \int_A^x -\frac{\mathrm{d}t}{t} = \ln(A) - \ln(x).$$

Ainsi,

$$f(x) \geqslant \frac{C}{x} \quad \text{avec} \quad C = Af(A) > 0.$$

On en déduit que, pour n assez grand,

$$f(n) \geqslant \frac{C}{n}$$

et, par comparaison de séries à termes positifs, on peut affirmer la divergence de $\sum f(n)$.

(b) **méthode**

> On retraduit à nouveau l'hypothèse en terme d'inégalité mais en prenant cette fois appui sur une valeur strictement inférieure à -1 afin de comparer $\sum f(n)$ à une série de Riemann convergente.

Soit $\alpha > 1$ un réel tel que $\ell < -\alpha$ (autrement dit, α strictement compris entre 1 et $-\ell$). Comme au-dessus, on montre qu'il existe $A \in [1\,;+\infty[$ tel que, pour tout $x \geqslant A$,

$$\frac{xf'(x)}{f(x)} \leqslant -\alpha \quad \text{et donc} \quad \frac{f'(x)}{f(x)} \leqslant -\frac{\alpha}{x}.$$

En intégrant cette inégalité, on obtient l'existence d'un réel $C > 0$ tel que, pour $x \geqslant A$,

$$f(x) \leqslant \frac{C}{x^\alpha}.$$

Par comparaison de séries à termes positifs, on peut affirmer cette fois-ci la convergence de la série $\sum f(n)$ car $\alpha > 1$.

Exercice 29 ***

On énumère en ordre croissant les nombres premiers par une suite $(p_n)_{n\geqslant 1}$:

$$p_1 = 2,\ p_2 = 3,\ p_3 = 5, \ldots$$

(a) Soit $N \in \mathbb{N}^*$. Vérifier

$$\prod_{n=1}^{N} \frac{1}{1 - 1/p_n} \geqslant \sum_{n=1}^{N} \frac{1}{n}.$$

(b) En déduire la nature de la série $\sum 1/p_n$.

Solution

(a) **méthode**

> On peut exprimer $\frac{1}{1-1/p_n}$ par une somme géométrique.

Puisque les termes $1/p_n$ sont éléments de $[0\,;1[$, on peut écrire

$$\prod_{n=1}^{N} \frac{1}{1-1/p_n} = \prod_{n=1}^{N}\left(\sum_{k=0}^{+\infty} \frac{1}{p_n^k}\right).$$

Les termes sommés étant positifs, on peut minorer le produit en introduisant $M \in \mathbb{N}$ arbitraire

$$\prod_{n=1}^{N} \frac{1}{1-1/p_n} \geqslant \prod_{n=1}^{N}\left(\sum_{k=0}^{M} \frac{1}{p_n^k}\right).$$

Lorsque l'on développe le produit en second membre, on fait apparaître les inverses de tous les entiers pouvant s'écrire $p_1^{\alpha_1}p_2^{\alpha_2}\dots p_N^{\alpha_N}$ avec $\alpha_1, \alpha_2, \dots, \alpha_N$ éléments de $[\![0\,;M]\!]$. En choisissant M suffisamment grand [1], tous les entiers compris entre 1 et N figurent parmi les éléments précédents. Puisque les autres termes sommés sont positifs, on peut affirmer la minoration voulue

$$\prod_{n=1}^{N} \frac{1}{1-1/p_n} \geqslant \sum_{n=1}^{N} \frac{1}{n}.$$

(b) **méthode**

> On transforme le produit en somme en passant au logarithme.

Par la minoration qui précède, le produit tend vers $+\infty$ quand N croît vers l'infini. En passant au logarithme

$$\ln\left(\prod_{n=1}^{N} \frac{1}{1-1/p_n}\right) = \sum_{n=1}^{N}\left(-\ln\left(1-\frac{1}{p_n}\right)\right) \xrightarrow[N\to+\infty]{} +\infty$$

ce qui signifie la divergence de la série de terme général $-\ln(1-1/p_n)$.

Or, la suite (p_n) étant de limite $+\infty$, on a l'équivalent

$$-\ln\left(1-\frac{1}{p_n}\right) \underset{n\to+\infty}{\sim} \frac{1}{p_n}.$$

Par équivalence de séries à termes positifs, on conclut à la divergence de la série $\sum \frac{1}{p_n}$.

1. Prendre M tel que $2^M \geqslant N$ convient.

Exercice 30 ***

Pour $n \in \mathbb{N}^*$, on introduit le polynôme réel

$$P_n = \sum_{p=0}^{n} (-1)^p \binom{2n+1}{2p+1} X^{n-p}$$

et les nombres

$$\alpha_k = \frac{1}{\tan^2\left(\frac{k\pi}{2n+1}\right)} \quad \text{pour } k = 1, \ldots, n.$$

(a) Soit $x \in \left]0\,;\pi/2\right[$. En calculant de deux façons la partie imaginaire de

$$\left(\frac{e^{ix}}{\sin(x)}\right)^{2n+1}$$

établir

$$\frac{\sin\big((2n+1)x\big)}{\sin^{2n+1}(x)} = \sum_{p=0}^{n} (-1)^p \binom{2n+1}{2p+1} \left(\frac{1}{\tan^2(x)}\right)^{n-p}.$$

(b) En déduire que les α_k sont exactement les racines du polynôme P_n.

(c) Établir les identités

$$\sum_{k=1}^{n} \frac{1}{\tan^2\left(\frac{k\pi}{2n+1}\right)} = \frac{n(2n-1)}{3} \quad \text{et} \quad \sum_{k=1}^{n} \frac{1}{\sin^2\left(\frac{k\pi}{2n+1}\right)} = \frac{2n(n+1)}{3}.$$

(d) Montrer l'encadrement

$$\frac{1}{\tan^2(x)} \leqslant \frac{1}{x^2} \leqslant \frac{1}{\sin^2(x)} \quad \text{pour tout } x \in \left]0\,;\pi/2\right[$$

et déterminer la valeur de la somme

$$\sum_{n=1}^{+\infty} \frac{1}{n^2}.$$

Solution

(a) D'une part,

$$\operatorname{Im}\left(\frac{e^{ix}}{\sin(x)}\right)^{2n+1} = \operatorname{Im}\left(\frac{e^{i(2n+1)x}}{\big(\sin(x)\big)^{2n+1}}\right) = \frac{\sin\big((2n+1)x\big)}{\sin^{2n+1}(x)}.$$

D'autre part,

$$\left(\frac{e^{ix}}{\sin(x)}\right)^{2n+1} = \left(\frac{\cos(x) + i\sin(x)}{\sin(x)}\right)^{2n+1} = \left(\frac{\cos(x)}{\sin(x)} + i\right)^{2n+1}.$$

En développant par la formule du binôme[1] de Newton,

$$\left(\frac{\cos(x)}{\sin(x)}+\mathrm{i}\right)^{2n+1}=\sum_{k=0}^{2n+1}\binom{2n+1}{k}\mathrm{i}^k\left(\frac{1}{\tan(x)}\right)^{2n+1-k}.$$

La partie imaginaire est obtenue pour les termes d'indices impairs $k=2p+1$:

$$\operatorname{Im}\left(\frac{\mathrm{e}^{\mathrm{i}x}}{\sin(x)}\right)^{2n+1}=\sum_{p=0}^{n}(-1)^p\binom{2n+1}{2p+1}\left(\frac{1}{\tan^2(x)}\right)^{n-p}\quad\text{car}\quad \mathrm{i}^k=(-1)^p\mathrm{i}.$$

(b) Notons que les α_k sont bien définis car, pour tout k compris entre 1 et n, le réel $k\pi/(2n+1)$ est élément de l'intervalle $]0\,;\pi/2[$. Par la formule qui précède,

$$P_n\left(\frac{1}{\tan^2(x)}\right)=\frac{\sin\big((2n+1)x\big)}{\sin^{2n+1}(x)}$$

et donc, pour tout entier k compris entre 1 et n,

$$P_n(\alpha_k)=0\quad\text{car}\quad\sin(k\pi)=0.$$

Les α_k sont donc racines du polynôme P_n.

méthode

On souligne que les α_k sont deux à deux distincts avant d'affirmer qu'ils sont au nombre de n.

Le polynôme P_n est de degré n et les α_k constituent n racines deux à deux distinctes de celui-ci car la fonction $x\mapsto 1/\tan^2(x)$ est strictement décroissante et donc injective sur $]0\,;\pi/2[$. Le polynôme P_n ne possède alors pas d'autres racines et celles-ci sont des racines simples.

(c) **méthode**

La somme des racines d'un polynôme scindé se déduit de ses coefficients.

En factorisant le polynôme P_n à partir de ses racines, on peut écrire

$$P_n=a_nX^n+a_{n-1}X^{n-1}+\cdots+a_0=a_n(X-\alpha_1)\dots(X-\alpha_n).$$

En identifiant le coefficient de X^{n-1} de part et d'autre, on obtient la relation

$$\alpha_1+\cdots+\alpha_n=-\frac{a_{n-1}}{a_n}.$$

Ici,

$$a_n=\binom{2n+1}{1}=2n+1\quad\text{et}\quad a_{n-1}=-\binom{2n+1}{3}=-\frac{(2n+1)2n(2n-1)}{6}.$$

1. Il est commode d'appliquer la formule du binôme en portant la puissance k sur le terme i plutôt que sur le terme en tangente.

On obtient donc

$$\sum_{k=1}^{n} \frac{1}{\tan^2\left(\frac{k\pi}{2n+1}\right)} = \frac{n(2n-1)}{3}.$$

Sachant

$$\frac{1}{\sin^2(x)} = \frac{\cos^2(x)+\sin^2(x)}{\sin^2(x)} = 1 + \frac{1}{\tan^2(x)}$$

on obtient aussi

$$\sum_{k=1}^{n} \frac{1}{\sin^2\left(\frac{k\pi}{2n+1}\right)} = n + \frac{n(2n-1)}{3} = \frac{2n(n+1)}{3}.$$

(d) Par étude des fonctions définies par les différences de membres successifs, on justifie l'encadrement

$$0 < \sin(x) \leqslant x \leqslant \tan(x) \quad \text{pour tout } x \in \left]0\,;\pi/2\right[$$

dont découle celui proposé

$$\frac{1}{\tan^2(x)} \leqslant \frac{1}{x^2} \leqslant \frac{1}{\sin^2(x)} \quad \text{pour tout } x \in \left]0\,;\pi/2\right[.$$

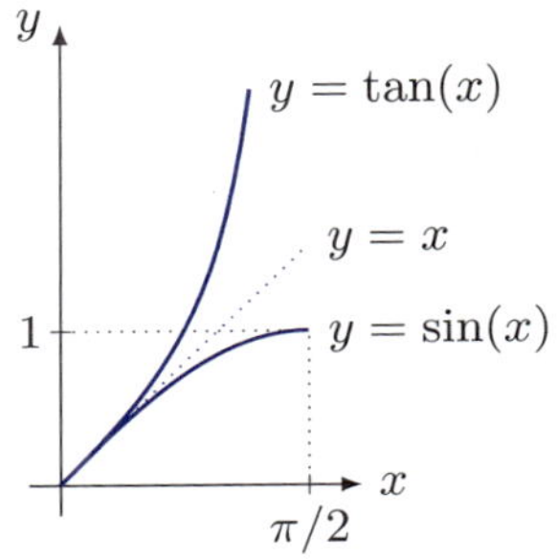

En appliquant celui-ci pour $x = k\pi/(2n+1)$ et en sommant pour k allant de 1 à n, il vient

$$\frac{n(2n-1)}{3} \leqslant \sum_{k=1}^{n} \frac{(2n+1)^2}{k^2\pi^2} \leqslant \frac{2n(n+1)}{3}.$$

En réorganisant les membres, on parvient à l'encadrement suivant

$$\frac{n(2n-1)}{3(2n+1)^2}\pi^2 \leqslant \sum_{k=1}^{n} \frac{1}{k^2} \leqslant \frac{2n(n+1)}{3(2n+1)^2}\pi^2.$$

Les deux membres encadrants convergent vers la même limite et l'on obtient

$$\sum_{k=1}^{n} \frac{1}{k^2} \xrightarrow[n\to+\infty]{} \frac{\pi^2}{6}.$$

Finalement, la série $\sum 1/n^2$ converge et

$$\sum_{n=1}^{+\infty} \frac{1}{n^2} = \frac{\pi^2}{6}.$$

Formulaire

Trigonométrie

Transformations angulaires

Pour x réel,

$$\begin{aligned} \cos(-x) &= \cos(x) & \sin(-x) &= -\sin(x) \\ \cos(\pi + x) &= -\cos(x) & \sin(\pi + x) &= -\sin(x) \\ \cos(\pi - x) &= -\cos(x) & \sin(\pi - x) &= \sin(x) \\ \cos(\pi/2 - x) &= \sin(x) & \sin(\pi/2 - x) &= \cos(x). \end{aligned}$$

Formules de développement

Pour a et b deux réels,

$$\begin{aligned} \cos(a+b) &= \cos(a)\cos(b) - \sin(a)\sin(b) \\ \cos(a-b) &= \cos(a)\cos(b) + \sin(a)\sin(b) \\ \sin(a+b) &= \sin(a)\cos(b) + \cos(a)\sin(b) \\ \sin(a-b) &= \sin(a)\cos(b) - \cos(a)\sin(b). \end{aligned}$$

En particulier,

$$\cos(2a) = 2\cos^2(a) - 1 = \cos^2(a) - \sin^2(a) = 1 - 2\sin^2(a) \quad \text{et} \quad \sin(2a) = 2\sin(a)\cos(a).$$

Sous réserve d'existence,

$$\tan(a+b) = \frac{\tan(a) + \tan(b)}{1 - \tan(a)\tan(b)} \quad \text{et} \quad \tan(2a) = \frac{2\tan(a)}{1 - \tan^2(a)}.$$

Formules de linéarisation

Pour a et b deux réels,

$$\begin{aligned}
\cos(a)\cos(b) &= \frac{1}{2}\big(\cos(a-b)+\cos(a-b)\big)\\
\sin(a)\sin(b) &= \frac{1}{2}\big(\cos(a-b)-\cos(a+b)\big)\\
\sin(a)\cos(b) &= \frac{1}{2}\big(\sin(a+b)+\sin(a-b)\big).
\end{aligned}$$

En particulier,

$$\cos^2(a) = \frac{1+\cos(2a)}{2} \quad \text{et} \quad \sin^2(a) = \frac{1-\cos(2a)}{2}.$$

Formules de factorisation

Pour p et q deux réels,

$$\begin{aligned}
\cos(p)+\cos(q) &= 2\cos\left(\frac{p+q}{2}\right)\cos\left(\frac{p-q}{2}\right)\\
\cos(p)-\cos(q) &= -2\sin\left(\frac{p+q}{2}\right)\sin\left(\frac{p-q}{2}\right)\\
\sin(p)+\sin(q) &= 2\sin\left(\frac{p+q}{2}\right)\cos\left(\frac{p-q}{2}\right)\\
\sin(p)-\sin(q) &= 2\sin\left(\frac{p-q}{2}\right)\cos\left(\frac{p+q}{2}\right).
\end{aligned}$$

Formules d'Euler et de Moivre

Pour tout réel t,

$$\cos(t) = \frac{\mathrm{e}^{\mathrm{i}t}+\mathrm{e}^{-\mathrm{i}t}}{2} \quad \text{et} \quad \sin(t) = \frac{\mathrm{e}^{\mathrm{i}t}-\mathrm{e}^{-\mathrm{i}t}}{2\mathrm{i}}$$

et, pour tout entier n,

$$\big(\cos(t)+\mathrm{i}\sin(t)\big)^n = \cos(nt)+\mathrm{i}\sin(nt).$$

Dérivation

Dérivées des fonctions usuelles

Pour $n \in \mathbb{Z}$, $\alpha \in \mathbb{R}$ et x évoluant dans un intervalle convenable,

$$\frac{\mathrm{d}}{\mathrm{d}x}\left(\mathrm{e}^x\right) = \mathrm{e}^x \qquad \frac{\mathrm{d}}{\mathrm{d}x}\left(\ln(x)\right) = \frac{1}{x}$$

$$\frac{\mathrm{d}}{\mathrm{d}x}\left(x^n\right) = nx^{n-1} \qquad \frac{\mathrm{d}}{\mathrm{d}x}\left(\frac{1}{x^n}\right) = -\frac{n}{x^{n+1}}$$

$$\frac{\mathrm{d}}{\mathrm{d}x}\left(x^\alpha\right) = \alpha x^{\alpha-1} \qquad \frac{\mathrm{d}}{\mathrm{d}x}\left(\sqrt{x}\right) = \frac{1}{2\sqrt{x}}$$

$$(\cos)'(x) = -\sin(x) \qquad (\sin)'(x) = \cos(x)$$

$$(\tan)'(x) = 1 + \tan^2(x) = \frac{1}{\cos^2(x)} \qquad (\arctan)'(x) = \frac{1}{1+x^2}$$

$$(\arccos)'(x) = \frac{-1}{\sqrt{1-x^2}} \qquad (\arcsin)'(x) = \frac{1}{\sqrt{1-x^2}}$$

$$(\mathrm{ch})'(x) = \mathrm{sh}(x) \qquad (\mathrm{sh})'(x) = \mathrm{ch}(x).$$

Dérivation des formes composées

Pour u fonction dérivable convenable, $n \in \mathbb{N}$ et $\alpha \in \mathbb{R}$,

$$\left(\mathrm{e}^u\right)' = u'\mathrm{e}^u \qquad \left(\ln(u)\right)' = \frac{u'}{u}$$

$$\left(u^n\right)' = nu'u^{n-1} \qquad \left(\frac{1}{u}\right)' = -\frac{u'}{u^2} \qquad \left(u^\alpha\right)' = \alpha u'u^{\alpha-1}$$

$$\left(\cos(u)\right)' = -u'\sin(u) \qquad \left(\sin(u)\right)' = u'\cos(u) \qquad \left(\tan(u)\right)' = u'\left(1+\tan^2(u)\right)$$

$$\left(\arccos(u)\right)' = -\frac{u'}{\sqrt{1-u^2}} \qquad \left(\arcsin(u)\right)' = \frac{u'}{\sqrt{1-u^2}} \qquad \left(\arctan(u)\right)' = \frac{u'}{1+u^2}$$

$$\left(\mathrm{ch}(u)\right)' = u'\,\mathrm{sh}(u) \qquad \left(\mathrm{sh}(u)\right)' = u'\,\mathrm{ch}(u).$$

Calcul intégral

Primitives usuelles

Pour $n \in \mathbb{N}$, $\alpha \in \mathbb{R} \setminus \{-1\}$ et t évoluant dans un intervalle convenable,

$$\int t^n \, \mathrm{d}t = \frac{1}{n+1} t^{n+1} \qquad \int t^\alpha \, \mathrm{d}t = \frac{1}{\alpha+1} t^{\alpha+1}$$

$$\int \frac{1}{t} \, \mathrm{d}t = \ln\big(|t|\big) \qquad \int \mathrm{e}^t \, \mathrm{d}t = \mathrm{e}^t$$

$$\int \sin(t) \, \mathrm{d}t = -\cos(t) \qquad \int \cos(t) \, \mathrm{d}t = \sin(t)$$

$$\int \mathrm{sh}(t) \, \mathrm{d}t = \mathrm{ch}(t) \qquad \int \mathrm{ch}(t) \, \mathrm{d}t = \mathrm{sh}(t)$$

$$\int \frac{1}{1+t^2} \, \mathrm{d}t = \arctan(t) \qquad \int \frac{1}{\sqrt{1-t^2}} \, \mathrm{d}t = \arcsin(t).$$

Intégration des formes composées

Pour $n \in \mathbb{N}$, $\alpha \in \mathbb{R} \setminus \{-1\}$ et u fonction dérivable convenable,

$$\int u' u^n = \frac{1}{n+1} u^n \qquad \int u' u^\alpha = \frac{1}{\alpha+1} u^{\alpha+1}$$

$$\int \frac{u'}{u} = \ln\big(|u|\big) \qquad \int u' \mathrm{e}^u = \mathrm{e}^u$$

$$\int u' \sin(u) = -\cos(u) \qquad \int u' \cos(u) = \sin(u)$$

$$\int \frac{u'}{1+u^2} = \arctan(u) \qquad \int \frac{u'}{\sqrt{1-u^2}} = \arcsin(u).$$

Calcul asymptotiques

Équivalents usuels en 0

Lorsque x tend vers 0,

$$\begin{aligned} \ln(1+x) &\sim x & \mathrm{e}^x - 1 &\sim x \\ \sin(x) &\sim x & 1-\cos(x) &\sim \tfrac{1}{2}x^2 \\ \tan(x) &\sim x & \arctan(x) &\sim x \end{aligned}$$

$$(1+x)^\alpha - 1 \sim \alpha x \quad (\text{avec } \alpha \in \mathbb{R}).$$

Ces équivalents peuvent aussi être considérés en remplaçant x par le terme u_n d'une suite de limite nulle : $\ln(1+u_n) \sim u_n$, $\mathrm{e}^{u_n} - 1 \sim u_n$, etc.

Développements limités usuels

Lorsque u tend vers 0,

$$\frac{1}{1-u} = 1 + u + u^2 + \cdots + u^n + \mathrm{o}(u^n)$$

$$\frac{1}{1+u} = 1 - u + u^2 + \cdots + (-1)^n u^n + \mathrm{o}(u^n)$$

$$\ln(1+u) = u - \frac{1}{2}u^2 + \cdots + \frac{(-1)^{n-1}}{n}u^n + \mathrm{o}(u^n)$$

$$\mathrm{e}^u = 1 + u + \frac{1}{2}u^2 + \frac{1}{6}u^3 + \cdots + \frac{1}{n!}u^n + \mathrm{o}(u^n)$$

$$(1+u)^\alpha = 1 + \alpha u + \frac{\alpha(\alpha-1)}{2!}u^2 + \cdots + \frac{\alpha(\alpha-1)\dots(\alpha-n+1)}{n!}u^n + \mathrm{o}(u^n)$$

$$\cos(u) = 1 - \frac{1}{2}u^2 + \frac{1}{24}u^4 + \cdots + \frac{(-1)^n}{(2n)!}u^{2n} + \mathrm{o}(u^{2n+1})$$

$$\sin(u) = u - \frac{1}{6}u^3 + \frac{1}{120}u^5 + \cdots + \frac{(-1)^n}{(2n+1)!}u^{2n+1} + \mathrm{o}(u^{2n+2})$$

$$\tan(u) = u + \frac{1}{3}u^3 + \mathrm{o}(u^3)$$

$$\arctan(u) = u - \frac{1}{3}u^3 + \cdots + \frac{(-1)^n}{2n+1}u^{2n+1} + \mathrm{o}(u^{2n+1}).$$

Table des matières

MIXTE
Papier issu de
sources responsables
FSC® C004472
FSC
www.fsc.org

N° éditeur 2018_0161
Achevé d'imprimer en juin 2018 par Wilco aux Pays-Bas
N° d'impression : 270075